国家出版基金项目
NATIONAL PUBLICATION FOUNDATION

"十三五"国家重点出版物
出版规划项目

中国农药研究与应用全书
Books of Pesticide Research and Application in China

农药管理与国际贸易

Pesticide Management and
International Trade

单炜力　刘绍仁　叶贵标　主编

化学工业出版社
·北京·

本书结合新修订的《农药管理条例》，全面总结了我国农药产品登记、生产加工、经营销售、推广使用和国际贸易的管理制度及其历史演变，并根据新时代绿色发展对农药行业管理提出的新要求、新变化，分农药登记、农药登记试验及试验单位、农药生产、农药经营、农药使用五个方面，系统介绍了农药监督管理的最新要求，以及管理部门制定的新政策、新办法，有利于指引新农药创制和新产品开发，指导农药科学合理使用，规范农药监督管理，满足粮食安全、生态环境安全和农产品质量安全的需要。

本书可作为大中专院校农药学、植物保护、农药化工等专业的学生或教师，以及农药研发工作者、农药生产企业技术人员、农药行业管理人员、植保技术推广人员、农药经营者、种植业合作社和种植大户相关人员的参考用书。

图书在版编目（CIP）数据

中国农药研究与应用全书．农药管理与国际贸易/单炜力，刘绍仁，叶贵标主编．—北京：化学工业出版社，2019.7
ISBN 978-7-122-33967-6

Ⅰ.①中…　Ⅱ.①单…②刘…③叶…　Ⅲ.①农药-药品管理-中国②农药-国际贸易-中国　Ⅳ.①S48

中国版本图书馆 CIP 数据核字（2019）第 034300 号

责任编辑：刘　军　冉海滢　张　艳　　　　　　责任印制：薛　维
责任校对：王　静　　　　　　　　　　　　　　装帧设计：王晓宇

出版发行：化学工业出版社（北京市东城区青年湖南街 13 号　邮政编码 100011）
印　　装：中煤（北京）印务有限公司
787mm×1092mm　1/16　印张 28¾　字数 710 千字　2019 年 10 月北京第 1 版第 1 次印刷

购书咨询：010-64518888　　　　　　　　售后服务：010-64518899
网　　址：http://www.cip.com.cn

凡购买本书，如有缺损质量问题，本社销售中心负责调换。

定　　价：168.00 元

《中国农药研究与应用全书》

编辑委员会

本书编写人员名单

主　　编：　单炜力　　刘绍仁　　叶贵标

副 主 编：　傅桂平　　李永平　　赵永辉

编写人员：（按姓名汉语拼音排序）

曹兵伟	陈思琪	陈振华	杜传玉	杜　磊
段丽芳	段又生	付　萌	付　伟	付鑫羽
傅桂平	关爱莹	郭立丰	郭永旺	胡　敏
嵇莉莉	李少青	李永平	梁帝允	刘冬华
刘绍仁	刘毅华	刘育清	罗　艳	朴秀英
单炜力	邵姗姗	束　放	孙艳萍	陶岭梅
王　灿	王　晨	王凤乐	王庆敏	王莎莎
吴兵兵	吴厚斌	吴进龙	杨晓玲	叶贵标
于　荣	袁龙飞	张　楠	张　帅	张　薇
张一宾	赵　清	赵永辉	周艳明	

序

　　农药作为不可或缺的农业生产资料和重要的化工产品组成部分，对于我国农业和大化工实现可持续的健康发展具有举足轻重的意义，在我国农业向现代化迈进的进程中，农药的作用不可替代。

　　我国的农药工业 60 多年来飞速地发展，我国现已成为世界农药使用与制造大国，农药创新能力大幅提高。近年来，特别是近十五年来，通过实施国家自然科学基金、公益性行业科研专项、"973"计划和国家科技支撑计划等数百个项目，我国新农药研究与创制取得了丰硕的成果，农药工业获得了长足的发展。"十二五"期间，针对我国农业生产过程中重大病虫草害防治需要，先后创制出四氯虫酰胺、氯氟醚菊酯、噻唑锌、毒氟磷等 15 个具有自主知识产权的农药（小分子）品种，并已实现工业化生产。5 年累计销售收入 9.1 亿元，累计推广使用面积 7800 万亩。目前，我国农药科技创新平台已初具规模，农药创制体系形成并稳步发展，我国已经成为世界上第五个具有新农药创制能力的国家。

　　为加快我国农药行业创新，发展更高效、更环保和更安全的农药，保障粮食安全，进一步促进农药行业和学科之间的交叉融合与协调发展，提升行业原始创新能力，树立绿色农药在保障粮食丰产和作物健康发展中的权威性，加强正能量科普宣传，彰显农药对国民经济发展的贡献和作用，推动农药可持续发展，通过系统总结中国农药工业 60 多年来新农药研究、创制与应用的新技术、新成果、新方向和新思路，更好解读国务院通过的《农药管理条例（修订草案）》；围绕在全国全面推进实施农药使用量零增长行动方案，加快绿色农药创制，推进绿色防控、科学用药和统防统治，开发出贯彻国家意志和政策导向的农药科学应用技术，不断增加绿色安全农药的生产比例，推动行业的良性发展，真正让公众对农药施用放心，受化学工业出版社的委托，我们组织目前国内农药、植保领域的一线专家学者，编写了本套《中国农药研究与应用全书》（以下简称《全书》）。

　　《全书》分为八个分册，在强调历史性、阶段性、引领性、创新性，特别是在反映农药研究影响、水平与贡献的前提下，全面系统地介绍了近年来我国农药研究与应用领域，包括新农药创制、农药产业、农药加工、农药残留与分析、农药生态环境风险评估、农药科学使用、农药使用装备与施用、农药管理以及国际贸易等领域所取得的成果与方法，充分反映了当前国际、国内新农药创制与农药使用技术的最新进展。《全书》通过成功案例分析和经验总结，结合国际研究前沿分析对比，详细分析国家"十三五"农药领域的研究趋势和对策，针对解决重大病虫害问题和行业绿色发展需要，对中国农药替代技术和品种深入思考，提出合理化建议。

《全书》以独特的论述体系、编排方式和新颖丰富的内容，进一步开阔教师、学生和产业领域研究人员的视野，提高研究人员理性思考的水平和创新能力，助其高效率地设计与开发出具有自主知识产权的高活性、低残留、对环境友好的新农药品种，创新性地开展绿色、清洁、可持续发展的农药生产工艺，有利于高效率地发挥现有品种的特长，尽量避免和延缓抗性和交互抗性的产生，提高现有农药的应用效率，这将为我国新农药的创制与科学使用农药提供重要的参考价值。

《全书》在顺利入选"十三五"国家重点出版物出版规划项目的同时，获得了国家出版基金项目的重点资助。 另外，《全书》还得到了中国工程院绿色农药发展战略咨询项目（2018-XY-32）及国家重点研发计划项目（2018YFD0200100）的支持，这些是对本书系的最大肯定与鼓励。

《全书》的编写得到了农业农村部农药检定所、全国农业技术推广服务中心、中国农药工业协会、中国农业科学院植物保护研究所、贵州大学、华东理工大学、华东师范大学、中国农业大学、上海师范大学、湖南化工研究院等单位的鼎力支持，这里表示衷心的感谢。

宋宝安，钱旭红

2019 年 2 月

前言

农药管理既是全球农药界的普遍做法，也是国际履约的必然要求。中国开展农药管理与国际贸易由来已久，为全方位解读中国农药管理和国际贸易发展历史，准确阐述中国农药管理和国际贸易的发展理念，以达到"见微知著、启迪未来"的作用，我们编写了《农药管理与国际贸易》一书，作为《中国农药研究与应用全书》的分册之一。

本书包含了农药登记管理、农药登记试验与试验单位管理、生产管理、经营管理、使用管理、国际贸易等诸多内容，是中国农药管理与国际贸易工作的一个缩影，也是农药管理与国际贸易的重要工具书。同时，本书还可作为科研、教学，农技推广、生产、经营和管理方面的参考书。

本书由农业农村部农药检定所单炜力研究员设计框架、制定写作纲要、筹划统稿，聘请农业农村部农药检定所所长周普国研究员审定书稿，全国农业技术推广服务中心魏启文研究员参与统稿。全书第1~3章由单炜力、傅桂平、赵永辉、孙艳萍、吴进龙、陶岭梅、朴秀英、嵇莉莉、张薇、于荣、周艳明、张楠、王庆敏、郭立丰、刘育清、陈思琪等参与编写；第4章由刘绍仁、吴兵兵、罗艳、邵姗姗、陈振华、杜传玉、刘冬华、段又生、付伟、王灿、杨晓玲、王莎莎等参与编写；第5章由刘绍仁、陈振华、付鑫羽、杜传玉、刘冬华等参与编写；第6章由李永平、郭永旺、刘绍仁、梁帝允、张帅、赵清、束放、王凤乐、吴兵兵、杜磊、胡敏等参与编写；第7章由叶贵标、张一宾、段丽芳、付萌、吴厚斌、袁龙飞、曹兵伟、关爱莹、李少青、刘毅华、王晨等参与编写。

本书编写时逢《农药管理条例》修订实施不久，相关配套的管理制度正在陆续出台，限于时间仓促，且编者对新出台的一系列农药管理制度和政策理解不够全面、细致，书中出现不足之处在所难免，敬请广大读者和同行批评指正。

本书所述观点均为编者对管理制度及相关政策变化的把握和理解，并不代表管理部门的意见，如有疏漏与不足之处，敬请谅解。

编 者
2019 年 3 月

目录

第3章 农药登记试验与试验单位管理

第4章 农药工业生产管理

第1章
绪论

　　农药作为一种特殊的生产资料，在防治农林业病、虫、草害等方面起到了不可替代的作用，在提高农业生产效率，挽回粮食损失，满足世界日益增长的人口对粮食作物的消费需求，消除饥饿、消灭贫困等方面，立下了汗马功劳。全球气候变暖、人口增长和环境恶化等因素导致农作物病虫害频发，对农业生产造成严重危害。据统计，仅 2015 年，我国病虫草鼠害发生面积 70.5 亿亩（1 亩 = 667m²）次，防治面积达 84.4 亿亩次。其中，对粮食作物的危害达 19.7 亿亩次，对蔬菜的危害达 8.2 亿亩次，对果树的危害达 3.4 亿亩次。通过积极的农药防治，2015 年累计挽回作物损失达 1.03 亿吨，其中，水稻 3300 余万吨、小麦 1668 余万吨、玉米 1560 余万吨、蔬菜 3778 余万吨。对农作物病虫害进行可持续化学控制是提高粮食单产的重要手段，是实现农业生产可持续发展的关键。美国农业部资料表明，停止使用农药将导致作物产量降低 30%，农产品价格提高 50%～70%。而联合国粮食及农业组织指出，农药可以挽回全世界农作物总产量 30%～40% 的损失。同时，作为一种主要用于公共卫生领域控制病媒生物和影响人群生活的害虫的药剂，也是防治蚊、蝇、蚤、蟑螂、螨、蜱、蚁和鼠等病媒生物和害虫的最广泛、最有效的防治方法之一，农药可极其有效地控制害虫的繁衍及疾病的传播，并在公共卫生场所有效地控制有害物的滋生。

　　但是，农药也是一种有毒的商品，不科学、不合理使用带来的问题也日益突出，特别是长期过量、滥用农药不仅影响了农产品质量安全，还可造成人畜中毒，威胁着人类的健康与生存。据世界卫生组织（WHO）估计，全世界每年发生的农药急性中毒事件超过 300 万例，另外，还有 73.5 万例慢性中毒事件和 37000 例癌症发生。农药在杀死有害生物的同时，也会造成大量天敌和有益生物的消除和死亡，污染空气、水体和土壤，难免破坏人类赖以生存的生态环境，影响农业可持续发展。这些因素都对加强农药管理提出了迫切要求。特别是美国海洋生物学家蕾切尔·卡尔逊所编写的《寂静的春天》一书的出版，将农药管理推上了科学、法制的轨道。目前世界上经济发达的国家都建有完善的法规制度，对农药实行了严格的科学管理，以尽量减少农药对人类及环境的副作用。

　　农药是重要的农业生产资料，对防控植物病虫害、保障农业生产安全至关重要。2017

年国务院审议通过了《农药管理条例（修订草案）》（2017 年 6 月 1 日实施），将农药登记、生产、经营、使用和市场监管等职能划归农业部门。这使农业部门全面加强农药管理的工作，既面临难得机遇，也面临严峻挑战。在调研的基础上，相关部门组织专家深入分析我国农药产业发展的现状及存在的主要问题，研究提出促进农药产业健康发展的思路目标、重点任务和政策措施。

1.1　农药管理

1.1.1　农药管理定义

本书中农药管理的定义是参考《农药管理条例》规定的农药监督管理，按照《农药管理条例》规定在农药登记、生产、经营（包括流通）及使用管理等方面对农药的安全性和有效性实施科学规范的全过程监督管理。不涉及其他相关法律法规对农药研发、生产、加工、运输涉及的安全生产、职业健康、"三废"处理、知识产权等方面的规定。

由于各国发展水平与制度不同，农业在国民经济中的地位和作用不同，农药生产和使用、管理历史、技术和资源等存在差异，所采用的农药管理制度自然也是不同的。概括起来主要有三种类型：一是以欧美发达国家为代表的管理制度，由于欧美发达国家在农药研发领域的领先地位，在农药管理领域也处于引领世界的位置，其管理制度的主要特点是具有完善的政策技术法规体系，方法科学合理，程序健全，标准公开，并实施以安全风险防控为核心的全程管理；二是以中国、巴西、印度等新兴经济体为代表的少数发展中国家管理体系，法规制度建立于 20 世纪后期，法规制度体系相对健全，但不完整，方法标准以借鉴发达国家为主，缺少本国特色，对各种农药风险和违法行为还不能进行全程管理；三是多数工业基础落后的发展中国家的管理制度，由于其基本没有农药工业，使用的农药主要靠进口，受管理资源和能力的限制，管理制度相对简单，主要以登记为主，农药管理主要使用或参考发达国家或农药生产国的风险评估结果。

1.1.2　农药管理特征

经过 20 世纪的充分发展，随着风险分析的理念在农药管理领域的运用，以欧美为代表的主要工业国家率先制定了符合市场经济的完善的现代农药管理制度，通过联合国粮食及农业组织（以下简称联合国粮农组织）、世界卫生组织（以下简称世卫组织）、经济合作与发展组织的推广和宣传，逐步在世界各国得到应用，主要表现为以下特征。

（1）健全的法规体系　农药管理是一项涉及食品、健康和环境安全的公共管理工作，属于国家行为，必须依法办事。早在 1905 年，法国就颁布了《农药管理法》，成为全球第一个对农药实现法制管理的国家。随后，各国陆续颁布了农药管理法规，如美国（1910 年）、加拿大（1927 年）、德国（1937 年）、澳大利亚（1945 年）、奥地利（1948 年）、日本（1948 年）、英国（1952 年）、瑞士（1955 年）、韩国（1955 年）等。由于农药管理技术性强，除法规外，发达国家及国际组织起草发布了一系列涉及登记、试验、实验室管理、经营、使用指导、监督执法、风险监测、废弃物处理等的管理和技术规范，构建了完整的技术管理体系，使农药管理不仅有法可依，也有标可循。

（2）完整的管理制度　农药管理涉及生产、经营、储运、广告、使用、国际贸易和废弃物处置等领域和行为，联合国粮农组织制定的《国际农药管理行为守则》要求对农药实现全生命周期管理（life cycle management），以减少或避免农药对人、动物和环境的各种不利影响。发达国家制定了包括农药登记、企业登记备案、企业生产记录和检查、经营许可、安全事故监测通报、问题产品召回、施药器械审核、使用监管和服务、废弃农药及废弃包装物处理、登记资料保护、再登记和进出口监管等的一系列管理制度。这些制度覆盖面广，内容全面，相互衔接，可对农药生命周期的各种行为和安全风险进行有效管理。

（3）灵活的管理机制　发达国家农药管理是针对农药生命周期可能发生的违法行为和安全风险环节而设置管理制度的，经历近百年的管理变革，逐渐形成了一套适应市场经济管理要求的体制机制。通过登记管理，可确保产品的质量、效果和安全；通过经营许可，能确保市场秩序的规范；通过企业生产记录和核查，以确保企业合法生产和销售；通过监管和指导，提高安全使用水平，确保农药产品安全；通过安全事故监测，降低各种安全风险；通过废弃药剂和包装处置，减少环境污染；通过进出口监管，切实履行国际公约；通过强化处罚，规范市场秩序等。以企业及其违法生产行为管理为例，欧美国家对于企业并没有设立定点核准许可，而是实行相对宽松的备案管理，且一个企业可以备案多个生产工厂，而只需在产品标签上标明生产工厂备案号来明确生产地点；但要求企业详细记录生产的详细情况，包括所用的原材料、生产产品的数量及购销去向，并向管理部门通报，欧盟新法规要求企业记录保存长达5年时间；管理部门则通过核查生产记录，核查是否存在非法生产和销售行为，包括是否购买了地下工厂违法生产未登记的原药，有无将原药卖给制剂未登记的企业等。这种管理方式简单而有效，既尊重企业市场主体地位，鼓励创建品牌和做大做强，又能有效地监管各种非法生产现象。

（4）严谨的技术规范　农药安全性和有效性评价是实施一切农药管理的基础，开展农药安全性和有效性评价需要一系列完整的、真实的、可追溯的科学实验数据作支撑。以欧美国家为代表的农药工业发达国家早在20世纪80年代，就开始建立科学的登记试验准则和方法标准，规范农药登记试验行为，保证安全性评价数据可靠。为了促进全球贸易一体化，避免非关税贸易壁垒，促进化学物质及农药登记资料的协调一致，减少昂贵的、重复的试验，降低产品登记成本，保护动物福利，经济合作与发展组织（OECD）成员于1981年签署了《化学品评价数据相互认可（MAD）多边协议》，要求各成员必须遵从化学品安全评价良好实验室规范（GLP）原则，并按照《OECD化学品测试准则》进行试验。《OECD化学品测试准则》（以下简称《测试准则》）是由OECD环境委员会组织协调成员专家制定的一套严谨、完善的科学方法标准体系，是欧、美、日等发达国家开展农药登记评价遵循的标准。随着化学品安全评价技术的不断进步和安全评价理念的更新，《测试准则》也在不断地修订。2011年最新发布的《测试准则》包括理化性质、生物系统效应、降解与蓄积、健康效应和残留及其他测试5部分155项。其中，理化性质部分22项，生物系统效应部分35项，降解与蓄积部分25项，健康效应和残留部分64项，其他测试部分9项。

2017年之前，基于我国农药管理多部门管理的体制，为了保证不同部门履职尽责，满足不同领域试验测试和管理的需要，截至2016年7月，我国共制定了1472项与农药相关的标准。其中，国家标准684项，行业标准788项。按照标准功能进行分类，基础标准123项，农药产品标准394项，药效与生物测定标准426项，残留检测方法与限量标准369项，环境与毒理学标准 160 项。在一定程度上适应了我国农药管理制度要求。

2017 年新修订的《农药管理条例》实施后，农业部发布了《农药登记资料要求》，对用于开展农药登记安全性和有效性评价的试验做出了具体的规定和要求，在测试准则方面基本等效采用《OECD 化学品测试准则》，在技术要求方面，在满足中国农业生产实际和环境特色的情况下，参考 OECD 评价标准，突出农药登记国际协调的特点。

（5）明确的专业分工　农药管理具有很强的专业性，联合国粮农组织制定的《国际农药管理行为守则》要求各国成立农药管理机构从事农药登记及相关管理工作。发达国家多成立了专门的农药管理机构，如美国环保署的农药管理办公室（OPP）、德国的农药管理局（BVL）、澳大利亚农药兽药管理局（APVMA）等，实行专业化管理，确保管理的水平和质量。同时发达国家形成了自上而下有效的管理机制，以美国为例，联邦政府以农药登记管理为主，而地方政府开展企业核查、市场监管、使用监管和指导等工作，规定企业、协会、非政府组织和使用者等的相关责任和义务，形成各方共同参与的社会管理责任体系。如农药废包装的回收处置，通过立法，主要由企业和工业协会来承担。

1.1.3　农药管理功能与作用

根据不同国家法律规定，农药管理的领域主要包括农药登记管理、生产管理、经营管理、使用管理、流通管理和国际贸易等。

（1）农药登记管理　农药登记管理是一种市场准入制度。农药在获得生产和使用之前，必须首先向政府管理部门提出农药登记申请，由其按照法定的程序和标准，对农药产品的有效性和安全性进行全面的评估，对符合要求的批准登记，然后才能生产、经营和使用。

（2）生产管理　主要包括安全管理和质量管理。生产或加工农药的企业（即开办农药生产的企业），必须经政府管理部门审核批准，满足国家法律法规规定的环保、安全、职业健康等生产条件，并执行相应的产品标准（包括国家标准、行业标准和企业标准），生产合格的产品。

（3）经营管理　农药市场监管是经营管理的主要手段，包括对进入流通环节的农药产品质量、标签、广告和经营秩序等方面的监督管理。

（4）使用管理　农药使用管理是指对农药的科学使用技术、使用者的安全防护、农产品中农药残留等方面的监督管理。农药产品登记时批准的标签和说明书的标注内容，为农药使用者科学、合理使用农药提供依据。

（5）流通管理　农药产品的流通管理应该符合《危险化学品安全管理条例》的有关规定。国家对危险化学品经营销售实行许可制度，并对危险化学品的生产、经营、运输和使用等方面做出了明确的规定。在进行农药产品国际贸易时，还应该符合《鹿特丹公约》和目的国海关的有关规定。

1.2　我国农药产业发展状况

1.2.1　基本情况

按照 2017 年 10 月实施的《国民经济行业分类》国家标准，农药制造归为制造业中的化学原料及化学制品制造业，分为化学农药制造、生物化学农药及微生物农药制造，其代码为 C2531、C2532，属于精细化工，在经营使用上扮演特殊的角色。按其功能可分为：杀虫剂、杀菌剂、除草剂、植物生长调节剂和卫生杀虫剂等。

从农药产业的发展看，农药发展历程大致可分为三个阶段，即无机农药合成、有机农药合成和现代农药工业三个阶段。

（1）无机农药合成阶段　1940 年以前为无机农药阶段，农药主要是无机化合物和植物提取物，如有毒天然矿物质或植物，生产和制剂加工水平比较低，施药量较大、防效较低。这一时期，我国可以少量生产一些无机和植物源农药，如硫酸铜、王铜、硫黄、除虫菊和鱼藤酮提取物等。

（2）有机农药合成阶段　自 20 世纪 30 年代，瑞士研发成功 DDT（滴滴涕）之后，化学农药逐步在世界范围内广泛应用，农药产业也逐步加快发展，世界农药进入有机合成农药阶段。合成的农药主要是简单的有机化合物，如 DDT、六六六、对硫磷等有机氯和有机磷类农药。相比无机农药，其对作物更安全，用量更低，持效期更长。我国有机合成农药起步总体上要比国外晚 5～10 年。1950 年四川省泸州化工厂首先建成 DDT 生产车间，1951 年上海病虫药械厂建成六六六车间，标志着中国有机合成农药工业的建立。这一时期，我国基本实现当时农药主要剂型的自主化生产，我国农药工业初具规模。

（3）现代农药工业阶段　1970 年后为现代农药工业阶段，公众对环保和农产品质量安全的日益重视，推动了高效、低毒、低残留农药的创制，农药产品的作用机理由直接触杀转到控制预防。特别是 20 世纪 90 年代以后随着分子生物学、量子学、生物工程学等学科的进展，新型农药基本具有对人畜及作物安全、不产生抗药性，以及对非靶标生物（如鱼、鸟、蜜蜂等）无影响的特点。农药的功能也由最初单纯控制农田有害生物，减免产量损失，发展为激活植物潜能，增强植物自身耐受能力和抵抗能力。这一阶段，我国农药产业发展进入快车道，形成了包括科研开发、原药生产和制剂加工、原材料及中间体配套的较为完整的产业体系，国内农业、林业和公共卫生用药全部实现国产化。从 2005 年开始，我国成为世界第一大农药生产和出口国。

党的十九大和中央农村工作会议提出实施乡村振兴战略，要求推动农业全面升级，走上高质量发展之路，为我国农药产业绿色发展提出了要求，也提供了良机。国家"十三五"重点规划中专门强调了农药化肥减量施用计划，农业部专门制定了《到 2020 年农药使用量零增长行动方案》，提出了到 2025 年全面禁止使用高剧毒农药的目标。从 2015 年起，全国全面推进实施农药使用量零增长行动方案，坚决落实"三改进三推进三减少和一提高"，大力推进农药减量控害，积极探索产出高效、产品安全、资源节约、环境友好的现代农业发展之路。2017 年 2 月 8 日，国务院通过了《农药管理条例（修订草案）》，标志着我国农药管理工作和行业发展将面临深刻调整，进入全新发展时期。特别是在农药绿色品种和环保剂型研发、绿色农药制造能力提升、新型施药设备技术应用、高效绿色农药与配套绿色植物保护（以下简称植保）技术的融合等方面发展迅猛，为减施增效、绿色防控奠定了良好的基础，并涌现出了一系列农药减施增效的成功典范。2017 年，我国水稻、玉米、小麦三大粮食作物的农药利用率为 38.8%，比 2015 年提高 2.2%。目前，我国农药使用量已连续三年负增长，相当于减少农药使用量 3 万吨，减少生产投入约 12 亿元。

1.2.2　研发情况

目前，全球农药研发的核心技术仍掌握在先正达、拜耳、巴斯夫、孟山都、陶氏益农、杜邦六大跨国巨头农药企业中。我国的农药研发处于仿创并举向自主创新过渡的时期。截至目前，六大巨头通过收购、合并成四大巨头，拜耳收购孟山都，陶氏益农与杜邦公司合并，中国化工收购了先正达，世界农药创新格局发生深刻巨变，产生的影响也将逐渐显现。

现作为农药使用的 600 多个化学农药品种，有 85% 左右为先正达、拜耳、巴斯夫等六家创制公司开发。企业平均每年投入研发费用一般占农药总销售额的 9%～13%，开发一个农药品种往往需要筛选 10 万～13 万个化合物，耗资 2 亿美元以上。20 世纪 80 年代，是新化合物研发的黄金期，现广泛使用的烟碱类、吡啶类等化学农药品种绝大多数是这个时期推向市场的产品。现阶段，基于现有作物的抗药性和食品、环境残留方面的管理要求，筛选新有效成分的难度、成本均在增加，新有效成分的推出在减缓，研发的重点逐渐由新有效成分向生物基因与农药开发结合的方向转移。

我国自 20 世纪 70 年代开始，国家层面的农药研发中心及科研机构陆续成立，农药研发一直以政府投入为主，国内企业基本没有能力完成新有效成分的研发积累和资金投入。"九五""十五""十一五"，国家都将农药创制、科技攻关和科技支撑项目列为重要课题，国家发展和改革委员会（以下简称发改委）还给予其中一些技术先进和成熟的项目以贷款贴息政策。这期间，我国农药研发能力得到长足的发展，出现了一批创新品种和关键技术，目前由科技攻关和技术支撑项目取得登记证的创制品种近 30 个，此外，主导品种和中间体绿色生产工艺开发、生产装备的集成化和大型化、工艺控制自动化、水基型剂型加工技术等共性关键技术已成功应用于农药工业化生产。国内农药产业已呈现出从生产制造向技术研发上游挺进的趋势。

1.2.3　生产情况

农药大规模生产需要一定科技能力的支撑，以及必要的市场容量、资本支持和化工行业配套。在全球范围内具备农药从原药到制剂综合生产能力的国家和地区只有 20 个左右，从国际产能分工看，专利期内农药的生产加工主要在欧美国家完成，专利期外农药产品集中在中国生产和加工，印度、巴西、阿根廷、日本和韩国等国家也有部分产能，但规模均不及我国。中国是全球唯一可以从原料、中间体和助剂生产四五百种有效成分的原药和制剂的农药制造强国。

我国现有农药生产企业 2200 多家。目前，农药年产量 150 万吨左右（折纯）。农药生产行业从业人数约 16 万人，规模以上（年业务收入在 2000 万元以上）企业 820 家，资产总计 2655 亿元，主营收入 3080 亿元，利税 311 亿元。

生产企业主要集中在东部地区，占总生产企业数量的 50% 左右，中部地区占 35% 左右，西部地区占 15% 左右。生产大省有江苏、山东、河南、河北、浙江五省，这五省的农药工业产值占全国的 68% 以上，农药销售收入超过 10 亿元的农药企业有 28 家在上述地区，销售收入在 5 亿～10 亿元的农药生产企业也大多集中在这一地区。

2016 年我国杀虫剂、杀菌剂和除草剂产量占农药总产量的比例分别为 21%、9% 和

70％。生产剂型除乳油、可湿性粉剂、颗粒剂、毒饵、烟剂、气雾剂等常规剂型外，水剂、悬浮剂、水乳剂、微乳剂、微囊剂和水分散粒剂等发达国家推行的环保剂型，以及飞防使用的超低容量制剂，我国也有较成熟的工艺，目前这类剂型的农药产品占国内生产总量的 70％。

1.2.4　流通情况

全球农药市场销售额近几年基本保持在 500 亿美元左右。拜耳等六大公司的农药销售额占据全球 70％以上的市场份额。我国农药贸易额约占全球的 18.8％。2015 年我国华邦颖泰、新安、红太阳、扬农等企业销售额跻身世界农药公司 20 强。

（1）国内经营情况　目前，我国有约 36.7 万家农药经营者，其中批发单位占经营者总数的 7.4％，零售单位占 92.6％。已取得营业执照的经营者占经营者总数的 87.5％，私有或个体经营者占经营者总数的 73.0％。按经营者所在地分类，村庄级占 40.61％，乡镇占 48.0％，县城占 9.72％，地市级城市占 1.26％，省会城市占 0.41％。近些年，农药行业出现了一些新型的农药经营方式，如连锁经营、互联网经营、厂家直供直销、订单销售、"技物"结合经营服务等。

（2）进出口情况　1993 年，我国农药首次实现进出口顺差，从此农药出口成为行业发展的重要支柱，目前从事农药进出口的企业约 1012 个。根据海关数据统计，"十二五"期间，我国农药共计出口 778 万吨（商品量），价值 386 亿美元。其中，出口产品以原药为主，制剂出口近年有所增长，出口目的地 175 个国家（地区），亚洲、南美洲是主要目标市场，美国、巴西、泰国等 20 个国家占到总出口额的 75％。进口农药产品中杀菌剂占据主导地位，品种以专利保护期内的新品种为主。进口来源地主要为拜耳等六大公司在亚洲的代工国家和欧盟部分国家等 37 个国家（地区）。

1.2.5　使用情况

联合国粮农组织统计表明，全世界使用农药挽回的农产品损失达到 30％。同时，卫生杀虫剂的广泛使用，有效帮助人类免受蚊、蝇、蜚蠊、鼠类的滋扰，极大地控制了疟疾、鼠疫等重大传染病疫情的发生。

联合国粮农组织数据库统计，全球 159 个国家和地区的年均农药（有效成分）用量预计在 250 万吨左右。使用量排在前 5 位的国家分别是巴西、中国、美国、阿根廷、墨西哥，使用量占到全球总量的近 50％。我国现有 2.5 亿农户，3 亿农业生产人员，大多数农民文化水平较低，61％的使用者依靠经销商的推荐购买和使用农药，80％以上的农作物病虫害防治由农民自己完成。我国农作物病虫害常年发生面积 70 亿亩次，防治面积 80 亿亩次，其中施药防治占 80％以上。2015 年，农药年产量 150 万吨（折纯）。其中，国内用量 50 万吨左右，出口量 100 万吨。专家分析，在国内用量中，农作物病虫防治用药量 30 万吨左右，占 60％；林业和草原病虫防治用药量 10 万吨左右，占 20％；卫生杀虫灭鼠、建筑防蚁和城市绿化等其他用途 10 万吨，占 20％。受施药机械落后、人员素质较低及统防统治覆盖率不高等因素的影响，全国主要农作物农药利用率为 36.6％，与发达国家普遍达到 50％以上的水平相比，还有较大差距。我国农药使用大省（自治区）依次为山东、广东、广西、江苏、黑龙江、湖南。

随着"农药使用量零增长行动"深入实施，政府主导，社会、企业多方参与，加快了专业化统防统治与绿色防控融合推进。以小麦、水稻、玉米等粮食主产区和病虫害重发区为重点的病虫统防统治，高毒农药定点经营示范县创建和低毒生物农药示范补贴等措施，极大地规范了农药使用，提高了农药利用率。同时在"互联网＋"等信息经济的深刻影响下，国内企业在经营方式上有了悄然变化，涌现出一大批新型农药综合服务主体，如农一网、田田圈、田园飞防、农医生等信息平台。装备精良、服务高效的病虫防治专业化服务组织已初具规模。

1.3　《农药管理条例》修订前的农药管理状况

1.3.1　分段管理，职责交叉

我国农药管理法制化进程，起步于建国初期的计划调控，得益于改革开放的市场引导，成就于20世纪末的《农药管理条例》实施，有起步晚、发展快的特点。2017年6月之前，《农药管理条例》、《危险化学品安全管理条例》、《中华人民共和国农产品质量安全法》（以下简称《农产品质量安全法》）、《中华人民共和国食品安全法》（以下简称《食品安全法》）、《中华人民共和国行政许可法》（以下简称《行政许可法》）等法律法规和国务院"三定"方案，对农药产业的各个环节界定了职责，明确了主要的6项管理制度，即农药企业定点核准制度、生产许可制度、登记制度、广告审查制度、农药专营制度（七类主体）、经营许可制度（危险化学品）等，管理模式呈现"九龙治水"模式，职责设定"各管一段"。职责上主要涉及工信、农业、质检、工商、安监等部门，其中工信部门负责核准农药生产定点企业和审批没有国标、行标产品的农药生产批准文件及其监督管理；农业部门负责农药登记和农药监督管理；质检部门负责审批有国标、行标产品的农药生产许可证及其监督管理；工商部门负责农药市场监管、查处假冒伪劣农药；安监部门负责属于危险化学品的农药的安全管理。在管理范围上有交叉，环节关联上有脱节，政策调控上不统一，责任追究上难认定，这与国际组织和发达国家倡导的"管理协调统一""全生命周期监管""风险管理核心"等理念，尚存不小的差距。

1.3.2　农药登记制度保安全

农药登记是农药管理的核心制度，我国农药登记管理历经起步、制度形成和依法管理三个阶段。

（1）起步阶段（1963～1982年）　当时，国家没有明确的管理制度，主要通过国务院或有关部门发布行政通知，由化工部门定生产厂家、定品种、定产量，实行计划经济下的行政管理模式。自1978年起，在农业部新增"审批农药新品种的投产和使用、复审农药老品种、审批进出口农药品种、督促检查农药质量和安全合理用药"等管理职能。

（2）制度形成阶段（1982～1997年）　1982年多部委联合颁布《农药登记规定》（［82］农业保字第10号），标志着我国农药登记管理制度正式确立。后又相继颁布《农药登记规定实施细则》《农药登记审批办法》《农药登记评审委员会组成办法》《农药登记资料要求》等配套规章和规范性文件，重点管理产品质量、药效及急性毒性，登记评审工作初步规范。

（3）依法管理阶段（1997 年以后）　1997 年，国务院令颁布《农药管理条例》，标志着我国农药管理步入法制化轨道，建立了以农药登记管理为主体，生产、经营、标准管理并存的农药管理制度体系。2001 年第一次修订《农药管理条例》，增加了农药登记资料保护条款。为便于《农药管理条例》的实施，1999 年发布《农药管理条例实施办法》，并于 2004 年、2007 年分两次修订完善，此时登记评估的重心由质量、效果管理逐步转向安全管理，除产品质量、药效及急性毒性资料外，增加慢性毒性、环境影响、残留等安全性评估资料。通过不断提高登记门槛、强化安全管理，基本实现我国农药登记资料与发达国家接轨。

此外，为强化评审的专业性、综合性，2000 年农业部组建农药临时登记评审委员会，由农业、林业、卫生等部门 17 位专家，负责综合评价申请临时登记的产品，有人形容"农药登记过程似产检"，目的是保安全、控风险。

1.3.3　生产许可（核准）调控

农药管理制度形成以来，国家农药生产管理的有关部门为适应国家农药工业产业政策，不断强化全国农药生产管理工作，尤其是 1997 年《农药管理条例》实施后，工业部门颁布了相应的实施办法，细化了农药生产企业定点核准、生产许可条件和管理规定，在高毒农药禁限用、产业发展规划等方面也做了一系列举措。

（1）协同合作，分批淘汰高毒品种　1983 年，化学工业部决定停止生产和使用六六六、滴滴涕。2007 年，禁止生产、使用、销售含有甲胺磷、对硫磷、甲基对硫磷、久效磷、磷胺 5 种高毒有机磷的农药。2011 年，禁限用苯线磷、硫丹等 22 种高毒农药。这是我国农药产品结构调整的三大里程碑。

（2）发布产业政策，引导行业调整　2010 年，工业和信息化部（以下简称工信部）联合多部委发布《农药产业政策》，为今后一个时期农药工业的长远、持续、健康发展提供了重要的指导方针。2011 年，国家发改委发布《产业结构调整指导目录（2011 年本）》，限制新建高毒、高残留以及对环境影响大的农药原药［包括氧乐果、水胺硫磷、甲基异柳磷、甲拌磷、特丁磷、杀扑磷、溴甲烷、灭多威、涕灭威、克百威、敌鼠钠、敌鼠酮、杀鼠灵、杀鼠醚、溴敌隆、溴鼠灵、肉毒素、杀虫双、灭线磷、硫丹、磷化铝、三氯杀螨醇，有机氯类、有机锡类杀虫剂，福美类杀菌剂，复硝酚钠（钾）等］生产装置；限制新建草甘膦、毒死蜱（水相法工艺除外）、三唑磷、百草枯、百菌清、阿维菌素、吡虫啉、乙草胺（甲叉法工艺除外）生产装置；淘汰落后生产工艺装备，包括钠法百草枯生产工艺，敌百虫碱法敌敌畏生产工艺，小包装（1kg 及以下）农药产品手工包（灌）装工艺及设备，雷蒙机法生产农药粉剂，以六氯苯为原料生产五氯酚（钠）装置。

（3）制定行业发展规划，指导行业中长期发展　2011 年和 2016 年，中国农药工业协会先后发布《农药工业"十二五"发展规划》《农药工业"十三五"发展规划》。针对农药行业在产业集中度、科技创新能力、绿色剂型、环境污染等方面存在的突出问题，旨在通过政策引导，解决困扰行业健康发展的困难，突出行业宏观指导作用，促进行业的转型升级。

（4）完善企业核准制定，简化审批程序　《农药生产管理办法》完善了农药企业核准、农药生产批准证书等事项的申请条件、申报程序及审核办法，将企业规模、产品质量及环境保护列为否决项，进一步规范了农药企业生产资格的审核工作，建立专家库，专家参与企业考核和申报资料审查。加强证后监管，开展不定期企业抽查，加大违法行为处罚力度。2012年，工信部发布了《关于规范农药产品生产批准证书审批程序的通知》，简化换证审批程序，缩短了生产批准证书的办理时间。

1.3.4　流通渠道逐渐多元化

农药流通涵盖销售、运输、贮藏等多个环节，都属于市场监督管理范围，我国的农药市场监督起步于20世纪70年代后期，依监管特征，可大致分为三个阶段。

（1）计划经济时期　农药实行指定生产企业、按计划生产，由供销合作社统购统销；农药由村级组织统购、指定专人保管和使用。监管对象主要是各地供销合作社和农药生产企业。因监管对象单一、可实现溯源管理，农药市场监管工作相对简单，发现问题可直接追究生产企业、经营单位的责任。该时期的农药监管依据为：1978年11月化工部、农林部、全国供销合作总社颁布的《农药质量管理条例（试行草案）》和1988年国务院关于《化肥、农药、农膜实行专营》的决定。

（2）市场经济初期　农药的经营由供销系统独家经营转变为供销和农业系统的双系统经营，依据当时的《中华人民共和国产品质量法》（以下简称《产品质量法》），市场监管的主体是工商或质检部门。农业部门没有监管和处罚权，农业部门所属的质量检测机构接受委托，承担监督抽查的具体工作，或者以技术为主配合有关部门开展市场监管。

（3）法制建设时期　1997年《农药管理条例》颁布实施后，基本建立了农药市场监管制度主体框架，规定了农药经营单位的资质条件，明确了七类农药经营主体，授权农业部门负责农药市场监管，承担对违反农药登记管理制度、不符合产品质量标准、擅自修改标签等的监督检查。《农产品质量安全法》颁布实施后，进一步明确农业部门承担农药监督抽查工作，授权省级以上农业行政主管部门负责发布农药监督抽查结果。为做好市场监管工作，先后发布《农药广告审查标准》《农药广告审查办法》《农药标签和说明书管理办法》《农药限制使用管理规定》等一系列部门规章和规范性文件。

1.3.5　农药使用科学指导缺位

针对众多的农药使用者，农药使用管理一直以用药技术进行指导服务，但是也只有"建议权"，用多用少使用者"说了算"，农药使用者几乎不受任何监督和约束。但随着农业生产经营模式的转变，以及农药经营政策的调整，指导农民用药的组织发生过几次较大的变化。一是20世纪80年代中期开始，农药的销售渠道为单一的供销社系统，农药的使用指导主要由县、乡、村的三级植保技术人员完成；二是80年代末至90年代中期，农药的经营由供销系统独家经营转变为供销和农业系统共同经营，当农业系统的经营数量占到市场供应量的50%左右时，农药使用的指导体系中，村一级已经逐渐消解，农户用药逐步依靠农药零售店来指导；三是至20世纪末期，由于加入WTO（世界贸易组织），农药销售市场向社会开放，供销社系统、农业系统的经营都纷纷向个人承包发展，农业系统的经营规模变小，同时乡镇一级农业技术站人员也在改革中被分流，农药的使用指导主要依靠县一级植保站，而具体用药方面，则主要依靠各农药经销店；四是2005年以后，农业系统基本退出农药销售经营，农药零售基本实现私营化，农药使用的具体指导，基本由各级农药经销店负责，使用者是否按照指导规范操作，无人监督，结果不得而知。

1.3.6　卫生杀虫剂管理长期边缘化

农药，除了人们熟知的杀虫剂、杀菌剂、除草剂、植物生长调节剂外，还包括卫生杀虫剂。但是，卫生杀虫剂的管理和要求与其他几类农药不尽相同，卫生杀虫剂产品均为中毒及以下毒性级别，种类相对较少，用量少，始终处于农药监督管理的边缘。

卫生杀虫剂于 1982 年被纳入农药管理范畴，实行农药登记制度，2000 年，停止省级农药检定机构审批发放《卫生杀虫剂登记证》，由农业部进行统一管理。伴随行业的快速发展，逐渐在管理上对以下几方面进行了进一步约束。

（1）规范产品名称，公布了《直接使用卫生用农药名称目录》。

（2）规范产品含量，单剂产品的有效成分含量，原则上不得超过世界卫生组织（WHO）收录的卫生杀虫剂产品有效成分含量的上限，混剂中各有效成分含量与 WHO 对应有效成分上限的百分比之和不能超过 100%。

（3）规范产品香型，产品香型实行备案制度，同一卫生用农药产品最多可以申请使用 3 种香型。

（4）登记时应提交产品物化参数及其测定方法等资料，为科学评价产品的安全性提供技术依据，保证农药生产、加工、包装、贮运、销售和使用安全。

（5）安全风险管理成为卫生用农药登记管理的核心内容。

（6）进一步加快标准建设，为卫生用农药的技术评价、市场监督和使用指导提供技术保障。

1.4　我国农药管理面临的主要问题

1.4.1　《农药管理条例》修订前

2017 年之前，农药产业存在的主要问题是制度、体制不适应农药产业的发展和管理工作的需要，亟须修改完善。突出表现在以下几个方面。

（1）临时登记门槛低，导致低水平、同质化农药供给多，安全、经济、高效农药供给少，需要依法促进农药产业转型升级，提高农药质量水平。

（2）农药生产管理存在重复审批、管理分散等问题，需要调整管理职责，优化监管方式。

（3）农药专营"名存实亡"，个体及私营企业成为农药经营主体，规模小、布局散、秩序乱，有的制假售假甚至销售禁用农药，需要依法推动转变经营管理方式，完善经营管理制度。

（4）农药使用存在擅自加大剂量、超范围使用以及不按照安全间隔期采收农产品的现象，"毒豇豆""毒生姜"等农产品质量安全事故时有发生，需要依法加强农药使用监管，促进科学使用农药。

（5）当时《农药管理条例》的法律责任规定得处罚力度不够，需要综合运用民事、行政、刑事等措施，对违法生产经营者实行严厉处罚，提高违法成本。

1.4.2 《农药管理条例》修订后

2017年2月，国务院审议通过修订的《农药管理条例》，基本理顺了我国农药管理体制，使得农药产业面临的主要问题也随之发生了很大变化，一些原有的非主要矛盾变为主要矛盾，同时还带来新的矛盾。突出表现在以下几个方面。

1.4.2.1 生产方面产业集中度较差、产能严重过剩

（1）企业规模小，竞争力弱 我国现有农药原药生产企业500多家，产业集中度较差，企业多、小、散的问题仍未根本解决，农药行业至今尚没有具有国际竞争能力的龙头企业。2014年总销售额超过10亿元人民币的企业38家，全国2000家企业中，销售额1亿元及以下的企业多达1800余家。前十家农药企业销售收入占全行业的10%，前二十位为15.6%。而2014年世界前六位跨国公司的销售额占世界总销售额的76.5%。

（2）自主创新能力弱，技术装备水平低 由于企业规模小、实力弱，不能支持高风险、高投入、长周期的农药自主创新。绝大多数企业研发投入占销售收入的比例不到1%，国外创新型农药公司研发投入占销售额的比例平均为10%以上。

跨国公司农药生产实现了连续化、自动化、设备大型化，我国只有少数企业在个别产品生产中实现了连续化、自动化，大多数企业仍然采用工艺参数集中显示、就地或手动遥控，产能的增加也大多依靠增加生产线或部分设备的调整。

（3）产品结构尚需进一步调整

① 经过多年的努力，高毒农药的取代取得了巨大成绩，个别品种因农业生产需求以及没有好的替代品种仍在少量使用。

② 特殊用途杀菌剂相对较少。我国目前可生产500多种原药，常年生产300个品种，杀菌剂仅占6.1%，特别是用于水果、蔬菜等高附加值经济作物的杀菌剂品种较少。

③ 部分品种产能严重过剩，产品同质化现象突出。我国农药生产目前仍以过专利期的品种为主，部分大宗、热点品种产能过剩（如吡虫啉、阿维菌素、草甘膦、乙草胺等严重供过于求），多家企业生产同一个品种，产品同质化现象显著。

④ 剂型结构不合理，农药助剂开发滞后。我国可生产农药剂型120多种，制剂超过3000种，大部分原药只能加工5～7种制剂，而发达国家一个农药品种可加工成为十几种、甚至几十种制剂，其中绝大多数是水基化制剂或固体制剂。

⑤ 农药助剂尚不能满足剂型开发要求。我国农药助剂大多借助其他行业已有的品种，缺乏水基化、微囊剂、缓控释等新型制剂的专用助剂。

（4）"三废"污染严重 由于技术、资金及体制等各种原因，大多数企业重生产、轻环保，缺乏"三废"治理的有效技术措施，大多数企业尚未真正做到达标排放、清洁生产。农药原药生产工艺过程较长、原料种类多，副反应和副产品多，废水含盐高、难降解有机污染物浓度高，一些特殊污染因子缺乏有效的处理手段。

1.4.2.2 农药登记与农业生产不对接

（1）农药登记管理运行机制与农业生产实际的需求不适应 一些已经正式登记多年的农药，可能存在着残留超标、环境影响、抗性等方面的问题；部分正式登记产品数据缺失问题，特别是二十世纪八九十年代正式登记的产品，药效、残留、毒性和环境等方面的资料大多不全，没有进行过全面的安全性评价，需要开展登记后的再评价。欧盟各国、美国等发达

国家已建立较为完善的农药风险评估体系，同时，通过提高登记成本、收取登记维持费、开展再登记和再评价等措施，建立有效的农药退出机制，保证使用产品的安全。而我国现行农药登记管理制度还未建立农药退出机制，一般都是其他国家发现问题时，我们才开始采取措施，较为被动。

（2）登记评审技术和方法与强化安全管理的要求不适应　目前，我国登记评审基本停留在试验评审和毒理审查上，缺少完善的风险评估机制，对产品安全性及潜在风险的评价缺乏科学依据，难以满足公众对食品、健康与环境安全的期待。有效的风险管理和淘汰退出机制还不健全，没有开展实质性的再评价；登记资料规定、试验准则和评审技术与发达国家和国际组织相比也有差距。例如，产品的杂质试验与评价技术不够；残留试验点数少、技术要求不高，残留限量标准制定滞后，不能与登记同步；助剂评价基本还未开展等。

（3）农药登记政策调控与引导产业发展的期盼不适应　我国农药工业经过 30 多年的发展，我国已成为世界农药生产和出口大国，但农药生产企业数量众多，企业规模普遍偏小，创新能力较弱，同质化生产较为严重。与跨国农药公司专注于自己的产品不同，我国企业专注于别人的产品、别人产品的专利期和别人生产什么。往往专利期一过，同一个品种十几家甚至几十家企业生产，这是相同产品数量多、市场竞争混乱、竞相压价的主要原因。

（4）农药登记试验报告缺乏全过程质量管理要求　农药登记试验数据是农药登记评审的基础和主要依据，其质量直接影响农药登记评审工作的有效性。目前，我国的农药登记试验管理，主要是通过对登记试验单位的考核来规范和保证登记试验的准确、可靠，但现有考核管理办法对登记试验及试验单位的要求太过笼统，缺乏系统性和完整性，导致试验数据质量不高，出现问题无法溯源，试验结果也难以被发达国家和国际组织所认可。试验样品问题突出，有的企业为了取得农药产品登记许可，登记试验时的样品使用高品质的原料和助剂或采用精加工方式生产，获得登记证后，在实际生产中使用廉价原料且加工粗放；有的企业提供的药效、残留、环境、毒理等各试验样品不一致；有的企业甚至直接购买其他企业已登记产品开展登记试验，极大干扰和影响登记评审结果、误导登记管理决策。

（5）蔬菜及特色作物病虫害防治"无药可用"　我国现有登记农药有效成分 650 个，产品 2.9 万个，登记范围主要集中在大宗农作物上。水稻、小麦、玉米、棉花、大豆、苹果、柑橘、十字花科蔬菜、黄瓜和番茄 10 类作物上登记的产品数量占到登记产品总数的 70% 以上，在特色蔬菜及其他特色作物上则极少或没有。如目前蔬菜上登记的产品仅涵盖了 30 多种蔬菜的不到 100 种病虫害，其他约 120 种蔬菜的 100 多种病虫害无登记农药可用。水果上登记产品主要集中于苹果、梨、柑橘三大品种，其他多种水果或无登记农药，或有个别农药品种登记，但远不能满足防治需要。药用作物方面，我国只在 3 种中药材上有登记农药可用。对蔬菜及特色作物登记的公益性认识不足，政府支持、企业配合、协会推动等力度不够。

1.4.2.3　农药经营主体多、市场秩序不规范

（1）经营管理制度实际未执行且不符合发展要求　限定的七类经营主体与实际严重不符，如个体及私营企业已经成为农药经营的主要力量，部分法定的经营者从经营领域退出，与我国加入 WTO 的要求不相适应等。农药经营者资质条件落实可操作性差；农药经营购销台账、进货检验制度形同虚设；监管制度不健全，处罚措施可操作性不强。

（2）农药经营秩序不规范　农药经营者众多、人员素质参差不齐。农药经营者不能履行

指导农民对症购药的法定职责，违法经营行为屡禁不止。每年从农药监督抽查、汇总结果和接到举报、投诉的案件中看，经营者参与销售假药和制造假药的案件不少，严重扰乱了农药市场秩序。违法经营更加隐蔽，监管难度明显加大。

（3）农药经营监管体系不健全　主要包括监管手段和监管人员严重不足，地方监管经费没有保障。整个农业执法系统基本未配备农药生产方面的管理人员。

1.4.2.4　农药乱用、滥用普遍，使用监管乏力

（1）施药主体素质偏低　尽管近年来通过专业化防治服务的开展，在规模化用药方面有所改善，但是总体而言，我国的农药使用仍以农户为主，尤其是在蔬菜、果树生产上，以农户个体用药为主。特别是近年来随着青壮年大量外出务工，老人和妇女成为施药主体，文化水平较低，这与发达国家普遍实行农药使用者持证上岗相比，差距甚远。仅以单位面积用药量来看，我国耕地仅占世界的 7%，低于美国占世界 13.5% 的比例，但是我国农药的总使用量据估计已经超越美国，随意增加施药次数、加大施药剂量的现象较为普遍，加快了有害生物的抗性发展，容易造成农产品中农药残留超标。

（2）施药装备较为落后　我国目前植保机械仍以背负式喷雾器为主（占植保机械总数的 90%，防治面积占 70%）。这种背负式喷雾器施药效率低，劳动强度大，且跑冒滴漏较为严重。这与发达国家以大型施药机械和飞机为主，实行智能化精准施药相比，差距甚远。

（3）农药利用率较低　受施药机械落后、人员素质较低及统防统治覆盖率不高的影响，2015 年我国主要农作物农药利用率仅 36.6%，与发达国家普遍达到 50% 以上的水平相比，还有较大差距。

（4）使用监管制度不健全　农药使用管理在使用者的资质、使用记录、法律责任等方面制度不健全，可操作性不强。针对一些特色小宗作物登记用药品种短缺、市场份额较小、企业出资登记积极性不高等问题，尚缺乏规章制度加以规范和引导。

1.4.2.5　监管体系和能力面临挑战

（1）管理理念需要从管登记、市场向管产业转变　《农药管理条例》修订前，农业部主要承担农药登记，与工商、质检等部门共同承担市场监管工作。《农药管理条例》修订后，农业部门承担管理农药产业的重任，管理的内容不仅仅是农药登记、生产许可、经营许可，需要从保障农业生产、农产品质量安全和环境安全的大局，谋划农药产业与密切相关产业的对接。在做好相关行政许可的同时，需要制定产业政策，引导产业发展；需要建立健全技术支撑体系，保障管理制度、产业政策落地；需要争取相关国家政策、资金、组织保障等方面的支持。但当前农业部门有较多的人员对农药管理的认识仅停留在几个行政许可上，对管理产业的意识模糊，需要整个农业部门统一认识，转变思维和角色。

（2）农药监管面临重大挑战　新修订的《农药管理条例》赋予地方农业部门更多的管理职责。

① 管理的任务明显增加　农药生产原来由质检、工信部门监管，市场由工商、农业两部门共同监管。工商、质检有健全的体系和强大的执法队伍，农业部门的监管体系和力量明显不如这两个部门。前两者退出后，农业部门独立承担农药生产、经营和使用监管重任，体系、人员和技术装配与任务严重不匹配，尤其是对生产经营"黑窝点"的查处手段缺乏，难以形成打击威慑力。

② 各级农业部门的分工协作未清晰界定　《农药管理条例》仅规定了县级以上农业主管

部门的职责，但未细化，责任和权力应当合理界定。

③ 技术支撑体系严重不足，管理不规范　虽然监管是行政部门的职责，但农药管理是一项技术性很强的工作。此前工信、质检行政部门从事生产许可管理的行政人员很少，但拥有强大的技术支撑体系，农业部门除登记外，技术支撑体系严重不足。

（3）农药安全生产管理缺乏经验　农药生产涉及环境保护和安全生产管理等问题，对农业部门来说，都是全新的领域，普遍缺少管理经验。

① 农业部门承担指导行业、加强安全生产管理的职责　依照国务院法制办公室和中央机构编制委员会办公室（以下简称中编办）等的协调意见，农药作为化工品，其安全生产监管由原国家安全生产监督管理总局负责。新修订的《农药管理条例》调整农药生产管理职责，不涉及农药安全生产监管职责的调整，而是将工业和信息化部"指导行业加强安全生产管理"的职责相应地调整给农业农村部，农业农村部作为农药主管部门，应当指导行业加强安全生产管理。需要农业部门合理界定安全生产监管的手段和条件，保障其可操作性。

② 从《农药管理条例》生产许可条件看，未将安全生产、环境保护等部门的许可作为农药生产许可的前置条件。

③ 国家要求理顺行政许可之间的关系　国务院要求清理行政审批、简政放权，并取消了工信部有关办理农药生产许可要求提交环境保护部门审批证明的做法。2017 年，国家质量监督检验检疫总局（以下简称质检总局）发文，明确要求不将环保、危险化学品生产许可证等证件作为办理工业产品生产许可证的前置条件。

1.5　加强我国农药行业管理的意见与建议

我国是一个农药生产、使用和出口大国，又是一个农业生产大国，尤其是小宗农作物品种多、出口量大。综合分析国外的经验，结合我国农药、农业产业实际，今后我国农药管理政策的价值取向应牢牢把握"质量兴农、绿色兴农和品牌兴农"的主基调，鼓励绿色农药研发，推广应用绿色植保技术，切实保障粮食生产安全、农产品质量安全和生态环境安全，提升产业的竞争力，促进水果和小宗农产品的生产和出口。

1.5.1　制定产业政策，引导产业发展

虽然《农药管理条例》规定生产许可审批下放给省级农业部门，但农业农村部仍然承担农药生产管理的职责，应当保留产业布局、去产能等宏观调控的手段，保证全国生产管理一盘棋。根据《农药管理条例》的授权，在执行国家发改委等部门发布的国家工业产业政策的同时，结合农药产业实际，做好农药供给侧改革，服务现代农业生产，分期分批发布相关产业政策，引导产业发展。

1.5.1.1　鼓励创新，加大绿色科技支持力度

（1）推动建立国家农药产业技术体系　新的《农药管理条例》将农药登记、生产、经营、使用指导、监管等职能全部赋予农业部门，是贯彻落实中央关于"一件事由一个部门管理"的精神的集中体现。建议效仿水稻、小麦、油料、茶叶等产业技术体系的做法，研究成立国家农药产业技术体系，融入现代农业技术体系建设，在基础研究平台建设、创新体系完善和新品种创制等方面给予扶持。通过设立农药产业技术研发中心、首席科学家、联合试验

站点，整合国内农药产业科技力量，集中资源研究解决产业共性难题，创新机制，共享科研成果。支持企业与科研院所和高校等组成产学研实体，建立技术中心，提高关键环节的创新能力，加速科技成果产业化，发展高效、安全、经济和环境友好的新品种，开发新助剂和新剂型，支持生物农药发展，推进农药从创制研发到应用技术的全产业链科技含量的提升。

（2）加大对我国绿色农药创制的支持力度　从今后我国农药产业发展的趋势看，加速研发更高效、更环保、更安全的小分子农药是实现未来我国农药减量使用的有效途径，同时也是提升绿色农药产业市场竞争力的新要求，对实施农药零增长计划，实现农药创新的多样性、生物合理性、生态安全性和提高农药的高效性与选择性具有重要意义。农药新品种创新是一项投入高、持续时间长的生物化学工程，目前"化学肥料与农药减施综合技术研发"试点专项的有限财力用于分子设计与分子靶标，很难创制出满足生产需求的替代品种。因此，有必要从国家战略需求考虑，设立重大专项，聚集农药化工和植保方向的优秀专家，进行持续的研究创新，才能开发出更多的产品满足我国未来植保防灾减灾工作的需要，不断为实现农药持续减量以及绿色农业发展提供支撑。

① 要加快高效低风险小分子农药的研发，将高效低风险农药的创制纳入植保体系。加大天然产物活性成分的挖掘利用，创新出结构新颖、靶标新颖的高效低风险农药分子。

② 要加强新型低风险、小分子免疫调控农药的研发，并构建新型的植保服务体系。通过解决产业共性难题，为质量兴农、绿色兴农提供更有力的物质保障。

（3）支持和鼓励企业运用新技术和新设备　加快技术进步，提高信息化水平，实现生产连续化、控制自动化、设备大型化、管理现代化。重点支持农药核心技术、关键共性技术的开发和应用，加强高效催化、高效纯化、定向合成、手性异构体及生物技术的应用，加快低溶剂化、水基化、缓释化制剂及高效、经济的"三废"治理等技术的研发与推广。

（4）加大技术改造力度，提高技术装备水平。加大环保投入，开发推广先进适用的清洁生产工艺和"三废"处理技术，减少污染物排放量。

（5）完善知识产权管理机制，从科研、生产到销售、出口等环节，强化知识产权意识，提升农药企业知识产权的创造、运用和保护能力。

（6）鼓励农药企业采用投资、合资、合作、并购等方式到境外设立技术研发机构，广泛吸纳海外技术和人才。支持企业、研究单位到海外申请专利、登记产品和注册商标。

1.5.1.2　制定农药生产布局规划

组织地方农业部门、行业协会等，加快制定我国的农药生产布局规划，明确调控企业数量和登记产品数量。

（1）综合考虑地域、资源、环境和交通运输等因素调整农药产业布局，通过生产准入管理，确保所有农药企业的生产场地符合全国主体功能区规划、土地利用总体规划、区域规划和城市发展规划，并远离生态环境脆弱地区和环境敏感地区。

（2）新建或搬迁的原药生产企业要符合国家用地政策并进入省级以上化工园区；新建或搬迁的制剂生产企业在兼顾市场和交通便捷的同时，进入省级以上工业集中区。

（3）对不符合农药产业布局要求的现有农药企业不再批准新增原药品种和扩大生产能力（包括新建生产装置或异地生产分厂等），并推动其逐步调整、搬迁或转产。

（4）严格控制盲目新增产能，限制向中西部地区转移产能过剩的产品生产；引导发展适合本地资源条件、符合当地市场特色的产品。

（5）推进农药产业结构调整，鼓励专业化、集约化生产，充分发挥市场在资源配置中的决定性作用，强化企业主体地位，鼓励通过兼并、重组、股份制改造等，实现企业大型化。

1.5.1.3 调控产能，淘汰落后产品、工艺和技术

（1）限制产能严重过剩的农药品种 适时发布限制、淘汰的农药产品目录，禁止能耗高、技术水平低、污染物处理难的产品转移，加快落后产品淘汰。通过土地、信贷、环保等政策措施严格控制资源浪费、"三废"排放量大、污染严重的农药新增产能。

（2）建立产业预警机制，制止低水平重复建设 建立和完善重污染企业退出机制，淘汰严重污染环境、破坏生态环境、浪费资源能源的生产工艺。

（3）控制落后剂型的登记 主要是降低粉剂、乳油、可湿性粉剂的比例，严格控制有毒有害溶剂和助剂的使用。支持开发、生产和推广水分散粒剂、悬浮剂、水乳剂和微胶囊剂等环保型农药制剂及配套的新型助剂。

1.5.1.4 激发活力，提升农药产业竞争力

在对产业宏观调控和守住安全底线的前提下，按照发挥市场的主体作用与政府的引导作用的总要求，赋予企业更多的自主权，尽可能减轻负担，鼓励其从市场上寻找创新点或资源，增加活力，引导行业提升技术水平和竞争力。

（1）推动行业资源共享，提高利用效率。放开委托加工、分装，登记证拥有者可以委托具有相应生产许可证的企业加工、分装其产品。推动登记证件资源合理流转，登记证持有人声明放弃所有权的，简化审批程序，具备生产许可证的其他企业可以利用其资料再申请登记，实现农药登记资料的合理流动，减少重复登记。

（2）放开新农药申请登记资质限制，允许其登记证转让给其他生产企业。

（3）做好出口服务，对专供出口的产品，强化生产许可管理，制定特殊的登记政策。加快 GLP 试验室建设，参照国际准则，逐步引导建立、认证本国的 GLP 农药登记试验室，加大双边谈判，使我国的试验数据逐步被发达国家所认可，提高出口产品技术水平。维护我国农药登记制度的权威性，做好政务公开，推动发展中国家尽可能认可我国的登记证。主动与发展中国家登记主管部门沟通，帮助其解决管理中的技术难题，争取双边资料互认或登记结果互认，通过出具证明、做好日常沟通等方式，帮助我国企业在其他国家减免资料获得登记，促进我国农药登记出口。合理制定出口退税政策，鼓励技术型、服务型制剂等产品出口，减少原药直接出口。

1.5.2 提高许可门槛，规范生产经营行为

在《行政许可法》规定不能限定行政许可数量的前提下，采用技术壁垒、绿色壁垒解决，并做好与其他部门行政许可的衔接，理顺农业部门负责的相关行政许可的关系。

1.5.2.1 做好与相关部门行政许可的衔接

采取与医药、工业产品许可相同的做法，不将环保、安全生产等部门的许可证件作为办理农药生产许可证的前置条件，但要求生产企业申请农药生产许可时，应当具备安全生产、环保等方面的人员、设备、管理制度等，并正常运转，强化企业的主要责任，保障安全生产。

1.5.2.2 理顺登记、生产及试验管理之间的关系

制定相应的配套规章，在《农药管理条例》的基础上，做好许可之间的衔接。

（1）规定登记的产品应当与试验样品、生产的产品一致。农药登记试验样品应当是申请人研制成熟定型的产品，具有产品鉴别方法、质量控制指标和检测方法。省级以上农业部门对试验样品进行封样、留样。生产企业按登记批准的产品质量组织生产。农业部门对试验样品、市场上的产品进行抽查，发现不符的，试验结果不得用于登记，予以处罚或吊销农药登记证。

（2）严格控制不具备条件的企业申请农药登记。除新农药外，登记申请人应当是取得农药生产许可证的企业，或向中国出口农药的企业。

（3）新增农药生产企业应当符合产业布局规划等产业政策，严格控制农药生产企业的数量。

1.5.2.3　合理设定登记门槛，保障农药安全

（1）取消农药临时登记，适当提高残留等安全性资料要求，在批准登记的同时公布农药残留限量标准及检测方法。

（2）实施安全性、科学性和经济性评价。申请人提供的相关数据或者资料，应当能够满足风险评估和效益评价的需要，证明其产品与已登记产品在安全性、有效性、经济性等方面具有明显的比较优势。对申请登记产品进行审查，需要参考已登记产品毒性、残留和环境审批结果时，遵循最大风险原则。农药有效成分含量、剂型的设定应当符合提高质量、保护环境和促进农业可持续发展的原则，制剂产品的配方应当科学、合理、方便使用。鼓励已登记产品优化配方或者剂型，及时淘汰落后的配方和剂型。

（3）实施召回制度。强化农药生产经营者主体责任，对农药产品的安全、有效性负责，发现农药产品存在缺陷的，要实施召回制度。

（4）建立农药监测与再评价制度。省级以上农业主管部门应当建立农药安全风险监测体系，组织农药检定机构、植保机构对已登记农药的安全性和有效性进行监测、评价，监测内容包括农药对农业、林业、人畜安全、农产品质量安全、生态环境等的影响。对登记15年以上的农药品种，根据生产使用和产业政策变化情况，农业农村部可以组织开展周期性评价。发现已登记农药对农业、林业、人畜安全、农产品质量安全、生态环境等有严重危害或者较大风险的，农业农村部应当组织全国农药登记评审委员会进行评审，根据评审结果撤销、变更相应农药登记证，必要时决定禁用或者限制使用并予以公告。

（5）对小宗农作物用药实行群组化登记，对天敌生物免予农药登记，实行备案管理。对尚无登记农药可用的特色小宗作物或者新有害生物，省级农业主管部门根据当地实际情况，在确保风险可控的前提下，可以采取临时用药措施，报农业农村部备案。

1.5.2.4　提高生产许可门槛

（1）要求农药生产符合产业政策。新增企业或原有企业搬迁，应当符合《农药生产布局规划》，要进入省级化工园区。

（2）具备包括安全生产、环境保护等在内的正常生产所要求的人员、设施和管理制度等。

（3）要求生产企业具备全程生产的能力和条件。原药生产企业应当具备重要中间体的生产能力。制剂企业不得将部分生产工艺委托其他企业承担。

（4）强化现场考核。省级农业部门建立农药生产管理专家库，农业农村部在汇总各地专家的基础上建立全国农药生产管理专家库。

1.5.2.5　严管经营准入，保障经营人员具备履行法定义务的能力和条件

（1）明确经营人员的素质要求。要求经营者至少具有专业教育培训机构 40 个学时以上的学习经历，熟悉农药管理规定，掌握农药和病虫害防治专业知识，能够指导安全合理使用农药。

（2）细化经营条件要求。有专门的经营场所和仓储场所，配备通风、消防、预防中毒等设施，并与其他商品、生活区域、饮用水源有效隔离。有可追溯电子信息码扫描识别设备和用于记载农药购进、贮存、销售等电子台账的计算机管理系统，以及专门货架等其他必要的经营设备。有进货查验、台账记录、安全防护、应急处置、仓储管理、使用指导等管理制度。

（3）规定限制使用农药经营的特殊要求。要符合省级农业主管部门制定的限制使用农药经营布局规划，具有熟悉限制使用农药相关专业知识和管理规定的经营人员；具有明显标识的销售专柜、仓储场所及其配套的安全保障设施、设备；具备如实记录限制使用农药的购买人及联系方式、销售数量、销售日期等信息的计算机管理系统。

（4）规定从事互联网经营农药的，应当先取得农药经营许可证。

1.5.2.6　强化使用服务指导，保障农产品安全

（1）实行农药减量计划　县级人民政府应当制定并组织实施本行政区域的农药减量计划；对实施农药减量计划、自愿减少农药使用量的农药使用者，给予鼓励和扶持。农业部门通过推广生物防治、物理防治、先进施药器械等措施，逐步减少农药使用量。

（2）强化培训服务　农业主管部门应当组织植物保护机构、农业技术推广机构等向农药使用者提供免费技术培训，提高本行政区域内农药安全及农药合理使用水平。乡、镇人民政府应当协助县级人民政府农业行政主管部门开展农药使用指导、服务工作。国家鼓励农业科研单位、有关学校、农民专业合作社、供销合作社、农业社会化服务组织以及专业人员等为农药使用者提供技术服务。

（3）扶持专业化、规模化服务　制定专业化农药使用服务要求，引导使用者向专业化、规模化等方向发展。妥善处理专业化使用服务与农业技术推广部门所从事的农药技术推广的关系。农业部门主要承担重大新技术推广、培训经营者、监督其服务行为等工作，仲裁或妥善处理服务纠纷等，日常的技术服务与指导主要由经营者来承担。

（4）实施低毒低残留农药补贴　利用农药登记评价信息，结合农业生产实际应用情况，发布重点农作物低毒低残留农药名单，扶持防效和安全性好、易于推广普及的农药品种，引导使用低毒低残留农药，提高农药使用安全水平。

（5）明确农药使用者的义务　农药使用者应当严格按照标签用药，应当保护环境、有益生物和珍稀物种。禁止用农药毒害鱼、鸟、蜜蜂等生物。

（6）实行药害事故鉴定制度　规范药害事故报告、技术鉴定条件与程序等，组建专家库，利用社会公共资源及时鉴定药害事故，维护合法使用者与生产经营者的正当利益，弥补国家无法定农药使用事故鉴定机构，司法程序复杂、时间长、费用大、容易错过鉴定时机等不足。

1.5.3　加强监督管理，严惩违法行为

1.5.3.1　推行农药可追溯管理

贯彻落实《农药管理条例》、国务院办公厅《关于加快推进重要产品追溯体系建设的意

见》，推动落实农药可追溯管理。

（1）强化农药生产经营者对经营农药可追溯的主体责任　农药生产企业、经营者要严格遵守《农药管理条例》等有关规定，建立健全追溯管理制度，切实履行主体责任。生产企业应当按照《农药标签和说明书管理办法》的规定，在农药产品包装或标签上印制或加贴农药可追溯电子信息码；应当建立网站或与相关机构合作，保障能够利用所标注的信息码，查询产品的生产企业、农药产品名称等基本信息，并对查询结果负责；应当建立农药出厂销售记录制度，如实记录农药的名称、规格、数量、生产日期和批号、产品质量检验信息、购货人名称及其联系方式、销售日期等内容，农药出厂销售记录应当保存2年以上。经营者应对所经营农药的可追溯负责，经营者应当具备利用可追溯电子信息码查询产品合法性、建立农药采购台账和销售台账的能力和条件。采购台账应当如实记录农药的名称、有关许可证明文件编号、规格、数量、生产企业和供货人名称及其联系方式、进货日期等内容。销售台账应当如实记录销售农药的名称、规格、数量、生产企业、购买人、销售日期等内容。台账应当保存2年以上。

（2）统一农药可追溯信息码编制的基本规则　农药可追溯信息码包括基础信息码和附加信息码。基础信息码采用20位数字码，1～6位数字码为产品代码，与企业的每个农药产品对应，符合农业农村部的有关规定，并在中国农药信息网上公布；7～8位数字码为包装规格码，由生产企业按照产品的生产规格自行编制；9～20位码为产品随机码，由生产企业自行编制，并保障其唯一性。附加信息码是在基础信息的基础上增加的信息，由生产企业根据需求自行确定，不做统一要求。

（3）规范农药可追溯信息码的制作　农药生产企业自行确定可追溯信息码的体现形式，如二维码或一维码，但应当保障经营者可以通过扫描枪扫描记账，保障社会公众可以扫描查询确定的生产企业和农药名称等信息。采用一维码制作的，应当采用"URL＋基础信息码＋附加信息码"的顺序制作，URL应当与相应的查询网址关联。基础信息码应当排在附加信息码的前面，保障可查询确定生产企业和农药名称等基本信息。采用二维码制作的，应当在二维码的第一行标注相应的查询网址，第二行开始写入基础信息码，附加信息码由企业自行制作。

（4）规范农药可追溯信息码的印制　限制使用农药包装箱和产品的包装上应当印制或粘贴可追溯信息码。对卫生用农药，包装箱上应当印制或粘贴可追溯信息码，产品标签上应当标注信息码。其他农药的包装箱上，应当印制或粘贴可追溯信息码，产品标签上应当标注农药可追溯信息码，但同一包装规格的同一产品，可以采用相同的农药信息码。

（5）鼓励社会各方为农药行业提供农药可追溯技术服务　支持行业协会、社会力量和资本投入追溯体系建设，为企业追溯体系建设及日常运行管理提供专业服务。

1.5.3.2　强化政务和信息公开

按照《政务信息公开管理条例》的规定，结合新颁布的《企业信息公开管理条例》的新要求，按照"以公开为原则、不公开为例外"的要求，尽可能向执法过程、依据、技术支撑等公开转变，并拓展统计功能。在现有公开行政许可结论的基础上，可以公布登记产品的技术指标及检测方法、原药来源、资料授权。可以公开行政处罚案件的行政处罚决定书，供公众网上检索，对违规者的信誉产生重大影响，引导企业诚信经营。做好认定监管信息化，与工商部门统一建立的企业诚信信息平台对接。在政务公开的基础上，充分利用公众和行业内部等利益相关方，监督农药生产经营者的行为。

1.5.3.3　实行差异化监管

（1）分类监管　面对众多监管对象，要从"平等对待"向分类对待转变。要在日常监管、随机抽查的基础上，制定指定监管名单（俗称"黑名单"）等措施，集中力量打击涉嫌严重违规的企业。

（2）扶持诚信企业　结合农药产业的特点，建立企业信用的基本考核指标。对符合条件、具有较强综合能力、诚信合法的企业，在法律允许的范围内给予扶持政策。例如，授予其登记试验单位资质，认可其所出具的数据；围绕其发展所遇到的突出问题，及时制定相应的政策。

1.5.3.4　加大处罚力度

根据违法行为造成的后果、行为的出发点等分类处理，对不涉及安全性问题的，注重首次"教育性"处罚，引导企业自觉规范经营，提高执法者服务意识；对涉及质量安全问题的，实施重罚。对故意实施违法行为者或对不接受整改者，实施重罚。如将未登记农药按假农药论处，过期农药按劣质农药论处。对生产假农药或其他违规行为情况严重的，吊销其行政许可证件，并对相关负责人和直接责任人员实施 10 年的禁业规定。农业农村部应制定农药违法行为情节严重从重处罚的规定，统一执法行为。

1.5.3.5　实施责任追究

在《农药登记管理办法》《农药生产许可管理办法》《农药经营许可管理办法》等规章中分别明确部、省、市、县农业部门的职责的同时，要细化责任追究规定。

1.5.3.6　做好行政执法与刑事司法衔接

按照《农药管理条例》的规定，结合《农业部关于加强农业行政执法与刑事司法衔接工作的实施意见》（农政发〔2011〕2 号）的要求，在执行过程中，做好行政执法与刑事司法的衔接。

各级农业部门在执法检查时，发现违法行为明显涉嫌犯罪的，应当及时向公安机关通报、移送。移送时应当移交案件的全部材料，同时将案件移送书及有关材料目录抄送人民检察院。农业部门在移送案件时已经作出行政处罚决定的，应当将行政处罚决定书一并抄送公安机关、人民检察院；未作出行政处罚决定的，原则上应当在公安机关决定不予立案或者撤销案件、人民检察院作出不起诉决定、人民法院作出无罪判决或者免予刑事处罚后，再决定是否给予行政处罚。

农业部门对公安机关不受理本部门移送的案件，或者未在法定期限内作出立案或者不予立案决定的，可以建议人民检察院进行立案监督。对公安机关作出的不予立案决定有异议的，可以向作出决定的公安机关提请复议，也可以建议人民检察院进行立案监督；对公安机关不予立案的复议决定仍有异议的，可以建议人民检察院进行立案监督。对公安机关立案后作出撤销案件的决定有异议的，可以建议人民检察院进行立案监督。

1.5.4　争取相关部门支持，重构农药管理体系

1.5.4.1　理顺与相关部门管理的关系

农业部门承担农药产业管理职责后，应当将原由相关部门承担、支持产业发展的相关配套条件、支撑体系划归农业部门。重点包括：一是由工信部承担的农药产业技术改造资金；

农药管理与国际贸易

二是工信部承担的农药国家标准、行业标准的制定的归口管理，原质检总局（现国家市场监督管理总局）下设的全国农药标准化委员会的归口管理。

1.5.4.2 争取相关部门支持

（1）争取中编办的支持。按照国务院审议《农药管理条例（草案）》强调的"人随事走"的原则，划转农药管理的行政事业编制。根据《农药管理条例》的规定，在新一轮中央和国家机构改革重新划定"三定方案"时，积极争取国务院和机构编制部门的支持。

（2）根据《农药管理条例》有关"农药监督管理经费列入本级政府预算"的规定，争取财政部门的支持，重新核定农业部门的农药管理专项经费。

（3）争取发改、税务等部门的支持，理顺农药经营、进出口税率等。

（4）深入挖掘农业部门内部潜力，充分发挥有关机构和队伍的积极作用。要求各级农业部门设立或明确负责农药管理的行政机构，健全综合执法体系，进一步发挥药检和植保机构的技术支撑作用。

1.5.4.3 重构农药管理体系

（1）合理划定各级农业部门职责　在履行监管职责的同时，农业农村部负责制定产业政策及农药登记、农药登记试验和农药登记试验单位认定办法；省级农业部门负责农药生产许可和限制使用农药布局规划；县级以上地方农业部门负责农药经营许可，省级农业主管部门根据本地实际确定限制使用农药审批层级、设定的条件。

（2）明确各级农业部门设立农药管理机构的要求　农业农村部应尽快出台"关于加强农药管理的意见"，规定省级农业部门应当明确农药管理的行政处室，设立独立的农药检定机构，市县级农业部门应当明确承担生产、经营许可管理工作的机构，并与执法工作机构分开。加强《农药管理条例》的宣贯和解读，统一认识，及时部署工作职能转变带来的新任务。

（3）建立农药管理其他配套技术支撑体系　除依法建立农药登记评审委员会、农药残留标准委员会外，建立农药标准委员会、农药生产管理专家库等。

1.5.4.4 完善工作机制，建立部门联席会议和会商制度

（1）农业部门农资打假牵头单位要定期组织召开联席会议，由有关单位相互通报查处违法犯罪行为以及行政执法与刑事司法衔接工作的有关情况，研究衔接工作中存在的问题，提出加强衔接工作的对策。

（2）对案情重大、复杂、疑难，性质难以认定的案件，农业部门应就刑事案件立案追诉标准、证据的固定和保全等问题咨询和会商公安机关、人民检察院，避免因证据不足或定性不准而导致应移送的案件无法移送；对涉嫌生产、销售伪劣种子、农药、兽药、化肥、饲料，生产、销售有毒有害食用农产品，非法伪造、变造、买卖国家机关公文、证件、印章，非法制造、买卖、运输、贮存危险物质等犯罪案件，切实做到该移送的移送，不得以罚代刑。

（3）公安机关经调查立案后依法提请农业部门作出检验、鉴定、认定等协助的，农业部门应当积极协助公安部门开展案件侦查工作，并提供必要的技术支持。

（4）健全信息通报制度。要通过工作简报、情况通报会议、电子政务网络等多种形式实现信息共享，推动农业行政执法与刑事司法衔接工作深入开展。

（5）发现国家工作人员涉嫌贪污贿赂、渎职侵权等违纪违法线索的，应当根据案件的性质，及时向监察机关或者人民检察院移送。

1.6　落实《农药管理条例》思路、目标和重点任务

贯彻修订的《农药管理条例》，农业部门承担全部职责，责任重大、任务艰巨。要从全局的高度统筹谋划农药产业发展，明确目标，突出重点，加强协调，合力推进，把农药管住、管好。

1.6.1　总体思路

贯彻落实新发展理念，以绿色发展为导向，以改革创新为动力，以提质增效为目标，加强规划引导，依靠科技进步，规范管理程序，健全监管体系，落实责任主体，优化产业布局和产品结构，推动技术创新和产业转型升级，加快转变农药生产和农药应用方式，大力推进科学用药，切实强化市场监管，着力培育新动能、打造新业态、拓展新渠道，促进农药产业健康发展，保障农业生产安全、农产品质量安全和生态环境安全。

1.6.2　发展目标

（1）产业结构进一步优化　到 2020 年，争取将原药企业数量减少 20%，制剂企业减少 30%。到 2025 年，能将原药企业数量减少 50%，制剂企业减少 60%；产业集中度显著提高，前 100 名企业产品市场占有率达到 80% 以上，形成若干具有国际竞争力的农药企业集团。

（2）产品结构进一步优化　到 2020 年，相同产品新登记数量减少 30%；到 2025 年，相同产品新登记数量减少 60%。有序淘汰高毒农药，积极发展生物农药，高效、低毒、绿色、环保成为农药品种的主流。

（3）产品质量进一步提升　到 2020 年，农药质量抽检合格率稳定在 95% 以上，农产品农药残留检测合格率超过 97%。农药生产经营行为进一步规范，农药市场秩序稳定向好。

（4）生产布局进一步优化　到 2020 年，化学农药原药生产企业 60% 移进化工园区；到 2025 年，化学农药原药生产企业 80% 移进化工园区，农药生产企业布局更加合理，农药生产工艺水平进一步提升。

（5）农药利用率进一步提高　到 2020 年农药利用率提高到 40% 以上；到 2025 年农药利用率接近发达国家水平。

（6）农药管理体系进一步健全　用 3～5 年时间，健全省及省以下农药管理机构，提升县级农药综合执法大队的装备水平和人员素质。农药法规制度基本健全，标准规范更加科学完善，行业监督管理更加有效。

1.6.3　重点任务

针对农药产业发展中的问题，适应现代农业发展的需要，着力推进农药产业健康发展。重点是在"控、压、禁、移、减、管、数"上做好文章。

（1）控制农药企业数量　通过兼并、重组、股份制改造等方式组建大型农药企业集团，推动形成具有特色的大规模、多品种的农药生产企业集团。优化产业空间布局，培育一批具有核心竞争力的产业集群和企业群体。推动以原药企业为龙头，制剂加工依据市场、资源、

物流适当布局，建立完善的产业链。

（2）压减新增登记农药产品数量　鼓励支持农药企业创制新药，鼓励已登记的产品优化配方、剂型，淘汰落后的配方、剂型。同时，提高农药登记的门槛，相同有效成分和剂型的产品，有效成分含量梯度不超过 3 个。混配制剂的有效成分不超过 3 种，有效成分和剂型相同的，配比和含量梯度不超过 3 个，减少同质化，压低产品数量。

（3）禁用高毒农药　在实施高毒农药定点经营、专柜销售、实名购买、溯源管理的同时，加快替代产品的研发，实行快速登记，加快生产应用。加强现有高毒农药的风险评估，本着"成熟一个、禁用一个"的原则，有序淘汰现有的高毒农药。力争到 2025 年，基本淘汰高毒农药。

（4）推进农药企业进入化工园区　新设立或搬迁的农药原药生产企业，必须进入化工园区或化工集中区。制剂加工企业逐步向交通便捷、靠近市场的地区转移。环境敏感地区内现有的农药企业要限期搬迁进入化工园区。

（5）减少化学农药用量　深入开展农药使用量零增长行动，多措并举减少农药用量。重点是推进统防统治，提高防治效果减量，推行绿色防控控制病虫危害减量，加快推广高效施药机械提高农药利用率减量，还要推广高效低风险农药优化结构减量。

（6）全面加强农药监管　农业部门要有所担当，切实履行好农药监管的职责。严把准入关，依法做好农药登记、生产、经营许可，提高门槛，管控风险；严把质量关，加强农药市场质量抽检，依法查处制假售假等违法行为，净化农资市场；严把使用关，指导农民科学用药，加快生物防控技术推广，实现农药减量增效。同时，健全农药残留标准体系，保障农产品质量安全。

（7）构建农药基础数据平台　根据国务院加强国家行政服务信息公开的要求，建立覆盖农药登记、试验管理、生产许可、经营许可、产品追溯、执法监管等的农药基础数据平台，做到全程跟踪、分段把关、及时发现、盯住改进，实现农药信息互联互通、追根溯源、即时查询，提高农药管理的信息化水平。

1.6.4　促进农药产业持续稳定发展的措施

农药管理是一项系统工程，涉及多个环节、多个主体，需要加强统筹协调，聚焦重点发力，强化措施落实，促进农药产业健康发展。

（1）加强农药产业调控　制定《农药生产许可管理办法》，设立环保、安全生产等许可条件。农业部门应该会同发改、工信部门，完善农药产业政策，加强行业管理和宏观调控。落实国家产业政策，优化生产布局，提高产品和技术装备水准。综合运用财税、价格、贸易等政策，淘汰高污染、高环境风险的农药生产企业，发展环境友好型农药产品。引导农药生产企业向专业化园区集聚，建设配套设施齐全、管理水平较高的专业化园区。鼓励农药生产企业兼并重组，培育具有国际竞争力的大型农药企业集团，将我国农药产业做大做强。

（2）提高产品准入门槛　根据《食品安全法》《农产品质量安全法》的规定，依据《农药管理条例》《农药登记管理办法》，农业部门应当严格规范农药试验、登记评审。推行风险评估和效益评价，对安全性存在较大风险或隐患的产品不予登记。严格限制混配制剂产品登记，减少配比和梯度。严格限制相同产品登记，在安全性和有效性上无明显优势的产品不予登记。加强对已登记产品的监测评价，退出对人畜健康、生态环境风险高的产品。鼓励已登记产品优化配方或剂型，适时淘汰落后的配方和剂型。

（3）推进农药技术创新 落实《国家产业技术政策》的有关规定，加大对农药科技创新的投入，建立以企业为主体、科研院所为支撑、市场为导向、技术为核心、产学研相结合的农药科技创新体系。鼓励优势企业技术创新，引导并支持企业建立技术研发中心。深化农药科研成果权益改革，建立技术交易平台，促进成果转化应用，激发科研人员的创新热情。建设和完善一批具有国际先进水平的专业化研究开发中心，提高农药国际竞争力。

（4）规范农药经营行为 制定《农药经营许可管理办法》，设立严格的许可条件。经营者具有一定学时的专业机构学习经历，具备指导农民科学选药、合理用药的能力。具备可追溯电子信息码扫描识别设备和用于记载农药购销电子台账的计算机管理系统。经营场所不得同时经营食品、食用农产品、饲料等。对高毒农药实施定点经营、专柜销售、实名购买、溯源管理，经营高毒农药的不得设立分支机构。

（5）强化农药市场监管 农业部门要定期开展农药产品质量抽检，依法查处制假售假等违法行为。落实属地管理责任，地方政府和农业部门对辖区内的农药生产、经营、使用场所开展现场检查，重点检查农药产品标签、农药生产经营档案、农药使用记录等，及时纠正违规行为。加强农业综合执法队伍建设，改善装备条件，提高人员素质。对涉及农药安全的大案要案，建立挂牌督办制度，及时查处，严格处罚，涉嫌犯罪的要依法追究刑事责任。

（6）构建农药信息平台 按照标准优先、强化共享、统一规划、试点先行、协同推进的原则，加快建立覆盖登记、试验、生产、经营等的农药基础数据平台，推进农药全过程、全要素、全系统监管，提高农药许可审批、执法监管、诚信档案、公众查询等政务服务信息化水平。

参 考 文 献

［1］陈万义. 新农药研究与开发. 北京：化学工业出版社，1995.

［2］杨永珍. 农药经营使用必读. 北京：中国农业出版社，2001.

［3］马凌. 农药标准应用指南. 北京：中国农业出版社，2016.

［4］顾宝根. 国内外农药管理制度的比较及启示. 世界农药，2014，36（2）：1-5.

［5］何才文，魏启文，王建强等. 美国农药管理及其对我国农药管理的启示. 中国植保导刊，2015，35（2）：86-90.

［6］张存正，龚勇，张志勇等. 美国农药管理体系及与我国的比较分析. 农产品质量与安全，2011，2：56-59.

［7］辛德兴. 农药管理30年. 农药科学与管理，2008，29（1）：5-7.

［8］叶亚平，单正军. 美国瑞典日本农药环境管理综述. 农村生态环境，2000，16（4）：51-53，57.

［9］沈钦一，刘亚萍，常雪艳等. 欧盟农药管理制度及其对我国农药管理的启示. 中国植保导刊，2011，31（4）：52-54，49.

［10］魏启文，李光英，简秋等. 我国农药管理法制建设初步研究. 农药科学与管理，2009，30（2）：1-7.

［11］叶亚平，单正军. 我国农药环境管理状况及对策研究. 农村生态环境，2001，18（1）：62-64.

［12］马婉莹. 我国农药管理法制的绿色化变迁［D］. 济南：山东师范大学，2014.

［13］中华人民共和国国务院. 农药管理条例. 中华人民共和国国务院令第677号，2017.

［14］中华人民共和国农业部. 农药登记管理办法. 中华人民共和国农业部令第3号，2017.

第2章
我国农药登记管理

农药登记是对生产、销售、进口或使用的农药产品，进行产品化学（质量控制）、药效、残留、毒理和环境安全等方面的审查评估，对符合要求的农药产品给予登记的一种制度。农药登记是世界各国普遍采用的一种管理措施，目的是确保进入市场的农药产品是安全和有效的。不同时期，不同的国家，农药登记的审查要求和安全标准不同，与所在国家和当时的经济、社会发展水平相适应。

2.1 农药登记演变

2.1.1 第一阶段：1978～1997年

农业部农药检定所经国务院批准于1978年恢复建所，根据国务院国发〔1978〕230号文件"由农业部负责审批农药新品种的投产和使用，复审农药老品种，审批进出口农药品种，督促检查农药质量和安全合理用药，并发布有关规定"的精神，负责农药登记的具体工作。1982年4月10日，农业部、化学工业部、卫生部、商业部、国务院环境保护领导小组颁布了《农药登记规定》（［82］农业保字第10号文），规定指出：登记分为品种登记、补充登记和临时登记三类，申请品种登记的单位需提交资料，分送化学工业部（负责审生产技术和产品标准）、卫生部（负责审毒性和允许残留量）、国务院环境保护领导小组（负责审环境质量影响）、农业部（负责审应用效果和安全使用）、商业部（负责审产品质量、包装规格），由农药登记评审委员会进行综合评价，符合条件的由农业部发登记证；申请补充登记的产品经化工部批准后报农业部备案；凡农药进行大田药效示范或在特殊情况下使用，须申请临时登记；成立农药登记评审委员会，委员由农业、化工、卫生、环保、商业、林业等部门委派的农药管理和技术专家组成，负责评价申请登记的农药品种，并对我国农药登记管理的方针、政策提出建议，每届任期三年。

1997年5月8日，国务院发布《农药管理条例》，实施农药登记管理制度，规定我国农药登记分为田间试验、临时登记和正式登记3个阶段。田间试验证书有效期3年，临时登记证有效期为 1 年（可续展 3 年），正式登记证有效期 5 年（可续展）。临时登记评审委员会由 17 名委员组成，每月召开评审会，以投票方式评审，超过 2/3 的委员同意的产品为通过评审。正式登记评审委员会由农业部、工信部、卫生部等 35 名委员组成，每年召开一次或两次新农药评审会，以协商同意的方式为通过评审。

为适应我国加入世贸组织，2001 年我国重新修订《农药管理条例》，规定新农药实施 6 年登记资料保护措施。2017 年，再次修订《农药管理条例》，对农药管理体制进行了较大调整，包括规定集中由农业部门一个部门负责管理、实施农药经营许可制度、加大处罚力度等。

2.1.2　第二阶段：1998～2007 年

1999 年 4 月 27 日，农业部令第 20 号发布《农药管理条例实施办法》，明确规定对农药登记药效试验、残留试验、毒理试验和环境试验单位实行认证制度，发放资格认证证书；生产者分装农药应当申请办理农药分装登记，最后由农业部发放《农药临时登记证》。1999 年 7 月 23 日以后审批发放的临时登记证严格执行有效期限累计不能超过 4 年的规定。

2000 年 5 月 21 日，农业部发布《关于进一步做好农药登记管理工作的通知》（农农发〔2000〕7 号文），为了完善农药登记审批制度，对农药登记审批做出了新的规定，要求省级农药检定机构停止审批发放《农药分装登记证》和《卫生杀虫剂登记证》，对已经发放的《农药分装登记证》和《卫生杀虫剂登记证》由省级农药检定机构统一收回，并携带资料，于 2000 年 12 月 30 日前到农业部农药检定所换取《农药临时登记证》。2004 年 6 月 1 日，为了深入落实《关于进一步做好农药登记管理工作的通知》的规定，农业部第 379 号公告决定对农药临时登记进行清理，清理范围是农药产品中所含有效成分在 1999 年 7 月 23 日以前取得临时登记，其临时登记累计有效期超过 4 年的。清理工作分为四批，步骤及时限要求规定如下：2004 年年底前完成第一批登记试验和相关农药产品的正式登记或变更登记评审；第二批登记试验协作的申报时间将于 2004 年 6 月 30 日截止，2006 年年底前完成试验和相关农药产品的正式登记或变更登记评审；第三批登记试验协作的申报时间将于 2004 年 8 月 31 日截止，2007 年年底前完成试验和相关农药产品的正式登记或变更登记评审；第四批登记试验协作的申报时间将于 2005 年 3 月 31 日截止，2008 年年底前完成试验和相关农药产品的正式登记或变更登记评审。

2.1.3　第三阶段：2008～2017 年

为推进电子化审批，方便申请人足不出户就能提交农药登记申请，自 2010 年 6 月 1 日起，开展农药登记网上审批，申请人从农业部农药行政申请服务系统（即金农工程应用系统）填报产品信息，网上提交后将资料一并邮寄到省所进行初审，通过初审的产品可以直接邮寄到农业部，行政审批大厅农药窗口进行受理。最初在上海市、江苏省、浙江省、江西省、山东省、安徽省这六个省（直辖市）开展网上审批的试点。截止到 2017 年，实行网上审批的省（直辖市）又增加了北京市、天津市、河北省、辽宁省、陕西省、重庆市、四川省、湖南省。

2014 年 1 月 1 日起，农业部农药检定所实施登记公示制度。实行登记公示的产品包括临时登记、分装登记、正式登记产品，后来又增加了登记变更产品。公示内容最初包括生产企业名称、产品名称、有效成分含量、剂型、毒性、作物、防治对象、原药来源及备注等信息，后来又增加了综合受理编号和受理时间。实施公示制度增加了登记审批的公信力和透明度，提高了农药登记审批的科学性、公正性和准确性。

2015 年 9 月，农业部农药检定所正式推行农药登记"集中评审"制度，把新农药田间试验、临时登记、正式登记、变更登记等审查事项全部纳入集中评审范围，把产品化学、药效、残留、毒理学、环境影响等试验报告的评审人员集中在一个场所开展评审，有效解决了以往评审时间长、效率低、登记资料散乱难找的问题，增强了监督制约机制，做到"阳光评审"，大大提高了农药评审的质量、效率和公正性。

2016 年 2 月，为贯彻落实《农业部办公厅关于〈国务院关于第二批取消 152 项中央指定地方实施行政审批事项的决定〉的通知》（农办办〔2016〕5 号）要求，农业部农药检定所发文［农农（农药）〔2016〕33 号］取消农药续展登记、分装登记和田间试验审批初审，各省、自治区、直辖市农业（农牧、农村经济）厅（委、局）及所属农药检定机构对上述申请不再受理和初审，申请人直接向农业部提交。

2.1.4　第四阶段：2017 年 6 月至今

2017 年 2 月 8 日，新修订的《农药管理条例》由国务院第 164 次常务会议审议通过，自 2017 年 6 月 1 日起施行（中华人民共和国国务院令第 677 号）。新修订的《农药管理条例》取消了临时登记、分装登记及田间试验，将变更登记、续展登记改称为登记变更、登记延续，新农药田间试验批准证书改称为新农药登记试验批准证书，增设农药登记试验单位认定许可，将扩大使用范围归入登记变更中，成为 7 种登记变更中的一种。农药登记审查时限由 12 个月缩短为 9 个月，扩大使用范围等变更登记由 12 个月统一缩短为 6 个月，新农药登记试验审批时限由 3 个月减少为 40 个工作日。《农药登记管理办法》《农药生产许可管理办法》《农药登记试验管理办法》《农药经营许可管理办法》《农药标签和说明书管理办法》这五个配套规章于 2017 年 6 月 21 日经农业部 2017 年第 6 次常务会议审议通过，自 2017 年 8 月 1 日起施行。2017 年 9 月 29 日，农业部以第 2569 号公告公布了《农药登记资料要求》，自 2017 年 11 月 1 日起施行。

农药登记门槛在《农药管理条例》修订后，得到全面提高，有利于我国农药企业进一步规模化、规范化发展，对我国农药行业结构调整、可持续发展将产生深远的影响。

2.2　农药登记的意义

农药是一种重要的农业生产资料，它对于防治农、林、牧、渔业的病、虫、草、鼠害，消灭人畜生活环境中的有害昆虫及其他有害生物，保障农业生产，保护人民身体健康具有重要作用。

随着农业生产水平的不断提高，农药已经成为减少农产品损失、提高农产品质量的不可缺少的物资。我国是一个农业生物灾害多发、频发的国家。近年来，病虫草鼠害年均发生面积约 73 亿亩次，防治面积达到 80 多亿亩次。农药的合理使用，为我国每年平均挽回粮食 5000 万吨、棉花 150 万吨、蔬菜 1500 万吨、水果 600 万吨，减少直接经济损失 1000 亿元以上。据全国农业技术推广服务中心（以下简称农技推广服务中心）统计，我国每年使用农药约 30 多万吨（100％有效成分）。

有资料表明，美国每年农药使用量 30 万吨左右，巴西每年农药使用量在 35 万吨左右，墨西哥每年农药使用量稳定在 11 万吨左右，加拿大每年农药使用量约 7 万吨，法国每年农药使用量约 6 万吨，日本每年农药使用量约 5 万吨。可见，农药在各国发挥着不可或缺的作用。

农药又是一种有毒商品。使用不当，极易造成人畜中毒、作物药害、农产品残留或环境污染等不良影响。因此，通过实施农药登记制度，设定评审标准和要求，使高效、低毒、低残留农药获准进入流通和使用环节，高毒高风险农药受到限制或淘汰，不断降低农药的副作用。

自我国实施农药登记制度以来，农药市场准入门槛越来越高，农药产品质量越来越好，农药产品更加高效安全。经过 20 多年的登记调控，我国高毒农药比重发生了根本性变化，高毒农药由原来占比 60％下降到目前 3％左右，低毒安全化成效显著，农药结构更加合理，中毒死亡、食品安全、环境生态不良影响等问题迅速缓解。截至 2018 年，我国共禁用高毒农药 23 种，通过撤销部分作物或限制使用场所等措施限制 40 多种农药的使用，对已登记的农药制定了 7000 多项农产品农药残留限量标准，这些登记管理措施对保障农产品质量安全、健康安全和环境安全发挥了重要作用。随着我国农药登记门槛的提高，农药登记的安全把关作用将更加显现出来。

2.3　农药登记种类

农药登记有不同的分类方法，不同分类方法之间是相互交叉和相互关联的。依据《农药登记资料要求》，主要有两种分类方法。

2.3.1　按申请登记时间先后分类

根据农药申请登记或批准时间的先后顺序，农药登记种类可分为新农药登记、新制剂登记、新使用范围登记、新使用方法登记、相似制剂登记、相同农药产品登记等。按登记时间顺序分类，不同种类的农药登记，需提交的登记资料也不同。

2.3.1.1　新农药登记

新农药是指含有的有效成分尚未在我国批准登记的农药，包括新农药原药（母药）和新农药制剂。

（1）原药　是指在生产过程中得到的由有效成分及有关杂质组成的产品，必要时可加入少量的添加剂。

①　有效成分　是指农药产品中具有生物活性的特定化学结构成分或生物体。

②　杂质　是指农药在生产和贮存过程中产生的副产物。

③　相关杂质　是指与农药有效成分相比，农药在生产和贮存过程中所含有或产生的对人类和环境具有明显毒害、对使用作物产生药害、引起农产品污染、影响农药产品质量稳定性或引起其他不良影响的杂质。

（2）母药　是指在生产过程中得到的由有效成分及有关杂质组成的产品，可能含有少量必需的添加剂和适当的稀释剂。

（3）制剂　是指由农药原药（母药）和适宜的助剂加工成的，或由生物发酵、植物提取等方法加工而成的状态稳定的产品。

（4）助剂 是指除有效成分以外，任何被添加在农药产品中，本身不具有农药活性和有效成分功能，但能够或者有助于提高、改善农药产品理化性能的单一组分或者多个组分的物质。

2.3.1.2 新制剂登记

新制剂是指含有的有效成分与已登记过的相同，而剂型、含量（或配比）尚未在我国登记过的制剂。新制剂包括新剂型、新含量和新混配制剂等。药肥混配制剂不是一种单独的登记种类，登记时其中的肥料按农药助剂对待，农药登记种类和要求依据所含农药的登记情况确定。

（1）新剂型制剂 是指含有的有效成分与已登记过的有效成分相同，而剂型尚未登记的制剂。

（2）新含量制剂 是指含有的有效成分和剂型与已登记过的相同，而含量（混配制剂配比不变）尚未登记的制剂。

（3）新混配制剂 是指含有的有效成分和剂型与已登记过的相同，而首次混配两种以上农药有效成分的制剂，或虽已有相同有效成分混配产品登记，但配比不同的制剂。

2.3.1.3 新使用范围登记

新使用范围是指含有的有效成分与已登记过的相同，而使用范围尚未登记过的。

2.3.1.4 新使用方法登记

新使用方法是指含有的有效成分和使用范围与已登记过的相同，而使用方法尚未登记过的。

2.3.1.5 相似制剂登记

相似制剂是指申请登记的制剂与已取得登记的制剂相比，有效成分、含量和剂型相同，其他组成成分不同的制剂。

2.3.1.6 相同农药产品登记

相同农药包括相同原药和相同制剂。

（1）相同原药 是指申请登记的原药与已取得登记的原药相比，有效成分含量和其他主要质量规格不低于已登记的原药，且含有的杂质产生的不良影响与已登记的原药基本一致或小于已登记的原药。

（2）相同制剂 是指申请登记的制剂与已取得登记的制剂相比，产品中有效成分含量、其他限制性组分的种类和含量、产品剂型与登记产品相同，其他助剂未显著增加产品毒性和环境风险，主要质量规格不低于已登记产品，且所使用的原药为相同原药的制剂。

2.3.1.7 非相同原药登记

《农药登记资料要求》对农药原药登记分为新农药原药（A类）、相同原药（B类）和非相同原药（C类）3种不同的登记种类。据此，对已过6年新农药登记保护期的农药，在不能被认定为相同原药的情况下，可按非相同原药（C类）申请登记。此类登记相比新农药原药登记而言，可减免有效成分理化性质和环境归趋试验资料。

2.3.2 按农药产品的特性、使用场所或施药方法分类

依据农药产品的不同特性、不同使用场所或不同施药方法，登记种类可分为一般农药登记、卫生用农药登记、杀鼠剂登记、特色小宗作物农药登记等。这些不同种类的登记资料的要求也存在较大差异。

2.3.2.1　卫生用农药

卫生用农药也称卫生杀虫剂，是指用于预防、控制人生活环境和农林业中养殖业动物生活环境的蚊、蝇、蜚蠊、蚂蚁和其他有害生物的农药。按其使用场所和使用方式分为家用卫生杀虫剂和环境卫生杀虫剂两类。家用卫生杀虫剂主要是指使用者不需要做稀释等处理在居室直接使用的卫生用农药；环境卫生杀虫剂主要是指经稀释等处理在室内外环境中使用的卫生用农药。

2.3.2.2　杀鼠剂

杀鼠剂是指用于预防、控制鼠类等有害啮齿类动物的农药。

2.3.2.3　特色小宗作物农药

特色小宗作物农药是指用于特色小宗作物的农药，特色小宗作物一般仅在一个或少数几个省（区、市）局部种植。特色小宗作物农药登记仅限于已取得登记的农药产品申请扩大使用范围，药效试验可一年完成。

2.3.3　登记变更和登记延续

对已取得登记的农药产品，需扩大使用范围、变更使用方法、改变使用剂量等情形的，可申请登记变更。农药登记证需继续保持登记有效状态的，可申请登记延续。

2.4　农药登记程序

2.4.1　准备登记资料

登记试验（登记试验管理见第 3 章）完成并取得试验报告后，应按《农药登记资料要求》准备资料。

2.4.1.1　资料准备

（1）一般资料　包括申请表、申请人证明文件、产品概要、标签或说明书、境外登记情况、省级初审意见等资料。

（2）试验资料　要求提供原始报告，一般不要求提供原始记录，原始报告应载明试验时间、地点、人员、方案、样品、对象、结果、结论等完整内容。境外试验资料应当由与中国政府有关部门签署互认协定的境外相关实验室出具。

2.4.1.2　登记资料文字要求

一般资料均要求使用中文。试验资料可以是英文，试验报告为英文的，应提交中文摘要。

2.4.1.3　登记资料的编排

登记资料应编排目录和页码，资料编排顺序为申请表、一般资料、试验资料（产品化学、毒理学、药效、残留、环境）和其他佐证资料。

2.1.4.4　登记资料的纸张

准备农药登记资料时，一般应当采用 A4 纸，及 70g 以上的白色纸张。

2.1.4.5　登记资料的装订

登记资料应装订成册，且便于翻阅。一般要求提供 1 份资料，应当为原始件。

2.4.2 农药登记申请与受理

2.4.2.1 申请人资质要求

根据《农药管理条例》规定，农药生产企业和向中国出口农药的境外企业应当申请农药登记。新农药研制者也可申请农药登记，包括社会组织、科研单位或个人等。

2.4.2.2 登记申请

（1）农药生产企业或新农药研制者提出登记申请时，应当先经省级农药检定机构初审通过，再提交到农业农村部政务服务大厅。

（2）向中国出口农药的境外企业提出登记申请时，直接到农业农村部政务服务大厅提出登记申请。

（3）申请农药登记须填写申请表。申请表填写应真实有效，要有企业法人代表签字，并盖单位公章。申请新农药登记的个人须本人签字。提出登记申请时须递交申请表，并附上所需的登记资料作为支持。

（4）申请农药登记应当通过网上提出申请。农业农村部建立了"中国农药数字监督管理平台"，农药企业可通过输入地址"http://www.icama.cn"登录该系统，完成农药登记、登记变更、登记延续、试验备案等。农药企业通过输入专用用户名和密码进入系统，按顺序逐项完成填写即可。

① 企业信息录入　填写企业信息项时，除法人代表和经办人项目需要录入填写外，其余项均已默认显示，不可自行修改。

② 产品信息录入　产品基本信息项主要填写申报产品的基本信息，有红色星号标注的部分为必填项。农药类别、剂型等均采用选择性方式录入，不可手工填写。对于首次申请的剂型、有效成分、作物、防治对象等信息，在系统中检索不到的条目，应先向农业农村部农药检定所提出添加申请，填写信息添加申请表，经审核通过后由系统管理人员在系统中予以添加，之后企业方可操作提交。

③ 登记种类选择　登记种类项按照现行《农药登记资料要求》中规定的种类，列出了所有登记种类项目，用户只要选择申报产品的具体登记种类即可。

④ 附件的添加　附件项提供了用户上传相关试验报告的功能，可以支持 Word、Excel、PDF 和 rar 压缩文件 4 种格式。

⑤ 网上提交　资料清单项的设置是为确保用户提交纸质材料及相关试验报告的完整性。确认填写信息无误后，点击提交按钮，即完成网上申请的提交。

2.4.2.3 申请受理

农业农村部政务服务大厅在规定时间内将受理的农药登记资料转给农业农村部农药检定所，农药检定所组织相关专家进行技术审查。

农药生产企业或新农药研制者登记申请的受理时间以省级初审机构受理时间为准；向中国出口农药的境外企业登记申请的受理时间以农业农村部政务服务大厅出具受理通知书的时间为准。

2.4.3 资料审查

农药登记申请资料包括登记试验资料和一般资料，登记试验资料包括产品化学、毒理学、药效、残留和环境影响等登记试验资料或评估报告；一般资料包括申请表、申请人证明文件、申请人声明、综述报告、标签和说明书、其他与登记相关的证明材料、产品安全数据单、参考文献等。

2.4.3.1　一般资料审查

（1）符合性审查　审查一般资料是否完整，包括申请表、申请人证明文件、申请人声明、综述报告、标签和说明书、其他与登记相关的证明材料、产品安全数据单、参考文献等。根据有效成分及相关产品登记情况，确定申请登记的产品属于哪个登记种类，审查登记资料是否符合《农药登记资料要求》，同时审查是否符合法规规定和政策性要求，是否符合产品技术合理性和规范性要求。

（2）有效性审查　对省级初审意见、申请人证明文件、原药来源说明等进行审查。外文资料应提供中文译本。

在我国境内完成的登记试验，试验报告应符合以下要求：

① 由农业农村部认定的具有相应试验资质的单位出具；

② 有试验项目负责人签字、质量保证声明及试验单位盖章；

③ 注明试验样品封样号，试验在封样有效期内完成。

登记试验样品应是成熟定型的产品，与申请登记的产品有效成分、含量、剂型及产品组成等一致，如有变化应提供书面说明。试验委托方应与登记申请人名称一致，如有申请人更名、兼并或资料转让等变化应提供书面说明。

提供授权资料的，应提交有法人签字并盖授权单位公章的授权书原件及授权资料复印件。提供查询资料的，应详细注明查询资料出处。减免试验的，应提交减免资料的书面说明，详述减免理由，必要时提供相应的支持资料或数据。

风险评估报告可由申请人或申请人委托的相关技术单位完成。

2.4.3.2　产品化学资料审查

（1）完整性和有效性审查　提供的产品化学资料项目应完全符合《农药登记资料要求》。试验用样品应具有代表性，检测报告须真实可信。产品化学试验包括（全）组分分析试验、理化性质检测、产品质量检测（包括方法验证）、常温贮存稳定性试验，其中（全）组分分析试验、理化性质检测、常温贮存稳定性试验（包括微生物农药制剂的贮存稳定性试验）报告应当由农业农村部认定的登记试验单位出具，也可以由与中国政府有关部门签署互认协定的境外相关实验室出具；产品质量检测（包括方法验证）报告仅能由农业农村部认定的境内登记试验单位出具，且由同一单位完成。

（2）技术审查

① 化学农药和生物化学农药原药（母药）　有效成分和原药或母药的理化性质，根据化合物特点，应符合《农药理化性质测定试验导则》（NY/T 1860）规定，测定理化性质所用样品有效成分的含量一般不低于98%。全组分分析报告，应符合《农药登记原药全组分分析试验指南》（NY/T 2886）规定；产品质量规格，应包括质量控制项目及其指标。

② 化学农药和生物化学农药制剂　理化性质应符合《农药理化性质测定试验导则》（NY/T 1860）规定。常温贮存稳定性试验报告应符合《农药常温贮存稳定性试验通则》（NY/T 1427）的规定。

若使用减免登记的生物化学农药原（母）药加工制剂的，须提交该原（母）药的（全）

组分分析报告以及完整的加工工艺、质量控制项目及其指标等。

若使用的生物化学农药原（母）药已经医药、食品、保健品等审批机关批准登记注册的，可不提交上述资料，但须提交登记注册证书复印件、产品质量标准等材料。

③ 微生物农药母药　有效成分识别、生物学特性及安全剂、稳定剂、增效剂等其他限制性组分的识别，应包括有效成分的通用名称，国际通用名称（通常为拉丁学名），分类地位（如科、属、种、亚种、株系、血清型、致病变种或其他与微生物相关的命名等）。国家权威微生物研究单位出具的菌种鉴定报告，至少应包括形态学特征、生理生化反应特征、血清学反应、蛋白质和 DNA 鉴别等。菌种描述应包括菌种来源，寄主范围，传播扩散能力，历史及应用情况，菌种保藏情况。

产品组分分析报告应包括但不限于以下内容：1 批次产品的有效成分、微生物污染物（杂菌）、有害杂质（对人、畜或环境生物有毒理学意义的代谢物和化学物质）及其他化学成分的定性分析，5 批次产品的有效成分、微生物污染物（杂菌）、有害杂质（对人、畜或环境生物有毒理学意义的代谢物和化学物质）及其他化学成分的定量分析。

对有害杂质、其他化学成分的定性定量分析应符合《农药登记原药全组分分析试验指南》（NY/T 2886）的要求，对微生物的定性定量分析应依据相关标准执行。

④ 微生物农药制剂　有效成分识别应明确有效成分的通用名称，国际通用名称（通常为拉丁学名），分类地位（如科、属、种、亚种、株系、血清型、致病变种或其他与微生物相关的命名等）。理化性质报告应符合《农药理化性质测定试验导则》（NY/T 1860）的规定。贮存稳定性试验应提供至少 1 批次样品在指定温度下的贮存稳定性试验资料，如 $20 \sim 25$℃贮存一年或 $0 \sim 5$℃贮存两年。贮后有效成分含量不得低于贮前有效成分含量的 80%，且应符合产品质量规格要求。不同材质包装的同一产品应分别进行贮存稳定性试验。

若使用减免登记的微生物农药母药加工制剂的，须提交该母药的菌种鉴定报告、菌株代号、菌种描述、完整的生产工艺、产品组分分析报告以及稳定性试验资料（对温度变化、光、酸碱度的敏感性）、质量控制项目及其指标等。

若使用的微生物农药母药已经医药、食品、保健品等审批机关批准登记注册的，可不提交上述资料，但须提交登记注册证书复印件、产品质量标准等材料。

⑤ 植物源农药母药　原材料描述应包括原料植物的名称（中文通用名称、英文名称、拉丁学名）、所用植物的部位（种子、果实、树叶、根、皮、茎和树干等）、产地及生长条件（包括人工专门栽培或野生植物）、收获时间或条件（如大小）、贮存时间和贮存条件等。还应提交参与加工提取过程的主要溶剂的化学名称、CAS 号、技术规格、来源等。

有效成分或标志性有效成分理化性质、组分分析实行分类管理，根据不同类别，提交包含不同内容的理化性质测定报告。

⑥ 植物源农药制剂　使用原药加工制剂的，至少应用一种试验方法对有效成分进行鉴别。采用化学法鉴别时，至少应提供 2 种鉴别试验方法；使用母药加工制剂的，应采用制剂的"化学指纹"——图谱中的特征峰和保留时间对产品进行鉴别。

若使用减免登记的植物源农药母药加工制剂的，须提交该母药的完整的生产工艺、组分分析试验报告、质量控制项目及其指标等。

若使用的植物源农药母药已经医药、食品、保健品等审批机关批准登记注册的，可不提交上述资料，但须提交登记注册证书复印件、产品质量标准等材料。

⑦ 卫生用农药制剂　卫生用化学农药和生物化学农药制剂，以有效量表示含量的产品（如电热蚊香片，含量以 mg/片表示），其含量允许波动范围，应先折算成质量分数，然后从化学农药制剂的有效成分含量范围要求中选择适当的对应值；对于盘香产品，其有效成分含量允许波动范围应当不高于标明含量的 40%，不低于标明含量的 20%。如含量低于 1%的卫生用农药制剂涉及到异构体拆分，在对产品中有效成分的鉴别试验（包括异构体的鉴别）做出说明的情况下，可以不提供相应的异构体拆分方法和方法验证报告，但提交的资料中应包含：当产品中有效成分是指某一特定异构体时，有效成分含量应当是总含量乘以所使用原药或母药中有效异构体比例系数；当有效成分由一个以上异构体按不同比例组成时，应规定总含量以及不同异构体所占的比例。

2.4.3.3　毒理学资料审查

（1）完整性和有效性审查　根据申请登记产品的登记类别，审查是否按照《农药登记资料要求》提交了该登记类别所需的完整的毒理学资料。毒理学资料一般包括以下四种类型。

① 毒理学试验报告，也称毒理学试验资料；

② 健康风险评估报告（仅农药制剂产品登记时需要）；

③ 有关文字说明（证明）资料、文献等，如已经国家主管部门批准作为食品添加剂、保健品、药品有效成分登记的证明材料等；

④ 申请人提交的说明材料，根据申请登记产品的特殊性，需要说明或申请减免部分毒理学试验的说明材料。

根据《农药管理条例》和《农药登记管理办法》，农药登记毒理学试验报告应当由农业农村部认定的具有相应资质的试验单位出具，也可以由与中国政府有关部门签署互认协定的境外相关实验室出具。

目前，毒理学试验报告需符合《农药登记毒理学试验方法》（GB/T 15670.1～29—2017）、《微生物农药毒理学试验准则》（NY/T 2186.1～2186.6—2012）、《农药内分泌干扰作用评价方法》（NY/T 2873—2015）等相关标准的要求。相关标准修订后，应符合最新版本标准的要求。境外相关实验室出具报告，可使用其他国际组织或国家的毒理学试验方法，但其观察和检查指标、试验结果需达到我国农药安全性评价的要求。

（2）技术审查

① 急性经口、经皮、吸入毒性试验资料　急性经口毒性试验、急性经皮毒性试验、急性吸入毒性试验是农药毒理学研究中最基础的试验。试验最主要的目的是获得农药急性毒性参数（LD_{50}，半数致死剂量；LC_{50}，半数致死浓度），对农药进行急性毒性分级，为农药标签管理和其他毒理学试验提供基础数据。

根据急性经口、经皮、吸入毒性试验结果，按照表 2-1，分别判定农药对雌、雄实验动物的毒性级别。当某个试验雌、雄两种实验动物毒性级别不一致时，按毒性级别高的计。当急性经口、经皮、吸入三个毒性试验结果的毒性级别不一致时，也按毒性级别高的计，确定为该产品的毒性级别。在急性吸入毒性试验中，如受试农药的浓度已达技术上能达到的最高浓度时，仍无雌、雄实验动物死亡，则该试验结果可不作为判定产品毒性级别的主要依据。

表 2-1　农药产品毒性分级标准

毒性级别	急性经口半数致死量（LD$_{50}$）/（mg/kg）	急性经皮半数致死量（LD$_{50}$）/（mg/kg）	急性吸入半数致死浓度（LC$_{50}$）/（mg/m^3）
剧毒	≤5	≤20	≤20
高毒	>5～50	>20～200	>20～200
中等毒	>50～500	>200～2000	>200～2000
低毒	>500～5000	>2000～5000	>2000～5000
微毒	>5000	>5000	>5000

根据《农药管理条例》，剧毒、高毒农药不得用于防治卫生害虫，不得用于蔬菜、瓜果、茶叶、菌类、中草药材的生产，不得用于水生植物的病虫害防治。

② 眼睛刺激性试验资料　评审眼睛刺激性试验报告，确定农药对哺乳动物的眼睛是否有刺激作用及其程度，为提出安全防护措施提供依据。

受试农药 pH≤2 或 pH≥11.5，或已证实对眼睛具有腐蚀性，或有其他方法可预测对眼睛有严重刺激性或腐蚀性，可以不进行眼睛刺激试验，但该受试农药应视为对眼睛具有腐蚀性。

一般农药，如制剂产品的眼睛刺激性试验结果为腐蚀性，需提交其原药的眼睛刺激性试验报告。原药产品无眼睛腐蚀作用，制剂产品有眼睛腐蚀作用，不予登记；原药产品与制剂产品均有眼睛腐蚀作用，根据实际情况对产品进行综合评价，决定是否予以登记。直接用于皮肤上的驱避剂，其刺激性试验结果为中度刺激性、强刺激性或腐蚀性，不予登记。

③ 皮肤刺激性试验资料　评审皮肤刺激性试验报告，确定农药对哺乳动物皮肤局部是否有刺激作用及其程度，为提出安全防护措施提供依据。

受试农药 pH 值≤2 或≥11.5，预测对皮肤可能具有腐蚀性，可以不进行皮肤刺激性试验，但该受试农药应视为对皮肤具有腐蚀性。

皮肤刺激性试验包括急性（单次）皮肤刺激性试验和多次皮肤刺激性试验。急性皮肤刺激性试验是指将受试农药一次涂抹于受试动物的皮肤上，在规定的时间间隔内，观察其对动物皮肤局部刺激作用的程度并进行评分，评价受试农药对皮肤的刺激作用；多次皮肤刺激性试验是指在 14 天内，每天在动物皮肤上涂抹一次受试农药，根据皮肤反应进行评分，评价重复接触时受试农药对皮肤的刺激作用。

一般农药产品，提交急性（单次）皮肤刺激性试验报告。如制剂产品的皮肤刺激性试验结果为腐蚀性，需提交其原药的皮肤刺激性试验报告。原药产品无皮肤腐蚀作用，制剂产品有皮肤腐蚀作用，不予登记；原药产品与制剂产品均有皮肤腐蚀作用，根据实际情况对产品进行综合评价，决定是否予以登记。直接用于皮肤上的驱避剂需进行多次皮肤刺激性试验，试验结果为中度刺激性、强刺激性或腐蚀性，不予登记。

④ 皮肤变态反应（致敏）试验资料　评审皮肤变态反应（致敏）试验报告，确定重复接触受试农药，是否可引起哺乳动物皮肤变态反应及其强度，为提出安全防护措施提供依据。

皮肤变态反应（致敏）试验报告需明确受试农药的致敏强度。《农药登记毒理学试验方法　第 9 部分：皮肤变态反应（致敏）试验》（GB/T 15670.9—2017）规定了三种方法，即局部封闭涂皮试验方法、豚鼠最大值试验方法、小鼠局部淋巴结分析试验方法。采用小鼠淋巴结分析试验方法的试验结果为阳性，需采用另外两种试验方法开展进一步试验，明确受试农药的致敏强度。

一般农药制剂不能为强度致敏物或极强度致敏物。直接用于皮肤上的驱避剂不能为轻度以上（含轻度）致敏物。

⑤ 急性神经毒性试验资料　急性神经毒性试验的主要目的是明确受试农药对实验动物潜在的神经毒性，观察受试农药对啮齿类动物的主要神经行为学和神经病理学改变等。

评审急性神经毒性试验报告，对试验数据和结果进行分析和判断，提出受试农药对实验动物神经毒性和系统毒性未观察到有害作用的剂量（no observed adverse effect level，NOAEL），或观察到有害作用剂量的最低水平（lowest observed adverse effect level，LOAEL）。

⑥ 迟发神经毒性试验资料　迟发神经毒性试验是指实验动物一次大量接触受试农药后，早期出现神经病靶酯酶活力抑制，一至两周后，实验动物逐渐出现以肢体无力、上位运动神经元痉挛性瘫痪为主要表现的神经综合征，神经病理检查表现为脊髓和周围神经远端轴索性神经病。

有机磷类农药，或其化学结构与迟发神经毒性阳性物结构相似的农药，其原药申请登记时需提交迟发神经毒性试验报告。评审迟发神经毒性试验报告，对试验数据和结果进行分析和判断，明确受试农药是否具有迟发神经毒性作用。具有迟发神经毒性作用的农药一般不予登记。

⑦ 亚慢（急）性毒性试验资料　亚慢（急）性毒性试验主要包括 90 天经口毒性试验、28 天或 90 天经皮毒性试验、28 天或 90 天吸入毒性试验。

评审亚慢（急）性毒性试验报告，对试验数据和结果进行分析和判断，提出受试农药对实验动物亚慢（急）性毒性的 NOAEL 值或 LOAEL 值。

⑧ 致突变组合试验资料　致突变组合试验主要包括四项，即：a. 鼠伤寒沙门氏菌/回复突变试验；b. 体外哺乳动物细胞基因突变试验；c. 体外哺乳动物细胞染色体畸变试验；d. 体内哺乳动物骨髓细胞微核试验。根据标准，判断上述四项试验的结果为阴性（无致突变作用）或阳性（具有致突变作用）。

四项试验结果均为阴性，可建议同意登记。四项试验结果中，出现一项试验结果为阳性，分为以下两种情况：一是 a、b、c 三项试验中任何一项出现阳性结果，d 为阴性，则应当增加体内哺乳动物骨髓细胞微核试验以外的一项体内试验，如体内哺乳动物细胞 UDS 试验等；二是 a、b、c 三项试验均为阴性结果，而 d 为阳性，则应当增加体内哺乳动物生殖细胞染色体畸变试验或显性致死试验。增加的致突变试验结果为阴性，建议同意登记。

四项试验结果中，出现了两项或两项以上试验结果为阳性，一般不建议登记。特殊情况，可提交农药登记评审委员会讨论或开展进一步试验。

⑨ 生殖毒性试验（两代繁殖毒性试验）资料　繁殖毒性主要指受试农药引起的亲代雌性或雄性繁殖功能损伤或生殖能力下降。发育毒性主要指接触受试农药的妊娠动物的子代在出生前、围产期和出生后所表现出的机体缺陷或功能障碍。

生殖毒性试验（两代繁殖毒性试验）的目的是检测受试农药对雌性和雄性实验动物的性腺功能、发情周期、交配行为、妊娠、分娩、哺乳、断乳以及子代的生长发育等繁殖功能的影响，且了解受试农药发育毒性的信息，如出生缺陷、死亡和畸形等。

评审生殖毒性试验（两代繁殖毒性试验）报告，对各项观察指标和繁殖指数统计结果进行分析和判断，提出受试农药对实验动物亲代和子代的 NOAEL 值或 LOAEL 值，明确受试农药有无繁殖毒性。

⑩ 致畸性试验资料　致畸试验的目的是检测妊娠实验动物接触受试物后引起的子代致畸的可能性。根据《农药登记资料要求》需提交两种哺乳动物的致畸性试验报告，首选的实验动物为大鼠和家兔。

评审致畸性试验报告，对各项母体观察指标、胎仔观察指标和检查指标的统计结果进行分析和判断，提出受试农药对实验动物母体及胎仔的 NOAEL 值或 LOAEL 值，明确受试农药有无致畸毒性。具有致畸毒性作用的农药一般不予登记。

⑪ 慢性毒性资料　慢性毒性主要指动物在正常生命周期的大部分时间内反复接触受试农药所引起的健康损害效应。慢性毒性试验的目的是通过一定途径长期反复给予实验动物不同剂量的受试农药，观察实验动物的慢性毒性效应、严重程度、靶器官和损害的可逆性，确定 NOAEL 值或 LOAEL 值，为拟定人类接触该农药的每日允许摄入量（ADI）提供依据。

评审慢性毒性试验报告，对各项观察和检查指标的统计结果进行分析和判断，提出受试农药对实验动物慢性毒性的 NOAEL 值或 LOAEL 值。

⑫ 致癌性试验资料　致癌性实验的目的是通过一定的途径给予实验动物不同剂量的受试农药，观察实验动物生命周期的 2/3 以上，甚至整个生命周期内肿瘤的发生情况，以评定长期接触受试物对动物的化学致癌作用。

目前，我国采用世界卫生组织提出的四条标准，判断受试农药为致癌试验阳性（有致癌性）。即：

a. 肿瘤只发生在染毒组动物中，对照组无该类型肿瘤；或

b. 染毒组与对照组动物均发生肿瘤，但染毒组肿瘤发生率明显高于对照组；或

c. 染毒组动物中多发性肿瘤明显，对照组中无多发性肿瘤或只少数动物有多发性肿瘤；或

d. 染毒组与对照组动物肿瘤的发生率无显著性差异，但染毒组中肿瘤发现的时间较早。

另外，染毒组和对照组肿瘤发生率差别不明显，但癌前病变差别显著时，也不能轻易排除受试物的致癌性。

根据《农药登记资料要求》需提交两种啮齿类动物的致癌性试验报告，首选的实验动物为大鼠和小鼠。具有致癌作用的农药一般不予登记。

⑬ 代谢和毒物动力学试验资料　代谢和毒物动力学试验的目的是了解：

a. 受试农药进入机体的途径、生物利用度；

b. 受试农药在体内各脏器、组织和体液间的分布特征；

c. 生物转化的速度和程度，鉴定主要代谢产物的化学结构，生物转化的通路；

d. 排泄的途径、速度和能力，在体内蓄积的可能性、程度和持续时间；

e. 不同剂量水平，单次和多次重复染毒时吸收、分布、生物转化和消除或排泄的动力学特征等。

评审代谢和毒物动力学试验报告，就是根据试验结果对受试物进入机体的途径、吸收的速度和程度，受试物及其代谢产物在脏器、组织和体液中的分布特征，生物转化的速度和程度、主要代谢产物和生物转化通路，排泄的途径、速度和能力，受试物及其代谢产物在体内蓄积的可能性、程度和持续时间作出评价。

⑭ 内分泌干扰作用试验资料　内分泌干扰作用试验主要用于检测和评价受试农药是否具有内分泌干扰作用。根据《农药登记资料要求》，在亚慢性毒性、生殖毒性等毒理学试验表明受试农药对实验动物内分泌系统有毒性时，需提交内分泌干扰作用试验报告。

评审内分泌干扰作用试验报告，对各项数据的统计结果进行分析和判断，提出受试农药对内分泌干扰作用的 NOAEL 值或 LOAEL 值。

⑮ 微生物农药致病性试验资料　微生物农药致病性试验主要包括急性经口致病性试验、急性经呼吸道致病性试验和急性注射致病性试验。急性经口致病性试验是通过短时间经口给药和给药后适当时间的观察，明确微生物农药毒性、感染性和致病性信息。急性经呼吸道致病性试验是通过经呼吸道一次给药和给药后适当时间的观察，明确微生物农药毒性、感染性和致病性信息。急性注射致病性试验是通过注射给药和给药后适当时间的观察，明确微生物农药毒性、感染性和致病性信息。细菌和病毒类微生物农药，进行静脉注射试验；真菌或原生动物类微生物农药，进行腹腔注射试验。

评审微生物农药致病性试验报告，对各观察项目和试验数据的统计结果进行分析和判断，明确受试微生物农药的致病性。存在致病性的微生物农药建议不予登记。

（3）健康风险评估　根据《农药施用人员健康风险评估指南》《卫生杀虫剂健康风险评估指南》等推荐的程序和方法以及评价标准，审查受评估农药对施药人员、居民等的健康风险。风险是否可以接受以风险系数（RQ）判断。当 RQ≤1.0，风险可以接受；当 RQ≥1.0，风险不可接受。RQ 数值的修约方法按照《数值修约规则与极限数值的表示和判定》（GB/T 8170）的相关规定执行。健康风险不可接受的，不予通过农药登记技术审查。

2.4.3.4　药效资料审查

（1）完整性和有效性审查　提供的药效资料应符合《农药登记资料要求》。

试验地点应符合《农药登记田间药效试验区域指南》（以下简称《指南》）的要求；《指南》中未包含的作物、病虫草害及一些特殊药剂，应根据作物种植区域，在全国选择有代表性的地点（省份）进行田间药效试验，并提供田间小区试验选点说明。局部种植作物药效试验的点数要求见表 2-2。

表 2-2　局部种植作物药效试验点数要求

作物类别	作物名称	试验点数	备　注
粮食作物	大　麦	3 地	
	春小麦	3 地	
	春玉米	3 地	
	高　粱	3 地	
	谷　子	3 地	
	红　豆	3 地	
	绿　豆	3 地	

续表

作物类别	作物名称	试验点数	备　注
油料作物	春大豆	3 地	
	春油菜	3 地	
	油　葵	3 地	
	向日葵	3 地	
糖料作物	甜　菜	3 地	
经济作物	橡胶树	2 地	
	香樟树	3 地	
	亚　麻	3 地	
	芦　苇	3 地	
蔬　菜	节　瓜	3 地	
	芦　笋	3 地	
	雷　竹	3 地	
	莲　藕	3 地	
	莴　苣	3 地	
	南　瓜	3 地	
	洋　葱	3 地	
	茭　白	3 地	
	山　药	3 地	
水　果	香　蕉	3 地	
	杧　果	3 地	
	荔　枝	3 地	
	龙　眼	3 地	
	菠　萝	3 地	
	杨　梅	3 地	
	石　榴	3 地	
	猕猴桃	3 地	
	木　瓜	3 地	
	李　子	3 地	
	杏	3 地	
	枇　杷	3 地	
	樱　桃	3 地	
	核　桃	3 地	
	山核桃	3 地	
	板　栗	3 地	
饮　料	杭白菊	2 地	

作物类别	作物名称	试验点数	备　注
调味料	葱	3地	
	姜	3地	
	蒜	3地	
	胡椒	2地	
药用植物	人参	2地	
	枸杞	3地	
	白术	3地	
	元胡	2地	
	三七	2地	
	川芎	2地	
	铁皮石斛	3地	
	黄芩	2地	
	板蓝根	2地	
	麦冬	3地	
园林	绿化植物	3地	应明确绿化植物种类，如金叶女贞、紫叶小檗、红花继木、黄杨等
	林木苗圃	3地	应明确林木种类，如松、柏、杉、槐等
	草坪	3地	应明确草坪草种类，如早熟禾、高羊茅、黑麦草、剪股颖、狗牙根、结缕草等

试验承担单位应为农业农村部认定的登记药效试验单位。现有农药登记试验单位无法承担的试验项目，由农业农村部指定的单位承担；如果进行两年的药效试验，则两年的试验单位原则上应一致，特殊情况应在试验之前进行沟通，并提供书面说明。

对于田间药效试验报告超过5年的，原则上要求提供1年田间药效验证试验报告；或提供药剂抗性发生发展的相关数据或资料，说明产品使用剂量和技术的变化情况。

（2）技术审查　主要涉及单剂的室内活性测定，混剂的配方筛选，田间小区试验效果及大区试验效果等。主要依据《农药田间药效试验准则》《农药室内生物测定试验准则》等相关国家标准和农业行业标准等。

① 室内活性测定试验报告审查供试靶标的种类，试验方法，对靶标的生物活性，试验结论的科学、合理性等。

② 混配制剂审查混配目的的合理性，是否符合当前农业生产的实际需求。配方筛选试验报告重点审查混剂效果是否与其混配目的相符，试验方法是否科学。混剂联合作用方式应为增效或加成作用。室内配方筛选报告中对防治对象共毒系数大于120；田间药效试验报告中，产品防效总体上表现增效作用，原则上混剂产品中单一组分有效用量应低于或不高于其单剂对照用量，在推荐剂量下防效与对照药剂相当或优于对照药剂；如果混剂产品折算单一组分有效用量高于其单剂对照用量或与单剂对照用量一致而防效相当，甚至低于单剂对照，则不同意登记。原则上认可不同作用机制的药剂混配延缓抗性，若相同作用机制药剂混配应提供相应无交互抗性的证据，如已有文献表明有交互抗性则不同意登记。通常速效性差的药

剂和速效性强的药剂混配，不应有拮抗作用。

③ 田间药效试验重点审查试验设计、用药技术（时期、方法、次数、剂量）、调查及统计分析等试验方法是否合理，试验结果是否可靠等。

一般情况下，常规药剂的防治效果原则上要求：

a. 除草剂对靶标杂草的防效应在 90% 以上；

b. 杀菌剂对真菌病害防效应在 80% 以上，土传病害及病毒病等难防治病害防效应在 60% 以上；

c. 杀虫剂对一般靶标防效应在 85% 以上；

d. 卫生杀虫剂效果应在 A 级和 B 级范围。

特殊情况下，药剂的防治效果明显低于上述要求的，应提交相关说明材料。

对于特殊种类（微生物农药、植物源农药等）或特殊用途的药剂，防治效果可参照上述标准根据药剂特性适当掌握。

④ 大区试验报告重点审查药剂的推荐剂量在不同地区大面积使用过程中，对靶标生物的防治效果是否能够达到或接近小区试验的防治效果，对作物是否安全等。

⑤ 安全性审查包括药剂对当茬作物的安全性、对邻近作物的安全性、对后茬作物的安全性及对非靶标有益生物的安全性等。

当茬作物安全性重点审查药剂在推荐用药技术下，对当茬不同作物品种的安全性。室内安全性试验的选择性指数应在 2.0 以上；田间药效试验的用药技术应对供试作物品种安全，不影响作物出苗、生长、产量、品质等，如果出现药害现象，应详细说明药害的症状、程度、持续性、恢复性、对产量或品质影响等相关情况。

对邻近作物的安全性应根据药剂特性（品种、剂型、使用方法等）审查，对容易因挥发、飘移、淋溶、径流等造成邻近作物药害的药剂，需提供对邻近作物的药害影响和有效防范措施等。

对于作用谱广、土壤活性高、残效期长，容易造成后茬敏感作物药害的药剂，应依据《除草剂对后茬作物影响试验方法》等农业行业标准，在田间药效试验地区同时开展后茬作物安全性试验。重点审查药剂在推荐用药技术下，对后茬不同作物的安全性，明确存在药害风险或可以安全种植的后茬作物种类及安全间隔时期等。

⑥ 农药抗性风险评价应依据《农药抗性风险评估》等农业行业标准对供试药剂进行评价。重点对提交的抗药性研究资料、对靶标生物的敏感性测定、抗药性监测控制方法或预防措施的资料，进行其合理性及可操作性的审查评价及不同作用机理药剂的可混性评价，对现有高抗性风险药剂的可替代性进行评价。

（3）农药使用剂量及表示方法要求　农药使用剂量应在试验剂量范围内，亩用制剂量原则上取整数，有效成分剂量与制剂量应换算正确，一般以"克/公顷"表示，特殊情况下可以"毫克/千克""克/米^2（或米^3）""克/株（果）"等方法表示。

① 固体制剂的制剂量以"克/亩"表示，液体制剂的制剂量以"毫升/亩"表示；

② 种子处理剂以每 100kg 种子使用的制剂量表示；

③ 植物生长调节剂一般以稀释倍数表示，特殊情况下可以"克（毫升）/米^2（或米^3）""克（毫升）/株（果）""克（毫升）/千克（果）"等方法表示；

④ 果树、林木用药以稀释倍数表示；

⑤ 直接使用的卫生用杀虫剂产品（如蚊香、电热蚊香片、电热蚊香液、烟剂及烟片、气雾剂、喷射剂、粉剂、笔剂和驱避剂等）不需推荐使用剂量；

⑥ 稀释使用的产品用作滞留喷洒时，推荐使用剂量以"克（有效成分）/米^2"表示，喷雾使用以稀释倍数（×倍液）表示；

⑦ 防治仓储害虫拌原粮使用时以"克（有效成分）/千克（原粮）"表示；

⑧ 防治白蚁药剂土壤处理以"克（有效成分）/米^2"表示，木材处理以稀释倍数（毫克/千克）表示；

⑨ 钉螺防治剂浸杀或喷洒以"克（有效成分）/米^2"表示。

2.4.3.5　残留资料审查

（1）完整性和有效性审查　根据登记类型，审查是否按照《农药登记资料要求》中一般农药制剂登记资料要求释义与明细表的要求提交残留资料。以一般化学新农药制剂为例，申请人应提交植物中的代谢试验资料、家畜代谢试验资料、环境中代谢试验资料、规范残留试验资料、加工农产品中农药残留试验资料、农药残留贮藏稳定性试验资料、残留分析方法、膳食风险评估报告及其他国家登记情况。其中，如果环境中代谢试验资料已在环境资料中提交，则不需要重复提交。

植物中的代谢试验、家畜代谢试验、环境中代谢试验、规范残留试验、加工农产品中农药残留试验、农药残留贮藏稳定性试验和残留分析方法等试验报告应由农业农村部认定的具有相应农药残留资质的试验单位出具，并符合农药登记试验质量管理规范和相应试验准则的要求。

在《农药登记资料要求》规定的减免情形之外，申请人欲减免残留试验资料，需提交减免申请并详细说明减免理由，必要时应提供相应的支持数据或佐证资料，并且应注明出处。

对于原药、卫生用农药、申请用于非食用或非饲用作物以及列入残留豁免名单（见表 2-3）的农药，减免残留资料。残留豁免名单属动态管理，根据新的研究和数据，有些已列入名单的农药可能被移出，也会有新的农药列入名单里。

表 2-3　农药残留豁免的农药名单

序号	中文名称	英文名称
1	矿物油	petroleum oil
2	石硫合剂	lime sulfur
3	硫黄	sulfur
4	硅藻土	silicon dioxide
5	苏云金杆菌	bacillus thuringiensis
6	荧光假单胞菌	pseudomonas fluorescens
7	枯草芽孢杆菌	brevibacterium
8	蜡质芽孢杆菌	bacillus cereus
9	地衣芽孢杆菌	bacillus licheniformis
10	短稳杆菌	empedobacter brevis

序号	中文名称	英文名称
11	多粘类芽孢杆菌	paenibacillus polymyza
12	放射土壤杆菌	agrobacterium radibacter
13	木霉菌	trichodermasp
14	白僵菌	beauveria
15	淡紫拟青霉菌	paecilomyces lilacinus
16	厚孢轮枝菌	verticillium chlamydosporium
17	耳霉菌	conidioblous thromboides
18	绿僵菌	metarhizium anisopliae var acridum
19	寡雄腐霉菌	pythium oligadrum
20	菜青虫颗粒体病毒	pierisrapae granulosis virus（PrGV）
21	茶尺蠖核型多角体病毒	ectropis oblqua hypulina nuclear polyhedrosis virus（EoNPV）
22	松毛虫质型多角体病毒	dendrolimus punctatus cytoplasmic polyhedrosis virus（DpCPV）
23	甜菜夜蛾核型多角体病毒	spodoptera litura nuclear polyhedrosis virus（SpltNPV）
24	黏虫颗粒体病毒	pseudaletia unipuncta granulosis virus（PuGV）
25	小菜蛾颗粒体病毒	plutella xylostella granulosis virus（PxGV）
26	斜纹夜蛾核型多角体病毒	spodoptera litura nucleopolyhedrovirus（SlNPV）
27	棉铃虫核型多角体病毒	helicoverpa armigera nuclear polyhedrosis virus（HaNPV）
28	苜蓿银纹夜蛾核型多角体病毒	autographa californica nuclear polyhedrosis virus（AcNPV）
29	三十烷醇	triacontanol
30	赤霉酸	gibberellic acid
31	地中海实蝇引诱剂	trimedlure
32	聚半乳糖醛酸酶	polygalacturonase
33	烯腺嘌呤	enadenine
34	苄氨基嘌呤	6-benzylaminopurine
35	羟烯腺嘌呤	oxyenadenine
36	超敏蛋白	harpin protein
37	S-诱抗素	S-abscisic acid
38	香菇多糖	fungous proteoglycan
39	几丁聚糖	chltosan
40	葡聚烯糖	glucosan
41	氨基寡糖素	oligosaccharins

（2）技术审查

① 植物中的代谢试验　植物中的代谢试验的目的主要有 3 个方面：

a. 评估当农药施用于作物后各种初级农产品中的残留总量，这就需要确定各残留物在植物中的分布，例如农药在植物的根或叶中的吸收和迁移等；

b. 明确初级农产品中最终残留的主要组成成分，由此确定在残留定量分析中需要检测的组成成分；

c. 阐明植物中有效成分的代谢途径。

目前，植物代谢试验适用的标准有 NY/T 3096、OECD 501 和 EPA OPPTS 860.1300。在评审过程中，评审人员需要进一步审查试验设计和方法，即施药参数、采样时间和部位、分析方法、对可提取残留物的鉴定和农药残留贮藏稳定性等是否符合试验准则要求，明确代谢途径和初级农产品成熟或采收时的代谢水平，分析代谢机制，获得成熟或采收时可食用和饲用部位中总放射性残留物的分布、性质和含量。

② 家畜代谢试验　家畜代谢试验的目的主要有 4 个方面：

a. 评估家畜动物可食用商品和其排泄物中总残留量；

b. 明确可食用组织中残留的主要组成成分，由此确定在残留定量分析中需要检测的组成成分；

c. 阐明农药在反刍动物和家禽体内的代谢途径；

d. 明确残留物是否为脂溶性的。

目前，家畜代谢试验适用的标准有 OECD 503 和 EPA OPPTS 860.1300。在评审过程中，评审人员需要进一步评估试验设计及其解释说明，即给药、屠宰时间、动物组织样品采集、分析阶段、对可提取残留物的鉴定、农药残留贮藏稳定性等方面。通过家畜代谢试验资料的评估得出：

a. 在动物体内观察到的代谢途径和机制，包括范围或程度；

b. 样品收集时，动物组织、蛋和奶中总放射性残留物的性质、含量和分布；

c. 提取效率、可提取的或不可提取（共轭）的化合物成分列入残留定义及其分析方法开发的可能性；

d. 申请人提出的结论是否与家畜代谢及动力学过程相关，并且合理完整。

③ 规范残留试验　规范残留试验可用于确定初级农产品中农药残留量，试验应反映可能导致最高残留量的农药使用方式，其主要目的有 4 个方面：

a. 基于推荐或确定的良好农业规范条件下，确定初级农产品中农药有效成分和（或）代谢产物的残留量水平；

b. 适当时确定初级农产品中农药有效成分和（或）代谢产物的消解动态；

c. 确定规范试验残留中值（supervised trial median residue，STMR）和最高残留值（highest residue，HR），用于开展膳食风险评估；

d. 获得最大残留限量（maximum residue limits，MRL）。

根据规范残留试验中母体和代谢产物的绝对残留量，为确定残留物定义提供有用信息。规范残留试验适用的标准有 NY/T 788、OECD 509 和 EPA OPPTS 860.1500。

对于规范残留试验的技术评审主要有以下几个方面：试验点的数量和区域分布是否符合农药登记资料要求；田间试验的施药及采样是否反映预计的最高残留水平，即最高的施药剂量、最短的施药和采收间隔、最多的施药次数；样品采集，既要采集食用部位，也要采集作为饲料的作物部位；样品贮存和农药残留贮藏稳定性；残留分析方法及样品检测。

④ 加工农产品中农药残留试验 多数初级农产品在消费之前都需经过加工，例如水果加工成果汁、水果罐头和干制水果（葡萄干等），大豆加工成大豆油等。加工试验是为了明确初级农产品中的残留物在加工过程中可能发生的降解、稀释或者浓缩等行为，其主要目的有 3 个方面：

a. 对加工农产品开展精确化的膳食暴露评估；

b. 制定加工农产品的最大残留限量；

c. 基于初级农产品最大残留限量的监管。

目前，适用于加工试验的标准有 NY/T 3095、OECD 508 和 EPA OPPTS 860.1520。加工农产品中农药残留试验资料的技术评审侧重于用于加工试验的初始样品来源、加工工艺技术的代表性、农药残留贮藏稳定性、残留分析方法以及结果与讨论等方面，得出加工农产品中是否检测到可定量的残留物及其残留水平，并计算加工系数（processing factor，PF）。

⑤ 农药残留贮藏稳定性试验 在代谢试验、规范残留试验和加工试验的技术评审要素中均提到农药残留贮藏稳定性问题，这是因为多数情况下不可能在短时间（30 天）内完成样品的检测分析。没有及时分析的样品通常贮藏在黑暗、冷冻环境下。在贮藏期间，残留物可能因挥发或酶解等过程减少。因此，需要通过贮藏稳定性试验，明确残留物在样品贮藏过程中的稳定性。NY/T 3094、OECD 506 和 EPA OPPTS 860.1380 适用于贮藏稳定性试验。

农药残留贮藏稳定性试验资料的技术评审着重在用于贮藏稳定性试验的初始品来源、贮藏条件与过程以及代谢试验、规范残留试验和加工试验的一致性，残留分析方法的符合性等，最终用外推法得出降解率为 30% 的贮藏期间，即代谢试验、规范残留试验和加工试验的样品分析应在降解率为 30% 的贮藏期间之内完成。

⑥ 残留分析方法 在规范残留试验、加工农产品中农药残留试验和农药残留贮藏稳定性试验中均提及残留分析方法。从农药登记与监管角度，残留分析方法又分为用于农药登记残留试验的分析方法和用于市场监测的分析方法。其中，用于市场监测的残留分析方法通常以检测方法标准形式发布实施，其具体规定见《农药残留检测方法国家标准编制指南》（农业部公告 2386 号）。NY/T 788、OECD ENV/JM/MONO（2007）17 和 EPA OPPTS 860.1340 适用于残留分析方法试验。

用于农药登记残留试验的分析方法，主要从提取效率、基质效应、目标物的确证、准确度（添加回收试验的回收率范围和相对标准偏差）、最低检出限和最低定量限等指标的符合性进行评估。

⑦ 膳食风险评估报告 食品（包括食用农产品）中农药残留风险评估是指通过分析农药毒理学和残留化学试验结果，根据消费者膳食结构，对因膳食摄入农药残留产生健康风险的可能性及程度进行科学评价，包括毒理学评估、残留化学评估、膳食摄入评估和评估结论。

a. 毒理学评估 通过对农药及其有毒代谢产物的急性毒性、短期毒性、长期毒性、致癌性、致畸性、遗传毒性和生殖毒性等进行评价，推荐每日允许摄入量（accepted daily intake，ADI）和急性参考剂量（acute reference dose，ARfD）。

b. 残留化学评估 通过评价动植物代谢试验、田间残留试验、饲喂试验、加工过程和环境行为试验等试验结果，推荐规范残留试验中值（STMR）和最高残留值（HR）。

c. 膳食摄入评估　在毒理学和残留化学评估的基础上，根据我国居民膳食消费量，估算农药的膳食摄入量，包括长期和短期膳食摄入。

d. 评估结论　根据毒理学、残留化学和膳食摄入评估结果（每日允许摄入量、急性参考剂量、国家估算每日摄入量或国家估算短期摄入量），进行分析评价。一般情况下，当国家估算每日摄入量低于每日允许摄入量，国家估算短期摄入量低于急性参考剂量，则认为基于推荐的最大残留限量值的农药残留不会产生不可接受的健康风险。可向风险管理机构推荐最大残留限量值或风险管理建议。

2.4.3.6　环境资料审查

（1）完整性和有效性审查　对照《农药登记资料要求》逐项审核提交的环境试验资料是否齐全、试验资料是否由农业农村部认定的登记试验单位出具。

（2）技术审查　农药原药登记时提交的环境资料主要包括农药的环境归趋和生态毒理两方面试验。环境归趋试验主要包括农药在土壤、水和沉积物系统中的降解和代谢试验、土壤吸附或淋溶试验，在水和土壤中的分析方法等。生态毒理试验主要包括对鸟类、水生生物、陆生非靶标节肢动物和土壤生物的急慢性毒性试验。农药制剂登记时提交的环境资料主要包括农药对鸟类、水生生物、陆生非靶标节肢动物和土壤生物的部分急性生态毒性试验和环境风险评估报告。

化学农药原药的水解试验，水中光解试验，土壤表面光解试验，土壤好氧和厌氧代谢试验，水-沉积物系统好氧代谢试验，土壤吸附（淋溶）试验，鸟类急性经口毒性、短期饲喂毒性和繁殖试验，鱼类急性毒性、早期生活阶段毒性试验，大型溞急性活动抑制、繁殖试验，绿藻生长抑制试验，水生植物毒性试验，鱼类生物富集试验，蜜蜂急性经口毒性、蜜蜂急性接触毒性试验，家蚕急性毒性试验，寄生性和捕食性天敌（节肢动物）急性毒性试验，蚯蚓急性毒性、繁殖试验等，均参考相应的国家标准或 OECD 准则。

除上述试验外，某些特殊类型的农药或对某种环境生物风险不可接受的农药还需进行额外试验。例如昆虫生长调节剂农药还需要进行蜜蜂幼虫发育毒性试验和家蚕慢性毒性试验，对蜜蜂风险不可接受的农药还需要进行蜜蜂半田间试验。

化学农药制剂主要进行鸟类急性经口毒性试验、鱼类急性毒性试验、大型溞急性活动抑制试验、绿藻生长抑制试验、蜜蜂急性经口毒性试验、蜜蜂急性接触毒性试验、家蚕急性毒性试验、寄生性天敌急性毒性试验、捕食性天敌急性毒性试验、蚯蚓急性毒性试验。

生物化学农药、植物源农药、卫生杀虫剂和杀鼠剂根据其特性和使用方法，仅进行部分试验。微生物农药需要进行鸟类、蜜蜂、家蚕、鱼类、大型溞的毒性试验和增殖试验。

农药环境归趋及生态毒性分级标准见表 2-4～表 2-13。

表 2-4　农药土壤降解、水解、水-沉积物系统降解性等级划分标准

等级	DT_{50}/d	降解性
Ⅰ	<30	易降解
Ⅱ	30～90	中等降解
Ⅲ	90～180	较难降解
Ⅳ	>180	难降解

表 2-5　农药光解特性等级划分标准

等级	$t_{0.5}/h$	降解性
Ⅰ	<3	易光解
Ⅱ	$3\sim6$	较易光解
Ⅲ	$6\sim12$	中等光解
Ⅳ	$12\sim24$	较难光解
Ⅴ	>24	难光解

表 2-6　农药土壤吸附特性等级划分标准

等级	K_d	K_{oc}	吸附性
Ⅰ	>200	>20000	易吸附
Ⅱ	$50\sim200$	$5000\sim20000$	较易吸附
Ⅲ	$20\sim50$	$1000\sim5000$	中等吸附
Ⅳ	$5\sim20$	$200\sim1000$	较难吸附
Ⅴ	<5	<200	难吸附

表 2-7　农药生物富集等级划分标准

等级	BCF	富集等级
Ⅰ	<10	低富集性
Ⅱ	$10\sim1000$	中等富集性
Ⅲ	>1000	高富集性

表 2-8　农药对鸟类毒性的等级划分标准

毒性等级	急性经口 $LD_{50}/(mg/kg$ 体重$)$	短期饲喂 $LC_{50}/(mg/kg$ 食物$)$
剧毒	$LD_{50}\leqslant10$	$LC_{50}\leqslant50$
高毒	$10<LD_{50}\leqslant50$	$50<LC_{50}\leqslant500$
中毒	$50<LD_{50}\leqslant500$	$500<LC_{50}\leqslant1000$
低毒	$LD_{50}>500$	$LC_{50}>1000$

表 2-9　农药对蜜蜂毒性的等级划分标准

毒性等级	急性经口或接触 $LD_{50}/(\mu g/$蜂$)$
剧毒	$LD_{50}\leqslant0.001$
高毒	$0.001<LD_{50}\leqslant2.0$
中毒	$2.0<LD_{50}\leqslant11.0$
低毒	$LD_{50}>11.0$

表 2-10　农药对家蚕毒性的等级划分标准

毒性等级	急性 $LC_{50}/(mg/L)$
剧毒	$LC_{50}\leqslant0.5$
高毒	$0.5<LC_{50}\leqslant20$
中毒	$20<LC_{50}\leqslant200$
低毒	$LC_{50}>200$

表 2-11　农药对鱼、溞毒性的等级划分标准

毒性等级	急性 LC_{50} 或 EC_{50}/(mg/L)
剧毒	$LC_{50} \leqslant 0.1$
高毒	$0.1 < LC_{50} \leqslant 1.0$
中毒	$1.0 < LC_{50} \leqslant 10$
低毒	$LC_{50} > 10$

表 2-12　农药对藻类毒性的等级划分标准

毒性等级	EC_{50}/(mg/L)
高毒	$EC_{50} \leqslant 0.3$
中毒	$0.3 < EC_{50} \leqslant 3.0$
低毒	$EC_{50} > 3.0$

表 2-13　农药对蚯蚓毒性的等级划分标准

毒性等级	急性 LC_{50}/(mg/kg 干土)
剧毒	$LC_{50} \leqslant 0.1$
高毒	$0.1 < LC_{50} \leqslant 1.0$
中毒	$1.0 < LC_{50} \leqslant 10$
低毒	$LC_{50} > 10$

（3）环境风险评估　开展农药的环境风险评估，最重要的步骤是进行暴露分析和效应评估。暴露分析是指根据农药环境暴露模型，确定农药在环境中的水平。效应评估是指根据农药对非靶标生物的生态毒性数据和不确定性因子，确定农药对非靶标生物的安全浓度（预测无作用浓度）。

① 暴露分析　主要需要以下几方面的数据：

a. 农药的土壤代谢、水解、光解、吸附等表征农药在环境介质中迁移和转化规律的环境归趋试验数据，需要企业开展相关试验获得；

b. 农药使用方法，主要依据药效试验资料确定；

c. 气候、土壤等基础数据，已固化在环境暴露模型中；

d. 农药的溶解度、分子量等信息，在产品化学资料中提供。

② 效应评估　需要农药对鸟类、水生生物、蜜蜂、家蚕等非靶标生物的急慢性毒性数据。

③ 风险评估报告审查　根据 NY/T 2882《农药登记　环境风险评估指南》等相关标准评审企业提交的环境风险评估报告，重点评审选择的暴露途径、模型输入参数、不确定性因子、风险降低措施等内容。

a. 当按申请的良好农业操作规范（GAP）使用时，对水生生态系统、鸟类、蜜蜂、地下水或土壤生物的风险不可接受时，申请人应提供高级阶段试验或采用合理的风险降低措施以使环境风险可接受，进行了高级阶段试验或采用风险降低措施后风险仍不可接受时提交登记评审会讨论；

b. 对于水生生态系统，当 60% 场景-时间点的风险商值（RQ）<1，且其余 40% 场景-时

间点的 RQ＜10 时，认为其对水生生态系统的风险可接受；

c. 对于蜜蜂，应分析申请的作物是否为蜜源或粉源植物（常见的蜜源和粉源植物见表 2-14），以及用药时期与植物花期是否重叠；

d. 当环境风险评估表明该农药按申请的 GAP 使用时，对家蚕（飘移场景）和非靶标节肢动物的风险不可接受时，应在标签中注明风险降低措施；

e. 直接用于桑树的农药，应在标签上注明采摘桑叶养蚕的安全间隔期。

表 2-14　常见蜜源和粉源植物种类

序号	类型	植物
1	草本蜜源植物	油菜、紫云英、苕子、紫苜蓿、向日葵、芝麻、棉花、荞麦、野坝子等
2	木本蜜源植物	荔枝、龙眼、沙枣、刺槐、柑橘、柿树、枣树、白刺花、大叶桉、柠檬桉、乌桕、山乌桕、荆条、老瓜头、紫椴、鹅掌柴、枇杷、柃属、胡枝子等
3	泌蜜多面积小的草本辅助蜜源植物	水蓼、白屈菜、白菜、南瓜、黄瓜、甜瓜、西瓜、蚊子草、菱陵菜、大豆、田菁、柳兰、升麻、瓦松、芫荽、小茴香、中华补血草、甘薯、紫苏、益母草、薄荷、蒲公英、葱、韭菜、香蕉、百里香等
4	泌蜜多面积小的木本辅助蜜源植物	女贞、柚子、藜檬、黄檗、臭椿、楝树、粗糠柴、余甘子、盐肤木、地锦槭、文冠果、酸枣、漆树、苹果、槐树、乌饭树、枸杞、板栗、石砾等
5	泌蜜少面积大的草本辅助蜜源植物	甜菜、仙人掌、金银花、一枝黄花、大蓟、红花、萱草、雨久花、甘蓝、萝卜、草莓、侧金盏花等
6	泌蜜少面积大的木本辅助蜜源植物	葡萄、中华猕猴桃、柽柳、珍珠梅、李、杏、山桃、樱桃、梅、合欢、锦鸡儿、沙棘、牛奶子、白千层、水锦树、棕榈、山杨、山鸡椒、五味子、鹅掌楸等
7	草本粉源植物	玉米、高粱、水稻、大叶樟、芒、蚕豆、葎草、唐松草、莲、芝麻菜、翅碱蓬、党参等
8	木本粉源植物	马尾松、小叶杨、榆、旱柳、油松、杉木、钻天柳、杨梅、胡桃、白桦、鹅耳枥、榛、栾树、紫穗槐、柠檬、椰子、云南山楂等

2.4.4　农药标签

农药的标签和说明书，是指农药包装物上或者附于农药包装物的，以文字、图形、符号说明农药内容的一切说明物。因此，农药标签相当于农药产品的身份证，它不仅反映农药产品特征、技术要求，更是农药经营者科学推荐农药、使用者安全合理使用农药的依据。

农药标签和说明书由农业农村部核准。农业农村部在批准农药登记时公布经核准的农药标签和说明书的内容、核准日期。

2.4.4.1　农药标签标注内容

《农药标签和说明书管理办法》第八条规定，农药标签应当标注下列内容：

（1）农药名称、剂型、有效成分及其含量；

（2）农药登记证号、产品质量标准号以及农药生产许可证号；

（3）农药类别及其颜色标志带、产品性能、毒性及其标识；

（4）使用范围、使用方法、剂量、使用技术要求和注意事项；

（5）中毒急救措施；

（6）贮存和运输方法；

（7）生产日期、产品批号、质量保证期、净含量；

（8）农药登记证持有人名称及其联系方式；

（9）可追溯电子信息码；

（10）象形图；

（11）农业部要求标注的其他内容。

同时，《农药标签和说明书管理办法》第九条还对特殊产品的农药标签内容作出了界定。即，除第八条规定内容外，下列农药标签的标注内容还应当符合相应要求：

（1）原药（母药）产品应当注明"本品是农药制剂加工的原材料，不得用于农作物或者其他场所"，且不标注使用技术和使用方法，但是经登记批准允许直接使用的除外；

（2）限制使用农药应当标注"限制使用"字样，并注明对使用的特别限制和特殊要求；

（3）用于食用农产品的农药应当标注安全间隔期，但属于第十八条第三款所列情形的除外；

（4）杀鼠剂产品应当标注规定的杀鼠剂图形；

（5）直接使用的卫生用农药可以不标注特征颜色标志带；

（6）委托加工或者分装农药的标签还应当注明受托人的农药生产许可证号、受托人名称及其联系方式和加工、分装日期；

（7）向中国出口的农药可以不标注农药生产许可证号，应当标注其境外生产地，以及在中国设立的办事机构或者代理机构的名称及联系方式。

根据《农药标签和说明书管理办法》第三十七条规定，产品毒性、注意事项、技术要求等与农药产品安全性、有效性有关的标注内容经核准后不得擅自改变，许可证书编号、生产日期、企业联系方式等产品证明性、企业相关性信息由企业自主标注，并对真实性负责。也就是说，农药产品上市销售时所附具的标签，其标注的内容，包括经核准标注内容和自主标注内容两部分。

2.4.4.2　农药标签经核准与自主标注内容

（1）农药标签经核准的内容　经核准标注的标签内容，是指标签中与农药产品安全性、有效性有关的标注内容。包括农药登记证号、农药登记证持有人、农药名称、剂型、有效成分及其含量；农药类别及其颜色标志带、产品性能、毒性及其标识；使用范围、使用方法、剂量、使用技术要求和注意事项；中毒急救措施；贮存和运输方法；质量保证期。

（2）农药标签自主标注内容　由企业按照真实性原则进行标注，自主标注的标签内容主要包括：产品质量标准号、农药生产许可证号、生产日期、产品批号、净含量、农药登记证持有人的联系方式、可追溯电子信息码、象形图。委托加工或者分装农药的标签还应当注明受托人的农药生产许可证号、受托人名称及其联系方式和加工、分装日期；向中国出口的农药应当标注其境外生产地，以及在中国设立的办事机构或者代理机构的名称及联系方式。杀鼠剂产品应当标注规定的杀鼠剂图形。

2.4.4.3　标注内容的基本要求

（1）农药登记证号　农药登记证号格式为：产品类别代码＋年号＋顺序号。产品类别代码为PD，卫生用农药的产品类别代码为WP。年号为核发农药登记证时的年份，用四位阿拉伯数字表示。顺序号用四位阿拉伯数字表示。

（2）农药登记证持有人名称及其联系方式　标签上的农药登记证持有人名称应当与农药登记证上的农药登记证持有人名称一致。联系方式包括农药登记证持有人、企业或者机构的住所和生产地的地址、邮政编码、联系电话、传真等。委托加工或者分装农药的标签还应当注明受托人名称及其联系方式；向中国出口的农药标签应当用中文注明其境外生产地，以及在中国设立的办事机构或者代理机构的名称及联系方式。

除《农药标签和说明书管理办法》规定应当标注的农药登记证持有人、企业或者机构名称及其联系方式之外，标签不得标注其他任何企业或者机构的名称及其联系方式。

（3）农药名称、剂型　农药标签上的农药名称、剂型应当与农药登记证的农药名称和剂型一致。按照《农药登记管理办法》第七条规定，农药名称应当使用农药的中文通用名称或者简化中文通用名称，植物源农药名称可以用植物名称加提取物表示，直接使用的卫生用农药的名称用功能描述词语加剂型表示。

（4）农药有效成分及其含量　农药标签标注的农药有效成分及其含量应当与农药登记证一致。对于混配制剂，应当标注总有效成分含量以及各有效成分的中文通用名称和含量。

（5）毒性及其标识　毒性分为剧毒、高毒、中等毒、低毒、微毒五个级别，分别用"☠"标识和"剧毒"字样、"☠"标识和"高毒"字样、"✕"标识和"中等毒"字样、"低毒"标识、"微毒"字样标注。标识应当为黑色，描述文字应当为红色。由剧毒、高毒农药原药加工的制剂产品，其毒性级别与原药的最高毒性级别不一致时，应当同时以括号标明其所使用的原药的最高毒性级别。

（6）农药类别及其颜色标志带　农药类别应当采用相应的文字和特征颜色标志带表示。不同类别的农药采用在标签底部加一条与底边平行的、不褪色的特征颜色标志带表示。除草剂用"除草剂"字样和绿色带表示；杀虫（螨、软体动物）剂用"杀虫剂"或者"杀螨剂""杀软体动物剂"字样和红色带表示；杀菌（线虫）剂用"杀菌剂"或者"杀线虫剂"字样和黑色带表示；植物生长调节剂用"植物生长调节剂"字样和深黄色带表示；杀鼠剂用"杀鼠剂"字样和蓝色带表示；杀虫/杀菌剂用"杀虫/杀菌剂"字样、红色和黑色带表示。农药类别的描述文字应当镶嵌在标志带上，颜色与其形成明显反差。其他农药可以不标注特征颜色标志带。

（7）产品性能　产品性能主要包括产品的基本性质、主要功能、作用特点等。对农药产品性能的描述应当与农药登记批准的使用范围、使用方法相符。不能夸大产品性能。

（8）使用范围、使用方法、剂量　使用范围、使用方法、剂量的标注应当与农药登记证批准的内容一致。

① 使用范围主要包括适用作物或者场所、防治对象。

② 使用方法是指施用方式，如喷雾、撒施、熏蒸、涂抹等。

③ 使用剂量以每亩使用该产品的制剂量或者稀释倍数表示。种子处理剂的使用剂量采用每100kg种子使用该产品的制剂量表示。特殊用途的农药，使用剂量的表述应当与农药登记批准的内容一致。

（9）使用技术要求　使用技术要求主要包括施用条件，施药时期、次数，最多使用次数，对当茬作物、后茬作物的影响及预防措施，以及后茬仅能种植的作物或者后茬不能种植的作物、间隔时间等。

限制使用农药，应当在标签上注明施药后设立警示标志，并明确人畜允许进入的间隔时间，以及对使用的特别限制和特殊要求。

安全间隔期及农作物每个生产周期的最多使用次数的标注应当符合农业生产、农药使用实际。下列农药标签可以不标注安全间隔期：用于非食用作物的农药，拌种、包衣、浸种等用于种子处理的农药，用于非耕地（牧场除外）的农药，用于苗前土壤处理剂的农药，仅在农作物苗期使用一次的农药，非全面撒施使用的杀鼠剂，卫生用农药，其他特殊情形。

（10）注意事项　注意事项应当标注以下内容：

① 对农作物容易产生药害，或者对病虫容易产生抗性的，应当标明主要原因和预防方法。如：××作物对本品敏感，施药时应避免药液飘移到邻近作物上，以避免产生药害。建议与作用机理不同的农药轮换使用，以延缓抗性发生。

② 对人畜、周边作物或者植物、有益生物（如蜜蜂、鸟、蚕、蚯蚓、天敌及鱼、水蚤等水生生物）和环境容易产生不利影响的，应当明确说明，并标注使用时的预防措施、施用器械的清洗要求。如：禁止在河塘等水域清洗施药器械。

③ 已知与其他农药等物质不能混合使用的，应当标明。如：本品不能与碱性物质混用。

④ 开启包装物时容易出现药剂撒漏或者人身伤害的，应当标明正确的开启方法。

⑤ 用时应当采取的安全防护措施。

⑥ 国家规定禁止的使用范围或者使用方法等。应根据农药管理法律法规、国家有关公告等如实标注。

（11）中毒急救措施　中毒急救措施应当包括中毒症状及误食、吸入、眼睛溅入、皮肤沾附农药后的急救和治疗措施等内容。有专用解毒剂的，应当标明，并标注医疗建议。剧毒、高毒农药应当标明中毒急救咨询电话。

（12）贮存和运输方法　贮存和运输方法应当包括贮存时的光照、温度、湿度、通风等环境条件要求及装卸、运输时的注意事项，并标明"置于儿童接触不到的地方""不能与食品、饮料、粮食、饲料等混合贮存"等警示内容。

（13）质量保证期　质量保证期应当规定在正常条件下的质量保证期限，质量保证期也可以用有效日期或者失效日期表示。

（14）产品质量标准号、农药生产许可证号　产品质量标准号、农药生产许可证号不属于农药标签核准内容，企业自主标注，并对其真实性负责。委托加工或者分装农药的标签还应当注明受托人的农药生产许可证号，向中国出口的农药可以不标注农药生产许可证号。根据《农药管理条例》规定，农药生产许可证由省、自治区、直辖市人民政府农业主管部门核发。农药生产许可证有效期 5 年，编号规则为：农药生许＋省份简称＋顺序号（四位数）。

（15）生产日期、产品批号　生产日期应当按照年、月、日的顺序标注，年份用四位数字表示，月、日分别用两位数字表示。产品批号包含生产日期的，可以与生产日期合并标注。委托加工或者分装农药的标签还应当注明加工、分装日期。

（16）净含量　净含量应当使用国家法定计量单位表示。特殊农药产品，可根据其特性以适当方式表示。

（17）可追溯电子信息码　可追溯电子信息码应当以二维码等形式标注，能够扫描识别农药名称、农药登记证持有人名称等信息。信息码不得含有违反《农药标签和说明书管理办法》规定的文字、符号、图形。

根据 2017 年 9 月 5 日农业部第 2579 号公告规定，2018 年 1 月 1 日起，农药生产企业、向中国出口农药的企业生产的农药产品，其标签上应当标注符合规定的二维码。标签二维码应具有唯一性，一个标签二维码对应唯一一个销售包装单位。农药标签二维码码制采用 QR 码或 DM 码。二维码内容由追溯网址、单元识别代码等组成，单元识别代码由 32 位阿拉伯数字组成。第 1 位为该产品农药登记类别代码，"1"代表登记类别代码为 PD，"2"代表登记类别代码为 WP，"3"代表临时登记；第 2～7 位为该产品农药登记证号的后六位数字，登记证号不足六位数字的，可从中国农药信息网（www.chinapesticide.gov.cn）查询；第 8 位为生产类型，"1"代表农药登记证持有人生产，"2"代表委托加工，"3"代表委托分装；第 9～11 位为产品规格码，企业自行编制；第 12～32 位为随机码。农药生产企业、向中国出口农药的企业负责落实追溯要求，可自行建立或者委托其他机构建立农药产品追溯系统，制作、标注和管理农药标签二维码，确保通过追溯网址可查询该产品的生产批次、质量检验等信息。追溯查询网页应当具有较强的兼容性，可在 PC 端和手机端浏览。

（18）象形图　象形图的使用主要是有助于使用者理解文字说明部分。象形图包括贮存象形图、操作象形图、忠告象形图、警告象形图。象形图应当根据产品安全使用措施的需要选择，并按照产品实际使用的操作要求和顺序排列，但不得代替标签中必要的文字说明。

我国所使用的象形图基本上是采用国际农药协会（GIFAP）与联合国粮农组织（FAO）共同设计完成的象形图，该象形图于 1984 年由 FAO 农药登记部门的专家推荐使用于农药商品的标签上，并于 1985 年 3 月作为在罗马制定的《联合国粮农组织关于实施农药标签准则》的附件正式发表。

① 象形图样式、分类及其意义

a. 贮存象形图

放在儿童接触不到的地方，并加锁。

b. 操作象形图

配制液体农药，配制固体农药，喷药。

c. 忠告象形图

戴手套，戴防护罩，戴防毒面具，用药后需清洗，戴口罩，

穿胶靴。

d. 警告象形图

危险/对家畜有害。

危险/对鱼有害，不要污染湖泊、河流、池塘和小溪。

② 象形图的位置及具体排列顺序　标签中的象形图，按照贮存象形图、操作象形图、

忠告象形图、警告象形图的顺序，从左向右依次排列。其中，表示"放在儿童接触不到的地方，并加锁"的贮存象形图和表示"用药后需清洗"的象形图应该在所有的标签中使用。

③ 象形图的使用方法　从农药包装袋或容器中倾倒并配制农药的操作象形图以及喷洒农药的操作象形图，可根据配制该药时的安全措施的需要与忠告象形图配合起来作为一个组合使用，并用一个清楚的框把它们围起来，以示联系。一般表示倾倒及配制农药的象形图组放在右侧，表示喷洒农药的象形图组放在左侧。以下举例说明：

a. 表示倾倒及配制农药的象形图组

 这组象形图表示在定量配制本液体农药制剂时，应佩戴防护罩并戴手套。

 这组象形图表示在配制本液体农药制剂时的防护级别较高，需佩戴防护罩、戴手套、穿胶靴、穿防护服。

 这组象形图表示配置本固体农药制剂时需戴防护罩，并戴手套。

 这组象形图表示在配制本固体农药制剂时需佩戴防护罩、戴手套、穿胶靴、穿防护服。

标签上使用的象形图必须与该产品的安全忠告相互协调，如果产品的毒性较低，则需要的防护措施较少，象形图的样式也相应较少。例如：

 这组象形图表示在配制本液体农药制剂时仅需要戴手套就可以了。

 这组象形图则表示在配制本液体农药制剂时需要戴防护罩。

 这组象形图则表示在配制本固体农药制剂时需要戴防护罩。

 这组象形图则表示在配制本固体农药制剂时需要戴手套。

 这组象形图则表示在配制本固体农药制剂时需要戴口罩。

b. 表示喷洒、施用农药的象形图组

 这组象形图表示当施用农药制剂时应戴防护罩、戴手套、穿胶靴。

这组象形图表示当施用农药制剂时应戴防护罩、戴手套、穿胶靴、穿防护服。

同样，如果产品的毒性较低，则喷洒或施用农药时需要的防护措施也较少，也就是说需要的象形图的样式也相应较少，例如：

这组象形图表示在施用本农药制剂时仅需要穿胶靴就可以了。

这组象形图表示在施用本农药制剂时需要戴口罩。

c. 对于打开包装即可使用，不需要稀释的农药产品（如颗粒剂），标签上则不需要显示操作象形图，仅根据毒性级别和所需要的保护措施选用忠告象形图即可。如：

   本例表示在施用本农药制剂时要戴手套、防护罩并穿胶靴（不需要配制和用喷雾器喷洒）。

2.4.4.4 农药标签制作要求

（1）**总体要求** 每个农药最小包装应当印制或者贴有独立标签，不得与其他农药共用标签或者使用同一标签。标签和说明书的内容应当真实、规范、准确，其文字、符号、图形应当易于辨认和阅读，不得擅自以粘贴、剪切、涂改等方式进行修改或者补充。

（2）**文字与位置要求**

① 标签和说明书应当使用国家公布的规范化汉字，可以同时使用汉语拼音或者其他文字。其他文字表述的含义应当与汉字一致。

② 标签上汉字的字体高度不得小于 1.8mm。

③ 除"限制使用"字样外，标签其他文字内容的字号不得超过农药名称的字号。

④ "限制使用"字样，应当以红色标注在农药标签正面右上角或者左上角，并与背景颜色形成强烈反差，其字号不得小于农药名称的字号。

⑤ 安全间隔期及施药次数应当醒目标注，字号大于使用技术要求其他文字的字号。

⑥ 标签和说明书上不得出现未经登记批准的使用范围或者使用方法的文字、图形、符号。

⑦ 农药标签和说明书不得使用未经注册的商标。标签使用注册商标的，应当标注在标签的四角，所占面积不得超过标签面积的九分之一，其文字部分的字号不得大于农药名称的字号。

（3）**附具说明书、标注部分使用范围的要求** 《农药标签和说明书管理办法》第十条规定：农药标签过小，无法标注规定全部内容的，应当至少标注农药名称、有效成分含量、剂型、农药登记证号、净含量、生产日期、质量保证期等内容，同时附具说明书。说明书应当标注规定的全部内容。

登记的使用范围较多，在标签中无法全部标注的，可以根据需要，在标签中标注部分使用范围，但应当附具说明书并标注全部使用范围。

（4）**农药名称标注要求** 农药名称应当显著、突出，字体、字号、颜色应当一致。对于横版标签，农药名称应当在标签上部 1/3 范围内中间位置显著标出；对于竖版标签，应当在标签右部 1/3 范围内中间位置显著标出。不得使用草书、篆书等不易识别的字体，不得使用斜体、中空、阴影等形式对字体进行修饰；字体颜色应当与背景颜色形成强烈反差；除因包装尺寸的限制无法同行书写外，不得分行书写。

（5）有效成分及其含量和剂型的标注要求　有效成分及其含量和剂型应当醒目标注在农药名称的正下方（横版标签）或者正左方（竖版标签）相邻位置（直接使用的卫生用农药可以不再标注剂型名称），字体高度不得小于农药名称的 1/2。

混配制剂应当标注总有效成分含量以及各有效成分的中文通用名称和含量。各有效成分的中文通用名称及含量应当醒目标注在农药名称的正下方（横版标签）或者正左方（竖版标签），字体、字号、颜色应当一致，字体高度不得小于农药名称的 1/2。

（6）毒性及其标识、象形图的标注要求　毒性及其标识应当标注在有效成分含量和剂型的正下方（横版标签）或者正左方（竖版标签），并与背景颜色形成强烈反差。

象形图应当用黑白两种颜色印刷，一般位于标签底部，其尺寸应当与标签的尺寸相协调。

2.4.4.5　农药标签管理要求

标签中不得含有虚假、误导使用者的内容，有下列情形之一的，属于虚假、误导使用者的内容：

（1）误导使用者扩大使用范围、加大用药剂量或者改变使用方法的；

（2）卫生用农药标注适用于儿童、孕妇、过敏者等特殊人群的文字、符号、图形等；

（3）夸大产品性能及效果、虚假宣传、贬低其他产品或者与其他产品相比较，容易给使用者造成误解或者混淆的；

（4）利用任何单位或者个人的名义、形象作证明或者推荐的；

（5）含有"保证高产、增产、铲除、根除"等断言或者保证，含有"速效"等绝对化语言和表示的；

（6）含有保险公司保险、无效退款等承诺性语言的；

（7）其他虚假、误导使用者的内容。

2.4.4.6　农药标签重新核准要求

农药登记证持有人变更标签或者说明书有关产品安全性和有效性内容的，应当向农业农村部申请重新核准。标签和说明书重新核准三个月后，不得继续使用原标签和说明书。

农业农村部根据监测与评价结果等信息，可以要求农药登记证持有人修改标签和说明书，并重新核准。农药登记证载明事项发生变化的，农业农村部在作出准予农药登记变更决定的同时，对其农药标签予以重新核准。

2.4.5　农药登记综合技术审查

2.4.5.1　政策审查

应符合《农药管理条例》《农药登记管理办法》及相关规范性文件等要求。

2.4.5.2　技术审查

应符合农药中文通用名称、剂型等国家或行业标准，农药登记评审委员会相关评审意见或合理性规范性要求等（见表 2-15）。

表 2-15　农药登记合理性规范性要求

序号	类别	登记要求
1	混配原则	化学农药与植物源农药混配目的不明确，原则上不批准化学农药与植物源农药的混剂登记，但组分单一、原药含量高的印楝素和鱼藤酮等除外
		对同一企业，有效成分和总含量相同、配比不同的两个混剂，无论使用范围是否相同，只批准一个混剂的登记；不批准同一企业、有效成分相同而配比不同的两个混剂的登记；有效成分配比相同、总含量不同的除外
2	毒性变更	对已取得登记的农药产品，产品毒性原则上以首次提交的毒理学试验资料为准，不同意变更产品毒性级别
3	多糖类农药	几丁聚糖、菇类蛋白多糖、低聚糖素、氨基寡糖素等多糖类农药，农药类别改为植物诱抗剂。产品标签不得标注对作物病害有治疗作用的表述
4	非食用作物用药	鉴于我国观赏花卉食用同源现象比较普遍，为避免观赏花卉被食用或在食用作物上的误用风险，及对接触人群的暴露危害，不批准仅用于观赏花卉、草坪、非耕地等非食用作物（或用途）上的农药的登记，专用农药品种除外；已在食用作物上取得登记的农药产品可在非食用作物上扩大使用范围登记，或在非食用作物及食用作物上同步批准登记。非食用作物中，草坪包括草场、草地、草原、草坪，林业包括林木、橡胶、苗圃等，非耕地包括非耕地、森林防火道、沟渠、公路、铁路、堤坝等。可批准仅用于非耕地或林业上使用的情形有：含草甘膦、草铵膦、敌草快等灭生性除草剂用于防除非耕地杂草的，以及环嗪酮、甲嘧磺隆、三氯吡氧乙酸等用于林业除草的
5	氟虫腈	全国农产品质量安全例行监测表明，氟虫腈残留检出率较高，对农产品和环境安全存在较高风险，暂停批准氟虫腈悬浮剂及种子处理剂产品的登记
6	含量管理	家庭卫生杀虫剂，以及不经稀释或分散直接在农田使用、含量低于1%（含）的颗粒剂、粉剂、烟剂等，单独分类
		经稀释或分散使用、既在农田使用又作卫生杀虫剂的农药产品，其有效成分含量梯度统一要求，不区分管理
7	混剂变更	对不符合登记政策要求的新混剂，可以按就近原则调整混剂配比，并提供调整后的资料：①产品化学资料（常温贮存试验可使用原配比资料）；②一年田间小区药效试验报告；③急性经口、经皮和吸入试验报告
8	混配合理性	由于作物虫害与病害往往不同时发生，不同地区作物病虫害发生程度及发生时期也有差异，为避免浪费，减少污染，不同意杀虫剂与杀菌剂混剂的登记，种子处理剂除外
9	落后产品	粉剂剂型比较落后，在农田喷粉对使用者和环境不安全，已有其他剂型可取代使用，不同意粉剂产品以喷粉方式登记
		多硫化钡存在生产工艺落后、污染环境、使用不安全等问题，不再批准登记及延续
10	氯化苦	氯化苦为高毒农药，不批准氯化苦的新增登记
11	母药登记	植物源农药，不可减免母药登记
		原则上不同意母药的登记。但因物质特性、技术和安全等原因不能申请原药登记的，可以申请母药登记，其资料要求同原药。本企业原药已登记，但因技术和安全等特殊原因确需申请母药登记的，登记资料要求与相应的制剂资料要求相同，但不需要提供药效、残留和环境影响方面的资料；其他企业因上述原因申请母药登记的，登记资料要求同原药
12	农药专利	根据专利权人的请求，依据《行政许可法》规定，履行相关告知程序。在申请人作出不构成专利侵权相关说明后，批准其产品的登记

序号	类别	登记要求
13	水稻用药	农业生产实践表明，精噁唑禾草灵对水稻易造成药害，不同意批准在水稻上的登记
		吡唑醚菌酯对水生生物毒性较高，初级风险评估不可接受，不同意批准吡唑醚菌酯在水稻上的登记，但风险较低的微囊悬浮剂产品除外
		菊酯类农药对水生生物存在较高风险，不同意菊酯类农药在水稻上的登记
		氟啶脲、氟铃脲等产品（包括杀铃脲、氟虫脲、灭幼脲、伏虫隆）对甲壳类水生生物如蟹、虾等，具有极高毒性，在水稻上使用易对江河水体中的甲壳类水生生物造成危害，影响我国虾、蟹养殖及其资源；日本公司相关产品标签上标注在水稻田禁止使用的注意事项。不批准上述产品在水稻上的登记，已在水稻上登记的，不再批准登记延续
		虫螨腈对鱼、溞等水生生物剧毒，对蜜蜂高毒，在土壤中较难降解，不同意虫螨腈在水稻上的登记
		三苯基乙酸锡具有生物富积性，对水生生物风险高，不同意在水稻上的登记
14	松脂酸钠	该农药原料直接提取于天然松枝或松脂，作用机理为物理作用，且在医药保健品中使用，农业上主要用于柑橘园清园，没有原药生产过程，同意减免原药登记；同意减免制剂用于柑橘园清园的残留资料
15	松脂酸铜	松脂酸铜用于清园处理，同意减免残留试验
16	微生物农药	微生物农药可以标注不同的菌株代号，按新农药登记要求和程序评审
17	卫生杀虫剂	不批准制剂为中等毒、室内使用的卫生杀虫剂的登记
		①对卫生杀虫剂单剂，有效成分含量原则上不得超过 WHO 推荐的有效成分含量范围的上限。②对新农药，应提供产品含量和配方的科学依据、相关安全性试验数据及风险评估报告。③不批准三元有效成分的混剂登记。④混剂中各有效成分含量与 WHO 推荐上限的百分比之和不能超过 100%；超过 100% 的，需进一步提交 28 天亚急性毒性试验资料，以证明安全性
		高效氯氟氰菊酯吸入毒性较高，在室内使用对人体存在较高安全风险，原则上不批准高效氯氟氰菊酯在室内使用的登记。已经登记的产品，不再批准登记延续
		毒死蜱存在神经毒性问题，在室内喷洒使用时对人畜特别是对儿童存在安全隐患，世界卫生组织未推荐在室内喷洒使用，美国已撤销了有关登记，不同意毒死蜱在室内喷洒使用的登记
18	无生产资质企业	对未取得农药生产许可证明文件的企业，不批准其农药产品的登记、登记变更或企业更名，新农药除外
19	五氯硝基苯	五氯硝基苯在环境中降解缓慢，对水生生物毒性较高，对环境安全存在较高风险，不同意五氯硝基苯产品的登记
20	相似制剂	以质量浓度表示的，只有质量浓度和百分含量均一致时方可认定为相似制剂
21	新农药登记	为加快新农药技术转化，根据《农药管理条例》有关规定，对以研制单位为名义取得且按规定程序完成的新农药登记试验资料，在转让给其他申请人申请农药登记时，可以作为该申请人的登记资料使用
22	医用抗生素	对医用抗生素转为农用应慎重对待，发达国家的登记、使用情况可作参考，原则上不批准医用抗生素用作农药的登记
23	有效成分存在形式	制剂中有效成分存在形式与所用原药不一致时，对原药需经酯化、水解等反应才能加工成制剂的，制剂有效成分与原药存在不匹配问题，不批准该制剂的登记；对原药经简单酸碱反应生成盐后即成制剂的，可批准该制剂的登记
24	有效性审查	登记试验报告中试验委托方与登记申请人不一致的，不认可该报告，新农药除外

序号	类别	登记要求
25	原药登记	减免原药（或母药）登记或原药来源证明的，应提供以制剂完成的原药（或母药）登记所需的相关试验资料，满足安全性审查需要
		母药为低毒或微毒的微生物农药；原药为低毒或微毒的微生物农药、信息素、天然植物生长调节剂、多糖类农药、硫黄、石硫合剂、矿物油，低毒或微毒无机农药以及以化工原料作为有效成分的农药，可以减免原药（母药）登记及制剂残留试验
		原药已制订国标或行标、且对含量作出规定的，原药有效成分含量不得低于该标准中的规定
26	原药来源	制剂登记应提供原药来源情况说明，可减免原药登记的除外。原药来源情况说明材料可以是原药来源证明、购销合同或购货发票等原药合法性材料
		在提交制剂登记申请时所用原药的登记证尚在有效期内的，可受理和批准该制剂的登记
27	质量浓度	对有效成分含量以质量分数表示的，可根据出口需要在农药登记证和标签上备注有效成分的质量浓度值
28	种衣剂	为防止包衣种子误食，种衣剂应有警戒颜色，不批准无色种衣剂产品登记
29	资料减免	已不在登记有效状态的登记产品，如不存在安全问题，认可原登记评价结论，可据此依据相应规定减免资料，不因登记有效期失效提出不同意见
30	资料授权	登记资料授权应满足下列条件：一是授权产品已取得登记；二是授权产品登记资料完整，独立拥有产品化学、药效、毒理学、残留（无需残留试验的除外）、环境影响等试验资料，符合《农药登记资料要求》

2.5 农药登记变更

登记变更，是指已取得农药登记证且处于登记有效状态的农药产品，申请扩大使用范围、变更使用方法、增加使用剂量、降低使用剂量、变更原药（母药）质量规格或组成、变更制剂质量规格或组成、变更毒性级别7种情形。登记变更后，农药登记证号和登记有效期不变。

扩大使用范围是登记变更中最普遍的一种情形，包括扩大使用作物（场所）和扩大防治对象。变更使用方法包括改变使用方法和增加使用方法等。增加使用剂量和降低使用剂量是指原来的剂量已不适应现在产品使用的需要，增加使用剂量与降低使用剂量的登记资料要求不同，增加使用剂量需重新评价产品使用的安全风险。

原药（母药）质量规格或组成、制剂质量规格或组成以及毒性级别的变更，主要是产品技术指标或标识的变更，一般不需重新提供产品使用方面的试验资料。

2.6 农药登记延续

登记延续，是指在农药登记有效期届满前，需要继续生产或向中国出口时，登记证持有人向农业农村部提出延续农药登记证有效期的过程。

登记证延续的前提条件是，农药登记证处于有效期内，并在登记证有效期满3个月前提出登记延续申请，过期将不予受理，提前申请的最长时间应在登记证有效期满前 180 天以内，即最长时间为半年。

2.6.1　农药登记延续办理程序

登记延续申请人应当按照《农药登记资料要求》提供资料，向农业农村部政务服务大厅提出申请。

农业农村部政务服务大厅受理后，将申请资料交农业农村部农药检定所进行技术审查。

农业农村部农药检定所在 2 个月内完成技术审查并提出审查意见。对发现存在隐患或风险的，提交农药登记评审委员会评审。

农业农村部自收到审查意见或评审意见后，20 个工作日内作出审批决定，符合条件的，批准登记延续；不符合条件的，出具加盖"中华人民共和国农业农村部行政审批专用章"的办结通知书，并载明不同意的理由。

2.6.2　农药登记延续资料要求

应根据《农药登记资料要求》提供登记延续申请表、加盖申请人公章的农药登记证复印件、最新备案的产品标准、综合性报告等资料。农药生产企业还应提供加盖申请人公章的生产许可证复印件。对已确定开展周期性评价的农药，还应根据周期性评价要求，提供相应的试验报告或查询资料。

综合性报告包括：

（1）产品年生产量、销售量（境内、出口）、销售额（境内、出口）、销售区域等；

（2）产品使用引发的抗性、药害、对天敌生物（或环境生物）影响、人畜安全事故、农药残留等情况；

（3）产品生产、销售和运输中需关注的安全问题；

（4）产品最新研究成果、试验报告等其他需要补充的情况说明；

（5）产品在监督抽查过程中整改落实情况；

（6）制剂产品还应提供有效成分最大残留限量（MRL 值）与使用方法、剂量和施用次数的匹配情况。

2.6.3　农药登记延续技术评审

农药登记延续主要从以下几方面进行审查：

（1）禁限用农药审查　结合农药相关产业政策、禁限用农药管理等规定，对属于已禁用的农药，作出不通过的意见；对属于限制使用的，根据限用管理规定，撤销相应使用范围或使用方法。

（2）最新备案产品质量标准审查　申请人应声明提交的产品质量标准为最新备案的质量标准。

（3）农药生产许可证审查　提供的农药生产许可证应处于有效期内。境内企业未取得农药生产许可证的，作出不通过的意见。

（4）综合性报告审查

① 对产品的生产量、销售量、销售额、销售区域等信息进行审查，生产和销售数量为

零的，应说明原因。申请资料不真实、不完整的，作出不通过的意见。

② 对产品使用引发的抗性、药害、对天敌生物（环境生物）影响、人畜安全事故、农药残留等情况进行审查。发现安全性、有效性存在隐患或者风险的，提交农药登记评审委员会评审。

③ 对产品生产、销售和运输中需关注的安全问题进行审查。发现安全性存在隐患或者风险的，提交农药登记评审委员会评审。

④ 对产品的最新研究成果、试验报告等其他需要补充的情况说明进行审查。上述资料是对综合性报告相关内容的补充，资料不真实的、不完整的，作出不通过的意见。

⑤ 对产品在监督抽查过程中整改落实情况进行审查。整改不落实，安全性、有效性存在隐患或者风险的，提交农药登记评审委员会评审。

⑥ 属于制剂产品的，对有效成分最大残留限量与使用方法、剂量和施药次数的匹配情况进行审查。无最大残留限量的，应说明原因。使用方法、剂量和施药次数不匹配的，作出不通过的意见。

（5）对已确定开展周期性评价的农药品种，对补充的相应试验报告或查询资料进行审查，是否符合周期性评价要求，并根据再评价结果，作出是否通过的意见。

2.6.4 农药登记延续应注意的问题

申请人应按照《农药登记管理办法》中规定的登记延续时限提出申请。应在有效期届满3个月前提出申请，逾期未提出申请的，农业农村部将不予受理，须重新按《农药登记资料要求》申请农药登记。

2.7 农药登记审批程序

一个行之有效的登记审批运转程序是农药登记制度的重要组成部分。《中华人民共和国行政许可法》《农药管理条例》《农药登记管理办法》都对我国农药登记审批程序作出了相应的规定，体现了我国农药登记制度的基本框架模式。

2.7.1 申请与受理

（1）农药登记的申请与受理　申请人应当是农药生产企业、向中国出口农药的企业或者新农药研制者。境内申请人向所在地省级农业部门提出农药登记申请，并收到受理通知书。境外企业向农业农村部提出农药登记申请，并收到受理通知书。申请人应当提交产品化学、毒理学、药效、残留、环境影响等试验报告，以及风险评估报告、标签或者说明书样张、产品安全数据单、相关文献资料、申请表、申请人资质证明、资料真实性声明等申请资料。申请新农药登记的，应当同时提交新农药原药和新农药制剂登记申请，并提供农药标准品和样品。

（2）登记变更的申请与受理　已取得登记的农药产品，需申请登记变更的，申请人应根据不同变更情形，按《农药登记资料要求》准备相应的登记资料，直接向农业农村部提出申请。符合受理条件的，农业农村部将出具受理通知书。

（3）登记延续的申请与受理　已取得登记的农药产品，需继续保持登记有效状态的，应在登记有效期到期 90 日前，向农业农村部提出登记延续申请。延续申请必须在有效期到期的 90 日前提出，最多可提前 6 个月申请。符合受理条件的，农业农村部将出具受理通知书。

2.7.2　审批流程

2.7.2.1　农药登记

（1）办理基本流程

① 省级农业主管部门受理辖区农药生产企业、新农药研制者提出的农药登记申请，并对申请材料进行初审，提出初审意见。

② 农业农村部政务服务大厅农药窗口审查向中国出口农药的企业递交的《农药登记申请表》及其相关材料，材料齐全符合法定形式的予以受理。并负责接收省级农业主管部门报送的申请材料和初审意见。

③ 农业农村部农药检定所根据有关规定进行技术审查。

④ 农药登记评审委员会评审，新农药产品评审由农药登记评审委员会会议负责，其他农药产品评审由农药登记评审委员会执行委员会会议负责。

⑤ 农业农村部农药管理司根据国家法律法规及评审委员会评审意见提出审批方案，按程序报签。

⑥ 农业农村部农药管理司根据部领导签批文件办理批件、制作农药登记证。

（2）流程图　农药登记流程见图 2-1。

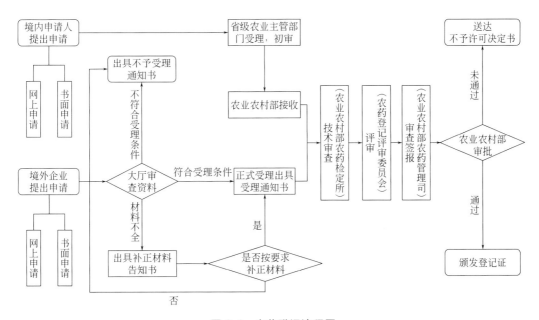

图 2-1　农药登记流程图

（3）办理时限　技术审查时间不超过 9 个月。农业农村部收到农药登记委员会评审意见后，20 个工作日内作出审批决定。

（4）审批结果　准予许可的，颁发农药登记证；不予许可的，书面通知申请人并说明理由。

（5）结果送达　自作出决定之日起 10 日内，准予许可的为申请人制作并送达加盖"中华人民共和国农业农村部农药审批专用章"的农药登记证；不予许可的给申请人加盖"中华人民共和国农业农村部行政审批专用章"的办结通知书。根据申请人要求，选择在农业农村部政务服务大厅现场领取或以邮寄方式送达。

（6）行政相对人权利和义务　申请人申请农药登记，应当如实向农业农村部提交有关材料和反映真实情况，并对其申请材料实质内容的真实性负责。申请人隐瞒有关情况或者提供虚假材料申请农药登记的，农业农村部不予受理或者不予批准，自办结之日起 1 年内不再受理其农药登记申请；已取得批准的，撤销农药登记证，责成召回生产产品，3 年内不再受理其农药登记申请。收到不予受理通知书、不予许可决定书之日起，申请人可以在 60 日内向农业农村部申请行政复议，或者在六个月内向北京市第三中级人民法院提起行政诉讼。

（7）咨询途径　现场咨询：农业农村部政务服务大厅农药窗口；电话咨询：010-59191817，59191803。

2.7.2.2　登记变更

（1）办理基本流程

① 农业农村部政务服务大厅农药窗口审查申请人递交的《农药登记变更申请表》及其相关材料，材料齐全符合法定形式的予以受理。

② 农业农村部农药检定所根据有关规定进行技术审查。

③ 农药登记评审委员会进行评审。

④ 农业农村部农药管理司根据国家法律法规及评审委员会评审意见提出审批方案，按程序报签。

⑤ 农业农村部农药管理司根据部领导签批文件办理批件、制作农药登记证。

（2）流程图　农药登记变更流程见图 2-2。

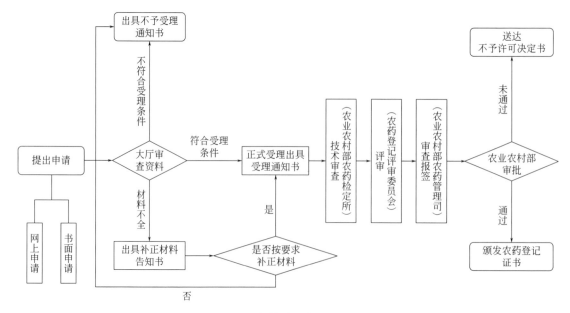

图 2-2　农药登记变更流程图

（3）办理时限　技术审查时间不超过 6 个月。农业农村部收到农药登记委员会评审意见后，20 个工作日内作出审批决定。

（4）审批结果　准予许可的，颁发农药登记证；不予许可的，书面通知申请人并说明理由。

（5）结果送达　自作出决定之日起 10 日内，准予许可的为申请人制作并送达加盖"中华人民共和国农业农村部农药审批专用章"的农药登记证；不予许可的给申请人加盖"中华人民共和国农业农村部行政审批专用章"的办结通知书。根据申请人要求，选择在农业农村部政务服务大厅现场领取或以邮寄方式送达。

（6）行政相对人权利和义务　申请人申请农药登记变更，应当如实向农业农村部提交有关材料和反映真实情况，并对其申请材料实质内容的真实性负责。申请人隐瞒有关情况或者提供虚假材料申请农药登记变更的，农业农村部不予受理或者不予批准，自办结之日起 1 年内不再受理其农药登记申请；已取得批准的，撤销农药登记证变更事项，3 年内不再受理其农药登记申请。收到不予受理通知书、不予许可决定书之日起，申请人可以在 60 日内向农业农村部申请行政复议，或者在六个月内向北京市第三中级人民法院提起行政诉讼。

（7）咨询途径　现场咨询：农业农村部政务服务大厅农药窗口；电话咨询：010-59191817，59191803。

2.7.2.3　登记延续

（1）办理基本流程

① 农业农村部政务服务大厅农药窗口审查申请人递交的《农药登记延续申请表》及其相关材料，材料齐全符合法定形式的予以受理。

② 农业农村部农药检定所根据有关规定进行技术审查。

③ 技术审查发现安全性、有效性出现隐患或者风险的，提交农药登记评审委员会评审。

④ 农业农村部农药管理司根据国家法律法规及农业农村部农药检定所技术审查意见或者农药登记评审委员会评审意见提出审批方案，按程序报签。

⑤ 农业农村部农药管理司根据部领导签批文件办理批件、制作农药登记证。

（2）流程图　农药登记延续流程见图 2-3。

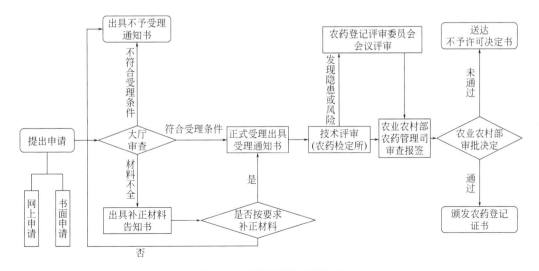

图 2-3　农药登记延续流程图

（3）办理时限　技术审查时间不超过 2 个月。农业农村部收到审查意见后 20 个工作日内作出审批决定。

（4）审批结果　准予许可的，颁发农药登记证；不予许可的，书面通知申请人并说明理由。

（5）结果送达　自作出决定之日起 10 日内，准予许可的为申请人制作并送达加盖"中华人民共和国农业农村部农药审批专用章"的农药登记证；不予许可的给申请人加盖"中华人民共和国农业农村部行政审批专用章"的办结通知书。根据申请人要求，选择在农业农村部政务服务大厅现场领取或以邮寄方式送达。

（6）行政相对人权利和义务　申请人申请农药登记延续，应当如实向农业农村部提交有关材料和反映真实情况，并对其申请材料实质内容的真实性负责。申请人隐瞒有关情况或者提供虚假材料申请农药登记延续的，农业农村部不予受理或者不予批准，自办结之日起 1 年内不再受理其农药登记申请；已取得批准的，撤销农药登记证，3 年内不再受理其农药登记申请。收到不予受理通知书、不予许可决定书之日起，申请人可以在 60 日内向农业农村部申请行政复议，或者在六个月内向北京市第三中级人民法院提起行政诉讼。

（7）咨询途径　现场咨询：农业农村部政务服务大厅农药窗口；电话咨询：010-59191817，59191803。

2.8　批准与公告

2.8.1　农药登记的批准

农业农村部自收到评审意见之日起 20 个工作日内作出审批决定。符合条件的，核发农药登记证；不符合条件的，书面通知申请人并说明理由。

2.8.2　登记变更的批准

农业农村部自收到评审意见之日起 20 个工作日内作出审批决定。符合条件的，准予登记变更，登记证号及有效期不变；不符合条件的，书面通知申请人并说明理由。

2.8.3　登记延续的批准

农业农村部在有效期届满前作出是否延续的决定。审查中发现安全性、有效性出现隐患或者风险的，提交农药登记评审委员会评审。

2.8.4　办理进程和结果公告

申请人可以依据登记受理编号登录中国农药数字监督管理平台查询审批进度。已经批准的，可登录中国农业信息网（http://www.moa.gov.cn）或中国农药信息网（http://www.chinapesticide.org.cn）查询。

2.9　农药助剂管理

2.9.1　农药助剂管理的必要性

农药助剂是指除有效成分以外，任何被添加在农药产品中，本身不具有农药活性和有效成分功能，但能够提高或者有助于提高、改善农药产品物化性能的单一组分或者多个组分的物质。农药助剂是农药产品的组成部分，它在农药制剂中一般会有百分之几到百分之九十几不等的比例。另外还有部分助剂会在田边直接作桶混用助剂使用。为提高农药产品质量，确保农产品安全，保护人畜健康和环境安全，加强农药助剂管理已成为当前农药管理的首要任务之一，具有十分重要的意义。

2.9.1.1　加强农药助剂管理是《农药管理条例》及配套规章的要求

《农药登记管理办法》第九条规定，农业农村部根据农药助剂的毒性和危害性，适时公布和调整禁用、限用助剂名单及限量；第二十八条第一款第二项规定，改变农药有效成分以外组成成分的，在农药登记证有效期内，农药登记证持有人应当向农业农村部申请变更。《农药登记资料要求》规定，申请人应提交制剂加工所用各组分的含量、来源及安全性等资料。

2.9.1.2　加强农药助剂管理是转变农药管理模式的要求

目前，我国农药管理正由注重质量和药效向质量与安全管理并重的方向转变，必将大力推进农药助剂管理。农药助剂种类繁多，国内外现有助剂种类超过 3000 种，其用量较大，仅我国每年就有 50 万吨以上。部分助剂的毒性较高，有的具有潜在致癌、致畸、神经毒素或慢性毒性，有的是内分泌干扰物，有的对水生生物剧毒或对环境有污染等，对人畜和环境存在安全隐患，长期过量使用不但直接损害人畜健康，破坏生态环境，同时也给农药产品和农产品出口带来潜在的风险。

2.9.1.3　加强助剂管理是农业生产的需要，也是保护人畜健康、环境安全的需求

助剂是农药产品的重要组成部分，会直接影响着农药产品质量、使用效果及消费者的健康和环境的安全。2011 年全国药检系统共检测药害样品近 100 个，其中有部分就是由于助剂引起的药害事故。同时，不同企业生产的同类产品，由于助剂不同，也会造成产品的毒理学、环境和药效的差异，而引起一些不良影响。

因此，加强助剂管理是转变农药管理方式、提高产品质量的重要举措。

2.9.2　境外农药助剂的管理

2.9.2.1　美国

美国是世界上最早开始助剂管理的国家。20 世纪 80 年代初，美国国家环境保护局（以下简称美国环保局，英文简称 EPA）根据各种化合物的毒性和暴露危害性分 4 类 5 组（List 1、2、3、4A 和 4B）管理，list 1 属于有毒物质，list 2 是具有潜在毒性物质，list 3 属未知毒性物质，list 4 属毒性较小物质（这类是美国有机农业允许使用助剂，其中 4A 是最低风险助剂，包括一些惰性物质和作为食品添加剂的物质，如乙酸、二氧化碳、棉籽油、蜂蜡等；4B 类是有证据证明，在农药中使用对公众健康和环境无不利影响的助剂，如丙二醇、

异丙醇、乙醇等）。申请人可根据所用助剂类别按要求提供相应的登记资料。

2007年，美国实施了《食品质量保护法》，EPA在对助剂再评估的基础上，将农药助剂分为用于食用和非食用（food and nonfood use，截止到2018年5月2日此类助剂共有2191种）、仅用于非食用作物助剂（nonfood use only，截止到2018年5月2日此类助剂共有2222种）及香料（fragrance use，截止到2018年5月2日此类助剂共有1529种）三类，并分别对其中的部分助剂制定了限量、使用范围和方法以及助剂质量要求等。用于食用作物助剂包括：用于作物收获前后使用（农作物生长期或收获后未加工的农产品）的§180.910和仅用于作物收获前使用的§180.920两类。这种新管理模式提高了对助剂的要求，比早期分4类管理更为细化和严格，以确保农产品的安全。目前，美国农药助剂在互联网上采取及时发布和更新的措施，以便查询。

EPA将早期助剂分类表（未再更新）仅作为评价化学品的初评工具，如列入List 1的助剂做标注保留（用于查询了解相关信息，现约有10种）；农业部根据《联邦杀虫剂杀菌剂和杀鼠剂法（FIFRA）》规定，采用List 4A助剂指导用于国家有机农产品项目。企业在申请有机农产品登记时需要提交产品中助剂的化学名称、用途、物化性质及使用剂量等，包括毒理学、环境影响（环境行为和环境毒性）、累积暴露量、安全性等数据及对预期膳食和居住环境暴露等资料。

美国各州在联邦有关法规的基础上，对农药助剂进行管理。1986年，加利福尼亚州（以下简称加州）环境保护局环境评估办公室发布对安全饮用水和有毒物质执行法案——《可能导致癌症、生殖毒性有害化学品名录》（Chemicals Known to the State to Cause Cancer or Reproductive Toxicity，December 29，2017，最新版）。

2016年，美国EPA从可使用助剂清单中删除72种化合物（72 chemical substances removed from the currently approved inert ingredient list），主要有内分泌干扰物质、持久有机污染物质、潜在致癌物质、高毒/剧毒/危化品、具有腐蚀/刺激/强氧化/渗透性/矽肺等有害物质、对环境生态有害物质、在农药领域使用较少的助剂及具有生物活性物质8类助剂。并发布了申请新的或修订可食用助剂限量指南、低风险聚合物提交的助剂指南、新非食品用途的助剂指南、公开文献数据库检索助剂指南、增加贸易产品名称和批准使用以及经重新评价和决策备忘录（食用和非食用产品中使用助剂名单，共169种）。

其他国家和地区对农药助剂的管理没有统一模式，一般以EPA早期管理方法为基础。

2.9.2.2 加拿大

加拿大卫生部有害生物管理局（PMRA）于2004年制定了农药助剂的管理法规，并于2006年5月31日开始实施（2012年3月2日修订）。加拿大用于农药助剂的约有6000多种化合物，主要依据美国EPA的分类方式，按照毒性、危害性强度递减的顺序分成4类5组（1、2、3、4A、4B）管理，此外还有两类分别是在加拿大使用的特殊助剂和蒙特利尔公约中规定的助剂。在2010年公布的助剂中List 1有4个，List 2有100个；2016年助剂中List 1有0个，List 2有57个；现在每年修改2次，在最新版助剂名单（2017年5月26日发布，2018年3月27日修订）中有单一助剂1615个（其中List 1有1个，List 2有66个），商品助剂5015个（中List 1有2个，List 2有582个）。

2.9.2.3 澳大利亚

澳大利亚农药和兽药管理局（APVMA）对桶混助剂（stand along，即单独使用或销售的助剂）出台了管理办法，对农药制剂中的助剂没有制定管理措施，仅对国际上出现问题的产品助剂进行重新评价，如禁止在草甘膦产品中使用助剂牛酯胺（POEA，具有增毒作用等）。2006 年，制定了农药助剂指导或登记资料要求，纳入农药登记指导手册第三版（AGMORAG），于 2007 年 11 月实施。2009 年 2 月 9 日执行新《澳大利亚农药助剂产品登记管理指南》，即对桶混助剂实施登记管理。并指出它分两类管理：Ⅰ类是促进农药药效的，Ⅱ类是改善农药使用性能的。这种分类管理模式细化了影响产品性能和药效的因素，由此决定登记要求与管理的差异。2015 年发布《农药助剂登记指南》（Guidelines for the Registration of Agricultural Adjuvant Products），主要参考美国材料试验系统委员会（ASTM）关于农药制剂和传递系统的相关资料，与 2009 年版内容基本相似，可以理解为 2009 年版本的更新版。

2.9.2.4　欧盟

欧盟有三个法规对助剂进行管理。

（1）农药法规 Regulation 1107/2009。包括有效成分、增效剂和安全剂的登记审批，该法规第 27 款要求制定不可接受的助剂名单（可能对人或动物健康或对地下水和环境造成危害的助剂；其使用能对人或动物健康或对地下水和环境造成危害的助剂）。

（2）欧盟 REACH 法规［Regulation（EC）1907/2006］。管理除农药法规管理的农药有效成分、增效剂和安全剂之外的化学物质，包括农药助剂。

（3）平行法规 Regulation（EC）1272/2008（化学品分类、标签和包装法规）。在其附录Ⅵ-3.1 中列出 3200 多个化学品和农药产品中，规定了 228 个产品需在标签上标出限量，如超出其限量将存在潜在风险。欧盟农药法规和 REACH 法规交叉管理农药助剂，互相认可获得对方登记的物质。

目前适用于欧盟的统一不可接受助剂名单尚未确定。德国［2007 年德意志联邦消费者保护与食品安全办公室（BVL）公布了 20 种植物保护产品中不得使用的有害物质名单］、西班牙（2012 年公布了植保产品中不能接受的 21 种助剂名单及限量，还有 6 个含有相关杂质的助剂名单及限量和 2 个需限量纤维长度的助剂名单及限量）等国家已制定了不可接受的助剂名单，这些名单极有可能会融入欧盟不可接受助剂名单中。但已禁用烷基酚聚氧乙烯醚表面活性剂（壬基酚聚氧乙烯醚、辛基聚氧乙烯醚）和草甘膦产品中的牛油胺类。

2.9.3　我国农药助剂管理现状

我国实行农药登记管理 30 多年来，主要侧重于农药有效成分的管理，对助剂的安全性研究和管理也做了些起步性的探索。2004 年，颁布了《关于限制氯氟化碳物质作为推进剂的卫生杀虫气雾剂产品登记的通知》（农药检（药政）［2002］44 号），并于 2007 年，在《农药登记资料规定》（农业部令第 10 号）明确规定，气雾剂产品中不能将氯氟化碳类物质作为抛射剂使用；2006 年，根据农业部公告第 747 号规定，禁止使用农药增效剂八氯二丙醚（S2/S421）（存在安全隐患，且具有一定活性）；在《农药乳油中有害溶剂限量》HG/T 4576—2013 标准中对 7 种溶剂做了限量。

随着环保意识的增强，国内不少企业已经意识到助剂的重要性，在申请产品登记或登记变更时希望采用或替换环保型助剂，提高产品的安全性。

2.9.4 加强农药助剂管理的建议

新修订的《农药管理条例》已经明确农药登记应该加强助剂的管理，借鉴欧美工业国家管理农药助剂的经验，结合我国农药产业发展现状，体现绿色理念，满足农产品质量安全和农业生态可持续发展的要求，对农药助剂试行名单制动态化管理，根据科学实验发现和管理政策的变化，对农药助剂管理名单实施更新。

2.9.4.1 制定禁用助剂名单

（1）将明确存在致癌、致畸等高风险的化学品列入禁用农药助剂名单管理 美国、加拿大、德国、西班牙、欧盟、中国台湾等地以及国际癌症研究机构（IARC）和美国加州等已经认定明确存在致癌、致畸等风险的物质（包括已确认的致癌物质、神经毒素和慢性毒性物质、损害生殖的物质、对环境有严重污染的物质等），相关国家和地区已明令此类产品禁止作为助剂在农药制剂加工生产中使用，也禁止与农药产品配伍使用。例如，美国在 1987 年列入 list 1 的助剂有 57 个，list 2 的助剂有 64 个；1989 年分别为 42 个和 65 个；2004 年分别为 9 个和 89 个。加拿大在 2017 年单一助剂 list 1 有 1 个，list 2 有 66 个。通过对美国和加拿大历年禁限用助剂名单的分析，发现禁用和限用助剂变化较大。说明通过对助剂风险评估的开展，禁限用名单在国际上随时都可能在更新。为此，我国也要与时俱进，把控风险，逐渐提高农产品的安全系数。

（2）建议列入禁止使用的助剂名单 参考美国 1987/1989/2004 年版农药助剂清单 list 1，加州《可能导致癌症、生殖毒性有害化学品名录》，2016 年美国《从可使用助剂清单中删除的 72 种化合物名单》，以及加拿大 2010/2017 年助剂清单 list 1 以及 IARC 对化学物质癌症毒性 1、2A、2B 的评价，建议管理部门应该将己二酸二-(2-乙基己)酯等 10 种助剂列入首批禁用农药助剂名单（见表 2-16）。

① 溶剂类

a. 己二酸二-(2-乙基己)酯 可引起肝癌，美国曾列入 list 1 中，目前，只允许在非食品作物上使用，并注明 List 1-Inert Ingredient of Toxicological Concern。

b. 乙二醇甲醚/乙二醇乙醚 美国加州为具有生殖毒性，现美国已列为禁用助剂；西班牙、德国列为不得使用助剂。

c. 邻苯二甲酸二(2-乙基己)酯（DEHP） 因具有致癌性和生殖毒性（IARC 2B-1999，加州-致癌/生殖毒性），美国已列为禁用助剂；我国列入优先污染物黑名单；欧盟列为高度关注的物质［根据 2005/84/EC 号指令要求所有玩具或儿童护理用品的塑料所含的 DEHP、DBP（邻苯二甲酸二丁酯）及 BBP（邻苯二甲酸丁苄酯）浓度不得超过 0.1%］。

② 壬基酚类表面活性剂（其母体或降解物） 壬基酚在美国已禁用，西班牙、我国台湾地区等已禁用；壬基酚聚氧乙烯醚（NPEO）具有持久性以及生物蓄积性，一旦进入环境，就会迅速分解成毒性更强的环境激素，也就是壬基酚。NPEO 是全世界公认的环境激素，西班牙、黎巴嫩、我国台湾等地已禁限，已列入我国重点环境管理危险化学品目录；我国环境保护部（以下简称环保部）和海关总署发布《中国严格限制进出口的有毒化学品目录》中禁止壬基酚进出口。

此外，需要注意的是，在烷基酚聚氧乙烯醚（APEO）中，壬基酚聚氧乙烯醚（NPEO）约占 80% 以上；其次是辛基酚聚氧乙烯醚（OPEO）占 15% 以上；十二烷基聚氧乙烯醚

（DPEO）和二壬基酚聚氧乙烯醚（DNPEO）各占 1％左右。

③ 染料类

a. 罗丹明 B　会引致皮下组织生肉瘤，在美国加州列入致癌物质，我国台湾地区环境部门列为禁用；我国在 2008 年把它列入第 1 批《食品中可能违法添加的非食用物质和易用的审批添加剂名单》中，美国只允许在非食用作物上使用。目前，这类染料主要用于种衣剂类产品，因此不建议使用。

b. 孔雀绿　属三苯甲烷类染料（四甲基代二氨基三苯甲烷），其主要代谢产物为无色孔雀绿，它不溶于水，残留毒性比孔雀绿更强。1933 年起孔雀绿作为驱虫剂、杀虫剂、防腐剂在水产中使用，后曾被广泛用于预防与治疗各类水产动物的水霉病、鳃霉病和小瓜虫病。人们从 20 世纪 90 年代发现，孔雀绿及无色孔雀绿都具有高毒性、高残留、高致癌和高致畸、致突变等副作用，许多国家已将其列为水产养殖禁用药物。美国没有作助剂使用；加拿大和日本禁用；我国于 2002 年 5 月已列入《食品动物禁用的兽药及其化合物清单》中，禁止用于所有食品动物。

④ 稳定剂类　苯酚和对苯二酚（1,4-苯二酚）的毒性均高，都曾列在美国 EPA-2004 版和加拿大 2010 年版 list 1 中，我国台湾地区环境部门已列为禁用；欧盟为限用；苯酚已列入我国水中优先控制污染物黑名单中；1,4-苯二酚在美国仅允许使用于非食品作物，且标注 List 1-Inert Ingredient of Toxicological Concern。

表 2-16　禁用农药助剂建议名单

序号	中文名称	英文名称	用途	CAS 登录号
1	己二酸二-(2-乙基己) 酯	di-(2-ethylhexyl)adipate	溶剂	103-23-1
2	乙二醇甲醚	ethylene glycol monomethyl ether	溶剂	109-86-4
3	乙二醇乙醚	2-ethoxyethanol ethanol	溶剂	110-80-5
4	邻苯二甲酸二(2-乙基己)酯	di-ethylhexylphthalate	溶剂	117-81-7
5	壬基酚（支链与直链）	nonyl phenol（nonylphenol 4-nonylphenol，branched）	表面活性剂	104-40-5 25154-52-3 84852-15-3
6	壬基酚聚氧乙烯醚	polyoxyethylene nonylphenol	表面活性剂	9016-45-9
7	罗丹明 B	rhodamine B	染料	81-88-9
8	孔雀绿	malachite green	染料	568-64-2 2437-29-8
9	苯酚	phenol	稳定剂	108-95-2
10	1,4-苯二酚、对苯二酚	1,4-benzenediol, hydroquinone	稳定剂	123-31-9

2.9.4.2　制定限用助剂名单

（1）将对人和环境具有显著危害或潜在毒性的化学品列入限用农药助剂名单　此类助剂为对人和环境具有潜在毒性或显著危害的物质，潜在毒性主要是指有资料表明其具有生殖毒性和三致（致癌、致畸、致突变）毒性、内分泌干扰毒性等；部分国家和地区已对此类产品作为助剂在农药制剂加工生产中限制使用，并给出其最大限量。

（2）建议列入限用名单的助剂及限定使用量的建议　主要参考美国 1987/1989/2004 年

版 List 2，加州《可能导致癌症、生殖毒性有害化学品名录》，2016 年美国《从可使用助剂清单中删除 72 种化合物名单》，加拿大 2010/2017 年 list 2，2018 年 IARC 对化学物质的癌症毒性的评价，丹麦 EPA 2012：内分泌干扰物 EDCs 等管理措施，根据我国制定发布的相关标准和管理措施，建议我国应该对氯苯、正己烷等 75 种助剂实行限制使用管理（见表 2-17）。

① 参考我国制定的《农药乳油中有害溶剂限量》行业标准中 7 种溶剂及限量；原环境保护部、国家发展和改革委员会、工业和信息化部第 72 号公告关于发布《中国受控消耗臭氧层物质清单》及中国水中优先控制污染物黑名单等；还参考欧盟、西班牙、德国、美国、我国台湾等地农药助剂管理清单和限量，制定我国限用助剂的限量。在 75 个限用助剂中有 12 个在美国已禁用，有 32 个在美国加州列为致癌/生殖毒性有害化学品名单中，在加拿大 List 2 以上的有 17 个，在国际癌症组织 2B 以上的有 21 个，还有其他国家或地区助剂的限量。其中：

a. 氯苯　2004 年曾列入 EPA 助剂 list 1，现列入美国用于食用作物助剂名单，但有苛刻限制；欧盟有限量规定；在我国台湾地区农业部门限量 1%、环境部门列为禁用；并疑似内分泌干扰物，综合考虑建议拟限定 1%。

b. 正己烷　2004 年曾列入 EPA 助剂 list 1。因具有致癌性，1999 年 IARC 列为 2B；欧盟限量 5%，西班牙限量 3%、5%。2010 年有 36 家国内环保组织为促进 IT 产业解决污染问题，与 29 个 IT 品牌进行多轮沟通，敦促苹果公司对 2009 年苏州联建科技公司和运恒五金公司员工的正己烷中毒做出回应，2011 年 2 月 15 日，公司首次承认 137 名中国供应商员工因工作环境致病；1957 年，意大利率先报道制鞋行业中发生中毒性周围神经损害的病例；1968 年，日本学者报道塑料凉鞋生产工人因接触正己烷导致近百人周围神经损害群体发病；此后美国、加拿大、巴西、南非及我国的台湾、香港等地也相继有正己烷慢性中毒的报道，故建议拟限定 5%。

c. 异佛尔酮　曾列在 EPA-2004 和加拿大 2010 年版 list 1，西班牙和我国台湾地区农业部门限制 ≤1%，故建议拟限定 1%。

② 参考同类物性质，建议采用相同的限量，如邻苯二甲酸酯类（phthalic acid esters，简称 PAEs，别名酞酸酯）化合物具有疑似内分泌干扰毒性、生殖毒性和三致（致癌、致畸、致突变）毒性等，是全球一类污染物，列入我国污染物黑名单中。参考西班牙限定邻苯二甲酸二丁酯限量为 0.3%，其他同类物质限 3%，故建议对此类化合物按结构相似参见同类产品的限量拟定 3%。

③ 需要特别关注的问题

a. 环己酮　曾列在 EPA list 2，加拿大在 2017 年列入 list 2，我国台湾地区农业部门限量 10%，欧盟限量 3% 或 4%。主要在水乳/微乳剂中使用，有专家认为限量 10% 基本可满足制剂配方要求，另有专家认为考虑目前缺乏安全替代产品，15% 可作为暂时过渡，最终降到 10%。综合考虑，建议暂限定 ≤10%（促进技术含量的提高）。

b. 三乙醇胺/二乙醇胺　曾分别列在美国 EPA list 2、list 1，二乙醇胺具有致癌性，2013 年 IARC 列为 2B、美国加州 2012 年列为致癌物；加拿大在 2017 年将两者均列入 list 2；我国虽然作为助剂在使用，而实际很少用，建议拟定限量分别为 3% 和 1%。

c. 表氯醇　曾列在美国 EPA list 1，需关注其致癌性，IARC 在 1999 年列为 2A、美国加州 1987 年列为致癌物，印度尼西亚和我国台湾地区环境部门列为禁用；西班牙限量

0.1%或0.5%，我国台湾地区农业部门限量1%，德国限量2%；由于它是个活泼分子，具有强刺激和腐蚀性，实际很少用，建议拟定限量1%。

④ 对没有参考的助剂，建议参考我国台湾地区农业部门助剂最低限量规格的管理办法，如不为特意添加的，即一律限量1%。建议尽量不采用或在允许限量下使用此类助剂。

表 2-17 限制使用农药助剂和限定使用量建议名单

序号	中文名称	英文名称	CAS 登录号	用途	限量/%
1	甲醇	methyl alcohol	67-56-1	溶剂	5
2	二甲基甲酰胺	dimethylformamide	68-12-2	溶剂	2
3	乙腈	acetonitrile	75-5-8	溶剂	1
4	二氧六环	dioxane	123-91-1	溶剂	1
5	氯甲烷	methyl chloride	74-87-3	溶剂	1
6	氯乙烷	chloroethane	75-00-3	溶剂	1
7	三氯甲烷	chloroform	67-66-3	溶剂	1
8	二氯甲烷	dichloromethane（methylene chloride）	75-09-2	溶剂	1
9	硝基甲烷	nitromethane	75-52-5	溶剂	1
10	硝基乙烷	nitroethane	79-24-3	溶剂	1
11	环氧丙烷	propylene oxide	75-56-9	溶剂	1
12	环氧丁烷	butylene oxide	106-88-7	溶剂	1
13	1,2-二氯丙烷	1,2-dichloropropane（propylene dichloride）	78-87-5（6）	溶剂	1
14	1,1,2-三氯乙烷	1,1,2-trichloroethane	79-00-5	溶剂	1
15	1,1,2,2-四氯乙烷	1,1,2,2-tetrachloroethane	79-34-5	溶剂	1
16	二氯乙烷	ethylene dichloride	107-06-2	溶剂	1
17	正己烷	n-hexane	110-54-3	溶剂	5
18	苯	benzene	71-43-2	溶剂	1
19	甲苯	toluene	108-88-3	溶剂	1
20	氯苯	chlorobenzene	108-90-7	溶剂	1
21	异佛尔酮	isophorone	78-59-1	溶剂	1
22	甲基异丁基酮	methyl isobutyl ketone	108-10-1	溶剂	1
23	环己酮	cyclohexanone	108-94-1	溶剂	10
24	异亚丙基丙酮	mesityl oxide	141-79-7	溶剂	1
25	甲丁酮	methyl n-butyl ketone	591-78-6	溶剂	1
26	2-吡咯烷酮	2-pyrrolidone	616-45-5	溶剂	5
27	N-甲基-吡咯烷酮	N-methyl-2-pyrrolidone	872-50-4	溶剂	5
28	N-乙基-2-吡咯烷酮	N-ethyl-pyrrolidone	2687-91-4	溶剂	5
29	三氯乙烯	trichloroethylene	79-01-6	溶剂	1
30	四氯乙烯	perchloroethylene（tetrachloroethylene）	127-18-4	溶剂	1
31	1,2-二氯乙烯	1,2-dichloroethylene	540-59-0	溶剂	1
32	邻苯二甲酸二乙酯	diethyl phthalate	84-66-2	溶剂	3

续表

序号	中文名称	英文名称	CAS 登录号	用途	限量/%
33	邻苯二甲酸二丁酯	dibutyl phthalate	84-74-2	溶剂	0.3
34	邻苯二甲酸苄丁酯	butyl benzyl phthalate	85-68-7	溶剂	3
35	邻苯二甲酸二辛酯	dioctyl phthalate	117-84-0	溶剂	3
36	邻苯二甲酸二甲酯	dimethyl phthalate	131-11-3	溶剂	3
37	乙二醇乙醚乙酸酯	ethanol ethoxy acetate	111-15-9	溶剂	1
38	甲基丙烯酸羟丙酯、1-丁氧基乙氧基-2-丙醇	1-butoxy ethoxy-2-propanol	124-16-3	溶剂	1
39	磷酸三丁酯	tributyl phosphate	126-73-8	溶剂	1
40	磷酸三邻甲苯酯	tri-orthocresyl phosphate（TOCP）	1330-78-5 78-30-8	溶剂	1
41	二甲苯	xylene	1330-20-7	溶剂	10
42	丙二醇甲醚	1-methoxy-2-propanol	107-98-2	溶剂	1
43	乙二醇丁醚	2-butoxy-1-ethanol	111-76-2	溶剂	1
44	二乙二醇甲醚	diethylene glycol monomethyl ether	111-77-3	溶剂	3
45	二乙二醇乙醚	diethylene glycol monoethyl ether	111-90-0	溶剂	3
46	二乙二醇丁醚	diethylene glycol monobutyl ether	112-34-5	溶剂	3
47	三丙二醇单甲醚	tripropylene glycol monomethyl ether	25498-49-1	溶剂	1
48	丙二醇单丁醚	propylene glycol monobutyl ether	29387-86-8	溶剂	1
49	二丙二醇甲醚	dipropylene glycol monomethyl ether	34590-94-8	溶剂	1
50	三乙醇胺	triethanolamine	102-71-6	pH 调节剂	3
51	二乙醇胺	diethanolamine	111-42-2	pH 调节剂	1
52	对氯间二甲苯酚	p-chloro-m-xylenol	88-04-0	防腐剂	1
53	双氯酚	dichlorophene	97-23-4	防腐剂	1
54	邻甲酚	o-cresol	95-48-7	防腐剂	1
55	对硝基苯酚	p-nitrophenol	100-02-7	防腐剂	1
56	对甲酚	p-cresol	106-44-5	香料、防腐剂	0.1
57	间甲酚	m-cresol	108-39-4	香料、防腐剂	0.1
58	甲酚	cresol	1319-77-3	防腐剂	1
59	巯基苯并噻唑	mercaptobenzothiazole	149-30-4	防腐剂	1
60	苯并异噻唑啉酮	1,2-benzisothiazolin-3-one	2634-33-5	防腐剂	0.1
61	异噻唑啉酮	5-chloro-2-methyl-4-isothiazolin-3-one (in combination with 2-methyl-4-isothiazolin-3-one)	26172-55-4 2682-20-4	防腐剂	0.0022
62	1,2,3-苯并三唑	1,2,3-benzotriazole	95-14-7	稳定剂	1
63	甲乙酮肟	methyl ethyl ketoxime	96-29-7	稳定剂	1
64	表氯醇、环氧氯丙烷	epichlorohydrin	106-89-8	稳定剂	1
65	肼	hydrazine	302-01-2	稳定剂	1

序号	中文名称	英文名称	CAS登录号	用途	限量/%
66	甲基丙烯酸甲酯	methyl methacrylate	80-62-6	微囊剂	1
67	甲基丙烯酸丁酯	butyl methacrylate	97-88-1	香料、微囊剂	1
68	丙烯酸乙酯	ethyl acrylate	140-88-5	微囊剂	5
69	甲苯二异氰酸酯	toluene diisocyanate	26471-62-5	微囊剂	0.1
70	苯胺	aniline	62-53-3	隐形（被动）	1
71	萘	naphthalene	91-20-3	隐形（被动）	1
72	邻二氯苯	o-dichlorobenzene	95-50-1	隐形（被动）	1
73	乙苯	ethyl benzene	100-41-4	隐形（被动）	2
74	二苯醚	diphenyl ether	101-84-8	特殊用途	0.1
75	异丙酚	isopropyl phenols	25168-06-3	特殊用途	1

2.9.4.3 其他禁限用助剂的管理

为规范卫生用农药产品使用香型的管理，2008 年，农业部对卫生用农药添加香料进行了规定（农业部 1132 号公告）。虽然已经作废，但是新的《农药登记资料要求》中仍规定香精含量不大于 1%，改变香精种类可不申请登记变更，但香精配方应考虑组分的安全和配伍。卫生用个人护理产品中禁限用物质主要参考 2015 年国家食品药品监督管理总局发布的《化妆品安全技术规范》中的化妆品禁限用组分，新修订的《化妆品安全技术规范》主要参考欧盟化妆品规程 76/768/EEC 及其 2005 年 11 月 21 日以前的修订内容，是 2007 年版《化妆品卫生规范》的修订版，自 2016 年 12 月 1 日起施行。禁限用香精组分名单主要参考《日用香精》的国家标准 GB/T 22731—2017 中日用香精禁用物质和日用香精中限用的香料及其在 11 类产品中的最高限量。

2.10 农药登记现状

2.10.1 概况

截至 2017 年 12 月 31 日，全国农药登记产品 38247 个，涉及 2206 家企业（其中境外企业 118 家），678 个有效成分。其中，2017 年新增登记产品 3885 个，新登记有效成分 17 个。

按产品类别统计，登记杀虫剂 14865 个，占 38.9%；杀菌剂 9857 个，占 25.8%；除草剂 9675 个，占 25.3%；植物生长调节剂 927 个，占 2.4%；卫生杀虫剂 2545 个，占 6.6%；杀鼠剂 133 个，占 0.3%；其他农药 245 个，占 0.6%。按产品毒性（含原药产品）统计，低毒、微毒农药占 83.1%，中等毒农药占 15.6%，高毒农药占 1.2%。

到 2017 年底，全国化学农药制造业规模以上企业 820 家，资产 2655 亿元；2017 年，全国化学农药制造业规模以上企业主营业务收入 3080.1 亿元，利润总额 259.6 亿元，全年农药生产（折百）量 147.6 万吨。

2017 年年底，我国农药不同剂型产品登记情况见表 2-18，登记数量最多的 30 种农药有效成分见表 2-19，登记产品最多的 18 种使用对象见表 2-20。

表 2-18　登记数量前 20 位的制剂剂型

剂型	产品数量/个	占制剂比重/%
乳油	9534	28.3
可湿性粉剂	6860	20.3
悬浮剂	4210	12.5
水剂	2525	7.5
水分散粒剂	1892	5.6
水乳剂	1152	3.4
微乳剂	1083	3.2
可分散油悬浮剂	831	2.5
颗粒剂	659	2
可溶粉剂	633	1.9
悬浮种衣剂	594	1.8
气雾剂	504	1.5
蚊香	395	1.2
悬乳剂	305	0.9
可溶粒剂	269	0.8
可溶液剂	263	0.8
电热蚊香液	252	0.7
电热蚊香片	196	0.6
饵剂	180	0.5
微囊悬浮剂	165	0.5

表 2-19　登记数量前 30 位的品种

农药品种	原药/个	制剂/个	合计/个
阿维菌素	29	1699	1728
吡虫啉	74	1258	1332
毒死蜱	71	1026	1097
草甘膦	152	933	1085
高效氯氰菊酯	32	1044	1076
辛硫磷	17	983	1000
多菌灵	21	942	963
莠去津	25	872	897
代森锰锌	30	844	874
高效氯氟氰菊酯	44	764	808
福美双	12	739	751
乙草胺	31	687	718
啶虫脒	45	661	706
苯醚甲环唑	35	654	689

农药品种	原药/个	制剂/个	合计/个
戊唑醇	47	606	653
氯氰菊酯	30	599	629
烟嘧磺隆	56	567	623
甲氨基阿维菌素	19	589	608
苄嘧磺隆	15	556	571
甲基硫菌灵	17	508	525
嘧菌酯	72	434	506
噻嗪酮	23	453	476
精喹禾灵	24	392	416
噻虫嗪	60	353	413
丙环唑	45	363	408
联苯菊酯	28	373	401
三唑磷	19	380	399
草铵膦	62	329	391
硝磺草酮	32	355	387
吡蚜酮	36	349	385

表 2-20　登记数量前 18 位的使用对象

使用对象	产品数量/个	占制剂比重/%
水稻	9794	29
棉花	3761	11.1
小麦	3428	10.2
柑橘	2934	8.7
玉米	2887	8.6
甘蓝	2696	8
苹果	2681	7.9
黄瓜	2561	7.6
卫生	2235	6.6
十字花科蔬菜	1995	5.9
大豆	1790	5.3
番茄	1304	3.9
花生	1009	3
非耕地	927	2.7
室内	923	2.7
茶	862	2.6
梨	784	2.3
烟草	736	2.2

2.10.2 登记变化趋势

从近几年农药登记情况分析，我国农药登记产品数量呈逐年增加态势（见图 2-4），农药有效成分种类数也不断增加（见图 2-5），说明农药品种更加齐全。但农药登记企业数呈下降趋势，表明农药企业的集中度有所增加（见图 2-6）。

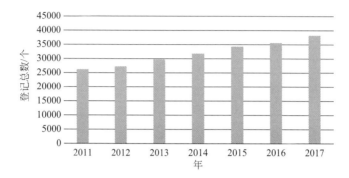

图 2-4　农药登记产品数量变化（2011～2017 年）

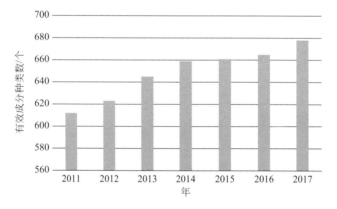

图 2-5　农药有效成分种类数量变化（2011～2017 年）

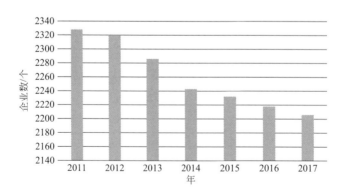

图 2-6　农药登记企业数量变化（2011～2017 年）

2.11　禁限用农药管理

《农药管理条例》规定，剧毒、高毒农药不得用于防治卫生害虫，不得用于蔬菜、瓜果、茶叶、菌类、中草药材的生产，不得用于水生植物的病虫害防治。

但是由于我国农业生产组织化程度低，大多农民自行用药防治病虫害，农民安全用药意识不强，超范围违规使用高毒农药时常发生，农产品质量安全事件常见报道。近年媒体曝光的"毒豇豆""毒生姜""毒韭菜"等事件，引发公众对高毒农药的关注。

我国对高毒农药的禁限用措施，大大促进了农药产业的升级改造，在不断的产业结构调整中，品种结构更加合理，产品性能更加高效、安全、环保。目前我国生产使用的农药有600 多种，其中高毒化学农药仅有 12 种，每年产量 3 万吨左右，农药总产量所占比重不足2%。目前这 12 种高毒化学农药的生产和使用范围十分有限，未来 5 年，农业农村部还将加快高毒农药的淘汰进程，或将其全部禁用。

2.11.1　高毒农药禁限用管理历程

伴随着技术与管理水平的不断提高，农药产业的飞速发展，我国高毒农药禁限用管理经过了 3 个主要阶段。

2.11.1.1　第一阶段：淘汰有机氯、有机汞等农药

20 世纪我国的农药产业是以高毒、高残留、环境持久性农药为支柱的农药产业，农药毒性问题十分突出。1974 年国务院批转国家计委《关于防止食品污染问题的报告》，农药毒性问题引起高层重视；1978 年农林部、全国供销合作总社联合下发《关于在茶叶等作物上禁止使用高残留农药的通知》，提出关注六六六、滴滴涕等农药在茶叶中的残留问题；1980年农业部下发《关于安全使用农药的通知》，1982 年农牧渔业部、卫生部颁发《农药安全使用规定的通知》，1984 年对外经济贸易部、农牧渔业部、卫生部等 8 部委联合下发《关于禁止生产、进口、销售、使用二溴乙烷的通知》，拉开我国淘汰高毒高残留农药的大幕。到 20世纪末，国家先后禁用了一批有严重毒性问题的农药品种：包括剧毒氟乙酸钠、氟乙酰胺、甘氟、毒鼠强、毒鼠硅、狄氏剂、艾氏剂、内吸磷、毒杀芬；存在严重环境影响的有机汞、铅类、砷类杀虫杀菌剂；高残留的六六六、滴滴涕、氯丹、灭蚁灵；具有慢性毒性的二溴乙烷、二溴氯丙烷、2,4,5-涕、敌枯双、三环锡、杀虫脒、除草醚等。国家对六六六、滴滴涕等高残留农药的禁限用促进了我国农药产业的第一次升级换代，对保障人类健康和环境安全，意义深远。

2.11.1.2　第二阶段：淘汰甲胺磷等高毒有机磷农药

20 世纪 90 年代，甲胺磷是我国吨位最大的品种，年产量 7 万吨，对硫磷、甲基对硫磷、氧乐果也都是万吨级品种。高毒农药产量占到原药总吨位的约 1/3。这些高毒有机磷农药在我国使用时间长、使用范围广泛，农产品农药残留问题突出。为从源头上解决农产品尤其是蔬菜、水果、茶叶的农药残留问题，增强我国农产品的国际竞争力，从 2002年到 2008 年农业部相继发布第 194 号、199 号、274 号和 322 号公告，与发改委、环保部等 6 部委联合发布 2008 年第 1 号公告，全面禁止甲胺磷、甲基对硫磷、对硫磷、久效磷、磷胺等 5 种高毒农药的生产、流通和使用，并禁止苯线磷、特丁硫磷等 14 种高毒有

机磷农药在蔬菜、果树、茶叶和中草药材上的使用，撤销了氧乐果、三氯杀螨醇等9种高毒、高风险农药在部分作物上的登记。甲胺磷等5种高毒有机磷农药的淘汰，促进了中国农药产业的第二次升级，农药企业迅速转型，产业结构趋于合理，品种结构向高效、低毒、安全与环境友好型转变。

2.11.1.3 第三阶段：以"风险评估"为理念淘汰高风险农药

"风险评估"理念的引入，使人们对农药安全的认识更加全面，欧美等发达国家和地区相继完成了农药登记后的再评价和再登记，其风险管理经验在我国农药登记管理体系中值得借鉴。虽然高毒农药在我国农药产业中所占比重小，但引起的农产品质量安全问题仍然突出。近年来政府密集出台一系列管理措施，加快了高毒农药的淘汰进程。

2011年农业部与工信部、环保部等5部委联合发布第1586号公告，将苯线磷、地虫硫磷等10种高毒农药由限制使用转为全面禁用，同时撤销水胺硫磷、灭多威等6种农药在柑橘树等作物上的登记，停止甲拌磷、水胺硫磷等22种农药的新增登记和生产许可。

2012年，基于百草枯水剂的职业健康风险和误服后的高死亡率问题，农业部联合工信部、国家质检总局发布第1745号公告，2年内逐步淘汰百草枯水剂。

2013年，基于甲磺隆、氯磺隆、胺苯磺隆等长残效除草剂的安全使用风险，为减少大面积药害事故发生，农业部发布第2032号公告，分阶段逐步撤销甲磺隆、氯磺隆和胺苯磺隆在国内的生产、销售和使用。为减少农药对人体健康的风险，同时禁止毒死蜱和三唑磷在蔬菜上的使用。

2016年，为保障农产品质量和生态环境安全，农业部发布第2289号公告，撤销杀扑磷在柑橘树上的登记；将溴甲烷、氯化苦的登记使用范围和施用方法变更为土壤熏蒸，撤销溴甲烷、氯化苦其他使用范围的登记。

同年，农业部发布第2445号公告，对2,4-滴丁酯、百草枯、三氯杀螨醇、氟苯虫酰胺、克百威、甲拌磷、甲基异柳磷、磷化铝8种农药采取禁限用管控措施。

2017年，农业部发布第2567号公告，公布《限制使用农药名录（2017版）》，明确限制使用农药的标签标注规定，并对名录中甲拌磷等22种农药实行定点经营。

同年，农业部发布第2552号公告，规定自2018年7月1日起撤销含硫丹产品的农药登记证，自2019年3月26日起禁止含硫丹产品在农业上使用；自2019年1月1日起，禁止含溴甲烷产品在农业上使用；自2017年8月1日起，撤销含乙酰甲胺磷、丁硫克百威、乐果的单剂、复配制剂用于蔬菜、瓜果、茶叶、菌类和中草药材等作物的农药登记，自2019年8月1日起，禁止在上述作物上使用。

农业农村部对现有的12种高毒农药，依据风险大小和替代产品生产使用情况，将加快淘汰进程，力争5年内全部禁用，以降低农产品的质量安全风险。硫丹、溴甲烷两种高毒农药于2019年全面禁用。

2.11.2 高毒农药登记管理的特点

2.11.2.1 法律依据和管理程序

《农药管理条例》规定，"剧毒、高毒农药不得用于防治卫生害虫，不得用于蔬菜、瓜果、茶叶和中草药材。已经登记的农药，在登记有效期内发现对农业、林业、人畜安全、生态环境有严重危害的，经农药登记评审委员会审议，由国务院农业行政主管部门宣布限制使用和撤销登记。任何单位和个人不得生产、经营和使用国家明令禁止生产或撤销登记的农药。"

论证是高毒农药管理的重要程序。在禁限用政策出台前，需广泛收集生产、使用、危害及国际组织和其他国家的管理情况等信息；禁限用管理措施发布前还会向社会进行意见征询。以百草枯为例，2003 年百草枯母药和水剂国家标准发布，2004 年发布的《关于加强百草枯和敌草快登记管理的通知》中要求生产企业在产品中添加催吐剂、臭味剂和染色剂。但以上标准和通知发布数年后，由于百草枯水剂销售和使用广泛，易于获得，生产企业缺乏社会责任，产品未按要求添加催吐剂、臭味剂等警示成分，市场混乱，致使近年因百草枯水剂误服和生产中毒事故仍呈上升趋势；特别是百草枯误服、自杀事故频发，一定程度上已上升为社会问题。2010 年，农业部联合中国疾控中心及地区医院对百草枯中毒事故进行了专门调查；组织召开百草枯管理座谈会、研讨会，邀请工信部、中国农药工业协会、山东农药科学院、红太阳集团等百草枯主要生产企业参会，征求各方意见，分析各种管控措施的可行性；还利用"农药安全性监测与评价"项目开展替代产品研究。为避免百草枯的安全隐患，2011 年 11 月，农业部与工信部、质检总局专门就百草枯的管理进行会商，于 2012 年 4 月，三部委联合发布第 1745 号公告，决定自 2014 年 7 月 1 日起停止生产并撤销百草枯水剂产品，自 2016 年 7 月 1 日起停止水剂产品在国内的销售和使用。该措施为生产企业保留了 2 年的过渡期，并保留百草枯母药及其水剂的出口。自 2016 年 9 月 7 日起，不再受理、批准百草枯的田间试验、登记申请，不再受理、批准百草枯境内使用的续展登记申请。保留母药生产企业产品的出口境外使用。

2.11.2.2　多措并举、分步推进

农药上市品种的退出，是风险监测、评估与经济分析等多重因素博弈的结果，既考虑农业生产需要，又考虑企业产能、贸易及对社会经济稳定的影响等诸多方面因素。高毒农药淘汰面临的问题是如何满足农业生产需要，并符合安全生产要求。一些特殊、难防的病虫害是否因高毒农药的淘汰而无药可治，替代药剂是否因使用效果不理想、配套技术不成熟、使用成本过高等原因难以推广。

对尚未找到理想替代产品或禁用后社会影响较大的高毒农药，本着"成熟一个、禁用一个"的原则，分步推进，择机禁用。目前我国对高毒农药主要采取以下三种管理措施。

（1）国家明令禁止生产、销售和使用的高毒高残留农药　目前我国已经淘汰的高毒高残留农药包括六六六、滴滴涕、毒杀芬、氯丹、二溴氯丙烷、二溴乙烷、2,4,5-涕、三环锡、杀虫脒、除草醚、艾氏剂、狄氏剂、汞制剂、砷（胂）制剂、铅类、敌枯双、氟乙酰胺、甘氟、毒鼠强、氟乙酸钠、毒鼠硅、内吸磷、甲胺磷、对硫磷、甲基对硫磷、久效磷、磷胺、苯线磷、地虫硫磷、甲基硫环磷、磷化钙、磷化镁、磷化锌、硫线磷、蝇毒磷、治螟磷、特丁硫磷等。

（2）设定过渡期　从撤销登记到停止销售使用一般有 2 年的过渡期，有利于库存产品的消化。同时考虑到全球贸易的需要，保存国内一定的生产能力，为原药企业保留出口使用的登记。近几年，对百草枯、甲磺隆、绿磺隆、胺苯磺隆、2,4-滴丁酯等的禁用正是采取了这种分步实施淘汰的措施。

（3）限制性管理措施　对风险可控的部分产品保留生产能力，同时加强风险监控，制定科学、有效的风险防控措施，将农药危害控制在可容忍范围内，最大限度发挥农药防病治

虫、增产丰收的积极作用。

① 限制新增登记和生产许可　由于一些难防病虫害尚无有效的替代防治药剂，农业生产中还有一定的实际需要，因此保留部分生产能力，即不再受理田间试验和登记申请，不再新增产品登记证和生产许可证。目前在限制新增登记和生产许可的前提下，现有的12种高毒化学农药品种杀扑磷、甲拌磷、甲基异柳磷、克百威、灭多威、灭线磷、涕灭威、磷化铝、氧乐果、水胺硫磷、溴甲烷和硫丹属于此类。

② 限制使用范围　目前有9种高毒农药已撤销在蔬菜、果树、茶叶上的登记，并禁止在这些作物上使用。如三氯杀螨醇、氰戊菊酯不得用于茶树上；撤销丁酰肼在花生上的登记，氧乐果、水胺硫磷在柑橘树上的登记，灭多威在果树、茶树和十字花科蔬菜上的登记，硫线磷在柑橘树、黄瓜上的登记，硫丹在苹果树、茶树上的登记，溴甲烷在草莓、黄瓜上的登记；撤销克百威、甲拌磷、甲基异柳磷等3种农药在甘蔗上使用的登记，自2018年10月1日起禁止克百威、甲拌磷、甲基异柳磷在甘蔗上使用；撤销杀扑磷在柑橘树上登记使用。

③ 限制风险剂型　为防止中毒及健康职业风险，我国已禁止百草枯水剂在国内的生产、销售和使用，仅保留母药生产企业产品的境外出口登记。

④ 限制产品含量　为避免企业用废液进行生产，保护农业生产和生态环境安全，农业农村部已停止受理和批准含量低于30%的草甘膦水剂产品的登记。

⑤ 限制产品用途　由于对水生生物和蜜蜂具有高风险，在水和土壤中降解慢，撤销除卫生用、玉米等部分旱田种子包衣和专供出口产品外用于其他方面的含氟虫腈的农药的登记。由于对水生生物的安全风险，撤销氟苯虫酰胺在水稻上的登记。为保护环境，不再受理、批准2,4-滴丁酯制剂的登记和续展登记申请，保留原药生产企业2,4-滴丁酯产品的境外使用登记。

⑥ 规范产品包装　磷化铝农药产品应采用内外双层包装。外包装应具有良好密闭性，防水防潮防气体外泄；内包装应具有通透性，便于直接熏蒸使用。

2.11.2.3　全球一体化趋势

对危险化学品的管理是全球性的议题，部分农药已列入全球管理的名单。我国政府通过执行《鹿特丹公约》《斯德哥尔摩公约》《巴塞尔公约》《蒙特利尔议定书》等国际协定，提升化学品管理的协调统一。

(1)《鹿特丹公约》(PIC)　我国于2004年正式加入PIC公约，按照公约的有关约定，我国目前已禁限用了大部分列入名单的农药品种，包括：2,4,5-涕、艾氏剂、敌菌丹、氯丹、杀虫脒、滴滴涕、狄氏剂、地乐酚和地乐酚盐、1,2-二溴乙烷、氟乙酰胺、六六六、七氯、六氯苯、林丹、汞化合物（包括无机汞化合物，烷基汞化合物和烷氧烷基及芳基汞化合物）、五氯苯酚、久效磷、甲胺磷、磷胺、甲基对硫磷、对硫磷、环氧乙烷、二氯乙烷、毒杀酚、乐杀螨、环氧乙烷等，但福美双、苯菌灵在我国仍有生产和使用。

(2)《斯德哥尔摩公约》(POPs)　我国按照公约规定，自2014年3月26日起，禁止生产、流通、使用和进出口 α-六氯环己烷、β-六氯环己烷、十氯酮、五氯苯、六溴联苯、四溴二苯醚和五溴二苯醚、六溴二苯醚和七溴二苯醚。禁止林丹、全氟辛基磺酸及其盐类和全氟辛基磺酰氟、硫丹除特定豁免和可接受用途外的生产、流通、使用和进出口。其中氟虫胺用于控制红火蚁和白蚁的杀虫剂，硫丹用于防治棉花棉铃虫、烟草烟青虫的生产和使用列入特定豁免用途。三氯杀螨醇含有害杂质 DDT，且本身长残效，易导致残留超标，2016 年 9 月 7 日起撤销所有登记，2018 年 10 月 1 日起禁止销售、使用。

（3）《蒙特利尔议定书》　溴甲烷是一种消耗臭氧层的物质，我国根据《蒙特利尔议定书哥本哈根修正案》，于 2011 年撤销了溴甲烷在草莓、黄瓜上的登记和使用，2015 年将溴甲烷的登记使用范围和施用方法变更为土壤熏蒸，2019 年 1 月 1 日起全面禁止含溴甲烷的产品在农业上使用。

此外，我国还积极推行联合国粮农组织制定的《农药供销和使用国际行为准则》，遵循国际危险化学品管理规定，在努力为农业生产保驾护航的同时，将农药对人类和环境的不利影响降至最低。

2.12　未来展望

我国自 1982 年开始实施农药登记制度以来，《农药登记资料要求》大致经历了 4 次修改，从 4 次修改的时间间隔看，大约每 10 年修订一次，内容上却发生了巨大的变化，从最初只有几千字，到现在约有 17 万字。现在的《农药登记资料要求》不仅登记场景和种类多，试验项目细，评价内容全，而且登记门槛高，标准要求高。但我国的《农药登记资料要求》与发达国家还有较大差距，目前实施的《农药登记资料要求》是与我国社会经济、企业发展水平及人们生活和健康要求相适应的，今后还将随着我国社会经济水平的发展而发展，不断提高农药登记的门槛和安全标准，为绿色发展和人类健康提供保障。

2.12.1　风险分析

与原《农药登记资料规定》相比，2017 年制定的《农药登记资料要求》不仅试验项目和安全性内容要求更多、更全面，更显著的不同还在于，对农药使用后可能存在的各种风险进行分析，评判是否存在不可接受的风险，改变原来单纯依靠试验得出的危害等级来评判是否给予登记的模式；因为农药风险不仅与危害等级相关，更与暴露和接触数量相关，同时将各种风险大小进行量化考虑，利于不同产品、不同场所进行比较，减少凭经验评判的随意性。

农药风险分析包括农药抗性风险评估、健康风险评估、膳食风险评估及环境影响风险评估等不同类型，环境影响风险评估又包括对蜜蜂、鸟、家蚕、水生生态系统、土壤生物、非靶标节肢动物及地下水的风险评估等。

健康风险评估相关标准见表 2-21，环境影响风险评估相关标准见表 2-22。

表 2-21　健康风险评估相关标准

标准名称	标准号
农药施用人员健康风险评估指南	NY/T 3153—2017
卫生杀虫剂健康风险评估指南　第 1 部分：蚊香类产品	NY/T 3154.1—2017
卫生杀虫剂健康风险评估指南　第 2 部分：气雾剂	NY/T 3154.2—2017
卫生杀虫剂健康风险评估指南　第 3 部分：驱避剂	NY/T 3154.3—2017

表 2-22　环境影响风险评估相关标准

标准名称	标准号
农药登记环境风险评估指南　第1部分：总则	NY/T 2882.1—2016
农药登记环境风险评估指南　第2部分：水生生态系统	NY/T 2882.2—2016
农药登记环境风险评估指南　第3部分：鸟类	NY/T 2882.3—2016
农药登记环境风险评估指南　第4部分：蜜蜂	NY/T 2882.4—2016
农药登记环境风险评估指南　第5部分：家蚕	NY/T 2882.5—2016
农药登记环境风险评估指南　第6部分：地下水	NY/T 2882.6—2016
农药登记环境风险评估指南　第7部分：非靶标节肢动物	NY/T 2882.7—2016

目前已建立施药者风险评估模型、气雾剂健康风险评估模型、驱避剂健康风险评估模型、蚊香类产品健康风险评估模型以及水生生态系统和地下水风险评估模型，可从中国农药信息网下载使用（www.chinapesticide.org.cn）。

各类风险评估报告可以自己编写，也可以委托其他技术单位完成。本书提供健康风险评估报告模板、膳食风险评估报告模板及环境风险评估报告模板供读者参考，模板见附录1～附录3。

2.12.2　效益分析

为更好地落实新修订的《农药管理条例》，国家有关部门在制定《农药登记管理办法》等相关配套规章的过程中，贯穿了提高登记门槛、注重管理效果的思路，因此在制定《农药登记管理办法》时，首次明确了与已登记产品比较评价的要求。《农药登记管理办法》第11条规定，申请登记的产品应与已登记产品在安全性、有效性等方面相当或者具有明显优势。同时在新修订的《农药登记资料要求》中，也明确了申请登记产品应提供效益分析资料，对申请登记产品进行效益评价。

2.12.2.1　申请登记作物（或场所）及靶标生物概况

内容包括：

（1）申请作物的种植面积（或使用面积）、经济价值及其在全国范围内的分布情况等；

（2）靶标生物的分布情况、发生规律、危害方式、造成的经济损失等。

2.12.2.2　可替代性分析及效益分析报告

报告内容应包括以下方面：

（1）申请登记产品的用途、使用方法，以及与当前农业生产实际的适应性；

（2）申请登记产品的使用成本、预期可挽回的经济损失及对种植者收益的影响；

（3）与现有登记产品或生产中常用药剂的比较分析；

（4）对现有登记产品抗性治理的作用；

（5）能否替代较高风险的农药等。

随着新修订《农药登记资料要求》的实施，登记产品效益分析的具体要求和评审标准将会进一步明确和细化。

2.12.3　登记农药再评价

农药再评价，是指按照现行管理标准，以更科学的方法重新评估已登记农药有效性、安全性和经济性的过程。开展再评价的目的是，发现已登记农药产品在有效性、安全性和经济性方面存在的问题，并提出撤销登记、限制使用或维持登记等管理建议，为登记决策提供科学依据。

2.12.3.1　我国农药再评价法规

新修订的《农药管理条例》第 43 条明确规定，国务院农业主管部门和省、自治区、直辖市人民政府农业主管部门应当组织负责农药检定工作的机构、植物保护机构对已登记农药的安全性和有效性进行监测。

对发现已登记农药对农业、林业、人畜安全、农产品质量安全、生态环境等有严重危害或者较大风险的，国务院农业主管部门应当组织农药登记评审委员会进行评审，根据评审结果撤销、变更相应的农药登记证，必要时应当决定禁用或者限制使用并予以公告。

2017 年 8 月实施的《农药登记管理办法》更加细化了农药再评价的措施，第 33 条规定，省级以上农业部门应当建立农药安全风险监测制度，组织农药检定机构、植保机构对已登记农药的安全性和有效性进行监测、评价。

《农药管理条例》第 34 条规定，有下列情形之一的，应当组织开展评价：

（1）发生多起农作物药害事故的；

（2）靶标生物抗性大幅升高的；

（3）农产品农药残留多次超标的；

（4）出现多起对蜜蜂、鸟、鱼、蚕、虾、蟹等非靶标生物、天敌生物危害事件的；

（5）对地下水、地表水和土壤等产生不利影响的；

（6）对农药使用者或者接触人群、畜禽等产生健康危害的。

第 36 条规定，对登记 15 年以上的农药品种，农业农村部根据生产使用和产业政策变化情况，组织开展周期性评价。第 37 条规定，对发现已登记农药对农业、林业、人畜安全、农产品质量安全、生态环境等有严重危害或者较大风险的，农业农村部应当组织农药登记评审委员会进行评审，根据评审结果撤销或者变更相应农药登记证，必要时决定禁用或者限制使用并予以公告。

因此，我国从法规层面已初步建立起农药再评价的政策要求，今后会不断加大对已登记农药再评价的力度，尤其对登记 15 年以上的农药老品种及使用风险较高的农药。

2.12.3.2　我国开展再评价的必要性

我国农药登记实施 30 多年来，农药登记产品数量较大，登记标准差距也很大，尤其 20 年以前取得登记的农药老品种，其使用安全性和有效性与现行登记要求存在较大的差距。截至 2017 年年底，我国取得登记的农药有效成分 678 种，登记产品 38000 多个，农药生产企业 2200 多家，其中 20 年以前取得登记的有效成分 150 多种，15 年以前取得登记的有效成分 200 多种，这部分农药占登记产品总数 85% 以上。这些老旧品种不仅在我国没有经过全面的安全性试验和风险评估，而且经过 20 多年使用后，有的农药抗药性高达几十、几百倍甚至数千倍，造成膳食风险较高，或生态环境风险较大。

2.12.3.3　部分发达国家农药再评价开展情况

（1）美国　美国 1988 年修订《联邦杀虫剂、杀菌剂、杀鼠剂法》（FIFRA），建立农药再评价制度。依据该法规定，美国自 1990 年起，对 1984 年 11 月 1 日以前取得登记的 1150 个有效成分（包括消毒剂）开展再登记工作，最终保留登记了 384 类，占再登记品种总数的

63%，撤销登记 229 类，占 37%。

1996 年美国颁布《食品质量保护法》（the Food Quality Protection Act），并据此再次修订《联邦杀虫剂、杀菌剂、杀鼠剂法》，规定对所有登记农药进行周期性再评价，期限为 15 年，自此建立了 15 年为周期的农药再登记制度。再评价决定（RED）分为撤销、限制、修订或继续使用 4 种情况。

（2）欧盟　欧盟 1991 年颁布指令 91/414/EEC，规定已登记的有效成分的登记有限期限最长不超过 10 年，到期须申请再登记。自 1993 年起，欧盟对市场上近 1000 个有效成分进行重新评价，2009 年 3 月完成了再评价，结果是大约 250 种有效成分即 26% 的农药再次获得登记，67% 的农药因没有企业申请、资料不完整或企业主动撤回等原因而退出了市场，而约 70 种有效成分即 7% 的农药则因不符合安全性要求而被淘汰。

2009 年 12 月，欧盟颁布条例（EC)1107/2009，替代原指令 91/414/EEC，规定将再登记周期调整为 15 年，自此也建立了 15 年为周期的再评价制度。同时登记管理引入比较评估和产品替代政策，即如果存在更安全的替代品，原有效成分产品就可能不予批准。

（3）加拿大　加拿大 2006 年修订《有害生物产品法》（Pest Control Products Act），也建立了 15 年为周期的再评价制度，在保障农业生产、农产品安全和淘汰落后农药方面发挥了巨大作用。

2.12.3.4　我国再评价开展情况

近年来，为加强对已登记农药的安全性管理，在借鉴其他发达国家管理经验的同时，我国逐步开展农药再评价工作，分批启动了部分风险农药的再评价，取得了一定成效。再评价管理已成为提高我国农药安全性管理的一个重要举措。

2013 年，农业部农药检定所组建了农药再评价专门部门，负责开展再评价法规建设和相关农药再评价工作。2016 年，还制定了《农药再评价技术规范》农业行业标准，形成了农药再评价开展的流程和方案要求。近年来，我国已启动或完成了 20 多种农药的再评价工作，现介绍如下。

（1）氯磺隆、胺苯磺隆、甲磺隆　这 3 种农药均属磺酰脲类长残效除草剂，易对后茬作物产生药害，给农业生产和农民收入造成较大损害。2013 年 12 月，农业部颁布 2032 号公告，2015 年 12 月 31 日起，禁止氯磺隆在国内销售和使用；自 2015 年 12 月 31 日起，禁止胺苯磺隆单剂和甲磺隆单剂产品在国内销售和使用；自 2017 年 7 月 1 日起，禁止胺苯磺隆复配制剂和甲磺隆复配制剂产品在国内销售和使用；保留甲磺隆的出口境外使用登记。

（2）福美胂和福美甲胂　这两种农药均为有机砷类杀菌剂，有机砷类农药对人和环境具有较高的风险，为此，2013 年 12 月，农业部颁布 2032 号公告，自 2013 年 12 月 31 日起，撤销福美胂和福美甲胂的农药登记证，自 2015 年 12 月 31 日起，禁止福美胂和福美甲胂在国内销售和使用。

（3）毒死蜱和三唑磷　多年的残留例行监测结果表明，毒死蜱和三唑磷在蔬菜上使用后引起残留超标的现象十分普遍，为保障农产品质量安全，2013 年 12 月，农业部颁布 2032 号公告，自 2014 年 12 月 31 日起，撤销毒死蜱和三唑磷在蔬菜上的登记，自 2016 年 12 月 31 日起，禁止毒死蜱和三唑磷在蔬菜上使用。

（4）杀扑磷　2015 年 4 月新修订的《食品安全法》规定"高毒农药不得用于蔬菜、瓜果等作物"，杀扑磷为高毒农药，用于防治柑橘树介壳虫不符合上述规定。为此，2015 年 9

月，农业部颁布 2289 号公告，自 2015 年 10 月 1 日起，撤销杀扑磷用于防治柑橘树介壳虫的登记。由于杀扑磷仅用于柑橘树上登记，意味着杀扑磷在我国也被全面禁用、涉及 40 家企业 49 个产品。

（5）氯化苦和溴甲烷　2015 年 4 月新修订的《食品安全法》规定 "高毒农药不得用于蔬菜、瓜果等作物"，溴甲烷和氯化苦均为高毒农药，用于蔬菜等作物不符合上述规定。2015 年 9 月，农业部颁布 2289 号公告，自 2015 年 10 月 1 日起，撤销溴甲烷和氯化苦在蔬菜等作物上的登记，仅保留用于土壤熏蒸的登记，用于草莓、生姜、茄子、甜瓜、粮食、种子、食品及仓储灭鼠等的登记均被撤销。涉及 4 家企业 5 个产品。

（6）氟苯虫酰胺　对大型溞等剧毒，易引起水生生态系统破坏，经开展监测和高级环境风险评估表明，氟苯虫酰胺对部分水生生物风险不可接受。2016 年 9 月，农业部颁布 2445 号公告，撤销氟苯虫酰胺在水稻上使用的登记，自 2018 年 10 月 1 日起，禁止氟苯虫酰胺在水稻上使用。涉及 5 家企业 10 个产品。

（7）2,4-滴丁酯　经开展风险监测与安全评价项目和相关验证试验表明，2,4-滴丁酯对邻近作物极易产生药害。且各地反映的药害事故较多，农民损失严重，相关替代药剂也比较充足。2016 年 9 月，农业部颁布 2445 号公告，不再批准 2,4-滴丁酯的登记，也不再批准 2,4-滴丁酯境内使用的续展登记。涉及 69 家企业 164 个产品。

（8）磷化铝　鉴于磷化铝易引起人畜中毒或死亡事件，自 2013 年即开展再评价调研工作。2016 年 9 月，农业部颁布 2445 号公告，要求生产磷化铝农药产品应当采用内外双层包装。外包装应具有良好密闭性，防水防潮防气体外泄。内包装应具有通透性，便于直接熏蒸使用。内、外包装均应标注高毒标识及 "人畜居住场所禁止使用" 等注意事项。自 2018 年 10 月 1 日起，禁止销售、使用其他包装的磷化铝产品。涉及 20 家企业 31 个产品。

（9）三氯杀螨醇　三氯杀螨醇被列入持久性有机污染物审议名单，为保障环境安全，2016 年 9 月，农业部颁布 2445 号公告，撤销三氯杀螨醇的登记，自 2018 年 10 月 1 日起，全面禁止三氯杀螨醇的销售和使用。涉及 29 家企业 32 个产品。

（10）甲拌磷、甲基异柳磷、克百威　甲拌磷是二硫代磷酸酯类内吸杀虫、杀螨剂，具胃毒、触杀和熏蒸作用。由于甲拌磷及其代谢物形成的更毒的氧化物，在植物体内能保持较长的时间（约 1～2 个月，甚至更长），因此药效期长，同时要特别注意残毒。原药对雄性大鼠急性经口毒性 LD_{50} 为 3.7mg/kg，对雌性大鼠经口毒性 LD_{50} 为 1.6mg/kg，属剧毒；对雄性大鼠急性经皮毒性 LD_{50} 为 6.2mg/kg，雌性大鼠急性经皮毒性 LD_{50} 为 2.5mg/kg，属剧毒。

甲基异柳磷是一种土壤杀虫剂，对害虫具有较强的触杀和胃毒作用，杀虫谱广、残效期长。原药对大鼠急性经口毒性 LD_{50} 为 21.5（雄性）/19.2（雌性）mg/kg，属高毒；对大鼠急性经皮毒性 LD_{50} 为 76.7（雄性）/71.1（雌性）mg/kg，属高毒。

克百威是一种氨基甲酸酯类广谱性杀虫、杀线虫剂，具有触杀和胃毒作用。原药对大鼠急性经口毒性 LD_{50} 为 8～14mg/kg，属高毒；对大鼠急性经皮毒性 $LD_{50} > 3000mg/kg$，属低毒；对大鼠急性吸入毒性 LC_{50} 为 75mg/m³，属高毒。

由于甘蔗分为糖蔗和果蔗，农民种植又难以区分，甲拌磷、甲基异柳磷和克百威在甘蔗上使用，与新制定的《食品安全法》关于 "禁止剧毒、高毒农药在蔬菜、果树、茶叶和中药材等作物上使用" 的规定不符。为保障鲜食农产品质量安全，2016 年 9 月，农业部颁布 2445 号公告，撤销克百威、甲拌磷、甲基异柳磷在甘蔗作物上的登记；自 2018 年 10 月 1

日起，禁止克百威、甲拌磷、甲基异柳磷在甘蔗上使用。

（11）百草枯　百草枯吸入毒性极高，属剧毒，无特效解毒药，对生产工人和施药者存在极高的职业健康危害。为保障人体生命安全和健康，2016 年 9 月，农业部颁布 2445 号公告，决定不再受理、批准百草枯的田间试验和登记申请，不再受理、批准百草枯境内使用的续展登记。保留母药生产企业产品的出口境外使用登记。

（12）乐果、丁硫克百威、乙酰甲胺磷　多年残留例行监测结果表明，蔬菜中氧乐果、克百威和甲胺磷等高毒农药时常被检出，为摸清高毒农药在蔬菜中被检出或超标的原因，2016 年上半年开展了残留验证试验，试验表明，蔬菜上施用乐果、丁硫克百威、乙酰甲胺磷等农药后，普遍引起氧乐果、克百威或甲胺磷等高毒农药在蔬菜中被检出或超标问题。全国农药登记评审委员会八届第十九次全体会议建议，不再批准乐果、丁硫克百威、乙酰甲胺磷在蔬菜上的新增登记和续展登记。

2017 年 7 月，农业部发布第 2552 号公告，自 2017 年 8 月 1 日起，撤销乙酰甲胺磷、丁硫克百威、乐果用于蔬菜、瓜果、茶叶、菌类和中草药材作物的农药登记；自 2019 年 8 月 1 日起，禁止乙酰甲胺磷、丁硫克百威、乐果在蔬菜、瓜果、茶叶、菌类和中草药材作物上使用。

（13）硫丹和溴甲烷　硫丹作为有机氯农药，已被列入《斯德哥尔摩公约》，禁止全球范围内生产和使用。环保部等 12 部委联合发布公告（〔2014〕21 号）规定，自 2014 年 3 月 26 日起，禁止硫丹除用于防治棉花棉铃虫、烟草烟青虫生产和使用外的生产、流通、使用和进出口。对于特定豁免用途的，应抓紧研发替代品，确保豁免到期前全部淘汰。我国已加入该公约，按公约要求，计划豁免硫丹的上述农业用途至 2019 年 3 月 26 日止。

溴甲烷是一种消耗臭氧层的物质。20 世纪 90 年代起，世界各国政府出于安全考虑趋于停止使用这种熏蒸剂。根据《蒙特利尔议定书哥本哈根修正案》，发达国家于 2005 年淘汰，发展中国家也将于 2015 年淘汰。

溴甲烷已列入《蒙特利尔国际公约》管控范围，我国已加入该公约。根据联合国蒙特利尔多边基金执委会（MFMP）、联合国工业发展组织（UNIDO）批准的《中国消费行业甲基溴（即溴甲烷，以下同）整体淘汰计划（Ⅰ期）》中"农业行业甲基溴淘汰工作"及环保部和农业部签署的《关于淘汰甲基溴行业计划（农业）执行和管理备忘录》的要求，我国自 2015 年 1 月 1 日全面禁止甲基溴生产和施用。2015 年因农业生产需要，我国申请了 114 吨溴甲烷取代豁免，豁免为每年申请，最终豁免至 2018 年 12 月 31 日。

根据上述公约要求，第八届全国农药登记评审委员会第十九次全体会议建议，将对硫丹产品登记证的有效期统一变更至 2019 年 3 月 26 日止，对溴甲烷产品登记证的有效期变更至 2018 年 12 月 31 日止。

2017 年 7 月，农业部发布第 2552 号公告，自 2018 年 7 月 1 日起，撤销含硫丹产品的农药登记证；自 2019 年 3 月 26 日起，禁止含硫丹产品在农业上使用。自 2019 年 1 月 1 日起，将含溴甲烷产品的农药登记使用范围变更为"检疫熏蒸处理"，禁止含溴甲烷产品在农业上使用。

（14）叶枯唑　自 2013 年起，开始对叶枯唑开展再评价，由于毒理学试验资料不完善，安全风险存在隐患和不确定性，经评估论证，暂停批准叶枯唑的新增登记和续展登记。涉及 10 家企业的 10 个产品。

参 考 文 献

［1］中华人民共和国农业部 . 农药登记资料要求 . 农业部公告第 2569 号，2017.

［2］申继忠，杨田甜 . 农药助剂管理进展 . 中国农药，2017，13（10）：64-73.

［3］EPA. What Are Inert Ingredients，2018-05-18.

［4］PMRA. Regulatory Directive，Formulants Policy and Implementation Guidance Document，2006-05-31，Date modified：2012-03-02.

［5］王以燕，郑尊涛，袁善奎 . 美国登记农药名单（3）——早期的化学有效成分农药名单 . 世界农药，2013，35（1）：51-60.

［6］NY/T 1667.2—2008 农药登记管理术语 .

［7］EPA. Guidance for the Office of Pesticide Program's Pilot Fragrance Notification Program，2012.

［8］State of California Environmental Protection Agency Office of Environmental Health Hazard Assessment. Safe Drinking Water and Toxic Enforcement Act of 1986，Chemicals Known to the State to Cause Cancer or Reproductive Toxicity，2017-12-29.

［9］PMRA. Pest Management Regulatory Agency（PMRA）List of Formulants，2017-10-25.

［10］王以燕，许建宁，胡洁 . 美国 EPA 对农药致癌可能性的评估 . 农药，2009，48（6）：462-466.

［11］瑞旭集团（CIRS）欧盟 REACH 法规 . 17 种内分泌干扰物确定（EDCs），2012-06-14.

［12］杨田甜 . 欧盟农药制剂变更的指导文件简介 . 世界农药，2015，37（3）：45-47.

［13］DB11/447—2015 炼油与石油化学工业大气污染物排放标准 .

［14］环保部环境标准研究所 . VOCs 法规与标准，2015.

［15］中华人民共和国卫生部 . 化妆品卫生规范（2007 年版），2007.

［16］环境保护部，国家发展和改革委员会，工业和信息化部 . 关于发布《中国受控消耗臭氧层物清单》的公告，2010.

［17］李富根，王以燕，吴进龙，等 . 欧盟农药再评价制度概述 . 农药科学与管理，2011，32（12）：9-12.

［18］李富根，吴进龙，王以燕 . 美国农药再评价程序和方法 . 农药科学与管理，2011，32（9）：18-21.

第3章
农药登记试验与试验单位管理

2017年6月1日,新修订的《农药管理条例》开始实施,对农药登记和登记试验管理体制做了重大调整,取消了临时登记和分装登记,将田间试验许可调整为新农药登记试验许可,即在新农药产品开展化学、毒理学、药效、残留和环境影响等试验之前,应取得管理部门的批准,同时规定其他农药在登记试验开展之前,还需要到试验所在地的农业管理部门进行备案。此外,新修订的《农药管理条例》还规定登记试验应当由农业农村部认定的登记试验单位按照有关规定进行,或者委托与中国政府有关部门签署互认协定的境外相关实验室进行,但是,药效、残留、环境影响等与环境条件密切相关的试验以及中国特有生物物种的登记试验应当在中国境内完成。这意味着新修订的《农药管理条例》将农药登记试验单位认定也纳入了行政许可管理范围。

3.1 农药登记试验

3.1.1 登记试验管理演变

我国农药登记试验管理经历了多年的发展历程,体现了试验管理理念和管理重心的变化。1982年4月,农业部等部委联合颁布《农药登记规定》,并确定自1982年10月1日起,我国实施农药登记制度。根据《农药登记规定》,农业部制定了《农药登记资料要求》,明确了农药登记三个阶段的资料要求,其中申请田间试验的新农药,应提供产品化学、毒性及其他国家药效、残留等方面的摘要性资料。药效试验和残留试验须在经农业部农药检定所指定的试验单位完成。

1997年5月8日,国务院颁布《农药管理条例》,规定新农药登记分三个阶段:田间试验、临时登记和正式登记。同时规定申请登记的农药须提出田间试验申请,经批准方可进行田间试验。2001年4月,农业部发布的《农药登记资料要求》,规定农药制剂须申请田间试验或药效试验,取得试验批准证书后再开展试验。田间试验须在农业部认定的试验单位完成。通过审查的，发给"农药田间试验批准证书"，证书编号以"SY"开头，区别于农药登记证编号以"LS"或"PD"开头。这个阶段田间试验单位的认定工作尚未纳入行政许可管理，认定工作由农业部农药检定所承担。

2007 年 12 月 8 日，农业部发布修订的《农药登记资料规定》，全面提高农药登记的资料要求，田间试验的资料要求也进一步提高，包括提高产品化学试验、急性毒性试验、作物安全性试验等资料要求。但此时田间试验批准证书上已不再指定具体的试验单位，仅指定开展试验的省份，要求试验在农业部等有关部门公布的试验单位完成即可。试验管理已开始转向给企业一定的选择权和自主性。

2017 年 6 月，根据《农药管理条例》《农药登记管理办法》，农业部发布了《农药登记试验管理办法》，9 月发布了《农药登记试验单位评审规则》《农药登记试验质量管理规范》，将农药登记试验和登记试验单位管理作了重大调整。一方面，登记试验的许可范围由原来对所有农药产品缩减到仅对新农药作出要求，新农药开展登记试验前，需取得新农药登记试验批准证书，其他农药的登记试验改为备案管理，申请人在中国农药数字监督管理平台进行备案即可，无需取得试验批准，此项调整减少试验许可事项达 90% 以上；另一方面，登记试验单位由原来统一认定公布改为行政许可，试验单位申请人只要符合规定申请的条件随时可以提出申请，无需等到下一批管理部门统一认定时申请（以往如上一批没有获得通过需等好几年才能再开展下一批认定工作），认定流程更加规范、透明和公正。农药登记试验管理和登记试验单位认定进入了法制化、规范化轨道。

3.1.2　新农药登记试验许可

3.1.2.1　新农药登记试验申请与受理

申请农药登记之前，需要按照有关规定开展必要的农药登记试验，以满足农药有效性和安全性评价的需要。开展新农药（未在中国取得过登记的农药，包括新农药原药和新农药制剂）登记试验的，还需要向农业农村部申请新农药登记试验批准证书，农业农村部农药检定所承担新农药登记试验审批的具体工作，审批流程如图 3-1 所示。申请新农药登记试验的，需要提交以下资料：

（1）新农药登记试验申请表；

（2）境内外研发及境外登记情况；

（3）试验范围、试验地点（试验区域）及相关说明；

（4）产品化学信息及产品质量符合性检验报告；

（5）毒理学信息；

（6）作物安全性信息；

（7）环境安全信息；

（8）试验过程中存在或者可能存在的安全隐患；

（9）试验过程需要采取的安全性防范措施；

（10）申请人身份证明文件。

在这里，有一种情况值得注意，当申请新农药登记试验时，是否需要对所有登记试验范围同时提出申请，还是可以根据产品研发准备情况按不同试验范围分阶段申请，《农药登记管理办法》《农药登记试验管理办法》等都没明确规定。

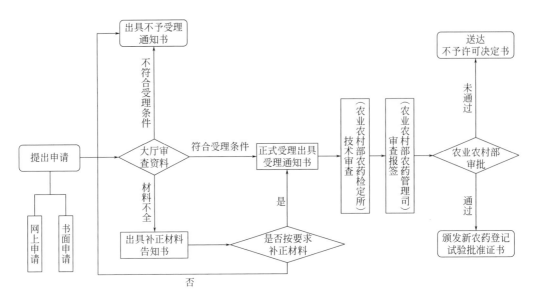

图 3-1　新农药登记试验审批流程图

3.1.2.2　新农药登记试验审批

农业农村部农药检定所组织专家对试验安全风险及其防范措施进行审查，符合条件的，准予登记试验，颁发新农药登记试验批准证书，在批准证书上载明试验申请人、农药名称、剂型、有效成分及含量、试验范围，试验证书编号及有效期等事项。证书编号规则为"SY＋年号＋顺序号"，年号为证书核发年份，用四位阿拉伯数字表示；顺序号用三位阿拉伯数字表示。新农药登记试验批准证书有效期五年。五年之内未开展试验的，应当重新申请。

3.1.3　登记试验备案

开展农药登记试验之前，申请人（一般为农药生产企业）应到试验所在地省级人民政府农业主管部门（以下简称"省级农业部门"）进行备案。省级农业部门负责本行政区域的农药登记试验备案及相关监督管理工作，具体工作由各省级农药检定机构承担。

农药登记试验备案信息包括备案人、产品概述、试验项目、试验地点、试验单位、试验时间、安全防范措施等。登记试验备案及登记试验监督管理信息可在中国农药数字监督管理平台上查询。

需要强调的是，提交试验备案的主体是试验委托人，即今后提交农药登记的申请人，不是接受委托的试验单位。试验在多个单位或多个省份开展的，需分别提交试验备案。新农药登记试验申请及农药登记试验备案均应从中国农药数字监督管理平台上提交。

3.1.4　登记试验基本要求

农药登记试验样品应当是成熟定型的产品，应当具有产品鉴别方法、质量控制指标和检测方法。试验样品应该满足以下要求：

（1）新农药研制者或者农药企业应该对样品的真实性负责，并保证试验样品和取得登记实际生产的样品是一致的；

（2）试验样品应当由所在地省级农药检定机构封样，并附具农药名称、有效成分及其含量、剂型、样品生产日期、规格与数量、贮存条件、质量保证期等信息，以及安全防范措施、产品质量符合性检验报告和相关谱图；

（3）所封试验样品由省级农药检定机构和试验申请人各留存一份，保存期限原则上不少于两年，其余样品由申请人送至登记试验单位开展试验；

（4）封存试验样品不足以满足试验需求或者试验样品已超过保存期限，仍需要进行试验的，申请人应当按本办法规定重新到所在地省级农药检定机构封存样品，重新封存的样品应该与之前封存的样品是一致的；

（5）开展新农药登记试验的，申请人还应当向试验单位提供新农药登记试验批准证书复印件；

（6）开展登记试验之前，试验单位应当查验封样完整性、样品信息符合性并与申请人签订协议，明确双方权利与义务；

（7）农药登记试验应当按照法定农药登记试验技术准则和方法进行，尚无法定技术准则和方法的，由申请人和登记试验单位协商确定，且应当保证试验的科学性和准确性；

（8）农药登记试验过程出现重大安全风险时，试验单位应当立即停止试验，采取相应措施防止风险进一步扩大，并报告试验所在地省级农业部门，通知申请人；

（9）农药登记试验单位应当将试验计划、原始数据、标本、留样被试物和对照物、试验报告及与试验有关的技术资料按规定存档备查；

（10）对质量容易变化的标本、被试物和对照物留样样品等，其保存期应以能够进行有效评价为期限；

（11）农药登记试验单位应当每年向所在地省级农业行政主管部门和农业农村部报送本年度执行农药登记试验质量管理规范的报告。在试验过程中发现难以控制安全风险的，应当及时停止试验或者终止试验，并及时报告。

3.1.5　登记试验基本内容

申请农药登记须按登记要求进行登记试验，有的试验可由企业自行完成，有的试验必须由农业农村部认定的具有试验资质（包括签署双边互认协议的）的试验单位完成。登记试验种类很多，试验要求也存在差异，如登记申办人员不十分了解，很容易出现差错或走弯路，耽误及时申报登记。本节将介绍一些重要的登记试验要求，供登记人员参考。

3.1.5.1　产品化学试验

（1）产品质量检测和方法验证报告　应由农业农村部认定的具有资质的试验单位承担，且产品质量检测和方法验证报告须由同一个试验单位出具。

（2）原（母）药全组分分析试验报告　全组分分析试验应由农业农村部认定的具有资质的农药登记试验单位承担，按照《农药登记原药全组分分析试验指南》进行。

（3）理化性质测定报告　农药的理化性质主要包括：外观、熔点/熔程、沸点、水中溶解度、有机溶剂（极性、非极性、芳香族）中溶解度、密度、稳定性（热、金属和金属离子）、正辛醇/水分配系数、饱和蒸气压、水中电离常数、水解、水中光解、紫外/可见光吸收、氧化/还原性、爆炸性（闪点、固体可燃性）、燃烧性、黏度、对包装材料腐蚀性、比旋光度、与非极性有机溶剂混溶性、固体的相对自燃温度等，这些试验报告应由农业农村部认定的具有资质的试验机构出具，试验方法、试验报告编写应按照农业行业标准《农药理化性质测定试验导则》（NY/T 1860）规定进行。

（4）两年常温贮存稳定性试验报告　应由农业农村部认定的具有资质的试验机构出具，试验方法、试验报告编写应按照农业行业标准《农药常温贮存稳定性试验通则》（NY/T 1427）的要求进行。

3.1.5.2　毒理学试验

毒理学试验是有关健康安全的试验，应由农业农村部认定的试验单位承担，按照国家标准《农药登记毒理学试验方法》（GB 15670）进行。农药登记毒理学试验单位资质分 A、B、C 三级，不同资质级别试验单位可承担的试验项目不同，试验单位在相应试验资质范围内完成的试验报告方可被认可。

3.1.5.3　药效试验

（1）田间药效试验　应当由农业农村部认定的试验单位承担，按照国家标准《农药田间药效试验准则》，根据我国主要农作物种植区域布局和病虫草害发生规律，选择有代表性的区域进行药效试验（试验区域指南见表 3-1），因病虫草害发生情况、自然灾害等原因，无法按本指南推荐的区域开展药效试验的，申请人可根据实际情况进行调整，并在申请登记时作出说明。

（2）室内活性测定试验　应当按照农业行业标准《农药室内生物测定试验准则》进行。

（3）对当茬试验作物的室内安全性试验报告　应当按有关室内安全性试验准则的要求进行。

（4）配方筛选试验报告（对混配制剂）应当按有关试验准则的要求进行。

（5）大区示范试验报告　应由农业农村部认定的试验单位承担。

表 3-1　农药登记田间药效试验区域指南

1. 水稻						
病虫草害	长江中游稻区	长江下游稻区	华南稻区	西南稻区	黄淮稻区	北方稻区
	湖南、江西、湖北、河南	江苏、浙江、安徽、上海	广东、广西、福建、海南	四川、云南、贵州、重庆、陕西	河北、天津、山东、宁夏	黑龙江、辽宁、吉林、内蒙古
纹枯病	1	1	1	1		
稻曲病	1	1			1	1
稻瘟病	1			1		
恶苗病	1	1			1	1
稻飞虱、叶蝉、稻纵卷叶螟、蓟马	1	1	1	1		
二化螟	1	1		1		1
三化螟	1	1	1	1		
插秧田杂草、育秧田杂草	1	1	1		1	1
直播田杂草	1	1	1	2（不同区域）		
抛秧田杂草	5（每个区域至少 1 地）					

2. 小麦

病虫草害	冬麦区					春麦区
	黄淮	长江中下游	华北	西南	西北	
	山东、河南、山西、陕西	湖北、江苏、安徽、上海、浙江	河北、北京、天津	贵州、四川、重庆、云南	甘肃、青海、新疆	内蒙古、甘肃、青海、黑龙江、辽宁、宁夏、新疆
白粉病	1	1	1	1		
赤霉病	4					
锈病	1	1		1	1	
纹枯病	1	1	1	1		
胞囊线虫病	1	1	1		1	
蚜虫	1	1	1	1		
吸浆虫	2		1		1	
麦蜘蛛	1	1	1		1	
地下害虫（金针虫、蝼蛄、蛴螬、地老虎）	1	1		1		
小麦田杂草	1	2（不同区域）				2
冬小麦田杂草	1	1	1	1		
春小麦田杂草						3

3. 玉米

病虫草害	东北玉米区	黄淮海玉米区	西南玉米区	西北玉米区
	黑龙江、吉林、辽宁、内蒙古	河南、山东、河北、山西、江苏、安徽、天津	云南、四川、贵州、湖北、广西、重庆、湖南	陕西、新疆、甘肃、宁夏
大斑病、小斑病、锈病、丝黑穗病、茎基腐病	1	1	1	1
褐斑病	2	2		
玉米螟、地下害虫（金针虫、蝼蛄、蛴螬、地老虎）、黏虫、蚜虫、叶螨	1	1	1	1
二点委夜蛾		4		
玉米田杂草	2	2	1	
春玉米田杂草	3			
夏玉米田杂草		2	1	1

续表

4. 马铃薯

病虫草害	西南及武陵山种植区	西北种植区	华北种植区	华东华南种植区	东北种植区
	四川、贵州、云南、重庆、湖北	甘肃、陕西、宁夏、青海、新疆	内蒙古、河北、山西、北京、天津	山东、安徽、广东、广西、江西、江苏、浙江、福建	黑龙江、辽宁、吉林
晚疫病、早疫病、黑痣病	1	1	1		1
青枯病、环腐病、疮痂病（细菌病害）	4（不同区域）				
蚜虫、地下害虫（蛴螬、金针虫、蝼蛄、地老虎）、二十八星瓢虫	1	1	1		1
杂草	1	1	1	1	1

5. 棉花

病虫草害	西北内陆棉区	黄河流域棉区	长江流域棉区
	新疆、甘肃	山东、河南、河北、天津、山西、陕西	安徽、江苏、湖北、湖南、江西、四川
立枯病、枯萎病、黄萎病			
棉铃虫、蚜虫、红蜘蛛、盲蝽、棉蓟马、烟粉虱	4（每区各选1或2地，新疆可选2点）		
棉红铃虫			2
杂草	5（每区各选1或2地，新疆可选2点）		

6. 烟草

病虫草害	西南烟区	北方烟区	东南烟区	长江中上游烟区	黄淮烟区
	云南、贵州、四川、广西	辽宁、黑龙江、内蒙古、甘肃、吉林	广东、湖南、安徽、江西、福建	湖北、重庆	山东、河南、陕西
黑胫病、赤星病、青枯病、病毒病	2		1		1
烟青虫、蚜虫	2		1		1
杂草	2	1	1	1	1

7. 甘蔗

虫草害	西南蔗区	东南蔗区	长江中游蔗区
	广西、云南、四川、贵州	广东、海南、福建	湖北、湖南、江西
蔗螟	2	1	
杂草	2	1	

8. 茶树

虫害	华南茶区	江南茶区	西南茶区	江北茶区
	福建、海南、广东、广西	湖南、江西、浙江、湖北、安徽、江苏	四川、贵州、重庆、云南	河南、陕西、山东、甘肃
茶小绿叶蝉、茶尺蠖、茶毛虫	1	2	1	

9. 大豆

病虫草害	黄淮海流域大豆区	长江流域大豆区	西北大豆区	云贵高原大豆区	华南大豆区	东北大豆区
	河北、山东、山西、河南、天津	安徽、湖北、江苏、浙江	陕西、甘肃、宁夏、新疆	云南、贵州、湖南、四川	广东、广西、福建	黑龙江、吉林、辽宁、内蒙古
胞囊线虫病	1	1	1			1
蚜虫、食心虫	1	1		1		1
棉铃虫	1	1	1	1		
地下害虫	1①	1		1①		2
大豆田杂草	2	1				2
春大豆田杂草						3
夏大豆田杂草	2	1		1		

10. 花生

病虫草害	黄河流域花生区	长江流域花生区	云贵高原花生区	东北花生区	东南沿海花生区	西北花生区
	山东、河北、河南、天津、北京	湖北、浙江、湖南、江西、安徽、江苏、上海	四川、贵州、云南	辽宁、吉林、黑龙江、内蒙古	广东、广西、福建	陕西、新疆、甘肃、山西、宁夏
根腐病、果腐病	2	1			1	
锈病	2	2				
叶斑病、褐斑病、茎腐病（倒秧病）	2	1			1	
地下害虫	4（不同区域）					
蚜虫	1或2	1或2			1或2	
杂草	2	1	1		1	

11. 油菜

病虫草害	长江中游油菜区	长江上游油菜区	长江下游油菜区	西北高原油菜区	东北油菜区
	湖北、湖南、江西、安徽、河南	四川、重庆、云南、贵州	江苏、浙江、上海	青海、新疆、甘肃、内蒙古、陕西	黑龙江、吉林、辽宁
菌核病、霜霉病	1	1	1	1	
蚜虫	1	1	1	1	
油菜田杂草	2	1		2	

续表

病虫草害	长江中游油菜区	长江上游油菜区	长江下游油菜区	西北高原油菜区	东北油菜区
	湖北、湖南、江西、安徽、河南	四川、重庆、云南、贵州	江苏、浙江、上海	青海、新疆、甘肃、内蒙古、陕西	黑龙江、吉林、辽宁
冬油菜田杂草	2	1	1		
春油菜田杂草				3（不同区域）	

12. 蔬菜②

蔬菜种类	南部菜区	中部菜区	北部菜区	西部菜区
	广东、广西、海南、重庆、四川、贵州、云南、福建	上海、江苏、浙江、安徽、江西、河南、湖北、湖南	山东、河北、辽宁、吉林、黑龙江、北京、天津、内蒙古	陕西、甘肃、青海、山西、宁夏、新疆、西藏
十字花科蔬菜	霜霉病、软腐病			
	菜青虫、小菜蛾、蚜虫、甜菜夜蛾、斜纹夜蛾			
黄瓜	霜霉病、白粉病、炭疽病、细菌性角斑病、枯萎病			
	蚜虫、美洲斑潜蝇			
番茄	早疫病、灰霉病、病毒病、叶霉病、晚疫病			
	白粉虱			
辣椒	炭疽病、疫病、灰霉病			
	烟粉虱			
西瓜	炭疽病、枯萎病、白粉病			

13. 苹果

病虫害	西部地区	环渤海湾地区
	陕西、河南、山西、甘肃、新疆、宁夏、四川、云南、贵州	山东、辽宁、河北、北京、天津、江苏
斑点落叶病、轮纹病、炭疽病、腐烂病、褐斑病	2	2
红蜘蛛、桃小食心虫、卷叶蛾	2	2

14. 柑橘

病虫害	西南地区	华南地区	长江中下游地区
	广西、四川、重庆、云南、贵州、陕西	广东、福建、海南	江西、湖北、湖南、安徽、浙江
疮痂病、炭疽病、溃疡病	2	1	1
蚜虫、潜叶蛾、红蜘蛛、介壳虫、锈壁虱、木虱、粉虱	2	1	1

15. 梨树

病虫害	北部近沿海地区	西南地区	黄河中游地区	长江中下游地区	东北地区	西北地区
	北京、河北、山东	云南、贵州、四川、重庆、广西	山西、陕西、河南	湖南、湖北、江西、安徽、江苏、浙江	辽宁、吉林、黑龙江、内蒙古（东北部）	甘肃、新疆
黑星病、锈病	1	1	1	1		
梨木虱、梨小食心虫	1	1	1	1		

16. 葡萄

病害	东北地区	北部近沿海地区	黄河中游地区	东部沿海地区	西南地区	长江中游地区	西北地区
	辽宁、吉林、黑龙江、内蒙古（东北部）	北京、天津、河北、山东	山西、陕西、河南、内蒙古（中西部）	上海、江苏、浙江、福建	云南、贵州、四川、重庆、广西	湖南、湖北、江西、安徽	甘肃、宁夏、新疆
霜霉病、灰霉病、白腐病、白粉病	1		1		1		1
炭疽病、黑痘病		1	1		1		1

① 在两个试验区域选一地即可。
② 每个菜区各选 1 地进行试验。
注：表格中数字代表试验点的数量。

3.1.5.4　残留试验

须由农业农村部认定的试验单位承担，按照农业行业标准《农药残留试验准则》进行，残留试验点数要求见表 3-2。

表 3-2　农药登记残留试验点数要求

序号	作物	点数
1	水稻、小麦、玉米、马铃薯、黄瓜、番茄、辣椒、结球甘蓝、橘（橙）、苹果（梨）等	≥12
2	冬小麦、夏玉米、大白菜、普通白菜、菜豆、葡萄、西瓜、大豆（含青豆）、花生、油菜籽、茶等	≥10
3	韭菜、花椰菜、菠菜、芹菜、茄子、西葫芦、冬瓜、豇豆、茎用莴苣、萝卜（含萝卜叶）、胡萝卜、甘薯、桃、枣、草莓、猕猴桃、棉籽等	≥8
4	春小麦、春玉米、绿豆、大蒜、芦笋、芥蓝、山药、节瓜、水芹、莲藕、茭白、竹笋、甜瓜、柿子、枇杷、荔枝、杧果、香蕉、石榴、杨梅、木瓜、菠萝、甘蔗、甜菜、葵花籽、香菇、金针菇、平菇、木耳等	≥6
5	百合、菱角、芡实、黄花菜、豆瓣菜、小茴香、辣根、杏仁、枸杞、蓝莓、桑葚、橄榄、椰子、榴梿、核桃、银杏、油茶籽、咖啡豆、可可豆、啤酒花、菊花、玫瑰花、调味料类、药用植物类等	≥4
6	对用于环境条件相对稳定场所的农药，如仓储用、防腐用、保鲜用的农药等	≥4

根据表 3-2 选择试验地点时，应优先安排在作物主产区，试验布局应综合考虑作物种植面积、品种、耕作方式、主产区以及气候带差异等对农药残留的影响，除种植集中的特色小宗作物外，相同耕作方式下试验点间距通常应不小于 200km。

3.1.5.5　环境影响试验

环境影响试验涉及环境安全风险评估，也须由农业农村部认定的试验单位承担，按照农业行业标准《化学农药环境试验安全评价试验准则》进行。环境试验单位资质范围分为环境归趋和生态毒理两类，试验单位须在相应资质范围内完成的试验报告才被认可。

3.2　农药登记试验单位认定

为了加强农药登记管理，保障农药登记试验结果的科学性、真实性、完整性和可靠性，保障农业生产安全、农产品质量安全和生态环境安全，2017 年修订的《农药管理条例》设立了农药登记试验单位认定制度。

3.2.1　设立农药登记试验单位认定制度的必要性

3.2.1.1　农药登记试验直接关系食品安全和生态环境安全

农药登记试验包括产品化学、药效、毒理、残留和环境等试验。农药产品化学试验主要对产品的理化性质、原药全分析、杂质种类和含量控制进行试验，是制定农药产品标准、开展农药质量控制及进行农药质量监管的基础。药效试验是在田间实际应用环境下，就农药对农作物病虫害的防治效果、对农作物不同品种及周边农作物的影响进行试验，用于确定产品使用技术和注意事项。毒理学试验用于评价农药对人类的急性毒性和慢性毒性，以制定该种农药每人每天最大允许摄入量（ADI）和中毒急救措施。残留试验是在规定的使用技术条件下，测定所收获的农产品中的农药残留量，以评价农药对农产品的安全性并制定农药最高残留限量标准。生态环境试验是对农药在田间的去向、变化进行跟踪监测，评价农药在土壤、水源、空气等自然环境中的环境行为和对蜂、鸟、鱼、蚕等有益生物的毒性影响，为制定生态环境保护措施提供重要支撑。

农药登记是农药市场准入的关口，而登记试验结果是农药登记的关键依据。只有农药登记试验数据科学、真实、可靠，才能有效杜绝对人类健康、生态环境和农产品质量安全风险不可控的农药产品进入我国农业生产领域，才能制定科学、合理措施，控制农药使用风险，避免农药负面效应。

3.2.1.2　解决农药登记试验管理问题的有效手段

通过企业自主、市场竞争、行业自律、事后监管等方式难以有效解决农药登记试验管理问题。农药登记试验主要针对未上市的产品进行试验，其专业性和技术性很强，过程评价复杂，具有一定的风险性，相应要求试验单位必须具备人员、设备、场所、制度等条件，具有相应的资质。

国家市场监督管理总局主要对室内标准条件下进行非生物试验的机构进行认定，认定的检验内容主要为有国家标准、行业标准等成熟定性的产品。而农药登记试验是对未上市的新产品进行生物活体试验、检验，农药产品本身还没有合法的产品标准，试验、检验研究性质的内容较多，受环境等因素影响大，质量监督检查部门认定的机构没有授权开展这些内容的试验、检验。

如果对农药登记试验单位不设置任何资质要求，而完全依赖市场竞争，在利益的驱动下，登记试验单位很可能为满足委托企业的要求，降低试验标准，甚至出具虚假的试验报告，将导致农药登记评审结果错误，农药登记制度形同虚设。

农药是一种对人体健康、生态安全存在潜在风险的农业投入品，如果仅依赖于农业部门的事后监管来查处登记试验单位的违法违规行为，往往在查处时不安全农药已经大规模使用，造成不可挽回的安全后果。

3.2.1.3　实现农药登记行政许可管理的有效手段

为保证农药登记试验质量，农业部自 1982 年农药登记制度实施以来就建立了农药登记试验单位管理制度，并不断完善。通过认定的农药登记试验单位，建立农药登记试验标准方法及安全评价体系，组织专家对试验单位考核检查，强化试验单位监督管理，农药登记试验工作逐步规范化、标准化，有力保障了农药登记评审工作的开展。但由于缺乏明确的法律依据，在认定的法律性质方面还存在争议，在追究违规试验单位的责任方面还缺乏有力的措施、手段。

3.2.1.4 符合国际对农药登记试验单位管理的通行做法

据农业农村部对世界上主要农药生产、使用国家的农药登记管理制度的调查，大部分国家如欧盟各国、澳大利亚、日本、印度、美国等都对农药登记试验单位实施认定管理，由农药登记主管机关对农药登记试验单位实施认定，公布登记试验指南、试验单位条件及管理要求，强化试验过程全程可控管理，推行良好实验规范（GLP）；农药登记试验单位应当接受管理部门的监督。

目前，我国对药品注册试验单位也实行认定管理制度。农药不仅与人畜健康有关，还直接影响农业生产安全和生态环境安全，潜在风险更大，更有必要设立农药登记试验认定制度。

3.2.2 设立农药登记试验单位许可制度的合理性

3.2.2.1 符合市场经济发展要求，有利于创造公平竞争的市场环境

农业农村部目前采取非行政许可审批的方式共认定了 227 家农药登记试验单位。这些单位多属于农业、卫生、环保行业内的高校、科研机构、事业单位，在范围上还具有一定的局限性。通过在《农药管理条例》中规定认定制度，有利于进一步明确条件、规范程序、强化监管，促进具备资质条件的各市场主体公平竞争。

3.2.2.2 符合政府职能转变方向，有利于加强农药登记管理

按照《农药管理条例》的规定，农药登记的技术评审工作由农药检定机构承担，但目前相当一部分农药检定机构还承担了企业委托的试验工作，既做试验又负责评审，在一定程度上影响了评审的客观性、公正性。将农药登记试验单位考核由非行政审批改为行政许可，明确农业农村部所属事业单位、省级农药检定机构不得从事登记试验，有利于推动农药检定机构职能转变，更好地履行农药登记评审职责。

3.2.2.3 实施试验单位认定制度已有较好的基础

经过多年来的工作，农业农村部已建立健全了农药登记试验单位的管理工作体系。

（1）制定了农药登记原药全分析、药效、残留、毒理、环境等试验管理办法；

（2）研究制定了 400 多项标准试验方法，涵盖农药登记产品化学、药效、残留、毒理和环境评价等各试验领域；

（3）建立了试验单位考核检查标准程序，对材料申报、资料审查、现场试验或考核、专家评审及考核结果综合评定等各个过程予以规范；

（4）利用互联网及现代信息技术手段，建立了农药试验单位监管平台，加强了对登记试验的事中、事后监管。

3.2.3 设立农药登记试验单位许可制度的合法性

（1）属于法律规定的可以设定行政许可的范围 对农药登记试验单位认定管理直接涉及公共安全、生态环境保护，直接关系人身健康、生命财产安全。农药登记试验属于提供公众服务并直接关系公共利益的行业，农药登记试验单位的资质水平决定着试验结果的科学性和

准确性，其提供的试验报告和数据是农药登记的重要依据，因此从事农药登记试验的单位应当具备特殊的资格和条件，符合《行政许可法》第十二条第一项和第三项规定的需要按照法定条件予以批准的事项。

（2）不属于依法可以不设行政许可的情形　农药登记试验是农药登记管理的技术支撑，其数据的权威性、科学性、真实性、可靠性难以通过企业自主、市场调节、行业自律来维护，单靠政府的事后监管，也难以完全解决农药登记试验环节存在的问题。因此，对农药登记试验单位实行认定管理，不属于《行政许可法》第十三条规定的可以不设行政许可的情形。

（3）符合法律规定的行政许可设定原则　近些年，我国经济社会形势发生了重大变化，人民生活水平不断提高，食品安全和环境保护备受关注。同时，农药产业也取得了长足发展，我国已成为世界第一大农药生产国和出口国，要求农药向更安全、高效的方向发展。农药产业发展的新需求对农药登记试验单位也提出了新要求，设立农药登记试验单位认定制度，提高试验单位准入门槛，符合社会主义市场经济要求，符合国际惯例，符合我国农药登记制度实际，对发挥农药登记试验单位市场主体的积极性和主动性，保证农药登记试验结果的科学性、规范性、真实性和可靠性，提高农药登记的质量和水平，保障农药登记产品的安全性和有效性具有重要作用，符合《行政许可法》第十一条规定的行政许可设定原则。

（4）符合国务院严格控制新设行政许可的要求　在研究农药登记试验单位许可的过程中，农业农村部严格按照《国务院关于严格控制新设行政许可的通知》（国发〔2013〕39号，以下简称《通知》）的要求设计具体制度：

① 农药登记试验单位认定仅为基础资质资格，没有分等分级要求，符合《通知》关于"对确需设定企业、个人资质资格的事项，原则上只能设定基础资质资格"的规定；

② 实施农药登记试验单位认定不收费，符合《行政许可法》和《通知》有关规定。

2015年，国务院行政审批清理过程中，在国务院行政审批制度改革办公室组织的法律专家论证会上，与会专家一致认为，农药登记试验单位认定属于农药登记管理的重要组成部分，农药登记试验单位的资质条件和能力条件直接关系到农药登记试验的科学性和准确性，关系到对农药安全性和有效性的科学评价，不能取消该项行政审批，建议改为行政许可。国务院第91次常务会议决定，在履行新设行政许可程序后，将该项非行政许可审批改为行政许可。

3.2.4　农药登记试验单位认定

从事农药登记产品化学、药效、毒理学、残留和环境等试验的单位应当具备与试验领域相适应的人员、设备、场所、管理制度等条件，获得农业农村部认定。农业管理部门作为农药登记主管部门，其所属的事业单位、主管的社会组织，以及省级农药检定机构，不得承担农药登记试验工作。

3.2.4.1　农药登记试验单位认定申请与受理

根据《农药管理条例》的有关规定，农药登记试验必须由农业农村部认可的登记试验单位承担方可有效。农业农村部依据《农药登记试验管理规范》《农药登记试验单位评审规则》组织有关专家对试验单位认定申请进行技术审查。

（1）申请农药登记试验单位认定应当具备以下条件：

① 具有独立的法人资格，或者经法人授权同意申请并承诺承担相应法律责任；

② 具有与申请承担登记试验范围相匹配的试验场所、环境设施条件、试验设施和仪器设备、样品及档案保存设施等；

③ 具有与其确立了合法劳动或者录用关系，且与其所申请承担登记试验范围相适应的专业技术和管理人员；

④ 建立完善的组织管理体系，配备机构负责人、质量保证部门负责人、试验项目负责人、档案管理员、样品管理员和相应的试验与工作人员等；

⑤ 符合农药登记试验质量管理规范，并制定了相应的标准操作规程；

⑥ 有完成申请试验范围相关的试验经历，并按照农药登记试验质量管理规范运行六个月以上；

⑦ 农业农村部规定的其他条件。

（2）申请农药登记试验单位认定应至少提交以下资料：

① 农药登记试验单位考核认定申请书；

② 法人资格证明复印件，或者法人授权书；

③ 组织机构设置与职责；

④ 试验机构质量管理体系文件（标准操作规程）清单；

⑤ 试验场所、试验设施、实验室等证明材料以及仪器设备清单；

⑥ 专业技术和管理人员名单及相关证明材料；

⑦ 按照农药登记试验质量管理规范要求运行情况的说明，典型试验报告及其相关原始记录复印件。

3.2.4.2　农药登记试验单位认定审批

农业农村部应在规定的时间内完成申请农药登记试验单位认定申请的技术评审工作，并作出审批决定。技术评审工作包括资料审查和现场检查。

（1）资料审查　主要审查申请人组织机构、试验条件与能力匹配性、质量管理体系及相关材料的完整性、真实性和适宜性。

（2）现场检查　主要对申请人质量管理体系运行情况、试验设施设备条件、试验能力等情况进行符合性检查。

技术评审符合条件的，颁发农药登记试验单位证书。农药登记试验单位证书有效期为五年，应当载明试验单位名称、法定代表人（负责人）、住所、实验室地址、试验范围、证书编号、有效期等事项。

农药登记试验单位证书有效期内，农药登记试验单位名称、法定代表人（负责人）名称或者住所发生变更的，应当向农业农村部提交相关证明等材料，申请试验单位变更。如果涉及到试验单位机构分设或者合并的、实验室地址发生变化或者设施条件发生重大变化的、试验范围增加的，应该重新向农业农村部提出认可申请。

3.2.4.3　农药登记试验单位的实验许可范围和项目

开展农药登记试验的目的是满足农药安全性、有效性评价的要求，根据《农药管理条例》《农药登记资料要求》的有关规定，农药登记试验范围包括产品化学、药效、毒理学、残留和环境影响 5 个方面，不同种类农药登记的试验范围又包括不同的试验项目。

（1）产品化学试验　产品化学试验单位许可范围包括（全）组分分析试验、理化性质测定试验和产品质量检测试验/贮存稳定性试验 3 类。

（2）药效试验　药效试验单位许可范围包括农林用农药试验和卫生用等其他农药试验两类。

① 农林用农药试验　试验项目包括杀虫剂试验、杀菌剂试验、除草剂试验、植物生长调节剂试验和田间杀鼠剂试验。

② 卫生用等其他农药试验　试验项目包括卫生杀虫剂试验、杀鼠剂试验、白蚁防治剂试验、储粮害虫防治剂试验、杀钉螺剂试验。

（3）毒理学试验　毒理学试验单位许可范围包括急性毒性试验、重复染毒毒性试验、特殊毒性试验、代谢与毒物动力学试验、微生物致病性试验和暴露量测试试验 6 类。

① 急性毒性试验　试验项目包括：急性经口毒性试验、急性经皮毒性试验、急性吸入毒性试验、眼睛刺激性试验、皮肤刺激性试验和皮肤致敏性试验。

② 重复染毒毒性试验　试验项目包括：亚慢（急）性经口毒性试验、亚慢（急）性经皮毒性试验、亚慢（急）性吸入毒性试验和慢性毒性试验。

③ 特殊毒性试验　试验项目包括：神经毒性试验（急性神经毒性、迟发性神经）、内分泌干扰作用试验、致突变性试验、生殖毒性试验、致畸性试验和致癌性试验。

④ 微生物致病性试验　试验项目包括：急性经口致病性试验、急性经呼吸道致病性试验、急性注射致病性试验和细胞培养试验。

⑤ 暴露量测试试验　试验项目包括：家用卫生杀虫剂暴露量测试试验和田间施药者暴露量测试试验。

（4）残留试验　残留试验单位许可范围包括代谢试验、农作物残留试验、加工农产品残留试验 3 类。

① 代谢试验　试验项目包括动物（反刍哺乳动物）代谢和植物代谢试验。

② 农作物残留试验　试验项目包括室内检测和田间试验。

（5）环境影响试验　环境影响试验单位许可范围包括生态毒理和环境归趋两类，其中生态毒理分为四类，环境归趋分为两类。

① 生态毒理　试验项目包括：

A 类：鸟类急性经口毒性试验、鸟类短期饲喂毒性试验、鱼类急性毒性试验、大型溞急性活动抑制试验、绿藻生长抑制试验、浮萍生长抑制试验、穗状狐尾藻毒性试验、蜜蜂急性经口毒性试验、蜜蜂急性接触毒性试验、家蚕急性毒性试验、寄生性天敌急性毒性试验、捕食性天敌急性毒性试验、蚯蚓急性毒性试验和土壤微生物影响（氮转化法）试验。

B 类：鸟类繁殖试验、鱼类早期阶段毒性试验、大型溞繁殖试验、鱼类生物富集试验、蜜蜂幼虫发育毒性试验、家蚕慢性毒性试验、蚯蚓繁殖毒性试验。

C 类：鱼类生命周期试验、水生生态模拟系统（中宇宙）试验、蜜蜂半田间试验。

D 类：微生物农药鸟类毒性试验、微生物农药蜜蜂毒性试验、微生物农药家蚕毒性试验、微生物农药鱼类毒性试验、微生物农药溞类毒性试验、微生物增殖试验。

② 环境归趋　试验项目包括：

A 类：水解试验、水中光解试验、土壤表面光解试验、土壤吸附试验（批平衡法）、土壤淋溶试验、土壤吸附试验（高效液相色谱法）、农药在水中的分析方法验证试验、农药在土壤中的分析方法验证试验。

B 类：土壤好氧代谢试验、土壤厌氧代谢试验、水-沉积物系统好氧代谢试验。

具体试验范围和试验项目分类见表 3-3。

表 3-3　农药登记试验范围和试验项目分类表

试验范围	试验项目	
产品化学试验	（全）组分分析试验 理化性质测定试验 产品质量检测试验/贮存稳定性试验	
药效试验	农林用农药试验	1. 杀虫剂试验 2. 杀菌剂试验 3. 除草剂试验 4. 植物生长调节剂试验 5. 田间杀鼠剂试验
	卫生用等其他农药试验	1. 卫生杀虫剂试验 2. 杀鼠剂试验 3. 白蚁防治剂试验 4. 储粮害虫防治剂试验 5. 杀钉螺剂试验
毒理学试验	急性毒性试验	1. 急性经口毒性试验 2. 急性经皮毒性试验 3. 急性吸入毒性试验 4. 眼睛刺激性试验 5. 皮肤刺激性试验 6. 皮肤致敏性试验
	重复染毒毒性试验	1. 亚慢（急）性经口毒性试验 2. 亚慢（急）性经皮毒性试验 3. 亚慢（急）性吸入毒性试验 4. 慢性毒性试验
	特殊毒性试验	1. 神经毒性试验（急性神经毒性、迟发性神经） 2. 内分泌干扰作用试验 3. 致突变性试验 4. 生殖毒性试验 5. 致畸性试验 6. 致癌性试验
	代谢与毒物动力学试验	
	微生物致病性试验	1. 急性经口致病性试验 2. 急性经呼吸道致病性试验 3. 急性注射致病性试验 4. 细胞培养试验
	暴露量测试试验	1. 家用卫生杀虫剂暴露量测试试验 2. 田间施药者暴露量测试试验
残留试验	代谢试验	1. 动物代谢试验 2. 植物代谢试验
	农作物残留试验	1. 室内检测 2. 田间试验
	加工农产品残留试验	

续表

试验范围			试验项目
环境影响试验	生态毒理	A类	1. 鸟类急性经口毒性试验 2. 鸟类短期饲喂毒性试验 3. 鱼类急性毒性试验 4. 大型溞急性活动抑制试验 5. 绿藻生长抑制试验 6. 浮萍生长抑制试验 7. 穗状狐尾藻毒性试验 8. 蜜蜂急性经口毒性试验 9. 蜜蜂急性接触毒性试验 10. 家蚕急性毒性试验 11. 寄生性天敌急性毒性试验 12. 捕食性天敌急性毒性试验 13. 蚯蚓急性毒性试验 14. 土壤微生物影响（氮转化法）试验
		B类	1. 鸟类繁殖试验 2. 鱼类早期阶段毒性试验 3. 大型溞繁殖试验 4. 鱼类生物富集试验 5. 蜜蜂幼虫发育毒性试验 6. 家蚕慢性毒性试验 7. 蚯蚓繁殖毒性试验
		C类	1. 鱼类生命周期试验 2. 水生生态模拟系统（中宇宙）试验 3. 蜜蜂半田间试验
		D类	1. 微生物农药鸟类毒性试验 2. 微生物农药蜜蜂毒性试验 3. 微生物农药家蚕毒性试验 4. 微生物农药鱼类毒性试验 5. 微生物农药溞类毒性试验 6. 微生物增殖试验
	环境归趋	A类	1. 水解试验 2. 水中光解试验 3. 土壤表面光解试验 4. 土壤吸附试验（批平衡法） 5. 土壤淋溶试验 6. 土壤吸附试验（高效液相色谱法） 7. 农药在水中的分析方法验证试验 8. 农药在土壤中的分析方法验证试验
		B类	1. 土壤好氧代谢试验 2. 土壤厌氧代谢试验 3. 水-沉积物系统好氧代谢试验

3.2.4.4 登记试验单位的监督检查

农业农村部和各省级农业部门会定期或不定期对农药登记试验单位和登记试验过程进行监督检查，检查内容至少包括：

（1）试验单位资质条件变化情况；

（2）重要试验设备、设施情况；

（3）试验地点、试验项目等备案信息是否相符；

（4）试验过程是否遵循法定的技术准则和方法；

（5）登记试验安全风险及其防范措施的落实情况；

（6）其他不符合农药登记试验质量管理规范要求或者影响登记试验质量的情况。

发现试验单位不再符合规定条件的，应当责令改进或者限期整改，逾期拒不整改或者整改后仍达不到规定条件的，由农业农村部撤销其试验单位证书。

省级以上农业农村部门应当组织对农药登记试验所封存的农药试验样品的符合性和一致性进行监督检查，并及时将监督检查发现的问题报告农业农村部。

参 考 文 献

［1］中华人民共和国国务院. 农药管理条例. 国务院令第 677 号，2017.

［2］中华人民共和国国务院. 农药管理条例. 国务院令第 216 号，1997.

［3］中华人民共和国农业部. 农药登记管理办法. 农业部令第 3 号，2017.

［4］中华人民共和国农业部. 农药管理条例实施办法. 农业部令第 20 号，1999.

［5］中华人民共和国农业部. 农药登记试验管理办法. 农业部令第 6 号，2017.

［6］中华人民共和国农业部. 农药登记试验单位评审准则. 农业部公告第 2570 号，2017.

［7］中华人民共和国农业部. 农药登记试验单位质量管理规范. 农业部公告第 2570 号，2017.

［8］马凌，李富根. 农药标准应用指南. 北京：中国农业出版社，2016.

［9］王一燕，李富根，穆兰. 2017 年我国农药标准发布概况. 现代农药，2018，17（3）：13-18.

第4章
农药工业生产管理

4.1 我国农药工业生产的发展历程

4.1.1 农药工业发展概况

自古以来，人类在农业生产和日常生活中经常遭受各种生物灾害的侵袭。2000 多年以来，人们不断寻找各种防治方法，在利用植物、动物、矿物的有毒天然物质方面，积累了许多经验并流传下来，这就是化学防治方法和农药的起源。近代化学工业出现以后，化工产品逐渐增加，其中不少被作为农药试用。除硫黄粉早有应用外，1814 年石硫合剂的杀菌作用被发现，1867 年巴黎绿（含杂质的亚砷酸铜）的杀虫作用被发现。1882 年，法国的 P. 米亚尔代发现用硫酸铜和石灰配制的波尔多液，具有良好的防治葡萄霜霉病的效果，及时拯救了酿酒业，成为农药发展史上一个著名的事例。1892 年，美国开始用砷酸铅治虫，1912 年开始以砷酸钙代替砷酸铅。农药逐渐从一般化工产品的利用发展到专用品的开发，在化工产品中农药作为一个分类的概念开始形成。20 世纪初，随着有机化学工业的发展，农药的开发逐渐转向有机物领域。1914 年德国的 I. 里姆发现对小麦黑穗病有效的第一个有机汞化合物即邻氯酚汞盐，1915 年由拜耳股份公司投产，这是专用有机农药发展的开端。1931～1934 年美国的 W. H. 蒂斯代尔等发现了二甲基二硫代氨基甲酸盐类的优良杀菌作用，开发出有机硫杀菌剂的第一个品种系列福美双类，标志着农药研究开发已达到专业化系统化阶段。

农药工业从 20 世纪 40 年代开始，进入了飞跃发展时期，很快形成一个新的精细化工行业。1938 年瑞士嘉基公司的 P. H. 米勒发现滴滴涕的杀虫作用，并于 1942 年开始生产。滴滴涕是第一个重要的有机氯杀虫剂，在战后一段时间大量应用于农业和卫生保健，起过很大作用，米勒因此获得诺贝尔奖。1942 年英国的 R. E. 斯莱德和法国的 A. 迪皮尔同时发现六六六的杀虫作用，1945 年由英国卜内门化学工业公司首先投产。1942 年美国的 P. W. 齐默尔曼和 A. E. 希契科克发现 2,4-滴的除草性能，1943 年英国的 W. G. 坦普尔曼和 W. A. 塞克斯顿发现 2 甲 4 氯的除草性能，这两种除草剂分别在美国和英国投产。1943 年，有机硫杀菌剂第二个系列的品种代森锌问世。从 1938 年起，德国法本公司的 G. 施拉德尔等在研究军用神经毒气中，系统地研究了有机磷化合物，发现许多有机磷酸酯具有强烈杀虫作用，于 1944 年合成了对硫磷和甲基对硫磷。战后，此项技术被美国取得，对硫磷 1946 年首先在美国氰氨公司投产。在短短几年中，同时有如此多的重要品种开发投产，使农药工业出现前所未有的进步，奠定了行业形成的基础。农药工业的发展，是当时化学工业发展到能提供多种廉价原料和有机单元反应技术发展成熟的结果。这些产品在农业上迅速推广应用，药效比旧品种显著提高，使化学防治方法成为植物保护的主要手段。

20 世纪 50～60 年代是有机农药的迅速发展时期，新的系列化品种大量涌现。

4.1.1.1　在杀虫剂方面

有机氯杀虫剂继滴滴涕、六六六之后又出现了氯代环二烯和氯代莰烯系列。有机磷杀虫剂的品种增加最多，其中有对人畜毒性较低的马拉硫磷（1950）、敌百虫（1952）、杀螟硫磷（1960）等。1956 年，氨基甲酸酯类的第一个重要品种甲萘威投产，其后不断有新品种问世。

4.1.1.2　在杀菌剂方面

1952 年，出现了有机硫杀菌剂第三个系列——克菌丹。其后，有机砷杀菌剂系列相继问世。1961 年，日本开发了第一个农用抗生素杀稻瘟素-S。内吸性杀菌剂在 20 世纪 60 年代后半期的出现是一个重大进展，重要品种有萎锈灵（1966）、苯菌灵（1967）、硫菌灵（1969）等。

4.1.1.3　在除草剂及其他品种方面

开发的品种系列更多，重要的有苯氧羧酸、氨基甲酸酯、酰胺、取代脲、二硝基苯胺、二苯醚、三嗪、吡啶衍生物等系列。农药按用途划分的各个类别都已形成，除杀虫剂、杀菌剂、除草剂三大类外，杀螨剂、杀线虫剂、杀鼠剂、植物生长调节剂中都有重要品种开发应用。众多农药品种的生产和广泛应用，日益扩大了农药工业在国民经济中的作用，农药工业出现繁荣发展的局面，产量和销售额均有较大增长。

农药广泛应用以后，由于滥用引起的人畜中毒事故增多，环境污染和生态失调加重，有害生物的抗药性问题也严重起来。在此背景下，农药工业从 20 世纪 70 年代起加快了品种更新，新农药开发的重点转向以高效、安全为目标。一些药效较低或安全性差的品种如有机氯杀虫剂（包括滴滴涕、六六六），某些毒性高的有机磷杀虫剂、有机汞和有机砷杀菌剂都渐被淘汰，而代之以相对高效、安全的新品种，如拟除虫菊酯杀虫剂、高效内吸性杀菌剂、农用抗生素和新的除草剂。农药工业的生产技术相应提高，质量有明显改进，剂型和施药技术多样化，品种增多，产量提高，朝着精细化工方向发展。与此同时，各国政府加强了对农药的法规管理，实行严格的审查登记制度，提倡科学合理地施药，到 20 世纪 80 年代，世界农药工业走向健全发展的道路。

4.1.2　中国农药工业的发展

我国西周时期的《诗经·豳风·七月》里有熏蒸杀鼠的叙述，但我国现代合成农药起步较晚，1930 年，浙江植物病虫防治所建立了药剂研究室。20 世纪 40 年代，仅有几家生产无机农药和植物源农药的加工厂。1944 年，重庆病虫药械制造实验厂首次合成滴滴涕并小量生产。中华人民共和国成立后，农药工业开始迅速发展。1950 年，建成滴滴涕合成车间。

同年，华北农业科学研究所研制成功六六六，并于 1951 年投产。20 世纪 50 年代，全国已建立多套六六六和滴滴涕的合成装置，规模较大的有沈阳、天津、大沽等化工厂。有机氯杀虫剂的大量生产，对提高棉花、水稻产量起了很大作用，特别是在消灭自古以来灾害严重的飞蝗方面作出很大的贡献。1965 年，有机氯杀虫剂产量已达 16 万吨左右。20 世纪 50 年代初，北京农业大学和华北、华东等农业科学研究所已开始研制有机磷杀虫剂；1957 年，采用本国技术的第一家有机磷农药生产厂——天津农药厂建成投产。同年，上海信诚化工厂和上海农业药械厂共同开发了敌百虫的生产工艺，并于 1958 年投产。1956 年，第一个工业部门的农药研究开发机构在沈阳化工研究院设立。

20 世纪 60 年代以来，全国各地新建和扩建了许多农药合成和加工厂，专业的研究开发机构纷纷成立。农药工业为满足农业发展的需要而迅速发展，其特点是全部采用本国开发的技术。历年来，已开发投产的品种超过 100 种。在杀虫剂方面，重点发展有机磷剂，开发的重要品种有：甲基对硫磷、乐果、敌敌畏、甲拌磷、马拉硫磷、杀螟硫磷、磷胺、氧乐果、甲胺磷、辛硫磷、久效磷等，1970 年有机磷剂产量已达 5 万吨（有效成分）。此后，仍在继续增长。氨基甲酸酯杀虫剂的发展较晚，重要品种有甲萘威、速灭威等，20 世纪 80 年代年产量达到 0.7 万吨。其他开发投产的重要杀虫剂还有毒杀芬、杀虫脒、杀虫双、苏云金杆菌等。20 世纪 80 年代以来，拟除虫菊酯杀虫剂已开发投产，重要品种有氰戊菊酯、氯菊酯、胺菊酯等。

在杀菌剂方面，历年开发生产的重要品种系列有：有机汞剂、有机砷剂、有机硫剂（福美类、代森类）、有机磷杀菌剂（稻瘟净、异稻瘟净）和其他类型的许多品种。1970 年沈阳化工研究院开发了内吸性杀菌剂多菌灵，以后发展成产量最大的内吸剂品种。80 年代开发的重要新品种有百菌清、唑菌酮、三环唑等，杀菌剂年产量已达到 1.2 万吨。在除草剂方面，历年开发生产的重要品种有 2,4-滴丁酯、2 甲 4 氯、五氯酚钠、敌稗、除草醚、莠去津、扑草净、绿麦隆、草甘膦、杀草丹等。到 20 世纪 80 年代，除草剂年产量已超过 1 万吨。在农用抗生素方面，从 70 年代以来已开发了许多品种，其中最重要的是上海市农药研究所 1976 年开发的井冈霉素，到 80 年代年产量已接近 0.1 万吨（有效成分），占农用抗生素总产量的 95% 以上。其他农药方面也开发投产了不少品种，重要品种有杀螨剂三硫磷、三氯杀螨醇等，杀鼠剂磷化锌、敌鼠钠和杀鼠灵等，植物生长调节剂赤霉素、萘乙酸、乙烯利、矮壮素、助壮素等。此外，仓库熏蒸用的氯化苦、溴甲烷、磷化铝等都有相当数量的生产。

从 20 世纪 70 年代末以来，中国农药工业开始加速品种更新。一些曾在历史上起过较大作用的老品种，例如六六六、滴滴涕从 1983 年起停止生产。有机汞剂已在 70 年代初停止生产，有机砷剂也渐趋淘汰，有机磷剂的品种也在调整更新，新的高效安全农药正在加速发展。从 1982 年 10 月起，开始实施农药登记管理，发展趋势与世界农药工业是一致的。

随着改革开放和农药登记制度的实施，我国引进了一批当时比较先进的农药新产品和新技术，初步形成了包括农药原药生产、制剂加工、配套原料中间体、助剂以及农药科研开发、推广使用在内的较为完整的一体化农药工业体系。

国家还批准成亿美元进口几万吨农药以及配套原料中间体。1984～1986 年，我国杀虫剂年产量达 18 万吨，较快地解决了六六六、滴滴涕的取代问题。从那以后，不仅不再发展高残留农药，而且经过几年的努力，我国杀虫剂从数量上、品种上满足了农业生产的需要。

改革开放之后，市场经营体制机制的转变，为国内农药产业发展注入了动力，将我国农药产业推入了成长期。期间，我国农药生产能力得到较快提升，在满足国内需求的同时开始出口，1994 年出口额首次超过进口额。2000 年，我国农药产量达到了 64.8 万吨。

2001 年我国正式加入 WTO，为国内农药产业打开了走向国际市场的道路，带动了产业的快速发展，农药产量从 60 万吨左右跃升至 2002 年的 93 万吨，并保持了稳步快速增长的势头。随后的几年，我国农药产量保持了两位数的增长速度，2008 年农药行业的销售收入达到 1190 亿元，产量 190 万吨。2008 年农药产量较 2000 年增长 2.94 倍，年均增速达 19.4%，不但可满足国内需求，还有大量出口。

在全球转基因作物种植面积大幅增长的情况下，草甘膦成为了全球使用量第一的除草剂，我国草甘膦产能也随之扩张，顶峰时期产能超过百万吨。随着金融危机的到来，原油价格急转直下，以至于到 2008 年底新增或扩产的草甘膦工程无法继续或无法开工。

农药行业在历经 2009 年至 2011 年连续三个 "小年" 后，2012 年逐渐显现稳步回升迹象，农药产量达到 354.9 万吨，同比增长 19%。以草甘膦为代表的大宗产品市场逐渐复苏，带动了农药行业恢复性上涨，然而产能集中度有所下降，而且不少生产厂家都有扩大产能的计划，产能过剩和恶性竞争问题进一步加大。

2015 年受全球需求低迷影响，我国农药出口在实现连续增长 5 年之后，首次出现下滑，需求端的不振持续至 2016 年。

2015 年农业部印发了《到 2020 年农药使用量零增长行动方案》，随后产业供给侧改革和环保巡查加速淘汰了过剩产能，优质企业得到凸显，产业集中度加快提升。2017 年国内农药产量 294 万吨，较 2015 年的 375 万吨下降了 21.6%。

2016 年下半年，我国启动环保督查，国家对环保前所未有的重视和高压给农药产业的供应带来了考验。2017 年受原材料供应和环保压力的影响，国内农药原药市场价格普涨，有些品种甚至出现货源短缺。同年，行业企业加快了兼并重组和供应链延伸，产业集中度有所提升。

4.2　农药生产发展现状

中国农药工业经过几十年，特别是改革开放以来的快速发展，已经形成了包括科研开发、农药原药生产和制剂加工、原材料及中间体配套较为完整的农药工业体系。中国已经成为农药生产、使用、进口、出口大国。

截至 2017 年年底，中国现有农药生产企业 2206 家，全国化学农药制造业规模以上 820 家，资产 2655 亿元，主营业务收入 3080 亿元。已登记农药品种 678 个，常年生产农药品种 250 多个，农药生产量（折百）150 万吨左右，基本覆盖了杀虫剂、杀菌剂、除草剂和植物生长调节剂的主要类型。

4.2.1　产品结构调整情况

我国农药品种更新换代大概经历了三大发展阶段，下面是各个历史阶段我国生产农药的主要品种。

4.2.1.1　第一阶段(约 1950~1980 年)

第一阶段是中华人民共和国成立初期至 20 世纪 80 年代初以有机氯农药为主的发展阶段，此类农药在该阶段曾经占到我国农药总产量的 80% 左右。

（1）杀虫剂　有六六六、滴滴涕、毒杀芬、氯丹、七氯、杀虫脒、氯化苦、磷化锌、甲拌磷、敌百虫、敌敌畏等。

（2）除草剂　有2,4-滴、除草醚、五氯酚钠等。

（3）杀菌剂　有硫酸铜、敌锈钠、稻瘟净、异稻瘟净等。

4.2.1.2　第二阶段(1980～2000年)

第二阶段是在20世纪80年代至21世纪初期以有机磷农药为主的发展阶段，此类农药产量最多时占到总产量的70%以上。

（1）杀虫剂　有甲胺磷、磷胺、对硫磷、久效磷、氧乐果、辛硫磷、水胺硫磷、克百威、杀虫双、氯氰菊酯、氰戊菊酯、克百威、灭多威、甲拌磷、马拉硫磷、三氯杀螨醇、杀虫双、杀虫单、扑虱灵等。

（2）除草剂　有草甘膦、百草枯、丁草胺、乙草胺、灭草松、莠去津、扑草净、敌草胺、绿磺隆、甲磺隆等。

（3）杀菌剂　有井冈霉素、三唑酮、三环唑、多菌灵、甲基硫菌灵、百菌清、甲霜灵、福美双等。

4.2.1.3　第三阶段(约2000年至今)

第三阶段是21世纪以杂环类农药和生物农药为主的高效、安全、经济、环保品种的阶段，此类品种目前已占到我国农药总产量的60%左右。

（1）杀虫剂　有吡虫啉、毒死蜱、阿维菌素、噻嗪酮、苏云金杆菌、啶虫脒、丙溴磷、三唑磷、二嗪磷、哒螨灵、四螨嗪、噻螨酮、噻嗪酮、丁醚脲、烯啶虫胺、炔螨特、丁烯氟虫腈、氯噻啉、溴氰菊酯、联苯菊酯、氟氯氰菊酯等农药，灭幼脲、氟啶脲、氟铃脲等昆虫生长调节剂等。

（2）杀菌剂　有代森锰锌、丙环唑、苯醚甲环唑、异菌脲、福美双、戊唑醇、烯酰吗啉、咪鲜胺、氟硅唑、异菌脲、嘧霉胺、多抗霉素、毒氟磷等。

（3）除草剂　有精喹禾灵、高效氟吡甲禾灵、二甲戊灵、异噁草松、氟磺胺草醚、草铵膦、二氯吡啶酸、氯氟吡氧乙酸、烯草酮、精噁唑禾草灵、苯嗪草酮、硝磺草酮、烟嘧磺隆、苄嘧磺隆、单嘧磺隆、苯磺隆等。

（4）植物生长调节剂　有复硝酚钠、胺鲜酯、丁酰肼、赤霉酸、氟节胺、吲哚乙酸、抗倒酯、氯苯胺灵等。

从中可以看出：

（1）1980年以前，我国杀虫剂生产以有机氯为主，其中六六六和滴滴涕的产量占杀虫剂产量的60%～70%，1983年国内停止生产和使用六六六和滴滴涕后，有机磷杀虫剂得到迅猛发展，成为杀虫剂的主导产品。进入20世纪90年代之后，氨基甲酸酯和拟除虫菊酯类杀虫剂也得到了一定的发展。在"九五"期间，杂环类杀虫剂得到了比较快的增长，目前已占杀虫剂总产量的50%以上，而一些高毒农药品种从占总产量的70%下降到20%以下。

（2）1970年以来，我国杀菌剂的生产一直处于上升趋势。进入20世纪90年代以后，随着农业的发展，尤其是"菜篮子工程"的实施，我国水果、蔬菜的种植面积增长得很快，对杀菌剂的需求迅速增加，使杀菌剂产量得到较大幅度的提高，从1990年的2.5万吨，迅速增加到2008年的19.6万吨，年均增长率约10%。在1985年以前，我国杀菌剂以有机磷为主，在此之后，含硫类和杂环类杀菌剂得到迅速发展，其中硫代氨基甲酸盐及其类似物中的代森锰锌、福美双等和杂环类中的多菌灵和三环唑等发展比较快；而有机磷和苯类杀菌剂的产量则下降较多。

（3）随着农村经济的发展和农民生活水平的提高，化学除草的面积以每年 3000 万～5000 万亩的速度扩大，农村经济比较发达的江苏、浙江和广东以及大面积机械化耕作的东北地区，除草剂产量增加得更快。特别是 1990 年以来，除草剂产量从 2.1 万吨增加到 2008 年的 61.6 万吨，年均增长率达到约 30％。近 20 年中，国内除草剂结构也发生了比较大的变化，其中产量下降得较快的是苯类及苯氧羧酸类除草剂，从 1980 年的 1.78 万吨左右下降到 1998 年的 1.28 万吨，目前该类除草剂以 2 甲 4 氯和 2,4-D 为主。同一时期产量上升得比较快的是酰胺类除草剂，从 1980 年的 235 吨增加到 1998 年的 1.96 万吨，年均增长速度为 278％，目前该类除草剂中的主要品种是丁草胺和乙草胺，还有近年来开发的异丙草胺和丙草胺。20 世纪 90 年代以来，杂环类除草剂产量增加得很快，其中特别引人瞩目的是磺酰脲类超高效除草剂，如苯磺隆、烟嘧磺隆、苄嘧磺隆等，生产能力和产量虽然不高，但可防治面积却超过了其他许多类型的除草剂。

4.2.2　环保治理情况

加强"三废"治理、保护环境是农药生产工业管理的重点工作。2008 年《杂环类农药工业水污染物排放标准》颁布执行，2015 年新《中华人民共和国环境保护法》开始实施，《中华人民共和国大气污染防治法》和《中华人民共和国水污染防治法》（修订版）相继出台。

近年来国家加大了环保巡查力度，农药工业管理部门在强化企业综合回收利用和"三废"治理，促进污染物达标排放，淘汰严重污染和落后的生产工艺及产品，积极参加全球 POPs 公约与 PIC 公约国家行动方案制定，及时淘汰和限制"黑名单"中的农药品种。2007 年以来，原国家环境保护总局（现生态环境部）持续开展综合名录编制工作，2017 年环保部发布了《环境保护综合名录（2017 年版）》（涉及农药品种见表 4-1），以此建立绿色生产和消费的法律制度和政策导向，建立健全绿色低碳循环发展的经济体系，该名录已在税收、贸易、金融等领域发挥积极作用。农药生产逐渐向园区化、规模化、集约化发展，"三废"集中处理达标排放。

表 4-1　《环境保护综合名录（2017 年版）》涉及的农药品种

序号	特性	农药名称	所属产品代码
1	GHW/GHF	氯乙酰氯（乙烯酮氯化法除外）	2602039900
2	GHW/GHF	2-萘酚	2602110111
3	GHF	灭线磷	2606010101
4	GHF	甲基硫环磷	2606010101
5	GHW/GHF	甲拌磷	2606010101
6	GHW/GHF	水胺硫磷	2606010101
7	GHW/GHF	甲基异柳磷	2606010101
8	GHW/GHF	特丁磷	2606010101
9	GHW/GHF	甲胺磷	2606010101
10	GHW/GHF	甲基对硫磷	2606010101
11	GHW/GHF	对硫磷	2606010101

序号	特性	农药名称	所属产品代码
12	GHW/GHF	久效磷	2606010101
13	GHF	磷胺	2606010101
14	GHW/GHF	喹硫磷	2606010101
15	GHW/GHF	治螟磷	2606010101
16	GHF	敌敌畏	2606010101
17	GHF	蝇毒磷	2606010101
18	GHF	苯线磷	2606010101
19	GHW/GHF	毒死蜱（四氯吡啶法工艺除外）	2606010101
20	GHF	氧乐果（氧化乐果）	2606010101
21	GHF	硫线磷（克线丹）	2606010101
22	GHW/GHF	三唑磷	2606010101
23	GHW/GHF	敌百虫	2606010101
24	GHF	杀扑磷	2606010101
25	GHW/GHF	威菌磷	2606010101
26	GHF	混灭威	2606010102
27	GHW/GHF	涕灭威	2606010102
28	GHW/GHF	灭多威	2606010102
29	GHW/GHF	林丹	2606010104
30	GHW/GHF	滴滴涕	2606010104
31	GHW/GHF	硫丹	2606010104
32	GHF	溴甲烷	2606010105
33	GHF	磷化铝	2606010105
34	GHW/GHF	三氯杀螨醇	2606010106
35	GHF	灭蚁灵	2606010199
36	GHW	阿维菌素	2606010199
37	GHW/GHF	吡虫啉（吗啉-正丙醛工艺除外）	2606010199
38	GHF	苯丁锡	2606010199
39	GHW/GHF	福美胂	2606010201
40	GHF	福美甲胂	2606010201
41	GHW	多硫化钡	2606010206
42	GHF	代森锰锌	2606010299
43	GHW/GHF	甲草胺（甲叉法工艺除外）	2606010302
44	GHW	乙草胺（甲叉法工艺除外）	2606010302
45	GHW/GHF	丁草胺（甲叉法工艺除外）	2606010302
46	GHW/GHF	莠去津	2606010307
47	GHF	西玛津	2606010307
48	GHW/GHF	苄嘧磺隆	2606010309
49	GHF	氯磺隆	2606010309
50	GHF	甲磺隆	2606010309
51	GHF	胺苯磺隆	2606010309

序号	特性	农药名称	所属产品代码
52	GHF	丁酰肼	2606010400
53	GHF	磷化钙	2606010500
54	GHW/GHF	磷化锌	2606010500
55	GHF	灭鼠灵	2606010500
56	GHW/GHF	杀鼠醚	2606010500
57	GHF	溴敌隆	2606010500
58	GHW/GHF	溴鼠灵	2606010500
59	GHW/GHF	敌鼠（钠）	2606010500
60	GHW/GHF	五氯酚（钠）	2606019900
61	GHW/GHF	含汞农药	2606019900
62	GHF	10％草甘膦水剂	2606020000
63	GHW	18％杀虫双水剂	2606020000
64	GHW	石硫合剂	2606020000
65	GHW/GHF	对氯苯乙酸	2606020000

注：特性中，GHW 代表高污染产品，GHF 代表高环境风险产品。

4.2.3 促进技术创新情况

随着国家对农药科技进步的重视，20 世纪 90 年代，由沈阳化工研究院和南开大学建立了国家农药工程中心，由上海市农药研究所、江苏省农药研究所、浙江化工研究院和湖南化工研究院建立了南方农药创制中心，标志着农药自主创制研究正式起步。

近 20 年来，我国农药创新技术得到明显提升，参与创新的单位也扩大到华东理工大学、贵州大学、华中师范大学、江苏扬农化工股份有限公司等院校和企业。

据统计，自 20 世纪 90 年代至 2017 年 1 月，我国自主创制并获得登记的农药新品种有 49 个（见表 4-2），其中杀虫剂 16 个、杀菌剂 22 个、除草剂 7 个、植物生长调节剂 4 个。

表 4-2 我国 20 世纪 90 年代至 2017 年 1 月自主创制并获得登记的农药新品种

品种类别	名称	化学类别	开发单位
杀虫剂	硝虫硫磷	有机磷类	四川省化工研究设计院
杀虫剂	氯噻啉	新烟碱类	南通江山农药化工股份有限公司
杀虫剂	倍速菊酯	拟除虫菊酯类	江苏扬农化工股份有限公司
杀虫剂	氯氟醚菊酯	拟除虫菊酯类	江苏扬农化工股份有限公司
杀虫剂	丁虫腈	苯基吡唑类	大连瑞泽生物科技有限公司
杀虫剂	呋喃虫酰肼	双酰肼类	江苏省农药研究所
杀虫剂	环氧虫啶	新烟碱类	华东理工大学
杀虫剂	氯溴虫腈	吡咯类	湖南化工研究院
杀虫剂	乙唑螨腈		沈阳科创化学品有限公司
杀虫剂	硫肟醚	拟除虫菊酯类	湖南化工研究院
杀虫剂	哌虫啶	新烟碱类	华东理工大学
杀虫剂	氯胺磷	有机磷类	武汉工程大学

品种类别	名称	化学类别	开发单位
杀虫剂	硫氟肟醚	非酯肟醚类	湖南化工研究院
杀虫剂	氟螨	含氟二苯胺类	浙江化工研究院 中国科学院上海有机化学研究所
杀虫剂	四氯虫酰胺	酰胺类	沈阳化工研究院
杀虫剂	戊吡虫胍	新烟碱类	中国农业大学
杀菌剂	氟吗啉	吗啉类	沈阳化工研究院
杀菌剂	烯肟菌酯	甲氧基丙烯酸酯类	沈阳化工研究院
杀菌剂	啶菌噁唑	噁唑类	沈阳化工研究院
杀菌剂	噻菌铜	噻二唑类	沈阳化工研究院
杀菌剂	烯肟菌胺	甲氧基丙烯酸酯类	沈阳化工研究院
杀菌剂	噻唑锌	噻唑类	浙江新农化工股份有限公司
杀菌剂	宁南霉素	抗生素类	中国科学院成都生物研究所
杀菌剂	申嗪霉素	抗生素类	上海交通大学
杀菌剂	氰烯菌酯	氰基丙烯酸酯类	江苏省农药研究所
杀菌剂	苯醚菌酯	甲氧基丙烯酸酯类	浙江化工研究院
杀菌剂	氯啶菌酯	甲氧基丙烯酸酯类	沈阳化工研究院
杀菌剂	丁香菌酯	甲氧基丙烯酸酯类	沈阳化工研究院
杀菌剂	毒氟磷	有机磷类	贵州大学
杀菌剂	氟醚菌酰胺	含氟苯甲酰胺类	山东省联合农药工业有限公司 山东农业大学
杀菌剂	酚菌酮		江苏腾龙生物药业有限公司
杀菌剂	氟唑活化酯	新型植物诱导抗病激活剂	华东理工大学
杀菌剂	金核霉素	抗生素类	上海市农药研究所
杀菌剂	长川霉素	抗生素类	上海市农药研究所
杀菌剂	丁吡吗啉	吗啉类	中国农业大学
杀菌剂	唑菌酯	甲氧基丙烯酸酯类	沈阳化工研究院
杀菌剂	唑胺菌酯	甲氧基丙烯酸酯类	沈阳化工研究院
杀菌剂	甲噻诱胺	噻二唑酰胺类	南开大学
除草剂	单嘧磺隆	嘧啶磺酰脲类	南开大学
除草剂	单嘧磺酯	嘧啶磺酰脲类	南开大学
除草剂	丙酯草醚	嘧啶苄胺类	中国科学院上海有机化学研究所 浙江化工研究院
除草剂	异丙酯草醚	嘧啶苄胺类	中国科学院上海有机化学研究所 浙江化工研究院
除草剂	双甲胺草磷	有机磷类	南开大学
除草剂	甲硫嘧磺隆	磺酰脲类	湖南化工研究院
除草剂	氯酰草膦	有机磷类	华中师范大学
植物生长调节剂	苯哒嗪丙酯	哒嗪酮类	中国农业大学
植物生长调节剂	乙二醇缩糠醛	杂环类	中国科学院过程工程研究所
植物生长调节剂	菊胺酯	羧酸酯类	武汉大学
植物生长调节剂	呋苯硫脲	硫脲类	中国农业大学

我国主导的一些农药品种和中间体绿色生产工艺的开发、生产装备的集成化和大型化、工艺控制自动化、水基型剂型加工技术等共性关键技术已成功应用于农药工业化生产，促进了农药产业生产技术水平的提高。

4.3　农药生产管理体制变迁

农药生产管理体制经历过从计划管理到许可管理，从省级工业管理部门管理上升到国家多部门管理、再到省级农业主管部门管理的过程。

改革开放以前，我国农药生产企业都是国有企业，由各省工业管理部门负责辖区内农药生产企业的生产管理，企业按照主管部门制定的计划生产具体数量的产品。改革开放后，农药生产企业具有一定的生产自主权，可以根据市场需要决定生产的产品和数量。

1997 年《农药管理条例》颁布，对农药生产管理做了调整，改由国家工业生产主管部门负责农药生产管理，实行农药生产企业核准制、农药生产许可制度。由于国家机构改革，生产企业核准主管部门由化学工业部先后调整到国家经贸委、国家发改委和国家工信部。国家对农药生产许可管理，依据《工业产品生产许可证管理条例》和《农药管理条例》，并按产品执行标准不同，对于执行国家标准、行业标准的产品由技术监督部门颁发农药生产许可证，对于执行企业标准的产品由工业主管部门颁发农药生产批准文件。对每个具体产品发放农药生产许可证或者农药生产批准证书。

2017 年新修订的《农药管理条例》颁布，调整农药生产管理职能，农药生产改为由农业主管部门管理。农业农村部负责监督指导全国农药生产许可管理工作，省级人民政府农业主管部门负责受理申请、审查并核发农药生产许可证，农药生产许可实行一企一证管理。

4.4　农药生产管理的简政放权

党的十八大以来，党中央和国务院对深化行政体制改革提出了明确要求。十八届三中全会强调，经济体制改革的核心问题是处理好政府和市场的关系，使市场在资源配置中起决定性作用和更好发挥政府作用。该届政府成立伊始，办的第一件大事就是推进行政体制改革、转变政府职能，把简政放权、放管结合作为先手棋。农药生产管理的变革也充分体现了国家简政放权政策的落实。

4.4.1　简政前的农药生产管理

简政放权尚未实施前，合法开办企业生产农药，需要经过工商、公安、质检、税务、银行、工信、土地、环保、安监、消防、建设、农业等部门办理相关手续，共计约 43 个环节，主要如下（具体见图 4-1）。

4.4.1.1　成立公司

（1）工商部门　企业名称预先核准；工商局注册登记并获得营业执照。

（2）公安局　刻制公章。

（3）质量技术监督局　办理组织机构代码证。

（4）税务局　办理国税、地税证。

（5）银行　办理开户。

4.4.1.2　确定建设用地，获得备案批文

（1）工信部门或化工园区　办理项目核准备案。企业委托有资质的机构编制安评、环评、职评、能评报告，获得批文，即入园意向协议。

（2）土地管理部门　项目规划选址。请具备资质的企业进行平面设计，向土地部门出具红线图和规划设计条件，符合条件后，进行土地公告挂牌，获得建设用地规划许可证，进而申请建筑设计方案审批，获得工程规划许可证和施工许可证。

（3）省工信部门　接受企业立项申请并进行初审，合格的上报工信部（企业编制可研报告，向省工信委申请立项备案）。

（4）工信部　接受省工信委上报的立项申请，评审后予以立项备案，并向企业所在地发改委立项备案。

4.4.1.3　获得环保、消防等备案许可

（1）市环保局　企业编制环境影响评价报告，向市环保局申请环保批复。

（2）安全生产监督管理局（以下简称安监局）　企业编制安全生产评价报告，向所在地安监局申请"三同时"备案。

（3）消防部门　企业找有资质的规划设计院出具设计图，向所在地消防大队申请消防备案。

（4）建设局　企业找有资质的规划设计院出具设计图，向企业所在地建设局申请建设许可证书。

4.4.1.4　项目建设竣工验收

（1）环保局　企业提交竣工验收申请，获得环保竣工验收批文及排污许可证（3个月内完成验收）。

（2）安监局　企业提交竣工验收申请，获得安全生产竣工验收批文，获得安全生产许可证（6个月内完成验收）。

（3）消防大队　企业提交竣工验收申请，获得消防验收合格文件。

（4）气象部门　进行防雷验收。

（5）建设局　企业提交竣工验收申请，获得竣工验收备案表，到国土局办理并获得房产证。

4.4.1.5　正式生产核准

（1）省工信部门　申请企业核准考核。省工信委初审材料合格后组织专家实地考核，形成考核结论上报国家工信部。

（2）工信部　对省工信委上报的资料进行审查，合格后组织专家现场考核、评审后予以公示，对无异议的核准企业，公告其企业名称及生产地址等信息。

已被核准企业，还需在工信部办理按企业标准生产的农药产品生产批准文件。

（3）国家质检局　已被核准企业，在此办理按国家标准或行业标准生产的农药产品生产许可证。

（4）农业部　办理农药产品登记证。

新《农药管理条例》颁布后，将企业定点核准和产品生产许可、生产批准文件合并，且进一步理顺不同部门办证的关系，可减少10余个环节。

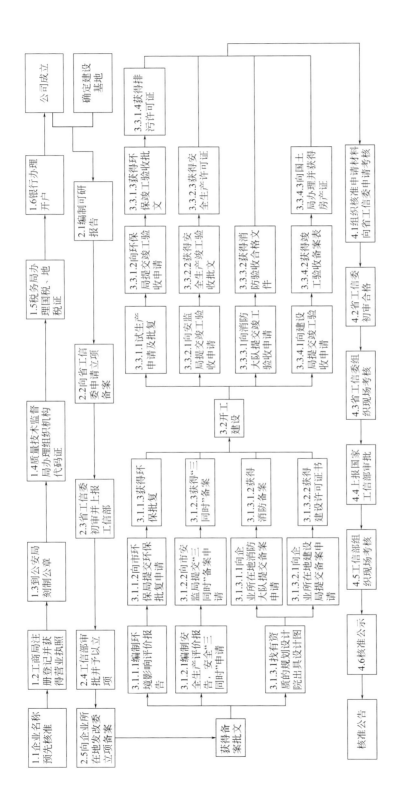

图 4-1　简政前开办一个农药生产企业的基本流程图

4.4.2 国务院简政放权政策

4.4.2.1 三证合一

所谓"三证合一"，就是将企业依次申请的工商营业执照、组织机构代码证和税务登记证三证合为一证，提高市场准入效率；"一照一码"则是在此基础上更进一步，通过"一口受理、并联审批、信息共享、结果互认"，实现由一个部门核发加载统一社会信用代码的营业执照。

2014 年 6 月 4 日，国务院《关于促进市场公平竞争维护市场正常秩序的若干意见》（国发〔2014〕20 号文）在"（四）改革市场准入制度"中提出"简化手续，缩短时限，鼓励探索实行工商营业执照、组织机构代码证和税务登记证'三证合一'登记制度"，各地纷纷响应。

2014 年 7 月 7 日，国家税务总局《关于创新税收服务和管理的意见》（税总发〔2014〕85 号）提出"向市场主体发放一份包含营业执照、组织机构代码证、税务登记证功能的证照"，阐述了税务总局关于"三证合一"的工作思路。

2015 年 8 月 13 日，工商总局、中央机构编制委员会办公室、国家发展和改革委员会、税务总局、质检总局和国务院法制办公室等 6 部门联合印发通知，要求加快推进"三证合一"登记制度改革，确保"三证合一、一照一码"登记模式如期实施。

全面推进"三证合一、一照一码"登记制度改革工作全国电视电话会议于 2015 年 9 月 22 日在京召开。会议指出，加快推进"三证合一、一照一码"登记制度改革，是深化商事制度改革之举，是顺应群众干事创业期望之举，也是创新政府行政管理之举，利民利企利国，对于激发市场内在活力、增添经济发展新动力具有重要意义。

2015 年 10 月 1 日起，工商营业执照、组织机构代码证和税务登记证三证合一。

4.4.2.2 加强涉企收费管理

国务院办公厅《关于进一步加强涉企收费管理减轻企业负担的通知》（国办发〔2014〕30 号）要求，建立和实施涉企收费目录清单制度，所有涉企收费目录清单及其具体实施情况纳入各地区、各部门政务公开范畴，通过政府网站和公共媒体实时对外公开，接受社会监督。各地区、各部门必须严格执行目录清单，目录清单之外的涉企收费，一律不得执行。从严审批涉企行政事业性收费和政府性基金项目，新设立涉企行政事业性收费和政府性基金项目，必须依据有关法律、行政法规的规定。对没有法律、行政法规依据但按照国际惯例或对等原则确需设立的，由财政部会同有关部门审核后报国务院批准。切实规范行政审批前置服务项目及收费，全面清理行政审批前置服务项目及收费，对没有法律法规依据的行政审批前置服务项目一律取消。各地区、各部门在公开行政审批事项清单的同时，要将涉及收费的行政审批前置服务项目公开，并引入竞争机制，通过市场调节价格。对个别确需实行政府定价、政府指导价的行政审批前置服务，实行政府定价目录管理。对列入政府定价目录的行政审批前置服务，要严格核定服务成本，制定服务价格，规范行业协会、中介组织涉企收费行为。

4.4.2.3 统一农药生产管理部门

作为特殊产品的农药，其管理环节较多，涵盖登记、生产、经营、使用等，涉及《中华人民共和国食品安全法》《中华人民共和国农产品质量安全法》《中华人民共和国行政许可法》《中华人民共和国专利法》《中华人民共和国商标法》《中华人民共和国广告法》《中华人民共和国产品质量法》《中华人民共和国消费者权益保护法》《中华人民共和国清洁生产促进法》《中华人民共和国循环经济促进法》《中华人民共和国固体废物污染环境防治法》《农业化学物质产品行政保护条例》《危险化学品安全管理条例》和《中华人民共和国道路运输条例》等相关法律法规，涉及到林业、粮食、工商、安监、环保、交通运输、卫生、公安和海关等多个部门。因此，新修订的《农药管理条例》按照国务院"同一件事原则上由一个部门负责"深化行政管理体制改革的要求，明确由农业主管部门负责农药监督管理工作，包括农药登记、生产、经营的监管和使用指导。其他有关部门依据相关法律法规在各自职责范围内负责有关的农药监督管理工作，最大程度上减少了重复管理、交叉管理。

4.4.2.4　归并许可类别，减少登记类别

将现有的农药生产企业定点核准、生产许可证或生产批准证书合并为农药生产许可证，而且将原有由国家针对产品逐一发放的生产许可，改为由省级农业部门针对生产装置发放，预计可削减生产许可证 3 万个，即削减 90% 以上。

取消农药分装登记，开放委托加工、分装。由农药生产企业自主决定，合理配置已有资源。但法规明确委托人对委托加工、分装的农药质量负总责。

4.4.2.5　减少审批层级

根据国务院印发的《国务院关于第二批取消 152 项中央指定地方实施行政审批事项的决定》（国发〔2016〕9 号），取消了 152 项中央指定地方实施行政审批的事项，涉及农业部门的部分见表 4-3。其中取消了省级农药行政主管部门所属的农药检定机构的相关初审。

表 4-3　国务院决定第二批取消中央指定地方实施的行政审批事项目录（农业部门部分）

序号	项目名称	审批部门	设定依据
120	对农业部负责的农药分装登记初审	省级农业行政主管部门所属的农药检定机构	《农药管理条例实施办法》（农业部令 1999 年第 20 号，2004 年 7 月 1 日予以修改）
121	对农业部负责的农药田间试验审批初审	省级农业行政主管部门所属的农药检定机构	《农药管理条例实施办法》（农业部令 1999 年第 20 号，2004 年 7 月 1 日予以修改）
122	农药续展登记初审	省级农业行政主管部门所属的农药检定机构	中华人民共和国农业部公告第 657 号

4.4.2.6　取消前置审批事项

2015 年 10 月，根据推进政府职能转变和深化行政审批制度改革的部署和要求，国务院决定第一批清理规范 89 项国务院部门行政审批中介服务事项，不再作为行政审批的受理条件。其中涉及农药行业的包括如下 5 项（见表 4-4）。

表 4-4　国务院决定第一批清理规范的国务院部门行政审批中介服务事项目录

（涉及农药行业部分）

序号	中介服务事项名称	涉及的审批事项项目名称	审批部门	中介服务实施机构	处理决定
1	提交农药生产审批所需的项目环境影响评价报告	生产尚未制定国家标准、行业标准但已有企业标准的农药审批	工业和信息化部	具有相应资质的设计单位	不再要求申请人提供项目环境影响评价报告；环境影响评价审批依法由环保部门开展
2	提交开办农药生产企业审批所需的项目环境影响评价报告	开办农药生产企业审批	工业和信息化部	具有相应资质的设计单位	不再要求申请人提供项目环境影响评价报告；环境影响评价审批依法由环保部门开展

序号	中介服务事项名称	涉及的审批事项项目名称	审批部门	中介服务实施机构	处理决定
3	农药产品质量检测	生产尚未制定国家标准、行业标准但已有企业标准的农药审批	工业和信息化部	具有相应资质的检测单位	不再要求申请人提供农药产品质量检测报告，改由审批部门委托有关机构开展农药产品质量检测
4	开办农药生产企业项目可行性研究报告编制	开办农药生产企业审批	工业和信息化部	具有相应资质的设计单位	申请人可按要求自行编制项目可行性研究报告，也可委托有关机构编制，审批部门不得以任何形式要求申请人必须委托特定中介机构提供服务；保留审批部门现有的项目可行性研究报告技术评估、评审
5	新增原药生产装置所需的建设项目可行性研究报告编制	生产尚未制定国家标准、行业标准但已有企业标准的农药审批	工业和信息化部	具有相应资质的设计单位	申请人可按要求自行编制项目可行性研究报告，也可委托有关机构编制，审批部门不得以任何形式要求申请人必须委托特定中介机构提供服务；保留审批部门现有的项目可行性研究报告技术评估、评审

4.4.3　农药生产管理的部门职责

国家按照一件事由一个部门管理的原则，将农药登记、生产、经营、使用的业务管理划归农业部门，这是国家简政放权的必然结果。有的部门或相关人员认为，关于农药的事务都由农业部门管理，其他部门不再涉及，其实这是错误的理解。

4.4.3.1　"三定"方案的部门职能

依据国务院"三定"方案规定，应急管理部"承担工矿商贸行业安全生产监督管理责任"，负责"依法监督检查化工（含石油化工）、医药、危险化学品和烟花爆竹生产经营单位安全生产情况"。农药作为化工品，其安全生产监管由应急管理部负责；工业和信息化部依据"三定"方案规定，应承担"指导工业加强安全生产管理"的职责，即在行业发展规划、政策法规、标准规范等方面统筹考虑安全生产，从工业技术、生产流程等方面指导企业的安全生产，而不是"负责安全生产监督管理"。因此，调整农药生产管理职责，不涉及农药安全生产监管职责的调整，是将工业和信息化部"指导行业加强安全生产管理"的职责相应地调整给农业农村部，农业农村部作为农药主管部门，应当指导行业加强安全生产管理。

农药生产管理职责调整后，应急管理部应继续承担农药安全生产监管职责。农业农村部按照《国务院安全生产委员会成员单位安全生产工作职责分工》（安委〔2015〕5号）的要求，将安全生产工作作为行业领域管理工作的重要内容，承担指导安全生产的职责，指导督促生产经营单位做好安全生产工作，制定实施有利于安全生产的政策措施，推进产业结构调整升级，严格行业准入条件，提高行业安全生产水平。考虑到安全生产有关法律法规以及

《国务院安全生产委员会成员单位安全生产工作职责分工》（安委〔2015〕5号）对安全生产管理的职责分工及制度措施已有具体规定，对农药安全生产管理同样适用。

依据"三定"方案规定，生态环境部承担从源头上预防、控制环境污染和环境破坏的责任，按国家规定审批重大开发建设区域、项目环境影响评价文件，负责环境污染防治的监督管理。制定水体、大气、土壤、噪声、光、恶臭、固体废物、化学品、机动车等的污染防治管理制度并组织实施。《农药管理条例》没有就环境保护工作职责作出调整，进一步明确农药使用过程中的环境保护管理部门职责：环境保护主管部门应当加强对农药使用过程中环境保护和污染防治的技术指导（第三十条）；农药包装物等废弃物回收管理的具体办法由国务院环境保护主管部门会同国务院农业主管部门、国务院财政部门等部门制定（第三十七条）；发生农药使用事故，造成环境污染事故的，由环境保护等有关部门依法组织调查处理（第三十八条）。由此，农药生产的环境保护职能仍由生态环境部承担。

安全、环保等的部门，也应该依据职责划分，认真履职。《农药管理条例》明确规定，县级以上人民政府其他有关部门在各自职责范围内负责有关的农药监督管理工作。

4.4.3.2 法律赋予的部门权责

国家相继出台了一系列的法律法规（具体见表4-5），细化了对现有农药生产环节的环保、安全设施（危化、消防）和职业卫生防护的管理。因此，没有必要通过《农药管理条例》再对生产环节的环保、安全设施（危化、消防）和职业卫生防护做出规定。

表 4-5　与农药相关的法律法规

法规类别	法规名称	发布时间	实施时间
环保类	中华人民共和国环境保护法	20020829	20021001
	中华人民共和国大气污染防治法	20000429	2000901
	中华人民共和国水污染防治法	20080228	20080601
	中华人民共和国固体废物污染环境防治法	20041229	20050401
	中华人民共和国环境影响评价法	20021028	20030901
	建设项目环境保护管理条例（国务院253号令）	19981129	19981129
	危险废物经营许可证管理办法	20040519	20040701
	危险废物填埋污染控制标准（GB 18598—2001）	20011228	20020701
	危险废物集中焚烧处置设施运行监督管理技术规范（HJ 515—2009）	20091229	20100301
	危险废物焚烧污染控制标准（GB 18484—2001）	20011112	20020101
	新化学物质环境管理办法	20091230	20101015
	新化学物质申报登记指南	20100916	20101015
	新化学物质监督管理检查规范	20100916	20101015
安全类	中华人民共和国安全生产法	20020629	20021101
	安全生产许可证条例	20040113	20040113
	危险化学品生产企业安全生产许可证实施办法	20040517	20040517
	生产安全事故报告和调查处理条例	20070409	20070601
	危险化学品经营许可证管理办法	20120717	20120901

法规类别	法规名称	发布时间	实施时间
安全类	危险化学品安全管理条例	20020126	20020315
	危险化学品登记管理办法	20021008	20011115
	危险化学品目录（2015 版）	20150301	20150501
	危险化学品建设项目安全评价细则（试行）	20071212	20080101
	危险化学品建设项目安全许可实施办法	20060902	20061001
消防类	中华人民共和国消防法	20081028	20090501
	建设工程消防监督管理规定	20090430	20090501
	建筑防火设计规范（GB 50016—2014）	20140827	20150501
职业健康类	中华人民共和国职业病防治法	20011027	20020501
	职业健康检查管理办法	20150326	20150501
	建设项目职业卫生审查规定	20060918	20060918
	建设项目职业病危害分类管理办法	20060727	20060727
质量类	中华人民共和国产品质量法	20000708	20000901
	中华人民共和国工业产品生产许可证管理条例	20050709	20050901
	中华人民共和国工业产品生产许可证管理条例实施办法	20050915	20051101

（1）《中华人民共和国环境保护法》等法律法规明确环境保护部门对环境保护工作实施统一监督管理。《中华人民共和国环境保护法》第十条规定，国务院环境保护主管部门，对全国环境保护工作实施统一监督管理；县级以上地方人民政府环境保护主管部门，对本行政区域环境保护工作实施统一监督管理。县级以上人民政府有关部门和军队环境保护部门，依照有关法律的规定对资源保护和污染防治等环境保护工作实施监督管理。

（2）《中华人民共和国安全生产法》《中华人民共和国消防法》等法律法规明确安全生产监督管理部门对安全生产工作实施综合监督管理，公安部门对消防工作实施监督管理。《中华人民共和国安全生产法》第九条规定，国务院安全生产监督管理部门依照本法，对全国安全生产工作实施综合监督管理；县级以上地方各级人民政府安全生产监督管理部门依照本法，对本行政区域内安全生产工作实施综合监督管理。国务院有关部门依照本法和其他有关法律、行政法规的规定，在各自的职责范围内对有关行业、领域的安全生产工作实施监督管理；县级以上地方各级人民政府有关部门依照本法和其他有关法律、法规的规定，在各自的职责范围内对有关行业、领域的安全生产工作实施监督管理。《生产安全事故报告和调查处理条例》（国务院令第 495 号）第九条、第十条、第十一条、第十三条规定，安全事故发生后，单位负责人应当向发生地县级以上人民政府安全生产监督管理部门和负有安全生产监督管理职责的有关部门报告。安全生产监督管理部门和负有安全生产监督管理职责的有关部门接到事故报告后，要按照程序通知或上报，其负责人应当立即赶赴事故现场，组织救援。《中华人民共和国消防法》第四条规定，公安部门对消防工作实施监督管理。第十条、第十一条、第十二条规定建设单位应当自依法取得施工许可后，将消防设计文件报公安机关消防机构备案，公安机关消防机构应当进行抽查，对审核的结果负责，可以做出不得施工和停止施工的决定。

根据 2014 年 8 月修订的《中华人民共和国安全生产法》第八、九条规定，负责安全生产的部门有三类：一是各级人民政府。县级以上地方各级人民政府应当制定安全生产规划，并组织实施；加强对安全生产工作的领导，支持、督促各有关部门依法履行安全生产监督管理职责，建立健全安全生产工作协调机制，及时协调、解决安全生产监督管理中存在的重大问题。乡、镇人民政府以及街道办事处、开发区管理机构等地方人民政府的派出机关应当加强对本行政区域内生产经营单位安全生产状况的监督检查，协助上级人民政府有关部门依法履行安全生产监督管理职责。二是安全生产监督管理部门。负责对安全生产工作实施综合监督管理。三是有关部门。依照本法和其他有关法律、行政法规的规定，在各自的职责范围内对有关行业、领域的安全生产工作实施监督管理。新修订的该法，按照国务院精简许可、减轻企业负担的总体要求，精简了许可，在全面强化生产经营单位的安全生产主体责任的同时，要求国务院和地方各级人民政府、安监等管理部门制定安全生产规划监管制度，建立健全协调机制，实行信用管理，淘汰落后的设备或工艺，实行分级监管的体制，制定年度监督检查计划，扩大强制执行力，规定事故行政处罚和终身行业禁入，加大罚款处罚力度，建立了严重违法行为公告和通报制度，加大安全生产责任追究等，落实安全生产监管。

因《农药管理条例》未明确农药安全生产管理内容，农药安全生产监管的主体责任应当由相应的法律法规规定的部门承担。

（3）《中华人民共和国职业病防治法》等法律法规明确安全生产监督管理部门、卫生行政部门、劳动保障行政部门和工会组织对职业病防治工作实施统一监督管理。《中华人民共和国职业病防治法》第七条规定，国务院和县级以上地方人民政府劳动保障行政部门应当加强对工伤保险的监督管理，确保劳动者依法享受工伤保险待遇。第九条规定，国家实行职业卫生监督制度。国务院安全生产监督管理部门、卫生行政部门、劳动保障行政部门依照本法和国务院确定的职责，负责全国职业病防治的监督管理工作。国务院有关部门在各自的职责范围内负责职业病防治的有关监督管理工作。县级以上地方人民政府安全生产监督管理部门、卫生行政部门、劳动保障行政部门依据各自职责，负责本行政区域内职业病防治的监督管理工作。县级以上地方人民政府有关部门在各自的职责范围内负责职业病防治的有关监督管理工作。

4.4.3.3　实际监管的部门履职

目前农药生产企业的环保、安全设施和职业卫生防护，实际也是由法律法规规定的相应的监管部门负责。原《农药管理条例》虽然明确要求生产企业申请农药定点核准和生产许可时，"有符合国家劳动安全、卫生标准的设施和相应的劳动安全、卫生管理制度；有符合国家环境保护要求的污染防治设施和措施，并且污染物排放不超过国家和地方规定的排放标准"。但这些内容分别是安监、公安、卫生、环保等部门许可和监管的内容，工信、质监在实施农药生产管理的过程中，只是要求提交消防、卫生、环保等部门的许可意见，并未规定农药生产主管部门承担安全生产的监管责任。农药生产企业多次反映，在申请定点时要求提交消防、卫生、环保等部门的许可意见，除了耽误时间外，没有给企业及社会带来有利的因素。2015 年 10 月 11 日发布的《国务院关于第一批清理规范 89 项国务院部门行政审批中介服务事项的决定》（国发〔2015〕58 号）中明确规定，开办农药生产企业、农药生产许可审批，不再要求申请人提供项目环境影响评价报告，环境影响评价审批依法由环保部门开展。

现行《农药管理条例》第三条第三款明确规定"县级以上人民政府其他有关部门在各自职责范围内负责有关的农药监督管理工作";第十七条第三款也明确规定"安全生产、环境保护等法律、行政法规对企业生产条件有其他规定的,农药生产企业还应当遵守其规定"。延续了原《农药管理条例》在环保、安全设施和职业卫生防护等方面的管理责任分工,是相关部门的法定义务。

4.4.3.4 相关产业的监督部门职责

药品、兽药、工业产品生产等法律、法规,也主要从保障药品、兽药、工业产品质量以及人体用药安全、防治动物疾病、公众生命财产安全等方向出发进行立法,没有在生产许可时设立环保、安全设施和职业卫生防护生产条件,也没有规定主管部门承担安全生产的责任。例如,《中华人民共和国药品管理法》第一条规定了制定该办法的目的是为加强药品监督管理,保证药品质量,保障人体用药安全,维护人民身体健康和用药的合法权益。第八条规定了开办药品生产企业必须具备的条件:

(1)具有依法经过资格认定的药学技术人员、工程技术人员及相应的技术工人;

(2)具有与其药品生产相适应的厂房、设施和卫生环境;

(3)具有能对所生产药品进行质量管理和质量检验的机构、人员以及必要的仪器设备;

(4)具有保证药品质量的规章制度。

《兽药管理条例》第一条规定:"为了加强兽药管理,保证兽药质量,防治动物疾病,促进养殖业的发展,维护人体健康,制定本条例。"第十一条规定:"从事兽药生产的企业,应当符合国家兽药行业发展规划和产业政策,并具备下列条件:

(1)与所生产的兽药相适应的兽医学、药学或者相关专业的技术人员;

(2)与所生产的兽药相适应的厂房、设施;

(3)与所生产的兽药相适应的兽药质量管理和质量检验的机构、人员、仪器设备;

(4)符合安全、卫生要求的生产环境;

(5)兽药生产质量管理规范规定的其他生产条件。

《工业产品生产许可证管理条例》第一条规定:"为了保证直接关系公共安全、人体健康、生命财产安全的重要工业产品的质量安全,贯彻国家产业政策,促进社会主义市场经济健康、协调发展,制定本条例。"第九条规定:"企业取得生产许可证,应当符合下列条件:

(1)有营业执照;

(2)有与所生产产品相适应的专业技术人员;

(3)有与所生产产品相适应的生产条件和检验检疫手段;

(4)有与所生产产品相适应的技术文件和工艺文件;

(5)有健全有效的质量管理制度和责任制度;

(6)产品符合有关国家标准、行业标准以及保障人体健康和人身、财产安全的要求;

(7)符合国家产业政策的规定,不存在国家明令淘汰和禁止投资建设的落后工艺、高耗能、污染环境、浪费资源的情况。

法律、行政法规有其他规定的,还应当符合其规定。"

因此,农药管理工作不是农业部门一家的事情,涉及的农药生产过程中的安全、环保、职业卫生、消防等都由法律法规授权的职能部门负责管理。农药生产企业在生产过程中也要按照相关法律法规要求,接受相关职能部门的监管。如生产《危险化学品目录》中农药的,需要办理安全生产许可证。申请办理安全生产许可证之前，企业应当进行安全生产评价，严格执行"三同时"制度，并在安监部门进行备案。对生产不在《危险化学品目录》中的农药产品，生产企业也应采取相应的管理措施，落实安全监管主体责任。

4.4.4　农药生产许可与农药登记的关系

4.4.4.1　两种行政许可

农药生产许可是由省级农业主管部门负责实施的行政许可，根据《农药管理条例》《农药生产许可管理办法》的相关规定，主要考核农药生产企业的生产能力。

农药登记证是国家法定机关准予农药企业生产、销售其农药产品的证明文件。农业农村部负责全国农药登记管理工作，组织成立农药登记评审委员会，制定农药登记评审规则，考核产品的安全性和有效性。农业农村部农药检定所负责全国农药登记的具体工作。

从法律意义上讲，农药登记证是一种行政许可证件。因为取得农药登记证前的产品研发及资料准备过程中会突破很多的工艺、技术难题，并且开展大量的试验研究，所以有人会误以为农药登记证是一种知识产权的载体。但是，研究相关的法律法规的规定（见表4-6），可以明显看出农药登记有别于知识产权。

表 4-6　有关农药登记的相关法律法规

法规	内容
《中华人民共和国农业法》第二十五条	农药、兽药、饲料和饲料添加剂、肥料、种子、农业机械等可能危害人畜安全的农业生产资料的生产经营，依照相关法律、行政法规的规定实行登记或者许可制度
《中华人民共和国农产品质量安全法》第二十一条	对可能影响农产品质量安全的农药、兽药、饲料和饲料添加剂、肥料、兽医器械，依照有关法律、行政法规的规定实行许可制度
《农药管理条例》第七条	国家实行农药登记制度，农药生产企业、向中国出口农药的企业应当依照本条例的规定申请农药登记，新农药研制者可以依照本条例的规定申请农药登记

表 4-6 中涉及农药或农药登记的法律法规，决定了农药登记证的性质是行政许可。

4.4.4.2　两种许可的关系

农药生产许可考核的是境内企业是否具备农药生产能力，农药登记是审查一个化合物及其制成的产品，作为农药是否安全有效。一般情况下农药登记与生产许可不互为前置条件，其主要关联关系如下：

（1）除新农药研制者外，境内申请登记的主体是农药生产企业。也就是对境内农药登记申请人，如果不是申请新农药，就只有取得农药生产许可证的企业才具有申请资质。

（2）申请农药生产许可证的生产范围为母药或原药时，必须已有企业先取得该母药或者原药的农药登记证，但并不限定为农药生产许可申请人。申请农药生产范围有以下特殊情形的，应先查验农药登记情况：

① 申请母药的，查验该农药品种的母药是否已有企业取得登记；

② 申请新农药原药的，查验该农药品种是否登记；

③ 因技术、安全等原因难以形成原药（母药），直接加工制剂的，应当核查该农药登记情况以及农药登记评审委员会是否同意此种情况登记。如已有企业登记且农药登记评审委员会同意减免原药登记，按照原药（母药）和制剂生产条件一并审查，其生产范围以农药品种

名称加剂型表示。

4.4.4.3 企业对申办资料的处置

（1）农药登记资料可以转让、授权 《农药管理条例》第十四条规定，"新农药研制者可以转让其已取得登记的新农药的登记资料；农药生产企业可以向具有相应生产能力的农药生产企业转让其已取得登记的农药的登记资料"。需要说明的是，这里的"农药生产企业"指在中国境内取得农药生产许可证的有生产资格的企业，而"相应生产能力"则是指受让方要取得至少包含受让原农药品种或者制剂剂型的农药生产许可证。按照《农药管理条例》第十四条的规定，转让农药登记资料的，由受让方凭双方的转让合同及符合登记资料要求的登记资料申请农药登记。资料转让后，注销转让方登记证。

《农药登记管理办法》第十八条规定，"农药登记证持有人独立拥有的符合登记资料要求的完整登记资料，可以授权其他申请人使用"。

农药登记资料转让区别于农药登记资料授权，每个产品登记资料转让只能有1次，但是登记资料授权是没有次数限制的。

（2）《农药管理条例》没有对农药生产许可资料的转让、授权作出规定。农药生产许可资料是对农药生产企业生产能力的证明，不允许转让、授权。

4.4.5 农药委托加工、分装政策

近几年来，我国农药行业从产值到规模都已经具备了相应的实力，但与跨国公司相比较，还需要国内企业把核心竞争力做强。《农药管理条例》则是通过立法手段，在保证安全的前提下，按照充分发挥市场在资源配置中的决定性作用这一政策要求，给行业"松绑"，让符合条件的企业在制剂加工上加强合作，推动产业资源共享，减轻企业经营成本，促进行业由大变强。

4.4.5.1 农药委托加工、分装的主体资格

《农药管理条例》第十九条第一款规定，委托加工、分装农药的，委托人应当取得相应的农药登记证，受托人应当取得农药生产许可证。对加工、分装农药的委托人与受托人资格做了限定。

（1）委托人应当取得相应的农药登记证 《农药管理条例》并不要求委托人取得农药生产许可证，只要求其取得农药登记证，就可以委托加工、分装相应的农药。这主要是因为《农药管理条例》鼓励新农药创制研发，允许新农药研制者申请农药登记，取消新农药研制者主体资格限定，以加快新农药尽快转化成生产力。

（2）受托人应当取得农药生产许可证 《农药生产许可管理办法》第十八条第二款规定，农药生产企业在其农药生产许可范围内，依据《农药管理条例》第十九条的规定，可以接受新农药研制者和其他农药生产企业的委托，加工或者分装农药；也可以接受向中国出口农药的企业的委托，分装农药。

《农药管理条例》不要求受托人取得加工、分装农药的农药登记证，只要求其取得农药生产许可证。这主要是为了鼓励农药生产企业向集约化、专业化的方向发展，推动农药生产企业兼并重组。

（3）境外企业可以委托农药生产企业分装农药，不能委托农药生产企业加工农药。境外企业在中国取得该农药登记后，向中国出口该农药时，所出口的应该是该农药的成品。既可

以直接向中国出口该农药的小包装，也可以向中国出口该农药的大包装，并委托中国的农药生产企业予以分装，但是接受委托的农药生产企业必须取得农药生产许可证。

如果境外企业委托中国的农药生产企业加工农药，则此农药就不是向中国出口的农药，而是在中国加工的农药，也有违《农药管理条例》规定的境外企业农药登记资格。因此，境外企业可以委托中国的农药生产企业分装农药，但不能委托其加工农药。

4.4.5.2 委托加工、分装农药标签相关规定

《农药标签和说明书管理办法》第九条第六款对委托加工、分装农药标签做了特别规定：委托加工或者分装农药的标签还应当注明受托人的农药生产许可证号、受托人名称及其联系方式和加工、分装日期。

（1）农药登记证号是委托方的，农药生产许可证号是受托方的（有些企业可能存在这种情况：一个产品，自己企业加工和分装，同时也委托其他企业进行加工和分装。这种情况下，自己生产的产品，标签上应当标注本企业的农药生产许可证号，而委托加工的产品标签上，一定要标注受托人的农药生产许可证号）；

（2）产品标准号 标注委托方的产品标准号；

（3）二维码和查询系统 使用委托方的；

（4）产品商标 标注注册商标，但如果产品标签上要注标受托方的商标，需要受托方把商标授权给委托方使用；

（5）联系方式 要标注出两个企业的联系方式；

（6）生产日期 如果是委托加工和分装的，则按照实际生产日期由受托方来标注即可，委托分装的需要标注两个日期，一个是加工的日期，一个是分装的日期；

（7）其他的信息 按照《农药标签和说明书管理办法》标注。有关农药有效性和安全性的信息，应当采用委托方农药登记核准的标签信息。

4.4.5.3 委托加工、分装农药的法律责任

委托人应当对委托加工、分装的农药质量负责。在委托加工或者受委托加工时一定要注意委托加工产品的企业或者受委托的企业是否符合相应的委托、受托条件，否则可能会承担法律责任。

（1）无证的法律责任

① 委托人未取得农药登记证的处罚 《农药管理条例》第四十四条规定，"未依法取得农药登记证的农药"按照假农药处理。因此，委托人未取得农药登记证而委托加工、分装的农药，应当认定为委托加工、分装假农药。对委托人和受托人均依照生产假农药论处。

② 受托人未取得农药生产许可证的处罚 根据《农药管理条例》第五十二条第四款的规定，委托未取得农药生产许可证的受托人加工、分装农药的，对委托人和受托人均依照《农药管理条例》第五十二条第一款的规定处罚。构成犯罪的，依照《中华人民共和国刑法》（以下简称《刑法》）第二百二十五条以"非法经营罪"论处。

（2）委托加工、分装假劣农药的处罚 对委托人和受托人均依照《农药管理条例》第五十二条第一款、第三款的规定处罚。构成犯罪的，依照《刑法》第一百四十条、第一百四十七条或《最高人民法院、最高人民检察院关于办理生产、销售伪劣商品刑事案件具体应用法律若干问题的解释》第七条，以"生产、销售伪劣产品罪""生产、销售伪劣农药罪"或"生产、销售伪劣产品未遂罪"论处。

（3）原材料采购和使用的违规行为处罚 《农药管理条例》第二十条规定，农药生产企业采购原材料，应当查验产品质量检验合格证和有关许可证明文件，不得采购、使用未依法附具产品质量检验合格证、未依法取得有关许可证明文件的原材料。农药生产企业在采购或使用原材料时发生不符合规定的情况，既要追究采购方责任，也要追究受托方的责任。

特别提示：购买者重点把好农药原药合法性关，要查验其农药登记证、生产许可证及范围，不得采购未许可的产品；不得采购未许可的母药、母粉，如阿维菌素油膏等。违规将承担相关法律责任，如没收非法原药（母药），处以货值2～5倍的罚款。

（4）未附具产品质量检验合格证行为的处罚 《农药管理条例》第二十一条规定，生产企业出厂销售农药，应当经质量检验合格并附具产品质量检验合格证。农药产品没有附合格证的，受托方要承担《农药管理条例》第五十三条的法律责任。委托方将此产品上市销售时，经营者不得购买此产品，否则要承担《农药管理条例》第五十七条规定的法律责任。

（5）包装、标签相关违规责任 《农药管理条例》第二十三条规定，农药生产企业不得擅自改变经核准的农药的标签内容，不得在农药的标签中标注虚假、误导使用者的内容。农药包装过小，标签不能标注全部内容的，应当同时附具说明书，说明书的内容应当与经核准的标签内容一致。

有关农药包装、标签不符合规定行为的责任划定，主要取决于执法部门在哪里取证。如果在受托方仓库取证发现这些问题，受托方应承担主要责任。如果产品进入市场，责任主要在委托方。因此委托方在产品验收时，应当对其进行查验、把关。

（6）原材料进货、出厂销售记录的违规责任 《农药管理条例》第二十条第二款规定，农药生产企业应当建立原材料进货记录制度，如实记录原材料的名称、有关许可证明文件编号、规格、数量、供货人名称及其联系方式、进货日期等内容。原材料进货记录应当保存2年以上。第二十一条第二款规定，农药生产企业应当建立农药出厂销售记录制度，如实记录农药的名称、规格、数量、生产日期和批号、产品质量检验信息、购货人名称及其联系方式、销售日期等内容。农药出厂销售记录应当保存2年以上。第五十四条规定，农药生产企业不执行原材料进货、农药出厂销售记录制度，或者不履行农药废弃物回收义务的，由县级以上地方人民政府农业主管部门责令改正，处1万元以上5万元以下罚款；拒不改正或者情节严重的，由发证机关吊销农药生产许可证和相应的农药登记证。

因此，对委托加工的产品，受托方应该有原材料进货记录，生产完成后，交给委托方需要有相应的移交记录。委托方采购原材料的，应当有原材料采购记录；接收受托方加工的产品时，需要有接收记录，将产品销售时，应当有销售记录。

（7）不履行召回问题农药的责任 《农药管理条例》第四十二条规定，国家建立农药召回制度。农药生产企业发现其生产的农药对农业、林业、人畜安全、农产品质量安全、生态环境等有严重危害或者较大风险的，应当立即停止生产，通知有关经营者和使用者，向所在地农业主管部门报告，主动召回产品，并记录通知和召回情况。

召回问题农药的责任，原则上是属于委托方的。但是受托方在生产过程中发现产品出现问题，要及时通知委托方，同时配合委托方将产品召回。

（8）不履行废弃物回收义务的责任 《农药管理条例》第四十六条规定，假农药、劣质农药和回收的农药废弃物等应当交由具有危险废物经营资质的单位集中处置，处置费用由相应的农药生产企业、农药经营者承担；农药生产企业、农药经营者不明确的，处置费用由所在地县级人民政府财政列支。第五十四条规定，农药生产企业不履行农药废弃物回收义务的，由县级以上地方人民政府农业主管部门责令改正，处 1 万元以上 5 万元以下罚款；拒不改正或者情节严重的，由发证机关吊销农药生产许可证和相应的农药登记证。

农民使用完农药之后的包装物，才叫农药废弃包装物。因此，回收农药废弃包装物的义务由委托方承担。但受托方在加工产品过程中产生的废弃包装物及不合格的农药，由受托方承担处理责任。

（9）农作物药害事故赔偿　《农药管理条例》第六十四条规定，生产、经营的农药造成农药使用者人身、财产损害的，农药使用者可以向农药生产企业要求赔偿，也可以向农药经营者要求赔偿。属于农药生产企业责任的，农药经营者赔偿后有权向农药生产企业追偿；属于农药经营者责任的，农药生产企业赔偿后有权向农药经营者追偿。

如果所委托加工的产品产生药害，原则上是委托方承担责任，但双方可以通过合同来划定各自的责任。

4.4.5.4　重点关注的几个问题

（1）保护商业秘密的问题　两个企业间开展委托加工，会涉及商业秘密，例如：

① 助剂产品的组成成分名称和含量；

② 制剂生产的加工工艺和生产技术；

③ 与大量二维码信息相对应的营销模式和服务。

但因委托加工属于委托方与受托方双方约定的行为，对于此活动涉及的商业秘密的保护，管理部门不介入。

（2）产品的经营问题　从法律上讲，对于委托加工和分装的产品，产权属于委托方，不属于受托方。但在实际合作过程中，可能存在委托加工或分装产品之后，受托方按协议销售该产品的现象。受托方销售该产品时，就成为了一个经营者，需要在当地农业部门办理农药经营许可证。

（3）委托加工或者分装不是农药登记证的转让　农药登记证是行政许可，那一定要遵从《行政许可法》的规定。根据《行政许可法》第九条规定，"依法取得的行政许可，除法律法规规定依照法定条件和程序可以转让的外，不得转让"。

另据《农药管理条例》第四十七条规定，"禁止伪造、变造、转让、出租、出借农药登记证、农药生产许可证、农药经营许可证等许可证明文件"。第六十二条规定，"伪造、变造、转让、出租、出借农药登记证、农药生产许可证、农药经营许可证等许可证明文件的，由发证机关收缴或者予以吊销，没收违法所得，并处 1 万元以上 5 万元以下罚款；构成犯罪的，依法追究刑事责任"。

总结起来，根据企业拥有的证件情况，不同的产品允许生产、资料转让及受让、委托加工及受托、委托分装及受托的情况如表 4-7 所示。

理顺农药登记证跟农药生产许可证的关系，能"盘活"很多"沉睡"中的农药登记证，也让许多仅有生产许可证的企业能开展生产。企业获得了农药登记证就可以依法委托有相应生产能力的农药生产企业进行加工、分装，不会限制生产了。取得了生产许可证也可以依法接受相应企业的委托加工、分装。委托人应当对委托加工、分装的农药质量负总责。

表 4-7　农药企业证件与资料转让、委托加工分装等关系

项目	登记证	生产许可证	自行生产（相应生产范围）	转让资料（新农药研制者、农药生产企业）	受让资料（相应生产范围）	委托加工	受托加工（相应生产范围）	委托分装	受托分装（相应生产范围）
原药和母药品种	有	有	√	√	√	×	×	×	×
	有	无	×	√	×	×	×	×	×
	无	有	×	×	×	×	×	×	×
制剂剂型	有	有	√	√	√	√	√	√	√
	有	无	×	√	×	×	×	×	×
	无	有	×	×	×	×	×	×	√

4.5　农药相关产业政策

《农药管理条例》第十六条规定，农药生产应当符合国家产业政策。

国家产业政策是政府为了实现一定的经济和社会目标而对产业的形成和发展进行干预的各种政策的总和。干预包括规划、引导、促进、调整、保护、扶持、限制等方面的含义。产业政策的功能主要是弥补市场缺陷，有效配置资源，保护幼小民族产业的成长，熨平经济震荡，发挥后发优势，增强适应能力。产业政策包括产业组织政策、产业结构政策、产业技术政策和产业布局政策，以及其他对产业发展有重大影响的政策和法规。与农药直接相关的产业政策主要有综合性政策、品种或工艺政策、可追溯管理政策、清洁生产政策等。

4.5.1　综合性政策

4.5.1.1　中国制造

国务院发布《中国制造2025》（国发〔2015〕28号），加快农药等重点行业智能检测监管体系建设，提高智能化水平。

4.5.1.2　环境保护

国务院发布《"十三五"生态环境保护规划》（国发〔2016〕65号），依据区域资源环境承载能力，确定各地区农药等行业规模限值。健全钢铁、水泥、化工等重点行业清洁生产评价指标体系。以制革、农药、电镀等行业为重点，推进行业达标排放改造。到2020年，基本淘汰林丹、全氟辛基磺酸及其盐类和全氟辛基磺酰氟、硫丹等一批《关于持久性有机污染物的斯德哥尔摩公约》管制的化学品。实行环境激素类化学品淘汰、限制、替代等措施。

4.5.1.3　危化品管理

国务院办公厅发布《国务院办公厅关于石化产业调结构促转型增效益的指导意见》（国办发〔2016〕57号），全面启动城镇人口密集区和环境敏感区域的危险化学品生产企业搬迁入园或转产关闭工作。强化安全生产责任制，探索高风险危险化学品全程追溯，实施危险化学品生产企业安全环保搬迁改造。危险化学品生产企业搬迁改造及新建化工项目必须进入规范化工园区。落实企业安全生产主体责任，严格执行危险化学品登记管理和建设项目"三同时"制度，依法责令不符合安全生产条件的企业停产整顿、关闭退出。

4.5.1.4　园区集中管理

工业和信息化部、环境保护部、农业部、国家质量监督检验检疫总局联合发布《农药产

业政策》（工联产业政策［2010］第 1 号），大力推动产业集聚，加快农药企业向专业园区或化工聚集区集中，降低生产分散度，减少点源污染。2015 年制剂加工、包装全部实现自动化控制；大宗原药产品的生产 70％实现生产自动化控制和装备大型化，2020 年达到 90％以上。逐步限制、淘汰高毒、高污染、高环境风险的农药产品和工艺技术。新建或搬迁的原药生产企业要符合国家用地政策并进入工业集中区，新建或搬迁的制剂生产企业在兼顾市场和交通便捷的同时，鼓励进入工业集中区。加快产品结构不合理、技术装备落后、管理水平差、环境污染严重的农药企业退出市场。禁止能耗高、技术水平低、污染物处理难的农药产品的生产转移，加快落后产品淘汰。

4.5.1.5　鼓励生物产业发展

国务院发布《生物产业发展规划》（国发［2012］65 号），推动高品质植物免疫诱抗剂、生物杀菌剂或杀虫剂、天敌生物等生物农药产品产业化。

4.5.1.6　化学农药减量

2015 年，中共中央国务院发布《生态文明体制改革总体方案》，加快推进化肥、农药、农膜减量化以及畜禽养殖废弃物资源化和无害化，鼓励生产使用可降解农膜。健全化肥农药包装物、农膜回收贮运加工网络。

4.5.1.7　排污许可管理

环保部制定《排污许可证申请与核发技术规范　农药制造工业》（HJ 862—2017），规范农药制造工业排污单位排污许可证申请与核发工作。

4.5.1.8　污染物废弃物排放

2018 年，环保部发布《关于印发制浆造纸等十四个行业建设项目重大变动清单的通知》，对农药制造建设项目的规模（化学合成农药新增主要生产设施或生产能力增加 30％及以上；生物发酵工艺发酵罐规格增大或数量增加，导致污染物排放量增加）、建设地点［项目重新选址；在原厂址附近调整（包括总平面布置变化）导致防护距离内新增敏感点］、生产工艺［新增主要产品品种，主要生产工艺（备料、反应、发酵、精制/溶剂回收、分离、干燥、制剂加工等工序）变化，或主要原辅材料变化，导致新增污染物或污染物排放量增加］和环境保护措施［废气、废水处理工艺变化，导致新增污染物或污染物排放量增加（废气无组织排放改为有组织排放除外）；排气筒高度降低 10％及以上；新增废水排放口，废水排放去向由间接排放改为直接排放，直接排放口位置变化导致不利环境影响加重；风险防范措施变化导致环境风险增大；危险废物处置方式由外委改为自行处置或处置方式变化导致不利环境影响加重］等因素中的一项或一项以上发生重大变动，且可能导致环境影响显著变化（特别是不利环境影响加重）的，界定为重大变动。属于重大变动的应当重新报批环境影响评价文件，不属于重大变动的纳入竣工环境保护验收管理。

4.5.1.9　危化品分类管理

安监总局等十部委制定《危险化学品目录（2015）》，在该目录中，有 31 种原药尚有登记，22 种制剂并未在中国登记使用。这 31 种列入危化品的原药主要包括 3 类：

① 第一类是高毒、剧毒农药，包括涕灭威、水胺硫磷、杀扑磷、氧乐果等；

② 第二类是被列入国际公约的农药，如福美双、克百威等；

③ 第三类是生态环境部列入《重点环境管理危险化学品目录》的，如氯氰菊酯、乙草胺等。《危险化学品目录》涉及的主要是原药而不是制剂，如克百威原药是危化品，但制剂不是。

列入《危险化学品目录》，且在我国处于农药登记有效状态且可以合法生产的主要有 31 种农药原药。具体名单为：敌百虫、敌敌畏、百草枯、乙草胺、杀扑磷、氧乐果、马拉硫磷、克百威、溴苯腈、甲拌磷、甲草胺、水胺硫磷、甲基异柳磷、涕灭威、磷化铝、硫、烟碱、禾草敌、氯氰菊酯、三唑锡、倍硫磷、福美双、福美锌、杀鼠醚、溴鼠灵、溴敌隆、敌瘟磷、灭线磷、杀鼠灵、毒草胺、灭多威。

4.5.1.10　土地使用管理

国土资源部、国家发改委发布《限制用地项目目录（2012 年本）》，包括新建高毒、高残留以及对环境影响大的农药原药［包括氧乐果、水胺硫磷、甲基异柳磷、甲拌磷、特丁硫磷、杀扑磷、溴甲烷、灭多威、涕灭威、克百威、敌鼠钠、敌鼠酮、杀鼠灵、杀鼠醚、溴敌隆、溴鼠灵、肉毒素、杀虫双、灭线磷、硫丹、磷化铝、三氯杀螨醇，有机氯类、有机锡类杀虫剂，福美类杀菌剂，复硝酚钠（钾）等］生产装置，新建草甘膦、毒死蜱（水相法工艺除外）、三唑磷、百草枯、百菌清、阿维菌素、吡虫啉、乙草胺（甲叉法工艺除外）生产装置等。

4.5.1.11　产业转移

工信部 2012 年发布《产业转移指导目录》，对农药产业转移提出指导意见：

（1）针对国家区域战略确定的东北、东部、中部和西部四大区域，分别明确了发展方向；

（2）按照省（区、市）分行业提出承接发展的重点，并明确落实到具体的产业带或产业园区（集聚区）。

4.5.2　涉及农药品种或工艺的具体政策

4.5.2.1　产业结构调整指导

2015 年，国家发展和改革委员会发布《产业结构调整指导目录》。

（1）鼓励高效、安全、环境友好的农药新品种、新剂型（水基化剂型等）、专用中间体、助剂（水基化助剂等）的开发与生产，甲叉法乙草胺工艺、水相法毒死蜱工艺、草甘膦回收氯甲烷工艺、定向合成法手性和立体结构农药生产、乙基氯化物合成技术等清洁生产工艺的开发和应用，生物农药新产品、新技术的开发与生产。

（2）限制新建高毒、高残留以及对环境影响大的农药原药［包括氧乐果、水胺硫磷、甲基异柳磷、甲拌磷、特丁硫磷、杀扑磷、溴甲烷、灭多威、涕灭威、克百威、敌鼠钠、敌鼠酮、杀鼠灵、杀鼠醚、溴敌隆、溴鼠灵、肉毒素、杀虫双、灭线磷、硫丹、磷化铝、三氯杀螨醇，有机氯类、有机锡类杀虫剂，福美类杀菌剂，复硝酚钠（钾）等］生产装置，限制新建草甘膦、毒死蜱（水相法工艺除外）、三唑磷、百草枯、百菌清、阿维菌素、吡虫啉、乙草胺（甲叉法工艺除外）生产装置。

（3）淘汰落后生产工艺装备，包括钠法百草枯生产工艺，敌百虫碱法敌敌畏生产工艺，小包装（1kg 及以下）农药产品手工包（灌）装工艺及设备，雷蒙机法生产农药粉剂，以六氯苯为原料生产五氯酚（钠）装置，采用滴滴涕为原料非封闭生产三氯杀螨醇生产装置（根据国家履行国际公约总体计划要求进行淘汰）。

（4）淘汰落后产品、高毒农药产品：六六六、二溴乙烷、丁酰肼、敌枯双、除草醚、杀虫脒、毒鼠强、氟乙酰胺、氟乙酸钠、二溴氯丙烷、治螟磷（苏化 203）、磷胺、甘氟、毒鼠硅、甲胺磷、对硫磷、甲基对硫磷、久效磷、硫环磷（乙基硫环磷）、福美胂、福美甲胂及所有砷制剂、汞制剂、铅制剂、10％草甘膦水剂，甲基硫环磷、磷化钙、磷化锌、苯线磷、地虫硫磷、磷化镁、硫线磷、蝇毒磷、治螟磷、特丁硫磷（2011年）等。

根据国家履行国际公约的总体计划要求淘汰农药产品：氯丹、七氯、溴甲烷、滴滴涕、六氯苯、灭蚁灵、林丹、毒杀芬、艾氏剂、狄氏剂、异狄氏剂。

4.5.2.2　甲基溴生产配额管理

根据《中华人民共和国大气污染防治法》《消耗臭氧层物质管理条例》等有关规定，国家环境保护总局制定了《关于实施甲基溴生产许可证和配额管理的公告》，对甲基溴生产实行配额制。环保部《关于核发2018年度消耗臭氧层物质生产和使用配额的通知》（环办大气函〔2017〕2012号），对2018年甲基溴生产配额做了分配（见表4-8）。

表 4-8　2018 年甲基溴生产配额分配表　　　　　　　　　　　　单位：t

序号	企业名称	核发配额量	
		大田生姜	保护地生姜
1	连云港死海溴化物有限公司	49.8	13.27
2	临海市建新化工有限公司	14.74	3.93
3	昌邑市化工厂	4.34	1.16
合计		68.88	18.36

注：用于生姜种植土壤熏蒸，包括大田生姜和保护地生姜两部分。

4.5.2.3　助剂管理

根据农业部第747号公告，停止受理和批准、撤销已批准含八氯二丙醚的农药产品。

4.5.2.4　溶剂管理

工信部发布行业标准《农药乳油中有害溶剂限量》（HG/T 4576—2013），对乳油产品中的苯、甲苯、二甲苯、乙苯、甲醇、N,N-二甲基甲酰胺和萘含量做出限定。

4.5.2.5　氯氟化碳类物质管控

国家环境保护局、中国轻工总会、国家计委、国家经贸委、公安部、化工部、农业部、国家工商行政管理局、国家技术监督局联合发布《关于在气雾剂行业禁止使用氯氟化碳类物质的通告》（环控〔1997〕366号），气雾剂行业禁止使用氯氟化碳类物质。

4.5.2.6　草甘膦(双甘膦)生产企业环保核查

环保部制定《草甘膦（双甘膦）生产企业环保核查指南》，对企业申请核查当年及上一年度环保法律法规执行情况、环保治理设施完备性和运行效果进行现场核实，发布符合环保要求的草甘膦（双甘膦）原药生产企业名单公告。

4.5.2.7　环境保护综合名录

环保部发布的《环境保护综合名录（2017年版）》，包含两部分：一是"高污染、高环境风险"产品（简称"双高"产品）名录，包括885项"双高"产品；二是环境保护重点设备名录，包括72项设备。其中，甲拌磷、氯乙酰氯（乙烯酮氯化法除外）、2-萘酚、灭线磷、甲基硫环磷、水胺硫磷、甲基异柳磷、特丁磷、甲胺磷、甲基对硫磷、对硫磷、久效磷、磷胺、喹硫磷、治螟磷、敌敌畏、蝇毒磷、苯线磷、毒死蜱、氧乐果（氧化乐果）、硫线磷（克线丹）、三唑磷、敌百虫、杀扑磷、威菌磷、混灭威、涕灭威、灭多威、林丹、滴滴涕、硫丹、溴甲烷、磷化铝、三氯杀螨醇、灭蚁灵、阿维菌素、吡虫啉（吗啉-正丙醛工艺除外）、苯丁锡、福美胂、福美甲胂、多硫化钡、代森锰锌、甲草胺（甲叉法工艺除外）、乙草胺（甲叉法工艺除外）、丁草胺（甲叉法工艺除外）、莠去津、西玛津、苄嘧磺隆、氯磺隆、甲磺隆、胺苯磺隆、丁酰肼、磷化钙、磷化锌、灭鼠灵、杀鼠醚、溴敌隆、溴鼠灵、敌鼠（钠）、五氯酚（钠）、含汞农药、10％草甘膦水剂、18％杀虫双水剂、石硫合剂、对氯苯乙酸列入名录。综合名录从全生命周期角度提出这些"双高"产品，为政府部门、企业、社会组织和公众参与环境治理工作，提供了科学有效的参考。

4.5.3 农药可追溯管理相关政策

4.5.3.1 国家可追溯管理相关政策

"可追溯"是一种还原产品生产全过程和应用历史轨迹、发生场所、销售渠道的能力，以发现产品链的最终端。可追溯管理的核心是经销台账的建立。我国已制定的法律、法规及政策性文件，对农药可追溯问题都有越来越明确的要求，强调农药生产、经营者是建设农药产品追溯系统的责任主体，也是农药产品可追溯管理的第一责任人。有关可追溯管理的法律、法规、政策具体见表 4-9。

表 4-9　有关可追溯管理的法律、法规、政策

类型	发布日期	文件名称	具体内容
法律、法规、规章	2017 年 3 月 16 日	《农药管理条例》（国务院令第 677 号）	第二十二条第二款规定，农药标签应当按照国务院农业主管部门的规定，以中文标注农药的名称、剂型、有效成分及其含量、毒性及其标识、使用范围、使用方法和剂量、使用技术要求和注意事项、生产日期、可追溯电子信息码等内容
	2017 年 6 月 21 日	《农药标签和说明书管理办法》（农业部 2017年第 6 次常务会议审议通过）	第二十四条规定，可追溯电子信息码应当以二维码等形式标注，能够扫描识别农药名称、农药登记证持有人名称等信息。信息码不得含有违反本办法规定的文字、符号、图形
	2017 年 9 月 5 日	《农药标签二维码管理规定》（农业部公告第2579 号）	（1）农药标签二维码码制采用 QR 码或 DM 码。 （2）二维码内容由追溯网址、单元识别代码等组成。通过扫描二维码应当能够识别显示农药名称、登记证持有人名称等信息。 （3）单元识别代码由 32 位阿拉伯数字组成。第 1 位为该产品农药登记类别代码，"1"代表登记类别代码为 PD，"2"代表登记类别代码为 WP，"3"代表临时登记；第 2～7 位为该产品农药登记证号的后六位数字，登记证号不足六位数字的，可从中国农药信息网（www.chinapesticide.org.cn）查询；第 8 位为生产类型，"1"代表农药登记证持有人生产，"2"代表委托加工，"3"代表委托分装；第 9～11 位为产品规格码，企业自行编制；第 12～32 位为随机码。 （4）标签二维码应具有唯一性，一个标签二维码对应唯一一个销售包装单位。 （5）农药生产企业、向中国出口农药的企业负责落实追溯要求，可自行建立或者委托其他机构建立农药产品追溯系统，制作、标注和管理农药标签二维码，确保通过追溯网址可查询该产品的生产批次、质量检验等信息。追溯查询网页应当具有较强的兼容性，可在 PC 端和手机端浏览。 （6）2018 年 1 月 1 日起，农药生产企业、向中国出口农药的企业生产的农药产品，其标签上应当标注符合本公告规定的二维码

类型	发布日期	文件名称	具体内容
法律、法规、规章	2006 年 4 月 29 日	《中华人民共和国农产品质量安全法》	第二十四条规定，农产品生产企业和农民专业合作经济组织应当建立农产品生产记录，如实记载下列事项： （1）使用农业投入品的名称、来源、用法、用量和使用、停用的日期； （2）动物疫病、植物病虫草害的发生和防治情况； （3）收获、屠宰或者捕捞的日期。 农产品生产记录应当保存二年。禁止伪造农产品生产记录。国家鼓励其他农产品生产者建立农产品生产记录
	2007 年 7 月 26 日	《国务院关于加强食品等产品安全监督管理的特别规定》	第五条规定，销售者必须建立并执行进货检查验收制度，审验供货商的经营资格，验明产品合格证明和产品标识，并建立产品进货台账，如实记录产品名称、规格、数量、供货商及其联系方式、进货时间等内容。从事产品批发业务的销售企业应当建立产品销售台账，如实记录批发的产品品种、规格、数量、流向等内容。在产品集中交易场所销售自制产品的生产企业应当比照从事产品批发业务的销售企业的规定，履行建立产品销售台账的义务。进货台账和销售台账保存期限不得少于 2 年。销售者应当向供货商按照产品生产批次索要符合法定条件的检验机构出具的检验报告或者由供货商签字或者盖章的检验报告复印件；不能提供检验报告或者检验报告复印件的产品，不得销售。 违反前款规定的，由工商、药品监督管理部门依据各自职责责令停止销售；不能提供检验报告或者检验报告复印件销售产品的，没收违法所得和违法销售的产品，并处货值金额 3 倍的罚款；造成严重后果的，由原发证部门吊销许可证照
	2009 年 8 月	《中华人民共和国产品质量法》	1. 第二十七条规定，产品或者其包装上的标识必须真实，并符合下列要求：（一）有产品质量检验合格证明；（二）有中文标明的产品名称、生产厂厂名和厂址；（三）根据产品的特点和使用要求，需要标明产品规格、等级、所含主要成分的名称和含量的，用中文相应予以标明；需要事先让消费者知晓的，应当在外包装上标明，或者预先向消费者提供有关资料；（四）限期使用的产品，应当在显著位置清晰地标明生产日期和安全使用期或者失效日期；（五）使用不当，容易造成产品本身损坏或者可能危及人身、财产安全的产品，应当有警示标志或者中文警示说明。裸装的食品和其他根据产品的特点难以附加标识的裸装产品，可以不附加产品标识。 2. 第三十三条规定，销售者应当建立并执行进货检查验收制度，验明产品合格证明和其他标识。 3. 第四十二条规定，由于销售者的过错使产品存在缺陷，造成人身、他人财产损害的，销售者应当承担赔偿责任。销售者不能指明缺陷产品的生产者也不能指明缺陷产品的供货者的，销售者应当承担赔偿责任。 4. 第五十五条规定，销售者销售本法第四十九条至第五十三条规定禁止销售的产品，有充分证据证明其不知道该产品为禁止销售的产品并如实说明其进货来源的，可以从轻或者减轻处罚

类型	发布日期	文件名称	具体内容
法律、法规、规章	2015年4月24日	《中华人民共和国食品安全法》（主席令 第21号）	1. 第四十二条规定，国家建立食品安全全程追溯制度。食品生产经营者应当依照本法的规定，建立食品安全追溯体系，保证食品可追溯。国家鼓励食品生产经营者采用信息化手段采集、留存生产经营信息，建立食品安全追溯体系。国务院食品药品监督管理部门会同国务院农业行政等有关部门建立食品安全全程追溯协作机制。 2. 第四十九条规定，食用农产品的生产企业和农民专业合作经济组织应当建立农业投入品使用记录制度。 县级以上人民政府农业行政部门应当加强对农业投入品使用的监督管理和指导，建立健全农业投入品安全使用制度。 3. 第五十条规定，食品生产企业应当建立食品原料、食品添加剂、食品相关产品进货查验记录制度，如实记录食品原料、食品添加剂、食品相关产品的名称、规格、数量、生产日期或者生产批号、保质期、进货日期以及供货者名称、地址、联系方式等内容，并保存相关凭证。记录和凭证保存期限不得少于产品保质期满后六个月；没有明确保质期的，保存期限不得少于二年。 4. 第五十一条规定，食品生产企业应当建立食品出厂检验记录制度，查验出厂食品的检验合格证和安全状况，如实记录食品的名称、规格、数量、生产日期或者生产批号、保质期、检验合格证号、销售日期以及购货者名称、地址、联系方式等内容，并保存相关凭证。记录和凭证保存期限应当符合本法第五十条第二款的规定。 5. 第五十三条规定，食品经营企业应当建立食品进货查验记录制度，如实记录食品的名称、规格、数量、生产日期或者生产批号、保质期、进货日期以及供货者名称、地址、联系方式等内容，并保存相关凭证。记录和凭证保存期限应当符合本法第五十条第二款的规定。 实行统一配送经营方式的食品经营企业，可以由企业总部统一查验供货者的许可证和食品合格证明文件，进行食品进货查验记录。 从事食品批发业务的经营企业应当建立食品销售记录制度，如实记录批发食品的名称、规格、数量、生产日期或者生产批号、保质期、销售日期以及购货者名称、地址、联系方式等内容，并保存相关凭证。记录和凭证保存期限应当符合本法第五十条第二款的规定。 6. 第五十九条规定，食品添加剂生产者应当建立食品添加剂出厂检验记录制度，查验出厂产品的检验合格证和安全状况，如实记录食品添加剂的名称、规格、数量、生产日期或者生产批号、保质期、检验合格证号、销售日期以及购货者名称、地址、联系方式等相关内容，并保存相关凭证。记录和凭证保存期限应当符合本法第五十条第二款的规定。 7. 第六十条规定，食品添加剂经营者采购食品添加剂，应当依法查验供货者的许可证和产品合格证明文件，如实记录食品添加剂的名称、规格、数量、生产日期或者生产批号、保质期、进货日期以及供货者名称、地址、联系方式等内容，并保存相关凭证。记录和凭证保存期限应当符合本法第五十条第二款的规定。

类型	发布日期	文件名称	具体内容
法律、法规、规章	2015 年 4 月 24 日	《中华人民共和国食品安全法》(主席令　第 21 号)	8. 第六十五条规定,食用农产品销售者应当建立食用农产品进货查验记录制度,如实记录食用农产品的名称、数量、进货日期以及供货者名称、地址、联系方式等内容,并保存相关凭证。记录和凭证保存期限不得少于六个月。 9. 第九十八条规定,进口商应当建立食品、食品添加剂进口和销售记录制度,如实记录食品、食品添加剂的名称、规格、数量、生产日期、生产或者进口批号、保质期、境外出口商和购货者名称、地址及联系方式、交货日期等内容,并保存相关凭证。记录和凭证保存期限应当符合本法第五十条第二款的规定。 10. 第一百一十条规定,县级以上人民政府食品药品监督管理、质量监督部门履行各自食品安全监督管理职责,有权采取下列措施,对生产经营者遵守本法的情况进行监督检查: (1) 进入生产经营场所实施现场检查; (2) 对生产经营的食品、食品添加剂、食品相关产品进行抽样检验; (3) 查阅、复制有关合同、票据、账簿以及其他有关资料; (4) 查封、扣押有证据证明不符合食品安全标准或者有证据证明存在安全隐患以及用于违法生产经营的食品、食品添加剂、食品相关产品; (5) 查封违法从事生产经营活动的场所。 11. 第一百二十六条规定,违反本法规定,有下列情形之一的,由县级以上人民政府食品药品监督管理部门责令改正,给予警告;拒不改正的,处五千元以上五万元以下罚款;情节严重的,责令停产停业,直至吊销许可证: 　食品、食品添加剂生产经营者进货时未查验许可证和相关证明文件,或者未按规定建立并遵守进货查验记录、出厂检验记录和销售记录制度; 12. 第一百二十九条规定,违反本法规定,进口商未建立并遵守食品、食品添加剂进口和销售记录制度、境外出口商或者生产企业审核制度的,由出入境检验检疫机构依照本法第一百二十六条的规定给予处罚; 13. 第一百三十六条规定,食品经营者履行了本法规定的进货查验等义务,有充分证据证明其不知道所采购的食品不符合食品安全标准,并能如实说明其进货来源的,可以免予处罚,但应当依法没收其不符合食品安全标准的食品;造成人身、财产或者其他损害的,依法承担赔偿责任
政策	2015 年 2 月 1 日	《中共中央国务院关于加大改革创新力度加快农业现代化建设的若干意见》(中央 1 号文件)	第一条　围绕建设现代农业,加快转变农业发展方式 (3) 提升农产品质量和食品安全水平。加强县乡农产品质量和食品安全监管能力建设。严格农业投入品管理,大力推进农业标准化生产。落实重要农产品生产基地、批发市场质量安全检验检测费用补贴政策。建立全程可追溯、互联共享的农产品质量和食品安全信息平台。开展农产品质量安全县、食品安全城市创建活动。大力发展名特优新农产品,培育知名品牌。健全食品安全监管综合协调制度,强化地方政府法定职责。加大防范外来有害生物力度,保护农林业生产安全。落实生产经营者主体责任,严惩各类食品安全违法犯罪行为,提高群众安全感和满意度

类型	发布日期	文件名称	具体内容
政策	2015年5月8日	《国务院关于印发〈中国制造2025〉的通知（国发〔2015〕28号）》	第三条　战略任务和重点 （2）推进信息化与工业化深度融合。推进制造过程智能化。在重点领域试点建设智能工厂/数字化车间，加快人机智能交互、工业机器人、智能物流管理、增材制造等技术和装备在生产过程中的应用，促进制造工艺的仿真优化、数字化控制、状态信息实时监测和自适应控制。加快产品全生命周期管理、客户关系管理、供应链管理系统的推广应用，促进集团管控、设计与制造、产供销一体、业务和财务衔接等关键环节集成，实现智能管控。加快民用爆炸物品、危险化学品、食品、印染、稀土、农药等重点行业智能检测监管体系建设，提高智能化水平。 　　在食品、药品、婴童用品、家电等领域实施覆盖产品全生命周期的质量管理、质量自我声明和质量追溯制度，保障重点消费品质量安全。大力提高国防装备质量可靠性，增强国防装备实战能力
文件	2007年11月29日	《关于贯彻〈国务院关于加强食品等产品安全监督管理的特别规定〉实施产品质量电子监管的通知》	重点产品生产企业必须在产品包装上使用电子监管码后，方可出厂销售。首批入网产品目录（9类69种），农药列在第4类第15种。 （1）生产工业产品生产许可证管理和强制性产品认证（CCC）管理产品的生产企业，必须加入产品质量电子监管网（以下简称电子监管网），并在产品包装上使用统一标识的电子监管码（附件1）。按照全面实施、分步推进的原则，由国家质检总局制定、公布《入网产品目录》《首批入网产品目录》见附件2）和实施办法，逐步将列入工业产品生产许可证（以下简称生产许可证）管理和强制性产品认证（CCC）管理的产品纳入电子监管网管理。 （6）电子监管网的技术服务机构必须确保网络的正常运行和数据信息的安全、可靠，积极主动做好企业入网、产品赋码、核准核销、消费查询、监管追溯、通报预警等各个环节的技术服务工作，为尽快建立产品质量和食品安全追溯体系，加强质量安全监管，打击假冒伪劣提供有效的技术保障。 （7）对列入《入网产品目录》的产品，未获得生产许可证、CCC认证证书并未使用统一标识电子监管码的，产品不得生产销售；产品生产企业和销售者不得伪造或者冒用电子监管码
文件	2015年3月20日	《关于印发〈2015年全国农资打假和监管工作要点〉的通知》（农质发〔2015〕4号）	第九条　加快推进信息化和信用体系建设。加快推进实施农资产品条码、二维码等追溯码标识，建设集信息采集、信用评价、动态监管、快速反应于一体的农资打假与监管工作信息平台，广泛应用物联网、电子标签、二维码等现代技术手段，推进农资生产、销售和使用环节的信息化管理，努力实现农资产品信息可查询、流向可追踪、质量可控制、责任可追溯，切实提高监管效能。加强农资生产经营主体信用体系建设，综合利用监督抽查、执法检查、投诉举报、群众调查等信息，全面开展农资经营企业诚信评价，建立并完善信用信息披露、守信激励、失信惩戒、信用监督等运行机制

类型	发布日期	文件名称	具体内容
文件	2015 年 3 月 27 日	《农业部关于印发〈2015 年全国农资打假专项治理行动实施方案〉的通知》（农质发〔2015〕5 号）	第三条　工作重点 （1）重点品种　农药：严厉查处生产经营违法添加高毒农药等未登记成分、有效成分不足等假劣农药和套用、冒用登记证等违法行为。严厉打击非法生产、经营和使用甲胺磷等禁用农药的行为。推行高毒农药定点经营和实名购买制度，开展农药产品电子追溯码标识试点。 第四条　工作任务 （4）完善长效机制，推进社会共治　①深入开展放心农资下乡进村活动。继续加大对放心农资下乡进村工作的支持力度，选择部分基础条件好的县开展示范工作，要重点围绕农资监管信息平台建设、新型农资流通体系、放心农资店等方面开展。要配合行业主管部门大力实施农资产品电子追溯码标识制度，努力实现本区域农资产品信息可查询、流向可追溯、质量可控制、责任可追究，切实提升监管效能
	2015 年 4 月 9 日	《国务院办公厅关于印发 2015 年全国打击侵犯知识产权和制售假冒伪劣商品工作要点的通知》（国办发〔2015〕17 号）	（10）各部门加强行业重点监管。深入推进农资打假专项治理。以农药、兽药、饲料和饲料添加剂、肥料、种子、种苗、农机等为重点，开展春季、夏季百日、秋冬种和"红盾护农"等专项行动，对农资主产区、小规模经营聚集区等重点区域加强监督检查，深挖制售假劣农资源头，查处制假售假、无照经营等违法犯罪行为。加强对种子质量和品种真实性以及农药、兽药、饲料有效成分含量和违禁成分的检测，完善农资质量追溯体系，对不合格的农资采取下架、退市、召回等措施。 （11）广泛运用新一代信息技术。运用云计算、物联网、移动互联网等新一代信息技术，创新市场监管手段，对侵权假冒商品实施追踪溯源，及时发现问题和线索，采取针对性整治措施（全国打击侵权假冒工作领导小组各成员单位按职责分工分别负责）。行政执法机关和公安、检察、审判机关建立完善本系统上下贯通的监督管理工作平台，实现信息报送、案件督办、监督检查等功能。积极推动部间工作平台的互联互通和信息共享（公安部、农业部、文化部、海关总署、工商总局、质检总局、新闻出版广电总局、食品药品监管总局、林业局、知识产权局、最高法院、最高检察院按职责分工分别负责）。完善打假溯源技术平台的运用，细化与重点电子商务企业的协作机制
	2016 年 1 月 12 日	《国务院办公厅关于加快推进重要产品　追溯体系建设的意见》（国办发〔2015〕95 号）	第一条　总体要求 （1）指导思想。贯彻落实党的十八大和十八届二中、三中、四中、五中全会精神，按照国务院决策部署，坚持以落实企业追溯管理责任为基础，以推进信息化追溯为方向，加强统筹规划，健全标准规范，创新推进模式，强化互通共享，加快建设覆盖全国、先进适用的重要产品追溯体系，促进质量安全综合治理，提升产品质量安全与公共安全水平，更好地满足人民群众生活和经济社会发展需要。 （3）主要目标。到 2020 年，追溯体系建设的规划标准体系得到完善，法规制度进一步健全；全国追溯数据统一共享交换机制基本形成，初步实现有关部门、地区和企业追溯信息互通共享；食用农产品、食品、药品、农业生产资料、特种设备、危险品、稀土产品等重要产品生产经营企业追溯意识显著增强，采

类型	发布日期	文件名称	具体内容
文件	2016年1月12日	《国务院办公厅关于加快推进重要产品追溯体系建设的意见》（国办发〔2015〕95号）	用信息技术建设追溯体系的企业比例大幅提高；社会公众对追溯产品的认知度和接受度逐步提升，追溯体系建设市场环境明显改善。 　　第二条　统一规划，分类推进 　　（8）推进主要农业生产资料追溯体系建设。以农药、兽药、饲料、肥料、种子等主要农业生产资料登记、生产、经营、使用环节全程追溯监管为主要内容，建立农业生产资料电子追溯码标识制度，建设主要农业生产资料追溯体系，实施全程追溯管理，保障农业生产安全、农产品质量安全、生态环境安全和人民生命安全。 　　第四条　多方参与，合力推进 　　（14）强化企业主体责任。生产经营企业要严格遵守有关法律法规规定，建立健全追溯管理制度，切实履行主体责任。鼓励采用物联网等技术手段采集、留存信息，建立信息化的追溯体系。批发、零售、物流配送等流通企业要发挥供应链枢纽作用，带动生产企业共同打造全过程信息化追溯链条。企业间要探索建立多样化的协作机制，通过联营、合作、交叉持股等方式建立信息化追溯联合体。电子商务企业要与线下企业紧密融合，建设基于统一编码技术、线上线下一体的信息化追溯体系。外贸企业要兼顾国内外市场需求，建设内外一体的进出口信息化追溯体系。 　　（15）发挥政府督促引导作用。有关部门要加强对生产经营企业的监督检查，督促企业严格遵守追溯管理制度，建立健全追溯体系。围绕追溯体系建设的重点、难点和薄弱环节，开展形式多样的示范创建活动。已列入有关部门开展的农产品质量安全、食品药品安全、质量强市、质量提升等创建活动的地区，尤其要加大示范创建力度，创造可复制可推广的经验。有条件的地方可针对部分安全风险隐患大、社会反映强烈的产品，在本行政区域内依法强制要求生产经营企业采用信息化手段建设追溯体系。 　　（16）支持协会积极参与。行业协会要深入开展有关法律法规和标准宣传贯彻活动，创新自律手段和机制，推动会员企业提高积极性，主动建设追溯体系，形成有效的自律推进机制。有条件的行业协会可投资建设追溯信息平台，采用市场化方式引导会员企业建设追溯体系，形成行业性示范品牌。支持有条件的行业协会提升服务功能，为会员企业建设追溯体系提供专业化服务。 　　（17）发展追溯服务产业。支持社会力量和资本投入追溯体系建设，培育创新创业新领域。支持有关机构建设第三方追溯平台，采用市场化方式吸引企业加盟，打造追溯体系建设的众创空间。探索通过政府和社会资本合作（PPP）模式建立追溯体系云服务平台，为广大中小微企业提供信息化追溯管理云服务。支持技术研发、系统集成、咨询、监理、测试及大数据分析应用等机构积极参与，为企业追溯体系建设及日常运行管理提供专业服务，形成完善的配套服务产业链。 　　第六条　完善制度，强化保障 　　（23）落实工作责任。地方各级人民政府要将重要产品追溯体系建设作为一项重要的民生工程和公益性事业，结合实际研究制定具体实施方案，明确任务目标及工作重点，出台有针对性的政策措施，落实部门职责分工及进度安排，确保各项任务落到实处

4.5.3.2　农药信息化可追溯具体要求

农药可追溯管理，对于加强农药全程管控，促进农业生产和农产品质量安全有着十分重要的意义。一是有利于落实农药生产经营主体责任。建立农药追溯机制是落实主体责任的有效措施，信息化技术的有效运用是农药安全追溯体系建设的有力保障。二是有利于加强农药源头控制。我国农药生产量达到 270 万吨（折百计算），生产企业 2300 多家，登记产品约 4 万个，经营单位近 36 万家，加强可追溯管理，是确保农药质量和安全管理的重要措施和抓手。三是有利于快速有效处置农药事故。多年来的实践证明，农药可追溯体系的推行，能有效提高农药安全事故的处置效率，能及时查清事故原因，排除安全隐患，降低农药使用风险。四是有利于保障消费者知情权。实行农药可追溯制度的最终目的是保障消费者的人身安全和健康，保护消费者的知情权，消费者有权通过信息追溯系统，查询农药产品的来源信息。五是有利于人们正确认知和使用农药。通过建立完善的可追溯制度，不仅能有效落实企业对农药安全的主体责任，而且能加大农药安全信息的公开透明度，让社会公众和使用者知悉农药是源头可寻、流向可查、责任可追的。这不仅能够提升人们科学对待农药的信心，也能敦促管理部门进一步完善农药安全监管手段，提高行政监管效能，将农药管理工作推向一个新高度。

（1）追溯管理的实质是建立健全进销台账　追溯管理是企业产品全过程管理方式，是建立在产品信息记录基础上的查证行为，客观上要求企业对产品的生产、流通、使用环节的流向信息做出记录并保存，也就是产品的信息、来源、流向、终端使用等需要以进销台账来体现。相关法规也要求生产、经营主体如实记录供货人和购买人的信息、产品名称、数量、规格等，这也是生产经营者必须履行的基本义务。进销台账是农药生产经营者履行其法定义务的证明，进销台账能够清晰地显示出产品的生产、销售和使用信息，能够做到产品来源可查、去向可追，最终能找到发生问题的根源或者问题症结所在，这也是农业行政执法监督的重要内容，具有很强的可操作性。市场产品采用的条形码、二维码等信息化技术是帮助实现可追溯管理的一种现代技术手段。

（2）实施可追溯管理的责任主体是农药生产、经营者　农药可追溯管理是对农药产品而言，只有农药生产经营者最了解农药产品的特点、来源、流向等相关信息。也就是说，产品的所有信息需要由生产经营者来如实记录，妥善保存，这是生产经营者业务管理的需要，也是农药法律法规要求其履行的基本义务。早期的法律法规，如原《农药管理条例》要求其落实进货查验制度，查验质量、标签、许可证等。后期发布的法律法规，如《产品质量法》《农产品质量安全法》，新修订的《农药管理条例》《国务院关于加强食品等产品安全监督管理的特别规定》等，要求在落实进货查验制度的基础上建立健全经营台账管理。近两年，国家对重点产品要求推进信息化追溯管理，如 2015 年新修订的《食品安全法》、2016 年国务院办公厅《关于加快推进重要产品追溯体系建设的意见》规定国家鼓励食品生产经营者采用信息化手段采集、留存生产经营信息，建立食品安全追溯体系。因此，实施可追溯管理的责任主体一定是农药生产经营者。

（3）管理部门主要落实监管责任　管理部门应加强对生产经营企业的监督检查，督促企业严格遵守追溯管理制度，建立健全追溯体系。在执法检查活动中，主要监督农药生产经营者是否履行了进货查验、建立真实生产经营台账的义务，对违规者依法进行处罚。同时，管理部门应围绕追溯体系建设的重点、难点和薄弱环节，开展形式多样的示范创建活动，通过先进可追溯系统的示范与服务，来引导生产、经营者采用信息化手段落实可追溯管理。对部分安全风险隐患大、社会反应强烈的农药产品，可以依法强制要求生产经营企业采用信息化手段建设追溯体系。因此，管理部门承担着引导、服务、宣传、督促、执法的监管责任，只有落实好监管责任，才能实现农药质量和安全的可追溯管理，才能维护好农药使用者的合法权益。

（4）鼓励行业协会和社会资本开展信息化可追溯管理服务　由于我国农药生产企业数量多，规模小，农药经营单位更是数量巨大，规模弱小，抵御市场风险的能力差。作为农药可追溯责任的主体，很难承担起可追溯系统越来越高的要求。如何利用现代信息技术，建立高效、便捷的追溯体系和运行机制，除了企业本身加大投入外，相关协会、社会资本投入可追溯体系建设也是当务之急。这也是一种探索政府与社会合作，推进各类追溯信息互通共享的合作新模式。因此要鼓励行业协会和社会资本投入追溯体系建设，支持社会力量和资本建设第三方追溯平台，采用市场化方式吸引企业加盟，为追溯体系建设提供巨大的市场空间。但是，由于我国农药经营准入门槛低，经营单位分散，而且数量庞大，规范经营的意识淡薄，管理水平参差不齐。特别是乡村级零售店，数量多而分散、抗风险能力弱，客观上需要政府给予一定的政策、技术或资金支持，只有政府加大支持力度，可追溯系统才能达到全覆盖。因此，可以通过政府财政和社会资本合作，探索建立可追溯体系的云服务平台，为广大中小微企业提供信息化追溯管理的云服务，这将为我国全面实施农药可追溯制度起到重要的支撑作用。

（5）信息化追溯管理的要求逐步提高　从我国现行的农药法规、政策和文件来看，对农药可追溯或信息化追溯的要求越来越高。从《农药管理条例》的进货查验制度，到《产品质量法》《农产品质量安全法》《国务院关于加强食品等产品安全监督管理的特别规定》的建立健全经营台账管理，再到2015年新修订的《食品安全法》、2016年国务院办公厅《关于加快推进重要产品追溯体系建设的意见》，加大了对重点产品信息化追溯管理力度。特别是2016年国务院办公厅出台《关于加快推进重要产品追溯体系建设的意见》，鼓励所有行业推行信息化追溯管理，先期对重点产品（如农药、医药等）落实信息化追溯。有条件的地区可以对重点产品强制落实信息化追溯。同时，要推进追溯的标准化、规范化，逐步建立起互通共享、全程覆盖的信息化追溯体系。

总之，加强农药可追溯管理是企业经营管理的内在需求，也是农药市场法治化、规范化管理的需要。深入做好农药可追溯管理，必将对规范农药生产经营秩序，保障农产品质量安全和人畜安全起到积极的促进作用。

4.5.4　清洁生产政策

4.5.4.1　清洁生产概述

（1）清洁生产（cleaner production）的概念　《中华人民共和国清洁生产促进法》中清洁生产的定义是指不断采取改进设计，使用清洁的能源和原料，采用先进的工艺技术与设备，改善管理，综合利用，从源头消减污染，提高资源利用效率，减少或者避免生产服务和产品使用过程中污染物的产生和排放，以减轻或者消除对人类健康和环境的危害。

清洁生产将综合预防的环境保护策略持续应用于生产过程和产品中，以期减少对人类和环境的风险。从本质上来说，就是对生产过程与产品采取整体预防的环境策略，减少或者消除它们对人类及环境的可能危害，同时充分满足人类需要，使社会经济效益最大化的一种生产模式。具体措施包括：不断改进设计；使用清洁的能源和原料；采用先进的工艺技术与设备；改善管理；综合利用；从源头削减污染，提高资源利用效率；减少或者避免生产、服务和产品使用过程中污染物的产生和排放。清洁生产是实施可持续发展的重要手段。

（2）清洁生产的发展　工业革命以来，特别是 20 世纪以来，人类创造了前所未有的物质财富，极大地推进了人类文明的进程，但采用的却是过度的消耗资源、能源来推动经济增长的发展模式，造成严重的资源短缺和环境污染问题。

第二次世界大战后，经济高速发展造成严重的环境污染，20 世纪 60 年代发生了一系列震惊世界的环境公害，威胁着人类的健康和经济的进一步发展。1972 年，在瑞典召开的联合国人类环境会议通过《人类环境宣言》。开始了"先污染后治理"的末端治理的模式，虽然取得了一定的环境效益，但治理成本高，企业缺乏治理污染的主动性和积极性；治理难度大，并存在污染转移的风险；无助于减少生产过程中的浪费。20 世纪 70 年代中后期，逐步形成了废物最小、源头削减、无废和少废工艺、污染预防等新的污染防治战略。

1989 年，联合国环境规划署首次提出清洁生产的概念，并制定了推行清洁生产的行动计划。1990 年，在第一次国际清洁生产高级研讨会上，正式提出了清洁生产的定义。1992 年，清洁生产正式写入《21 世纪议程》，并成为通过预防来实现工业化可持续发展的专用术语。从此，清洁生产在全球范围内逐步推行。

我国的清洁生产的形成与发展过程可概括为三个阶段：

① 第一阶段，从 1983 年到 1992 年，为清洁生产的形成阶段；显著特点是清洁生产从萌芽状态逐渐发展到理念形成，并作为环境与发展的对策。

② 第二阶段，从 1993 年到 2002 年，为清洁生产的推行阶段。

③ 第三阶段，从 2003 年开始进入依法全面推行清洁生产的阶段。《中华人民共和国清洁生产促进法》于 2003 年 1 月 1 日起实施，这标志着我国进入全面推行清洁生产的新阶段，预示着我国推行清洁生产的步伐将大大加快。

（3）清洁生产的观念

① 清洁能源　包括开发节能技术，尽可能开发利用再生能源以及合理利用常规能源。

② 清洁生产过程　包括尽可能不用或少用有毒有害原料和中间产品。对原材料和中间产品进行回收，改善管理、提高效率。

③ 清洁产品　包括以不危害人体健康和生态环境为主导因素来考虑产品的制造过程甚至使用之后的回收利用，减少原材料和能源使用。

4.5.4.2　农药行业清洁生产现状

经过多年发展，我国农药行业已形成较完整的产业体系，满足了农业生产需求，为经济发展作出了贡献。但同时，农药对环境的负面影响逐步突显，在环境保护的大趋势下，必须多措并举尽快提高清洁生产水平。我国是农药生产大国，但同时给环境带来的压力也远远大于其他国家。特别是在清洁生产方面，与发达国家有较大差距。

农药是一种或几种物质的混合物及其制剂，"三废"组成复杂，毒性大且浓度高，不易治理。而且农药品种多，工艺复杂，不同产品产污情况不同，同一产品也会因工艺、原料不同而产生不同污染物。

具体来看，农药生产中排放的废气很多，如氯化氢、二氧化硫、氮氧化物等，主要来源于加入过量的气体原料、化学反应产生的气体、回收不彻底形成的有机废气、处理废水废渣产生的气体污染物等。

农药生产中的废水也不少，如氯化钠、磷酸根、硫酸根等，主要来源于化学反应产生的废水、操作过程中未反应的原料、处理废水时产生的污染物等。

农药废渣则包括有机物、无机物等，主要来源有未反应的原料、过滤废渣、蒸馏残液、处理废水时产生的沉渣和污泥等。

目前，对于废气，一般是通过过水吸收、活性炭吸附、RTO焚烧等方式处理。而不同废水处理工艺很不相同，一般要先预处理，再进行物理、化学、生化法处理。废渣由于热值较高，通常以焚烧方式处理。

尽管我国投入了巨大的人力和物力，对农药生产工艺进行改进，研发"三废"治理技术和资源回收技术，但实际情况不容乐观，仍面临许多问题。例如，缺乏特征因子排放、副产物产品质量等标准。

未来还需要进一步提升农药清洁生产水平，如加快淘汰落后产能，建立负面清单，制定和实施排放标准，完善清洁生产评价体系等。总的来说，我国农药清洁生产还有很长一段路要走，任重而道远。

4.5.4.3　清洁生产的法律依据

（1）《中华人民共和国清洁生产促进法》（2012年2月29日）

① 第二十七条　企业应当对生产和服务过程中的资源消耗以及废物的产生情况进行监测，并根据需要对生产和服务实施清洁生产审核。

有下列情形之一的企业，应当实施强制性清洁生产审核：

a. 污染物排放超过国家或者地方规定的排放标准，或者虽未超过国家或者地方规定的排放标准，但超过重点污染物排放总量控制指标的；

b. 超过单位产品能源消耗限额标准构成高耗能的；

c. 使用有毒、有害原料进行生产或者在生产中排放有毒、有害物质的。

污染物排放超过国家或者地方规定的排放标准的企业，应当按照环境保护相关法律的规定治理。

实施强制性清洁生产审核的企业，应当将审核结果向所在地县级以上地方人民政府负责清洁生产综合协调的部门、环境保护部门报告，并在本地区主要媒体上公布，接受公众监督，但涉及商业秘密的除外。

县级以上地方人民政府有关部门应当对企业实施强制性清洁生产审核的情况进行监督，必要时可以组织对企业实施清洁生产的效果进行评估验收，所需费用纳入同级政府预算。承担评估验收工作的部门或者单位不得向被评估验收企业收取费用。

实施清洁生产审核的具体办法，由国务院清洁生产综合协调部门、环境保护部门会同国务院有关部门制定。

② 第二十八条　本法第二十七条第二款规定以外的企业，可以自愿与清洁生产综合协调部门和环境保护部门签订进一步节约资源、削减污染物排放量的协议。该清洁生产综合协调部门和环境保护部门应当在本地区主要媒体上公布该企业的名称以及节约资源、防治污染的成果。

（2）《国务院关于加快发展节能环保产业的意见》（国发〔2013〕30号）　资源环境制约

是当前我国经济社会发展面临的突出矛盾。解决节能环保问题，是扩内需、稳增长、调结构，打造中国经济升级版的一项重要而紧迫的任务。加快发展节能环保产业，对拉动投资和消费，形成新的经济增长点，推动产业升级和发展方式转变，促进节能减排和民生改善，实现经济可持续发展和确保 2020 年全面建成小康社会，具有十分重要的意义。

（3）《国务院关于印发大气污染防治行动计划的通知》（国发〔2013〕37 号）　大气环境保护事关人民群众根本利益，事关经济持续健康发展，事关全面建成小康社会，事关实现中华民族伟大复兴中国梦。当前，我国大气污染形势严峻，以可吸入颗粒物（PM_{10}）、细颗粒物（$PM_{2.5}$）为特征污染物的区域性大气环境问题日益突出，损害人民群众身体健康，影响社会和谐稳定。随着我国工业化、城镇化的深入推进，能源资源消耗持续增加，大气污染防治压力继续加大。为切实改善空气质量，制定了"加大综合治理力度，减少多污染物排放"等十大行动计划。国家全面推行清洁生产，推进非有机溶剂型涂料和农药等产品创新，减少生产和使用过程中挥发性有机物排放。

（4）工信部发布《关于联合组织实施高风险污染物削减行动计划的通知》（联节〔2014〕168 号）　为贯彻落实《国务院关于加快发展节能环保产业的意见》（国发〔2013〕30 号），加快实施汞削减、铅削减和高毒农药替代清洁生产重点工程，从源头减少汞、铅和高毒农药等高风险污染物产生和排放，降低对人体健康和生态环境安全的影响，工信部组织编制了《高风险污染物削减行动计划》。农药行业主要问题是高毒农药品种仍有杀扑磷等 12 个品种（杀扑磷、甲拌磷、甲基异柳磷、克百威、灭多威、灭线磷、涕灭威、磷化铝、氧乐果、水胺硫磷、溴甲烷、硫丹），产量占农药总产量的 2.5% 左右；此外，还有约 30 万吨的有害有机溶剂在农药制剂中应用。

到 2017 年，通过实施汞削减、铅削减和高毒农药替代清洁工程，替代高毒农药产品产能 5 万吨/年，减少苯、甲苯、二甲苯等有害溶剂使用量 33 万吨/年。

实现一批高毒农药品种的替代。支持农药企业采用高效、安全、环境友好的农药新品种，对 12 个高毒农药产品实施替代。

推进农药剂型的优化升级。实施水基化剂型（水乳剂、悬浮剂、水分散颗粒剂等）替代粉剂等落后剂型；加快淘汰烷基酚类等有害助剂在农药中的使用；尽量减少有害有机溶剂的使用量。

（5）工业和信息化部印发《农药行业清洁生产技术推行方案》　总体目标是到 2012 年，莠灭净一锅法绿色合成工艺、高品质甲基嘧啶磷清洁生产技术将覆盖全行业，草甘膦副产氯甲烷清洁回收技术、拟除虫菊酯类农药清洁生产技术及乐果原药清洁生产技术将达到 80% 的行业普及率，二苯醚类除草剂原药生产"三废"回收技术、常压空气氧化产二苯醚酸技术等将达到 30%～50% 的行业普及率。农药行业清洁生产的 11 项示范技术见表 4-10。

（6）环境保护部、工业和信息化部发布《清洁生产评价指标体系编制通则》（试行稿）　为加快形成统一、系统的清洁生产技术支撑体系，2013 年 6 月中华人民共和国国家发展和改革委员会、中华人民共和国环境保护部、中华人民共和国工业和信息化部发布第 33 号公告，对已发布的清洁生产评价指标体系、清洁生产标准、清洁生产技术水平评价体系进行整合修编。为统一规范、强化指导，组织编制了《清洁生产评价指标体系编制通则》。

（7）国家质检总局发布《工业清洁生产评价指标体系编制通则》（GB/T 20106—2006）　为贯彻落实《中华人民共和国清洁生产促进法》和《国务院办公厅转发发展改革委等部门关于加

表 4-10　农药行业清洁生产示范技术

序号	技术名称	适用范围	技术主要内容	解决的主要问题	技术来源	阶段	应用前景分析
1	二苯醚类除草剂原药生产中有价值物质、废酸、废水、废渣中有利用价值的物质回收利用技术	化工行业、印染行业等	将三乙胺盐酸盐废水处理，并经精馏后制备三乙胺，回用于生产系统；通过添加特殊的催化剂和溶剂，能够有效地将渣浆中的三氟羧草醚提取出来，并用于三氟氰胺黄胺原药的生产；废酸经过处理后成高浓度硫酸，用于生产	优化三乙胺盐酸盐处理工艺，筛选精馏的设计与操作参数；高效回收三氟羧草醚，并优化其工艺参数；优化收三氧化硫生成高浓度的硫酸工艺	自主研发	应用阶段	该技术从源头有效控制和削减污染物的产生，实现农药的低毒化、无害化清洁生产。按2000吨/年项目实施后每年可回收三乙胺130t，95%的浓硫酸3516.5万元，实现经济效益5800t，三氟羧草醚720t、减排S0.4t，减排COD19.7t，减排固废400t，减排氨氮1.4t。对国内农药行业具有一定的示范、辐射作用
2	常压空气氧化生产二苯醚类除草酸技术	适用于采用氧化碱法生产二苯醚类企业	采用新型的复合催化剂和自行设计的塔式反应器，以空气代替氧气，在常压下完成氧化反应	提高工艺收率，提升产品质量，减少废水排放，降低生产成本	自主研发	应用阶段	二苯醚酸是通用的二苯醚类农药产品中间体，应用此技术生产过程收率可达98%，以年产5000t除草剂计算，每吨产品合量达97%，以年产品废水由29t减少至11.55t，COD由0.147t减少至0.0009t，有效减少"三废"排放
3	加氢还原生产邻苯二胺技术	适用于硫化碱还原工艺生产邻苯二胺装置改造	通过购置氢气柜、加氢还原釜、高真空泵等设备，采用浙江工业大学开发的加氢还原工艺建设邻苯二胺生产装置	提升了产品质量；提高了产品收率；杜绝了生产过程中废水的产生	引进应用	应用阶段	邻苯二胺是一种重要的精细有机化学品，广泛应用于医药、农药、染料等行业。国内对邻苯二胺年需求量约为5万吨。通过应用加氢还原工艺，邻苯二胺的质量显著提高，产品收率由97%提升至99.5%，且无废水产生，应用前景十分广阔
4	农药中间体菊酸酰氯合成清洁生产技术	适用于化工生产中酰氯和醇实现化生成酯化合物反应	该方法可以将酰氯合成过程产生的氯化氢、二氧化硫以少量的氯化亚硫酸实现分离，得到的亚硫酸钠纯净的亚硫酸钠固体	本工艺将酰氯化合反应尾气先冷凝分离，氯气分步吸收，得到盐酸和亚硫酸钠，变废物为可利用的资源，同时节约处理所用的碱，废水量大大降低	自主研发	应用阶段	以生产高效氯氟氰菊酯合成为例，在采用旧酰氯化生产工艺时，生产每吨产品处理酰氯化尾气，要消耗液碱2.5t30%液碱，产生45t的高含盐废渣。采用清洁生产工艺后仅消耗1.9t30%液碱，只产生0.2t废水，无固体废渣

续表

序号	技术名称	适用范围	技术主要内容	解决的主要问题	技术来源	阶段	应用前景分析
5	拟除虫菊酯类农药清洁生产技术	适用于拟除虫菊酯类农药的产业化生产	通过负压蒸馏及精馏得精制甲醇；通过蒸馏得精制吡啶；经皂化及蒸馏取得精制三乙胺；由负压蒸馏取得精制THF（四氢呋喃）	本清洁生产工艺最大化地回收了各步生产中可利用基础原料和溶剂。在废水回收溶剂方面，改变了以往水溶性物质不可回收的状况；在蒸馏回收方面，采用了负压薄膜蒸馏技术，大大降低了能耗；对于极性溶剂根据溶解度特点，通过调节pH值，大大增强了回收率	自主研发	应用阶段	本工艺以年产3000t拟除虫菊酯产业化生产线计，可处理1400t酰氯化尾气，14600m³甲醇废水，2200m³ THF废水，11700m³三乙胺废水，得到盐酸1640t，亚硫酸钠1700t，精制甲醇1680t，精制吡啶900t，精制THF 188t，精制三乙胺130t。精制三废成本费用约2232万元，整个系统年运行成本费用约4182万元。在节能效益直接经济效益的同时还可获得可观的经济效益
6	乐果原药清洁生产技术	农药行业	采用混合溶剂控制脱水套用，双并流膜脱溶、优化合成条件等手段，使合成总收率由64%提高至76%	总收率由64%提高至76%，主要原材料消耗下降18%；每吨产品COD总量下降45%	自主研发	应用阶段	国内有三个主要生产企业。国际市场需求约为3万吨，量大。生产过程"三废"量大。该技术对提升乐果行业技术水平，降低原料消耗，减少"三废"排放具有重要应用价值
7	草甘膦母液资源化回收利用	草甘膦生产企业	通过膜技术，对草甘膦母液进行综合利用	草甘膦母液难以处理和不能作为10%水剂销售	消化吸收、创新开发	应用阶段	按年产50万吨草甘膦液计，每年处理草甘膦母液250万吨以上，大大降低企业生产成本
8	除草剂莠灭净的一锅法绿色合成新工艺	农药原药合成中存在异相反应的产品	研究开发了高效相转移催化剂，使三步反应在一个反应设备内以一种非极性溶剂连续反应制得	解决了目前农药行业异相反应中由于溶剂置换造成的废水排放量大，COD浓度高的问题	自主研发	应用阶段	采用该工艺，生产每吨产品可将污水降低到产品的10%以下；大大缩短工艺流程，降低工物耗，能减少工设备投资及人员用工费用。生产每吨产品可降低成本近1000元

续表

序号	技术名称	适用范围	技术主要内容	解决的主要问题	技术来源	阶段	应用前景分析
9	不对称催化合成精异丙甲草胺技术	手性化合物的合成	研究开发了超高效不对称加氢催化剂	有效地抑制了无效异构体的生成，使产品有效异构体含量达到国际先进手性水平。解决了获得最佳手性化合物的技术方案	自主研发	应用阶段	该技术的应用使原料利用率提高了60%，所得单一异构体的活性是传统原药的1.7倍；该工艺所得产品成本是传统的拆分工艺的20%
10	高品质甲基嘧啶磷清洁生产技术	农药行业	采用硫酸＋醇法、组合液相法合成中间体，合成原药	总收率由原来的58%提高到72%，主要原材料消耗下降24%，产品质量由90%提高到95%，超过FAO标准，COD排放总量下降20%以上	消化吸收、创新开发	应用阶段	甲基嘧啶磷是粮食仓储防虫的首选药剂，新技术使用成功后可使产品质量达到或超过先正达水平，且收率明显提高，生产成本较之低1/3
11	甲叉法酰胺类除草剂生产技术	甲草胺、乙草胺、丁草胺生产企业	采用甲叉法生产甲草胺、乙草胺、丁草胺	废水产生量少，产品含量高，收率高，避免使用致癌物（醚）	引进应用	应用阶段	采用该生产技术能减少生产过程中废料的排放，提升产品质量，为企业节约生产成本，同时避免了有害物质的污染
12	草甘膦副产甲基氯烷的清洁回收技术	甘氨酸法生产草甘膦工艺	探索发现了甘氨酸生产草甘膦过程中产生的副产物氯甲烷，并开发了其清洁、简单、高效的回收工艺	减少草甘膦生产过程中副产物氯甲烷的排放，回收后可作为甲基氯硅烷等产品的生产原料	自主研发	推广阶段	国内草甘膦产能2009年超过106万吨，实际产量达34万吨，其中甘氨酸路线年产草甘膦约24万吨（按照氯甲烷回收率按500kg/t草甘膦计）；氯甲烷回收价格按2700元/吨计，回收单价仅几百元，推广后效益可达2.8亿元。同时改善了操作环境，实现了资源综合利用

快推行清洁生产意见的通知》（国办发［2003］100 号）精神，推动清洁生产工作，指导行业清洁生产评价指标体系的编制，国家质检总局和国家标准委联合发布了《工业清洁生产评价指标体系编制通则》，制定了有机磷农药行业清洁生产评价指标体系。

（8）环境保护部制定《清洁生产标准　制定技术导则》（HJ/T 425—2008）　为贯彻《中华人民共和国环境保护法》和《中华人民共和国清洁生产促进法》，保护环境，加快建立和完善清洁生产标准体系，规范行业清洁生产标准的编制，原环境保护部制定了《清洁生产标准　制定技术导则》。

（9）环境保护部制定《清洁生产审核指南　制订技术导则》（HJ 469—2009）　为贯彻《中华人民共和国环境保护法》和《中华人民共和国清洁生产促进法》，保护环境，加快建立和完善清洁生产标准体系，规范清洁生产审核指南的编制，环境保护部制定了本标准。

（10）生态环境部、国家发展改革委制定了《清洁生产审核评估与验收指南》（环办科技［2018］5 号）　为科学推进清洁生产工作，规范清洁生产审核行为，指导清洁生产审核评估与验收工作，根据《中华人民共和国清洁生产促进法》《清洁生产审核办法》的规定，生态环境部、国家发展改革委制定了《清洁生产审核评估与验收指南》。

（11）工业和信息化部、国家发展改革委发布《有机磷农药行业清洁生产评价指标体系（试行）》［工信部公告 2009 年第 3 号（2009 年 2 月 19 日）］　为贯彻落实《中华人民共和国清洁生产促进法》，指导和推动有机磷农药企业依法实施清洁生产，提高资源利用率，减少和避免污染物的产生，保护和改善环境，工业和信息化部、国家发展改革委制定了《有机磷农药行业清洁生产评价指标体系（试行）》，适用于评价有机磷农药企业的清洁生产水平，为企业推进清洁生产提供技术指导。

4.6　现行农药生产许可制度

2017 年农业部根据《农药管理条例》，发布了《农药生产许可管理办法》，制定了《农药生产许可审查细则》，并于 2017 年 10 月 10 日起施行。

4.6.1　农药生产许可基本条件

4.6.1.1　《农药管理条例》的规定

《农药管理条例》第十七条，对农药生产企业提出四条件：

（1）有与所申请生产农药相适应的技术人员；

（2）有与所申请生产农药相适应的厂房、设施；

（3）有对所申请生产农药进行质量管理和质量检验的人员、仪器和设备；

（4）有保证所申请生产农药质量的规章制度。

4.6.1.2　《农药生产许可管理办法》的细化

《农药生产许可管理办法》第八条进一步将生产条件细化为 8 方面内容：

（1）符合国家产业政策；

（2）有符合生产工艺要求的管理、技术、操作、检验等人员；

（3）有固定的生产厂址；

（4）有布局合理的厂房，新设立化学农药生产企业或者非化学农药生产企业新增化学农药生产范围的，应当在省级以上化工园区内建厂；新设立非化学农药生产企业、家用卫生杀虫剂企业或者化学农药生产企业新增原药（母药）生产范围的，应当进入地市级以上化工园区或者工业园区；

（5）有与生产农药相适应的自动化生产设备、设施，有利用产品可追溯电子信息码从事生产、销售的设施；

（6）有专门的质量检验机构，齐全的质量检验仪器和设备，完整的质量保证体系和技术标准；

（7）有完备的管理制度，包括原材料采购、工艺设备、质量控制、产品销售、产品召回、产品贮存与运输、安全生产、职业卫生、环境保护、农药废弃物回收与处置、人员培训、文件与记录等管理制度；

（8）农业部规定的其他条件。

安全生产、环境保护等法律、法规对企业生产条件有其他规定的，农药生产企业还应当遵守其规定，并主动接受相关管理部门监管。

4.6.2　农药生产许可材料要求

4.6.2.1　首次申请材料要求

（1）完整资料要求包括如下内容：

① 农药生产许可证申请书；

② 企业营业执照复印件（加盖公章）；

③ 申请资料真实性、合法性声明；

④ 法定代表人（负责人）身份证明及基本情况；

⑤ 主要管理人员、技术人员、检验人员名单、简介及资质证件复印件，以及从事农药生产相关人员基本情况；

⑥ 生产厂址所在区域的说明；

⑦ 生产布局平面图；

⑧ 土地使用权证或租赁证明；

⑨ 所申请生产农药原药（母药）或制剂剂型的生产装置工艺流程图、生产装置平面布置图、生产工艺流程图和工艺说明，以及相对应的主要厂房、设备、设施和保障正常运转的辅助设施等名称、数量、照片；

⑩ 所申请生产农药原药（母药）或制剂剂型对应产品的质量标准及主要检验仪器设备清单；

⑪ 产品质量保证体系文件和管理制度；

⑫ 按照产品质量保证体系文件和管理制度要求，所申请农药的三批次试生产运行原始记录；

⑬ 农药生产许可证复印件；

⑭ 申请材料电子文档；

⑮ 其他。

（2）几点说明

① 首次申请农药生产许可、申请扩大农药生产许可范围或改变生产地址的，应当按照

《农药生产许可管理办法》第九条的规定提交申请材料，按顺序装订成册，并提供电子文档；

② 农药生产范围分为原药（母药）和制剂两类，原药（母药）按品种申请，制剂按剂型申请，提供的申请材料应当属于同一农药产品；

③ 同时申请两个以上农药品种或剂型的生产许可的，应当将《农药生产许可管理办法》第九条第一款第六、七、九项材料，按品种或剂型分别装订成册；

④ 产品质量保证体系文件和管理制度可以用目录加完整的电子版方式提交；

⑤ 同一生产许可范围的材料应当对应同一农药产品，不得将不同产品的材料拼装。

4.6.2.2　生产许可变更材料要求

农药生产许可证有效期内，可以对企业名称、法定代表人、住所等进行变更：

（1）变更企业名称　申请表、变更后的营业执照复印件及证明材料；

（2）变更法定代表人（负责人）　申请表、变更后的营业执照复印件、法定代表人（负责人）身份证复印件及证明材料；

（3）变更住所　申请表、变更后的营业执照复印件及证明材料；

（4）缩小生产范围　申请表、生产许可证原件及证明材料。

4.6.2.3　生产许可延续材料要求

申请农药生产许可证延续时，应当提供生产情况报告。具体要求是：

（1）申请表；

（2）生产情况报告，内容包括主要技术人员、设施设备、工艺技术和质量保证体系变化情况，农药产品生产、销售情况等。

4.6.3　农药生产许可审查审批

4.6.3.1　审查流程

（1）省级农业主管部门组织开展农药生产许可审查　省级农业主管部门根据需要可以组织农药管理、生产工艺、质量控制等领域专家，成立审查组，开展农药生产许可技术评审或实地核查。

审查组由 3 人以上组成，实行组长负责制。技术评审和实地核查可以由不同的审查组承担。

（2）农药生产许可审查专家应当具备的条件

① 熟悉农药生产管理的法律和政策；

② 具有农药、化学、化工等相关专业大学本科以上学历或高级技术职称，熟悉农药生产工艺、产品质量标准或农药管理，有 5 年以上从事农药研究、生产、检验或管理工作经历；

③ 身体健康，能够胜任审查工作；

④ 省级农业主管部门规定的其他条件。

（3）农药生产许可审查人员实行回避制　与申请农药生产许可有利益关系的审查人员，应当主动申请回避参加相关的农药生产许可审查工作。

（4）省级农业主管部门受理申请材料后，应当及时开展书面审查和技术评审。技术评审完成后，应当形成技术评审报告。技术评审报告应当包括以下内容：

① 技术评审结论；

② 发现的主要问题；

③ 农药生产许可审查表（按农药生产范围分别填写）；

④ 需要说明的其他事项。

（5）有以下情形之一的，省级农业主管部门应当组织实地核查：

① 首次申请农药生产许可证的；

② 非化学农药生产企业申请新增化学农药生产范围的；

③ 更改生产地址或扩大生产范围的；

④ 书面审查或技术评审认为需要实地核查的。

（6）对需要进行实地核查的，省级农业主管部门在实地核查 2 个工作日前，书面通知申请人和申请人所在地农业主管部门。申请人所在地农业主管部门可以派出观察员参与实地核查。

申请人收到实地核查通知书，对审查人员有异议的，应当及时向省级农业主管部门提出书面意见。

（7）审查组开展实地核查，应当按照下列程序进行：

① 向申请人通报审查组人员，告知审查内容、程序等，宣读审查纪律，听取企业情况介绍；

② 查阅材料、查验现场、询问有关情况等，对技术评审发现的主要问题进行重点核查；

③ 内部交流审查情况，形成初步意见；

④ 向申请人反馈审查发现的主要问题，听取申请人的意见。

（8）审查组完成实地核查后，应当及时向省级农业主管部门提交核查报告。核查报告包括以下内容：

① 申请人基本情况；

② 实地核查结论；

③ 向申请人反馈主要问题情况；

④ 与技术评审结论不一致的主要项目及其说明；

⑤ 农药生产许可审查表（按农药生产范围分别填写）；

⑥ 实地核查发现的其他问题。

4.6.3.2 审查内容

（1）审查内容包括申请人基本情况、人员状况、场地布局、生产工艺技术、生产设备、厂房、质量保证体系、管理制度以及是否符合产业政策等。

（2）申请人基本情况包括申请人名称、法定代表人（负责人）、住所等与营业执照相符情况，以及申明的生产地址与实际生产地址相符情况。

（3）生产地址的选定应当符合《农药生产许可管理办法》有关规定。

申请人应当拥有生产地址的土地使用权证或者租赁合同。租赁合同自申请之日起，有效期限不少于 5 年。

（4）申请人人员包括管理人员、技术人员、操作人员、检验人员等。人员状况应有相关培训、考核记录，岗位有相关技术要求的，应当具有相应资格证件。

① 管理人员　农药企业主要管理人员应当熟知农药管理法律法规和政策要求。

② 技术人员　技术人员应该具有化学、化工、药学、植物保护等相关专业大学本科以

上学历或中级以上职称，并具有 2 年以上实际工作经验。化学农药原药生产企业应当至少有 5 名、其他农药生产企业应当至少有 2 名与所申请生产农药相适应的技术人员。

③ 操作人员　操作人员应当经过岗前培训。从事高危工艺的操作人员，应当持证上岗。

④ 检验人员　应当至少具有 2 名相关专业大专以上学历或者经过专业培训并考核合格的检验人员。

⑤ 特种岗位作业人员　从事压力容器、电气、焊接、起重机、叉车、危险品运输等岗位的操作人员应当经过相应培训，并依法取得相关资格证书。

申请人不得招用《农药管理条例》第六十三条第一款规定的人员。

(5) 厂房、设施与设备包括厂房建筑设施、生产装置与设备、安全消防设施配置以及"三废"处理设施等。

(6) 农药生产厂房总体布置应当科学、合理。生产厂房及辅助设施的建设，应当符合生产布局平面总图、生产工艺流程的要求，各生产环节衔接良好，物料输送合理、有序。

申请人应当根据生产装置工艺流程图、生产装置平面布置图、生产工艺流程图和工艺说明，列出主要厂房、设备、设施和保障正常运转的辅助设施，以及农药产品可追溯管理等设施的名称、数量，并提供相关照片等图像资料。

(7) 农药生产车间、设施设备布置科学合理，并符合以下要求：

① 生产装置的主要设施设备应当满足相应农药的生产要求，具备自动化生产的条件（部分环节或产品尚不具备自动化生产条件的除外）；

② 剂型差异明显的产品，应当设立独立的生产单元；

③ 除草剂、植物生长调节剂、杀鼠剂的生产车间应当与其他类农药的生产车间分开，避免交叉污染；

④ 原料、成品、包装材料应当分类、分区存放。

(8) 检验场所布置应当符合农药产品质量控制要求，检验设备相对集中，仪器分析室、化学分析室、天平室、样品室、高温室等相对独立。

(9) 产品质量保证体系包括以下几个方面：

① 单独设置质量检测机构；

② 检测仪器、设备应当满足产品标准、中间控制及原材料检测需求，法定计量控制器具应当按规定周期检验合格；

③ 质量检验与质量控制、产品质量标准、完整有效的操作规程、出厂检验、不合格产品处理程序等制度。

(10) 管理制度包括原材料采购及控制、生产工艺过程管理、设备管理、产品贮存与运输、产品销售管理、可追溯管理、产品召回、安全生产、职业卫生、环境保护、废弃物回收与处置、人员培训、文件与记录等制度。

(11) 农药三批次试生产运行原始记录　包括原材料进货查验记录，原材料、中间体或半成品、成品的检验或查验记录，主要生产记录、成品入库记录等。审查人员应当结合农药三批次试生产运行原始记录，对质量保证体系文件和管理制度的完整性、科学性、合法性及有效运行等进行全面评价。

4.6.3.3 审查结论

(1) 技术评审、实地核查的审查结论包括单项审查结论和综合审查结论。

（2）单项审查结论分为"符合""建议改进""不符合""不适用"。

"符合"是指满足相应的规定；"建议改进"是指存在偶然的、孤立的，可以改进的一般性质问题；"不符合"是指存在区域性的或系统性的问题；"不适用"是指该项审查内容与申请生产许可范围无关，不需要对其进行评定。

审查结论为"建议改进""不符合"或者"不适用"的，应当说明理由。

（3）综合审查结论分为"合格""不合格"。

同时符合以下情形的，综合审查结论为合格：

① 所有审查项目未出现"不符合"；

② 所有项目审查结论为"建议改进"的总数不超过 5 个。

（4）实地核查与技术评审结果不一致的，以实地核查结果为准。

（5）申请人同时申请两个以上农药品种或剂型的生产许可，经审查仅部分符合要求的，省级农业主管部门应当对符合条件部分准予许可；对不符合条件部分书面通知申请人，并告知其理由。

4.6.4 农药生产许可过渡等特殊政策

4.6.4.1 有登记许可、无生产许可的

在《农药生产许可管理办法》实施前已取得农药登记证但未取得农药生产批准证书或者农药生产许可证，需要继续生产农药的，应当在 2019 年 8 月 1 日前取得农药生产许可证；其在申请农药生产许可时，按新设立农药生产企业审查。

4.6.4.2 生产母药或新农药原药的

申请农药生产范围为母药或者新农药原药的，应当核查是否已有企业取得该农药登记。

4.6.4.3 难以形成原药(母药)而直接加工制剂的

因技术、安全等原因难以形成原药（母药），直接加工制剂的，应当核查该农药登记情况，按照原药（母药）和制剂生产条件一并审查，其生产范围以农药品种名称加剂型表示。

4.7 农药生产管理展望

4.7.1 完善农药产业政策

按照国家近期发布的产业政策要求，总结 2010 年公布的《农药产业政策》、2012 年公布的《农药工业"十二五"发展规划》、2016 年公布的《农药工业"十三五"发展规划》实施情况，结合我国农药行业的实际，制定新的农药产业政策，引导产业转型、升级。完善产业政策时，要充分发挥市场在资源配置中的决定性作用，注重可操作性。重点关注以下内容：

（1）农药产业如何与现代农业发展对接。例如，如何更好地体现农药产业的特殊性，如何适应农业耕作模式的变化。

（2）如何解决社会公众对食品和环境安全普遍关注的问题，如何引导社会正确看待农药。

（3）如何引导农药行业创新与转型。特别是针对不同主体、不同规模企业现状与需求，

分类引导创新。

（4）如何落实清洁安全生产。例如，大力推动农用剂型向水基化、无尘化、控制释放等高效、安全的方向发展；支持开发、生产和推广水分散粒剂、悬浮剂、水乳剂、缓控释剂等新剂型，以及与之配套的新型助剂；降低粉剂、乳油、可湿性粉剂的比例，严格控制有毒有害溶剂和助剂的使用。鼓励开发节约型、环保型包装材料。

（5）如何引导行业整合，继续向集约化、规模化方向发展。我国农药行业经过多年的发展取得了长足的进步，但产业集中度低、低水平落后产能过剩、环境污染等问题依然存在，未能形成规模经济优势。随着行业竞争的加剧、资源和环境约束的强化以及相关产业政策的引导，我国农药行业正处于产业结构调整和转型时期，行业整合加速，继续向集约化、规模化方向发展。借鉴国外农药行业发展路径，通过兼并、重组、股份制改造等方式组建大型农药企业集团，推动形成具有特色的大规模、多品种的农药生产企业集团，推进行业向集约化、规模化发展，是我国农药行业提质增效、调整和优化产业布局、推动技术创新产业转型升级、实现做大做强的必由之路。

通过进一步提高行业准入条件，优化生产力布局，建立企业退出机制，实现有序竞争，促进农药工业向生产要素优势集中的区域发展，逐步提高产业集中度。逐步调整产业结构，使农药生产向大型化、集约化方向发展，优先支持具有竞争力优势的企业进行技术改造。鼓励农药生产企业向专业化园区集聚，促进形成配套设施齐全、管理水平较高的专业化园区。鼓励农药原药生产企业和制剂生产企业以市场为纽带，建立有效、常态的合作机制，促进原药和制剂企业的健康和谐发展。

未来一段时期，在产业政策、环保压力、行业竞争、准入门槛等因素的推动下，国内有望出现一批具有规模优势、产品结构合理、具备自主创新能力、符合环保要求及产业政策的龙头企业。随着产业集中度的提升，我国农药行业的组织结构和布局将更趋优化，产业分工和协作更为合理，一批具有核心竞争力的产业集群和企业群体逐步形成，并成为我国农药行业的主导力量，有效提升我国农药企业及行业在全球市场中的竞争力。

（6）如何调整产品结构。国家通过科技扶持、技术改造、经济政策引导等措施，支持高效、安全、经济、环境友好的农药新产品发展，加快高污染、高风险产品的替代和淘汰，促进品种结构不断优化。

重点发展针对常发性、难治害虫，地下害虫、线虫、外来入侵害虫的杀虫剂和杀线虫剂；适应耕作制度、耕作技术变革的除草剂；果树和蔬菜用新型杀菌剂和病毒抑制剂；用于温室大棚、城市绿化、花卉、庭院作物的杀菌剂；种子处理剂和环保型熏蒸剂；积极发展植物生长调节剂和水果保鲜剂；鼓励发展用于小宗作物的农药、生物农药和用于非农业领域的农药新产品、新制剂。

淘汰落后产能，制止低水平重复建设。限制产能严重过剩的农药品种，建立产业预警机制，建立和完善重污染企业退出机制，淘汰严重污染环境、破坏生态环境、浪费资源能源的生产工艺。

4.7.2　完善农药包装管理

按照《农药管理条例》第二十二条、第五十三条第三项、第五十七条第三项相关规定，修订的《农药包装通则》《农药乳油包装通则》等国家标准，或参照《农药标签和说明书管理办法》的规定，发布相应的配套规章、公告。

4.7.2.1 界定农药包装管理的范围

原有的《农药包装通则》《农药乳油包装通则》等国家标准规定了农药的包装类别、包装技术要求、包装件运输、包装件贮存、试验方法、检验规则以及农药包装废物回收。但其与《农药管理条例》中农药包装的含义有明显区别。例如，农药生产、运输、贮存、包装废弃物回收等部分内容，不宜作为此类内容的标准，如确需要规定，应当以适当的方式表述。

4.7.2.2 做好与相关法律的分工

例如，有关农药标签、说明书的规定，应当与《农药标签与说明书管理办法》衔接，而不是与《农药产品标签通则》（GB 20813）衔接。有关货物运输属于交通部门的管理职责，且《农药管理条例》未设立农药运输管理的特殊规定，应按交通部门的规定，分为普通货物、危险货物两大类，不宜对农药运输创设新的分类。有关包装废弃物的术语、要求，应当与将来要出台的《农药包装废弃物回收与处置管理办法》相衔接。

4.7.2.3 明确不同类型包装要求

对外包装箱、内装箱、套装等包装的管理，明确相应的政策。

4.7.2.4 分类规定农药包装应当标注的内容

农药包装应当标注的内容，应当参照《农药标签与说明书管理办法》的规定，将其可能出现的内容进行分类，明确哪些是必须标注的内容及其要求，哪些是可选择标注的内容及其要求。

4.7.3 制定农药产品中微量其他农药成分监管规定

4.7.3.1 背景

农药是重要的农业生产资料，对防治农业病虫害，保障国家粮食安全，促进农业增产和农民增收，具有十分重要的意义。在产品中擅自添加其他农药制售假农药，不仅影响农业生产，更危及农产品质量和人体安全，应当严格监管，依法严惩。

近几年全国农药监督抽查结果表明，目前尚有约 11％的农药产品质量不合格，其中约 7％为假农药；假农药和十分恶劣的劣质农药约占不合格产品总数的 70％。假农药包括不含农药成分、不含标明有效成分以及非法添加其他农药成分三种类型。这类制售假行为是非法生产窝点或不法生产企业的主观故意，不属于技术原因。因此，《农药管理条例》对制假行为设定了非常严厉的处罚。

现代仪器的检测灵敏度非常高，可检出产品中微量的其他成分。严格地讲，被检出微量其他农药成分的农药产品，也应当按假农药论处。近几年执法中，有的管理部门对发现含微量其他农药成分的产品，也按假农药予以处罚，有的还追究刑事责任。但有的情形不属于生产企业的故意添加行为，主要是由清洗不干净造成，且清洗次数越多，越将增加环境污染的压力。对此，农药行业反应强烈，强烈要求出台相关政策，解决农药生产经营中非故意添加微量其他农药成分且对农业生产不造成危害的难题，维护企业的合法利益，促进农药产业发展。

4.7.3.2 重点研究的内容

（1）掌握农药产品中含有微量其他农药成分现状及其产生的主要原因。

（2）研究国外对农药产品中含有微量其他农药成分的管理规定，系统整理我国对农药产品中含有微量其他农药成分的管理规定，研究相关政策的立法背景、政策制定目的及其运行效果等。

（3）结合我国农药产业实际，研究解决农药产品中含有微量其他农药成分管理的主要路径和相应的措施。

4.7.3.3 政策展望

通过专题研究、公开征求意见，组织专家论证，适时发布相应的政策。主要涉及以下内容：

（1）允许含有的，如何设定限量。

（2）明确不得含有的其他微量农药成分的情形：如本企业不得生产的合法品种，本企业该剂型合法产品中不包括的农药品种，易产生药害的现有合法农药品种。

（3）与药害处理的关系：主要用于日常的监督执法，不适用于药害事故处理。

参 考 文 献

［1］韩熹来. 中国农药百科全书. 农药卷. 北京：中国农业出版社，1993.

［2］唐除痴、李煜昶、陈彬，等. 农药化学. 天津：南开大学出版社，1998.

［3］（日）永江佑治. 九十年代的农药工业. 陈馥衡等译. 北京：化学工业出版社，1987.

［4］梅祖宝. 我国农药工业产业升级之粗见. 中国农药技术创新论坛专题报告集，2000.

［5］张海峰. 危险化学品安全技术全书. 北京：化学工业出版社，2008.

［6］林玉锁，龚瑞忠，朱忠发. 农药与生态环境保护. 北京：化学工业出版社，2000.

［7］王连生. 环境健康化学. 北京：科学出版社，1994.

［8］叶亚平，单正军. 我国农药环境管理状况及对策研究. 农村生态环境，2001，18（1）：62-64.

［9］罗国良、杨世琦，张庆忠，等. 国内外农业清洁生产实践与探索. 农业经济问题，2009，30（12）：18-24.

［10］中华人民共和国清洁生产促进法. 中华人民共和国主席令第五十四号.

［11］清洁生产审核暂行办法. 中华人民共和国国家发展和改革委员会第十六号令.

［12］孙艳萍，吴厚斌. 农药可溯源管理实践. 北京：中国农业出版社，2014.

［13］孙学海、李瑞、王一未. 农药可追溯管理的形式及实践. 农药科学与管理，2012，33（1）：4-6.

第 5 章
农药经营管理

5.1 农药经营定位

农药进入经营到发挥作用的阶段，就是用户从经营者处购买农药，使用到农作物控制住病虫害的过程。了解用户的现状，理解农药及其作用对象的特殊性，经营者对自身会有更加清晰的定位。

5.1.1 农药经营的特殊性

5.1.1.1 消费者的特殊性

谁是农药的真正消费者或用户？很多经营者和农民朋友们认为，农药使用者是真正的消费者或用户。其实，农药产业特殊，农药的真正消费者或用户不是农户或种植者，而是农作物。农作物像人一样，是一个生命体。首先，其需求多元，其生理、生长等是多种特质综合影响的结果；其次，它又与人不同，遇到不利的环境无法离开，需用自己的"身体"去和不利环境"抗争"；最后，在不同的阶段，其对各种要素有不同的需求。农作物与人有显著的不同，它不具有人类的语言，难以与人正常沟通。人们若理解它的需求，为它提供了良好的条件，它便回报给人类以高质、高产的农产品；人们若不理解它，提供了与它生存不相适应的条件，则它回报给人类的是药害、减产等，甚至发生农药中毒事件。

5.1.1.2 农药的特殊性

农药作为一种特殊的农业投入品，本身还具有与其他投入品不同的属性。

（1）具有生物活性　农药之所以被称为"药"，是因为其至少要对自然界中的某种生物起作用，能够显著地影响其生长。这与普通的化工产品有明显区别。

农药与其他事物一样，应"一分为二"地看待其效用，一方面农药对农业生产中的某种或某些病虫草害有防治等作用，即可能防治人们需要控制的有害生物；另一方面农药又可能对非靶标生物产生危害。两者会同时发生，并不会如人们所望，只防治病虫害，而对有益生物等不产生危害。因此，作为有意投放到农田等防治病虫害的有毒化学品，在保障农业生产正常进行的同时，应最大限度地减少其对人畜、农产品和环境的危害，有必要对农药的使用范围、方法、时期、条件等进行限制。

（2）环境的适应性　农药能否发挥作用，体现较好的防治效果，确保安全，与其被施用的环境条件密切相关，如农作物种类、气候条件、使用技术等。农药生产、经营和使用者应当创造一种对农药有利的环境，使其充分发挥有利特性，避免其不利特性的显现。主要包括以下几个方面：

① 利用理化性质；

② 利用环境行为和环境毒性；

③ 利用空间或时间差异。

（3）生物影响综合协调性　农药对生物产生影响，与其他物质的存在密切相关，实际上对生物体来说，是多种物质综合作用的结果。首先，任何一种物质过多或过少都可能不会产生作用；其次，一种物质产生作用受其他物质的存在影响较大，如不同物质之间存在增效或拮抗等作用；最后，这种综合效用随生物的不同生长阶段差异较大。

（4）功能的潜在性　农药作为具有生物活性的物质，现在所发现的用途仅仅是其一部分，它还有较多的潜在功能。例如阿司匹林，常规功能为降低心血管病风险，但最近发现其有预防心脏病、中风和结直肠癌的新功能，使用时可能有胃出血、脑出血等副作用，建议 50～69 岁心脏病和结直肠癌高危人群使用。同样的道理，有些农药品种可能具有潜在功能，有待进一步实践去挖掘。

（5）使用的预防性　经对现已登记防治苍蝇用药与蚊子用药的有效成分含量统计分析，发现其农药有效成分种类基本相当，但防治苍蝇用药的农药有效成分含量明显高于防治蚊子用药的，主要因为蚊子的个体大小明显小于苍蝇，要达到相同的防治效果，用于蚊子的农药成分量明显要小于苍蝇。目前农药经营、使用者开展工作主要以"化学防治"为主，使用农药的关键时期把握不准的情况时有发生，在预防、综合治理方面所开展的工作较少。

（6）农药安全的社会关注性　医药经营使用不当，主要危害病人；兽药经营使用不当，危害有病的畜禽，还可能因人类食用畜禽而影响消费者的安全；农药若经营使用不当，则可能对农作物产量、人畜健康和环境安全均产生危害。

（7）具有战略性意义　联合国粮农组织估计，全球每年的粮食产量因病虫害减少了 20％～40％。如果停止使用农药，粮食损失还可能增加一倍。从某种意义上讲，"没有农药，农产品供应就没有保障"。

5.1.1.3　农药行业的现状

截至 2017 年年底，我国现有农药生产企业 2200 多家，登记约 670 个农药品种，2.9 万个产品，拥有世界上最先进的产品。现有经营者 36.7 万个，62％为个体经营；经营人员 63.7 万人，近 90％为高中以下文化。全国现有使用者 2.5 亿家农户，61％的使用者依靠经销商的推荐购买农药，80％以上的农作物病虫害防治由农民自己完成。

从以上数据分析，农药产业总体情况与农药经营特征及其需求有很大的差距。

5.1.2　农药经营的实质

5.1.2.1　"植物医生"

因农药的真正消费者或用户是农作物，经营农药就是给植物医治，农药经营者即为"植物医生"。使用农药即是按照医生的处方去治病，农药使用者则相当于"护士"。依据农药经营使用的显著特征，我国农药使用者的总体现状，农药经营的本质是以产品为载体从事技术和服务的过程。核心是要求从事农药技术传播和服务的人员要懂农药、懂农药生产，肯深入田间地头，要从"急诊医生"向"专科医生"转型。农药经营者与农业院校、农业部门的相关人员有重大区别：农业院校、科研院所的植保专家主要从事教学、科研活动；农业部门的植保专家主要从事病虫草害预测预报、农业技术推广工作；而农药经营人员要因地制宜地解决农作物病虫害防治的实际问题。

作为农药经营者，对比思考一下：给人、动物、植物医治，哪一个更难？答案显而易见，给植物医治相对更难。其原因一是植物不会说话，没办法交流；二是一般情况下，给植物医治没有化验、检验的条件；三是农药的效果和安全性与农作物种类及同一农作物的不同品种、环境条件等密切相关；四是农药影响的不仅是植物，还包括对人畜、农产品和环境安全的影响。

众所周知，给人医治的医生都是经过专业培训的，且配备先进的化验仪器设备等，大多医生具有多年的实践经验，但在现实生活中，人们还常常对医生的处方或医治结果不满意。所以，农药经营者不能小看自己所从事的工作，更不能把这项工作看得简单，而应深刻理解到：这项工作对自己的要求会非常高。

5.1.2.2 何谓懂农药

（1）以农药为对象，应当做好农药特性与环境的对接　农药是具有活性的化学品，要利用其特性和作用机理，将生产、经营与使用实际对接，才能用好农药。行业的竞争实质上是以农药产品为载体的技术与服务的竞争。不结合农业生产实际开发农药，仅仅是生产"化工产品"；不同时熟悉产品化学和农业生产，不是懂农药；不懂农药，生产经营不好农药。

（2）以作物为对象，应当营造良好生长环境　农药经营者可以结合我们身边的生活问题思考：人吃大鱼大肉后为什么会感觉到身体不适？主要是因为此时人的肠胃等环境不能进行正常的消化吸收。

同样的道理，植物经常补充"大鱼大肉"（N、P）后，虽然长得很快，但病虫害抵抗能力、抗逆性变差，农产品品质下降。植物对农药的需求是多样、适时和适量的，要注重预防。因此，农药使用需要创造一种适合农作物生长发育、驱逐病虫害的环境。特别是制定病虫害综合解决方案时，要根据农作物不同阶段的特征，营造一种适合农作物生长、不适合病虫害生存、有利于农药特性和药效发挥的环境。因此，我们不能仅就一种农药谈病虫害管理，要按照"预防为主、综合防治"的理念，设计综合解决方案。特别是针对种植大户、家庭农场等对农药大量需求的情况，应将不同方案进行经济、效用等多方面对比。

（3）以环境作为对象，应当控药　黎万强所著的《参与感》中有句名言："人是环境的孩子！"在长期大量使用农药化肥的情况下，一方面农民的生产成本会上升，另一方面环境难以降解这些物质，甚至破坏土壤中的微生物等环境，最终影响作物生长。国家要求实施农药减量行动，即在控制农药使用量的增长或减少使用量的前提下，实现农业增产与保障农产品质量和环境安全和谐发展。如合理选种及种子处理，耕地或播种时配合施药，苗期带药移栽，注重病虫害的预防与综合治理，注重农药与肥料、新型施药器械配合使用，注重植物生长调节剂处理与机械化采收，注重农产品加工贮存与保鲜等。

5.2　农药经营知识要求

5.2.1　农药基础知识

作为农药经营人员，至少应当熟悉农药范围的界定、农药的分类及影响农药质量、效果、安全的主要因素，掌握农药标签上标注内容的相关信息，能够利用农药标签指导农民科学使用农药。

5.2.1.1　农药的定义

根据《农药管理条例》规定，农药是指用于预防、控制危害农业、林业的病、虫、草、鼠和其他有害生物以及有目的地调节植物、昆虫生长的化学合成或者来源于生物、其他天然物质的一种物质或者几种物质的混合物及其制剂。包括用于不同目的、场所的下列各类：

（1）预防、控制危害农业、林业的病、虫（包括昆虫、蜱、螨）、草、鼠、软体动物和其他有害生物；

（2）预防、控制仓储以及加工场所的病、虫、鼠和其他有害生物；

（3）调节植物、昆虫生长；

（4）农业、林业产品防腐或者保鲜；

（5）预防、控制蚊、蝇、蜚蠊、鼠和其他有害生物；

（6）预防、控制危害河流堤坝、铁路、码头、机场、建筑物和其他场所的有害生物。

从以上农药的法定概念可以看出，一种物质是否属于农药，应当从其功能和使用场所来判断。通俗地讲，用于农业、林业生产防治病、虫、草、鼠害的属于农药；用于家居及周边生活环境防治卫生害虫、鼠害的为农药。

5.2.1.2　农药的分类

根据防治对象不同，农药可以划分为杀虫剂、杀菌剂、除草剂、植物生长调节剂、杀鼠剂等。

（1）杀虫剂　指用于防治农业、林业、储粮害虫，以及人生活环境和农林业、养殖业中用于防治动物生活环境卫生害虫的药剂，包括杀螨剂、杀软体动物剂等，该类药剂应用范围广泛，种类较多。如阿维菌素、吡虫啉、毒死蜱、高效氯氰菊酯、辛硫磷、高效氯氟氰菊酯、啶虫脒、氯氰菊酯、甲氨基阿维菌素、噻嗪酮、噻虫嗪、联苯菊酯、三唑磷、吡蚜酮、苏云金杆菌等杀虫药剂，以及炔螨特、四螨嗪等杀螨药剂，杀螺胺、四聚乙醛等杀软体动物药剂。

（2）杀菌剂　指对植物体内的真菌、细菌、病毒以及线虫等病原生物有杀灭或抑制作用，用于预防或治疗作物各种病害的药剂，包括杀线虫剂。如多菌灵、代森锰锌、福美双、苯醚甲环唑、戊唑醇、甲基硫菌灵、嘧菌酯、丙环唑、三环唑、井冈霉素、灭线磷等。

（3）除草剂　指消灭或控制杂草生长的药剂，除草剂是近年来发展迅速的一类农药。如草甘膦、草铵膦、乙草胺、烟嘧磺隆、苄嘧磺隆、精喹禾灵、硝磺草酮等。

（4）植物生长调节剂　指对植物的生长、发育起调节作用的药剂。常见的如赤霉素、多效唑、乙烯利等。

（5）杀鼠剂　指用于预防和控制鼠类等有害啮齿类动物的药剂。如敌鼠钠盐、溴敌隆、溴鼠灵等杀鼠药剂。

5.2.1.3　农药产品质量

通常人们认为，农药质量是指其是否符合相应的产品质量标准，这是狭义的农药质量概念。根据《农药管理条例》等相关法律的规定，农药产品质量的概念是广义的，应同时从以下四个方面考核。

（1）符合产品质量标准

① 标准的有效性　检验和判定产品是否符合标准前，应当首先核查标签上所标注的标准的有效性。例如，对已有强制性国家标准或行业标准的产品，企业在标签上标注了企业标准号时，企业标准的技术要求应当不得低于国家标准或行业标准的规定。

② 产品与标准的相符性　农药产品标准中有较多的技术指标，通常将有效成分含量、悬浮率、乳液稳定性、限制性成分含量作为主要技术指标，将水分、酸度等作为辅助技术指标。严格意义讲，只有对所有技术指标进行检验后，才能做出是否符合标准的判定。

（2）有效成分种类与标签相符　符合产品质量标准的农药，并不一定都是质量合格的产品。根据《农药管理条例》第四十四条的规定，如果产品中检测出其他农药，即产品实际含有的农药有效成分种类与标签明示的有效成分种类不符，应当判定为假农药。例如，在阿维菌素（5％乳油）中检出克百威成分，该产品应当判定为假农药。

（3）不混有导致药害等有害成分　有的农药虽然符合产品质量标准，但其使用后却对农作物产生药害。如果在产品中检测出含有导致药害的成分，应当将产品判定为劣质农药。

（4）产品在质量保证状态　原则上，仅对处于质量保证期内的产品进行产品质量评价。对于不在质量保证期内的产品，根据《农药管理条例》第四十五条规定，应当判定为劣质农药。

另外，新修订的《农药管理条例》规定，对未取得农药登记证的农药、禁用的农药、没有标签的农药，按假农药论处。

影响农药产品质量的因素很多。除农药有效成分含量外，还有以下因素影响农药产品质量：

① 产品配方　产品中有效成分以外的组成成分及其含量，不仅影响产品的技术指标，还影响产品的稳定性和使用效果。

② 产品加工工艺　加工工艺与产品性能、稳定性有直接关系。

③ 产品贮存环境　在高温、潮湿和光照条件下，易引起农药有效成分分解。在低湿条件下，易引起农药有效成分析出。

④ 产品贮存时间　一般农药的产品质量保证期为两年。在保证期之后，产品可能难以达到相应的质量标准。

5.2.1.4　农药药效

农药药效是衡量农药在具体环境因素下对有害生物综合作用效力的大小，也就是农药对病、虫、草害等有害生物的毒杀效果。通常是基于对以下因素的综合考虑：

（1）对病、虫、草害本身的效果；

（2）与在病、虫、草害或作物不同生育阶段所要求的作物保护目的相适应的保护可靠性，或其他所需要的效果；

（3）对所施用作物或其产品产量和质量的影响；

（4）对不同品种作物的安全性影响；

（5）与常用农药或常规措施的比较；

（6）在可能使用的条件下，与其他植保措施及不同栽培措施的相容性；

（7）受气候、温度、湿度、土壤等环境因素的影响；

（8）农药的用药量、持效期和稳定性等方面影响；

（9）对有益生物、其他非靶标生物、后茬作物、其他作物的负面影响。

农药药效评价主要是指农药的防治效果和对作物安全性的综合评价。影响药效的主要因素有以下几个方面。

（1）农药本身特性　农药种类不同，其使用范围和防治对象就有差异，即使广谱性的农药对不同防治对象的防治效果也不尽相同。如咀嚼式口器的害虫多用触杀型或胃毒型农药，刺吸式口器的害虫多用内吸型药剂药效较理想。

（2）农药产品的质量　产品的质量也是决定药效表现的直接因素。相同有效成分的农药，不同剂型、不同助剂以及理化性质、制剂稳定性、均匀度的差异，都会造成该药剂在田间的防效差异。

（3）用药时机　适时用药是防治成败的关键。准确进行预测、预报，掌握病虫发生动态，才能确定防治时期；只有抓住有利时机，才能发挥农药的最佳效力。

（4）使用量　农药的田间使用量是动态的、可变的，应依据农药标签上的剂量，综合有害生物的发生特点、时期，作物生育期、用药方法、环境气候等因素，因地、因时确定药液浓度、单位面积用药量和施药次数，以达到好的防治效果。浓度过低或用药量过小，单位面积上没有足够的药量，就达不到预期效果；浓度过高或用药量过大，会增加成本，产生药害，还会加剧和增强病虫抗药性。

（5）施药方法　在田间实际防治过程中，施药方法成为决定农药药效的关键因素之一。不同的防治对象，有不同的活动规律及危害特点，应尽量使药剂直接作用在靶标生物上。如对地下害虫，多采用灌根、穴施等方式；危害作物地上部分的害虫，多采用喷雾等方式；对于灭生性作物行间处理的除草剂，则要进行保护性喷雾，防止对作物产生药害。

（6）施药器械　施药器械是将药液按要求分布到田间的操作工具，根据防治目的不同，选择的施药器械也不一样；同时，施药器械质量的优劣也会对防效产生影响。例如：质量差的喷雾器跑冒滴漏严重，喷头雾化效果差，雾粒粗，黏着性差，沉积率低，药液流失严重，致使农药防治效果差，还严重地污染了环境。

（7）环境和气候因素　不同的气象条件与农药的防治效果息息相关。不同的温度、湿度、光照、风力、天气等对防治对象的发生、活动规律和防治效果都有影响。如风大药液飘移、吹散，影响防效的同时还易造成对邻近敏感作物的药害；又如施药后一段时间内应保证无雨，防止对药剂的冲刷，以保证药效的充分发挥。

（8）抗性的产生　有害生物在长期的化学农药防治条件下，会产生抗药性，不同的用药水平、不同区域的有害生物抗性上升的程度不一，因而造成同一种药剂对同一种靶标生物的药效有差异。为达到有效防治目的，应加强对有害生物的抗性监测，有针对性地选择农药品种，适度控制用药水平；避免长期使用同一种或同类的农药，交替使用作用机理不同的农药可降低病虫草害的抗性的产生。在实际防治工作中，还应本着综合防治的原则，加大化学、物理、生物等不同防治手段的轮换、综合应用力度，控制抗性上升，为以后化学农药的防治留下较大的余地与空间。

5.2.1.5 农药残留

农药残留是指农药使用后，在农产品及环境中残存的农药活性成分及其在性质上和数量上有毒理学意义的代谢（或降解、转化）产物。

（1）农药最大残留限量 为保证食用农产品质量安全，保护人民身体健康，政府主管部门在综合考虑农药使用情况、消费者饮食结构、农药毒性等因素的基础上，制定农药在不同农产品（食品）中的农药最大残留限量（MRL）。农药残留量超过政府所规定的限量标准，就是超标产品，对消费者存在不安全因素。食用农药残留量超标的农产品，尤其是蔬菜、水果等鲜食农产品，容易引起急性或慢性中毒事故。

农药登记申请者获得农药残留试验资料后，应结合相关检索结果，并参考其他国家或地区的残留试验数据、FAO 和 WHO 推荐的或其他国家规定的 MRL 值，提出供试产品在中国的最高残留限量和安全间隔期的建议值，在办理登记时，作为农药残留试验资料的一部分提交农药登记管理部门。

（2）农药安全间隔期 农药安全间隔期是指经残留试验确证的试验农药实际使用时，采收距最后一次施药的间隔天数。设定农药安全间隔期，是为保证收获农产品中农药的残留量不会超过规定的标准，以免危害食用者的身体健康以及生命安全。农药因其种类、性质、剂型、使用方法和施药浓度的不同，其分解消失的速度也不同，加之各种作物的生长趋势和季节不同，施用农药后的安全间隔期也不同。时间长短是一个决定因素，对一种农药而言，时间越短，残留越高；时间越长，残留越低。

（3）农药残留量的影响因素 农作物农药残留量主要与以下因素有关：

① 农药本身的性质；

② 农药剂型和使用方法；

③ 施用农药的农作物及其生长期；

④ 农药使用量和使用次数；

⑤ 气候环境影响。

5.2.1.6 农药环境影响

农药作为一类有毒物质，使用不当易对生态环境、食品安全、人体健康造成负面影响。农药的广泛使用和残留，对土壤、水、环境及后茬作物均会产生潜在危害，影响农业生产和生态环境健康。农药环境影响一般包括环境行为和环境毒理两个方面。

（1）农药环境行为 评价农药进入环境后，在环境中迁移转化过程中的表现，对土壤、水源等环境因素的影响，主要包括：挥发性、土壤吸附性、淋溶性、土壤降解性、水解性、水中光解性、土壤表面光解性、水-沉积物降解等情况。

（2）农药环境毒理 选取代表性的有益生物，评价农药使用后对环境生物的影响程度。一般选择蜜蜂、鸟、鱼、家蚕、水蚤、藻类、天敌赤眼蜂、蚯蚓、非靶标植物等生物进行环境毒理试验。

（3）农药对环境的影响因素 化学农药对环境的安全性与农药的性质、施用方法及施用地区的气候、土壤条件密切相关，主要可概括为以下几种影响因素：

① 农药的理化性质对生态环境安全性的影响　农药理化性质的指标很多，它们从不同方面影响农药对环境的安全性，例如农药蒸气压、水溶性、分配系数、化学稳定性、杂质等指标的不同均会对环境安全性产生影响。

② 农药环境行为特征对环境安全性的影响　农药环境行为是指农药进入环境后，在环境中迁移转化过程中的表现，其中包括物理行为、化学行为与生物效应等三个方面，它比农药理化特性指标更直观地反映了农药对生态环境污染影响的状态。农药环境行为主要包括农药挥发作用、土壤吸附作用、农药淋溶作用、土壤降解作用、水环境中的降解与水解作用、农药光降解作用、生物富集作用。

③ 农药施用方法对环境安全性的影响　农药的不同施用方法对农药在环境中的行为与对非靶标生物安全性影响关系极大。作为农药使用者，首先要根据实际情况，优选对环境友好的农药品种或农药剂型；在使用前必须仔细阅读农药标签上的说明，了解药剂的本身特点及注意事项。在具体施药过程中，做到合理控制施药量和次数，合理选择施药方法，合理把握施药时机，同时选用先进的施药器械，提高农药利用率，避免对非靶标生物造成伤害。

农药对环境的具体影响因素有以下几个方面：

① 剂型不同的农药　剂型对农药在环境中的残留性、移动性以及对非靶标生物的危害性均有影响。农药在环境中的残留性，颗粒剂＞粉剂＞乳剂，对非靶标生物接触危害的程度，刚好与残留性成反相关关系。

② 施药方法　喷施、撒施，特别是用飞机喷洒的方式，影响范围广，对非靶标生物的危害性大；条施、穴施和用作土壤处理的方法，污染范围小，对非靶标生物相对安全。

③ 施药时间　施药时间的影响主要与气候条件及非靶标生物生长发育的时期有关。在高温多雨地区，农药容易在环境中降解与消散；在非靶标生物活动期与繁殖期喷洒农药，对非靶标生物的杀伤率大；另外，施药时间对农产品是否会遭受污染的关系也十分密切。

④ 施药数量　农药对环境的危害性主要决定于农药的毒性与用量两个因素。高毒的农药，只要将其用量控制在允许值范围内，它对环境的实际危害相对小；相反，低毒农药用量过大，同样会造成危害。

⑤ 施药地区与施药范围　施药地区的影响主要与当地的气候与土壤条件有关，在高温多雨地区，农药在环境中降解速率就要比在干寒地区快；在稻田或碱性土中施用农药，一般比在旱地或酸性土中降解要快；施药范围越广，其影响面也越大。在水源保护区、风景旅游区与珍稀物种保护区施用农药，更应注意安全。

5.2.1.7　农药标签和说明书

农药的标签和说明书是指农药包装物上或者附于农药包装物的，以文字、图形、符号说明农药内容的一切说明物。在农药经营活动中，我们首先会关注到售卖的农药产品的标签和说明书，可以通过其直观地了解产品性能，从其内容入手有助于更进一步理解该农药产品的使用技术。根据《农药标签和说明书管理办法》（中华人民共和国农业部令 2017 年第 7 号），农药标签应当标注下列内容：

（1）农药名称、剂型、有效成分及其含量；

（2）农药登记证号、产品质量标准号以及农药生产许可证号；

（3）农药类别及其颜色标志带、产品性能、毒性及其标识；

（4）使用范围、使用方法、剂量、使用技术要求和注意事项；

（5）中毒急救措施；

（6）贮存和运输方法；

（7）生产日期、产品批号、质量保证期、净含量；

（8）农药登记证持有人名称及其联系方式；

（9）可追溯电子信息码；

（10）象形图；

（11）农业部要求标注的其他内容。

5.2.2　农业生产知识

农作物有其本身的遗传特性，也受其生活环境条件的影响，因此农作物生产具有地域性、季节性、周期性和持续性的特点。我国幅员辽阔，地形、地貌、气候、土壤、水利等自然条件千差万别，不同地域的社会经济、生产条件、技术水平等也有很大差异，从而构成了农作物生产的地域性。例如我国冬小麦主要分布在华北及其以南的地区，玉米主要集中在东北、华北和西南地区，大致形成一个从东北到西南的斜长形玉米栽培带。不同农作物对生长的气候环境条件如温、光、水等都有自身的特殊要求，一年四季的光、热、水等自然资源的状况不同，作物生产不可避免地受到季节的强烈影响。每一种农作物都有其生活周期，在生活周期内又有不同的生长发育时期，前一个周期或时期的生长发育是后一个周期或时期的基础，整个过程是有序的、紧密衔接的，不能任意中断，也不可逆转。如小麦特有的春化作用光周期现象等必须在特定的环境条件下进行，不满足其特定要求就不能完成农作物的生活周期。农作物生产是周期性不断循环的过程，是在同一种土壤及栽培条件下，一个生产周期接一个生产周期，前茬作物接后茬作物的连续过程。每年每一个季节、生产周期之间、前后茬农作物之间是紧密相连、相互影响、相互制约的。作为一名农药经营人员，应当掌握农业生产基本知识，主要包括以下几个方面：

（1）经营所在地区的农业生产耕作习惯；

（2）经营所在地区的农业生产组织方式及其发展趋势；

（3）经营所在地区的主要农作物品种及其种植分布；

（4）经营所在地区的环境气候特点；

（5）经营所在地区的农作物生产特点。

5.2.3　植物保护知识

农药使用效果受农作物品种、环境条件、防治对象及农药本身性质等多种因素的影响。要做一名合格的农药经营者，必须掌握基本的植保知识，综合利用农业生产知识、农药基本知识、植保知识，切实履行一名"植物医生"的职责，做好准确诊断、科学选药、合理指导，保障农药使用效果，达到安全、经济、有效的目的。

5.2.3.1　掌握病虫害基本知识

包括虫害及其防治基本知识、病害及其防治基本知识、杂草及其防治基本知识、鼠害及其防治基本知识、植物生长调节基本知识等。

5.2.3.2　掌握主要病虫害发生基本规律

病原菌、害虫、杂草等有害生物是与农作物协同进化的，不同地域、不同季节、不同作物种类、不同生育期，有害生物发生的特点各有不同。稻纵卷叶螟在我国南方水稻上发生严重，但在东北水稻产区却鲜有发生。2017 年小麦赤霉病在江汉和江淮麦区大流行，黄淮南部麦区偏重流行，而在西南大部、黄淮北部、华北南部、西北大部中等流行。鸭跖草在北方旱田危害很重，但在南方地区危害却很轻。用于预防和控制有害生物的农药，应依据其发生特点科学合理选择使用，决不能一个配方或一套解决方案"打遍天下"。

5.2.3.3　准确诊断、鉴定、识别病虫草害

知己知彼，百战不殆。要想有效防治病虫草害，首先应该掌握植保基础知识，能够做到准确诊断病害、鉴定害虫和识别杂草。需要分清楚是侵染性病害还是非侵染性病害，要是侵染性病害，应进一步明确其病原是什么。农业害虫主要集中在 7 个目，分别为直翅目、半翅目、鳞翅目、鞘翅目、双翅目、膜翅目和缨翅目。在田间发现危害严重的害虫，至少应能够鉴定到目，再依据其发生为害规律制定杀虫剂使用策略。一个地区一种作物田的杂草种类，在一定时期内通常是稳定的。按照杂草形态分类是与化学防除最为相关的农田杂草分类方式，通常分为禾本科杂草、莎草科杂草和阔叶杂草。通过查阅书籍或网络搜索，将杂草鉴定到种，会更有利于除草剂的科学使用，尤其对延缓和克服杂草抗药性更为有利。

病原菌、害虫和杂草种类不同，发生规律则不同，对药剂的敏感性或抵抗力差异很大。同一种药剂对不同防治对象的药效不同，同一种防治对象对不同的药剂也表现出不同的抵抗力。此外，同一种有害生物的不同发育阶段，对药剂的抵抗力也有显著差异。如昆虫和螨的卵，与其幼虫阶段相比，耐药性明显强。因此，在选用农药时，一定要明确防治靶标的种类和发育阶段，做到"对症下药"。

5.2.3.4　掌握农药的作用方式

农药预防或控制病原菌、害虫、杂草等有害生物的途径，称为农药的作用方式。系统掌握农药的作用方式，有利于科学施用农药，充分发挥农药的防病、杀虫和除草作用。

杀虫剂最常用的作用方式有触杀、胃毒、内吸、熏蒸、拒食、忌避和调节生长等。

（1）触杀作用药剂　通过接触昆虫表皮并渗入体内从而杀死害虫，这是目前使用的杀虫剂最主要的作用方式，可杀死各种口器的害虫和害螨。

（2）胃毒作用药剂　通过害虫口器和消化系统进入体内从而杀死害虫，一般只能防治咀嚼式口器害虫，如鳞翅目幼虫、鞘翅目成虫、直翅目若虫等。

（3）内吸作用药剂　通过植物的根、茎、叶吸收，并能在植物体内输导和贮存，害虫吸食植物的汁液或组织后而被杀死，蚜虫等刺吸式口器害虫多用这类药剂防治。

（4）熏蒸作用药剂　利用药剂挥发所产生的蒸气来毒杀害虫。

（5）拒食作用药剂　害虫接触或取食施用农药的作物后，破坏了消化道中消化酶的分泌并干扰害虫的神经系统，使害虫拒食食料，逐渐萎缩饿死。

（6）忌避作用药剂　其本身无毒杀害虫作用，但所具有的特殊气味使害虫忌避，从而达到保护农作物不受侵害的目的。

（7）调节生长作用药剂　通过昆虫体壁或消化系统进入虫体，破坏其正常的生理功能，阻止其正常的生长发育，从而将其杀死，这类药剂防治对象专一，对有益生物安全。

目前使用的多数杀虫剂通常具有两种以上的作用方式，可根据主要防治对象选用最合适的药剂。

杀菌剂的作用方式可分为保护作用、治疗作用和诱导抗病性作用。

（1）保护作用　指利用杀菌剂抑制孢子萌发、芽管形成或干扰病菌侵入的生物学性质，在植物未罹病之前使用药剂，消灭病菌或在病原菌与植物体之间建立起一道化学药物的屏障，防止病菌侵入，以使植物得到保护。该类杀菌剂对病原物的杀死或抑制作用仅局限于植物体表，对已经侵入寄主的病原物无效。

（2）治疗作用　是在植物感病或发病以后，对植物体施用杀菌剂解除病菌与寄主的寄生关系或阻止病害发展，使植物恢复健康，包括系统治疗和局部治疗。

① 系统治疗作用　也称内吸作用，即利用现代选择性杀菌剂的内吸性和再分布的特性，在植物体的不同部位施药后，药剂能够通过植物根部吸收或茎叶渗透等进入植物体内，并通过质外体系或共质体系输导，使药剂在植物体内达到系统分布，可防止在植株上远离施药点部位的病害的发展。该类杀菌剂一般选择性强且持效期较长，既可以在病原菌侵入以前使用，起到化学保护作用，也可在病原菌侵入之后，甚至发病以后使用，发挥其化学治疗作用。

② 局部治疗作用　也称铲除作用，包括了表面化学铲除和局部化学铲除。施药于寄主表面，通过药剂的渗透和杀菌作用，杀死侵入点附近的病原菌，铲除在施药处已形成侵染的病原菌。这类杀菌剂大多数内吸性差，不能在植物体内输导，但杀菌作用强，渗透性能好。通常可通过喷施非内吸性杀菌剂，如石硫合剂、硫黄粉等直接杀死寄生在植物表面的病原菌，如白粉病菌等，达到表面化学铲除的目的；或喷施具有较强渗透性能的杀菌剂，借助药剂的渗透作用将寄生在寄主表面或已侵入寄主表层的病原菌杀死，表现出局部化学铲除作用。

（3）诱导抗病性作用　也称免疫作用，即通过化学物质的施用而使植物系统获得抗性，增强对病原菌入侵的抵抗能力，其防治谱较广。由于这类杀菌剂大多数对靶标生物没有直接毒杀作用，因此，必须在植物未罹病之前使用，对已经侵入寄主的病原菌无效。

除草剂的作用方式分为吸收和输导。

（1）吸收型除草剂　除草剂必须经吸收进入杂草体内才能发挥作用，而吸收后不能很好地输导，如五氯酚钠，只能对接触到药剂的杂草组织及其邻近组织起作用，从而影响防治效果。

① 茎叶吸收　除草剂可通过植物茎叶表皮或气孔进入体内，其吸收程度与药剂本身结构、极性、植物表皮形态结构及环境条件有关。如均三氮苯类除草剂中的莠去津和扑草净比较容易被植物叶面吸收，而西玛津则难以吸收。叶片老嫩、形态也影响对药剂吸收的程度。高温、潮湿及药剂中含有适当的湿润展布剂，均有助于药剂渗透进入植物体，提高除草剂的杀草活性。

② 根系吸收　多数除草剂进行土壤处理后，能被植物根部吸收，但吸收速度差异较大，如莠去津、苄嘧磺隆、咪唑乙烟酸等很容易被植物根部吸收，而抑芽丹等则吸收较慢。

③ 幼芽吸收　除草剂在杂草种子萌芽出土过程中，经胚芽或幼芽吸收发挥毒杀作用。如氟乐灵、乙草胺、异丙甲草胺等均是通过芽部吸收发挥作用。

（2）输导型除草剂　在杂草吸收后能输导到地下根茎而有效发挥除草作用。

① 质外体系输导　除草剂被植物吸收后，随水分和无机盐在胞间和胞壁中移动进入木质部，在导管内随蒸腾液流向上输导，木质部是非生命组织，药量较高时也不受损害，这种输导一般较快，并受温度、蒸腾速度等环境生理条件影响。

② 共质体系输导　除草剂渗透进入植物叶片细胞内，通过胞间连丝通道，移动到其他

细胞内，直到进入韧皮部随同化产物液流向下移动。这种输导在活组织中进行，当施用急性毒力的药剂将韧皮部杀死后，共质体系的输导即停止，其输导速度一般慢于质外体系输导，并受光合作用强度等条件影响。

③ 质外-共质体系输导　除草剂进入植物体内的输导同时发生于质外体系和共质体系内，如麦草畏、咪唑乙烟酸、精噁唑禾草灵等。

5.2.3.5　掌握合理混用农药

农药合理混用具有扩大防治谱、提高药效、减少施药次数、省工省时、降低成本、延缓有害生物抗药性的发展等优点，但并不是说所有的农药品种都能混合使用，也不是所有的农药都需要混合使用。混用是有严格要求的，必须依据药剂本身的化学和物理性质，以及病虫草害发生的规律和生活史等，来判断是否能混合或需要混合。

农药混用有复配和桶混两种方式。复配是生产者将两种以上有效成分和各种助剂、添加剂等按一定比例混配在一起加工成物理性状稳定的产品，供直接使用。桶混是农药使用者在田间按照标签说明，把两种或两种以上农药按照不同的比例加入药桶中混合使用。农药复配或桶混应注意以下几点。

（1）两种农药混合后不能起化学变化　农药有效成分的化学结构和和化学性质是其生物活性的基础，所以农药在使用时要特别注意混合后的有效成分、乳化性能等是否发生改变，因为这直接影响药效的发挥。一般来说遇到碱性物质分解失效的农药不能与碱性农药或碱性物质混用，一旦混用农药很快分解失效，有机磷类和氨基甲酸酯类对碱性物质都比较敏感；拟除虫菊酯类在强碱下也会分解失效，有些品种在碱性下相对稳定，但也只能在弱碱下混用，并且混用后放置不能太久。此外，有些农药在酸性条件下也会分解，如有机硫类，所以混用要慎重。而有些农药与含金属离子的物质混用也会产生药害，如二硫代氨基甲酸盐类杀菌剂（福美双、代森锌、代森锰锌等）、2,4-滴类除草剂与铜制剂混用可生成铜盐降低药效，甲基硫菌灵与铜离子络合而失去活性。所以农药的混用不是简单的混合，而是要研究他们的化学结构和性质，通过科学合理的试验证明混合后的效果，保证对人畜、环境的安全，防止或延缓害虫产生抗药性。

（2）桶混的农药物理性质应保持不变　在田间现混现用时要注意不同成分的物理性状是否改变，若混用后出现分层、絮结和沉淀或悬浮率降低甚至有结晶析出，都不能混用。有机磷可湿性粉剂（敌百虫粉）和其他可湿性粉剂混用时，悬浮率会下降，药效降低，容易造成药害，不宜混用。乙烯利水剂、杀虫双水剂、杀螟丹可溶性粉剂因有较强酸性或含大量无机盐，与乳油农药混用时会有破乳现象，要禁止混用。桶混需要先用少量的药液进行混配实验，如果出现沉淀、变色、强烈刺激气味、大量泡沫的情况，切忌一定不要再进行混配，更不能喷施到作物上，以免出现烧叶、果实产生果锈等不良情况的发生。无论混用什么药剂，都应该注意"现用现配，不宜久放"和"先分别稀释，再混合"的原则。

（3）混用农药应具有不同作用机理或不同防治对象　水稻孕穗至抽穗期，是稻飞虱和纹枯病的发生盛期，使用马拉硫磷乳油和井冈霉素水剂混合配方施药，可防虫又可防病；除草剂农得时和丁草胺或乙草胺等混用，可扩大杀草谱。没有杀卵活性的杀虫剂与有杀卵活性的杀虫剂混用；保护性与内吸性杀菌剂混用等。拟除虫菊酯农药比较容易引起某些害虫产生抗药性，比如棉铃虫，如果它们与其他杀虫剂混配使用，就可使害虫的抗药性推迟产生或抗药性水平低缓。据试验资料显示：用 20% 菊·马乳油与 20% 氰戊菊酯分别处理棉铃虫，经过

16代不断处理后，进行抗性水平测定，发现只用氰戊菊酯处理的棉铃虫比用菊·马乳油处理的棉铃虫抗性高出 65.54 倍，表明菊·马乳油有显著延续棉铃虫抗药性的作用。

（4）复配混用后应降低对人畜、禽鱼类的毒性和对天敌及其他有益生物的危害 有些农药混用后药效提高了，但毒性也增加了。如马拉硫磷是对人畜安全的，易被人畜体内的生物酶分解，但与敌敌畏、敌百虫等混合使用时敌敌畏、敌百虫抑制该酶的活性，产生了较高的毒性。因此这种情况也不能混用。

5.2.3.6 掌握农药使用安全知识

农药使用过程中，必须保障对操作人员、农作物、农产品消费者和环境的安全，严格执行相关法规。

（1）保障操作人员的安全 在配药、喷药时，操作人员必须要做好个人防护，防止农药污染皮肤；在中午高温时，不要喷施农药，连续喷药时间不能过长；在操作现场保管好药液和毒谷、毒种等，防止人、畜误食中毒。施药时注意以下几点：

① 工作人员不准进食、饮水和抽烟，要穿戴相应的防护用品；

② 要注意天气情况，一般雨天、下雨前、大风天气、气温高时（30℃以上）不要喷药；

③ 工作人员要始终处于上风向位置施药；

④ 禁止非操作人员和家畜在施药区停留；

⑤ 施用高毒农药，必须 2 人以上轮换操作，连续施药不超过 5 天；

⑥ 施药人员如有头痛、头昏、恶心、呕吐等中毒症状时，应立即离开现场急救治疗；

⑦ 不要用嘴吹堵塞的喷头，应用牙签、细铁丝或水来疏通喷头；

⑧ 库房熏蒸，应设置"禁止入内""有毒"等标志，熏蒸库房内温度应低于35℃，熏蒸作业必须由 2 人以上轮流进行，并设专人监护；

⑨ 农药拌种应在远离住宅区、水源、食品库、畜舍并且通风良好的场所进行，不得用手接触操作；临时在田间放置的农药、拌药种子及施药器件，必须有人看管。

（2）保障农作物的安全 能引起作物药害的因素有：使用药剂品种不当或使用时期不对，剂量过高或喷洒不均，以及某些不利的自然条件。有些药剂对同一种作物的不同品种敏感性不同，有的品种安全，有的品种易产生药害，使用一种农药前，必须阅读有关说明书。

（3）保障农产品消费者的安全 各类农药在施用后分解速度不同，残留时间长的品种，不能在临近收获期使用。有关部门已经根据多种农药的残留试验结果，制订了《农药安全使用标准》和《农药安全使用准则》，其中规定了各种农药在不同作物上的"安全间隔期"，即在收获前多长时间停止使用某种农药。

（4）保障环境的安全 施用农药须远离附近水源、土壤等，一旦造成污染，可能影响水产养殖或人、畜饮水等，而且难于治理。按照使用说明书正确施药，一般不会造成环境污染。

5.3 农药经营技能要求

5.3.1 设店选址及前期准备

农药的特殊性，决定了农药经营是一项对专业技术要求较高的商品经营行为。农药经营场所位置选择、经营设备设施配置以及经营管理制度建立等是影响农药经营活动的主要因素。根据农药的商品特点以及相关法律法规要求，开展农药经营活动应当做好以下前期准备。

5.3.1.1 农药经营场所位置选择

农药作为一类特殊的商品应用于农业生产，主要销售对象是农民。农药经营门店的选址应遵循以下原则。

（1）方便购买的原则　选择在农作物集中种植区内或农村集贸市场等附近。由于各个乡镇的农业发展水平、交通条件、商业氛围等方面还有比较明显的差别，吸引农民购买能力的强弱不同。农药经营门店应该尽量选址在人气比较旺盛的乡镇，镇上活跃的商业交易、便利的交通等会给农药销售提供更多的机会。

（2）综合分析周边农药经营情况　农药经营门店应设在乡镇交通比较方便、有一定农资经营规模的街道上，并综合考虑周边农药经营店的数量、销售状况、经营时间、年销售额、客户数量、周边农作物种植结构等因素。大多数的农资零售店都会集中在一个街道上，单门独户成不了"市"，自然难以成为农民购买农资的首选。开店前先要进行市场考察，分析这个乡镇可以覆盖的村庄有多大的市场容量、目前镇上的零售点做了多大的市场，估算剩余市场份额是否值得开店。同时，要注意在经营方式、品种、品牌等方面与相邻经营店有所区别，避免引发恶性竞争，导致两败俱伤。

（3）保障经营场所周边的安全　部分农药具有易燃、易爆、易挥发等特点，在设店选址时，应当选择远离住宅区、医院、商业购物区、食品制造厂和人口稠密的地方；远离经常出现明火的区域，以避免造成人畜中毒或者发生火灾、爆炸等危害公共安全的事故。很多农药对鱼等水生生物、家蚕、蜜蜂等存在安全风险，选址时还应注意远离河流、湖泊、蚕室、养蜂区、水产养殖区，以免造成环境污染和生态失调，给养殖业造成意外损失。

5.3.1.2 合理配置农药经营设备设施

农药经营单位应当具有经营场所和设备设施条件：

（1）应具有与其经营规模相适应、独立固定、交通便利的经营门市；

（2）应具有与其经营规模相适应的库房；

（3）农药门市和仓库要求具有通风散热设备和装卸工具，有安全的电气照明设施，库房顶部装有避雷针；

（4）农药产品展示架（柜）要选用钢架、石材、玻璃等惰性材质，不能用有机合成树脂、木材等易燃材料；

（5）农药经营必备设施还包括消防器材（包括灭火器、水桶、锹、叉、沙袋等）、安全防护工具（胶皮手套、围裙、橡皮靴子、眼镜眼罩、防毒防尘呼吸器等）、急救药箱（内装解毒药、高锰酸钾、脱脂棉、红汞水、碘酒、双氧水、绷带等物）等；

（6）农药经营门店和仓库应有方便取用的水源。

经营场所和设备设施条件的具体要求参见 5.8.2。

5.3.1.3 建立完善的农药经营管理制度

农药经营单位至少应建立如下制度：

（1）经营人员管理制度；

（2）经营台账管理制度；

（3）农药安全管理制度；

（4）诚信经营制度；

（5）进货检查验收制度；

（6）产品销售可追溯制度；

（7）意外事件应急预案；

（8）农药质量纠纷处理制度。

各种制度的具体要求参见 5.8.2。

5.3.1.4　申请营业执照和相关经营许可证件

开展农药经营之前，应当根据经营农药的范围，先向当地工商行政管理机关、农业主管部门申请领取营业执照和农药经营许可证，取得农药经营资格。

5.3.2　农药进货

农药进货环节是影响农药销量和效益的关键因素。农药经营者在选择农药品种时，应把握如下几个方面。

5.3.2.1　熟悉当地农业生产和农药使用实际情况

为使购进农药的防治作物和防治对象与当地经常发生的病虫草鼠害相适应，农药经营者应当熟悉当地农作物种类、作物布局、种植方式，病虫草鼠害发生种类、发生时期、发生特点，及时掌握当地使用的主要农药品种、用药量、防治效果，以及病虫草鼠对农药的抗性发展情况等。

5.3.2.2　选择合适的农药品种

农药经营者在购进农药时，应当根据本地农作物病虫害发生情况选择合适的农药品种。具体方法：登录中国农药信息网（www. chinapesticide. org. cn），点击右侧"行业数据"栏目中"农药登记数据"，输入作物的名称或防治病虫草害的名称，点击"查询"按钮，可查出用于防治该作物病虫草害的农药名称。

5.3.2.3　选择合适的农药生产企业和产品

确定拟购进的农药品种后，可登录中国农药信息网，根据农药品种查询农药生产企业，并依据拟购进产品的农药登记证号查询农药标签相关信息，确保拟选择的产品既符合经营需要，又符合相关法律法规要求。具体方法见本章第六节。同一品种有多个企业或产品可供选择时，应优先选择高效优质、大品牌的农药品种或质量信誉有保障的农药生产企业的产品。

5.3.2.4　与供货方建立和谐关系

目前，农药产品供大于求，上游供货方把下游农药经营者当成"上帝"对待，千方百计争取农药经营者，而下游农药经营者习以为常，这是不对的。没有上游供货方的支持，农药经营者在市场上就失去了竞争力。供货方手中的好产品首先交给好的经营者来分销，供货方会对好的农药经营者提供更多更好的送货、技术、市场保护的服务。所以农药经营者应该与供货方和谐相处。

5.3.2.5　签订进货合同

对选定拟购买的产品，与生产企业或上游经营者签订产品定购合同。定购合同应当至少包含以下内容：

（1）农药名称、有效成分含量和剂型；

（2）农药的生产企业及联系方式；

（3）农药的数量、包装规格、价格；

（4）到货时间、验收方式、付款方式；

（5）产品的质量责任或违规情况的处理；

（6）农药使用纠纷的处理。

5.3.2.6　严把进货关

（1）禁止购进的农药

① 国家明令禁止使用的农药：六六六、滴滴涕、毒杀芬、艾氏剂、狄氏剂、除草醚、二溴乙烷、杀虫脒、敌枯双、二溴氯丙烷、汞制剂、砷、铅、氟乙酰胺、毒鼠强、氟乙酸钠、甘氟、毒鼠硅、甲胺磷、甲基对硫磷、对硫磷、久效磷、磷胺、苯线磷、地虫硫磷、甲基硫环磷、磷化钙、磷化镁、磷化锌、硫线磷、蝇毒磷、治螟磷、特丁硫磷、氯磺隆、甲磺隆、胺苯磺隆、福美胂、福美甲胂、三氯杀螨醇等；

② 未取得农药登记的农药，如百草枯水剂；

③ 超过质量保证期的农药（即过期农药）；

④ 生产企业标识不明确的农药；

⑤ 产品无标签或标签不合格的农药。

（2）不宜购进的农药

① 不能确定生产经营者的农药　这部分产品来源不明确，一旦发生质量纠纷，经营者在先期赔偿后，由于难以找到生产企业，无法进行索赔追偿。

② 产品使用范围与本地农作物不相符的农药　如某种农药登记的使用范围为柑橘树，在没有种植柑橘树作物的北方地区就不应该购进，否则易发生对当地农作物防治效果差或药害等事件。

③ 价格明显低于同类产品的农药　不同企业生产的相同农药，价格会有差异。选购农药时不仅要看农药的单价，还应对比有效成分含量、包装重量等。一般情况下，不要购买价格与同类产品存在很大差异的农药。价格明显低于同类产品的，假劣农药的可能性较大。

④ 涉嫌假劣农药　从近几年全国农药监督抽查结果汇总分析，如果产品标签上具有以下特征之一，涉嫌假劣农药的可能性较大：

a. 广告宣传语多，含有"保证高产、无毒、无害、无残留"等绝对性语言；

b. 伪造农药登记证号的；

c. 仅有简易打印标签的产品；

d. 不同生产企业的产品包装相同或相似的。

（3）要做好产品查验工作

① 查验产品与所选购的是否相符　登录中国农药信息网（www. chinapesticide. org. cn），在"农药登记数据"栏目中输入该农药产品的农药登记证号，点击"查询"按钮，可核查购买的农药产品与网上公布的农药登记核准信息内容是否相符，重点检查生产厂家、农药名称、剂型、登记作物、防治对象、有效期、用药量、施用方法等信息。

第一步：

- 《环境保护综合名录（2015年版）》发布 农药行业新...
- 杜邦宣布2016年初裁员1700人 节约并购成本
- 【转载】2015农药行业管理新政大盘点
- 【转载】多角度看"沙隆达调整农药制剂产品销售"
- 【转载】广东高毒限用农药将定点经营 实行"域外仅...
- 【转载】印度CIBRC第360次会议通告：25项农药原药获...
- 四川利尔作物科学有限公司成立仪式暨利尔新品牌发布会

- 【转载】2015年全球农药市场创10多年来最大跌幅
- 乐果和瓻磺隆获加拿大续展登记
- 巴西MAPA授权紧急使用溴甲烷用于植物检疫处理
- 毒死蜱：价格低 企业压力大
- 草甘膦：成交低 价格下滑
- 百草枯：企业开工率低 下游采购冷淡
- 病虫害发生趋势预报：预计2016年我国农作物重大病虫害总体为...

2 2015年第七批自愿放弃农...
3 2015年拟颁发农药制剂产...
4 2015年第24批拟批准登记...
5 关于2015年第十三批颁发...
6 关于2015年换发农药产品...
7 工业和信息化部拟备案的...
8 关于2015年第七批农药制...

互动交流

政务服务

- 金农工程应用系统专栏
- 全国农药执法服务系统
- 农药追溯系统
- 风险监测和预警
- 企业及生产情况报告
- 农药监管网络联动系统

期刊科普

期刊介绍
期刊介绍

《农药科学与管理》是由农业部主管，农业部农药检定所主办，国内外公开发行的农药行业专业期刊，也是中国科技核心期刊，主要宣传农药管理政策法规，介绍国内外农药领域的最新进展和科研成果，具有很强的政策性、科学性、指导性和实用性。

理事会介绍

目录和电子文稿

期刊管理系统

农业宣传材料
生物农药
农药残留
卫生杀虫剂
植物生长调节剂

中国农药信息网

材料下载

行业数据

法规政策文件		执法信息		征求意见		技术规范	
中华人民共和国食品安全法（2015年版）	2015-04-25			农药剂型名称及代码（GB/T 19378-2003）	2015-12-22		
中华人民共和国农产品质量安全法	2006-04-30			联合国粮农组织发布农药管理新准则	2015-11-27		
农药管理条例（2001年版）	2001-11-29			《食品安全国家标准 食品中农药最大残留限量》（GB2...	2014-03-20		

第二步：

您当前的位置： 首页 > 行业数据

农药登记数据

登记证号：	厂家名称：	省份：
农药类别：	总含量：	剂型：
作物名称：	防治对象：	
有效成分1：	英文1：	含量1：
有效成分2：	英文2：	含量2：
有效成分3：	英文3：	含量3：
有效起始日：	至：	
有效截止日：	至：	

包括已过有效期产品： ☐

查 询

登记证号	登记名称	农药类别	剂型	总含量	生产企业

第三步：

您当前的位置：首页 > 行业数据

如果在"农药登记数据"栏目中查询不到该产品时，可能有两种原因：一是该产品已过农药登记有效期；二是该产品为假冒产品。

当出现此类情况时，应当进一步确认该产品是否合法。具体步骤为：

在中国农药信息网（www.chinapesticide.org.cn）的"农药登记数据"栏目中勾画"包括已过有效期产品"，点击"查询"按钮，可查询出该产品的有效期截止日期。如果该产品生产日期在其产品有效期内，则为合法产品。

您当前的位置：首页 > 行业数据

② 核实产品标签是否与登记核准标签相符　经营者可以要求生产企业出具登记核准标签的复印件，对照产品标签进行核对，也可以通过农药登记主管部门公布的登记核准标签核对。具体操作步骤为：

登录中国农药信息网（www.chinapesticide.org.cn），在"标签数据查询"栏目中输入标签上的农药登记证号，点击"查询"按钮，可核查农药登记核准标签内容。也可以向当地农药管理机构咨询。

第一步：

第二步：

③ 核查标签内容时应注意：

a. 标签字迹是否清晰。

b. 标签上主要内容是否齐全。有无农药名称、有效成分含量、剂型、生产企业及其联系方式，农药许可证号是否齐全，生产日期是否清晰等。缺失以上任何一项内容的农药，涉嫌假劣农药的可能性较大。

c. 农药名称、有效成分含量的位置是否醒目。

（4）对产品进行质量核查　可以核查产品质量合格证，要求生产者出具产品质量检测报告，必要时委托法定检测机构检验。经营者应当通过产品外观等对产品质量进行简易试验检验。主要方法有以下几种。

① 外观判断

a. 可湿性粉剂应该是粗细均匀、颜色一致的疏松粉末；有结块成团的为假劣产品。

b. 颗粒剂应该是大小、颜色均匀的颗粒；颗粒大小相差很大、包装袋中有很多粉末的为假劣产品。

c. 乳油和水剂应该是均匀一致，没有分层、浮油、沉淀的透明液体；出现混浊、分层、沉淀等现象的为假劣产品。

d. 悬浮剂和悬乳剂应该是均匀、可流动的液态混合物，长期存放可能出现分层，但经摇晃后可恢复原状；出现明显分层，经摇动后不恢复原状或者仍有结块的为假劣产品。

e. 熏蒸用的片剂如果呈现粉末状，表明已失效。

② 简易试验　兑水使用的农药，可以通过简易试验，判断是否为假劣农药。

a. 可湿性粉剂或悬浮剂　取一小匙农药倒入一杯清水中，合格产品很快分散，搅拌成悬浮液后稳定时间长；假劣产品可能不会很快在水中分散，或者会出现悬浮分层或大量沉淀。

b. 乳油　取一小匙农药倒入一杯清水中，合格产品应迅速扩散，稍加搅拌即成白色乳浊液，无油珠；假劣产品可能不会迅速扩散，搅拌后不能形成牛奶状乳液，或者静止后出现明显的油珠、沉淀物。

c. 水剂　取一小匙农药倒入一杯清水中，合格产品应迅速扩散，仍然是透明清亮的液体；假劣产品可能会使清水变浑浊，或出现絮状物、沉淀或分层。

通过简易试验，发现购买的农药产品有假劣嫌疑的，可以送农药质量检测单位检验或投诉维权。

5.3.2.7　保留有关凭证

大部分经营者自身不具备对产品质量进行全面检测的能力，售出的农药使用后可能会面临药效不高、产生药害等问题。经营者应当具有较高的责任意识和自我保护意识，事先签订有关合同或索取有关凭证，为划清责任、处理纠纷提供证据。主要包括以下几个方面：

（1）进货合同；

（2）运货凭证；

（3）付款凭证或发票、收据；

（4）产品质量合格证等。

5.3.3　农药运输、贮存与保管

5.3.3.1　农药装卸与运输

（1）在人员方面的要求

① 装卸、运输人员应由身体健康、能识别农药毒性级别及标识的成年人担任；从事高毒、剧毒农药装卸、运输的人员应取得相应资质。

② 驾驶员、押运员应熟悉所运输农药的安全要求，了解所运输农药的毒性和潜在危

险性。

③ 参与农药装卸和运输的监督人员应熟知处置农药渗漏、泄漏等事故的救助单位和应急救援电话，熟悉自救方法；并应经过适当的急救和抢救方法培训。

（2）在装卸方面的要求

① 农药装卸时要特别小心，千万不要把农药放在其他重物的下面，以免压碎农药包装，同时还要防止农药从高处摔落。装卸时应轻拿轻放，不应倒置，严防碰撞、翻滚，以防外溢和破损。

② 应在有充分照明条件下经专人指导进行装卸。装卸高毒农药时，应有警告标志，禁止非工作人员进入，作业人员要求佩戴防毒面具或防微粒口罩、穿着防护服装和防护手套，皮肤破损者不得操作。

③ 装卸的农药应有完好的包装和标志。农药包装箱装入运输工具（仅指汽车、船只等，不包括火车、飞机等）后，应在货仓内固定，确保不发生移动、不发生碰撞损伤。

④ 装卸人员在作业中不应吸烟、喝酒、饮水、进食，不要用手擦嘴、脸、眼睛等部位。

⑤ 在装卸过程中应配备足够的清水，以便在皮肤、眼睛等受污染时使用。每次装卸完毕，作业人员应及时用肥皂或专用洗涤剂洗净面部、手部，用清水漱口；防护用具应及时清理，集中存放，保证防护用具中无农药残液残渣。

（3）在农药运输方面的注意事项

① 运输农药要使用易清洗、耐腐蚀、坚固的运输工具，运输农药的运输工具不得再运输食品和旅客。运输工具上应备有必要的消防器材和急救药箱。

② 运输农药的车辆、船只，其底、帮应采取隔垫和加固等措施，防止农药包装刮损和农药溢漏。

③ 装运不同品种的农药时要分类码放，不得混杂，高毒、剧毒、易燃农药应有明显标记。

④ 运输农药的车辆应封闭车门或加盖防雨布等，有条件的建议采用集装箱。

⑤ 交、运双方应认真清点农药品种、数量，并在运单上签名。

⑥ 运输时速不宜过快，宜平稳行驶。运输途中不应在居民区停留休息。遇有故障时，应及时采取措施远离居民区，距离不应小于200m。

⑦ 车辆运行过程中不应吸烟、饮水、进食。吸烟、饮水、进食前应脱去工作服，洗净手、脸并漱口。

⑧ 运送农药的驾驶员、押运员的服装如被污染，应及时单独洗净。

⑨ 农药卸车、船后应在专门场地进行清洗。装运农药的车厢、船舱一般可用漂白粉（或熟石灰）液清洗，而后用水冲净；金属材料容器可采用少许溶剂擦洗。废液应妥善处理，不要随意泼洒。

⑩ 如果农药在运输过程中发生渗漏或散落时，应该让人畜远离现场，不要在溢出的农药旁吸烟或使用明火。应用干土或木屑吸附散落的农药液体，在仔细清扫后将废渣妥善处理，防止污染环境威胁人身健康。

⑪ 转移包装损坏的农药货物时，应将其放在光秃的地面上，并要注意远离住宅和水源，以防农药渗透到下面的土壤中。

5.3.3.2　农药贮存和保管

（1）人员要求

① 保管人员应选用具有一定文化程度、身体健康、有经验的成年人担任。

② 保管人员应经过专业培训，掌握农药基本知识和安全知识，并持证上岗。

（2）存放要求

① 农药的贮存场所应有醒目的警告标志。贮存条件要符合农药标签上的要求，尤其要避免将农药贮存在其限定温度以外的条件下。

② 按照农药贮存"原装进、原装出"的原则，将农药存放在原包装内。农药应有完整无损的内外包装和标志，包装破损或无标识的农药应及时处理。如果农药存放的时间较长，超过使用季节，应注意查库，以免过期失效。

③ 库房内农药堆放要合理，应远离火源、电源、热源，避免阳光直射，垛码稳固，并留出运送工具所需的通道。

④ 利用隔板或围墙将不同种类的农药分开存放。挥发性农药应存放在通风、与其他农药分开的地方，防止发生交互污染；高毒、剧毒农药应存放在彼此隔离的有出入口、能锁住的单间（或专箱）内，并保持通风；易燃农药应与其他农药分开，并用阻燃材料分隔。

⑤ 不同包装农药应分类存放，垛码不宜过高，应有防渗防潮垫。库房中不应存放对农药品质、农药包装有影响或对防火有障碍的物质，如硫酸、盐酸、硝酸、氢氧化钠等。

⑥ 存放农药应有专柜或专仓，置于儿童、无关人员及动物接触不到的地方，且不应与食品、种子、饲料、化肥、日用品及其他易燃易爆物品混装、混放。

⑦ 定期检查农药包装的破损和渗漏情况。被农药溢出物污染的、破损的包装和废弃物必须集中在一个通风、远离人群、牲畜、住宅和农作物的地方，依法合理处置，避免产生人畜中毒或环境污染。

（3）库房管理要求

① 严格执行农药出入库登记制度。入库时应检查农药包装和标志，记录农药的品种、数量、生产日期或批号、保质期等；出库农药包装标志应完整。

② 定期检查存放的农药是否符合有关规定；定期维护库房内通风、照明、消防等设施和防护用具，使其处于良好状态。

③ 在库房中进行农药的装卸、布置、检查等活动，应至少有二人参加。

④ 定期清扫农药库房，保持整洁。

⑤ 存放新的农药品种前应将库房清扫干净。存放过农药的库房一般可用石灰液或少量碱液处理后用水冲洗。

⑥ 高毒、剧毒农药应按剧毒品基本要求保管。

⑦ 进入高毒、剧毒农药存放间的人员，应穿戴相应的防护面具和防护服装，同时保证通风照明良好。

（4）合理堆码

① 农药产品入库堆码应符合各种农药的特性和不同规格的要求，有利于推陈储新，实行科学堆码，保证安全。

② 各种农药应按品种、用途、不同包装规格、不同出厂或入库期分堆保管。农药产品的堆码还要提高库房的利用率，要有利于盘点统计，按分类安排货位，统一编号、统一管

理。要求堆码整齐，货架牢固，过目知数，提高仓容，安全方便。

③ 农药产品的堆码要合理，垛与垛、垛与墙要保持一定的距离。一般垛距 1.5m 左右，过道约 1.5～2.0m，距墙约 60cm，距柱约 40cm，堆放高度不宜超过 2m。根据农药产品的性能、数量、包装规格和重量，选择适当的堆码方式。

（5）应当特别注意的问题

① 剧毒和高毒农药　毒性大的农药，如磷化铝、涕灭威、克百威、灭多威等，其他如溴甲烷等农药，如保管不当，会产生极大危害。因此要专人负责，专仓保管，不要与其他农药混存。保管中要做到手续齐全，数字准确，包装完整，同时要做好保管人员的安全教育和防护工作。

② 除草剂农药　除草剂应与其他农药分开贮存，最好设立专库贮存。严防除草剂渗漏污染其他农药而造成药害事故。凡堆放过除草剂的农药仓库，应清除干净后才可贮存其他农药。

③ 乳油农药　乳油农药含有甲苯、二甲苯等有机溶剂，其特点是闪点低、易挥发、遇明火易燃烧。因此贮存该类农药时，应注意库内的温度变化，时常通风，避免高温带来危险。要严格管理火种和电源，防止发生火灾。

④ 微生物农药　微生物农药如苏云金杆菌等，其特点是不耐高温，容易吸湿霉变，失活失效，同时，在贮存中还应注意预防其他杂菌、杂质的污染。微生物农药应尽可能当年生产，当年销售，当年使用，以保持微生物农药的生物活性。另外，微生物农药不能与碱性农药和杀菌剂混存。因微生物农药含有大量有生命的孢子，适于在中性和偏酸性的环境下生长，碱性条件下会影响它们的生命活动。杀菌剂更是有可能杀死孢子，降低药效。

⑤ 压缩气体农药　这类农药的主要品种为溴甲烷，溴甲烷本身不易燃、不易爆，其商品压缩在钢瓶中销售。它在高温、撞击、剧烈震动等外部条件下，会引起爆炸。而且，溴甲烷属高毒气体，在保管这类农药时要特别谨慎。应经常检查阀门是否松动，钢瓶有无裂缝，以免引起不良后果。

⑥ 烟剂农药　烟剂农药属易燃制剂，要专仓保管，专人负责。严格管理火种、火源，远离明火。堆垛时应堆成塔式或通风良好的小垛，以便散热，防止自燃。一般垛脚面积不超过 10m^2，垛高不超过 3m。

⑦ 水介质农药　农药水剂、水悬浮剂、水乳剂及种衣剂的溶剂是水，在低温下可能会由于结冰而体积膨胀导致农药包装爆裂。因此冬季仓库温度应保持 5℃ 以上，仓库条件差的，应加盖保温物品。水介质农药一般不宜久贮，最好当年生产，当年使用。

5.3.4　柜台农药摆放

农药经营店内的产品区域，应精心设计和管理，通常要用柜台把顾客与陈列区隔开，或把产品放在玻璃柜子里，按农药类别分区摆放、突出主推农药产品。

5.3.4.1　柜台摆放农药的原则

农药摆放要遵循以下原则：

（1）液体农药放置在货架下部，固体和粉尘农药放置在货架上部，以免液体农药溢出污染下面的产品。

（2）农药码放高度一般不要超过 2m，防止倒塌和压坏底部产品。

（3）除草剂不应码放在杀虫剂或杀菌剂的上面，以免因溢出的除草剂污染其他农药导致药害发生。诱饵杀鼠剂要隔离存放，因为它们很容易受到气味浓烈的化学品的影响。

（4）杀鼠剂、剧毒高毒农药，应设专区或专柜，单独隔离存放在不容易接触到的地方，并设置醒目标识、上锁。卫生用农药，应设分柜销售，与其他商品分开。

（5）柜台农药展示区要在容易看到的地方贴（标）有警示标语牌，警示牌必须是白底，上有深红色字"农药有毒""禁止吸烟、吃东西、喝饮料""不得将农药卖给 18 岁以下的未成年人"等。

5.3.4.2　柜台摆放农药的排序

柜台摆放农药应遵循"方便查看、方便取放"的原则，可按下列方式之一进行排列摆放。

（1）按农药类别设置杀虫剂、杀菌剂、除草剂及植物生长调节剂、杀鼠剂等四类农药展示区，并加以标识；

（2）根据农药所适用的农作物和防治对象，分区进行展示；

（3）按农药化学分类分区摆放展示，如杀虫剂展示区又可按有机磷类、拟除虫菊酯类、烟碱类、其他类分区展示。

5.3.5　农药纠纷处理

在发生农药对农作物病虫草害的防治效果差、出现药害、造成农产品农药残留超标或人畜中毒、环境污染等事故或纠纷后，农药经销商应该调查原因，并积极处理好有关事宜。

5.3.5.1　农药纠纷种类及前期处置

（1）**防治效果不好**　对使用者反映农药产品使用效果不好时，农药经营者应当及时收集其他农户使用该产品的防效情况，如有可能，进行实地调查，与农户共同查询问题产生的原因。

①　主要原因　农药防效不好，主要有以下几个原因。

a. 产品质量不合格　农药质量有问题势必会造成对农作物的防治效果差。如果农民使用其他厂家的同类农药防效好，仅使用该农药防效不好，则农药产品质量存在问题的可能性较大。

b. 未按标签规定使用　没有严格按照标签上标注的用药量、使用技术、防治作物和防治对象施药。

c. 标签违规　少数农药生产企业擅自修改标签，扩大已登记农药的使用范围，在未经正规试验的情况大规模使用，使用效果可能不好。

d. 环境气候影响　如果是个别地方反映达不到防效，则有可能是施用方法和气候等环境条件问题造成的，并不一定是农药质量问题。

e. 抗性问题　如果非个别现象，农药经营者需对其他厂家的同类产品防效做个调查，如果防效也差就有可能是抗性或气候原因导致。

②　前期处置

a. 收回已销售的产品　对涉嫌存在质量问题的农药产品，应及时通知生产企业回收，不能再销售给其他农户，避免进一步造成损失。

b. 指导使用者及时进行补救　农药经销商应及时指导受害农户采取措施，更换农药品种或者采取其他补救措施，尽量降低损失。

（2）农作物药害纠纷　农药经营者在销售时，应正确向农户讲解农药使用方法和安全使用注意事项等，以避免药害事件的产生。

① 主要原因　因使用农药造成的农作物药害，主要有以下几个原因。

a. 产品质量存在问题　包括在农药中添加国家禁用农药、未登记农药成分，农药有效成分含量或主要技术控制项目不合格，或农药产品中混有有害杂质等。

b. 未按规定使用农药　农药使用者未按照标签规定的使用方法和注意事项施用农药。如将灭生性的除草剂用于作物上，将农药施用在敏感作物上等；此外，擅自加大用药量或重复施药，农药使用过程中的飘移、喷雾器清洗不干净等均会导致药害产生。

c. 气候环境影响　农药的安全性与气温、土壤水分条件和农作物生长状态等密切相关。如某些农药的使用未考虑到干旱、高温、大风、高湿等气候条件，或者土壤有机质、田间水层等环境条件而引起农作物药害。如在极端气候条件下（春季低温、干旱或高湿）的特殊气候年份，或者局部地区的持续低温、多雨，易引发乙草胺等使用条件苛刻的农药发生药害事故。

d. 标签使用技术或注意事项等内容违规或不科学、不具体　少数农药生产企业擅自修改标签，扩大已登记农药的使用范围，在未经正规试验的情况下大规模使用易造成农作物药害。

e. 长残效除草剂造成下茬作物药害　少数除草剂在土壤中残效期可达 2～3 年，对农作物轮作有严格的限定要求。由于我国农作物以小规模种植为主，农作物种植品种多、轮作复杂，农民种植取向基本看市场需要，无法合理计划种植作物，加之经营者不向农民说明使用注意事项，易引起对下茬作物药害。

② 前期处置　发生农作物药害时，应及时通知生产企业回收已销售的产品，不能再销售给其他农户，避免进一步造成损失。农药经销商应在当地农业部门的指导下，帮助使用者及时采取措施，降低损失。例如：

a. 及时用清水或碱水冲洗或进行洗田。如水稻田应先进行放水，然后再关水，进行两次。

b. 及时修剪农作物药害部分，将发生药害部分摘除。

c. 喷施微量元素叶面肥，提高作物抵抗力。追施速效肥以恢复作物长势。

（3）人畜中毒事故　农药是有毒物质，在农药运输、销售和使用过程中操作不当，会引起人畜中毒事故。农药经营者在销售时应问清购买者的用途（特别是高毒、剧毒农药），详细说明农药使用的安全防护要求，指导农民安全合理使用农药，降低人畜中毒事件的发生概率。

① 主要原因

a. 假农药　部分生产企业在农药产品中非法添加禁限用高毒农药，但在标签上未标注相关信息。使用者在不知情的情况下，按标注的农药使用，造成人畜中毒。

b. 未按规定正确使用　主要是农户未按农药使用规程操作，如直接用手进行搅拌、撒施；在农药施用过程中未采取相应的安全防护措施，药剂接触人体皮肤；在高温天气长时间施用农药等。特别是高毒农药，使用技术和防护措施要求高，如使用者防护措施不到位，易发生人畜中毒。

c. 未合理处理剩余的农药或施用过农药的农产品　部分使用者随意放置剩余的农药，或未将施用过农药的农产品与其他农产品区分，导致人畜误食中毒。

d. 误服或人为服毒　未按规定正确存放农药时，极易导致农药误服，如儿童误将农药当作饮料饮用，或者某些人选择购买农药用于自杀等。

e. 农药销售中引起的中毒　主要是销售人员用手长期接触农药包装物（沾有农药），或者未按规定实行售卖区与生活区分开，农药污染食品导致中毒发生。

f. 农药残留引起中毒　主要是违法在蔬菜、水果上使用了高毒农药，或者未按安全间隔期规定采收蔬菜、水果，导致农药残留超标等引起中毒。

② 前期处置　一旦发生人畜中毒事件，农药经销商应及时协助受害人采取紧急救助措施，并携带农药标签尽快到就近的医院治疗，告知医生导致中毒的原因。

a. 对经皮中毒者，及时转移中毒者到空气新鲜处，并清洗暴露部位皮肤，脱去污染的衣服，保持呼吸畅通。

b. 眼睛溅入者，立即用流动清水冲洗不少于 15 分钟，如仍感觉不适，应当尽快携标签到医院就诊。

c. 对吸入中毒者，立即离开施用农药现场，转移到空气清新处，及时更换衣物、清洗皮肤，并尽快携标签到医院就诊。

d. 对经口中毒者，应按标签标明的中毒急救措施及时救助，并立即携带农药标签到医院就诊。

（4）环境污染事故

① 主要原因

a. 农药废弃包装物处置不当　少数农民在使用后将包装物扔在田边地头、林间草丛或沟河里，易产生环境污染事故。

b. 假劣农药　部分生产企业在产品中非法添加了其他农药，虽增加了病虫害防治效果，但可能污染环境。例如，前几年因农药产品中非法添加氟虫腈，引发大量蜜蜂、鱼虾中毒死亡。

c. 特殊气候条件　在使用农药后发生暴雨等特殊气候，导致所施用的农药流入河塘，污染水域。

d. 标签使用技术或注意事项等内容违规或不科学、不具体　少数农药生产企业擅自修改标签，扩大已登记农药的使用范围，在未经正规试验的情况易造成环境污染事故。

e. 使用者使用不当。

② 前期处置　发生环境污染事故时，农药经销商应在当地环境保护、农业部门的指导下，帮助使用者及时采取措施，降低损失。

5.3.5.2　农药经营纠纷处理方式

根据《农药管理条例》和《中华人民共和国消费者权益保护法》（以下简称《消费者权益保护法》）的规定，经营的农药出现上述纠纷时，农药经销者应该及时调查问题或事故产生的主要原因，与农药使用者共同尽快采取相应的补救措施，收集相关证据并协助消费者处理好维权事宜。

（1）采取补救措施降低损失　调查确定事故的发生原因，及时向有关部门咨询，配合有关部门、农药使用者采取补救措施，进一步减少损失。如发生药害时，采取补充施肥或施用合适的植物生长调节剂、加强农田管理等措施，尽可能减少损失。在情况严重时，及时补种或改种其他作物，避免贻误农时。

（2）收集并保留证据

① 收集证据　接到消费者反映后，农药经销商应协助使用者收集现场证据。施用农药或发生药害的作物就是农药造成损害的现场证据。因农作物药害的典型表现期短，在保护好损害现场的同时，应立即向当地农业部门反映，请他们通过摄像、照相等手段来记录田间造成损害的情况，为下一步鉴定工作打下基础。

② 查验农药购销凭证　及时查看消费者提供的农药购买凭证，确认是否为本店出售的产品。查找与生产企业的购货合同及相关凭证，及时与农药生产企业联系，告知农药纠纷事宜。

③ 保存好相关农药的包装物等　农药经销商应保存好发生纠纷的农药产品，暂时不再予以销售，有条件的，可以将同批次产品送到有检测资质的单位进行检验，进一步确认产生纠纷的原因，以便分清责任，及时解决问题。

④ 申请鉴定　可以向有关行政管理部门或者有资质的鉴定机构提出申请，请他们依法组织农业科研、教学、应用推广和管理等部门专家对药害事故进行技术鉴定，并形成书面鉴定意见。

（3）依法维权　农药经营者应当根据事故产生的具体原因，凭相关证据划清主要责任，依据《消费者权益保护法》《产品质量法》和《农药管理条例》等规定予以处理。

① 与受害者协商和解　因施用假劣农药产品遭受损害时，应根据有关部门作出的技术鉴定，对农药使用者予以先行赔偿。在赔偿后，可以向生产企业进行追偿，以弥补损失。

② 向政府有关主管部门申诉或要求消费者协会调解　对于无法认清责任的纠纷，可以与受害者一起向有关行政主管部门申诉，或者要求消费者协会出面进行调解。

③ 向人民法院起诉　司法途径是解决农药纠纷的有效途径，农药经销商在与生产企业追偿过程中，无法达成一致意见的，应当向人民法院起诉，提供相应的购销台账、检测报告、专家鉴定报告等，要求生产企业赔偿经济损失，依法维护自身合法权益。

处理农药事故纠纷，情况十分复杂。作为农药经营者，严格把好进货关，保留相关进货凭证或证件，切实履行对使用者的告知和指导责任，是划清责任、保护自身合法权益的根本。

5.4　我国农药经营现状

5.4.1　我国农药经营行业现状

据不完全统计，全国现有农药经营者 36.7 万个，大部分实际为个体经营者，其经营规模相对较小而且很分散，整体经营水平偏低。农药经营者具体状况如下。

（1）农药经营者种类情况　批发单位占经营者总数的 7.4%，零售单位占 92.6%。

（2）经营场所分布情况　经营者所在地位于村庄的占总数的 40.61%；位于乡镇的占总数的 48.0%；位于县城的占总数的 9.72%；位于地市级城市的占总数的 1.26%；位于省会城市的占总数的 0.41%。

（3）农药经营人员学历情况　经营人员 63.7 万人，近 90％为高中以下文化。

（4）经营服务对象情况　全国现有使用者 2.5 亿家农户，3 亿个农业生产人员，61％的使用者依靠经销商的推荐购买和使用农药，80％以上的农作物病虫害防治由农民自己完成。

从总体来看，我国目前的农药经营以渠道营销为主。有以下特点：

（1）以经销商或零销商作为主要服务对象；

（2）通过赊账、促销、广告等方式促进产品销售；

（3）以单个产品销售、单个病虫害防治为主；

（4）以治为主，预防意识不足。

5.4.2　我国新型农药经营模式

农药经营者要诊断农作物病虫害，为农民合理使用农药提供技术指导，提高农药使用的效果，确保农药使用的安全性。农药经营者的服务能力、服务质量和服务效率决定了其市场竞争力和生存能力。长期以来，我国的农药经营一直在"农药生产企业-经销商-消费者"模式中徘徊。这种传统的经营模式使农药产品从出厂开始，经过层层经销商加价，最终以高价卖到使用者手中。近年来，我国农药的生产量远大于需求量，农药生产、经营者的竞争明显加剧。随着党和国家有关政策的出台，如强农惠农政策、促进城乡一体化发展政策等，农村人口逐步向城市转移，农村劳动力成本逐步提高，农药消费主体发生较大变化，专业化防治组织快速发展，政府采购力度明显加大，病虫防治服务呈现多元化，农药经营面临较大的挑战。目前，农药经营正呈现出规模化、专业化、跨界化的发展趋势。

农药生产、经营者正在寻求和探索适合自己发展的经营模式，以提高企业的生存能力和市场竞争能力。

5.4.2.1　发展农药连锁经营。打造经营品牌

农药连锁经营可将企业的技术、管理和服务优势传递给整个连锁体系全体成员，是全面、快速提升农药经营和服务水平的有效途径，也是经营者与农民群体建立稳定深入合作关系及长久互信关系的良好模式。农药连锁经营，连接的是经营门店，实质是现代经营企业管理。

政府鼓励发展农药连锁经营。《农药管理条例》规定，农药经营者所设立的分支机构免于办理经营许可，到所在地农业部门办理备案，一些地方政府也出台了一些扶持政策。据有关部门统计，国内目前从事农资连锁的企业超过 1000 家，挂牌的连锁店超过 30000 个。

（1）主要优点　农药连锁经营既是净化农药市场的有效办法，也是推进农药销售服务和技术服务相结合的有效途径，同时还易形成规模经营效应，降低成本。

① 采购成本低　农药连锁经营企业可充分发挥连锁经营的规模优势，实行集中采购，降低成本。

② 易于企业创品牌　农药连锁经营企业通过满足消费者的需求，建立良好信誉，逐步在较大范围内建立知名度、美誉度和顾客忠诚度俱佳的零售品牌。

③ 易于企业快速发展　连锁经营企业经营点多，具备快捷灵活的配送系统，易于实现规模化经营，通过品牌优势和规模优势获得企业的快速发展。

（2）主要运行模式

① 直营店　由连锁经营企业直接建店，实行"五统一"管理，即统一店面、统一采购、

统一技术服务、统一销售、统一管理。直营店也有合资控股、全资开店两种形式。该种模式管理成本较大，盈利不一定高。

② 加盟店　连锁经营店与其他农药经营店合作，签订协议，允许其他农药经营店加盟，使用其标志等。该种模式投入小，但易出现各加盟店"表里不一"的情况，管理难度大。

（3）连锁经营基本要求

① 实现可控管理　连锁能否成功，可控是关键。农药连锁要达到完全可控的目的，应当主要开直营店，这也是当前农村的实际状况决定的。很多企业都是从加盟开始的，但是一两年以后就难以控制了，又回头开直营店，特别是采用全资开店形式，也就是店是自己开，人是自己派，货自己送，价格自己定，钱自己收，真正达到完全控制。

为了实现真正可控，直营店布局应当注意三点：一是要集中，不要分散，选择产品知名度最高的区域，最好是一个县（区），集中力量"打歼灭战"，不要"天女散花"、到处布点；二是数量要够，每个乡镇开 1~2 家直营店，使之达到应有的辐射面，不然一旦砍掉其他的零售商会直接影响销量；三是品种要全，除了防治当地重要农作物病、虫、草害的农药，至少应准备化肥，这是保障直营店成功的重要条件。

为了实现可控，直营连锁的速度不能快，应"稳"字当头。先建立自己的"根据地"，把"根据地"变成出经验、出人才的基地，然后根据自己的实力和人才储备情况逐步向外复制、扩张。

② 强化对使用者的服务　农药连锁的核心理念是做好服务，服务的对象是最终消费者——农民。目前不少连锁企业都创造了许多好的服务方式，比如农民会、专家坐诊、开通植保网络视频、向农户发明白纸和各种形式的促销活动等。以下是几种具有直营店特色的服务方式。

a. 建立用户档案，实行跟踪服务　用户的家庭情况、种植结构、用药情况等在档案中都有详细的记载，根据用户档案，实行人性化服务，使得连锁店逐步建立起一个比较稳定的消费群体。

b. 实行会员制　让会员享受一定的优惠，有的还与当地银行结合，给会员提供小额担保贷款。

c. 下乡走访　下乡深入田间地头，实地走访农户家庭，帮助农民解决实际问题，与农民交朋友，建立友情。

d. 延伸服务链　农村的青壮劳力大部分外出打工，农村留守人员以老弱病残幼为主，在农忙时节既缺乏劳力又缺乏技术。连锁店可以利用点多面广的优势，结合专业化防治，为农民提供播种、施肥、打药等一条龙服务，因地制宜地延伸服务链。

③ 建立人才保障体系　目前全国从事农药连锁经营的人才奇缺，从高层管理人员到基层店的店长和店员都十分缺乏，这是制约农药连锁经营的瓶颈之一。解决这个问题还得靠连锁企业自己培养人才。

a. 招聘适合的人才　连锁店人员可以从农村的高中生或职业学校的学生中选择，最好是当地的。有的公司与当地农业技术学校结合，在学生最后一年的实习期对学生进行联合培养，自编教材进行相关培训，然后放到基层店里实习、锻炼，以挑选适合的人员。

b. 留得住人才　好的人才不但要招得来，还要留得住，留得住是关键。连锁店的管理要有活力，一般可采取底薪加提成制，对产品的销售价格进行合理的设计，要让开店人员觉得在农村经营连锁店工作比在外面打工的收入高、发展稳定。

c. 实行人性化管理　公司要对店员进行不间断的培训，有条件的地方最好能让连锁店办成"夫妻店"，这是经营成本最低、最稳定、最具竞争力的连锁店。

d. 高管人员最好从基层选拔，让基层人员有发展的空间，也让管理人员具有丰富的实践经验。

农药连锁的人才主要靠培训，这是连锁经营中非常重要的环节。达到一定规模的连锁企业，应该创办专门的培训学校，只有具备大批的合格人才，才能把连锁经营持续发展下去。

④ 确保资金充足　进行直营连锁需要大量的资金。初步估算，开一个直营店直接费用约需 10 万元（含门店流动资金），一般的农资经营企业难以具备这样的实力，这也是很多连锁企业走不下去的主要原因。只有资金有保障，直营连锁才能稳步推进，这方面一定要量力而行，不能急躁冒进。解决资金问题一般有三个途径。

a. 积极寻求战略投资者，与对农药连锁经营有兴趣、有实力的公司进行合资经营。同时在条件较为成熟时，寻求风险投资公司来投资，力争上市融资。

b. 积极争取政府支持。当前政府对三农的补贴越来越多，如农机补贴、农资补贴、专业化防治补贴等。

c. 银行贷款。结合银行对中小企业的优惠和扶持政策，通过一定的抵押或担保取得贷款。

（4）面临的主要问题　可以说，到目前为止还没有一家全国性的，称得上成熟模式的农资连锁企业。当前，农药连锁经营尚存在一些问题，主要体现在以下几个方面。

① 没有掌握农药连锁的核心理念　只换"招牌"不换"脑筋"，只追求形式，不注重内容。

② 发展不可控　有的企业一年开几百个连锁店，甚至宣称上千个门店，盲目扩展，挂了许多牌子，最终控制不了，相当于实施了批发业务，不能维持连锁经营的长期发展。

③ 实力和人才不够　所经营的品种有限，不能完全满足当地农业生产用药的需求。经营人员的技术水平有限，难以实现产品经营与技术服务的有效结合。

连锁经营是一种成熟的商业模式，但是把它移植到国内的农药经营上，它又是不成熟的。很多问题还需要探索和创新，这是由国内农药经营的特殊性和复杂性所决定的。要想真正拥有可控的终端网络，任重道远、充满艰辛，并极具挑战。

5.4.2.2　开展统防统治服务

我国的农业生产经营方式以家庭承包为主，规模小、效益低，由于农村大量青壮年劳动力转移就业，农业劳动力素质呈结构性下降，一家一户防病治虫难的矛盾日益突出。近年来新兴的专业化统防统治服务将病虫防控技术与组织形式有机结合解决了上述难题。一些农药经营企业根据农药使用需求，发挥农药经营者的优势，将农药经营与专业化统防统治有机结合，通过成立农作物病虫害专业化服务组织等方式，将服务延伸，具体介绍见本书第 6 章。

5.4.2.3　实施"技物"结合，开展特色经营

部分经营者针对当地主要农作物或全国的某个特定的农作物开展专业化经营，提供某种农作物农业生产的全部农业投入品及其使用技术，并指导农民使用。

（1）模式优点

① 技术性和指导性强　主要针对某个农作物不同生长时期的要求，提供全方位的技术和服务，特别适合我国农业生产的实际情况，帮助农民解决实际问题，满足其需求。

② 利润率高　因其将产品与技术捆绑销售，与其他经营者比具有明显竞争优势，一般情况下，其利润率较高。

③ 业务范围广　不限于农药的销售，包含了所有农业投入品，有的可能还包括农业生产设施。

（2）模式面临问题

① 规模化经营面临挑战　主要针对特定经济作物，覆盖面较小，经营量有限。

② 技术人员要求高　要求技术人员熟悉该种农作物生产所有环节和产品的技术。

③ 未建立健全化解纠纷和不可控因素的机制　因农业生产自然灾害风险不可控，该种模式存在较大风险，特别是在承担防治面积较大时，风险将进一步增加。另外，农药使用防治效果和产量难裁定，防治成本具有不确定性，如果经营者处理不当，易与农民产生纠纷。

这些问题需要通过进一步健全管理制度，加大政策扶持，强化服务指导等措施逐步解决。例如，实施农业自然灾害保险补贴，制定纠纷协调或仲裁管理办法，政府部门制定规范的合同文本，以合同形式规范不可控因素的解决办法，开展针对性的培训等。

5.4.2.4　生产企业搞直销，减少流通环节

农药生产企业直销是农药生产厂家直接与使用者对接，取消了批发商与经销商的中间环节，将技术与服务结合一次到位，让使用者能及时准确地理解新产品的功能并加以应用。这种产品从生产企业出厂直接延伸到终端的方式，具有以下优点。

（1）减少流通环节，降低了使用者的投资成本。

（2）提高产品和服务的针对性。企业可以通过自己的营销网络，直接地了解基层客户的实际需求，按客户的需求生产产品。

（3）促进企业创品牌，保护农民利益。这种销售模式，最大限度地避免了其他企业对本企业的仿造产品的出现，促进企业保障自身产品的质量，杜绝了假冒伪劣产品对使用者利益的损害。

目前，一些大的农药生产企业已经开始建立起比较成熟有效的自销渠道。

5.4.2.5　制定农作物病虫害防治解决方案

（1）主要模式　"作物全程解决方案"现在已然成为了农药行业的热点，从概念上通俗地讲，"作物全程解决方案"就是给作物提供一套完整的病虫草害解决方法。目前，"作物全程解决方案"归纳起来有以下几种方式。

① 厂家自己把产品线配齐　从理论上讲，只要厂家有足够的钱，产品开发、登记就都可行，然后建立配套的全程解决方案。但也不可忽视如下问题：一个企业对每个产品是否都擅长？如何让农户都选择自己的产品？显然这是企业自身难以做到的。

② 生产企业联合来做　一家企业提供杀虫剂，另一家企业提供杀菌剂，需要时再找适宜的除草剂进行搭配。

③ 由第三方提供"作物全程解决方案"　第三方可以是经销商、植保和农技推广系统，或者是合作社、种田大户等自发组织，或者是互联网时代的第三方应用系统等。在这一理念下，有营销专家提出了"农药奔驰车理念"，即各厂家提供"作物全程解决方案"中所需要

的、自己最擅长的产品，即所谓的"奔驰车"零配件，最终由经销商（也可以是零售商）组合成奔驰车。这样，企业做好企业该做的事，经销商做好经营商该做的事，给农户提供的却是市场上最优秀的产品组合和技术方案。

（2）存在问题

① 与农户的需求不对接　从农户的角度来讲，需要的不仅是病虫草害的防治方案，还需要水肥管理和作物栽培管理等完整的一套"解决方案"。目前，有些企业做出的"作物全程解决方案"并非很全面，除了缺少栽培和水肥管理外，单就"病虫草害解决方案"来看，都无法提供全程需求的全套产品，即使有企业能提供全套的产品，但也不能保证配套产品比其他企业的产品更优质高效。

② 目前的"作物全程解决方案"是产品方案，技术方案成分不足。回到用户需求角度分析，他们需要的不仅是产品方案，更重要的是技术方案。土地流转后，种植大户越来越多，需求也发生了很大变化，种 10 亩地的散户和种 500 亩地的大户需求完全不同，种 10 亩地需要的是产品，解决问题的产品；种 500 亩地的大户们除了产品之外，更需要的是技术，需要使土地丰收、创造效益的农业技术。他们迫切需要自己种植作物的全程技术方案和病虫草害解决方案，特别是经济作物、特色作物以及中药材等特种作物。很多种植者是利用自己的资本实力承包土地，有的不懂技术，有的凭经验种植，往往是赔两年赚一年，不能收回成本，因此他们非常需要单一作物的全套解决方案。但以厂家来牵头做出的各种方案，目的仍以销售产品为主。有的企业虽建立试验示范园，也还是以推销产品为基础。因此，目前许多企业提出的所谓"作物全程解决方案"其实是产品方案，或者是产品和技术的简单结合，大多不符合用户需求。用户需求的"作物全程解决方案"往往是"技术＋产品"，并且是不同厂家的优质产品。因此，一家企业做的方案很难完全满足、解决种植者的所有问题。

（3）生产企业定位

① 选择合适的经销商；

② 与零销商对接作物解决方案，说服其在某个环节使用其产品为最佳选择；

③ 做好产品技术指导或示范服务；

④ 跟踪使用状况、需求变化，调整产品；

⑤ 提供信息化等服务。

（4）农药批发商定位

① 选择合适的经销商或建立直营店；

② 争取垄断资源；

③ 与零销商对接作物解决方案或与其共同建立作物解决方案，要根据病虫害实际，科学实际地提供多种方案，一方面让使用者有多种选择，另一方面让使用者体会到其是公正的，且并非仅为了销售产品；

④ 做好产品技术指导或示范服务；

⑤ 跟踪使用状况、需求变化，调整产品；

⑥ 提供信息化等服务；

⑦ 对拥有某方面的资源或技术优势的，可以建立该种作物综合解决方案，通过做好不同领域的技术对接，开展培训与技术指导等，直接服务种植大户或合作社。对于跨区域很大的情况，可以异地选择经销商作为合作伙伴，向其直接提供产品，减少设立分支机构、农药

运输与贮存等费用。

（5）零售商定位

① 扮演"植物健康医生"，提供作物解决方案。特别是注重结合本地实际，以使用者需求为导向，建立作物解决方案，并根据实际推广情况，不断完善作物解决方案。

② 体现公正、公立性。要根据病虫害实际情况，科学实际地提供多种方案，一方面让使用者有多种选择，另一方面让使用者体会到其是公正的。

③ 解决当地的某种技术难题，树立权威性。借助科研院校等力量，用新型技术或与其他经营者不同的方案，解决当地某项难题，让使用者对其产生深刻影响。

④ 以服务种植大户、家庭农场为重点。通过种植大户、家庭农场带动散户选择相关解决方案。

5.4.2.6　利用"互联网＋"从事农药经营

"互联网＋农药"是以互联网为平台，以大数据为支撑，以农药为载体，利用信息化技术等通过线上线下互动，实现农药功能与农业生产病虫害防治需求的对接过程。

"互联网＋农药"，已不是两者之间的组合，不是"物理变化"（即农药营销方式的演变），而是"化学变化"，已不是原来的两个事物，而是产生了一个新生事物。

目前，"互联网＋农药"的主要做法以解决自己的问题为中心。电商主要认为农药经营环节太多，层层加价，利润大部分归经销环节，让农民付出高价买农药。特别是国内相同产品，利润率太低，经营环节太多，生产者无利润、存货量大、收购难。解决这些问题是其大力开发电商的主要目的，以销售产品为中心，增值服务少，与用户的互动少。而跨国公司产品利润率高，现款现货，对电商兴趣不大。进一步利用"互联网＋"的优势，做好农药经营应该从五个方面着力。

（1）关注市场需求　市场是"互联网＋"服务的主体，农药市场的主体应当是农药使用者，而不是农药生产企业或大型批发商，因此"互联网＋"需要关注解决需求主体的问题，使用者主要关注以下问题：

① 能否增收；

② 农产品卖出去；

③ 低利息贷款；

④ 降低农药等购买成本；

⑤ 降低劳动强度或解决用人问题；

⑥ 发生自然灾害时的救济。

（2）需解决"进村入户"与"落地生根"的关系问题　"互联网＋农药"，需总结农业信息化多年的实践经验，目前有自上而下式、自下而上式两种模式。农药通过互联网进村入户，可成为"互联网＋农药"的一个好抓手，但未必能自动成为好抓手。

① 要以应用为导向　由建转为用；

② 要以电商为核心　可交易、可增收；

③ 要以市场为基础　成规模、可持续、见实效。

（3）发挥信息透明的优势

① 信任已是制约互联网经营农药的大问题。没有信任，就没有现代农业，更难以有"互联网＋农药"的大发展；

② 没有信息的透明化，就无法建立信任关系；

③ 可追溯。技术上，追溯体系要覆盖全过程、各环节、各主体。"互联网＋"为解决此类问题提供了有力的工具和基础设施，但实际推广应用却不易，经常有农民从网上买到假农药，且难以索赔。"互联网＋农药"必须解决信息对称和透明问题。

（4）创造品牌价值

① 农药产品有标准性，但农药应用为非标准性，这是农药区别于一般工业产品的最大特点；

② 地区和环境差异对农药需求存在差异；

③ 品牌化既体现于产品，更体现于服务。

（5）重视组织创新

① 考虑如何解决产业特殊问题，如物流、线下技术服务等相关问题。

② 考虑如何以市场需求为导向，实现与相关产业链、供应链的整合问题。

③ 考虑现在实施的传统农业如何向现代农业过渡并衔接。农业生产经营组织的粗放现状，是制约农业现代化的又一大问题。订单农业，受制于"靠天吃饭"的现实情况，更受制于产业链组织的粗放现状。担心产品难卖，不敢扩大生产；担心供货问题，不敢扩大营销。

④ 考虑如何感知市场的差异化、动态化。

5.5　发达国家农药经营典型模式

5.5.1　设立农业服务中心

大型农业服务企业在农产品主要生产地设立农业服务中心，或在当地农业服务中心入股或与其合作，共同做好对农场主的服务。

5.5.1.1　分类

农业服务行业分为以下六类。

（1）整地服务　包括耕作、施用肥料、种床准备等；

（2）作物服务　包括作物种植、培育和保护（例如，空中喷粉喷雾，种植服务，农作物的病虫害防治，灌溉系统，播种庄稼，果园树木修剪及藤蔓和杂草控制等）；用机器收割作物，为进入市场的作物包装和准备服务（例如，分类、分级，水果和蔬菜、谷物的清洁和消毒，玉米、水果和蔬菜干燥），以及棉花轧花；

（3）兽医服务　包括兽医和畜牧兽医服务以及动物医院，兽医和宠物兽医服务；

（4）除兽医之外的动物服务　包括牲畜的服务，特殊的动物专业服务；

（5）农业劳动力和管理服务　包括农场劳工承包商和船员的领导人和农场管理服务等；

（6）景观及园艺服务　包括景观咨询和规划服务，草坪和花园服务，观赏灌木和乔木服务。

5.5.1.2　组成

农业服务公司由以下人员组成：

（1）公司营业执照所有人；

（2）管理人员；

（3）植保顾问，作物顾问；

（4）其他专业人员；

（5）有证书的农业技术服务人员；

（6）销售员；

（7）技术工人。

5.5.1.3 现状

20 世纪 60 年代后期，美国有越来越多的农业服务公司出现。商业性农业服务包括从整地、播种、管理到收割所有业务。从事农技服务行业的公司从生产厂/经销商买产品（种子、化肥、农药、农机具和灌溉器材等），连带技术上门服务于农民。农业服务公司不单销售种子、化肥、农药，还要提供病虫草害预测、植保技术、施药施肥服务和培训。农业服务公司按照单位面积的服务收费，利润远高于单卖农化产品。农业服务公司直接面向农户，其营业收入与农民丰收紧紧相关。

目前美国约有 10000 家公司从事这一行业，年销售额 70 亿美元，服务对象遍及家庭、商业、农业和工业。其中，有 5～6 家较大的公司联盟控制 80％的市场，其他市场被许多地方性小公司控制。典型的地方公司大约有 20 人组成，年收入在 200 万美元左右。

另外，美国还有农业服务公司联盟，英文简称为 IAP（Independent Agribusiness Professionals），是全美 38 家相对独立的农药肥料销售商组成的联合体，年销售额达 40 亿美元，其中农药为 24 亿美元，占全美农药市场的 22.5％。IAP 分散在全美国，并拥有 1000 个服务点，雇有 2000 多位持有植保顾问（PCA）和作物顾问（CCA）执照的专家团队。

5.5.2 建立大数据

美国农业投入品服务公司在开展经营、服务前，要先建立相应的大数据，包括历年的气象数据，各地的土壤数据，不同农场主历年的农作物种植情况数据，历年的种子、肥料、病虫害发生及农药使用数据，农机数据，历年农作物产品收成数据，全球农产品市场情况数据等。农业投入品服务公司将这些数据通过互联网或云技术发送到各个农业服务中心，用于指导其开展对农场主的服务。

5.5.3 制定作物解决方案

各农业服务中心依托农业服务公司提供的大数据，根据本地实际制定农作物综合解决方案。

5.5.3.1 作物综合解决方案实质

作物综合解决方案是以作物为对象，从整地、选种、播种到作物生长管理、收获、贮存，乃至农产品收购等全程统筹采用综合管理技术，预防和减少病虫草害的发生和危害。主要包括植保解决方案、植物营养解决方案、农业机械解决方案、综合应用解决方案等。

5.5.3.2 作物综合解决方案的制定者

因作物综合解决方案涉及的要素多、影响因素多，且相互之间有很多关联之处，单个专家很难完成。因此，专家团队是制定作物解决方案的核心力量，从每年春季开始就根据不同的作物和种植面积为客户做出全年的服务方案。典型作物解决方案如图 5-1 所示。

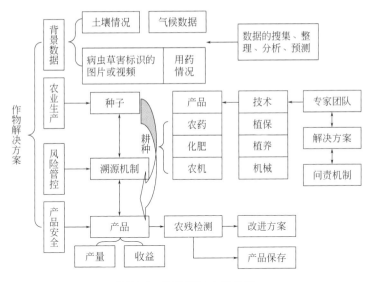

图 5-1　作物解决方案举例

5.5.4　开展经营服务

全年农业服务公司或各地的农业服务中心的业务主要围绕着制定好的作物解决方案展开，遇到异常情况，调整作物解决方案。

适时、合理、科学使用农药、化肥和器械，可以达到减少施药次数，有效控制害虫抗药性，减少农药使用量，提高农药使用效率，减少用工成本，降低环境损耗，减少环境污染的技术功效。

作物解决方案不仅可以为农业服务公司带来巨大的商机，让农民接受公司的产品，产生商业利润，还有助于提高公司被种植者认可、接受的程度，扩大公司的社会影响力。当公司利用自身的影响力掌握住一定份额的固定市场后，作物解决方案的价值就充分体现出来了。

5.6　发达国家农药经营管理

联合国粮农组织于 1985 年制定了《国际农药管理行为准则》，并于 2013 年进行了修订，倡导各国通过立法对农药生产、流通与销售、使用和市场等四个领域进行法治管理，最大限度地减少农药对人和环境的潜在风险。该准则在流通与销售管理方面的规定主要包括对农药进出口、运输、贮存、销售单位或个人的资格，以及运输、贮存条件和设备等的管理规定。要求各国制定有关农药销售的法规并执行相关的许可制度，确保所涉人员能够向买方提供关于减少风险的合理意见，以便慎重有效地使用。世界上许多国家和地区通过立法来强化农药经营管理。

5.6.1　实行农药经营许可

各发达国家将流通与销售、使用和登记后的市场监管作为农药立法管理的关键环节，对农药销售实行许可证管理制度，涉及农药包装、运输、库存和咨询性销售。管理的范围涵盖国内批发商、零售商、分销商，内容包括销售单位和销售人员资质两项许可。农药进出口管理也是销售管理的一部分，从事进出口业务的公司必须获得许可，从业人员须通过专业考试。为保证使用者能够按照农药登记所规定的剂量、用药时间、用药间隔、规定的防治对象等要求施用农药，美、德、法、加拿大等发达国家对农药使用者和以商业目的为主的植物保护机构实行农药使用许可管理，使用许可证分为一般类农药使用许可证和限制类农药使用许可证，要求限制类农药的使用者必须经过更为严格的专业培训后，方可执证。发展中国家在农药法令修订过程中，把弱化生产许可管理作为发展趋势，逐渐强化对农药流通与销售、使用和登记后市场监管等三个领域的管理。

目前全球主要的农药生产、销售国家均实行农药经营许可制度。例如，美国、巴西、日本、法国、德国、加拿大、韩国、意大利、西班牙、英国、阿根廷、波兰、荷兰、希腊、巴基斯坦、比利时、丹麦、马来西亚、奥地利、爱尔兰、芬兰、瑞士、瑞典、挪威、塞浦路斯、印度、泰国、菲律宾、印度尼西亚、越南、缅甸、塞舌尔共和国 32 个国家或地区的法律明确规定实行农药经营许可制度。澳大利亚、新加坡等国家虽然未明确规定实行经营许可制度，但规定对施药者实行许可制度。

以美国为例，美国实施农药经营、使用许可制度。有关农药经营、使用和咨询的许可或证书主要有两大类，一类是针对个人从业的资格证书，另一类是针对单位的许可证书。

5.6.1.1 个人从业资格证书

发达国家颁发的个人从业资格证书主要有：

（1）对个人在自己拥有或租用农田范围内防治农作物病虫害的，应当取得私人农药施用资格证书；

（2）农药商业施用从业证书（仅能施用农药，不包括贮存、运输等）；

（3）农药使用公共服务从业证书（包括农药贮存、运输、施用等）；

（4）病虫害防治咨询从业证书；

（5）农药经营人员从业证书。

5.6.1.2 单位资质证书

对于单位从事农药经营、使用或咨询的，应当取得相应的许可。

（1）农药经营许可证　零售、批发限制使用农药的，要对企业的条件进行考核，符合条件的，颁发农药经营许可证。但对仅经营卫生用农药的，可以不颁发经营许可证。

（2）农药商业施用许可证　提供害虫控制服务或农药施用商业服务的单位，应当取得农药商业施用许可证。

（3）农药公共化服务许可证　实施害虫防治并拥有雇员使用各类农药的单位应取得农药公共化服务许可证。

（4）非雇使用农药许可证书　拥有雇员在自种农场范围内施用各类农药的单位应取得非雇使用农药许可证书。

（5）病虫害控制咨询许可证　从事病虫害鉴定、监测、推荐农药及病虫害防治方法的单位，应取得病虫害控制咨询许可证。

5.6.1.3　申请许可证书的程序和条件

个人取得从业证书的程序和条件主要如下：

（1）提出申请，对申请从事商业、公共化许可或咨询的，应当拥有一年以上的工作经验或拥有相应的生物学学位证书；

（2）所有申请者必须参加闭卷考试并取得 70 分以上的成绩；

（3）私人使用农药的，应当在 16 岁以上，申请商业化服务的，应当在 18 岁以上；

（4）支付证书费。

从事农药经营、使用或咨询的单位，除应当拥有相应资格证书的从业人员外，还应当拥有相应的经营条件或施药器械等。

5.6.1.4　培训和考核

美国环保局负责制定全国范围内的农药经营、使用人员培训教材和考试大纲，供各州使用。各州可以根据本州的具体情况进一步细化。各州的大学以及相关的合作单位承担农药经营、使用人员的培训工作。

取得农药经营或使用从业证书的人员，应当在证书有效期满后重新取得证书。对于从事私人使用农药的，应当每 3 年重新核发一次证书，对从事商业化服务等非私人施用农药的，应当每年核发一次证书。核发证书时，要求申请人提供原证书有效期内再次参加培训的证书或重新参加考试，并交纳证书换发费用。

5.6.2　建立行业经营诚信体系

发达国家特别注重行业经营的诚信体系建设，以此约束经营者的行为，促进企业规范的发展。从发达国家的社会信用体系建设来看，主要有两种模式。

5.6.2.1　以美国为代表的信用中介机构主导模式

这种模式完全依靠市场经济的法则和信用服务行业的自我管理来运作，信用中介机构发挥主要作用，政府仅负责提供立法支持和监管信用管理体系的运转。美国虽然没有形式上独立的行业信用体系，但是由于法律法规比较健全，商业化信用服务行业是维系社会信用体系运行的主体，其社会信用体系已涵盖了行业信用体系的内容。

5.6.2.2　以欧洲为代表的政府和中央银行主导模式

这种模式是政府通过建立公共征信机构，强制要求企业和个人向这些机构提供信用数据，并通过立法保证这些数据的真实性。这种模式与美国模式的差别主要表现在三个方面：

（1）政府起主导作用，信用信息服务机构是被作为中央银行的一个部门建立，而不是由私人部门发起设立，建设效率比较高；

（2）银行需要依法向信用信息局提供相关信用信息；

（3）中央银行承担主要的监管职能。

从行业信用建设的情况看，日本具有与欧美各国不同的特点。日本以行业协会为载体，由各行业协会成立信用信息中心，建立信息数据库；会员有义务向信息中心提供其掌握的个人或企业的信用信息，同时有权从信息中心查询客户的信用信息。这种模式不以营利为目的，依托行业组织，通过行业自律和行业服务，建立起比较完善的行业信用体系。

5.6.3 加大监管力度

美国等发达国家实行联邦与各州分别立法，建立健全农药监管体系，相互之间既明确分工，又强化协作，农药市场较为规范。

5.6.3.1 细化监管分工

对生产企业和联邦的一些农药生产、经营者的监管，主要由联邦的执法机构来承担。对其他经营者的监管，由各州或县的执法机构承担。

5.6.3.2 强化监管协作

鉴于联邦执法机构的人员和监管能力十分有限，其通过采取以下措施，达到履行职责的目标。

（1）建立区域性监管机构 突破行政区域的限制，在全国建立若干个区域性执法机构，承担所负责区域的监管工作。

（2）委托地方执法机构承担对辖区内生产企业的监管 联邦执法机构在培训的基础上，向地方的执法人员颁发执法证件，授权其可以对辖区内生产企业的监管。但经授权的地方执法人员仅能对生产企业的仓库等进行检查，不能进入生产场所进行检查。

（3）通过项目委托地方监管 联邦执法机构围绕其监管工作重点，以项目的形式，委托地方执法机构承担其监管具体工作，确保联邦执法机构的执法工作重点得到切实落实。

5.6.3.3 实行违法行为的追溯管理

执法机构发现生产经营者有违法行为时，要对其以前一定时期（例如 3 年）的生产经营情况进行检查。如果发现以前有违法行为，还应当对更前的行为进行检查，看是否有违法的行为存在。

5.6.3.4 加大处罚力度

对所发现的违法行为，不仅要进行处罚，还要责成生产经营者消除影响，并与其信用等挂钩。

5.6.4 谨慎对待农药电商

5.6.4.1 美国

没有法律明文规定禁止开展农药电商经营，但实际上，目前美国在农药经营环节几乎没有电商从事农药经营活动。

5.6.4.2 德国

没有法律明文规定禁止开展农药电商经营，在农药经营实际环节，也几乎没有电商从事农药经营活动。但如果要开电商必须符合以下条件：

（1）要有实体店，并且实体店应当符合农药经营管理的相应规定。

（2）要在网上履行相应的法定义务。例如，网上应当有所销售产品的真实图片，在销售时将该产品使用技术和注意事项等以电子文件的形式告知购买者。

5.6.4.3 日本

在日本，关于网上销售农药方面并没有相应的立法。但是一旦农药的销售不能做到面对面时，要遵守《毒物以及剧毒物取缔法》，该法禁止有毒物质非面对面的销售。另外，列入《消防法》的危化品，其贮存和运输还必须遵守《消防法》的相关规定。

5.7　我国农药经营许可管理制度演变

5.7.1　1997 年前的农药经营资质管理规定

5.7.1.1　社会主义计划经济

国家对农药实行指定生产企业按计划生产，由供销合作社统购统销；农药由村级组织统购、指定专人保管和使用。农药监管工作主要依据有关部门发布文件，监管对象为各地供销合作社和农药生产企业。因农药生产经营单位对象单一、可实现溯源管理，农药市场监管工作相对简单，发现问题可直接追究生产企业的责任。

5.7.1.2　社会主义市场经济

市场监管的依据是《产品质量法》。市场监管的主体是工商或质检部门。农业部门没有监管和处罚权，主要由其下属的质量检测机构承担监督抽查具体工作，或者以技术为主配合有关部门开展市场监管。

5.7.2　1997～2016 年的农药经营专营制度

5.7.2.1　1997 年 5 月《农药管理条例》颁布实施后

农药管理走向法制的轨道，基本建立了农药市场监管制度主体框架，规定了农药经营单位的资质条件，明确七类农药经营主体，要求经营单位建立农药进销台账、开展进货前产品质量检验，履行向农药购买者正确说明农药使用技术和方法等义务，规定经营的农药属于危险化学品的，还应当取得危险化学品经营许可证；授权农业部门负责农药市场监管，承担对违反农药登记管理制度、不符合产品质量标准、擅自修改标签等的监督检查。为了进一步加强农药经营单位的监管，1999 年 7 月农业部颁布实施了《农药管理条例实施办法》，设立了农药经营许可制度。有相当多的地方人民政府也根据《农药管理条例实施办法》以规章的形成明确实施农药经营许可制度。但在 2002 年国家颁布实施了《行政许可法》，明确规定设立行政许可必须有法律、法规等作为依据，农业部于 2002 年修订了《农药管理条例实施办法》，取消了农药经营许可制度。

5.7.2.2　《农产品质量安全法》颁布实施后

进一步明确农业部门承担农药监督抽查工作，授权省级以上农业部门负责发布农药监督抽查结果。

5.7.2.3　实行农药专营

2007 年 1 月 29 日《中共中央、国务院关于积极发展现代农业扎实推进社会主义新农村建设的若干意见》（中央一号文件）中，提出了"加强农产品质量安全监管和市场服务，实行农药专营制度，加强对农资生产经营和农村食品药品质量安全监管，探索建立农资流通企业信用档案制度和质量保障赔偿机制"。但该项政策尚未转成国家的相关法律、法规。

5.7.2.4　探索建立的一些农药市场管理制度

随着我国市场经济的进一步完善，个体户要求介入农药经营行业，《农药管理条例》中有关经营单位资质限制、进货检验制度、进销台账管理制度等受到严重挑战。因《农药管理条例》中有关经营管理的制度可操作性差或形同虚设，导致个体户实际上占据了经营的主体地位，经营者数量急剧增加、规模变小，并向乡村基层发展。为进一步加强市场管理，各地结合本地实际，进行了积极探索，建立了一些制度，并在实际中产生了明显成效。

（1）实施农药经营许可制度　天津、湖北、浙江、内蒙古、山西、海南等省（自治区）颁布了地方法规或规章，实行农药经营许可制度。例如，湖北省制定了《湖北省农药经营许可管理办法》，要求申请经营许可证的企业必须至少有一名具备初级以上职称的农业技术人员或经县级以上农药管理机构考核合格的人员，并有与其经营农药相适应的场所和制度等。2010 年 7 月 31 日，海南省人大修订了《海南经济特区农药管理若干规定》，规定自 11 月 1 日起实施农药批发专营特许制度及农药零售经营许可制度，农药零售经营应当从批发企业购进农药（贴有专营标识或标签），应当登记农药购买者的姓名、住址、购买农药的用途等信息。有的省（自治区）虽然未在全省范围内设立经营许可制度，但在局部地区实行经营许可或以间接的形式对经营单位的条件进行审查。例如，山东省泰安市制定了《泰安市农药经营资格证管理办法》，要求农药经营人员要具备一定的农药（植保）知识，并从事农药经营或农技推广工作 3 年以上、取得劳动和社会保障部颁发的农资营销员资格或通过市级农药检定管理机构组织的培训和考试等条件，取得农药经营资格证后方可经营农药。黑龙江、吉林、河北、河南、山西、陕西、广东等全国大部分省（自治区）也都以市县为单位在辖区内逐步开展了农药经营单位条件审查，并取得了良好效果。

（2）实施农药经营备案管理制度　山东乳山、寿光、安丘等地将农药监管关口前移，严把准入闸门，规定凡进入本辖区农药市场的生产经营企业，必须审核登记备案，签订《质量承诺书》；农药经销商要进新药，必须先填写《农药准入登记备案申请表》，注明厂家、产品名称、有效成分，并带上由生产企业法人签字的产品质量承诺书，到市农业综合执法大队备案审查通过后才能销售，从而在源头上形成了对违法产品坚固的"防火墙"。

（3）实行高毒农药定点经营管理制度　山东省青岛市实行高毒高残留农药定点销售，推行购销台账、专人专管等五项制度，实行连锁配送、挂牌经营和动态监管，实现高毒高残留农药可追溯管理。山东烟台市以市府令发布实施的《烟台市农药经营使用监督管理办法》规定，对高毒高残留农药，必须设立专柜经营；对购买高毒高残留农药的，须凭购买者身份证和所在单位（或村委会）出具的"所购农药不用于瓜果、蔬菜、茶叶、中草药材等农产品病虫害防治证明"，方可购买。

（4）大力发展连锁经营，减少流通环节　江苏、山东等地依托当地大的龙头企业，实行"农药农技双连锁"和"五统一"（即统一店面、统一采购、统一技术服务、统一销售、统一管理），推行四个结合（即技术服务与农药销售结合、农技信息与田间示范结合、国有推广资源与民营资本结合，农情员与售货员结合），大力发展连锁经营，提高农药经营企业市场竞争力，规范农药市场秩序。

5.7.3　现行农药经营许可制度

国务院 2017 年修订颁布了新的《农药管理条例》，对农药经营管理做了调整，从指定七类单位经营到全面实行农药经营许可制度，不再要求经营单位的性质决定能否经营；明确农业主管部门负责农药经营许可管理工作。

农药经营许可管理体现了分类分级管理的思路。对经营农药产品实行分类管理，将农药分成卫生用农药、一般农药、限制使用农药三类，卫生用农药不要求办理经营许可证，但产品需分柜摆放；一般农药需要办理经营许可证；限制使用农药（主要包括高剧毒以及使用要求高、风险大的农药产品）实行限制使用农药名录管理，对其经营实行省级布局规划、定点经营，对经营条件提出更高的要求。分级管理主要体现在农业主管部门在经营许可管理上的职责分工，农业农村部主要制定农药经营许可管理的制度政策，省级农业主管部门负责限制使用农药的经营布局及其审核发证，省级以下农业主管部门做好一般农药的发证工作。

对经营单位的开办条件，从经营单位的人员、场地、制度、管理等做出规定，同时对限制使用农药经营提出了更高要求，农业主管部门依据规定条款对经营单位审核，认定是否符合条件，决定是否发放经营许可证，并对经营单位开展日常监管工作。

5.8　农药经营管理规定

作为农药经营者，需要掌握与农药经营相关的法律法规，特别是经营单位开办的要求、经营产品的要求、经营台账要求、产品推荐要求、地方管理规定、经营危险化学品的要求、农药运输的要求、农药经营单位应承担的义务。

5.8.1　农药经营相关法律规定

5.8.1.1　《农产品质量安全法》

2006 年 4 月，全国人大常委会通过《中华人民共和国农产品质量安全法》，第二十一条规定："对可能影响农产品质量安全的农药、兽药、饲料和饲料添加剂、肥料、兽医器械，依照有关法律、行政法规的规定实行许可制度。国务院农业行政主管部门和省、自治区、直辖市人民政府农业行政主管部门应当定期对可能危及农产品质量安全的农药、兽药、饲料和饲料添加剂、肥料等农业投入品进行监督抽查，并公布抽查结果。"

为落实《农产品质量安全法》的要求，加强农药经营管理，部、省级农业主管部门每年对农药市场的农药产品质量和标签实施监督抽查，分批公布监督抽查结果。

5.8.1.2　《产品质量法》

1993 年 2 月，全国人大常委会通过《中华人民共和国产品质量法》，2000 年 7 月第一次修正，2009 年 8 月第二次修正。按照规定，销售者应当建立并执行进货检查验收制度，验明产品合格证明和其他标识；应当采取措施，保持销售产品的质量；不得销售国家明令淘汰并停止销售的产品和失效、变质的产品；销售者不得伪造产地，不得伪造或者冒用他人的厂名、厂址；销售者销售产品，不得掺杂、掺假，不得以假充真、以次充好，不得以不合格产品冒充合格产品。

由于销售者的过错使产品存在缺陷，造成人身、他人财产损害的，销售者应当承担赔偿责任。销售者不能指明缺陷产品的生产者也不能指明缺陷产品的供货者的，销售者应当承担赔偿责任。

因产品存在缺陷造成人身、他人财产损害的，受害人可以向产品的生产者要求赔偿，也可以向产品的销售者要求赔偿。属于产品的生产者的责任，产品的销售者赔偿的，产品的销售者有权向产品的生产者追偿。属于产品的销售者的责任，产品的生产者赔偿的，产品的生产者有权向产品的销售者追偿。

5.8.1.3 《消费者权益保护法》

1993 年 10 月，全国人大常委会颁布《中华人民共和国消费者权益保护法》，2009 年 8 月第一次修正，2013 年 10 月 25 日第二次修正。按照规定，经营者向消费者提供商品或者服务，应当依照《产品质量法》和其他有关法律、法规的规定履行义务；对可能危及人身、财产安全的商品和服务，应当向消费者作出真实的说明和明确的警示，并说明和标明正确使用商品或者接受服务的方法以及防止危害发生的方法；经营者发现其提供的商品或者服务存在缺陷，有危及人身、财产安全危险的，应当立即向有关行政部门报告和告知消费者，并采取停止销售、警示、召回、无害化处理、销毁、停止生产或者服务等措施，采取召回措施的，经营者应当承担消费者因商品被召回支出的必要费用；经营者应当向消费者提供有关商品或者服务的质量、性能、用途、有效期限等信息，应当真实、全面，不得做虚假或者引人误解的宣传，并应当按照国家有关规定或者商业惯例向消费者出具发票等购货凭证或者服务单据。

消费者和经营者发生消费者权益争议的，可以通过下列途径解决：与经营者协商和解、请求消费者协会或者依法成立的其他调解组织调解、向有关行政部门申诉、根据与经营者达成的仲裁协议提请仲裁机构仲裁、向人民法院提起诉讼。

消费者在购买、使用商品时，其合法权益受到损害的，可以向销售者要求赔偿。销售者赔偿后，属于生产者的责任或者属于向销售者提供商品的其他销售者的责任的，销售者有权向生产者或者其他销售者追偿。消费者或者其他受害人因商品缺陷造成人身、财产损害的，可以向销售者要求赔偿，也可以向生产者要求赔偿。属于生产者责任的，销售者赔偿后，有权向生产者追偿。属于销售者责任的，生产者赔偿后，有权向销售者追偿。

5.8.1.4 《农药管理条例》

1997 年 5 月，国务院发布《农药管理条例》，并于 2001 年 11 月第一次修订，2017 年 2 月第二次修订。按照规定，国家实行农药经营许可制度，农药经营者应当具备《农药管理条例》规定的条件，向县级以上地方人民政府农业主管部门申请并取得农药经营许可证后，方可经营农药。经营限制使用农药的，还应当配备相应的用药指导和病虫害防治专业技术人员，并按照所在地省、自治区、直辖市人民政府农业主管部门的规定实行定点经营。

限制使用农药主要指剧毒、高毒农药以及使用技术要求严格的其他农药。《限制使用农药名录》（见表 5-1）由农业部公布，包括以该农药品种为有效成分的所有农药产品，不仅包括单剂，还包括含有这个有效成分的复配制剂。

根据《农药标签和说明书管理办法》第九条、第四十二条，限制使用农药的标签应当标注 "限制使用" 字样，并注明对使用的特别限制和特殊要求。

农药经营许可证按经营范围可以分为两类：

（1）农药　可以经营所有已登记的农药产品；

（2）农药（限制使用农药除外）　不得经营《限制使用农药名录》规定需要实行定点经营的农药品种，但可经营其他农药。

其中，对名录中的前 22 种农药实行定点经营，其农药经营许可证由省级农业主管部门颁发。后 10 种农药目前暂不实行定点经营，其农药经营许可证由县级以上地方农业主管部门颁发。限制使用农药的经营者应当为农药使用者提供用药指导，并逐步提供统一用药服务。

表 5-1 《限制使用农药名录》（2017 年）

序号	有效成分名称	备注
1	甲拌磷	实行定点经营
2	甲基异柳磷	
3	克百威	
4	磷化铝	
5	硫丹	
6	氯化苦	
7	灭多威	
8	灭线磷	
9	水胺硫磷	
10	涕灭威	
11	溴甲烷	
12	氧乐果	
13	百草枯	
14	2,4-滴丁酯	
15	C 型肉毒梭菌毒素	
16	D 型肉毒梭菌毒素	
17	氟鼠灵	
18	敌鼠钠盐	
19	杀鼠灵	
20	杀鼠醚	
21	溴敌隆	
22	溴鼠灵	
23	丁硫克百威	实行定点经营时间未确定
24	丁酰肼	
25	毒死蜱	
26	氟苯虫酰胺	
27	氟虫腈	
28	乐果	
29	氰戊菊酯	
30	三氯杀螨醇	
31	三唑磷	
32	乙酰甲胺磷	

农药经营者采购农药应当查验产品包装、标签、产品质量检验合格证以及有关许可证明文件，不得向未取得农药生产许可证的农药生产企业或者未取得农药经营许可证的其他农药经营者采购农药。

农药经营者应当建立采购台账，如实记录农药的名称、有关许可证明文件编号、规格、数量、生产企业和供货人名称及其联系方式、进货日期等内容。采购台账应当保存 2 年以上。

农药经营者应当建立销售台账，如实记录销售农药的名称、规格、数量、生产企业、购买人、销售日期等内容。销售台账应当保存 2 年以上。

农药经营者应当向购买人询问病虫害发生情况并科学推荐农药，必要时应当实地查看病虫害发生情况，并正确说明农药的使用范围、使用方法和剂量、使用技术要求和注意事项，不得误导购买人。

农药经营者不得加工、分装农药，不得在农药中添加任何物质，不得采购、销售包装和标签不符合规定、未附具产品质量检验合格证、未取得有关许可证明文件的农药。

经营卫生用农药的，应当将卫生用农药与其他商品分柜销售；经营其他农药的，不得在农药经营场所内经营食品、食用农产品、饲料等。

境外企业不得直接在中国销售农药。境外企业在中国销售农药的，应当依法在中国设立销售机构或者委托符合条件的中国代理机构销售。

向中国出口的农药应当附具中文标签、说明书，符合产品质量标准，并经出入境检验检疫部门依法检验合格。禁止进口未取得农药登记证的农药。

办理农药进出口海关申报手续，应当按照海关总署的规定出示相关证明文件。

5.8.1.5 《危险化学品安全管理条例》

农药经营者非常关心的问题是：自己经营的产品是不是属于危险化学品，要不要办理危险化学品经营许可证。

《危险化学品安全管理条例》第六条第一款规定，经营危险化学品的，应当办理危险化学品经营许可证。但根据《危险化学品目录》说明第四条第四款规定，危险化学品主要是指工业品、纯品，相对于农药来说，主要指原药。《危险化学品目录》虽然列入了部分农药制剂，结合目前农药登记状态分析，该目录中的农药制剂主要为禁止生产经营或使用的农药制剂、未在我国登记的制剂。这类制剂不得在我国市场上流通、销售。也就是说，处于农药登记合法状态的农药制剂极少列入《危险化学品目录》。结合《危险化学品目录》和农药产业的实际，农药原药主要由生产企业和进出口企业购买。因此，农药经营者如不经营《危险化学品目录》中的产品，可以不办理危险化学品经营许可证。

5.8.1.6 农药运输的相关规定

结合国家运输管理的相关法律和技术规范，根据危险性的类别、项别及危险程度，农药产品运输分为普通货物、有限数量、例外数量和危险货物 4 类。农药运输具体政策可以概括如下：

（1）严格监管属于危险化学品的农药的运输

① 从事危险化学品道路运输、水路运输的，应当分别取得危险货物道路运输许可证、危险货物水路运输许可证。

② 托运人应当委托取得相应运输许可证的企业运输。

③ 危险化学品按危险货物运输。

④ 通过道路运输剧毒化学品的，托运人应当向运输始发地或者目的地县级公安局申请剧毒化学品道路运输通行证。

（2）属于危险货物但采用合适包装和标识的农药，可按普通货物运输 对符合《危险货物名表》所列入类型的农药产品，实行分类运输：

① 符合危险货物有限数量及包装要求的，可以按普通货物运输。根据《危险货物有限数量及包装要求》（GB 28644.2—2012），对内容器所盛装农药重量或容量在 5kg 或 5L 以内且每包件重量不超过 30kg 的，如符合国家标准《农药包装通则》（GB 3796）规定要求的包装容器和内容器，按普通货物管理，但须在有关运输文件货物说明中注明"有限数量"或

"限量"一词；同时，在包件外表面的一个菱形框内标明内装物的联合国编号（前加字母"UN"）和"Ⅲ"（即包装类别Ⅲ），"Ⅲ"标在联合国编号下侧。

② 采用例外数量运输的危险货物，做相应的标识后，按普通货物运输。根据《危险货物例外数量及包装要求》（GB 28644.1—2012），对照危险货物特性，每个内包装和外包装的危险货物在相应的限定的范围以内的，如外包装标注了例外数量标记，运输单证应注明"例外数量的危险货物"并注明包件的数量，可以按普通货物运输。任何货运车辆、铁路货车或多式联运货运集装箱所能装载的以例外数量运输的危险货物包件，最大数量不应超过 1000 个。

③ 对不符合危险货物有限数量及包装要求的，按危险货物运输。

（3）对既未列入《危险化学品目录》又未列入《危险货物品名表》的农药产品，原则上按照普通货物运输　对于一些农药产品特别是新研发生产的农药产品，国家尚未通过修订国家标准等形式，讨论其是否纳入《危险货物品名表》。生产企业为确保其运输安全，应当根据产品特性、毒性、包装规格和《危险货物品名表》相应农药条目包装类别标准等，决定运输方式。

（4）禁止通过邮政寄送农药　交通、铁路、民航相关法律对危险货物运输有明确规定，未将农药单独作为一类提出运输管理要求。但《危险化学品安全管理条例》和邮政相关法律规定，禁止通过邮件、快件寄送危险化学品；邮政企业、快件企业不得收寄危险化学品。国家邮电总局颁布的《禁寄物品指导目录及处理办法（试行）》将农药单列，禁止通过邮政的方式邮寄。

5.8.2　农药经营单位开办的要求

5.8.2.1　农药经营者的资质许可要求

按照《农药管理条例》和《农药经营许可管理办法》规定，除经营卫生用农药以外，在我国境内销售农药的，必须要取得农药经营许可证。经营限制使用农药的，应当向省级农业部门申请办理农药经营许可证。经营其他农药的，应当向县级以上地方农业部门申请办理农药经营许可证。一个农药经营者只能拥有一个农药经营许可证。如果农药经营者取得农药经营许可证后想设立分支机构，必须依法申请变更农药经营许可证，并到分支机构所在地县级以上农业部门备案，分支机构不需要再办理农药经营许可证，但是农药经营者要对分支机构的经营活动负责。农药经营者要把农药经营许可证放置在营业场所的醒目位置。

目前，按照《农药管理条例》规定，各地陆续开展经营许可、限制使用农药定点经营许可工作。很多省份制订了地方的农药经营许可审查细则和限制使用农药定点经营布局规划。

作为农药经营者要遵守国家法律法规，符合地方管理规定的要求。需特别注意的是：

（1）2017 年 6 月 1 日前已经从事卫生用农药以外的农药经营的，一定要在 2018 年 8 月 1 日前取得其他农药经营许可证；

（2）农药经营者取得的农药经营许可证包含了限制使用农药经营范围的，才能经营限制使用农药，但是不能在互联网经营限制使用农药；

（3）在互联网经营卫生用农药以外农药的，应当有实体店，并取得农药经营许可证。

5.8.2.2　农药经营者应当具备的条件

《农药管理条例》和《农药经营许可管理办法》从人员、场所、设施设备、管理手段、规章制度五个方面规定了农药经营单位应具备的主要条件。农药经营者在具备与经营农药相适应的条件、依法向工商行政管理机关申请领取营业执照、再向农业部门申请办理农药经营许可证后方可经营农药。

（1）人员要求　由于经营农药是一项专业性很强的工作，需要经营人员有农学、植保、农药等相关专业中专以上学历，或者经过专业教育培训机构培训 56 学时以上并取得培训合格证明，要熟悉农药管理的相关规定，掌握农药和病虫害防治专业知识，能够指导农药购买人安全合理使用农药。对经营限制使用农药的人员要求更高些，要有熟悉限制使用农药相关专业知识和病虫害防治知识的专业技术人员，并有两年以上从事农学、植保、农药相关工作的经历。

（2）场所要求　营业场所面积不能少于 $30m^2$，仓库面积不能少于 $50m^2$，并且要做到和其他商品、生活区域、饮用水源有效隔离。如：在农药经营场所内不能经营食品、食用农产品、饲料等；不能在库房内或营业室内设立生活用房；不可以在营业场所淘米、洗菜或做饭。如果营业场所同时兼经营种子、肥料和其他农业投入品的，农药必须有相对独立的经营区域，不能与种子或肥料混放销售。经营限制使用农药的，还要符合省级农业部门制定的限制使用农药的定点经营布局。

（3）设施设备要求

① 营业场所和仓储场所通风要良好，要有通风散热设备。特别是在炎热的季节要增加排气扇或电风扇辅助通风。

② 营业场所和仓库要备消防器材，如：灭火器、水桶、锹、叉、沙袋等。

③ 营业场所和仓储场所要有安全防护设施，如：胶皮手套、围裙、橡皮靴子、眼镜眼罩、防毒防尘呼吸器和急救药箱（内装解毒药、高锰酸钾、脱脂棉、红汞水、碘酒、双氧水、绷带等）。农药营业场所和仓库要有方便取用的水源，便于工作人员、销售人员、顾客接触农药后及时清洗。

④ 营业场所要有能展示和摆放农药产品的货架、柜台等，农药产品展示货架、柜台要选用钢架、石材、玻璃等惰性材质，不可用易燃的有机合成树脂材料或木质材料。经营卫生用农药的，要把卫生用农药与其他商品分开，不能放在一个柜台销售；经营限制使用农药的还要有明显标识的销售专柜、仓储场所及其配套的安全保障设施、设备，农药展示区和仓储区要能随时上锁。

（4）管理手段要求　经营者要配有可追溯电子信息码扫描识别设备，如扫描枪，还要配备电子计算机，并要安装一个进销存的管理软件，能够记载农药购进、销售、贮存等情况。

（5）规章制度要求　农药者单位要建立完善的经营管理规章制度，以保障农药经营活动安全、有序进行。如进货查验、台账记录、安全管理、安全防护、应急处置、仓储管理、农药废弃物回收与处置、使用指导等管理制度和岗位操作规程。

5.8.2.3　申请农药经营许可的材料要求

申请农药经营许可证的，需要向县级以上地方农业部门提交以下材料的纸质文件和电子文档：

（1）农药经营许可证申请表；

（2）法定代表人（负责人）身份证明复印件；

（3）经营人员的学历或者培训证明；

（4）营业场所和仓储场所地址、面积、平面图等说明材料及照片；

（5）计算机管理系统、可追溯电子信息码扫描设备、安全防护、仓储设施等清单及照片；

（6）有关管理制度目录及文本；

（7）申请材料真实性、合法性声明；

（8）农业农村部规定的其他材料。

5.8.2.4　农药经营许可的审查

各省级农业主管部门根据《农药经营许可管理办法》，结合本地实际，颁布了农药经营许可审查细则等规范文件，规范农药经营许可审查。各省所发布的农药经营审查规定在一些细则上存在差异，但主体内容是一致的。

（1）审查分类　审查包括形式审查和实质审查。

① 形式审查主要在资料受理阶段。县级以上地方农业主管部门对申请人提交的申请材料，以材料是否齐全、格式是否符合法定形式为依据，针对下列不同情况分别作出处理：

a. 不需要农药经营许可的，即时告知申请者不予受理；

b. 申请材料存在错误的，允许申请者当场更正；

c. 申请材料不齐全或者不符合法定形式的，应当当场或者在五个工作日内一次告知申请者需要补正的全部内容，逾期不告知的，自收到申请材料之日起即为受理；

d. 申请材料齐全、符合法定形式，或者申请者按照要求提交全部补正材料的，予以受理。

② 实质审查是符合性审查，即对申请人申请材料的内容和现场的符合性进行审查。县级以上地方农业部门根据法定条件和程序，应当对农药经营许可申请材料进行审查，必要时进行实地核查或者委托下级农业主管部门进行实地核查。对书面审查不合格的，不再进行实地核查。

有以下情形之一的，应当进行实地核查：

a. 首次申请农药经营许可证的；

b. 已取得农药经营许可证，申请增加限制使用农药经营范围或者变更营业场所、仓储场所地址的；

c. 书面审查结论建议需要实地核查的；

d. 上级农业主管部门委托实地核查的；

e. 新设立或新增分支机构的。

有下列情形之一的，应当免于实地核查：

a. 申请农药经营许可证延续的；

b. 变更农药经营者名称、法定代表人（负责人）的；

c. 减少分支机构和经营范围的。

（2）审查人员　经营许可审查分为材料审查和实地核查。分别由 2 人以上组成审查组完成审查工作。审查组应指定 1 人为组长，负责审查组织协调等事宜。

承担农药经营许可审查工作的人员，应当具备相应的条件，如：

① 熟悉农药管理法律、法规、政策，了解我国农药产业发展状况和本辖区农药经营状况；

② 具有农药、植保、农学、化学等相关专业大专以上学历或中级以上职称，有三年以

上从事农药管理、行政执法、植物保护等相关工作经历；

③ 身体健康，能够胜任审查工作；

④ 无违法违纪记录；

⑤ 省级农业主管部门规定的其他条件。

审查人员实行回避制。与申请农药经营许可有直接利益关系的审查人员，应当主动申请回避参加相关的农药经营许可审查工作。

（3）审查流程　审查人员应当在受理申请后在限定的时间内内完成书面审查，形成书面审查报告后，上报本级农业主管部门。

对进行实地核查的，县级以上农业主管部门应当在实地核查前通知申请人。

实地核查的流程是：

① 审查组向申请人告知审查内容、程序等，宣读审查纪律，听取申请人情况汇报；

② 根据审查规定开展实地核查；

③ 审查组向申请人反馈实地核查情况、问题和结论，征求申请人的意见。

审查组应当在实地核查结束后，及时向本级农业主管部门提交农药经营许可实地核查报告。

上级农业主管部门委托实地核查的，受委托的农业主管部门应当及时开展实地核查并向委托部门上报核查报告。

（4）审查内容　审查内容包括申请人基本情况、经营人员情况、经营条件（营业场所、仓储场所、设施设备）、管理制度等。

① 申请人基本情况　重点审查申请人名称、法定代表人（负责人）、住所等与营业执照相符情况。

对限制性使用农药的申请人，还应当核查是否符合省级农业主管部门制定的限制使用农药的定点经营布局。

② 经营人员情况　重点审查其对《农药管理条例》《农药经营许可管理办法》等法律法规和有关规定的掌握情况，是否具备相关学历或者经过专业教育培训机构 56 学时以上的学习经历，是否具有农药和病虫害防治专业知识，是否熟悉当地农业生产实际和农作物病虫害发生情况等。

申请人不得招用《农药管理条例》第六十三条第一款规定的人员。

③ 营业场所和仓储场所的重点审查内容

a. 营业场所建筑面积不少于 $30m^2$，仓储场所建筑面积不少于 $50m^2$；

b. 营业场所和仓储场所应当拥有产权证明，租赁场所应当有房屋租赁合同；

c. 营业场所和仓储场所应当配备必要的安全防护设施设备（包括通风橱、排气扇、灭火器、沙池、劳动服、手套、口罩等）；

d. 营业场所和仓储场所应当与其他商品、生活区域、饮用水源有效隔离。

营业场所和仓储场所应当与申请人申明的地址相符，原则上应当在同一县级行政区域内。

④ 设施设备的重点审查内容

a. 农药产品是否按照杀虫剂、杀菌剂、除草剂及植物生长调节剂等类别分区摆放和标识，并符合安全要求；

b. 货架和柜台醒目位置是否标有"农药有毒""严禁烟火""禁止饮食"等类似警示语；

c. 兼营其他农业投入品的，农药经营区域是否相对独立；

d. 经营限制使用农药的，应当设立专区专柜，单独隔离存放，并设置醒目警示标识；

e. 管理制度：重点审查进货查验、台账记录、安全管理、安全防护、应急处置、仓储管理、农药废弃物回收与处置、使用指导等管理制度和岗位操作规程。

可追溯管理重点审查是否具有可追溯电子信息码扫描识别设备，是否拥有用于记载农药购进、贮存、销售等电子台账的计算机管理系统，并且能够正常运行。

（5）审查结论　审查结论分为"合格"和"不合格"。"合格"与"不合格"的判定依据，根据各省农药经营许可管理实施细则规定。

审查组对审查结论定为"不合格"的，应当在核查报告中说明理由。

书面审查与实地核查结论不一致的，以实地核查结论为准。

5.8.2.5　农药经营许可审批

农药经营许可不存在当场作出行政许可决定的情况。县级以上农业部门应当自受理农药经营许可申请之日起，在法定期限内按照规定程序作出行政许可决定。"按照规定程序"是指行政机关审查决定行政许可的工作程序，如哪些问题由主要领导或者主管领导决定，哪些问题需要请示报告，哪些问题需要由负责人集体讨论决定等。行政机关可以本着行政首长负责制原则作出具体规定。

审查结论为"合格"，申请人的申请符合法定条件、标准的，农业主管部门应当依法作出准予行政许可的书面决定，核发农药经营许可证；审查结论为"不合格"的，不予行政许可，并书面通知申请人说明理由。

说明理由制度主要适用于对相对人合法权益产生不利影响的行政行为，说明理由的内容应包括事实方面的、法律方面的以及自由裁量是否符合法定目的。说明理由应当以明文方式做出，叙述时应当简洁、清楚。

农业主管部门做出的准予行政许可决定，并发放农药经营许可证的信息应当予以公开，方便人们查阅。

农药经营许可证有效期为五年，有效期届满需要继续经营农药的农药经营者，必须在有效期届满 90 日前向原发证机关申请延续。农药经营许可证有效期内，改变农药经营者名称、法定代表人（负责人）、住所、调整分支机构，或者减少经营范围的，应当向原发证机关提出变更申请。农药经营者设立分支机构的，应当在农药经营许可证变更后 30 日内，向分支机构所在地县级农业部门备案。经营范围增加限制使用农药或者营业场所、仓储场所地址发生变更的，应当重新申请农药经营许可证。如果农药经营许可证遗失或损坏，要及时向原发证机关申请补发。

5.8.3　经营产品的要求

《产品质量法》第三章第二节规定了销售者的产品质量责任和义务。《农药管理条例》规定，农药经营者应当对其经营农药的安全性、有效性负责。农药经营者采购农药应当查验产品包装、标签、产品质量检验合格证以及有关许可证明文件，不得向未取得农药生产许可证的农药生产企业或者未取得农药经营许可证的其他农药经营者采购农药。农药经营者应当自觉接受政府监管和社会监督。对于经营质量或标签不合格的农药产品的经营者，要按照《农药管理条例》规定接受处罚。

农药经营者应当从正规渠道进货，进货时要对产品进行查验，确保销售质量合格、标签规范的农药产品。进货环节是农药经营单位控制产品质量的重要关口。农药经营者要保证经营的产品规范，重点要把三关。

5.8.3.1 审查供货者的合法性

按照《农药管理条例》规定，农药经营者不得向未取得农药生产许可证的农药生产企业或者未取得农药经营许可证的其他农药经营者采购农药。也就是说只能从正规的农药生产企业或其他经营者购进农药，杜绝从非正规渠道进货的行为。农药经营者应当查询农药生产企业或其他经营者的资质情况，必要时在进货时向供货方索要许可证明文件复印件，如：生产企业的生产许可证、农药登记证和产品标准的复印件，经营单位的经营农药许可证复印件等。不能购进和销售无农药登记证、无农药生产许可证、无产品质量标准的农药。进口农药标签可以不标注农药生产许可证号，但要标注其境外生产地，以及在中国设立的办事机构或者代理机构的名称及联系方式。

特别提示：遇到乡镇小推车送货、个人送货上门的，或者某生产企业的业务员推销多个企业产品的，进货需要谨慎，如果推销人员不能提供农药生产许可证、农药登记证等证明性文件复印件的，或伪造证件的，经营者进货后可能受到行政处罚，如果购进假劣农药产品，造成药害事故等问题还要承担赔偿责任。

5.8.3.2 查验产品质量检验合格情况

农药产品质量主要包括产品有效成分含量等技术指标是否符合要求、产品是否在质量保证期限内。《农药管理条例》对假劣农药做了明确规定。

（1）假农药指的是：

① 以非农药冒充农药；

② 以此种农药冒充他种农药；

③ 农药所含有效成分种类与农药的标签、说明书标注的有效成分不符。

禁用的农药，未依法取得农药登记证而生产、进口的农药，以及未附具标签的农药，按照假农药处理。

（2）劣质农药指的是：

① 不符合农药产品质量标准；

② 混有导致药害等有害成分。

超过农药质量保证期的农药，按照劣质农药处理。

根据上述有关农药质量判定的规定，一般情况下，农药质量需要通过仪器检验才能判断。但我国大部分农药经营者不具备检测能力。农药经营者可以通过查验产品质量检验合格证、观察产品外观、对比价格等方式进行初步判断，并通过与供货人签订合同等方式划定双方的责任。

按照《农药管理条例》规定，农药经营者应当查验产品质量检验合格证。经营者在进货时，一定要打开大包装箱（袋、盒），看里面是否有产品质量检验合格证。如果是 2018 年 1月 1 日后生产的农药产品，通过扫描标签上的二维码可以看到一个追溯网址，通过追溯网址可查询该产品的生产批次、质量检验是否合格。农药经营者不能采购和销售未附具产品质量检验合格证的农药产品。

（3）因生产质量不高，或因贮存保管不当，农药外观会发生如下变化。

① 粉剂农药　主要看是否已经结块、受潮，已结块的农药说明保管不善或存放时间长了，一般是减效或失效了。受潮的农药加快了分解，很容易失效。如果是可湿性粉剂，要看它的悬浮率怎么样，如果兑水后出现大量的沉淀物，说明此药的悬浮率不合格，就会影响防治病虫害的效果。粉剂、可湿性粉剂农药如有比较多的颗粒，一般是细度达不到要求，属于加工质量不合格；如有色泽不均匀，也可能有质量问题。

② 乳油农药　要看瓶内是否有分层现象，如有分层，或底部有沉淀物，就说明药剂可能是减效或失效。用力振荡使其分散均匀后，放置 1 小时，若无上下分层出现，说明药剂可能有失效现象，但有的可以使用；若分层很严重，说明该药已失效了，不能再使用。有的乳油农药虽然含量合格但乳化性能不好，也会影响药效。检查乳化性能的方法是：取少量的药剂倒入已准备好的干净水里，如果立即扩散、呈乳白色，说明药剂乳化性能合格；如果不扩散、有油滴，表明此药乳化性不好，防治病虫效果就会下降。

③ 悬浮剂和悬乳剂农药　经摇动后仍有结块现象，说明质量存在问题。

④ 熏蒸用的片剂农药　如果呈粉末状，说明已失效，不能再使用。

⑤ 颗粒剂农药　如药粉脱落很多，或药粒崩解很重，包装袋中积粉很多，说明质量出现问题。

特别提示：如果市场上相同含量和规格的同类产品价格差异较大时，不要贪图便宜盲目购买价格低的产品，以防购进劣质农药。以助剂、增效剂、赠品、伴侣等方式与农药产品捆绑在一起的产品，即便是免费赠给购买者的都视为销售行为。如果赠品含有农药成分，属于未依法取得农药登记证的农药产品，要按照假农药处理。如果造成农药药害，经营者要承担赔偿责任。

5.8.3.3　查验产品标签合格情况

根据《农药标签和说明书管理办法》规定，农药标签应当注明农药名称、剂型、有效成分及其含量；农药登记证号、产品质量标准号以及农药生产许可证号；农药类别及其颜色标志带、产品性能、毒性及其标识；使用范围、使用方法、剂量、使用技术要求和注意事项；中毒急救措施；贮存和运输方法；生产日期、产品批号、质量保证期、净含量；农药登记证持有人名称及其联系方式；可追溯电子信息码（二维码）；象形图以及农业农村部要求标注的其他内容。

按照《农药管理条例》规定和《农药标签和说明书管理办法》规定，农药经营者应当查验产品包装和标签，不能采购、销售包装和标签不符合规定的农药产品。在每个农药最小包装上都应当印制或者贴有一个独立的标签，不允许和其他农药共用标签或者使用同一标签。也不能以粘贴、剪切、涂改等方式对农药产品标签进行修改或者补充。如果农药产品包装尺寸过小、标签无法标注全部规定内容的，要查看是否附具了说明书，说明书要标注全部内容。经营者购进农药时，要对农药包装进行严格的检查，包括：查看农药包装是否完整无破损，查看标签字迹是否清晰，字体大小、颜色、标注位置是否符合《农药标签和说明书管理办法》规定。

2018 年 1 月 1 日以后生产的农药产品，农药标签和说明书上的商标应使用注册商标（Ⓡ），不能用 TM 商标，更不能使用商品名。标签上应当标注二维码，二维码具有唯一性，一个标签二维码对应唯一一个销售包装单位。限制使用农药的标签上要标注"限制使用"字样，以红色标注在农药标签正面右上角或者左上角，并与背景颜色形成强烈反差，其字号不能小于农药名称的字号，同时要注明使用的特别限制和特殊要求；用于食用农产品的，标签还应标注安全间隔期。

农药经营者需要核查标注内容是否与中国农药信息网公布的登记核准标签一致，步骤如下：

（1）登录中国农药信息网（www.chinapesticide.org.cn），在"数据中心"栏目，点击"登记信息"，即可出现"农药登记数据"查询界面，然后在"登记证号"数据框中输入该农药产品的农药登记证号，点击"查询"按钮，出现产品的农药登记数据后，点击"登记证号"位置，出现"查看标签"界面，点击"查看标签"即可核查农药登记核准标签内容。

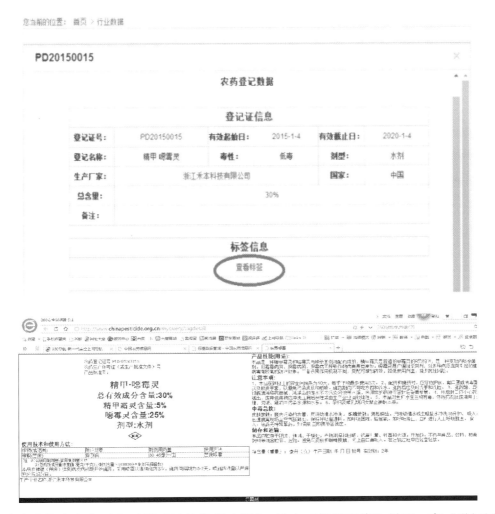

或者直接点击主页右下部"标签数据查询",进入"标签查询"界面,在"登记证号"数据框中输入产品农药登记证号,点击"查询",便可查询到该产品登记备案核准标签信息,可将要购进的农药产品标签与网上公布的农药登记核准信息进行比对。

您当前的位置：首页 › 数据中心 › 标签数据查询

（2）如果在"标签数据查询"栏目中查询不到该产品，可能有两种原因：一是该产品已过农药登记有效期；二是该产品为假冒产品。

当出现此类情况时，需要通过"数据中心"栏目，进入"登记信息"子栏目，出现"农药登记数据"查询界面后，点击"包括已过有效期产品"后面方框，当出现"√"时，输入农药登记证号后，点击"查询"按钮，可查询出该产品的有效期截止日期。如果该产品生产日期在其产品有效期内，则为合法产品。

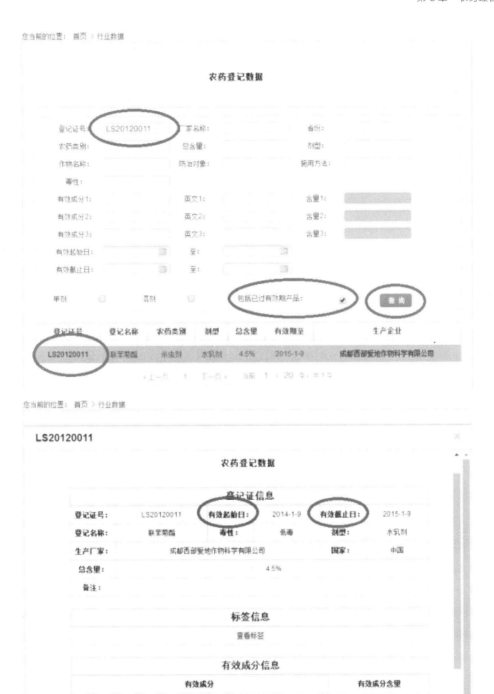

5.8.4　经营台账要求

经营台账是农药产品可追溯的重要环节，按照《农药管理条例》和《农药经营许可管理办法》的要求，农药经营者要配备电子计算机并安装相关进销存管理软件，建立能够记载农药购进、销售、贮存等情况的台账。

采购台账，即进货的流水账。主要项目有：农药的名称、有关许可证明文件编号、规格、数量、生产企业和供货人名称及其联系方式、进货日期等。通过查看采购台账，可以清晰明了地了解经营企业进货情况。采购台账应当保存2年以上。

销售台账，即销售的流水账。主要项目有：农药的名称、规格、数量、生产企业、购买人、销售日期等。通过查看销售台账，可以详细了解销售农药的去向，实现销售可溯源管理。销售台账应当保存2年以上。

特别提示：农药经营者最好将农药进货合同、购货发票、付款凭证、运输凭证、供货商提供的产品合法性证件、销售凭证复印件等存档。保存完整的经营档案，当与供货商发生纠纷时，可以根据经营档案的记录，妥善解决纠纷；一旦出现农药质量问题、农药药害事件、农产品质量安全事件时可追根溯源；还可以作为执法部门检查时提供的依据。

5.8.5 农药经营推荐要求

农药经营单位在销售农药时，至少要向农药购买者或使用者说明以下几点。

5.8.5.1 正确说明产品的用途

（1）对症推荐 据调查，目前我国80%的农药使用者只有小学和初中文化，约70%的使用者是跟随别人使用或依靠经销商推荐用药，对症用药意识不强。而农药的适用作物和防治对象是有限的，没有哪一种农药"包治百病、包灭百虫"。因此，农药经销商在销售中，应严格按照农药产品登记的使用范围和防治对象进行推销，根据使用者反映的病虫害为害症状，结合植保机构的病虫预测预报，将合适的农药产品推荐给农药购买者和使用者；对使用者描述的病虫症状不典型的，可以通过到田间实地察看、向农技人员请教等多种方式，为使用者提供最佳用药方案。

（2）不得超出农药登记范围推荐 农药的使用效果和安全性，不仅与农药的有效成分种类、含量和剂型有关，还与产品的助剂组成（农药有效成分以外的其他物质）、加工技术等有关。不同企业生产的相同农药产品，其市场定位不同，所登记的使用范围也不同。因此，经营人员不能因为一个农药产品已在某种农作物上登记，就认为所有企业生产的该产品均适用于该作物，这样容易引发药害事故。经营人员不得进行超出农药登记使用范围的推荐，否则，使农民造成损失应承担法律责任。

（3）遵守国家禁限用农药管理规定 农药经营单位应严格按照国家禁限用农药管理等规定，向使用者说明该产品禁止或限制使用的范围。如不得将高毒、剧毒农药用于蔬菜、果树、茶叶和中草药材上。《限制使用农药名录》见表5-1。

5.8.5.2 正确介绍施药方法

（1）介绍农药的使用方法 农药使用方法多种多样，根据防治对象的发生规律、农药性质以及加工剂型特点和环境条件的不同，选择适当的施药方法，不但可以提高药效、降低成本，而且还能减轻对环境的污染，避免杀伤天敌，提高用药安全性。农药经营单位要严格按照标签上所标注的使用方法介绍。

（2）讲解农药稀释与配制方法 除少数可以直接使用的农药制剂以外，一般农药在使用前都要经过配制才能施用。农药的配制就是把商品农药配制成可以施用的状态。例如，乳油、可湿性粉剂等本身不能直接施用，必须兑水稀释成所需要浓度的喷施液才能喷施。农药配制一般要经过农药和配料取用量的计算、量取、混合等几个步骤。

① 确定用药量　农药的标签或说明书上都规定了单位面积的制剂用药量，不得擅自改变用药量，否则极易导致病虫害防治效果差或药害的发生。可以根据施药面积用下式计算农药制剂用量：

农药制剂用量[毫升(克)]＝单位面积农药制剂用量[毫升(克)/亩]×施药面积(亩)

如果已知农药制剂要稀释的倍数，可通过下式计算农药制剂用量：

$$农药制剂用量[毫升(克)]＝\frac{要配制的药液量或喷雾器容量[毫升(克)]}{稀释倍数}$$

② 安全准确配制农药　不能用瓶盖倒药，液体状的农药制剂要用有刻度的量具，固体状的农药要用天平称量。由于配制农药时接触的是农药制剂，有些制剂有效成分含量高，在配制时要特别注意安全，必须做到以下几方面。

a. 配制人员要掌握必要技术，必要时可参加专业培训。孕妇、哺乳期妇女不能参与配药。

b. 在开启农药包装、称量配制时，操作人员应穿戴用必要的防护器具，如戴手套、戴口罩和穿防护服等。混匀药液时，要用工具搅拌，不得直接用手。

c. 处理粉剂和可湿性粉剂时要小心，以防止粉尘飞扬。要站在上风处配药。

d. 药剂随配随用，已配好的应尽可能采取密封措施。

e. 配药器械一般要求专用，每次用后要洗净，不得在河塘、河流、小溪、井边冲洗；不能用盛药水的桶直接下河取水。

③ 正确稀释农药　配制农药通常用净水来稀释，兑水量要根据农药剂型、有效成分含量、施药器械和植株大小而定，应按照农药标签上的要求或请教农业技术人员，正确地稀释农药，既可以保证计量准确，还可以使某些难溶或用量较少的农药得以充分溶解、均匀分布；在提高防效的同时，避免药害的发生，防止接触农药中毒的危险。

对农药进行二次稀释，是农药配制的科学方法之一。首先认真计算并仔细量取配制母液的用水量，然后选用带有容量刻度的容器，将农药放置于瓶内，注入适量的水配成母液，再用量杯计量使用。使用背负式喷雾器时，可以在药桶内直接进行二次稀释。先在喷雾器内加少量的水，再加放适量的药液，充分摇匀，然后再补足水混匀使用。用机动喷雾机具进行大面积施药时，可用较大一些的容器，如桶、缸等进行母液一次稀释。二次稀释时可放在喷雾器药桶内进行配制，混匀使用。

5.8.5.3 合理说明产品的使用技术要求

产品的使用技术要求主要包括产品施药时期、使用条件、限用地区和敏感作物等内容。

(1) 施药时期　应按农药标签正确地向使用者介绍该产品的施药时期。如一般的杀虫剂产品应避免在农作物及周围开花植物花期用药；杀菌剂产品应在病害发生前或发生初期用药；防治桃小食心虫、梨小食心虫的农药，宜在害虫卵孵盛期施药。

(2) 使用条件　使用条件包括时间、天气、温度、湿度、光照、水层、土壤等条件。一般农药产品的使用条件有以下几个方面的要求。

① 时间　应避开高温时段施药，一般应在上午 9 点以前或下午 4 点以后施药。禁止在高温天气施用高毒、剧毒农药。

② 天气　避免在刮大风或下雨前施药。风速较高时应停止喷雾使用杀虫剂。

③ 温度　某些农药产品对使用温度有较高要求，如有机磷农药在 20℃ 以上效果好（注

意：丙溴磷在 20℃以下效果较差、草甘膦在 20℃以下除草效果较差），菊酯类农药在低温条件下效果好，温度高反而影响药效发挥。

④ 光照　某些农药产品见光易分解，例如辛硫磷见光分解，一般是傍晚用药或者用于防治地下害虫。

⑤ 水层　某些农药产品对用药时的水层有特殊要求，如杀虫双在田间有水的情况下比无水的情况下药效高。

⑥ 土壤　某些农药品种对施药田块土壤条件有要求，使用前应了解所在地的土壤条件是否与标签要求相符。

（3）限用地区　某些农药产品有限制使用地区，应严格按照限定的地区使用。

（4）敏感的农作物品种及对周边农作物的影响　农药经营单位应熟悉常见农药的敏感作物（见表 5-2），并告知使用者避免将农药用于敏感作物，使用中更应避免药剂飘移到敏感作物上，以免造成药害。某些农药对同一作物的不同品种敏感性不同，应当正确介绍。

表 5-2　常见农药敏感作物列表

农药名称	敏感作物
敌敌畏	瓜类幼苗、玉米、豆类、高粱、月季花、核果类、猕猴桃、柳树、国槐、樱桃、桃子、杏子、榆叶梅、二十世纪梨、京白梨、梅花、杜鹃
三唑磷	高粱、玉米
敌百虫	核果类、猕猴桃、高粱、豆类、瓜类幼苗、玉米、苹果（曙光、元帅等品种早期）、樱花、梅花
辛硫磷	黄瓜、菜豆、西瓜、高粱、甜菜
毒死蜱	烟草、莴苣、瓜类苗期、一些作物花期、某些樱桃品种
乐果　氧乐果	猕猴桃、人参果、桃、李、无花果、枣树、啤酒花、菊科植物、高粱的有些品种、烟草、梨、樱桃、柑橘、杏、梅、橄榄、梅花、樱花、花桃、榆叶梅、贴梗海棠等蔷薇科观赏植物
乙酰甲胺磷	桑树
马拉硫磷	番茄幼苗、瓜类、豇豆、高粱、樱桃、梨、桃、葡萄和苹果的一些品种
倍硫磷	十字花科蔬菜的幼苗、梨、桃、樱桃、高粱及啤酒花
杀螟硫磷	高粱、玉米及白菜、油菜、萝卜、花椰菜、甘蓝、青菜、卷花菜等十字花科植物
丙溴磷	瓜豆类、苜蓿和高粱、十字花科蔬菜和核桃花期
水胺硫磷	蔬菜、桑树、桃树
杀虫双	白菜、甘蓝等十字花科蔬菜幼苗、豆类、棉花、马铃薯
三唑锡	果树嫩梢期
杀虫单	烟草、大豆、四季豆、马铃薯
杀螟丹	水稻扬花期、白菜、甘蓝等十字花科蔬菜幼苗
仲丁威	瓜、豆、茄科作物
异丙威	薯类作物
混灭威	烟草
甲萘威	瓜类
定虫隆	白菜幼苗

续表

农药名称	敏感作物
吡虫啉	豆类、瓜类
噻嗪酮	白菜、萝卜
炔螨特	梨树，25cm 以下瓜、豆苗
双甲脒	短果枝金冠苹果
矿物油	某些桃树品种
烯唑醇	西瓜、大豆、辣椒（高浓度时药害）
硫黄	黄瓜、大豆、马铃薯、李、梨、桃、葡萄
波尔多液	马铃薯、番茄、辣椒、瓜类、桃、李、梅、杏、梨、苹果、山楂、柿子、白菜、大豆、小麦、莴苣及茄科、葫芦科植物
铜制剂	果树花期和幼果期、白菜
石硫合剂	桃、李、梅、杏、梨、猕猴桃、葡萄、豆类、马铃薯、番茄、葱、姜、甜瓜、黄瓜
代森锰锌	毛豆、荔枝、葡萄幼果期、烟草、葫芦科、某些梨树品种（梨小果时施用易出现果面斑点，浓度高会引起水稻稻叶边缘枯斑）
百菌清	梨、柿、桃、梅、苹果（落花后 20 天内也不能使用）
菌核净	芹菜、菜豆
甲基硫菌灵	猕猴桃
氟硅唑	某些梨品种幼果期（5 月份以前）敏感
丙环唑	瓜类、葡萄、草莓、烟草
春雷霉素	大豆
丁醚脲	多种作物幼苗（高温条件下）
咪唑乙烟酸	玉米、油菜、马铃薯、瓜类和蔬菜、亚麻、向日葵、烟草、水稻、高粱和谷子、甜菜
甲氧咪草烟	小麦、油菜、甜菜、玉米和白菜
异噁草松	小麦、大麦和蔬菜、谷子、花生、向日葵、苜蓿
氟磺胺草醚	玉米、油菜、亚麻、豌豆、菜豆、马铃薯、瓜类和蔬菜、高粱、谷子、向日葵和苜蓿、水稻、甜菜、花生、豌豆、烟草
莠去津	小麦、大麦、水稻、谷子、大豆、菜豆、花生、烟草、苜蓿、甜菜、油菜、亚麻、向日葵、马铃薯、南瓜、西瓜、洋葱、番茄、黄瓜等蔬菜
唑嘧磺草胺	向日葵、烟草、高粱、马铃薯、甜菜、油菜、亚麻、瓜类和蔬菜
二氯喹啉酸	甜菜、烟草、向日葵、豌豆、苜蓿、马铃薯和蔬菜
嗪草酮	小麦、大麦、菜豆、水稻、花生、亚麻、高粱、向日葵、甜菜、油菜、烟草、洋葱、胡萝卜
甲基咪草烟	小麦、油菜、甜菜、玉米和白菜
萘丙酰草胺	小麦、韭菜、芹菜、茴香、莴苣
西玛津	小麦、大麦、棉花、大豆、水稻、十字花科蔬菜
氨氯吡啶酸	豆类、葡萄、蔬菜、棉花、果树、烟草、甜菜

5.8.5.4　全面介绍产品使用注意事项

农药经营单位要结合标签上的注意事项、象形图等，详细地向使用者讲解产品使用注意事项。重点介绍产品安全间隔期、对后茬作物影响、混用性、使用安全防护措施、对环境生物的影响、废弃物的处理等方面内容。

（1）安全间隔期及每季最多使用次数　按照农药产品标签标注正确介绍产品的安全间隔期。

（2）对后茬作物生长的影响　应当正常介绍该农药（主要指长残效除草剂）对后茬作物影响以及后茬仅能种植的作物或后茬不能种植的作物、间隔时间等。以下是几种长残效除草剂的后茬敏感作物（见表5-3）。

表5-3　长残效除草剂的后茬敏感作物

除草剂	英文名	后茬敏感作物
氯磺隆	chlorsulfuron	亚麻、甜菜、瓜类、向日葵、白菜、其他蔬菜；对水稻也相应敏感
氯嘧磺隆	chlorimuron-ethyl	甜菜、油菜、水稻、马铃薯、瓜类、高粱、各种蔬菜
甲磺隆	metsulfuron-methyl	甜菜、油菜、黄瓜、豌豆、花生、芝麻、向日葵、十字花科作物
咪草烟	imazethapyr	甜菜、油菜、水稻、茄子、高粱、草莓、瓜类
异噁草松	clomazone	小麦、大麦、燕麦、谷子、苜蓿
莠去津	atrazine	小麦、亚麻、谷子、甜菜、水稻、大豆、黄瓜等各类蔬菜

（3）药害　正确介绍农药使用当茬对登记适用作物本身及周边作物易产生药害的敏感作物，主要介绍对哪些作物品种、生育期或其他有关的外界条件；不能用于哪些作物上；应防止飘移到哪些作物上；其他容易产生药害事故的条件。例如杀虫单不能用于棉花、烟草、十字花科蔬菜、大豆、四季豆、马铃薯等敏感作物；2,4-滴丁酯使用时应当注意风向，在100m以内已种植了阔叶作物，或下风向有敏感作物的玉米田不得使用。

（4）混用性　农药合理混用能提高药效，节省防治时间，但是混用不当不仅会使农药降低药效、增加成本，严重时还会产生药害。因此，应向使用者正确介绍该农药不能与哪些农药、化肥及其他有机肥等混用。农药混用应当坚持以下原则：

① 混用应保持各有效成分的化学稳定性

a. 混合后发生化学反应致使作物出现药害的农药不能混用。如波尔多液与石硫合剂不能混用，否则混合后很快就发生化学变化，产生黑褐色硫化铜沉淀，这不仅破坏了两种药剂原有的杀菌能力，而且产生的硫化铜会进一步产生铜离子，使植物发生落叶、落果、叶片和果实再现灼伤病斑，或干缩等严重药害现象。一般要求喷过波尔多液的作物隔30天左右才能喷施石硫合剂。同样的道理，石硫合剂与松脂合剂、重金属农药等也不能混用。

b. 酸碱性农药不能混用。常用农药一般分为酸性、碱性和中性3类，酸碱性农药不能混用。酸碱性农药混合在一起，就会分解破坏，降低药效，甚至造成药害。大多数有机磷杀虫剂（如乐果、杀螟松、马拉硫磷等）、部分微生物农药（如春雷霉素、井冈霉素等）以及代森锌、代森铵等，不能同碱性农药混用，即便农作物撒施石灰和草木灰，也不能喷洒上述农药。

c. 具有酯、酰胺等结构的农药不宜与碱性农药混用，以免引起酯或酰胺水解。

d. 一些含硫杀菌剂（如代森锌、福美双等）不宜与杀虫剂敌百虫混用。

e. 某些离子型农药，特别是除草剂（如2甲4氯铵盐、草甘膦等），在混用时也可能发生反应而降低药效。

f. 杀菌剂农药不能与微生物农药混用。杀菌剂对微生物有直接杀伤作用，若混用，微生物会被杀死，造成微生物农药失效。

② 混用不能破坏农药的药理性能　两种乳油混用，要求仍具有良好的乳化性、分散性、湿润性。两种可湿性粉剂混用，则要求仍具有良好的悬浮率及湿润性、展着性能。这不仅是

发挥药效的条件，也可防止因物理性能变化而失效、减效或产生药害。例如，含钙的农药如石硫合剂等，一般不能同乳剂农药混用，也不能加入肥皂。因为乳油、肥皂容易同含钙的药剂发生化学作用，产生钙沉淀；乳剂被破坏，药效降低，还会发生药害。

③ 确保混用后不产生药害等副作用　例如，有机磷杀虫剂不能与敌稗混用或同时使用（应至少间隔一周以上），以免产生药害（两类农药同时使用，会影响敌稗降解产物的代谢，导致对水稻产生药害）。

④ 要保证混用后的安全性　农药混用后要确保不增加毒性，对人畜要绝对安全。

⑤ 农药的混配要合理

a. 品种间的搭配要合理　如防除大豆田禾本科杂草，单用烯禾啶、高效氟吡甲禾灵即可防除。若两者混配，虽然从药剂稳定性上可行，但既不能增效，也未扩大防治范围，没有必要混用。

b. 成本要合理　混用一般要比单用成本低些。如较昂贵的新型内吸性杀菌剂与较便宜的保护性菌剂品种混用，较昂贵的菊酯类农药与有机磷杀虫剂混用等。

⑥ 明确混配药剂的使用范围　所混用农药的适用作物和使用方法应当相同，防治对象相同或同时发生。混用农药品种要求具有不同的作用方式和兼治不同的防治对象，以达到农药混用后扩大防治范围、增强防治效果的目的。混用农药前要仔细阅读说明书，必要时混用前先做可混性试验。

（5）对有益生物和环境的影响　农药经营单位应向使用者正确介绍该农药产品对鱼等水生生物、鸟类、蚕、蜜蜂及蚯蚓、土壤微生物等有益生物和环境容易产生的不利影响。一些农药对有益生物的影响情况见表 5-4～表 5-7。

表 5-4　对鱼类具有较高毒性的主要农药品种

农药	毒性等级	农药	毒性等级
有机氯类		有机磷类	
硫丹	剧毒	嘧啶氧磷	高毒
林丹	剧毒	毒死蜱	高毒
五氯酚	高毒	辛硫磷	高毒
地乐酚	剧毒	三唑磷	高毒
菊酯类		其他	
溴氰菊酯	剧毒	氟虫腈	高毒
高效氯氟氰氯氰菊酯	高毒	百菌清	高毒
甲氰菊酯	高毒	福美锌	剧毒
胺菊酯	高毒	三唑锡	剧毒
氟氯氰菊酯	高毒	灭菌丹	高毒
氰戊菊酯	剧毒	福美锌	剧毒
氯氰菊酯	剧毒	敌菌灵	剧毒
氨基甲酸酯类		丁草胺	高毒
克百威	中毒	多菌灵	高毒
丁硫克百威	高毒		

表 5-5　易对鸟类造成危害的主要农药品种

农药中文名	农药英文名	农药中文名	农药英文名
乙酰甲胺磷	acephate	倍硫磷	fenthion
涕灭威	aldicarb	地虫硫磷	fonofos
克百威	carbofuran	甲霜灵	metalaxyl
毒死蜱	chlorpyrifos	杀螟硫磷	fenitrothion
二嗪磷	diazinon	灭多威	methomyl
敌敌畏	dichlorvos	甲拌磷	pentachlorophenol
乐果	dimethoate	残杀威	propoxur
敌草隆	diuron	辛硫磷	phoxim
硫丹	endosulfan	灭线磷	ethoprop

表 5-6　易对家蚕造成危害的主要农药品种

农药中文名	农药英文名	农药中文名	农药英文名
菊酯类		有机磷类	
溴氰菊酯	deltamethrin	吡虫啉	imidacloprid
氟氰菊酯	flucythrinate	甲基异硫磷	isofenphos-methyl
氯菊酯	permethrin	嘧啶氧磷	pirimioxyphos
氟氯氰菊酯	cyfluthrin	毒死蜱	chlorpyrifos
高效氯氰菊酯	*beta*-cypermethrin	三唑磷	triazophos
联苯菊酯	bifenthrin	杀螟丹	cartap
苯醚菊酯	phenothrin	辛硫磷	phoxim
倍速菊酯	—	其他	
醚菊酯	ethofenprox	甲氨基阿维菌素	emamectin
沙蚕毒素类		甲氨基阿维菌素苯甲酸盐	emamectin benzoate
杀虫丹	ethiofencarb	啶虫脒	acetamiprid
杀虫双	dimehypo	依维菌素	ivermectin

表 5-7　易对蜜蜂造成危害的主要农药品种

农药中文名	农药英文名	农药中文名	农药英文名
有机磷类		菊酯类	
甲基异柳磷	isofenphos-methyl	溴氰菊酯	deltamethrin
三唑磷	triazophos	氟氰菊酯	flucythrinate
毒死蜱	chlorpyrifos	甲氰菊酯	meothrin
喹硫磷	quinalphos	氟氰戊菊酯	flucythrinate
乐果	dimethoate	氯菊酯	permethrin
嘧啶氧磷	pirimioxyphos	其他	
杀螟硫磷	fenitrothion	甲氨基阿维菌素	emamectin
辛硫磷	phoxim	甲氨基阿维菌素苯甲酸盐	emamectin benzoate
氨基甲酸酯类		依维菌素	ivermectin
克百威	carbofuran	吡虫啉	imidacloprid
丙硫克百威	benfuracarb	氟虫腈	fipronil
甲萘威	carbaryl	粉唑醇	flutriafol
残杀威	propoxur		

5.8.6　问题农药召回义务

《农药管理条例》规定，农药经营者发现其经营的农药对农业、林业、人畜安全、农产品质量安全、生态环境等有严重危害或者较大风险的，应当立即停止销售，通知有关生产企业、供货人和购买人，向所在地农业主管部门报告，并记录停止销售和通知情况。

《产品质量法》规定，经营者发现其提供的商品或者服务存在缺陷，有危及人身、财产安全危险的，应当立即向有关行政部门报告和告知消费者，并采取停止销售、警示、召回、无害化处理、销毁、停止生产或者服务等措施。采取召回措施的，经营者应当承担消费者因商品被召回支出的必要费用。

当农药对农业、林业、人畜安全、农产品质量安全、生态环境等有严重危害或者较大风险时，在流通环节及时发现并采取挽救措施，尽最大努力消除可能产生的危害，确保农业生产和人们的健康安全，是农药经营者应该履行的社会责任和义务。

5.8.7　农药广告发布要求

农药经营中的宣传介绍主要包括农药广告发布、农药的使用介绍等。农药广告是指农药生产者、经营单位或者提供服务者承担费用，通过一定的媒介和形式直接或者间接地宣传推广自己所生产、推销的产品或者所提供服务的商业广告。一般包括影视类、声音类、文字类、图像类等几种广告发布形式。根据《中华人民共和国广告法》（以下简称《广告法》）等有关法律规定，利用广播、电影、电视、报纸、期刊以及其他大众媒介发布农药的广告，或用于产品技术交流、农药经营零售门店张贴或者发放给农民等诸如海报和宣传单页等其他形式的广告，在发布之前都必须经由有关农业行政主管部门对广告内容进行审查；未经审查的不得发布。农药广告审查批准文号分文字部分和数字部分，即"×农药广审（×）…00000000"，其中文字部分的第一个字代表审查机构的所属地域，各省、自治区、直辖市的广告审查机构则分别采用各省、自治区、直辖市的简称表示；括号内的字则要根据广告所采用的广告媒介形式分别填入，"视"表示视频、"声"表示广播、"文"表示以其他广告媒介形式发布的广告；数字部分共 8 位，前 4 位代表审查年份，后 4 位为广告审查机构的批准序号。

农药广告内容有下列几方面规定：

（1）农药广告内容应当与农药登记证和《农药登记公告》的内容相符，不得任意扩大范围。

（2）农药广告中不得含有不科学表示功效的断言或者保证，如"无害""无毒""无残留""保证高产"等。农药广告不得贬低同类产品，不得与其他农药进行功效和安全性对比。

（3）农药广告中不得含有有效率及获奖的内容。

（4）农药广告中不得含有以农药科研、植保单位、学术机构或者专家、用户的名义、形象作证明的内容。

（5）农药广告中不得使用直接或者暗示的方法，以及模棱两可、言过其实的用语，使人在产品的安全性、适用性或者政府批准等方面产生错觉。

（6）农药广告中不得滥用未经国家认可的研究成果或者不科学的词句、术语。

（7）农药广告中不得含有"无效退款、保险公司保险"等承诺。

（8）农药广告中不得出现违反农药安全使用规定的用语、画面。如在防护不符合要求情况下的操作，农药靠近食品、饲料、儿童等。

5.8.8 废弃物回收义务

按照《农药管理条例》规定，农药生产企业、农药经营者应当回收农药废弃物。环保部和农业部起草了《农药包装废弃物回收处理管理办法（征求意见稿）》，还没有正式出台。农药包装废弃物是指农药使用后被废弃的与农药直接接触或含有农药残余物的包装物（瓶、罐、桶、袋等）。农药包装废弃物应当由具有危险废物经营许可证的单位处置，农药包装废弃物回收费用由相应的农药生产者和经营者承担。农药生产者、经营者可以协商确定农药包装废弃物回收义务的具体履行方式。

5.9 农药经营监管

对农药进行监督检查，是行政主管部门的重要职责。监督检查的主要目的是监督相关方履行保障农药产品质量等法定责任。《农产品质量安全法》第二十一条第二款规定，农业农村部和省级农业部门应当定期对农药进行监督抽查，并公布抽查结果。《产品质量法》第十五条第一款规定，国家对产品质量实行以抽查为主要方式的监督检查制度，抽查的样品应当在市场上或者企业成品仓库内的待销产品中随机抽取。第十六条规定，对依法进行的产品质量监督检查，生产者、销售者不得拒绝。

接受监督检查是农药经营者的法定义务，作为农药经营者要自觉接受依法进行的农药监督检查，包括农药产品质量和标签监督抽查，行政主管部门依照职责进行的农药市场日常巡查，农药经营许可、农药经营台账建立情况等监督检查活动。经营者不能以任何理由拒绝或者妨碍执法部门的监督检查，对于拒绝接受监督检查的，行政机关有权依法进行处理。

在目前的管理体制下，国务院农业主管部门负责全国的农药监督管理工作，县级以上地方人民政府农业主管部门负责本行政区域的农药监督管理工作。县级以上人民政府其他有关部门在各自职责范围内负责有关的农药监督管理工作，如工商管理部门等。作为农药经营者应当积极主动配合各级执法部门对其农药经营的监督管理。

5.9.1 监督的主要内容

5.9.1.1 经营资质监管

检查经营资质主要从四个方面进行：

（1）检查经营者是否取得经营许可；

（2）经营许可证是否放在营业场所的醒目位置；

（3）经营的产品是否与经营许可范围相符，如经营限制使用农药的，其许可范围是否包含了限制使用农药；

（4）经营人员和条件是否发生变化等。

5.9.1.2 农药产品质量监管

农药质量的内涵是广义的，既包括产品的有效性，也包括产品的安全性。农药质量的监督管理，不仅仅是检查所生产、销售的农药是否符合相应的产品质量标准，还要对其能否保障使用安全以及是否符合相关法律、法规规定进行监督检查。

农药质量监督管理主要集中在以下几个方面：

（1）检查产品是否符合产品质量标准的规定，除农药有效成分含量和相关的辅助技术指标外，还包括对农药杂质、限制性成分的管理；

（2）检查产品所含农药有效成分的种类、名称与产品标签或说明书上注明的农药有效成分种类、名称是否相符，包括擅自添加其他农药成分、产品中不含有标签明示的农药有效成分等；

（3）检查产品中是否混有导致药害等有害成分；

（4）检查产品的净含量是否与标签明示相符。

5.9.1.3　农药标签监管

对已登记核准的标签，农药登记管理机构在中国农药信息网（www.chinapesticide.org.cn）进行了公布。农药执法机构依据《农药管理条例》和《农药标签和说明书管理办法》对标签进行监管，监管的主要内容有以下两个方面。

（1）标签内容　对照农药登记核准标签的内容，对所经营的产品标签进行检查，核查其内容是否经过擅自修改。重点检查以下内容：

① 农药登记证号、产品质量标准号以及农药生产许可证号　是否标注；是否与农业农村部批准登记指定的企业、指定的产品相符；是否在有效状态，如果不在有效状态，与标签上所标注的生产日期对比，生产日期是否落入登记证的有效期以内。

② 农药名称、有效成分含量和剂型　是否标注，与农药登记证或核准的标签上的农药名称、有效成分及含量等内容是否相符。

③ 使用范围（作物、防治对象）、方法和剂量　是否标注，与登记核准的内容是否相符。

④ 产品性能　是否有虚假、误导使用者的内容。

⑤ 毒性标识　是否标注，与登记是否相符，标注是否正确。

⑥ 农药登记证持有人名称及其联系方式　是否标注，是否与有效的农药登记证上的企业名称相符，分装和进口产品是否按规定进行了标注，是否标注了其他单位的名称，联系方式标注是否正确。

⑦ 生产日期及批号　是否标注，标注是否规范，是否同时标注了生产日期和批号。

⑧ 注意事项　对需要标注安全间隔期的产品，是否标注了安全间隔期、每季最多使用次数等信息，与登记核准内容是否相符。

⑨ 其他与产品安全使用的相关信息　如中毒症状与急救措施、贮存要求等。

⑩ 限制使用农药　是否标注"限制使用"字样，标注是否正确。

⑪ 商标　2018 年 1 月 1 日后生产产品的商标是否为注册商标。

⑫ 二维码　2018 年 1 月 1 日后生产产品是否标注，扫描能否识别农药名称、农药登记证持有人名称等信息。

⑬ 是否标注了《农药标签和说明书管理办法》规定禁止标注的信息。

（2）检查设计格式

① 农药名称、有效成分含量和剂型　标注位置是否正确，字体的大小关系。

② 限制使用农药 "限制使用"标注位置是否正确，与农药名称字体的大小关系。

③ 商标 标注位置是否正确，与农药名称字体的大小关系。

④ 毒性标识 标注位置是否正确。

5.9.1.4 经营行为监管

（1）经营台账监管 主要检查其是否建立了采购台账和销售台账，经营台账是否齐全，是否达到保存两年的要求。农药经营者应当建立采购台账，如实记录农药的名称、有关许可证明文件编号、规格、数量、生产企业和供货人名称及其联系方式、进货日期等内容。采购台账应当保存 2 年以上。

农药经营者应当建立销售台账，如实记录销售农药的名称、规格、数量、生产企业、购买人、销售日期等内容。销售台账应当保存 2 年以上。

（2）进货查验监管 主要查验两个方面：

① 供货商的资质是否合法，即其是否是合法的农药生产企业或取得经营许可证的农药经营者；

② 产品是否合格，即是否有产品质量检验合格证，产品标签是否符合要求，产品许可证件是否齐全并且与所对应的产品相符。

（3）问题农药召回监管 对产品出现了问题或者存在较大的潜在危害的，农药经营者应当与生产企业共同做好问题产品的召回工作，并建立问题产品召回情况记录，如实记录召回的时间、产品名称及数量、销售对象、被召回产品的去向等。农药经营者不得将召回的产品重新销售。

（4）农药废弃包装物回收监管 主要监管经营者是否按照《农药管理条例》及其相关配套规章的规定，履行收回所销售农药的废弃包装物的义务，以及监管所回收包装物的去向等。

（5）查封、扣押违法经营的农药，以及用于违法经营农药的工具、设备、原材料等；查封违法经营农药的场所。

5.9.1.5 其他监管

如限制使用农药是否在互联网经营；限制使用农药的经营者是否为农药使用者提供用药指导，并逐步提供统一用药服务。农药经营者是否向购买人询问病虫害发生情况并科学推荐农药，必要时应当实地查看病虫害发生情况，并正确说明农药的使用范围、使用方法和剂量、使用技术要求和注意事项，不得误导购买人。经营卫生用农药的，是否将卫生用农药与其他商品分柜销售；经营其他农药的，不得在农药经营场所内经营食品、食用农产品、饲料等。

5.9.2 行政机关开展监督的主要方式

5.9.2.1 日常监管

县级以上人民政府农业主管部门履行农药监督管理职责，可以依法采取下列措施。

（1）进入农药经营场所实施现场检查 不管是销售的门店、销售的流动车辆，还是产品存放的仓库，都属于具体的销售现场。有关行政主管部门都有权进入这些场所进行检查。

（2）对经营的农药实施抽查检测 依据《农产品质量安全法》，国务院农业行政主管部门和省、自治区、直辖市人民政府农业行政主管部门应当定期对可能危及农产品质量安全的农药等农业投入品进行监督抽查，并公布抽查结果。通过公布监督抽查结果，曝光违规企业、不合格产品及违规行为，加大对违规生产经营行为的查处力度，促进了农药产品质量的提高。经营门店所有的农药产品都可以作为监督抽查对象。

（3）向有关人员调查了解有关情况　有关人员是指企业的法定代表人、企业的主要负责人和企业的有关工作人员。有关部门向上述人员了解情况时，应当出示证件，表明身份。了解情况的范围主要是与违反《农药管理条例》规定有关的行为。

（4）查阅、复制合同、票据、账簿以及其他有关资料　查阅、复制有关材料是为了掌握相关证据，准确查处农药产品质量违法行为，是为了更好地查清假劣产品的来龙去脉。一方面，有关部门有权查阅、复制涉嫌产品质量违法行为相关的合同、票据、账簿以及相关资料；另一方面，经营者应当如实向有关部门提供有关的资料，不能以任何理由拖延或者拒绝。

（5）查封和扣押违法经营的农药，以及用于违法经营农药的工具、设备、原材料等；查封违法经营农药的场所　查封和扣押属于行政强制行为。行政强制是指行政机关为了保障行政监督、管理的顺利进行，通过采取强制手段迫使拒不履行法律规定义务的相对人履行法律规定的义务，或者出于维护社会秩序或保护公民人身健康、安全的需要，对相对方的人身或财产采取紧急性、即时性强制措施的行为。有关部门对有严重质量问题的产品以及用于生产、销售该产品的原辅料、包装物、生产工具予以查封或者扣押的职权，是保护人身健康、安全的需要，对生产、销售有严重质量问题的产品及其他相关物品可以采取的紧急性、即时性强制措施。这些产品及相关物品主要是：

① 不符合保障人体健康和人身财产安全的国家标准、行业标准的产品；

② 其他有严重质量问题的产品，不符合法律规定的产品；

③ 直接用于生产、销售①、②产品的原辅材料、包装物、生产工具等。

县级以上人民政府农业主管部门还可以按照《农药管理条例》规定，查封违法经营农药的场所。

（6）依法查处经营违法行为　行政主管部门对经营单位的违法行为，可以依据法律法规的规定，给予警告、责令改正、责令停止经营、罚款、没收违法所得、没收违法经营的农药和用于违法经营的工具和设备、吊销农药经营许可证等行政处罚。

5.9.2.2　监督抽查

2006 年实施的《农产品质量安全法》以法律的形式，将农药监督抽查作为农业部门的一种制度确定下来。农药监督抽查作为农药市场监管的有效措施，在确保农作物重大病虫害的有效防治、保障农药质量安全以及农产品质量安全等方面，发挥着不可忽视的作用。

总结近年来全国各地农药监督抽查的具体做法，主要有三种类型：指定对象监督抽查、交叉监督抽查、委托监督抽查。

（1）指定对象监督抽查　主管部门对指定的单位和产品进行农药监督抽查。该种抽查方法特别适合于专项整治。对指定对象农药监督抽查结果，因被抽查对象事先确定，监督抽查的结果可以作为有关行政主管部门立案和执法的直接证据。

（2）交叉监督抽查　主管部门指定其他地域的执法机构和人员对一定范围的产品进行随机抽查，并委托被抽查所在地抽样任务单位以外的检测机构承担样品的检验和判定工作的监督抽查。此种抽查方法特别适合于全面掌握农药市场基本情况，为相关管理部门决策提供可靠的依据。

（3）委托监督抽查　上级主管部门部署监督抽查任务，委托下一级管理部门，在一定时限内对本辖区内涉嫌违规的产品，实施监督抽查并及时对违规生产经营单位进行查处，有条件地提供资金或技术支持的监督抽查方式。此种抽查方式特别适合于在农业生产旺季实施，以加大执法工作力度，提高执法工作的震慑力。

5.9.2.3　大案要案查处

对举报、投诉或已发生的严重农药产品质量安全事故、药害事故、非法生产经营窝点，执法部门将采取突击检查、联合执法等形式，根据违法生产经营线索全面开展执法。

5.9.3　如何配合执法部门的监管工作

《农药管理条例》规定，农药经营者应当自觉接受政府监管和社会监督。配合执法部门对农药经营实施监管，是每个经营者应尽的义务。当执法部门进入农药经营场所实施现场检查时，如果涉及经营资质问题，经营者应主动出示经营许可等，介绍经营条件和人员是否发生了变化，不能拒绝检查。当执法部门对经营的农药实施抽查检测时，经营者应配合执法人员提供抽检样品，介绍进货和销售等相关情况，并在规定时间内保留好留样等。当执法人员向有关人员调查了解有关情况时，经营者应当如实反映真实情况，不能拒绝和隐瞒。当执法人员查阅、复制合同、票据、账簿以及其他有关资料时，经营者应当如实向有关部门提供有关的资料，不能拖延或者拒绝。

5.9.4　农药经营者享有的合法权益

5.9.4.1　拒绝重复抽查

按照《产品质量法》第十五条第二款的规定，国家监督抽查的产品，地方不得另行重复抽查；上级监督抽查的产品，下级不得另行重复抽查。

监督抽查方式可能各有不同，例如：交叉检查、指定抽查等，但行政主管部门对同一企业的同一产品不能进行重复抽查。重复抽查指的是：

（1）一定的时间内，对同一种产品进行两次以上的抽查；

（2）国家已经抽查过的产品，在半年内，地方产品质量监督部门再次进行抽查；

（3）上级质量监督部门已经抽查过的产品，下级质量监督部门在半年内又进行抽查。

5.9.4.2　不需缴纳监督抽查检验费用

监督抽查是政府行为，是面向全社会的，全社会通过质量监督抽查行为，都将获益。既然抽查行为是使社会公众共同获益的行为，就不宜对某一特定的社会单位或个人收取检查费用，而应当从用于社会管理的财政支出中统一列支。但是，经营单位对监督抽查结果有异议，申请复议的，检验费用一般先由经营单位支付，如果检验结果与复议前不一致的，检验费用由检验单位承担；对于经营单位自行申请产品质量检验的，其检验费用由申请单位支付。

《产品质量法》第十五条第三款规定，根据监督抽查的需要，可以对产品进行检验。检验抽取样品的数量不得超过检验的合理需要，并不得向被检查人收取检验费用。监督抽查所需检验费用按照国务院规定列支。

5.9.4.3　抽查检验复检

《产品质量法》第十五条第四款规定，生产者、销售者对抽查检验的结果有异议的，可以自收到检验结果之日起十五日内向实施监督抽查的产品质量监督部门或者其上级产品质量监督部门申请复检，由受理复检的产品质量监督部门作出复检结论。

允许受检单位申请复检的目的：

（1）充分保护产品生产者、销售者的合法权益；

（2）制约和监督产品质量监督部门和产品检验机构的工作，使产品质量抽查检验不出差错或者少出差错，提高监督抽查的准确性和权威性；

（3）有利于上级产品质量监督部门对下级产品质量监督部门的监督，可以及时发现和纠正下级产品质量监督部门抽查检验中出现的错误。

5.9.4.4　对行政处罚享有复议或诉讼权利

按照《中华人民共和国行政处罚法》第六条的规定，公民、法人或者其他组织对行政机关所给予的行政处罚，享有陈述权、申辩权；对行政处罚不服的，有权依法申请行政复议或者提起行政诉讼。公民、法人或者其他组织因行政机关违法给予行政处罚受到损害的，有权依法提出赔偿要求。

因此，农药经营单位在经营活动中，对于行政主管部门给予的行政处罚，依法享有复议或诉讼权利，对于违法行政处罚有权要求赔偿。

5.9.4.5　享有产品质量责任追偿权

按照《产品质量法》第四十二条规定，由于销售者的过错使产品存在缺陷，造成人身、他人财产损害的，销售者应当承担赔偿责任。第四十三条规定，因产品存在缺陷造成人身、他人财产损害的，受害人可以向产品的生产者要求赔偿，也可以向产品的销售者要求赔偿。属于产品的生产者的责任，产品的销售者赔偿的，产品的销售者有权向产品的生产者追偿。属于产品的销售者的责任，产品的生产者赔偿的，产品的生产者有权向产品的销售者追偿。

5.10　农药经营者法律责任

据调查，约 60% 的农民主要根据生产经营者的推荐来购买和使用农药。因此，生产和经营者是否能够承担社会责任，保证农药产品质量，正确指导农民使用农药，是关系农产品质量安全、人畜及环境安全的重要因素。《农药管理条例》《产品质量法》《刑法》等相关法律、法规规定，生产经营非法农药产品、误导使用者或者未正确履行告知义务的，农药生产经营者应承担相应的刑事、行政及民事法律责任。

5.10.1　刑事责任

生产、销售假劣农药，使生产遭受较大损失的，构成"生产、销售伪劣农药罪"。如果没有使生产遭受较大损失，但销售金额在五万元以上的，应认定为"生产、销售伪劣产品罪"。伪劣产品尚未销售，货值金额达到十五万元以上的；或者伪劣产品销售金额不满五万元，但将已销售金额乘以三倍后，与尚未销售的伪劣产品货值金额合计十五万元以上的，构成"生产、销售伪劣产品未遂罪"。

5.10.1.1 生产、销售伪劣农药罪

违反《农药管理条例》的情形：生产（包括委托或委托加工、分装）、经营假农药、劣质农药。

《刑法》第一百四十七条规定：销售明知是假的或者失去使用效能的农药，或者销售者以不合格的农药冒充合格的农药，使生产遭受较大损失的，处三年以下有期徒刑或者拘役，并处或者单处销售金额百分之五十以上二倍以下罚金；使生产遭受重大损失的，处三年以上七年以下有期徒刑，并处销售金额百分之五十以上二倍以下罚金；使生产遭受特别重大损失的，处七年以上有期徒刑或者无期徒刑，并处销售金额百分之五十以上二倍以下罚金或者没收财产。

（1）使生产遭受损失的判定标准 根据最高人民法院、最高人民检察院《关于办理生产、销售伪劣商品刑事案件具体应用法律若干问题的解释》（法释〔2001〕10号）第七条规定：生产、销售伪劣农药、兽药、化肥、种子罪中"使生产遭受较大损失"，一般以二万元为起点；"重大损失"，一般以十万元为起点；"特别重大损失"，一般以五十万元为起点。

（2）立案追诉标准 根据最高人民检察院、公安部2008年出台的《最高人民检察院、公安部关于公安机关管辖的刑事案件立案追诉标准的规定（一）》第二十三条关于生产销售伪劣农药案的规定，生产假农药，销售明知是假的或者失去使用效能的农药，或者生产者、销售者以不合格的农药冒充合格的农药，涉嫌下列情形之一的，应予立案追诉：

① 使生产遭受损失二万元以上的；

② 其他使生产遭受较大损失的情形。

5.10.1.2 生产、销售伪劣产品罪

违反《农药管理条例》的情形：生产（包括委托或委托加工、分装）、经营假农药、劣质农药。

"生产、销售伪劣产品罪"，是指生产者、销售者在产品中掺杂、掺假，以假充真、以次充好或者以不合格产品冒充合格产品，销售金额五万元以上的行为。

《刑法》第一百四十条规定：销售者在产品中掺杂、掺假，以假充真，以次充好或者以不合格产品冒充合格产品，销售金额五万元以上不满二十万元的，处二年以下有期徒刑或者拘役，并处或者单处销售金额百分之五十以上二倍以下罚金；销售金额二十万元以上不满五十万元的，处二年以上七年以下有期徒刑，并处销售金额百分之五十以上二倍以下罚金；销售金额五十万元以上不满二百万元的，处七年以上有期徒刑，并处销售金额百分之五十以上二倍以下罚金；销售金额二百万元以上的，处十五年有期徒刑或者无期徒刑，并处销售金额百分之五十以上二倍以下罚金或者没收财产。

（1）构成生产、销售伪劣产品行为的判定 按照最高人民法院、最高人民检察院《关于办理生产、销售伪劣商品刑事案件具体应用法律若干问题的解释》（法释〔2001〕10号）第一条的规定：

《刑法》第一百四十条规定的"在产品中掺杂、掺假"，是指在产品中掺入杂质或者异物，致使产品质量不符合国家法律、法规或者产品明示质量标准规定的质量要求，降低、失去应有使用性能的行为。

《刑法》第一百四十条规定的"以假充真"，是指以不具有某种使用性能的产品冒充具有

该种使用性能的产品的行为。

《刑法》第一百四十条规定的"以次充好"，是指以低等级、低档次产品冒充高等级、高档次产品，或者以残次、废旧零配件组合、拼装后冒充正品或者新产品的行为。

《刑法》第一百四十条规定的"不合格产品"，是指不符合《中华人民共和国产品质量法》第二十六条第二款规定的质量要求的产品。

对本条规定的上述行为难以确定的，应当委托法律、行政法规规定的产品质量检验机构进行鉴定。

（2）销售金额与货值金额的确认　最高人民法院、最高人民检察院《关于办理生产、销售伪劣商品刑事案件具体应用法律若干问题的解释》（法释〔2001〕10 号）第二条规定，刑法第一百四十条规定的"销售金额"，是指生产者、销售者出售伪劣产品后所得和应得的全部违法收入。

货值金额以违法生产、销售的伪劣产品的标价计算；没有标价的，按照同类合格产品的市场中间价格计算。货值金额难以确定的，按照国家计划委员会、最高人民法院、最高人民检察院、公安部 1997 年 4 月 22 日联合发布的《扣押、追缴、没收物品估价管理办法》的规定，委托指定的估价机构确定。

多次实施生产、销售伪劣产品行为，未经处理的，伪劣产品的销售金额或者货值金额累计计算。

（3）立案追诉标准　根据最高人民检察院、公安部 2008 年出台的《最高人民检察院、公安部关于公安机关管辖的刑事案件立案追诉标准的规定（一）》第十六条关于生产销售伪劣产品案的规定，生产者、销售者在产品中掺杂、掺假，以假充真，以次充好或者以不合格产品冒充合格产品，涉嫌下列情形之一的，应予立案追诉：

①伪劣产品销售金额五万元以上的；

②伪劣产品尚未销售，货值金额十五万元以上的；

③伪劣产品销售金额不满五万元，但将已销售金额乘以三倍后，与尚未销售的伪劣产品货值金额合计十五万元以上的。

5.10.1.3　生产、销售伪劣产品未遂罪

按照最高人民法院、最高人民检察院《关于办理生产、销售伪劣商品刑事案件具体应用法律若干问题的解释》（法释〔2001〕10 号）第二条第二款的规定，伪劣产品尚未销售，货值金额达到刑法第一百四十条规定的销售金额三倍（即十五万元）以上的，以生产、销售伪劣产品罪（未遂）定罪处罚。伪劣产品已销售，销售金额不满五万元，但将已销售金额乘以三倍后，与尚未销售的伪劣产品货值金额合计十五万元以上的，按销售伪劣产品罪（未遂）定罪处罚。

5.10.1.4　非法经营罪

违反《农药管理条例》的情形：未经许可生产、经营农药；农药经营者在农药中添加物质；委托未取得农药生产许可证的受托人加工、分装农药；生产经营国家禁用农药。

《刑法》第二百二十五条规定：违反国家规定，未经许可经营法律、行政法规规定的专营、专卖物品或者其他限制买卖的物品的；买卖进出口许可证、进出口原产地证明以及其他法律、行政法规规定的经营许可证或者批准文件的；扰乱市场秩序；情节严重的，处五年以下有期徒刑或者拘役，并处或者单处违法所得一倍以上五倍以下罚金。情节特别严重的，处

五年以上有期徒刑，并处违法所得一倍以上五倍以下罚金或者没收财产。

按照 2013 年最高人民法院、最高人民检察院《关于办理危害食品安全刑事案件适用法律若干问题的解释》第十一条第二款、第三款规定，生产、销售国家禁止生产、销售、使用的农药，情节严重的，依照刑法第二百二十五条的规定以非法经营罪定罪处罚；同时构成生产、销售伪劣产品罪（刑法第一百四十条），生产、销售伪劣农药罪（刑法第一百四十七条）等其他犯罪的，依照处罚较重的规定定罪处罚。

按照最高人民检察院、公安部 2010 年 5 月出台的《关于公安机关管辖的刑事案件立案追诉标准的规定（二）》第七十九条关于非法经营案的规定，违反国家规定，进行非法经营活动，扰乱市场秩序，从事其他非法经营活动，具有下列情形之一的，应予立案追诉：

（1）个人非法经营数额在五万元以上，或者违法所得数额在一万元以上的；

（2）单位非法经营数额在五十万元以上，或者违法所得数额在十万元以上的；

（3）虽未达到上述数额标准，但两年内因同种非法经营行为受过二次以上行政处罚，又进行同种非法经营行为的；

（4）其他情节严重的情形。

按照 2013 年 5 月施行的最高人民法院、最高人民检察院《关于办理危害食品安全刑事案件适用法律若干问题的解释》第十七条、第十八条规定，对于危害食品安全犯罪分子一般应当依法判处生产、销售金额二倍以上的罚金。对于危害食品安全犯罪分子应严格适用缓刑、免予刑事处罚；对于依法适用缓刑的，应当同时宣告禁止令，禁止其在缓刑考验期限内从事食品生产、销售及相关活动。

5.10.1.5 伪造、变造、买卖国家机关公文、证件、印章罪

违反《农药管理条例》的情形：伪造、变造、转让、出租、出借农药登记证、农药生产许可证、农药经营许可证的。

《刑法》第二百八十条规定：伪造、变造、买卖或者盗窃、抢夺、毁灭国家机关的公文、证件、印章的，处三年以下有期徒刑、拘役、管制或者剥夺政治权利，并处罚金；情节严重的，处三年以上十年以下有期徒刑，并处罚金。

5.10.1.6 非法制造、买卖、运输、贮存危险物质罪

违反《农药管理条例》的情形：生产、经营国家禁用农药——毒鼠强等禁用剧毒化学品。

《刑法》第一百二十五条规定：非法制造、买卖、运输、邮寄、储存枪支、弹药、爆炸物的，处三年以上十年以下有期徒刑；情节严重的，处十年以上有期徒刑、无期徒刑或者死刑。

非法制造、买卖、运输、储存毒害性、放射性、传染病病原体等物质，危害公共安全的，依照前款的规定处罚。

按照 2003 年最高人民法院、最高人民检察院《关于办理非法制造、买卖、运输、储存毒鼠强等禁用剧毒化学品刑事案件具体应用法律若干问题的解释》第一条、第二条和第三条规定，非法制造、买卖、运输、储存毒鼠强等禁用剧毒化学品原粉、原液、制剂 50 克以上，或者饵料 2 千克以上的，或在非法制造、买卖、运输、储存过程中致人重伤、死亡或者造成公私财产损失 10 万元以上的，依照刑法第一百二十五条的规定，以非法制造、买卖、运输、储存危险物质罪，处三年以上十年以下有期徒刑。非法制造、买卖、运输、储存原粉、原液、制剂 500 克以上，或者饵料 20 千克以上的，或在非法制造、买卖、运输、储存过程中

致 3 人以上重伤、死亡，或者造成公私财产损失 20 万元以上的，属于刑法第一百二十五条规定的"情节严重"，处十年以上有期徒刑、无期徒刑或者死刑。单位非法制造、买卖、运输、储存毒鼠强等禁用剧毒化学品的，依照本解释第一条、第二条规定的定罪量刑标准执行。本解释所称"毒鼠强等禁用剧毒化学品"，是指国家明令禁止的毒鼠强、氟乙酰胺、氟乙酸钠、毒鼠硅、甘氟。

5.10.2　行政处罚

行政处罚，是指国家行政机关或法定组织依法对违反行政管理法律规范的当事人所施加的制裁措施。行政处罚的法律依据为《中华人民共和国行政处罚法》，处罚种类有：警告、罚款、没收违法所得、没收非法财物、责令停产停业、暂扣或者吊销许可证、暂扣或者吊销执照、行政拘留以及法律和行政法规规定的其他行政处罚。

农药经营者一旦违反农药管理法律法规规定，对尚不够刑事处罚的，由农业行政主管部门或者法律、行政法规规定的其他有关部门依法予以行政处罚。处罚包括警告、责令改正、责令停止经营、罚款，没收违法所得、违法经营的农药和用于违法经营的工具、设备等，吊销农药经营许可证等。根据农药经营者的具体违法行为，行政执法部门依照《产品质量法》《农药管理条例》等法律法规，可以给予相应的行政处罚。

5.10.2.1　无证经营、经营假农药或在农药中添加物质

《农药管理条例》第五十五条规定，农药经营者有下列行为之一的，由县级以上地方人民政府农业主管部门责令停止经营，没收违法所得、违法经营的农药和用于违法经营的工具、设备等，违法经营的农药货值金额不足 1 万元的，并处 5000 元以上 5 万元以下罚款，货值金额 1 万元以上的，并处货值金额 5 倍以上 10 倍以下罚款；构成犯罪的，依法追究刑事责任：

（1）违反本条例规定，未取得农药经营许可证经营农药；

（2）经营假农药；

（3）在农药中添加物质。

有前款第二项、第三项规定的行为，情节严重的，还应当由发证机关吊销农药经营许可证。

取得农药经营许可证的农药经营者不再符合规定条件继续经营农药的，由县级以上地方人民政府农业主管部门责令限期整改；逾期拒不整改或者整改后仍不符合规定条件的，由发证机关吊销农药经营许可证。

《农药经营许可管理办法》第二十一条规定，限制使用农药不得利用互联网经营。利用互联网经营其他农药的，应当取得农药经营许可证。超出经营范围经营限制使用农药，或者利用互联网经营限制使用农药的，按照未取得农药经营许可证处理。

5.10.2.2　经营劣质农药

《农药管理条例》第五十六条规定，农药经营者经营劣质农药的，由县级以上地方人民政府农业主管部门责令停止经营，没收违法所得、违法经营的农药和用于违法经营的工具、设备等，违法经营的农药货值金额不足 1 万元的，并处 2000 元以上 2 万元以下罚款，货值金额 1 万元以上的，并处货值金额 2 倍以上 5 倍以下罚款；情节严重的，由发证机关吊销农药经营许可证；构成犯罪的，依法追究刑事责任。

5.10.2.3　不履行法定义务

《农药管理条例》第五十七条规定，农药经营者有下列行为之一的，由县级以上地方人民政府农业主管部门责令改正，没收违法所得和违法经营的农药，并处5000元以上5万元以下罚款；拒不改正或者情节严重的，由发证机关吊销农药经营许可证：

（1）设立分支机构未依法变更农药经营许可证，或者未向分支机构所在地县级以上地方人民政府农业主管部门备案；

（2）向未取得农药生产许可证的农药生产企业或者未取得农药经营许可证的其他农药经营者采购农药；

（3）采购、销售未附具产品质量检验合格证或者包装、标签不符合规定的农药；

（4）不停止销售依法应当召回的农药。

5.10.2.4　台账不健全等

《农药管理条例》第五十八条规定，农药经营者有下列行为之一的，由县级以上地方人民政府农业主管部门责令改正；拒不改正或者情节严重的，处2000元以上2万元以下罚款，并由发证机关吊销农药经营许可证：

（1）不执行农药采购台账、销售台账制度；

（2）在卫生用农药以外的农药经营场所内经营食品、食用农产品、饲料等；

（3）未将卫生用农药与其他商品分柜销售；

（4）不履行农药废弃物回收义务。

5.10.2.5　境外企业直接在中国销售农药

《农药管理条例》第五十九条规定，境外企业直接在中国销售农药的，由县级以上地方人民政府农业主管部门责令停止销售，没收违法所得、违法经营的农药和用于违法经营的工具、设备等，违法经营的农药货值金额不足5万元的，并处5万元以上50万元以下罚款，货值金额5万元以上的，并处货值金额10倍以上20倍以下罚款，由发证机关吊销农药登记证。取得农药登记证的境外企业向中国出口劣质农药情节严重或者出口假农药的，由国务院农业主管部门吊销相应的农药登记证。

5.10.2.6　伪造、变造、转让、出租、出借许可证明文件

《农药管理条例》第六十二条规定，伪造、变造、转让、出租、出借农药登记证、农药生产许可证、农药经营许可证等许可证明文件的，由发证机关收缴或者予以吊销，没收违法所得，并处1万元以上5万元以下罚款；构成犯罪的，依法追究刑事责任。

5.10.2.7　经营产地等违规的农药

《产品质量法》第五十三条规定，伪造产品的产地的，伪造或冒用他人的厂名、厂址的、伪造或冒用认证标志、名优标志等质量标志的，责令改正，没收违法生产、销售的产品，并处违法生产、销售产品货值金额等值以下的罚款；有违法所得的，并处没收违法所得；情节严重的，吊销营业执照。

5.10.2.8　拒绝接受监督检查

（1）《产品质量法》第五十六条规定，拒绝接受依法进行的产品质量监督检查的，给予警告，责令改正；拒不改正的，责令停业整顿；情节特别严重的，吊销营业执照。

（2）《产品质量法》第六十九条规定，以暴力、威胁方法阻碍产品质量监督部门或者工商行政管理部门的工作人员依法执行职务的，依法追究刑事责任；拒绝、阻碍未使用暴力、

威胁方法的，由公安机关依照治安管理处罚条例的规定处罚。

5.10.2.9　违反广告管理规定

《广告法》第四十六条规定，发布医疗、药品、医疗器械、农药、兽药和保健食品广告，以及法律、行政法规规定应当进行审查的其他广告，应当在发布前由有关部门（以下称广告审查机关）对广告内容进行审查；未经审查，不得发布。

《广告法》第五十八条规定，有下列行为之一的，由工商行政管理部门责令停止发布广告，责令广告主在相应范围内消除影响，处广告费用一倍以上三倍以下的罚款，广告费用无法计算或者明显偏低的，处十万元以上二十万元以下的罚款；情节严重的，处广告费用三倍以上五倍以下的罚款，广告费用无法计算或者明显偏低的，处二十万元以上一百万元以下的罚款，可以吊销营业执照，并由广告审查机关撤销广告审查批准文件、一年内不受理其广告审查申请：

（十四）违反本法第四十六条规定，未经审查发布广告的。

5.10.2.10　禁业规定

《农药管理条例》第六十三条规定，未取得农药生产许可证生产农药，未取得农药经营许可证经营农药，或者被吊销农药登记证、农药生产许可证、农药经营许可证的，其直接负责的主管人员 10 年内不得从事农药生产、经营活动。农药生产企业、农药经营者招用前款规定的人员从事农药生产、经营活动的，由发证机关吊销农药生产许可证、农药经营许可证。

5.10.3　民事责任

《农药管理条例》第六十四条规定，生产、经营的农药造成农药使用者人身、财产损害的，农药使用者可以向农药生产企业要求赔偿，也可以向农药经营者要求赔偿。属于农药生产企业责任的，农药经营者赔偿后有权向农药生产企业追偿；属于农药经营者责任的，农药生产企业赔偿后有权向农药经营者追偿。

《产品质量法》第四十三条规定，因产品存在缺陷造成人身、他人财产损害的，受害人可以向产品的生产者要求赔偿，也可以向产品的销售者要求赔偿。属于产品的生产者的责任，产品的销售者赔偿的，产品的销售者有权向产品的生产者追偿。属于产品的销售者的责任，产品的生产者赔偿的，产品的生产者有权向产品的销售者追偿。

《消费者权益保护法》第四十条规定，消费者在购买、使用商品时，其合法权益受到损害的，可以向销售者要求赔偿。销售者赔偿后，属于生产者的责任或者属于向销售者提供商品的其他销售者的责任的，销售者有权向生产者或者其他销售者追偿。

消费者或者其他受害人因商品缺陷造成人身、财产损害的，可以向销售者要求赔偿，也可以向生产者要求赔偿。属于生产者责任的，销售者赔偿后，有权向生产者追偿。属于销售者责任的，生产者赔偿后，有权向销售者追偿。

因此，按照《农药管理条例》《产品质量法》和《消费者权益保护法》的规定，如果农药经营者销售假劣农药，导致药害或农产品质量安全事件，使农产品种植者造成损失的，经营者应承担相应的民事责任，承担民事责任的主要方式为赔偿损失；如果假劣农药属于农药生产者的责任，经营者赔偿后，有权向农药生产者追偿。

5.11 农药经营管理展望

5.11.1 农药诚信经营

5.11.1.1 我国农药行业诚信建设与发达国家的差距

同发达国家相比，我国农药行业在诚信建设方面存在的主要差距有以下四点。

（1）与美国相比，我国信用建设方面的法律法规不完备，商业化运作的信用服务机构刚刚产生，信用服务行业还未形成，难以建立以信用中介机构为主导的模式。

（2）与欧洲相比，我国信用建设方面政府主导的力量还不够强，缺乏对企业和个人向公共征信机构提供真实信用数据的强制要求，也没有对信用监管部门的集中授权，难以建立由特定政府部门承担主要监管职责的模式。

（3）与日本相比，我国行业协会的作用还相当薄弱，尚未形成统一的覆盖全国农药产销的行业组织，不具备在行业协会成立全国农药信用信息中心并建立数据库的条件，难以形成以行业协会为主导的模式。

（4）与欧美等发达国家相比，我国农药监管的重点是打击制假售假，防范坑农害农，而农药对人体健康和环境危害的风险评估及管理不足。美国和欧盟是世界上农药风险评估及管理体系最完善的国家和地区。风险评估及管理是欧美国家农药登记评审最重要的技术依据。通过风险评估，采取禁止使用、限制使用、合理使用等措施，尽可能降低农药对人体健康及环境带来的危害，是欧美农药管理的重点。而我国到 2009 年才开始启动农药风险监测与评估工作，比欧美国家落后近 30 年。

5.11.1.2 诚信经营的重要意义

（1）诚信是市场经济健康运行的重要保障 信用关系是市场经济中最重要的经济关系，遵守信用是经济生活中对交易者合法权益的尊重与保护。营造诚实信用的社会风尚，建立诚实信用的市场环境，符合全体社会成员、全体社会企业的利益。在许多情况下，作为市场经济两个"车轮"之一的法律是无能为力的，只有诚信能起作用。世界各国经济发展的实践证明，缺乏健康的信用关系作为基础，就难以建立一个高效而完善的市场机制；一个没有诚信机制的社会就不可能有真正的市场经济。据不完全统计，我国每年因不讲诚信而造成的经济损失高达 6000 亿元。在导致社会交易成本激增的情况下，还破坏了中国企业整体形象，影响了中国企业走出国门、参与全球化竞争等。在全球经济一体化进程不断加快的背景下，诚信经营越来越成为经济发展和社会进步的重要标志，有良知的企业家也将诚信经营作为自己的重要行为准则。

（2）诚信是企业持续发展壮大之本

① 诚信经营是企业的使命要求 价值观是企业文化的核心，来源于企业生存与发展的需要，是企业实现使命、愿景的动力和源泉。一般来讲，企业使命主要包括对员工、对客户、对股东、对社会以及对环境保护等利益相关方的承诺，有承诺就需要讲诚实信用。这已在许多大型行业典范性企业得到广泛验证。例如，工商银行以"服务客户、回报股东、成就员工、奉献社会"为使命，以"建设最盈利、最优秀、最受尊重的国际一流现代金融企业"为愿景，坚定地选择"工于至诚、行以致远"为价值观，强调"我们所从事的就是经济社会

中的信用行业，没有诚信就无法在行业内立足"等。

②　诚信是企业的重要无形资产　对于企业来讲，资产是能够带来未来经济利益的各项资源，它既包括房屋、机器等实物资产，也包括商誉、专利权等无形资产。诚实信用意味着企业具有良好的信誉，它虽不像实物资产那样能给企业带来直接的市场与利润，但它是企业的一种非常有用的资源。良好的商业信誉、值得信赖的企业形象，才能使客户信任其提供的产品与服务、成为其忠诚客户，忠诚客户利用自己的体验与感受引荐、影响其他客户，这样，企业的客户群就会越来越大、市场占有率不断提高，从而能够使企业持续快速发展、成为行业中的佼佼者。

③　诚信经营是企业发展的核心竞争力　企业是资源的集合体，若一旦某项资源具有稀缺性就具有了市场竞争力的价值。在企业的资源集合中，处理伦理层面的诚信以其所具有的独特的不可模仿性成为企业核心竞争力的重要组成部分。伴随着经济全球化和网络化发展，企业之间的竞争已非单纯的产品、服务、资本竞争，取而代之的是诚信、品牌、信誉等无形资产竞争。诚信作为企业信誉的重要基石，它构成了企业宝贵的精神财富和价值资源，使企业无形中降低了交易成本、赢得了持久的市场认同。

5.11.1.3　加强诚信经营的设想

（1）指导思想　全面贯彻党的十九大精神，深入贯彻习近平总书记系列重要讲话精神，按照党中央、国务院决策部署，紧紧围绕"四个全面"战略布局，牢固树立创新、协调、绿色、开放、共享发展理念，落实加强和创新社会治理要求，加快推进社会信用体系建设，加强信用信息公开和共享，依法依规运用信用激励和约束手段，构建政府、社会共同参与的跨地区、跨部门、跨领域的守信联合激励和失信联合惩戒机制，促进市场主体依法诚信经营，维护市场正常秩序，营造诚信社会环境。

（2）基本原则

①　褒扬诚信，惩戒失信　充分运用信用激励和约束手段，加大对诚信主体激励和对严重失信主体惩戒力度，让守信者受益、失信者受限，形成褒扬诚信、惩戒失信的制度机制。

②　部门联动，社会协同　通过信用信息公开和共享，建立跨地区、跨部门、跨领域的联合激励与惩戒机制，形成政府部门协同联动、行业组织自律管理、信用服务机构积极参与、社会舆论广泛监督的共同治理格局。

③　依法依规，保护权益　严格依照法律法规和政策规定，科学界定守信和失信行为，开展守信联合激励和失信联合惩戒。建立健全信用修复、异议申诉等机制，保护当事人合法权益。

④　突出重点，统筹推进　坚持问题导向，着力解决当前危害公共利益和公共安全、人民群众反映强烈、对经济社会发展造成重大负面影响的重点领域失信问题。鼓励支持地方人民政府和有关部门创新示范，逐步将守信激励和失信惩戒机制推广到经济社会各领域。

（3）健全褒扬和激励诚信行为机制

①　多渠道选树诚信典型　将有关部门和社会组织实施信用分类监管确定的信用状况良好的行政相对人、诚信规范模范、优秀青年志愿者，行业协会商会推荐的诚信会员，新闻媒体挖掘的诚信主体等树立为诚信典型。鼓励有关部门和社会组织在监管和服务中建立各类主体信用记录，向社会推介无不良信用记录者和有关诚信典型，联合其他部门和社会组织实施守信激励。鼓励行业协会商会完善会员企业信用评价机制。引导企业主动发布综合信用承诺

或产品服务质量等专项承诺，开展产品服务标准等自我声明公开，接受社会监督，形成企业争做诚信模范的良好氛围。

② 探索建立行政审批"绿色通道"　在办理行政许可过程中，对诚信典型和连续三年无不良信用记录的行政相对人，可根据实际情况实施"绿色通道"和"容缺受理"等便利服务措施。对符合条件的行政相对人，除法律法规要求提供的材料外，部分申报材料不齐备的，如其书面承诺在规定期限内提供，应先行受理，加快办理进度。

③ 优化诚信企业行政监管安排　各级市场监管部门应根据监管对象的信用记录和信用评价分类，注重运用大数据手段，完善事中事后监管措施，为市场主体提供便利化服务。对符合一定条件的诚信企业，在日常检查、专项检查中优化检查频次。

④ 大力推介诚信市场主体　各级人民政府有关部门应将诚信市场主体优良信用信息及时在政府网站和"信用中国"网站进行公示，在会展、银企对接等活动中重点推介诚信企业，让信用成为市场配置资源的重要考量因素。引导征信机构加强对市场主体正面信息的采集，在诚信问题反映较为集中的行业领域，对守信者加大激励性评分比重。推动行业协会商会加强诚信建设和行业自律，表彰诚信会员，讲好行业"诚信故事"。

（4）健全约束和惩戒失信行为机制

① 依法依规加强对失信行为的行政性约束和惩戒　对严重失信主体，各地区、各有关部门应将其列为重点监管对象，依法依规采取行政性约束和惩戒措施。从严审核行政许可审批项目，从严控制生产许可证发放，限制新增项目审批、核准，对严重失信企业及其法定代表人、主要负责人和对失信行为负有直接责任的注册执业人员等实施市场和行业禁入措施。及时撤销严重失信企业及其法定代表人、负责人、高级管理人员和对失信行为负有直接责任的董事、股东等人员的荣誉称号，取消其参加评先评优资格。

② 加强对失信行为的市场性约束和惩戒　对严重失信主体，有关部门和机构应以统一社会信用代码为索引，及时公开披露相关信息，便于市场识别失信行为，防范信用风险。支持征信机构采集严重失信行为信息，纳入信用记录和信用报告。

③ 加强对失信行为的行业性约束和惩戒　建立健全行业自律公约和职业规范准则，推动行业信用建设。引导行业协会商会完善行业内部信用信息采集、共享机制，将严重失信行为记入会员信用档案。鼓励行业协会商会与有资质的第三方信用服务机构合作，开展会员企业信用等级评价。支持行业协会商会按照行业标准、行规、行约等，视情节轻重对失信会员实行警告、行业内通报批评、公开谴责、不予接纳、劝退等惩戒措施。

④ 加强对失信行为的社会性约束和惩戒　充分发挥各类社会组织作用，引导社会力量广泛参与失信联合惩戒。建立完善失信举报制度，鼓励公众举报企业严重失信行为，对举报人信息严格保密。支持有关社会组织依法对污染环境、侵害消费者或公众投资者合法权益等群体性侵权行为提起公益诉讼。鼓励公正、独立、有条件的社会机构开展失信行为大数据舆情监测，编制发布地区、行业信用分析报告。

⑤ 完善个人信用记录，推动联合惩戒措施落实到人　对企事业单位严重失信行为，在记入企事业单位信用记录的同时，记入其法定代表人、主要负责人和其他负有直接责任人员的个人信用记录。在对失信企事业单位进行联合惩戒的同时，依照法律法规和政策规定对相关责任人员采取相应的联合惩戒措施。通过建立完整的个人信用记录数据库及联合惩戒机制，使失信惩戒措施落实到人。

5.11.2　农药经营处方开具要求

农药作为一种特殊的农业生产资料，应该区别于一般日常生活用品销售，逐步建立开方经营的制度要求。《农药管理条例》第二十七条要求农药经营者应当向购买人询问病虫害发生情况并科学推荐农药，必要时应当实地查看病虫害发生情况，并正确说明农药的使用范围、使用方法和剂量、使用技术要求和注意事项，不得误导购买人。

5.11.2.1　加强经营处方开具的意义

（1）经营处方开具是落实《农药管理条例》对经营指导的具体化。

（2）规范经营人员的经营指导行为。

（3）处理农药使用事故的一个重要依据。

5.11.2.2　推进经营处方开具的设想

（1）分类管理　按照条例要求，卫生用农药不必开具经营处方，对其他农药经营，推进处方管理；

（2）分步推进　由于限制使用农药是高毒剧毒、使用要求高且使用存在较大风险的产品，可以考虑首先从限制使用农药经营者开始，逐步过渡到要求一般农药经营者开具处方；

（3）由简到繁　开始可以从最基本的几项要求，在实践基础上逐步完善，扩充内容，形成完整的使用指导处方。

5.11.3　农药经营从业行为规范要求

5.11.3.1　建立从业行为规范的意义

（1）职业规范是生产发展和社会分工的产物　自从人类社会出现了农业和畜牧业、手工业的分离，以及商业的独立，社会分工就逐渐成为普遍的社会现象。由于社会分工，人类的生产就必须通过各行业的职业劳动来实现。随着生产发展的需要，随着科学技术的不断进步，社会分工越来越细。

分工不仅没有把人们的活动分成彼此不相联系的独立活动，反而使人们的社会联系日益加强，人与人之间的关系越来越紧密，越来越扩大，经过无数次的分化与组合，形成了今天社会生活中的各种各样的职业，并形成了人们之间错综复杂的职业关系。这种与职业相关联的特殊的社会关系，需要有与之相适应的特殊的规范来调整，职业规范就是作为适应并调整职业生活和职业关系的行为规范而产生的，可见，生产的发展和社会分工的出现是职业规范形成、发展的历史条件。

（2）职业规范是人们在职业实践活动中形成的规范　人们对自然、社会的认识，依赖于实践，正是由于人们在各种各样的职业活动实践中，逐渐地认识人与人之间、个人与社会之间的规范关系，从而形成了与职业实践活动相联系的特殊的规范心理、规范观念、规范标准。由此可见，职业规范是随着职业的出现以及人们的职业生活实践形成和发展起来的，有了职业就有了职业规范，出现一种职业就随之有了关于这种职业的规范。

（3）职业规范是职业活动的客观要求　职业活动是人们由于特定的社会分工而从事的具有专门业务和特定职责，并以此作为主要生活来源的社会活动。它集中地体现着社会关系的三大要素——责、权、利。

① 职责　每种职业都意味着承担一定的社会责任，即职责。如完成岗位任务的责任，

承担责权范围内的社会后果的责任等。职业者的职业责任的完成，既需要通过具有一定权威的政令或规章制度来维持正常的职业活动和职业程序，强制人们按一定规定办事，也需要通过内在的职业信念、职业规范情感来操作。当人们以一定的态度来对待和履行自己的职业责任时，就使职业责任具有了规范意义，成为职业规范责任。

② 职权　每种职业都意味着享有一定的社会权力，即职权。职权不论大小都来自社会，是社会整体和公共权力的一部分，如何承担和行使职业权力，必然联系着社会规范问题。

③ 利益　每种职业都体现和处理着一定的利益关系，职业劳动既是为社会创造经济、文化效益的主渠道，也是个人的主要谋生手段。因此，职业是社会整体利益、职业服务对象的公众利益和从业者个人利益等多种利益的交汇点、结合部。如何处理好它们之间的关系，不仅是职业的责任和权力之所在，也是职业内在的规范内容。

总之，没有相应的规范，职业就不可能真正担负起它的社会职能。职业规范是职业活动自身的一种必要的生存与发展条件。

（4）职业规范是社会经济关系决定的特殊社会意识形态　职业规范虽然是在特定的职业生活中形成的，但它作为一种社会意识形态，则深深根植于社会经济关系之中，决定于社会经济关系的性质，并随着社会经济关系的变化而变化发展着。

5.11.3.2　农药经营者职业规范守则

（1）遵守法律法规，接受社会监督　自觉遵守《中华人民共和国产品质量法》《农药管理条例》及其他国家法律法规，不销售国家禁用的高毒农药和假冒伪劣农药，自觉接受政府监管部门和农民消费者的监督。

（2）诚实守信，销售优质农药　销售让农民、消费者信得过的农药产品。不销售过期或失效的农药，并严格按相关规定处理此类农药。

（3）实事求是，不虚假宣传　严格按农药产品标签（或说明书）的使用须知向农民、消费者介绍农药用途、用量、使用方法、注意事项等，不擅自推荐加大用量或夸大产品效果。

（4）严格管理，确保农药质量　销售农药的各个环节符合国家标准，确保农药质量符合农业生产需要。

（5）完善服务体系，承担社会责任　如农药质量出现问题，迅速采取有效措施进行补救，主动承担相应法律责任。建立健全售后服务，依法赔偿农民消费者损失，切实保护农民消费者合法权益。

（6）热情服务，认真对待质量投诉　对农民、消费者来门店投诉农药质量等方面问题，要热情接待投诉者，并详细询问其投诉内容，做好记录。能当场解决的，给予明确答复；当场不能解决或不认同投诉者反映问题的，应告知投诉者可向当地农药监管部门投诉。

5.11.4　农药经营人员从业资质规定

鉴于农药经营人员相当于"植物医生"，应当参照医药从业人员的规定，设立农药经营人员从业资质规定。虽然《农药经营许可管理办法》规定农药经营者至少有一名具有农药、植保、农学等相关专业学历或经过专业教育机构进行了 56 学时以上培训的经营人员，但该项规定是基于现行《农药管理条例》未设立农药经营从业资质规定，根据我国农药经营行业实际设立的一项措施，实际执行中还面临不少问题。

5.11.4.1　面临主要问题

（1）经营人员培训的内容要求偏低　现有的大专院校基本未开设农药管理方面的课程，取得农药、植保、农学等专业学历的人员并不一定熟悉农药管理相关规定。对没有农药等相关专业学历的人员，要求经过专业教育培训机构 56 学时的培训，因培训时间是参照职业农民培训的时限设定的，培训时间短，培训的内容受到限制。

（2）人员的数量偏低　农药经营者应当具有至少一名符合规定的经营人员，实际工作中，经常会出现不符合规定的人员在从事农药经营工作。因此，农药使用者很可能在不符合规定的经营人员指导下购买或使用农药。

（3）未对人员培训提出明确要求　各个专业培训机构自行设计教学大纲、组织培训，不同机构培训的结果差异较大。

（4）未对经营人员分类管理　给人看病的医生是按照专业领域，要分别取得相应的从业资质证书，如内科、外科、神经科等。给植物进行病虫害防治指导的农药经营人员涉及的情形更为复杂，但却没有对其专业领域知识要求作出分类规定。

5.11.4.2　设立农药经营人员从业资质制度

可以通过修订《农药管理条例》或其他法律、法规，在现有对农药经营者实行农药经营许可制度的基础上，对所有以商业目的从事农作物病虫害诊断、农药经营、农药使用咨询服务等人员（统称为农药经营人员），实行从业资质管理制度。

（1）根据农药和农作物病虫害防治实际，将农药经营分为防虫、防病、除草、防鼠、调节生长，分类制定专业知识要求，统一全国农药经营人员培训与考核要求。

（2）所有从事农药经营的人员（不从事农作物病虫害诊断、开具处方等经营工作的行政管理、服务人员除外），应当经过相应的专业培训。

（3）从事农药经营的人员应当经农业主管部门进行农药管理知识、农药知识和植保知识等考核，并取得相应领域的资质证书。

（4）取得资质证书的经营人员，根据专业领域从事相关农药经营工作。

（5）取得农药经营资质的人员，应当每年接受一定时期的农药管理和专业知识的培训。

5.11.5　农药互联网经营管理规定

现行的《农药经营许可管理办法》仅规定两个方面：一是利用互联网经营农药的，应当有实体店并取得农药经营许可证；二是不得利用互联网经营限制使用农药。

利用互联网销售农药是监管的薄弱环节。如果不出台相关的农药互联网经营管理办法或规定，细化针对性的监管措施，此领域的监管将面临较大的社会和舆论压力。

目前，有关农药互联网经营监管可参考的经验较少，从各地反映的情况看，重点关注以下问题：

（1）是否允许农药在第三方互联网平台上销售。是否仅限农药生产企业、取得农药经营许可证的经营者利用网络从事农药经营。国家食品药品监督管理总局经两年的互联网第三平台医药零售业务试点，于 2016 年 7 月停止在第三方平台上进行药品网上零售业务，即不允许药品在第三方互联网平台上销售，仅允许药品生产者及取得经营许可证的经营者利用网络从事药品经营。

（2）如果允许在第三方平台上销售农药，第三方平台应当承担什么义务和责任。

（3）在互联网上销售农药，如何让其经营者向使用者履行相应的义务。

现在，世界上多数发达国家至今没有倡导在互联网上销售农药，主要依靠互联网做好大数据的分析，服务农药行业。

5.11.6　农药经营及仓储场所的规范

现行《农药管理条例》和《农药经营许可管理办法》主要规定，农药经营场所、仓储场所要与生活区、饮用水水源等有效隔离等。但此要求不够具体，并且长期以来，有相当多的农药经营者的经营或仓储场所，与居民区相距较近，存在隐患，也易产生纠纷。

《农药生产管理办法》对农药生产企业的生产地址要求有重大变化，引导企业向化工或工业园区转移。随着我国农业的转型，我国农药经营正在加快向服务转型，农药购买与服务方式将有较大的变化。因此，应当加快研究制定细化政策，完善农药经营、仓储等场所要求。

参 考 文 献

[1] 魏启文，刘绍仁. 农药标签管理与安全技术指南. 北京：中国农业出版社，2010.

[2] 吴国强. "问题"农药的监管. 北京：中国农业出版社，2018.

[3] 魏启文，刘绍仁. 农药识假辩劣与维权. 北京：中国农业出版社，2011.

[4] 农业部种植业司，农业部农药检定所.2015 中国农药发展报告. 北京：中国农业出版社，2016.

[5] 钟承茂. 农药经营存在问题与对策. 农药科学与管理，2012，33（3）：1-3.

[6] 聂祖平，杨珊，杨秀平，等. 农药市场的实践与经营问题. 农药科学与管理，2011，32（12）：5-12.

[7] 魏启文，李光英，简秋. 我国农药管理法制建设初步研究. 农药科学与管理，2009，30（2）：1-7.

[8] 刘绍仁，魏启文，孙艳萍. 关于农药行业诚信建设问题的思考. 农药科学与管理，2011，32（10）：1-4.

[9] 农业部农药检定所. 农药安全使用知识. 北京：中国农业出版社，2010.

[10] 何立. 植保药方手册. 上海：上海科学技术出版社，1989.

第6章
农药使用管理与技术指导

6.1 农药合理使用规定

  农药是重要的农业生产资料，农药合理使用会给人们带来较大的经济效益和社会效益。没有农药作为坚强的后盾，农业生产要想获得连续的丰收是不可能的；但农药作为一种有毒制剂，如果使用不当，对环境的污染、对农产品质量安全的影响也是不可否认的。因此需要对农药合理使用作出法律规定，同时制定相应的合理使用技术规范，指导农民合理使用农药。

6.1.1 农药合理使用的法律规定

  在我国现行的法律法规中，对农药合理使用进行规范的法律、法规和技术规范较多，《农产品质量安全法》《中华人民共和国农业法》《农药管理条例》以及农业农村部的规范性文件对于农药的合理使用均做出法律规定，农业生产者要遵从这些法律、法规和规范性文件的要求。同时，为指导农业生产者的行为，相关的农药合理使用的技术规范相继出台，下面就相关的法律法规和技术规范等进行阐述。

6.1.1.1 《农产品质量安全法》对农药合理使用的规定

  《中华人民共和国农产品质量安全法》于 2006 年 4 月 29 日第十届全国人民代表大会常务委员会第二十一次会议通过，自 2006 年 11 月 1 日起施行。该法律中涉及农药合理使用的法律条款有 8 条，既明确了国务院农业行政主管部门和省、自治区、直辖市人民政府和县级以上农业行政主管部门的职责，又明确了农药使用者（即农产品生产者）的责任和义务。省、自治区、直辖市人民政府农业行政主管部门有职责制定保障农产品质量安全的生产技术要求和操作规程，对于县级以上人民政府农业行政主管部门，职责是加强对农产品生产的指导，同时应当加强对农业投入品使用的管理和指导，建立健全农业投入品的安全使用制度。农药使用者（即农产品生产者）应当建立农产品生产记录，应当合理使用化肥、农药、兽药、农用薄膜等化工产品，防止对农产品产地造成污染，严格执行农业投入品使用安全间隔期或者休药期的规定，防止危及农产品质量安全。

涉及的法律条款如下：

第十九条 农产品生产者应当合理使用化肥、农药、兽药、农用薄膜等化工产品，防止对农产品产地造成污染。

第二十条 国务院农业行政主管部门和省、自治区、直辖市人民政府农业行政主管部门应当制定保障农产品质量安全的生产技术要求和操作规程。县级以上人民政府农业行政主管部门应当加强对农产品生产的指导。

第二十二条 县级以上人民政府农业行政主管部门应当加强对农业投入品使用的管理和指导，建立健全农业投入品的安全使用制度。

第二十三条 农业科研教育机构和农业技术推广机构应当加强对农产品生产者质量安全知识和技能的培训。

第二十四条 农产品生产企业和农民专业合作经济组织应当建立农产品生产记录，如实记载下列事项：

（1）使用农业投入品的名称、来源、用法、用量和使用、停用的日期；

（2）动物疫病、植物病虫草害的发生和防治情况；

（3）收获、屠宰或者捕捞的日期。

农产品生产记录应当保存二年。禁止伪造农产品生产记录。

国家鼓励其他农产品生产者建立农产品生产记录。

第二十五条 农产品生产者应当按照法律、行政法规和国务院农业行政主管部门的规定，合理使用农业投入品，严格执行农业投入品使用安全间隔期或者休药期的规定，防止危及农产品质量安全。

禁止在农产品生产过程中使用国家明令禁止使用的农业投入品。

第二十六条 农产品生产企业和农民专业合作经济组织，应当自行或者委托检测机构对农产品质量安全状况进行检测；经检测不符合农产品质量安全标准的农产品，不得销售。

第二十七条 农民专业合作经济组织和农产品行业协会对其成员应当及时提供生产技术服务，建立农产品质量安全管理制度，健全农产品质量安全控制体系，加强自律管理。

当然，对于违反《农产品质量安全法》的生产者，也有明确的法律规定。

第四十六条 使用农业投入品违反法律、行政法规和国务院农业行政主管部门的规定的，依照有关法律、行政法规的规定处罚。

第四十七条 农产品生产企业、农民专业合作经济组织未建立或者未按照规定保存农产品生产记录的，或者伪造农产品生产记录的，责令限期改正；逾期不改正的，可以处二千元以下罚款。

第四十九条 有本法第三十三条第四项规定情形，使用的保鲜剂、防腐剂、添加剂等材料不符合国家有关强制性的技术规范的，责令停止销售，对被污染的农产品进行无害化处理，对不能进行无害化处理的予以监督销毁；没收违法所得，并处二千元以上二万元以下罚款。

第五十条 农产品生产企业、农民专业合作经济组织销售的农产品有本法第三十三条第一项至第三项或者第五项所列情形之一的，责令停止销售，追回已经销售的农产品，对违法销售的农产品进行无害化处理或者予以监督销毁；没收违法所得，并处二千元以上二万元以下罚款。

　　农产品销售企业销售的农产品有前款所列情形的，依照前款规定处理、处罚。

　　农产品批发市场中销售的农产品有第一款所列情形的，对违法销售的农产品依照第一款规定处理，对农产品销售者依照第一款规定处罚。

　　农产品批发市场违反本法第三十七条第一款规定的，责令改正，处二千元以上二万元以下罚款。

　　农产品批发市场中销售的农产品有前款规定情形的，消费者可以向农产品批发市场要求赔偿；属于生产者、销售者责任的，农产品批发市场有权追偿。消费者也可以直接向农产品生产者、销售者要求赔偿。

6.1.1.2　《中华人民共和国农业法》对农药合理使用的规定

　　《中华人民共和国农业法》（以下简称《农业法》）由第八届全国人民代表大会常务委员会第二次会议于 1993 年 7 月 2 日通过，2002 年 12 月 28 日第九届全国人民代表大会常务委员会第三十一次会议修订，此后在分别在 2009 年和 2012 年进行了两次修正。在现行的《农业法》中，第二十五条明确规定，各级人民政府应当建立健全农业生产资料的安全使用制度，农民和农业生产经营组织不得使用国家明令淘汰和禁止使用的农药、兽药、饲料添加剂等农业生产资料和其他禁止使用的产品。

6.1.1.3　《农药管理条例》对农药合理使用的规定

　　《农药管理条例》于 1997 年 5 月 8 日中华人民共和国国务院令第 216 号发布，2017年 2 月 8 日国务院第 164 次常务会议修订通过。现行的《农药管理条例》中规定，县级以上人民政府农业主管部门应当加强农药使用指导、服务工作，建立健全农药安全、合理使用制度，并按照预防为主、综合防治的要求，组织推广农药科学使用技术，规范农药使用行为。同时要组织植物保护、农业技术推广等机构向农药使用者提供免费技术培训，提高农药安全、合理使用水平。农药使用者应当严格按照农药的标签标注的使用范围、使用方法和剂量、使用技术要求和注意事项使用农药，不得扩大使用范围、加大用药剂量或者改变使用方法，遵守国家有关农药安全、合理使用制度，妥善保管农药，并在配药、用药过程中采取必要的防护措施，避免发生农药使用事故。农药使用者应妥善收集农药包装物等废弃物。

　　涉及农药合理使用的法律条款有：

　　第三十条　县级以上人民政府农业主管部门应当加强农药使用指导、服务工作，建立健全农药安全、合理使用制度，并按照预防为主、综合防治的要求，组织推广农药科学使用技术，规范农药使用行为。林业、粮食、卫生等部门应当加强对林业、储藏、卫生用农药安全、合理使用的技术指导，环境保护主管部门应当加强对农药使用过程中环境保护和污染防治的技术指导。

　　第三十一条　县级人民政府农业主管部门应当组织植物保护、农业技术推广等机构向农药使用者提供免费技术培训，提高农药安全、合理使用水平。

　　国家鼓励农业科研单位、有关学校、农民专业合作社、供销合作社、农业社会化服务组织和专业人员为农药使用者提供技术服务。

　　第三十二条　国家通过推广生物防治、物理防治、先进施药器械等措施，逐步减少农药使用量。

　　县级人民政府应当制定并组织实施本行政区域的农药减量计划；对实施农药减量计划、

自愿减少农药使用量的农药使用者，给予鼓励和扶持。

县级人民政府农业主管部门应当鼓励和扶持设立专业化病虫害防治服务组织，并对专业化病虫害防治和限制使用农药的配药、用药进行指导、规范和管理，提高病虫害防治水平。

县级人民政府农业主管部门应当指导农药使用者有计划地轮换使用农药，减缓危害农业、林业的病、虫、草、鼠和其他有害生物的抗药性。

乡、镇人民政府应当协助开展农药使用指导、服务工作。

第三十三条　农药使用者应当遵守国家有关农药安全、合理使用制度，妥善保管农药，并在配药、用药过程中采取必要的防护措施，避免发生农药使用事故。

限制使用农药的经营者应当为农药使用者提供用药指导，并逐步提供统一用药服务。

第三十四条　农药使用者应当严格按照农药的标签标注的使用范围、使用方法和剂量、使用技术要求和注意事项使用农药，不得扩大使用范围、加大用药剂量或者改变使用方法。

农药使用者不得使用禁用的农药。

标签标注安全间隔期的农药，在农产品收获前应当按照安全间隔期的要求停止使用。

剧毒、高毒农药不得用于防治卫生害虫，不得用于蔬菜、瓜果、茶叶、菌类、中草药材的生产，不得用于水生植物的病虫害防治。

第三十五条　农药使用者应当保护环境，保护有益生物和珍稀物种，不得在饮用水水源保护区、河道内丢弃农药、农药包装物或者清洗施药器械。

严禁在饮用水水源保护区内使用农药，严禁使用农药毒鱼、虾、鸟、兽等。

第三十六条　农产品生产企业、食品和食用农产品仓储企业、专业化病虫害防治服务组织和从事农产品生产的农民专业合作社等应当建立农药使用记录，如实记录使用农药的时间、地点、对象以及农药名称、用量、生产企业等。农药使用记录应当保存 2 年以上。

国家鼓励其他农药使用者建立农药使用记录。

第三十七条　国家鼓励农药使用者妥善收集农药包装物等废弃物；农药生产企业、农药经营者应当回收农药废弃物，防止农药污染环境和农药中毒事故的发生。具体办法由国务院环境保护主管部门会同国务院农业主管部门、国务院财政部门等部门制定。

第三十八条　发生农药使用事故，农药使用者、农药生产企业、农药经营者和其他有关人员应当及时报告当地农业主管部门。

接到报告的农业主管部门应当立即采取措施，防止事故扩大，同时通知有关部门采取相应措施。造成农药中毒事故的，由农业主管部门和公安机关依照职责权限组织调查处理，卫生主管部门应当按照国家有关规定立即对受到伤害的人员组织医疗救治；造成环境污染事故的，由环境保护等有关部门依法组织调查处理；造成储粮药剂使用事故和农作物药害事故的，分别由粮食、农业等部门组织技术鉴定和调查处理。

第三十九条　因防治突发重大病虫害等紧急需要，国务院农业主管部门可以决定临时生产、使用规定数量的未取得登记或者禁用、限制使用的农药，必要时应当会同国务院对外贸易主管部门决定临时限制出口或者临时进口规定数量、品种的农药。

前款规定的农药，应当在使用地县级人民政府农业主管部门的监督和指导下使用。

6.1.1.4　农业农村部等部门发布的农药合理使用的规定

为加强农药的管理，农业农村部联合有关部门发布了多项规范性文件指导农药合理使用，确保农产品质量安全。

（1）农业部关于禁止在茶树上使用三氯杀螨醇的通知（1997 年 6 月 20 日农农发〔1997〕11 号）；

（2）农业部、化工部、全国供销合作总社关于停止生产、销售、使用除草醚农药的通知（1997 年 10 月 30 日农农发〔1997〕17 号）；

（3）农业部关于禁止在茶树上使用氰戊菊酯的通知（1999 年 11 月 24 日农农发〔1999〕20 号）；

（4）停止受理克百威等高毒农药登记，停止批准高毒剧毒农药分装登记，撤销氧乐果在甘蓝上的登记（2002 年 4 月 22 日农业部公告第 194 号）；

（5）公布六六六等国家明令禁止使用的农药和不得在蔬菜、果树、茶叶、中草药材上使用的高毒农药（2002 年 5 月 24 日农业部公告第 199 号）；

（6）撤销甲胺磷等 5 种高毒农药混配制剂登记，撤销丁酰肼在花生上的登记，强化杀鼠剂的管理（2003 年 4 月 30 日农业部公告第 274 号）；

（7）三阶段削减甲胺磷等 5 种高毒有机磷农药的使用，自 2007 年 1 月 1 日起，全面禁止甲胺磷等 5 种高毒有机磷农药在农业上使用（2003 年 12 月 30 日农业部公告第 322 号）；

（8）全面禁止甲胺磷等 5 种高毒有机磷农药在农业上使用（2006 年 4 月 4 日农业部、工商总局、国家发改委、质检总局公告第 632 号）；

（9）对含甲磺隆、氯磺隆和胺苯磺隆等除草剂产品实行管理措施（2006 年 6 月 13 日农业部公告第 671 号）；

（10）加强氟虫腈管理（2009 年 2 月 25 日农业部、工业和信息化部、环境保护部公告第 1157 号）；

（11）高毒农药禁限用措施（2011 年 6 月 15 日农业部、工业和信息化部、环境保护部、工商总局、质检总局公告第 1586 号）；

（12）草甘膦管理措施（2012 年 3 月 26 日农业部公告第 1744 号）；

（13）百草枯管理措施（2012 年 3 月 26 日农业部公告第 1745 号）；

（14）对氯磺隆等七种农药采取进一步禁限用措施（2013 年 12 月 9 日农业部公告第 2032 号）；

（15）杀扑磷等 3 种农药管理措施（2015 年 8 月 22 日农业部公告第 2289 号）；

（16）对 2,4-滴丁酯、百草枯、三氯杀螨醇、氟苯虫酰胺、克百威、甲拌磷、甲基异柳磷、磷化铝等 8 种农药采取管理措施（2016 年 9 月 7 日农业部公告第 2445 号）；

（17）《限制使用农药名录》（2017 年 8 月 31 日农业部公告第 2567 号）；

（18）《农药限制使用管理规定》。在磺酰脲类除草剂大范围推广以后，由于其超高的活性与较长的残留，容易造成下茬作物药害，因此有些地方就该类产品中的个别品种如胺苯磺隆等提出了禁用的意见，同时其他一些农药在登记时没有发现其在生产上使用后会出现严重的问题，或者未预料到它会在某些地区产生一些较严重的问题。为了避免类似问题继续产生，就需要在农药标签修改前对该农药进行临时性的限制使用，为了规范各地禁限用的行为，2002 年 6 月 18 日农业部以部长令第 17 号颁布了《农药限制使用管理规定》，该规定共分四章 14 条，对限制农药使用的行为进行了规范。目前该规定已不在有效状态，通过《限制使用农药名录》及其定点经营进行管理。

6.1.2 农药合理使用管理技术性文件

6.1.2.1 《农药合理使用规定》

我国在20世纪80年代初普遍实行农村土地承包责任制后，农民生产积极性高涨，农药用量大幅度增加，但是由于农药产品结构中甲胺磷、甲拌磷、久效磷等高毒农药占比高，用量大，而农民安全用药的知识缺乏、技术水平低，人员中毒事故和蔬菜等农产品食用中毒事故时有发生。为了规范农药使用的行为，1982年农牧渔业部、卫生部联合发布了《农药安全使用规定》。该规定是一项为了确保用药人员安全、施药环境安全和使用后农产品安全的用药基本守则，共计五大条二十五小条，其中所列举的品种绝大多数已被更新换代，已退出农药市场。该规定在农药毒性分级、合理使用、购买、运输和保管以及安全防护等方面作出要求，在当时的历史条件下，对保障农产品数量安全的同时保障农产品质量安全发挥了重要的作用。《农药安全使用规定》颁布后，对于减少生产性农药中毒死亡事故、减少农产品使用高毒农药而造成人畜中毒事故起到了巨大的作用，至今该规定仍是开展农民安全用药培训的基本素材。

6.1.2.2 《农药合理使用准则》

为了指导农民安全合理使用农药，避免出现农药残留超标和过快产生抗药性的现象，以农业农村部农药检定所为主导，根据每种农药登记时的残留试验数据、药剂特性、使用方法等关键因素，我国制定了《农药合理使用准则》（一至十），并以国家标准的方式发布。

《农药合理使用准则》主要从每种农药的适用作物、施药方法、使用剂量（浓度）、安全间隔期、每季作物最多使用次数、操作要点、农药残留限量7个方面进行了规定。《农药合理使用准则》是制定农业生产操作标准规范（GAP）、生产无公害农产品的主要依据。《农药合理使用准则》见附录4。

6.1.2.3 《绿色食品 农药使用准则》(NY/T 393—2013)

该准则遵循绿色食品对优质安全、环境保护和可持续发展的要求，对绿色食品生产中的农药使用采用准许清单制。准许使用农药清单的制定是以国内外权威机构的风险评估数据和结论为依据，按照低风险原则选择农药种类，其中化学合成农药风险安全系数比国际上的一般要求提高5倍，绿色食品中农药使用的技术规范需严格按照准则要求。

6.1.2.4 《农药安全使用规范 总则》(NY/T 1276—2007)

该标准对农药的安全使用和操作进行规定，主要包括14个方面。

（1）在农药选择方面

① 按照国家政策和有关法律规定选择 应按照农药产品登记的适用作物、防治对象和安全使用间隔期选择农药。严禁选用国家禁止生产、使用的农药；选择限用的农药应按照有关规定；不得选择剧毒、高毒农药用于蔬菜、茶叶、果树、中药材等作物和防治卫生害虫。

② 根据防治对象选择 施药前应调查病、虫、草和其他有害生物发生情况，对不能识别和不能确定的，应查阅相关资料或咨询有关专家，明确防治对象并获得指导性防治意见后，根据防治对象选择合适的农药品种。病、虫、草和其他有害生物单一发生时，应选择对防治对象专一性强的农药品种；混合发生时，应选择对防治对象有效的农药。在一个防治季节应选择不同作用机理的农药品种交替使用。

③ 根据农作物和生态环境安全要求选择 应选择对处理作物、周边作物和后茬作物安

全的农药品种；应选择对天敌和其他有益生物安全的农药品种；应选择对生态环境安全的农药品种。

（2）在农药购买方面　购买农药应到具有农药经营资格的经营点，购药后应索取购药凭证或发票。所购买的农药应具有符合要求的标签以及符合要求的农药包装。

（3）在农药配制方面　准确核定施药面积，根据农药标签推荐的农药使用剂量或植保技术人员的推荐，计算用药量和施药液量，准确量取农药，量具专用。量取或称量农药应在避风处操作。所有称量器具在使用后都要清洗，冲洗后的废液应在远离居所、水源和作物的地点妥善处理。用于量取农药的器皿不得作其他用途。在量取农药后，封闭原农药包装并将其安全贮存。农药在使用前应始终保存在其原包装中。

配制场所应选择在远离水源、居所、畜牧栏等场所。应现用现配，不宜久置；短时存放时，应密封并安排专人保管。应根据不同的施药方法和防治对象、作物种类和生长时期确定施药液量。应选择没有杂质的清水配制农药，不应用配制农药的器具直接取水，药液不应超过额定容量。应根据农药剂型，按照农药标签推荐的方法配制农药。应采用"二次法"进行操作：

① 用水稀释的农药　先用少量水将农药制剂稀释成"母液"，然后再将"母液"进一步稀释至所需要的浓度。

② 用固体载体稀释的农药　应先用少量稀释载体（细土、细沙、固体肥料等）将农药制剂均匀稀释成"母粉"，然后再进一步稀释至所需要的用量。

配制现混现用的农药，应按照农药标签上的规定或在技术人员的指导下进行操作。

（4）在农药施用方面　根据病、虫、草和其他有害生物发生程度和药剂本身性能，结合植保部门的病虫情报信息，确定是否施药和施药适期。不应在高温、雨天及风力大于 3 级时施药。施药器械的选择应综合考虑防治对象、防治场所、作物种类和生长情况、农药剂型、防治方法、防治规模等情况。

① 小面积喷洒农药宜选择手动喷雾器；

② 较大面积喷洒农药宜选用背负机动气力喷雾机，果园宜采用风送弥雾机；

③ 大面积喷洒农药宜选用喷杆喷雾机或飞机。

应选择正规厂家生产、经国家质检部门检测合格的药械。应根据病、虫、草和其他有害生物防治需要和施药器械类型选择合适的喷头，定期更换磨损的喷头。

① 喷洒除草剂和生长调节剂应采用扇形雾喷头或激射式喷头；

② 喷洒杀虫剂和杀菌剂宜采用空心圆锥雾喷头或扇形雾喷头；

③ 禁止在喷杆上混用不同类型的喷头。

（5）在施药器械的检查与校准方面　施药作业前，应检查施药器械的压力部件、控制部件。喷雾器（机）截止阀应能够自如扳动，药液箱盖上的进气孔应畅通，各接口部分没有滴漏情况。在喷雾作业开始前、喷雾机具检修后、拖拉机更换车轮后或者安装新的喷头时，应对喷雾机具进行校准，校准因子包括行走速度、喷幅以及药液流量和压力。

（6）在施药机械的维护方面　施药作业结束后，应仔细清洗机具，并进行保养。存放前应对可能锈蚀的部件涂防锈黄油。喷雾器（机）喷洒除草剂后，必须用加有清洗剂的清水彻底清洗干净（至少清洗三遍）。保养后的施药器械应放在干燥通风的库房内，切勿靠近火源，避免露天存放或与农药、酸、碱等腐蚀性物质存放在一起。

（7）在施药方法方面　应按照农药产品标签或说明书规定，根据农药作用方式、农药剂型、作物种类和防治对象及其生物行为情况选择合适的施药方法。施药方法包括喷雾、撒颗粒、喷粉、拌种、熏蒸、涂抹、注射、灌根、毒饵等。

（8）在安全操作方面　田间施药作业应根据风速（力）和施药器械喷洒部件确定有效喷幅，并测定喷头流量，应根据施药器械喷幅和风向确定田间作业行走路线。使用喷雾机具施药时，作业人员应站在上风向，顺风隔行前进或逆风退行两边喷洒，严禁逆风前行喷洒农药和在施药区穿行。背负机动气力喷雾机宜采用降低容量喷雾方法，不应将喷头直接对着作物喷雾和沿前进方向摇摆喷洒。使用手动喷雾器喷洒除草剂时，喷头一定要加装防护罩，对准有害杂草喷施。喷洒除草剂的药械宜专用，喷雾压力应在 0.3MPa 以下。喷杆喷雾机应具有三级过滤装置，末级过滤器的滤网孔对角线尺寸应小于喷孔直径的 2/3。施药过程中遇喷头堵塞等情况时，应立即关闭截止阀，先用清水冲洗喷头，然后戴着乳胶手套进行故障排除，用毛刷疏通喷孔，严禁用嘴吹吸喷头和滤网。

（9）在设施内施药作业方面　采用喷雾法施药时，宜采用低容量喷雾法，不宜采用高容量喷雾法。采用烟雾法、粉尘法、电热熏蒸法等施药时，应在傍晚封闭棚室后进行，次日应通风 1h 后人员方可进入。采用土壤熏蒸法进行消毒处理期间，人员不得进入棚室。热烟雾机在使用时和使用后半个小时内，应避免触摸机身。

（10）在安全防护方面　配制和施用农药人员应身体健康，经过专业技术培训，具备一定的植保知识。严禁儿童、老人、体弱多病者，经期、孕期、哺乳期妇女参与上述活动。

配制和施用农药时应穿戴必要的防护用品，严禁用手直接接触农药，谨防农药进入眼睛、接触皮肤或吸入体内。

（11）在农药施用后

① 施过农药的地块要竖立警示标志，在农药的持效期内禁止放牧和采摘，施药后 24h 内禁止进入。

② 未用完的农药制剂应保存在其原包装中，并密封贮存于上锁的地方，不得用其他容器盛装，严禁用空饮料瓶分装剩余农药。

③ 未喷完药液（粉）在该农药标签许可的情况下，可再将剩余药液用完。对于少量的剩余药液，应妥善处理。

（12）在清洁与卫生方面　不应在小溪、河流或池塘等水源中冲洗或洗涮施药器械，洗涮过施药器械的水应倒在远离居民点水源和作物的地方。

施药作业结束后，应立即脱下防护服及其他防护用具，装入事先准备好的塑料袋中带回处理。带回的各种防护服、用具、手套等物品，应立即清洗 2～3 遍，晾干存放。施药作业结束后，应及时用肥皂和清水清洗身体，并更换干净衣服。

（13）在用药档案记录方面　每次施药应记录天气状况、作物种类、用药时间、药剂品种、防治对象、用药量、兑水量、喷洒药液量、施用面积、防治效果、安全性。

（14）农药中毒现场急救　施药人员如果将农药溅入眼睛内或皮肤上，应及时用大量干净、清凉的水冲洗数次或携带农药标签前往医院就诊。施药人员如果出现头痛、头昏、恶心、呕吐等农药中毒症状，应立即停止作业，离开施药现场，脱掉污染衣服并携带农药标签前往医院就诊。发现施药人员中毒后，应将中毒者放在阴凉、通风的地方，防止受热或受凉。

6.1.2.5　《农药贮运、销售和使用的防毒规程》(GB 12475—2010)

该标准中对农药使用的要求规定主要包括 7 个方面。

（1）一般要求　在开启农药包装、称量配制和施用中，操作人员应穿戴必要的防护器具，防止污染。严格按照农药产品标签使用农药；禁止将高毒、剧毒农药用于蔬菜、果树、茶叶、中草药材等。施药前后均要保持农药包装标签完好。

（2）人员要求　使用农药人员应为身体健康、具有一定用药知识的成年人。农药配制人员应掌握必要技术和熟悉所用农药性能。皮肤破损者、孕妇、哺乳期妇女和经期妇女不宜参与配药、施药作业。

（3）农药配制　配药应按照标签或说明书选用配制方法；按规定或推荐的药量和稀释倍数定量配药；配药过程中不要用手直接接触农药和搅拌稀释农药，应采用专用器具配制并使用工具搅拌。农药的称量、配制应根据药品的性质和用量进行，防止药剂溅洒、散落。配制农药应在远离住宅区、牲畜栏和水源的场地进行；药剂宜现配现用，已配好的尽可能采取密封措施；开装后余下农药应封闭保存，放入专库或专柜并上锁，不应与其他物品混合存放。配药器械宜专用，每次用后要洗净，但不应在水源边及水产养殖区冲洗。

（4）施药的一般规定

① 施药前的要求　根据农药毒性及施用方法、特点配备防护用具。施药器械应完好；施药场所应备有足够的水、清洗剂、毛巾、急救药品及必要修理工具；救护用具及修理工具应方便易得。在高毒、剧毒农药施药地区应有醒目的"禁止入内"等标识并注明农药名称、施药时间、再进入间隔期等。

② 施药时的要求

a. 施药人员应穿戴相应的防毒面具或防微粒口罩、防护服、防护胶靴、手套等防护用品。施药中作业人员不准许吸烟、饮水进食，不要用手直接擦拭面部；避免过累、过热。田间喷洒农药，作业人员应处于上风向位置。大风天气、高温季节中午不宜施喷农药。

b. 飞机喷洒农药要做好组织工作，施药区域边缘应设明显警告标志，有信号指挥，非施药人员不能进入已喷洒农药区域；飞机盛药容器应尽可能密封，盛药应尽量采用机械方法，由专人指导；驾驶员应穿戴防护服及防护手套。

c. 库房熏蒸应设置"禁止入内""有毒"等标志；熏蒸库房内温度应低于35℃；熏蒸作业要求由2人以上组成，轮流进行，并有专人监护。

d. 农药拌种应在远离住宅区、水源、食品库、畜舍并且通风良好的场所进行，不要用手直接接触操作。

e. 施用高毒、剧毒农药，要求有两名以上操作人员；施药人员每日工作时间不应超过6小时，连续施药一般不应超过5天。施药期间，非施药人员应远离施药区；温室施药时，非施药人员禁止入内。临时在田间放置的农药、浸药种子及施药器械，应专人看管。施药人员如有头痛、头昏、恶心、呕吐等中毒症状时，应立即采取救治措施，并向医院提供相关信息（包括农药名称、有效成分、个人防护情况、解毒方法和施药环境等）。

f. 在施用包装标签印有高毒、剧毒标志的农药时或在温室中从事熏蒸作业时，与施药者至少每2小时保持一次联系。农药喷溅到身体上要立即清洗，并更换干净衣物。

③ 施药后的要求　剩余或不用的农药应在确保标签完好的情况下分类存放；已配制的药剂，尽量一次性用完。盛药器械使用完毕应清除余药，洗净后存放，一时不能处理的应保存在农药库房中待统一处理。应做好施药记录，内容包括：农药名称、防治对象、用量、范围、时间及再进入间隔期。属高毒、剧毒或限制使用的农药在施用后的再进入间隔期内，非

专业人员不得进入施药区。

施药人员用的防护器具，在施药结束后应及时脱下清洗，施药人员应及时洗除污染。在温室施药后，不应立即进入温室；只有进行通风排毒，使温室内空气中农药浓度降到安全标准后，才可以进入温室。

（5）呼吸器官护具选用原则　接触或使用高毒、剧毒农药以及在闭式场所（如温室、仓库、畜厩等）中把中毒、低毒农药作为气雾剂或烟熏剂使用时，均应根据农药特性选用符合GB 2890或GB 6220的防毒面具（如药剂对眼面部有刺激损伤，须戴用全面罩防毒面具）。接触或使用中毒、低毒不挥发农药粉剂粉尘时，应选用符合GB/T 6223的微粒口罩。接触或使用中毒、低毒挥发性农药时，应选用适宜的防毒口罩；如施药量大、蒸气浓度高时，应选用符合GB 2890的防毒面具。在接触或使用农药中，当有毒蒸气和烟雾同时存在时，应采用带滤烟层的滤毒罐与之配用。

（6）在防护用品的使用与保存方面　必须使用符合标准或国家委托质检部门检验合格的防护用品，严格遵照说明书穿用。每次使用前，要检查防护用具是否有渗漏、撕破或磨损，如有破损应立即修补或更新。使用防毒口罩在感到呼吸不畅或有破损时，应立即更换；滤毒罐应按使用说明及时更换。防护用品用毕，应及时清洗、维护，存放在清洁、干燥的室内备用。防护用品的贮存和清洗要与其他衣物分开，远离施药区。防护用品应根据说明书进行清洗，如无特殊说明，建议用清洗剂和热水清洗。

（7）在个人安全卡方面　为防止在高度分散的个人施药作业中发生意外事故，建议施药人员使用个人安全卡。个人安全卡内容包括施药人员姓名、身份证号码、血型、亲属姓名、住址、电话、就近医院。

6.1.2.6　《农药使用环境安全技术导则》(HJ 556—2010)

该标准贯彻《中华人民共和国环境保护法》《中华人民共和国水污染防治法》和《中华人民共和国固体废物污染环境防治法》，防止或减轻农药使用产生的不利环境影响，保护生态环境，规定了农药环境安全使用的原则、污染控制技术措施和管理措施等相关内容。遵循"预防为主、综合防治"的环保方针，不宜使用剧毒农药、持久性农药，减少使用高毒农药、长残留农药，使用安全、高效、环保的农药，鼓励推行生物防治技术。保护有益生物和珍稀物种，维持生态系统的平衡。对防止污染环境（土壤、地下水、地表水、非靶标生物、有益生物）的技术措施和管理措施进行了规定，提出防止污染环境的管理措施。

（1）防止农药使用污染环境的管理措施

① 推行有害生物综合管理措施，鼓励使用天敌生物、生物农药，减少化学农药使用量。

② 推行农药减量增效使用技术、良好农业规范技术等，鼓励施药器械、施药技术的研发与应用，提高农药施用效率。

③ 鼓励农业技术推广服务机构开展统防统治行动，鼓励专业人员指导农民科学用药。

④ 加强农药使用区域的环境监测，及时掌握农药使用后的环境风险。

⑤ 加强宣传教育和科普推广，提高公众对不合理使用农药所产生危害的认识。

（2）防止农药废弃物污染环境的管理措施

① 按照法律、法规的有关规定，防止农药废弃物流失、渗漏、扬散或者其他方式污染环境。

② 不应擅自倾倒、堆放农药废弃物。对农药废弃物的容器和包装物以及收集、贮存、

运输、处置危险废物的设施、场所，应设置危险废物识别标志，并按照《危险化学品安全管理条例》《废弃危险化学品污染环境防治办法》等相关规定进行处置。

③ 不应将农药废弃包装物作为他用；完好无损的包装物可由销售部门或生产厂家统一回收。

④ 禁止在易对人、畜、作物和其他植物，以及食品和水源造成危害的地方处置农药废弃物。

⑤ 因发生事故或者其他突发性事件，造成非使用现场农药溢漏时，应立即采取措施消除或减轻对环境的危害影响。

6.2　农药合理使用指导

6.2.1　做好农药使用指导工作

农药是重要的农业生产资料，农药的使用直接关系到病虫草害防治效果，对国家粮食安全和农业产业安全非常重要。农药对病虫草害的防治效果与农药种类、使用时间、施药技术、土壤气候条件等因素密切相关，使用技术和要求较高，必须合理使用，才能达到预期效果。农药又是一种有毒物质，一旦农药使用技术或方法掌握不当，极易造成农产品农药残留超标、人畜中毒以及环境污染等问题，对农产品质量安全、人身健康和财产安全，以及生态环境安全影响很大，因此必须加强农药的安全合理使用。

我国非常重视农药的使用指导工作，制定了《农药合理使用准则》国家标准，要求各地积极组织开展农药安全合理使用培训和防治指导。《农药管理条例》第三十条明确规定，县级以上人民政府农业主管部门应当加强农药使用指导、服务工作，建立健全农药安全、合理使用制度，并按照预防为主、综合防治的要求，组织推广农药科学使用技术，规范农药使用行为。林业、粮食、卫生等部门应当加强对林业、储粮、卫生用农药安全、合理使用的技术指导，环境保护主管部门应当加强对农药使用过程中环境保护和污染防治的技术指导。第三十二条规定，乡、镇人民政府应当协助开展农药使用指导、服务工作。

农药使用指导涉及农业、林业、粮食、卫生、环保等多个部门，需要各部门各司其职，通力合作。各级农业部门加强农药使用指导时要做好三个方面的工作：

（1）建立健全农药安全、合理使用制度；

（2）组织推广科学使用技术；

（3）规范农药使用行为。

做好上述工作的主要目的：

（1）为当地人民政府有关部门合理制定农药轮换使用方案提供依据　一种农药在当地使用多年后，被防治对象会对这种农药产生抗性，药效会逐渐下降，必须与其他类别或作用机理不同的农药进行轮换使用，减缓病、虫、草、鼠和其他有害生物的抗药性水平发展，延长农药使用期限。

（2）为农药登记再评价提供依据　取得登记的农药仅仅是在我国部分省区试验证明为在某种作物上和特定环境下为安全、对当地某种病虫有效的农药。我国疆域辽阔，各地地理气候条件千差万别，病虫抗性水平层次不一，各地要加强农药使用调查，了解和掌握农药在当地的使用效果和安全性，以便国家制定相应的管理政策，强化对已登记农药的再评价管理。

6.2.2 支持专业化使用

6.2.2.1 支持专业化使用的法律规定

《农药管理条例》第三十二条第三款规定，县级人民政府农业主管部门应当鼓励和扶持设立专业化病虫害防治服务组织，并对专业化病虫害防治和限制使用农药的配药、用药进行指导、规范和管理，提高病虫害防治水平。第三十三条第二款规定，限制使用农药的经营者应当为农药使用者提供用药指导，并逐步提供统一用药服务。

专业化病虫害统防统治有利于安全、合理使用农药，应成为未来使用农药的主渠道之一。专业化病虫害防治服务组织采用先进的技术和设备，开展规模化、规范化统防统治的病虫害防控服务，有利于安全、合理使用农药。鼓励设立专业化病虫害防治服务组织，是农业现代化的客观要求。

6.2.2.2 农作物病虫害专业化统防统治基本情况概述

农作物病虫害专业化防治服务，又称为专业化统防统治，是指具备一定植保专业技术条件的服务组织，采用先进、实用的设备和技术，为农民提供契约性的防治服务，开展社会化、规模化的农作物病虫害防控行动。

病虫害防治上逐步实现专业化施药，是世界上发达国家的主要发展路径和目前的状况。我国要发展现代农业，要在小农户经营的基础上提高使用现代农业技术的程度，建立各种专业化服务组织是实现该目的的主要途径。通过专业化服务，把一家一户不方便购买的先进施药机械转为由服务组织购买，把病虫防治一般需要集中统一行动的要求化为现实，是提高科学安全用药的有效办法，是提高病虫害防治效率、提高农药利用率的有效措施，是提升植保工作水平的有效途径，是保障农业生产安全、农产品质量安全和农业生态安全的重要措施。各级农业部门重点扶持的专业化防治组织应具备下列条件：

（1）有法人资格 经工商或民政部门注册登记，并在县级以上农业植保机构备案；

（2）有固定场所 具有固定的办公、技术咨询场所和符合安全要求的物资贮存条件；

（3）有专业人员 具有10名以上经过植保专业技术培训合格的防治队员，其中，获得国家植保员资格或初级职称资格的专业技术人员不少于1名，防治队员持证上岗；

（4）有专门设备 具有与日作业能力达到300亩（设施农业100亩）以上相匹配的先进施用设备；

（5）有管理制度 具有开展专业化防治的服务协议、作业档案及员工管理等制度。

6.2.2.3 农作物病虫害专业化统防统治的重要意义

（1）专业化统防统治是适应病虫发生规律变化，解决农民防病治虫难的必然要求 从农业生产过程来看，病虫防治是技术含量最高、用工最多、劳动强度最大、风险控制最难的环节。许多病虫害具有跨国界、跨区域迁飞和流行的特点，还有一些暴发性和新发生的疑难病虫也危害较重，农民一家一户难以应对，常常出现"漏治一点，危害一片"的现象。加之农村大量青壮年劳力外出务工，务农劳动力结构性短缺，病虫害防治成为当前农业生产者遇到的最大难题。发展专业化统防统治，促进传统的分散防治方式向规模化和集约化统防统治转变，可以提高防控效果、效率和效益，最大限度减少病虫危害损失，保障农业生产安全。

（2）专业化统防统治是提高重大病虫防控效果，促进粮食稳定增产的关键措施 从我国的国情看，保障粮食安全和主要农产品的有效供给是一项长期而艰巨的战略任务。受异常气候、耕作制度变革等因素影响，农作物病虫害呈多发、重发和频发态势，成为制约农业丰收的重要因素，确保粮食稳定增产对植保工作提出了更高的要求。与传统防治方式相比，专业化统防统治具有技术集成度高、装备比较先进、防控效果好、防治成本低等优势，能有效控制病虫害暴发成灾。各地实践证明，专业化统防统治作业效率可提高5倍以上，每亩可增产水稻50kg以上，可增产小麦30kg以上。减损就是增产，发展专业化统防统治是进一步提升粮食生产能力的重要措施。

（3）专业化统防统治是降低农药使用风险，保障农产品质量安全和农业生态环境安全的有效途径　大多数农民缺乏病虫防治的相关知识，不懂农药使用技术，施药观念落后，仍习惯大容量、针对性的喷雾方法，农药利用率低，农药飘移和流失严重，为提高防效，盲目、过量用药现象较为严重。这不仅加重农田生态环境的污染，而且常导致农产品农药残留超标等质量安全事件。而通过实施专业化统防统治，实行农药统购、统供、统配和统施，规范田间作业行为，可以有效避免中毒事故，可以实现安全、科学、合理使用农药，规范农药使用，提高利用率、减少使用量，是从生产环节上入手，降低农药残留污染，保障生态环境安全和农产品质量安全的重要措施。更为重要的是，有助于从源头上控制假冒伪劣农药，杜绝禁限用高毒农药使用；同时，通过组织专业化防治，普遍使用大包装农药，减少了农药包装废弃物对环境的污染。

（4）专业化统防统治是提高农业组织化程度，转变农业生产经营方式的重要举措　随着我国农村劳动力特别是青壮年劳动力持续大量转移，农户兼业化、村庄空心化、人口老龄化趋势明显，农村新生劳动力离农意愿强烈和务农经历缺失加剧农业后继乏人，"谁来种地""地如何种"已成为现实而紧迫的重大问题。随着工业化、城镇化和农业现代化同步推进，农业生产规模化和集约化发展趋势明显，需要建立与统分结合双层经营体制相适应的新型农业社会化服务体系。病虫害专业化统防统治作为新型服务业态，既是植保公共服务体系向基层的有效延伸，也是提高病虫害防控组织化程度的有效载体。通过实施专业化统防统治，创新防控机制、集成防控技术，有利于提高防治效果，有利于防控方式向资源节约型、环境友好型转变，不仅较好地解决了因农村劳动力大量转移，防治病虫害日趋困难等方面的难题，也是新型社会化服务体系的重要组成部分，有效地促进了规模化经营，有利于高效新型植保机械的推广应用，促进植保机械升级换代，提升农业现代化水平。

（5）专业化统防统治是推广普及新技术，实现可持续防控的客观需要　专业化病虫害防治组织的出现，改变了面对千家万户农民开展培训的困局，可以大大降低培训面，增强培训效果，解决农技推广的"最后一公里"问题。并通过他们提供的大面积防治服务，实现科学防治，可以迅速地将新技术推广普及开来。通过组织专业化承包防治，可以从规模和措施上统筹考虑，为了降低防治成本，而促使专业化防治组织开展规模化的农业防治、物理防治和生物防治等综合防治措施。同时，这一组织形式也为统一采取综合防治措施提供了可能和强有力的保障，真正实行绿色防控，实现病虫害的可持续防控。

6.2.2.4　开展农作物病虫害专业化统防统治的指导思想与目标任务

（1）指导思想　坚持以习近平新时代中国特色社会主义思想为指导，以贯彻落实"预防为主、综合防治"的植保方针和"现代植保、公共植保、绿色植保"的植保理念为宗旨，坚持"政府支持、市场运作、农民自愿、因地制宜"的原则。以加强领导、加大投入为保障，以规范管理、强化服务为突破口，大力扶持规范运行、自我发展、有生命力的农作物病虫专业化服务组织，鼓励服务组织多元化、服务模式多样化、扶持措施多渠道，吸引社会资本积极参与，不断拓宽病虫害专业化防治的服务领域和服务范围，努力提升病虫害防治的质量和水平，全面推进病虫害专业化防治向健康、可持续的方向发展。

（2）目标任务　发展专业化统防统治，是一项长期而艰巨的工作任务，必须立足当前，谋划长远，稳步推进。力争到"十三五"末，全国规范化防治组织数量到达 2 万个以上，总作业能力到达 10 亿亩次以上；主要粮食作物专业化统防统治覆盖率提高到 30%，棉花、蔬菜、水果等经济作物专业化统防统治覆盖率提高到 15%，化学农药使用量减少 20%。力争水稻、小麦等粮食主产区，蔬菜、水果优势区域和重大病虫源头区实现全覆盖。

6.2.2.5　开展农作物病虫害专业化统防统治的工作原则

开展病虫害专业化防治应遵循政府支持、市场运作、农民自愿和因地制宜的原则。

（1）在支持环节上，突出发展专业化防治组织　通过政策扶持，加强信息服务、技术培训、规范管理等措施，扶持发展一批持续稳定、高素质的专业化服务队伍，引导防治组织采取规范行为，提供优质服务，实施科学防控，使之成为能为政府分忧、为农民解难的病虫防灾主力军。

专业化统防统治服务的产业是农业，服务的对象是农民，服务的内容是防灾减灾，具有较强的公益性。目前，专业化统防统治还处于发展初期，防治组织的规模和服务水平还参差不齐，需要强化政策扶持。农业农村部从 2013 年开始利用重大农作物病虫害防治补助资金 8 亿元，对专业化统防统治服务组织和农民进行补贴试点。各地出台了一系列推进专业化防治的扶持政策，促进专业化统防统治工作稳步发展，整合利用"现代农业""高产创建""测土配方施肥""油料倍增计划"等农业项目部分资金，在农机购置补贴的基础上，加大补贴额度，配置高效施药机械，大大提高了防治作业效率和防治效果，提高了组织及机手的收益水平，很好地解决了机手难聘问题，有力地推动了专业化统防统治的深入开展。

（2）在防治模式上，突出发展承包防治服务　承包防治是提高病虫防治效果、降低农药使用风险的有效方式，是实现规模效益、实现病虫害防控可持续发展的关键，是统防统治的发展方向。要通过创新服务机制、规范承包服务合同管理，推行农药等主要防控投入品的统购、统供、统配、统施"四统一"模式，优先扶持贯穿农作物生长全过程的专业化统防统治服务。

（3）在发展布局上，突出重点作物和关键区域　从保障粮食稳定发展和农产品质量安全的需要出发，率先在小麦、水稻等粮食作物主产区、经济作物优势区和重大病虫发生源头区推进专业化统防统治，逐步向其他作物和区域辐射推广，重点区域和关键地带实现全覆盖。水稻和小麦产区要突出做好"两迁"害虫、螟虫、稻瘟病等重大病虫综合防控为主的统防统治；玉米产区要突出做好玉米螟生物防治为主的统防统治；蔬菜、水果、茶叶产区要突出做好绿色防控为主的统防统治。

（4）在推进方式上，突出整建制示范带动　针对病虫发生规律和防控要求，重点要在经济发达地区、劳动力外出务工多的地区，以及病虫害防治需求大的地区开展统防统治试点，以整村推进的方式，建立一批示范区和示范组织，通过示范带动和典型引路，逐步实现整村、整乡推进，最终实现区域间联防联控、区域内统防统治。

6.2.2.6　各地开展农作物病虫害专业化统防统治的主要组织形式

（1）专业合作社和协会型　按照农民专业合作社的要求，把大量分散的机手组织起来，形成一个有法人资格的经济实体，专门从事专业化防治服务。或由种植业、农机等专业合作社，以及一些协会，组建专业化防治队伍，拓展服务内容，提供病虫专业化防治服务。

（2）企业型　成立股份公司，把专业化防治服务作为公司的核心业务，从技术指导、药剂配送、机手培训与管理、防效检查、财务管理等方面实现公司化的规范运作。或由农药经营企业购置机动喷雾机，组建专业化防治队，不仅为农户提供农药销售服务，同时还开展病虫专业化防治服务。

（3）大户主导型　主要由种植大户、科技示范户或农技人员等"能人"创办专业化防治队，在进行自身田块防治的同时，为周围农民开展专业化防治服务。

（4）村级组织型　以村委会等基层组织为主体，或组织村里零散机手，或统一购置机动药械，统一购置农药，在本村开展病虫害统一防治。

（5）农场、示范基地、出口基地自有型　一些农场或农产品加工企业，为提高农产品的质量，越来越重视病虫害的防治和农产品农药残留问题，纷纷组建自己的专业化防治队，对本企业生产基地开展专业防治服务。

（6）互助型　在自愿互利的基础上，按照双向选择的原则，拥有防治机械的机手与农民建立服务关系，自发地组织在一起，在病虫防治时期开展互助防治，主要是进行代治服务。

（7）应急防治型　这种类型主要是在应对大范围发生的迁飞性、流行性重大病虫害，由县级植保站组建的应急专业防治队，主要开展对公共地带的公益性防治服务，在保障农业生产安全方面发挥着重要作用。

6.2.2.7　各地开展农作物病虫害专业化统防统治的服务方式

（1）代防代治　专业化防治组织为服务对象施药防治病虫害，收取施药服务费，一般每亩收取 5～10 元。农药由服务对象自行购买或由防治组织统一提供。这种服务方式，专业化防治组织和服务对象之间一般无固定的服务关系。

（2）阶段承包防治　专业化防治组织与服务对象签订服务合同，承包部分或一定时段内的病虫防治任务。

（3）全程承包防治　专业化防治组织根据合同约定，承包作物生长季节所有病虫害的防治。全程承包与阶段承包具有共同的特点：即专业化防治组织在县植保部门的指导下，根据病虫发生情况，确定防治对象、用药品种、用药时间，统一购药、统一配药、统一时间集中施药，防治结束后由县植保部门监督，进行防效评估。

6.2.2.8　专业化统防统治组织的数量和服务面积

农作物病虫害专业化统防统治，是新时期适应农村经济形势发展需要的社会化服务方式，是当前和今后一个时期植保工作的重要任务，是农业发展的必然趋势和方向，各级农业植保部门以此为着力点和重要抓手，大力推进专业化统防统治。近几年来有了较快发展，2009 年全国有各类型的专业化防治组织 3.1 万个，经工商、民政部门注册或登记的 1.1 万个，实施统防统治面积达 1.9 亿亩次；2010 年各类型的专业化防治组织发展到 4.4 万个，经工商、民政部门注册或登记的 1.4 万个，实施统防统治面积达 2.9 亿亩次；2011 年发展到 6.8 万个，经工商、民政部门注册或登记的病虫专业化防治组织达 2.5 万个以上，从业人员近 100 万人，日作业能力达到 4000 万亩以上，2011 年实施统防统治面积达 4.4 亿亩次，主要粮食作物覆盖率为 15％；2012 年发展到 8.5 万个，经工商、民政部门注册或登记的病虫害专业化防治组织达 3.1 万个以上，从业人员 131 万人，日作业能力达到 5511 万亩以上，2012 年实施统防统治面积达 6.25 亿亩次，承包防治面积 1.31 亿亩。

2013 年全国专业化防治组织达 10.3 万个，其中在农业部门备案的"五有"规范化组织达 3.2 万个，从业人员达 151 万人，拥有大中型植保机械 145 万台（套），日作业能力 6500 万亩，专业化统防统治覆盖面积达到 6.57 亿亩，实施面积 12.74 亿亩次，在小麦上的覆盖率已超过 30％，在水稻上的覆盖率已超过 25％。

2014 年全国专业化防治组织达 10.6 万个，其中在农业部门备案的"五有"规范化组织达 3.6 万个，从业人员达 160 万人，拥有大中型植保机械 168 万台（套），日作业能力 7933 万亩，专业化统防统治覆盖面积达到 6.05 亿亩，实施面积 13.09 亿亩次。

2015 年全国专业化防治组织达 11.3 万个，其中在农业部门备案的"五有"规范化组织达 3.75 万个，从业人员达 161.6 万人，拥有大中型植保机械 180 万台（套），日作业能力 9232 万亩，专业化统防统治覆盖面积达到 6.28 亿亩，实施面积 14.08 亿亩次。

2016 年对一些服务能力弱、服务面积小的组织不再统计。全国达到一定规模的专业化防治组织有 8.8 万个，其中在农业部门备案的"五有"规范化组织达 3.95 万个，从业人员达 139 万人，拥有大中型植保机械 148.9 万台（套），日作业能力近 8200 万亩，专业化统防统治覆盖面积达到 6 亿亩以上，实施面积 14 亿亩次以上。各地实践表明，实施专业化统防统治每季可减少防治 1～2 次，降低农药用量 20％，提高作业效率 5 倍以上，防治效果比农民自防自治普遍提高了 10％以上，每亩水稻、小麦减损增产分别达 50kg 和 30kg 以上，并且有效地减少了农药包装废弃物对环境的污染。概括起来就是：实现了防治效率、防治效果、防治效益的"三提高"；做到了产量损失、用工成本、防治成本的"三减少"；体现了农民、机手、防治组织的"三满意"；促进了农业生产、农产品质量、农业生态环境的"三安全"。

6.2.3 农药使用培训

《农药管理条例》第三十一条规定，县级人民政府农业主管部门应当组织植物保护、农业技术推广等机构向农药使用者提供免费技术培训，提高农药安全、合理使用水平。国家鼓励农业科研单位、有关学校、农民专业合作社、供销合作社、农业社会化服务组织和专业人员为农药使用者提供技术服务。

目前我国农药使用者由于知识水平、技术能力参差不齐，导致施药时存在诸如农药使用时间、用药量、施药方法等使用技术掌握不够；在未登记的作物和防治对象上使用；不遵守农药安全间隔期和安全防护规定用药；或使用国家明令禁止和限制使用的农药等问题。导致农药防治效果不理想，农作物药害、人畜中毒、农药残留超标、生态和环境破坏、污染等事故时有发生，有的甚至引发群体性事件，影响社会和谐和稳定。农业行政主管部门所属的植物保护、农技推广等机构，要建立用药环节免费技术指导和服务制度，适时向本行政区域内农药使用者提供免费技术培训，提高当地农药安全、合理使用水平。农业科研单位、有关学校、农民专业合作社、供销合作社、农业社会化服务组织以及专业人员在技术或信息服务方面都有天然优势，鼓励其为农药使用提供技术服务。

6.2.3.1　当前农药使用存在的问题

（1）使用农药不科学，用药剂量偏高　广大农户"预防为主，综合防治"的理念薄弱，过分依赖化学农药的现象严重，生产上普遍存在着大量使用化学农药、盲目混用药剂、随意加大用药浓度和药量等问题。大部分农民片面认为规定剂量太低，达不到防治效果而任意加大用量。部分农资经销商植保知识水平较低，一方面为了提高销售利润和满足农民盲目追求防效的心理，在销售农药过程中尽可能加大农药使用量；另一方面由于长期不规范用药，加快了病虫抗药性的产生和土壤环境污染，导致防效下降而再次提高用药量。

（2）施药时间和方法不当　当前农村大批青壮年劳力外出务工，留守家中从事农业生产的大多是老弱妇幼，整体综合素质较低，无法掌握病虫害防治的用药时期、用药时间、用药方法，农药使用技术水平不高。

（3）农民普遍环保意识差，缺乏安全防护知识　农民将用后的农药包装瓶、袋随地丢弃，剩余药液随处乱倒现象普遍，严重污染了土壤、水源和大气。大多数农户在配药、喷施过程中不采取戴手套、口罩、帽子、穿长袖衣裤等安全防护措施，甚至药械渗漏也不及时修理。此外，农民购买农药后随意存放，甚至将农药放在居室或粮仓里，不仅会发生人畜中毒，还会使农药失去使用效能。

（4）施药器械落后，农药利用率低　大部分农村地区仍普遍使用传统手动喷雾器，农药有效利用率低。使用的器械中很大一部分属非正规厂家生产，此类器械雾化程度极低，设计不合理，施药过程中"跑、冒、滴、漏"现象严重，不仅造成药剂浪费，还造成药害现象时有发生。

（5）农药经营人员的文化素质偏低　我国现有 36.7 万农药经销户，63.7 万经销人员。从未接受过专业知识培训的经销人员比例达到 1/3。其中，高中学历以下人员占 90%，初中学历以下人员达到 50%。大部分经营人员缺乏农药基础知识和相关法律法规知识，与农药行业对经营者的特殊要求有较大差距，农药销售过程中乱开处方，配售高浓度、高残留农药，致使农药残留量增加，少部分农户因用药导致药害而受损失的情况时有发生。

（6）植保技术人才缺乏，人员素质亟待提高　植保技术人才尤其是县级以下植保技术人才缺乏，业务水平偏低，年龄大、学历低、积极性不高，人员结构不合理，知识老化现象十分严重，并且植保技术员参加培训机会较少，生产的多样性，生产主体的多样化和全方位、差异化的要求，使植保技术员的服务能力跟不上时代发展的要求。

（7）植保网络体系严重断档　县级植保站或农业技术推广中心从事植保工作人员少则一两人，多则五六人，既要承担病虫测报调查、防治技术推广，又要承担植保业务外的其他事务，人手明显不够；而乡镇机构改革后，很多乡镇农业技术推广站只有 1 名农技员，根本无暇顾及植保工作，村级植保业务基本空白。

6.2.3.2　解决当前农药使用存在问题的具体措施

（1）加大农药安全使用宣传和培训力度

① 多种形式媒体宣传　综合利用网络、电视、手机短信平台发送农作物病虫害发生防治宣传资料，电视、报刊等新闻媒体广泛宣传《农药管理条例》《农产品质量安全法》《农药合理使用准则》等法律法规和国家标准，积极引导广大农民群众自觉遵守国家对高毒高残留农药禁用、限用政策的相关规定，大力推广应用农作物病虫害绿色防控技术，增强广大农民群众科学安全使用农药的自觉性。

② 现场宣传、培训 结合"3·15农资打假""科技下乡""放心农资下乡""农药经营人员培训"等开展现场宣传、培训，把经营人员、农民、一线从事技术服务专业的技术人员分别培训为合格的"卖药者"、医术较高的"田间医生"、农药科学使用者、农作物病虫害绿色防控技术实施骨干等。同时通过指导农民科学合理使用农药，尽量减少化学农药的使用量，加强对高毒、高残留农药的市场监管，严防其进入生产环节。

（2）加强农作物病虫害预测预报 建立健全省、市、县、乡、村测报网点，在农作物不同生长期定人、定时、定点或定人、不定时、不定点对农作物的不同生长期、不同病虫害开展监测工作，并根据调查统计数据及时编写《农作物病虫简报》，指导开展大面积统防统治。同时认真做好病虫害普查工作，确保农作物病虫害预测预报的准确性、及时性，积极推广应用先进的植保新技术，向基层群众推荐科学合理的药剂使用配方，指导农民对症下药，避免广大农民盲目用药，提高防治水平，减少防治次数，减少农药使用量，促进农产品质量安全。

（3）加强农药使用监管 农户在农作物病虫害防治的关键季节，按植保部门提供的病虫情报进行统防统治，引导种植大户建立完善生产档案，推行种植业农产品生产基地种植档案和投入品使用记录制度，实现农产品安全的可追溯制。

（4）大力发展农作物病虫害专业化统防统治，引进试验示范新型施药器械 大力推进专业化统防统治、绿色防控、联防联控、群防群控工作，全面提升重大病虫应急防控能力和科学防病治虫水平。加大机动喷雾器等新型植保器械的示范推广，认真总结示范结果，引导群众使用先进的施药器械，解决手动喷雾器械"跑、冒、滴、漏"问题，引导群众改进施药技术，大力推广使用低容量喷雾技术、精准施药技术，减少药液飘移、流失现象发生，提高农药有效利用率。

（5）强化农药管理和服务建设 建议省、市药检、植保机构等业务主管机构为基层农药安全管理执法人员提供培训学习的机会，造就一批适应新时期农药安全管理的专业技术人才，为农民科学合理使用农药，防止药害事故发生等提供技术保障。

（6）加大财政经费投入 加强农药安全管理工作迫切需要加大财政投入，重点支持农药残留标准制定、监督抽查、风险控制所必需的试验基地、仪器设备、信息网络、农药新产品等，推广高效、低毒农药及农药废弃物的回收处理，引导带动高效安全农药的推广使用，减少对生态环境的污染，确保农产品质量安全。

6.2.3.3 构建我国农药使用技术培训体系

（1）构建我国农药使用技术培训体系所要遵循的原则

① 整体协调性原则 在构建农药使用技术培训体系的过程中，由于要涉及包括政治、经济以及法律等多方面因素，因此，在构建时，要避免出现以偏概全等现象，尊重整体协调性的基本原则，确保将所涉及的因素全部考虑在内。

② 因地制宜原则 基于我国特殊国情背景下，各地区经济发展不平衡，加上我国地域辽阔，所种植农作物的品种较多，因此，使用的农药种类是不同的，进而技术也是不同的，这就要求要采取因地制宜的原则。

③ 终身教育再培训原则 随着社会主义市场经济的发展，以及科学技术的进步，农药以及农药器械技术都随之不断更新，而相关的从业人员只有接受终身教育再培训，才能确保自身的理论知识与技术能够满足新农药以及新器械的要求。

④ 强制性原则　面对当前农药滥用的现象，为了规范农药的使用，应采取强制性的原则，以制定规章制度来实现对相关人员的考核与培训，要实现持证上岗、岗前培训，确保农药的科学使用。

⑤ 公益性原则　当前，农药使用技术培训已成为国家财政补贴的重点对象之一，因此，在开展相关技术培训的过程中，要秉持公益性的原则，调动农民的积极性，使其积极地参与到培训中，与此同时，这也能够有效减轻农民的经济负担，有利于促进农业的发展。

（2）构建我国农药使用技术培训体系的途径

① 完善相关方面的法律法规

a. 进一步完善《农药管理条例》相关内容，制定符合实际的自由裁量标准，并建立健全农药登记制度，以提高相关法律法规的可操作性，实现对乱用农药现象的合理处置。

b. 完善农药生产管理以及经营许可制度，以在确保农药质量与药效的同时，实现农药的安全性以及环保效益。与此同时，通过经营许可制度的建立，有效地规范农药经营行为，提高农药经营人员素质，并落实农药经营责任制。

c. 加强对农药使用与残留农药的监管，从而保护农业生态环境，以促进农业可持续发展的进程。

② 完善农药使用技术培训体系的组织管理体系　由于我国尚未建立统一的相关技术培训体系，致使培训工作毫无章法可循。比如：关于培训工作的相关责任不明确、政出多门且权力分散、工作职能交叉致使工作开展不到位等。这就要求要完善相关的组织体系，要求做到以下两点。

a. 要建立全国统一的培训管理体系，实现对培训工作的整体掌控，从根源上控制农药的使用，从而为系统性培训工作的开展奠定基础。

b. 在全国各地的农业技术推广服务中心建立相应的培训部门，形成系统化培训网络，并制定完善的培训计划，采用先进的培训方法，确保充分发挥培训工作的作用。

③ 构建完善的经费保障体系　农药使用技术培训具备着社会公益性，因此，要想确保培训体系的完善以及培训工作的长期有效开展，就需要建立培训基金，其基金的来源主要依靠政府的投入、特殊税费以及社会各界的赞助。其中政府是经费投入的主体，也是实现完善培训体系构建的中坚力量，因此，政府部门要根据当前我国经济发展的现状，制定完善的惠农补贴政策，并为实现农业经济的发展，不断加大对农业建设方面的支持力度。

④ 构建完善农药使用技术培训体系的支撑体系　在法律上得到立法保证，在管理上得到有效管理，而培训资金又基本到位的基础上，最重要的就是要进行支撑体系的设计，包括基础设施的建设，培训的类型、内容与对象的确定，支撑体系的运行机制和步骤的确定等。在开展农药使用技术培训之前，应根据具体情况，制定相应的培训计划，确定培训计划的同时，应根据培训对象的人员素质的不同和培训内容不同，确定并编写培训课程和主要内容。在具体培训方式上，根据我国农村人口多、分布广、素质参差不齐的特点，主要采用广播影视这种广泛适用的培训方式，以达到最大化的培训人群和最及时的培训效果。

（3）我国农药使用技术培训体系的现状　科学合理安全用药，能够使农药充分发挥作用，又使其副作用尽量减少，是保障用药者的人身健康、保障农产品生产安全、保障生态安全和农产品食用安全的重要基础。为了提高农药使用者特别是农民的科学安全合理用药技术水平，增强农民的安全用药知识和技能，全国农技推广服务中心从 2000 年开始，在全国范围内开展农药安全使用技术培训，该培训得到了植保协会（中国）的协助，以及中国农药工业协会的帮助。十余年来，每年培训人员数万人，提高了各级植保系统人员安全用药技术培训技能，为农民普及了安全用药的知识，取得了巨大的社会效益。

培训主要围绕《农药安全使用规定》和《农药安全使用准则》等内容进行，通过培训农民认识标签，正确选药、用药、配药、施药，安全防护、保护环境、处理废弃物、正确贮存与运输、轮换用药、预防抗药性产生等内容，农户和整个社会对搞好安全合理用药的观念有了很大的提升，技能得到了提高。

培训主要包括以下几个方面的内容：

① 正确认识标签　通过讲解农药标签主要元素的构成，培训农户如何解读标签内容，为正确选择农药购买提供基本知识。

② 正确选药，优先选药　根据防治对象选择对路药剂，优先选用高效、低毒、低残留农药，优先选用生物农药，坚决不用国家明令禁止的农药。

③ 安全配制　用准药量，采用二次法稀释农药。

④ 科学使用　适期用药，用足水量，选择性能良好的施药器械，注意轮换用药，添加高效助剂，严格遵守安全间隔期规定。

⑤ 安全防护　施药人员应身体健康，经过培训，具备一定植保知识。年老体弱人员不能施药。施药前检查施药器械是否完好，施药时喷雾器中的药液不要装得太满。要穿戴防护用品，如手套、口罩、防护服等，防止农药进入眼睛、接触皮肤或吸入体内。要注意施药时的安全，下雨、大风、高温天气时不要施药，要始终处于上风位置施药，不要逆风施药，施药期不准进食、饮水、吸烟，不要用嘴去吹堵塞的喷头。要掌握中毒急救知识，如农药溅入眼睛内或皮肤上，及时用大量清水冲洗。要正确清洗施药器械，施药器械每次用后要洗净，不要在河流、小溪、井边冲洗，以免污染水源。

⑥ 安全贮存　尽量减少贮存量和贮存时间，贮存在安全、合适的场所，农药不要与食品、粮食、饮料靠近或混放。

为了配合培训的开展，全国农业技术推广服务中心编制了《农药安全使用培训教材》，印制了《农药安全科学使用挂图》，并在植保协会（中国）的协助下，配套提供了部分防护用具，包括口罩、手套、防护面罩、防护衣等。每年选择一个省举行年度农药安全培训启动仪式，在十几个省召开数千场次的培训会。仅 2016 年度，即在 19 个试点省区开展 2500 多场培训，培训人数达 8 万人。这 19 个省区为：陕西、甘肃、黑龙江、辽宁、吉林、新疆、福建、浙江、广东、云南、广西、海南、四川、湖北、江苏、安徽、河南、山东和山西。发放防护用品 5 万多套，安全用药海报 3 万多张，《安全用药培训手册》1 万册。同时，在一些试点组织安全用药示范。

6.2.4　农药使用和技术推广

新农药、新使用技术的推广属于农业技术推广范畴，《中华人民共和国农业技术推广法》中规定，新技术的推广应该由试验、示范、推广三个步骤来开展，这也称为新技术推广的三部曲。一个新农药产品和一项新使用技术的推广，同样必须遵循这三部曲的原则。通过这三个步骤，可以更好地了解该产品或技术的性能、特点、缺陷等，进一步完善配套使用技术，让广大农户认识、接受和使用，并总结出适合于当地的使用技术，有利于避免出现风险，使产品推广过程能够顺利进行。

新农药试验示范是植保部门重要的基础工作之一，几乎所有的新农药产品推广都离不开试验示范，重要的产品推广的试验示范往往由植保部门完成。一些重要的新有效成分的试验示范往往由部省级的农业植保部门来安排开展。

一般而言，试验是指小面积的试用，遵循一般的试验规则，在小面积（1 亩左右）的范围内，设立多个浓度的处理，并且设计 3 次左右的重复，来了解产品的最佳使用剂量、使用适期和使用方法；示范则是在试验的基础上扩大面积进行试用，一般面积要大于 1 亩，多则可达数公顷，设立 1～2 个使用浓度，1 个空白对照小区或常规药剂对照区，一般不设重复；推广是在试验示范的基础上，开展大面积的宣传和应用。

6.2.4.1　近年来新农药的试验示范和推广情况

自 1995 年以来，针对每一个时期的重大农业有害生物和重要的新型农药品种，全国农技中心都安排进行了全国性的试验示范，为解决生产上面临的重大病虫防控问题、推广新型农药品种、新型农用喷雾助剂做出了贡献。

（1）在杀虫剂方面　先后示范推广了烟碱类、阿维菌素类、双酰胺类等重要类别的产品。

烟碱类产品，包括吡虫啉、啶虫脒、噻虫嗪、氯噻啉、烯啶虫胺、噻虫胺、噻虫啉、呋虫胺、氟啶虫胺腈、环氧虫啶等品种。其中，吡虫啉于 1993 年开始在棉花、玉米、小麦上进行试验示范，1995 年开始在水稻、果树、蔬菜等作物上进行大面积试验示范，自 1996 年之后大面积推广，尤其是在水稻上防治飞虱得到广泛使用，对于解决当时稻飞虱对自 20 世纪 80 年代中期后推广使用的噻嗪酮抗药性渐高的问题提供了很好的手段；在 1998 年啶虫脒开始试验示范；2000 年以后，氯噻啉在小麦上试验应用于防治小麦蚜虫；随后噻虫嗪、烯啶虫胺出现，用于防治蚜虫、飞虱等对象，2008 年以后，开展了噻虫胺、烯啶虫胺在水稻上的试验示范；吡虫啉、噻虫嗪在小麦和水稻种子处理上的试验示范；2014 年以后开展了氟啶虫胺腈、呋虫胺、环氧虫啶等药剂在水稻、小麦、果树上的试验示范。烟碱类农药为农业生产上控制刺吸式口器害虫起到了巨大的作用，至今仍然是主要的品类，其中吡虫啉、啶虫脒、烯啶虫胺等品种用量比较大。

阿维菌素在 20 世纪 80 年代中期进入我国，用于防治蔬菜害虫，如小菜蛾等鳞翅目害虫和果树的红蜘蛛、木虱等；至 20 世纪 90 年代初，开始在棉花防治棉铃虫上进行试验示范，同时在更多的防治对象如斑潜蝇、粉虱等上进行试验示范，逐步在上述防治对象上得到广泛的应用。21 世纪后，特别是 2005 年后，阿维菌素作为替代甲胺磷等高毒农药的主要药剂，在防治水稻稻纵卷叶螟上得到大面积应用，此后又在作物线虫防治上开展试验示范，得到大面积推广应用。甲氨基阿维菌素在 20 世纪 90 年代中期出现，开始主要用于防治蔬菜小菜蛾、斜纹夜蛾、甜菜夜蛾和棉花棉铃虫等害虫，后来逐步扩大使用范围，用于防治水稻纵卷叶螟、二化螟、桃小食心虫、蓟马等。

苯基吡唑类杀虫剂氟虫腈，20 世纪 90 年代中期由德国拜耳公司推出，90 年代末期，氟虫腈在水稻、蔬菜等作物上开展了大量的试验示范，主要用于防治水稻二化螟、稻纵卷叶螟，蔬菜上防治小菜蛾等害虫。2000 年以后，氟虫腈在水稻上得到大面积的应用，解决了当时因为二化螟对主要药剂杀虫单、三唑磷抗药性水平高涨而引起的防治难题。至 2008 年，氟虫腈由于对甲壳类水生生物毒性过高的问题而被禁止使用。

双酰胺类产品是 2008 年以后大面积推广使用的产品。该类产品的第一个品种氯虫苯甲酰胺在 2008 年由美国杜邦公司在市场上推出。在此前的 2007 年，氯虫苯甲酰胺即开始了小范围的试验，至 2008 年开展了大范围的试验示范，并在当年即推广使用 300 万亩次以上的面积，此后快速成长成为防治水稻二化螟的主要药剂，替代了当时退出市场的氟虫腈。随后数年之间，日本农药株式会社推出的氟苯虫酰胺、中化化工公司推出的四氯虫酰胺、美国杜邦公司推出的溴氰虫酰胺等产品进行了试验示范和推广。

吡蚜酮是一个原来定位于防治蚜虫的产品。2006 年之后，由于水稻褐飞虱对常用药剂吡虫啉产生了高水平抗药性，通过试验筛选发现吡蚜酮对飞虱具有很高的活性和良好的防效，2007 年之后开展了大范围、多点的试验示范，进而在 2008 年之后在全国广泛地推广使用，不仅有效地控制了水稻褐飞虱的危害，也控制了当时江苏省严重发生的水稻灰飞虱的危害。吡蚜酮是至今仍然正在防治水稻褐飞虱上承担主力的产品。

2015 年之后，针对水稻飞虱防治，美国杜邦公司研发了三氟苯嘧啶，自 2015 年开始，在全国多点安排了该产品对水稻飞虱的防治试验，2017 年开始大面积示范，2018 年开始推广使用，并形成了与吡蚜酮轮换使用治理水稻飞虱抗药性的技术模式。

在 1995 年之后，还出现了较多的其他新杀虫剂品种，对一些品种也进行了试验示范，主要有：多杀菌素和乙基多杀菌素，用于防治水稻二化螟、蔬菜小菜蛾、蓟马等；甲氧虫酰肼、呋喃虫酰肼等，用于防治水稻二化螟、蔬菜小菜蛾、斜纹夜蛾等；螺螨酯和螺虫乙酯，用于防治果树红蜘蛛、蚜虫、介壳虫、粉虱等；丁氟螨酯，用于防治柑橘红蜘蛛等；虱螨脲，用于防治棉花棉铃虫、红蜘蛛等；甘蓝夜蛾核型多角体病毒（NPV），棉铃虫核型多角体病毒（HaNPV），苜蓿银纹多角体病毒等，用于防治蔬菜小菜蛾、棉铃虫、斜纹夜蛾、甜菜夜蛾等；16000IU 的苏云金杆菌制剂，用于防治水稻二化螟等。

（2）在杀菌剂方面　先后试验示范了三唑类、甲氧基丙烯酸酯类、烯酰吗啉类、酰胺类、噻唑类、抗生素等重要品类的农药。

三唑类杀菌剂是 20 世纪 80 年代以后开发出来的新型杀菌剂种类。1995 年开始，三环唑悬浮剂试验用于防治稻瘟病。咪鲜胺试验用于防治水稻恶苗病、稻瘟病；戊唑醇试验用于小麦种子处理防治纹枯病，喷雾处理用于防治水稻纹枯病、小麦白粉病和苹果斑点落叶病。进入 21 世纪以后，三唑类农药得到更快的发展，其中己唑醇试验用于水稻和小麦，苯醚甲环唑试验用于防治蔬菜白粉病，丙环唑试验用于防治水稻稻曲病、纹枯病，先正达公司的苯醚甲环唑＋丙环唑试验用于防治水稻纹枯病、稻曲病，咯菌腈试验用于防治小麦根腐病、蔬菜灰霉病，氟环唑试验用于防治小麦白粉病、锈病及稻曲病。井冈霉素·己唑醇试验用于防治水稻纹枯病，叶菌唑·福美双、克菌丹·叶菌唑、百菌清·戊唑醇、戊唑·福美双等试验用于防治小麦赤霉病，氟环·多菌灵试验用于防治水稻纹枯病。

2000 年以后，甲氧基丙烯酸酯类杀菌剂进入市场，其中醚菌酯首先在瓜类白粉病上开展了试验示范，随后嘧菌酯、吡唑醚菌酯试验用于防治蔬菜炭疽病和疫病、马铃薯早疫病、稻瘟病、水稻纹枯病、稻曲病等。河北威远生物化工有限公司的嘧菌酯试验用于防治稻瘟病、稻纹枯病；安徽华星化工股份有限公司的嘧菌酯试验用于防治稻瘟病、番茄早疫病、瓜类白粉病、草莓白粉病；瑞士先正达作物保护有限公司的丙环唑·嘧菌酯、苯醚甲环唑·嘧菌酯，德国拜耳公司的肟菌酯＋戊唑醇，江门市植保有限公司的嘧菌酯·戊唑醇等试验用于防治稻瘟病、水稻纹枯病、稻曲病等多种水稻病害；巴斯夫公司的醚菌酯·氟环唑试验用于防治水稻纹枯病，烯肟菌胺·戊唑醇试验用于防治水稻纹枯病、稻曲病，咪鲜·嘧菌酯试验用于防治稻瘟病，噻呋·嘧菌酯试验用于防治水稻纹枯病；由沈阳化工研究院研发的丁香菌酯试验用于防治苹果腐烂病，嘧菌酯·戊唑醇、肟菌酯＋戊唑醇、吡唑醚菌酯·氟环唑试验用于防治小麦锈病、白粉病、纹枯病、赤霉病，丙环唑·嘧菌酯试验用于防治小麦锈病、白粉病、纹枯病，甲霜灵·嘧菌酯和 2.4％复硝酚钠·萘乙酸试验用于防治马铃薯晚疫病；江苏省农药研究所股份有限公司的氰烯菌酯试验用于防治小麦赤霉病、水稻恶苗病等病害，氰烯菌酯·戊唑醇和己唑醇·氰烯菌酯试验用于防治小麦赤霉病。

噻森铜、喹啉铜、噻霉酮等试验用于防治水稻细菌条斑病、柑橘溃疡病、黄瓜角斑病、白菜软腐病、番茄青枯病等作物细菌性病害。

精甲霜灵·百菌清和春雷霉素·王铜试验用于防治马铃薯晚疫病。春雷霉素·王铜试验用于防治水稻细菌条斑病、柑橘溃疡病、黄瓜角斑病；噻虫嗪和咯菌腈·精甲霜灵试验用于防治玉米粗缩病和丝黑穗病。

噻呋酰胺试验用于防治水稻纹枯病。

抗生素试验示范。申嗪霉素试验用于防治水稻纹枯病，春雷霉素试验用于防治水稻细菌条斑病、柑橘溃疡病、黄瓜角斑病、白菜软腐病、番茄青枯病等作物细菌性病害。四霉素试验用于防治水稻细菌性条斑病。

大黄素甲醚试验用于防治黄瓜白粉病，噻唑膦试验用于防治蔬菜根结线虫，多效·甲哌鎓试验用于调节小麦生长效果，甾烯醇试验用于防治水稻病毒病，丙硫唑试验用于防治稻瘟病。

（3）在除草剂方面　先后试验示范了磺酰脲类、五氟磺草胺、硝磺草酮、二氯喹啉酸、氯氟吡啶酯等产品。2 甲 4 氯钠·唑草酮试验用于防除冬小麦田阔叶杂草。烟嘧磺隆试验用于防除玉米田禾本科、莎草科及阔叶杂草。苄嘧磺隆·丁草胺药肥颗粒剂试验用于防除稻田杂草。

唑啉草酯试验用于防除大、小麦田禾本科杂草。丙草胺试验用于防除水直播田杂草稻。双氟磺草胺·2,4-滴异辛酯和啶磺草胺试验用于防除冬小麦田杂草。氟唑磺隆试验用于防除冬小麦田禾本科杂草。2 甲·溴苯腈试验用于防除小麦田杂草。丁草胺·噁草酮试验用于防除水稻、玉米田杂草。氰氟草酯试验用于防除稻田千金子。烟嘧·溴苯腈试验用于防除玉米田杂草。2 甲·溴苯腈试验用于防除亚麻田阔叶杂草。氯吡·苯·唑草试验用于防除冬小麦田阔叶杂草。2 甲·氯氟·双氟磺草胺试验用于防除小麦田杂草。五氟磺草胺和五氟磺草胺·丁草胺试验用于防除稻田杂草。双唑·氯氟吡和 25％环吡·异丙隆试验用于防除小麦田杂草。草铵膦试验用于防除花卉苗木、蔬菜、果园、咖啡园、茶园杂草。草铵膦试验用于防除免耕移栽油菜田杂草。

随着人们对环境保护重要性认识的提高，农药剂型的环保性能受到重视。自 20 世纪 90 年代以后，一批环境友好的剂型得到发展和推广，例如颗粒剂、水乳剂等，同时在农用助剂方面，也开始得到推广应用。自 20 世纪 90 年代以来，一些农用喷雾助剂得到推广应用，特别是从 2003 年开始针对有机硅助剂开展试验示范，2005 年开始在十个重点省份进行培训宣传，大面积推广于蔬菜、茶叶、果树和水稻上。经过数年的推广，使用农用喷雾助剂提高喷雾效果的方法开始得到基层技术人员和农民的认可，农用喷雾助剂的使用面积有明显的扩大。2014 年以后，随着植保无人机作业的面积不断增大，市场对航空喷洒的农药助剂需求大增，全国农技中心连续几年安排开展了以甲基化植物油为主的飞防助剂试验，该类助剂得到了较大规模的应用。

6.2.4.2　高毒农药替代试验示范

我国自 1980 年以后，农药使用量大大增加，从 1980 年的 12 万吨增加到 20 世纪 90 年代末的 35 万吨，这其中，有机磷农药占比高，而有机磷农药中高毒农药的占比又较高，形成了"农药中 70% 是杀虫剂，杀虫剂中 70% 是有机磷，有机磷中 70% 是高毒农药"的"三个 70%"的格局。其中甲胺磷、对硫磷、甲基对硫磷、久效磷、磷胺等 5 种高毒农药占比又比较大，因为使用这些高毒农药造成的中毒事故占比又比较高，而中国 2000 年又加入了《鹿特丹公约》，根据该公约对这 5 种高毒农药的使用必须给予限制，因此从 2004 年开始，农业部实施了"高毒农药替代试验示范"项目。该项目的目的在于寻求替代甲胺磷等 5 种高毒有机磷农药的品种，以保证在全面实施甲胺磷等 5 种高毒农药禁用的措施后，能够保证农业生产中重要害虫有药可防，同时在保护环境安全性、降低生产成本方面也能够更加有利。

整个项目执行时间从 2005 年至 2009 年，项目设计有药剂筛选（室内）、田间试验、大田示范、宣传培训推广、药剂风险评估（水生动物、天敌、抗药性）等几大内容，组织了包括农业技术推广部门、农药管理部门、教学和科研单位、生产企业等几个领域的人员共同参加。通过几个部门人员的共同努力，使高毒农药替代工作顺利实施，取得了突破性的进展与成效。

项目的执行，有力地保证了农业生产上害虫防治用药品种的有效性和安全性。通过实施该项目，先后发布了 4 期高毒农药替代产品和配套技术推荐名单，为农业生产上防治 30 多种重要害虫推荐了 49 个高效、低毒替代农药产品，开发和集成了 145 项配套技术，出版印刷了《高毒农药替代产品和配套使用技术指导手册》《高毒农药替代技术挂图》，在全国 29 个省区的 120 个县的 500 多个示范点进行了示范和推广。通过实施"高毒农药替代试验示范"项目，高毒农药的生产、使用量大幅度下降，高毒农药品种占农药品种的比例已由项目实施前的 20% 降低到 9.2%，项目示范区农产品质量有了明显的提高，农药中毒事故明显减少，示范区农药使用总量减少 10%，农药有效利用率提高 5% 以上，害虫天敌数量增加 20% 以上，项目社会效益和生态效益显著。一些高效的药剂得到大面积推广应用，例如吡蚜酮防治水稻飞虱，阿维菌素防治水稻纵卷叶螟，氯虫苯甲酰胺防治水稻二化螟、纵卷叶螟等，对近年来控制水稻害虫大发生的危害起到了非常重要和非常关键的作用。

通过项目的实施，促进了对药剂科学评价方面的技术进步。有关科研单位在参加项目研究过程中，针对新的要求，创新了技术，解决了一些科研上遇到的技术难题。例如在室内活性测定方面，针对吡蚜酮这类作用速度很慢的药剂，设计了新的生物测定方法；在地下害虫饲养方面，也有了新的突破，解决了一些过去不能饲养害虫的人工饲养问题，例如小地老虎、韭蛆等的室内饲养；在天敌风险评估方面，解决了室内天敌饲养的问题，例如对水稻稻虱缨小蜂的饲养；在如何评价天敌风险上，也制订出了新的评价方法和评价标准。

通过执行项目，全面测定、评估了一些重要害虫对主要药剂的活性。通过实施高毒农药替代项目，各参与单位对我国目前在主要害虫上使用的杀虫剂品种几乎都进行了室内生物活性的测定和评估，对一些重要的品种进行了天敌、有益生物和抗药性风险评估。因此，对大多数药剂的效果、防治范围等都有了比较充分的了解，开拓了一些药剂的重要用途，为农业生产筛选出了高效的药剂。例如吡蚜酮以往只注意在蚜虫上面进行试验和推广，但通过室内进行筛选后，发现它对水稻飞虱具有非常高的效果，使得吡蚜酮由原来的主要防治蚜虫变成了防治水稻飞虱的一个最重要品种，阿维菌素也是如此，通过项目开拓了水稻害虫用药防治的市场。

项目的实施，还有效地提高了各级植保技术人员的施药和项目实施水平。各级植保站是高毒农药替代项目的主要参与者和实施者，通过实施项目，各级植保站对各种重要农业害虫的防治药剂有了更深入和广泛的认识，提高了药剂的使用技术；通过参与试验，提高了田间试验水平，提高了对药剂优化组合使用的指导能力和意识；通过开展田间培训、推广替代药剂品种和技术等活动，提高了植保部门推广新药剂、新技术的能力，开拓了推广思路，探索了新型药剂的成功推广模式，改进了推广的办法，为今后进一步搞好高毒、高风险农药的禁用与限用工作打下了良好的基础。

6.2.5　抗药性的监测和治理

化学农药使用后必然带来三个问题：残留（residue）、抗药性（resistance）和再猖獗（resurgence），简称"3R"问题。其中，抗药性问题是使用中面临最多的问题，其影响也是巨大的、广泛的，造成的损失也是严重的。在抗棉铃虫转基因棉问世以前，为了对付棉铃虫的抗药性，部分地区如澳大利亚，甚至出台了法律规定来对使用的农药品种、时间进行规范。

6.2.5.1　抗药性历史和现状

我国农药的使用历史长，用药量和用药次数多，农民科学用药知识少，不合理使用现象普遍存在，导致病虫抗药性上升，造成防治效果下降，防治成本增加，浪费农药和污染环境的问题突出。据统计，目前我国在不同地区已有至少 37 种重要害虫、螨类和近 21 种植物病原物及至少 25 种杂草对有关农药产生了不同程度的抗性。

抗药性总是伴随着农药大量长期使用而来，早在 20 世纪 60 年代，我国即有棉蚜对甲基对硫磷等有机磷产生抗药性的报道。80 年代以后，拟除虫菊酯类农药大面积推广使用，刚开始时被称之为"神药"，对棉蚜、棉铃虫具有非常高的活性和极佳的防治效果，溴氰菊酯防治蚜虫的使用浓度仅为 2.5mg/kg，但是到 80 年代中期，棉蚜即对菊酯类农药产生了抗药性，至 1990 年以后，北方棉区棉铃虫对菊酯类农药抗药性大增，棉铃虫大爆发，造成棉花严重减产，沉重打击了华北棉区的棉花生产。另外，自 2001 年开始，我国长江中下游的江苏、浙江、安徽等省大部分稻区二化螟对主要使用的药剂杀虫双、三唑磷等杀虫剂产生了中等以上水平的抗性，致使防治失效，产量损失严重。2005 年，水稻褐飞虱又在我国南方稻区大面积爆发，主要由于对高效防治药剂吡虫啉产生了抗药性，导致防治失败，在浙江省中晚稻田中造成了大面积的水稻倒伏干枯现象，最严重田块水稻倒伏达 80%，当年全省中晚稻的产量大约损失了 1/3，而且因为用药次数和数量增加，部分地区稻谷农药残留超标，影响了稻米的质量安全。

6.2.5.2　抗药性监测

鉴于抗药性问题严重影响棉花生产，自 1985 年开始，农业部全国植保总站组织各地植保站对一些重大农作物病虫抗药性开展了系统监测和治理工作。1991 年牵头成立了由科研、教学和推广专家组成的农业病虫抗药性对策专家小组，适应形势的变化，2003 年将专家组更名为"农业有害生物抗性风险评估与对策专家组"。1991 年由国家财政投入开始建立全国农业有害生物抗药性监测网，同时设立了南京农业大学和北京农业大学两个抗药性监测培训中心，每年培训技术人员 15 名左右。到 20 世纪末，共建立了约 50 个抗药性监测点，农业病虫抗药性监测治理体系基本形成，抗药性监测基础设施从无到有。在全国农技中心的领导下，目前已形成了由 1 个抗药性对策专家小组、2 个监测技术培训中心及 80 个抗药性监测站所组成的抗药性监测治理体系，拥有经过培训的农作物病虫抗药性监测专业技术人员上百人。自 1991 年以来，通过实施"植保基建"和"植保工程"等项目，农业部和有关省农业厅（局）联合建设近 50 个抗药性监测站和 2 个抗药性监测技术培训中心，并按照统一的模式为各抗药性监测站配备了抗药性监测专用仪器和设备，有效地保证了农作物病虫抗药性监测治理工作的持续开展。

在技术上，建立了统一的抗药性监测技术规范，初步摸清了抗药性发生现状。通过组织有关科研、教学单位对 FAO、WHO、IRAC（国际杀虫剂抗性行动委员会）等国际组织推荐的测定方法进行研究、改进，制定了适合我国使用、全国统一的 11 种主要病虫抗药性监测方法，制定了 12 个抗药性监测方法行业标准，测定了 11 种害虫（螨）对 90 多种农药的毒力基线，建立了抗药性监测档案，系统地开展了抗药性监测技术培训，先后举办了抗药性监测技术培训班 15 期，培训基层监测技术人员 100 多人。同时，进行了系统培训，初步摸清了一批重大病虫的抗药性现状、发生水平和变化动态规律，为国家安排农药生产和进口以及制定治理对策提供了依据。

监测网络建设以来，在 2010 年前主要开展了对棉花棉铃虫、棉蚜、棉红蜘蛛，水稻飞虱、二化螟，小麦蚜虫、柑橘红蜘蛛等害虫的抗药性监测，2010 年后监测的对象逐步扩展到杂草、病害和鼠害。

监测的药剂主要是当时的常用农药品种：在棉花上，以菊酯类的高效氯氰菊酯、溴氰菊酯、氰戊菊酯、高效氯氟氰菊酯等为主；以辛硫磷作为有机磷类农药的代表，以灭多威为氨基甲酸酯类农药的代表；在水稻上，以三唑磷、杀虫单、氟虫腈、吡虫啉、噻嗪酮等为主；在小麦上，主要以高效氯氰菊酯、氧乐果、抗蚜威为主；在柑橘上，以哒螨灵、阿维菌素等为主。抗药性监测网的建设，为及时发现病虫草害的抗药性变化动态提供了条件，植保部门针对抗药性发展的情况，提出了相应的对策，有效地指导了农业生产上的防治用药。例如2005 年通过监测，发现了水稻褐飞虱对吡虫啉产生了高抗药性，及时发布水稻飞虱用药意见，对有效控制飞虱危害起到了很大的作用。随着抗药性问题越来越受到重视，抗药性工作的网点逐步增加，至今抗药性监测网点已经达 80 个，监测的范围不仅包括害虫，也包括病害和杂草、鼠害等对象；监测的工作方式也发生了变化，由过去各监测点自己测定为主，改变为监测点负责采样，由科研教学单位测定为主。

多年来，在各有关科研、教学单位的大力支持下，以及各地植保站的努力配合下，在专家组的指导下，每年对抗药性情况进行总结，发布抗药性监测公告，指导各地科学用药。同时，针对棉铃虫、水稻螟虫、稻飞虱等建立抗药性治理示范区，总结、探索科学用药的方法和经验，指导各地有计划地搞好农药使用，农业有害生物抗性综合治理技术的推广工作取得了显著成效。

6.2.5.3 抗药性治理

抗药性治理的对策一般有三种：交替轮换用药、混用农药、使用新药剂。我国在抗药性治理上，这三种对策都进行了实践，并且结合我国的植保特点，提出了综合治理的策略，即在以上用药措施的基础上，加上农业的、物理的、生物的措施。

（1）综合措施实施抗药性治理 在 20 世纪 90 年代后期，依据抗药性田间动态系统监测结果，划分了棉铃虫对菊酯类农药的高、中、低抗地区及敏感地区，针对不同水平抗药性地区制定了不同的用药技术对策，并在棉区建立了 30 个面积为 1500～5000 亩的棉铃虫抗药性综合治理示范区，示范以科学用药为主、综合防治为辅的棉铃虫抗药性综合治理技术措施。在农业上，采用田间种植诱集带等方式，减少棉铃虫在棉花上的产卵数量；在物理和非化学防控上，大面积使用灯光诱杀、性诱剂诱杀、杨树枝把等手段，诱杀棉铃虫；在生物防控上，使用 Bt、棉铃虫多角体病毒等防治棉铃虫；在化学农药上，推行交替轮换用药、混用农药、使用农药喷雾助剂等措施，提高防治效果。通过治理，示范区棉铃虫抗药性增长较非示范区棉田低 3 倍左右，减少施药 2～3 次，亩防治成本降低 20 元左右，还保护了天敌和生态环境，减少了生产性农药中毒事故的发生。

（2）停止高抗药性药剂的使用，使用替代的新药剂 进入 21 世纪以来，针对南方部分稻区二化螟对杀虫双（单）产生了抗药性，于 2002～2004 年，在抗性普查的基础上，组织抗性地区开展了杀虫双（单）药剂替代试验，筛选出了调整水稻播期、减少害虫越冬场所、实行深水封灌、秧田大剂量用药和重治一代、压低二代基数，停用高抗药剂，换用其他药剂，并实行轮换、交替使用不同作用机制农药等替代技术，有效地延缓和降低了二化螟对杀虫双（单）的抗药性。全国农业技术推广服务中心明确提出，应该在水稻二化螟抗药性严重地区，停止使用三唑磷、杀虫双等药剂，改用氟虫腈等高效药剂。

2005 年，针对褐飞虱对吡虫啉抗药性的爆发，全国农业技术推广服务中心发出了抗药性通报，明确提出停止在水稻褐飞虱防治上使用吡虫啉，同时组织南方 11 个水稻主产省实施了稻飞虱抗药性治理项目，筛选出吡蚜酮、烯啶虫胺等替代吡虫啉的药剂和组合用药防治技术，为治理稻飞虱抗药性提供了解决方案。2016 年又针对褐飞虱、白背飞虱等都对噻嗪酮产生高水平抗药性的情况，发出了在防治水稻飞虱时，停止使用噻嗪酮的建议。

2008 年以后，针对水稻二化螟对氟虫腈等药剂产生抗药性的情况，大面积推广了以氯虫苯甲酰胺、四氯虫酰胺为主的双酰胺类杀虫剂。2017 年开始，针对水稻褐飞虱对吡蚜酮的抗药性逐步升高的现象，开始推广新的杀虫剂三氟苯嘧啶。

6.2.6 植保机械和施药技术

6.2.6.1 发展历程

改革开放以来的 40 年，我国植保机械与施药技术取得了一些进展，主要体现在生产能力和年产量上。1978 年以前，在计划经济体制下的我国植物保护机械产品品种单一，共有 30 余家生产企业，年产量在 150 万台左右。到 2008 年，我国拥有各类植保机械生产企业 350 余家，生产 6 大类 50 余种规格的产品，产能达到 1400 余万台，从数量上说，已基本能满足国内喷洒化学药剂的需要。但产品质量较差，跑冒滴漏现象严重，喷雾性能差，国家监督检查的产品合格率，长期徘徊在 60% 左右。产品技术性能落后，各类植保机械中产销量最大的主打机型，还基本上属于 20 世纪 60 年代定型的产品。期间也出现过一些新的机型，但大多只是从提高工效或节省人力等单一方面入手进行的改进，没有抓住提高对靶性、提高沉积率、减少飘失、降低污染、提高农药利用率的本质，没有把握植保机械的发展方向，市场生命力往往不强。对施药技术理论基础研究不足、重视不够，培训不到位，农民施药观念落后，一些较好的施药技术也未能广泛应用。总之，我国植保机械与施药技术在改革开放的头 30 年发展是缓慢的，极不适应现代农业发展的需要，已成为我国整个植保行业的短板和限制因素。

然而，近 10 年来我国植保机械进入了快速发展阶段。中国农业机械化研究院及其所属的现代农装股份有限公司、临沂三禾永佳动力有限公司、北京丰茂植保机械有限公司、山东华盛农业药械股份有限公司、山东卫士植保机械有限公司、雷沃重工股份有限公司等一批公司研制的各种高地隙自走式喷杆喷雾机、大型风送式喷雾机和果园风送喷雾机，从技术手段上解决了我国多种农作物，如小麦、大豆、棉花、花生、马铃薯、水稻、玉米、高粱等病虫害防治的农药喷洒问题，极大地促进了我国植保机械装备水平和防控能力。与此同时，植保无人机实现了跨越式发展。

（1）植保无人机整体性能方面有所突破　经过不断改进，部分植保无人机已经在安全性、稳定性、操控性、喷洒系统、动力保障等方面取得了明显进步，能够应用于大面积病虫害防治。

（2）航空专用药剂研发方面有所突破　有些农药企业已经开始生产航空专用的药剂、助剂，广西田园公司已经有低量、超低量药剂品种登记，河北威远、安阳全丰公司等也对针对航空植保所需的专用药剂进行了开发。农药采用大包装，并配套专用助剂、抗蒸腾剂等，为保障飞防效果提供了保障。

（3）专业化的飞防组织发展迅速　从 2015 年开始，一些植保无人机企业与农药企业联合转型成立飞防服务公司，如农飞客、标普农业、农博士、蜻蜓农服等，目前已经在全国各地开展了飞防服务。湖南省病虫害专业化防治协会也成立了 15 家飞防大队，2016 年在水稻全程植保飞防上作业 100 多万亩，并且筛选出一批可用于飞防的药剂、助剂以及配套的使用技术，有力地推动了航空植保的发展。到 2016 年，全国植保无人机保有量 5546 架，作业面积 2100 多万亩，各地租用植保无人机作业 780 多万亩。

6.2.6.2　主要机型

（1）压缩式喷雾器　中华人民共和国成立后，1952 年上海农业药械厂开始生产 52 型压缩式喷雾器，经几次改进后统图标定，1955 年定型为"552 丙型"，以后逐步扩展到全国二十余个厂生产。由于该机结构简单，价格低廉，受到广大农民欢迎。20 世纪 70 年代，全国植保机械行业厂约有 2/3 以上的厂家都生产 552 丙型压缩式喷雾器。由于铁制药箱耐腐蚀能力差，1979 年开始采用工程塑料生产，统图时标定为 3WS-7 型。进入 20 世纪 80 年代，随着工程塑料的普遍应用，压缩式喷雾器的销量和利润减少，很多企业逐渐转产塑料背负式手动喷雾器，压缩式喷雾器的产量及所占比重逐步下降。据 1982 年全国 63 个手动喷雾器厂统计，压缩式喷雾器产量为 423 万台，约占手动喷雾器总产量的 52.74%，至 1986 年产量下降到 43.4 万台，仅占手动喷雾器总产量的 8.6%。

（2）背负式手动喷雾器　背负式手动喷雾器最早由上海农业药械厂于 1959 年开始投产，20 世纪 60 年代中期定型为"工农-16 型"。1970 年后逐步扩展至全国植保机械行业生产厂，到 20 世纪 80 年代，全国已有 2/3 以上的植保机械厂生产该产品。1978 年泉州喷雾器厂和云南农业药械厂率先将药箱改为聚乙烯塑料，结构形式有两种，一种为铁箍式（泉州喷雾器厂），另一种为嵌入式（云南农业药械厂）。1979 年全国统图时将铁皮药箱标定为 3WB-16型，将塑料药箱标定为 3WBS-16A 型（空气室固定在凹陷处）和 3WBS-16B 型（空气室固定在铁箍上）。随着工程塑料的广泛应用，3WBS-16 型逐渐成为主流，特别是 1983 年后，农村改革深入发展，乡镇企业大批涌现，很多乡镇企业跻身植保机械行业，年产量已超过700 万台，远远超过压缩式喷雾器，成为产销量最大的植保机械。但此后由于产能过剩，企业大多采取竞相压价、恶性竞争的方式，导致大量以回料和再生料生产的劣质喷雾器充斥市场，整体质量水平下降，跑冒滴漏现象严重。到了 20 世纪 90 年代，这一问题已经引起党和国家领导的高度关注。1996 年，温家宝同志对我国小型施药机械落后的情况反映做了批示，要求有关部门一定要解决施药机械落后，跑冒滴漏严重的问题。农业部认真贯彻国务院领导的指示精神，积极采取措施，开发试验了多种小型施药机械。由全国农业技术推广服务中心结合科研、生产、推广三方面的力量，牵头成立的山东卫士植保机械有限公司，成功开发生产了新型背负式手动喷雾器——卫士牌 WS-16 型。该机型是在综合一些进口样机优点的基础上，结合我国实际情况研制开发的，性能指标达到 90 年代国际同类产品的先进水平，是我国手动喷雾器理想的更新换代品种。产品面市后，被多家企业仿制，给卫士公司加工模具的模具厂为多家企业加工同样的模具。从积极的意义上讲，很好地起到了带动我国施药机械技术进步的作用。这种新型结构的喷雾器已逐步成为手动喷雾器的主打机型。

（3）背负式机动喷雾喷粉机　背负式机动喷雾喷粉机（以下简称机动弥雾机）的研制开始于 20 世纪 60 年代中期，有个别植保机械生产企业参考日本样机，研制生产出我国第一代机动弥雾机——WFB-18AC 型。到 20 世纪 70 年代末国内又相继出现三四家机动弥雾机生产厂，产销量维持在几万台。到 20 世纪 90 年代初，由于棉铃虫大爆发，需求量形成第一个高峰，生产厂家迅速发展到 10 多家，生产能力达 30 万～40 万台。在这几十年的发展过程中，也出现了一些技术革新，研制了一些新机型，其中包括 1995 年利用"发展棉花生产专项资金"招标研制的 3WF-26 型机动喷雾喷粉机，通过采用前弯短叶片闭式全塑风机和选配先进、可靠的汽油机，显著提高射程，风机效率、能耗、噪声、重量等指标均比较先进。该项目获得 1998 年农业部科技进步一等奖，并于 2001 年获得国家科技进步二等奖。但时至今日，大部分生产厂仍只能组装生产 WFB-18 型机动弥雾机，"18 机"仍是产销量最大的主导机型，可见其发展是多么艰难和缓慢。

（4）担架式喷雾机　担架式喷雾机主要是针对 20 世纪五六十年代，稻田螟虫为害严重而研制的。1964 年南京农业机械化研究所与苏州农业药械厂研制成配用离心泵的担架喷雾机，1965～1966 年，上海农业药械厂、铁岭农药机械厂、安徽省农业机械厂研制了三缸活塞泵和柱塞泵的担架喷雾机。1966 年"全国植保机械歼灭战"制订了农用机动喷雾机柱塞泵、活塞泵系列型谱，定型的"工农-36 型"成为主打机型，一直沿用至今。后逐渐退出稻田，成为果园的主要施药机械。近几年，随着水稻病虫害发生加重，防治困难，人们逐步把提高防治工作效率当作主导因素。南京农业机械化研究所将原喷枪进行了改进，在喷杆下方增加了三个角度不同的喷头，增加了流量，降低了压力，雾化效果有所改善，致使担架式喷雾机在水稻上的使用量快速增加。担架式喷雾机虽然具有功效高、射程远的优势，可解决一些果园、稻田下部施药的问题，但采取的是雨淋式喷雾，需水量大，农药配比不易控制和掌握，雾滴粗、流速大、沉积难，浪费、流失、污染严重，农药利用率极低，是不符合施药机械发展方向的，也不适应现代农业发展的需要，目前的大面积使用也仅是权宜之计。

（5）喷杆喷雾机　喷杆喷雾机走的也是先引进，后消化吸收、仿制的路子。改革开放后，随着除草剂的推广使用，引进了一批大型喷杆喷雾机，如美国约翰迪尔公司的 550 型牵引式喷雾机，波兰 SL-1001-3 型牵引式喷雾机，丹麦哈迪公司的 NK-600 型悬挂式喷雾机等。到了 20 世纪八九十年代，我国东北和西北地区农垦系统研制了 3WM6-240 型、3WM6-350 型、3WM8-500 型、3WM10/12-650/1000 型悬挂式喷雾机，3WM10/12-1000/1500 型牵引喷杆式喷雾机，我国的喷杆喷雾机也有了一定的发展，基本上能达到喷洒除草剂的农艺要求。但由于与栽培制度结合不够，作业领域受限制，整体发展缓慢，机器的技术含量低，工艺水平和可靠性都较差。进入 21 世纪，黑龙江垦区的需求不断扩大，开始引进新型的大型喷杆式喷雾机，如美国约翰迪尔 4710 型、美国凯斯 STX3200 型、巴西 Jacto 公司 Uniport 2000 型自走式喷雾机。这些喷药设备，技术含量较高，有卫星导航功能、变速定量喷洒功能，输出功率大，喷幅宽、机械性能稳定，作业效率较高，喷洒均匀，防效好。同时，通过引进防飘喷头、过滤器、快速组装喷头、喷头均匀度测试仪等，显著提高了喷杆喷雾机的作业质量。由于牵引式和悬挂式喷杆喷雾机底盘低，通过性能不好，而且轮胎宽，在目前我国种植规模偏小，难以专门为植保机械留作业行的情况下，发展受到限制。因此，符合我国目前种植特点的高地隙自走式喷杆喷雾机发展迅速，其底盘高度可高达 1.1m，实现了良好的通过性能，且轮胎较窄，压损较少。

（6）其他机型　背负式电动喷雾器，是一种利用蓄电池的电能带动隔膜泵等泵体，完成药液加压，实现喷雾的喷雾器。它能减轻施药人员的劳动强度，无需用手压动摇杆，但显著增加了成本，增加了喷雾器的重量，而且农民维护保养蓄电池困难。遗憾的是喷洒部件并没有改善，喷雾效果一般，而且以“卫士”为代表的新一代手动喷雾器，采用的是大流量活塞泵，每分钟只需压动摇杆 6～8 次，劳动强度并不大。

1996 年湖南的一名技术人员发明了一种所谓的“全自动喷雾器”，是利用硫酸与碳酸氢氨反应产生的二氧化碳作为压力源的一种贮压式喷雾器。很快在技术市场转让了五家，生产能力达到 100 多万台。全国农业技术推广服务中心组织有关专家进行评审，在了解到该喷雾器的工作原理后，认为存在很大的安全隐患和不合理性，提出了不宜推广使用的意见，并通过多种媒体进行广泛宣传，控制了事态的发展。有两家生产企业在咨询后，决定停止该项目的上马。各级植保站都尽快停止了该喷雾器的推广工作。此后发生的多起爆炸伤人事件也验证了这一举措的重要性。

6.2.6.3　施药技术

（1）超低容量手动喷雾技术　20 世纪 70 年代中期，参照国外样机，先后研制成明光-A、工农-A 和 3WCD-5 型等多种型号的手持电动离心喷雾机，极大地推动了我国超低容量喷雾技术的发展。雾滴直径约 $70\mu m$，亩施药液（必须使用油剂农药，以防雾滴蒸发）仅需 300mL，由于沉积好、防效高，省力、省水，工效高，到 20 世纪 80 年代末，已累计销售 100 多万台。然而，由于小型直流电机易损坏，寿命短，干电池耗量大，油剂农药供应不足，再加上对农民使用技术要求较高，农民因看不见雾滴而怀疑其效果等方面原因，导致该项技术未能大面积推广。

（2）小喷片施药技术　20 世纪 80 年代中期，将径向进液式圆锥雾喷头的喷孔由 1.3mm，减小为 1mm 和 0.7mm。仅这一项小小的改进，即可将施药液量降至 15～25 升/

亩，可以降低雾滴直径，显著减少药液流失量，提高农药利用率，提高工效和防效。该项技术还获得了国家科技进步二等奖，后归纳为"三个一"的施药法，即用1mm孔径的喷片，喷1药箱药液防1亩地。但遗憾的是，由于农民用的水源杂质较多，喷雾器应有的三级过滤系统难以保证，常造成喷头堵塞，再加上农民"不打到药水滴淌不放心"等错误施药观点根深蒂固，甚至人为将喷孔扩大，该项技术在推广一段时间后，使用面积逐渐减小。

（3）手动吹雾技术　20世纪80年代中期，中国农业科学院植物保护研究所研究员屠予钦，根据双流体雾化原理设计了一种新型手动吹雾器。在0.03MPa的空气压力下，通过特制的气力式环孔喷头可产生 $50\sim100\mu m$ 的细雾，雾体为 $25°\sim30°$ 的窄幅实心圆锥雾。亩施药液量仅需 $1\sim2L$，沉积量和农药利用率显著提高。后由于机器在批量生产中工艺水平较低，质量不稳定，再加上对农民使用技术要求较高等，导致该项技术未能大面积推广。

（4）静电喷雾技术　20世纪80年代中期，中国农业大学的尚鹤言教授就开始牵头研究静电喷雾技术，通过高压静电发生装置使喷出的雾滴带电，从而增加雾滴在作物表面的附着能力，可显著提高雾滴的沉积量，而且不易滚落，可将农药利用率提高到90%。缺点是带电雾滴对植物冠层的穿透能力较弱。该项技术在我国一直未得到应有的重视，也一直没有推开。

6.2.6.4　植保机械的管理

我国针对植保机械的生产、使用、质量检测等工作，制定了一系列的国家标准。这些标准总共有44个，其中强制性标准1个，推荐性标准43个。

（1）植保机械需通过3C认证　我国政府为兑现"入世"承诺，于2001年12月3日对外发布了强制性产品认证制度，从2002年5月1日起，国家认证认可监督管理委员会开始受理第一批列入强制性产品目录的19大类132种产品的认证申请，其中植保机械成为唯一被列入的农机产品。强制性产品认证制度（China Compulsory Certification，CCC）简称"3C"认证。

所谓强制性产品认证制度，是各国政府为保护广大消费者人身安全和动植物生命安全，保护环境、保护国家安全，依照法律法规实施的一种产品合格评定制度，它要求产品必须符合国家标准和技术法规。强制性产品认证，是通过制定强制性产品认证的产品目录和实施强制性产品认证程序，对列入目录中的产品实施强制性的检测和审核。凡列入强制性产品认证目录内的产品，没有获得指定认证机构的认证证书，没有按规定加施认证标志，一律不得进口、不得出厂销售和在经营服务场所使用。

强制性产品认证制度在推动国家各种技术法规和标准的贯彻、规范市场经济秩序、打击假冒伪劣行为、促进产品的质量管理水平和保护消费者权益等方面，具有不可替代的作用和优势。认证制度由于其科学性和公正性，已被世界大多数国家广泛采用。实行市场经济制度的国家，政府利用强制性产品认证制度作为产品市场准入的手段，正在成为国际通行的做法。

其主要特点是：国家公布统一目录，确定统一适用的国家标准、技术规则和实施程序，制定统一的标志标识，规定统一的收费标准。凡列入强制性产品认证目录内的产品，必须经国家指定的认证机构认证合格，取得相关证书并加施认证标志后，方能出厂、进口、销售和在经营服务场所使用。

国家质量监督检验检疫总局和国家认证认可监督管理委员会于2001年12月3日一起对

外发布了《强制性产品认证管理规定》，对列入目录的 19 类 132 种产品实行"统一目录、统一标准与评定程序、统一标志和统一收费"的强制性认证管理。将原来的"CCIB"认证和"长城 CCEE 认证"统一为"3C"认证。

"3C"认证从 2003 年 5 月 1 日（后来推迟至 8 月 1 日）起全面实施，原有的产品安全认证和进口安全质量许可制度同期废止。目前已公布的强制性产品认证制度有《强制性产品认证管理规定》《强制性产品认证标志管理办法》《第一批实施强制性产品认证的产品目录》《实施强制性产品认证有关问题的通知》。

需要注意的是，"3C"标志并不是质量标志，而只是一种最基础的安全认证。"3C"认证主要是试图通过"统一目录，统一标准、技术法规、合格评定程序，统一认证标志，统一收费标准"等一揽子解决方案，彻底解决长期以来我国产品认证制度中出现的政出多门、重复评审、重复收费以及认证行为与执法行为不分的问题，并建立与国际规则相一致的技术法规、标准和合格评定程序，可促进贸易便利化和自由化。

（2）植保机械实行购置补贴政策　农机购置补贴政策是党中央国务院强民惠农政策的主要内容，从 2004 年开始实施。那时植保机械还较落后，以背负式手动喷雾器为主，列入补贴目录的只有背负式机动喷雾喷粉机等少量品种。通过农业机械购置补贴政策的实施，充分调动和保护农民购买使用农机的积极性，促进农机装备结构优化、农机化作业能力和水平提升，推进农业发展方式转变，切实保障主要农产品有效供给。

① 补贴范围及标准　按照"确保谷物基本自给、口粮绝对安全"的目标要求，中央财政资金重点补贴粮棉油糖等主要农作物生产关键环节所需机具，兼顾畜牧业、渔业、设施农业、林果业及农产品初加工发展所需机具，着力提升粮棉油糖等主要农作物生产全程机械化水平。

农业农村部要求各省根据农业生产实际，在 137 个品目中，选择部分品目作为本省中央财政资金补贴范围；并要根据当地优势主导产业发展需要和补贴资金规模，选择部分关键环节机具实行敞开补贴。2017 年在补贴资金规模减少 50 多亿元的情况下，确定对高效植保机械等粮食生产关键环节亟需的机械，实行敞开补贴，并确定将植保无人机纳入补贴试点。

中央财政农机购置补贴资金实行定额补贴，同一种类、同一档次农业机械在省域内实行统一补贴标准。不允许对省内外企业生产的同类产品实行差别对待。补贴额度按不超过本省（区、市）市场平均价格 30% 测算，地震重灾区县、重点血防疫区补贴比例可提高到 50%。一般单机补贴限额不超过 5 万元。

在确定补贴对象优选条件时，将农机专业合作组织列为最优先鼓励的对象，排名在农机大户、种粮大户之前。在资金有限的情况下，支持农机专业合作社优先购买，对合作社购买机具的数量限制也适当放宽。在申请补贴人数超过计划指标时，为保证公正、公平，农业农村部、财政部规定了补贴对象的优选条件：农民专业合作组织；农机大户、种粮大户；列入农业农村部科技入户工程中的科技示范户；"平安农机"示范户。同时，要求各地严格执行补贴对象公示制度，必须将受益者名单、补贴金额等情况在实施区域内张榜公示，接受群众监督。经公示无异议后，获得补贴资格的农民可凭与县级农机化主管部门签订的购机协议到经销商处实现差价购机。为方便农民，对价值较低的机具可采取购机和公示同时进行的办法。

② 补贴机具产品资质　补贴机具必须是在中华人民共和国境内生产的产品。除新产品

补贴试点外，补贴机具应是已获得部级或省级有效推广鉴定证书的产品。继续选择个别省份开展补贴产品市场化改革试点，在补贴机具种类范围内，除被明确取消补贴资格的或不符合生产许可证管理、强制性认证管理的农机产品外，符合条件的购机者购置的农机产品，均可申请补贴。

补贴机具产品须在明显位置固定标有生产企业、产品名称和型号、出厂编号、生产日期、执行标准等信息。

6.2.7 农药使用存在问题

6.2.7.1 农药使用管理方面的法规尚待完善

要想达到趋利避害的目的，农药的科学合理使用至为重要。发达国家对农药使用制定了一系列的法规，并且严格执行。例如美国对药剂的使用要求预先申请，批准后才允许使用，不仅管理到品种，而且管理到剂量与时间。这充分体现了农药登记管理的要求对于生产的指导作用。反观我国，目前登记管理法规日趋完善，但是使用管理法规较少，登记后使用的随意性很大，登记时的数据对于生产使用的指导性弱化，不利于实现安全合理用药。

6.2.7.2 部分病虫草害抗药性问题突出

农药抗性增长问题在 2016 年中进一步加重，部分重大害虫如水稻二化螟对氯虫苯甲酰胺在江西等地产生了高水平抗药性，未能筛选出高效的防治药剂，防治已经成为难题；褐飞虱对噻嗪酮产生了高抗性，对吡蚜酮的抗性也有所增长，白背飞虱对噻嗪酮、吡蚜酮等也产生了高水平抗药性。抗性杂草问题日益严重，现已有 35 种杂草（21 种双子叶、14 种单子叶）的 55 个生物型对 10 类 32 种化学除草剂产生了抗药性，播娘蒿在山西、河北、天津、山东、安徽、江苏、河南、甘肃等地对苯磺隆、唑酮草酯、2 甲 4 氯高抗，日本看麦娘在安徽、江苏、山东、湖北、河南对精恶唑禾草灵、炔草酸、高效氟吡甲禾灵、绿麦隆、双氟磺草胺高抗，荠菜在河北、河南、山东、陕西、江苏对苯磺隆高抗。小麦赤霉病在江苏等地对多菌灵产生了高抗药性，且已经检测到对新药剂氰烯菌酯的抗药性菌株，水稻恶苗病在东北地区对咪鲜胺已经产生了高抗药性。农药抗性增长已经严重影响到病虫害的有效控制，需要进一步开展抗性研究、监测和治理工作。

当前，我国有害生物抗药性监测和治理的工作，在虫害方面比较多，在杂草和植物病害方面较少，一些科研教学单位从事这方面的工作，但是不够系统化，实际上杂草和病害的抗药性问题相当突出，且目前欠缺这方面的经费来开展监测和治理。

6.2.7.3 部分病虫草仍缺乏高效安全的农药品种

新的优势病虫草不断出现，给农业生产带来新的威胁。

（1）部分检疫性病虫害在传入、扩散，例如稻水象甲、马铃薯甲虫、苹果蠹蛾等，给农业生产带来新的威胁。

（2）原来的次要病虫草变成了优势病虫草，使病虫防治面临新的难题，例如水稻、小麦田的抗药性杂草，对过去常规的农药品种产生了抗药性。

（3）一些新的优势杂草没有高效药剂，例如在小麦田杂草的防除上，节节麦、毒麦等仍没有安全高效的农药品种，在防除过程中时有药害发生。

（4）一些常规的病虫尚缺乏高效药剂，例如在果树上，以柑橘黄龙病为代表的病害，尚无高效农药产品可供选择使用；在蔬菜上，各种病毒病也缺乏高效的药剂等。

6.2.7.4　科学安全用药技术不够普及

我国农业生产者众多，且目前从事农业生产的以 45 岁以上的中老年人为主，年纪大、文化水平普遍偏低，新技术、新观念的接受能力较差，培训和教育的难度较大，农药科学安全使用的技术需要更多的培训与教育，才能真正落实到生产实践中，而目前我国在安全科学用药上的培训和教育的投入力度小，培训的面和深度远远不能满足要求。对于作物解决方案技术、农药减量控害技术、农药包装废弃物回收和处理技术等，仍需要进一步研究、改进、示范与推广。

6.2.7.5　植保机械总体水平仍然较差，新型植保机械的应用技术尚需完善

我国植保机械与施药技术落后的现状与我国高速发展的经济水平极不相称，已严重妨碍了农作物病虫草害的防治工作，带来了诸如农药利用率低、环境污染、作物药害、操作者中毒等负面影响，造成了不应有的损失以及其他不良后果。我国目前的农药利用率总体平均水平在 30% 左右，喷洒的农药 60% 以上飘失到空气中或流入土壤、地下水，严重污染环境；农产品的农药残留量严重超标，不仅造成出口产品退货，还经常造成食物中毒事故，而且常常发生生产性农药中毒事故，全国每年有 1.5 万人因喷洒农药中毒。植保机械和施药技术问题，已成为我国化学防治中的难点问题和关键问题。机型落后，研究滞后。

6.2.7.6　施药技术方面研究不足

在我国，对生物靶标与农药行为之间的相关性研究很少，对施药技术认识不足，重视不够，从事这方面研究的人员较少，教学方面也很少涉及，广大植保技术人员了解不够深入，认识不够全面，观念落后。即便是植保技术人员亲自进行施药，要求最严格的农药登记试验、药效试验时，也不能做到通过测定额定流量和作业喷幅等参数，来计算作业行走速度，从而确保小区内每一棵作物上沉积的药量均匀一致。我国施药技术的落后状况长期得不到解决，一些较好的施药技术也因为各种原因，没有很好地推广开来。

6.2.7.7　农民不按规定施药，任意加大剂量

由于施药机械质量差，施药方法不当，防治效果不理想，农民往往增加农药使用量，以期达到理想的防治效果。在某些地方，农民使用农药量超过标签推荐的 1.5～2 倍。其结果是加重了对环境的污染，加大了农产品的农药残留。

6.2.7.8　理论研究不足，观念落后

对施药技术理论基础研究不足，仍以大容量、雨淋式、全覆盖的旧喷雾理论为指导，虽已具有较高的农药开发、生产能力，但农药的应用水平仍然很低。在长期落后的喷雾理论指导下，农民施药观念落后，在使用手动喷雾器时，仍习惯以每亩 50～60L 药液的大容量喷雾，往往把作物喷湿到出现"药水滴淌"现象。甚至错误地认为雾滴直径越大越好，农药喷得越多越好，不仅浪费严重，而且加重环境污染和农药残留，防治效果也不好。

6.2.7.9　培训不到位，农民大多不了解正确的施药技术与方法

植保技术部门对施药技术不够重视，对农民开展的各种植保技术培训，也很少涉及施药技术方面的内容，农民少有获得正确施药方法的渠道。在组织机防专业队进行作业时，往往不顾科学、安全用药的要求，让机手排成一排，相互暴露在有效射程以内，错误地用机动弥雾机进行针对性喷雾，严重误导农民。很多农民因不了解液力雾化的原理，习惯将喷头紧贴作物喷洒，使尚未完全雾化的药液以很高的速度冲向作物，难以附着在作物表面，极易流失。有时人为将喷雾孔扩大，甚至将喷头卸除，直接喷淋。为了能少走些路，农民多习惯采取沿前进方向"Z"形喷雾，致使雾滴分布极不均匀，容易造成重喷、漏喷。因不了解机动

弥雾机的气力雾化的原理，看不见细小雾滴即不相信其存在，不知道其喷幅可达 9m，在使用机动弥雾机时，仍习以为常地采用针对性的喷雾方式，不考虑风向，一律沿前进方向左右交叉"Z"形喷雾。完全没有发挥机动药械喷幅大、工效高、防效好的优势，极易造成施药人员中毒，既费工、费药，防效也不好。

6.2.7.10　灭鼠工作力度仍需加强

2016 年，鼠害发生频率在一些省份回升较多，田鼠种群密度大，给农业生产和人民身体健康等都造成了很大的威胁，但是部分地区防治力度不够。

6.2.7.11　专业化统防统治服务仍需要加强发展

近年来，各地也通过强化行政推动、加大扶持力度、广泛宣传培训、加强服务引导，很好地推进了专业化统防统治工作。但专业化统防统治工作总体上还处于发展的初级阶段，区域间、省际、作物间发展还很不平衡，还存在不少亟待解决的问题，专业化防治组织普遍面临的困难主要是以下几个方面。

（1）市场培育力度不够　对专业化统防统治的宣传不足、引导不够。有些地方，农民虽有防治服务的需求，但由于农民愿意支付的费用偏低，与防治组织的收费标准间存在差距，服务组织认为无利可图，双方能承受的价位之间还存在一定差距。同一地区的农民接收程度有差异，不能整村推进，影响作业效率和统防统治效果。加上其他一些风险因素，也导致无法实现防治服务的市场化。还有很多专业化防治组织，是依靠上级部门利用不同项目提供的免费施药机械为农民开展防治服务，市场化运作不强，收费低、规模小，只能勉强维持，自身积累不足，当机器损坏而又无法获得扶持的情况下，就会失去服务能力。

（2）防治组织抵御风险能力弱，缺乏保险保障制度　专业化防治组织既要面对自然环境等不可抗拒因素的考验，又要经受市场竞争的压力，特别是在服务过程中，常常遇到一些突发性病虫、旱涝灾害等不确定因素，在一定程度上增加了防治服务风险，影响承包服务收益和服务组织的发展壮大。专业化防治组织是根据往年的平均防治次数与农民签订防治合同收取定金的，当遇突发性病虫危害或某种病虫爆发危害需增加防治次数时，开展防治面临亏本；不开展防治将会造成危害损失，而无法收取承包防治费。当作物后期遭受自然灾害时，即便前期的防治效果很好，农民也会因为受灾而无法兑现承包防治费用。专业化防治组织承受的风险很大，在没有相应政策扶持下，很多企业望而却步，影响社会资本投入专业化统防统治的积极性。同时，施药人员的安全也缺乏保障。长时间、连续施药作业对施药作业人员影响很大，中毒、中暑的风险极大，甚至常有遭毒蛇咬伤的危险。

（3）缺乏高效适用的植保机械　目前，所有专业化防治组织面对的最大困难就是聘不到足够的机手，防治队伍极不稳定。表面原因是机手较为辛苦，收入不高，与一般体力劳动收入差不多，还要冒农药中毒的风险，作业季节不长，不具备什么吸引力。但究其根本还是由于现有的植保机械还是以半机械化产品为主，要靠人背负或手工辅助作业，机械化程度和工作效率低，而且施药性能差，防治效果不好，难以满足通过购买机动喷雾机，为他人提供服务而赚取费用的需求，导致专业化统防统治的机手难以稳定，流失严重。与此同时，专业化防治组织收取的防治服务费，几乎全部支付给机手，组织本身只能靠农药的批零差价和包装成本方面获得一定利润，盈利点很低，管理方面稍跟不上，或出现一些暴发的病虫害就会亏本。因此，落后的施药机械还导致专业化防治组织的收益低下，不能满足专业化防治规模化的需要，成为限制专业化统防统治发展的瓶颈。

（4）技术培训和指导难以满足需要　由于防治组织机手量大面广，再加上当机手对农民的吸引力不强，极易造成流失，导致对培训的需求大且反复不断，难度增加，需要投入很大的人力、财力。由于缺乏专项培训经费和工作经费的不足，植保技术部门对专业化发展组织的培训和指导也难以到位。一些规模较小或刚成立的专业化防治组织与植保技术部门间的信息沟通渠道还不畅通，在制定防治技术方案或开展防治时不能及时得到技术部门的指导。加上植保体系下延伸不够，人员少，设备落后，造成病虫发生、防治适期、防治技术等信息服务不能及时传达到所有的专业化防治组织。

（5）总体投入不足　病虫害的防治在农业生产环节属于劳动强度最大、用工量最多、技术要求最高、任务最重的环节。农民在自行防治时是不计算用工成本的，在接受专业化统防统治服务时，却要支付用工等方面的费用，客观上增加了支出压力，影响了参与积极性，这就需要政府采取补贴等方式，引导农民积极参与。专业化统防统治工作虽然已经开展了几年，但一些地方对专业化统防统治的认识不够，除浙江、上海、湖南等个别省市外，绝大地区都未能将专业化防治列入财政专项投资扶持，基本上还处于无项目、无资金的起步阶段，缺乏推进专业化防治工作的动力和发展后劲，整体发展缓慢。

6.3　农药减量行动

施用农药是保障农业生产稳产高产、提高农产品质量的必不可少的手段。多年来，因农作物播种面积逐年扩大、病虫害防治难度不断加大，农药使用量总体呈上升趋势。据统计，2012～2014 年农作物病虫害防治农药年均使用量 31.1 万吨（折百），比 2009～2011 年增长 9.2％。农药的过量使用，不仅造成生产成本增加，也影响农产品质量安全和生态环境安全。推进落实农药减量行动，十分必要。

（1）农药减量是促进病虫可持续治理的需要　由于气候的变化和栽培方式的改变，农作物病虫害呈多发、频发、重发的态势。据统计，2013 年农作物病虫草鼠害发生面积 73 亿亩次，比 2003 年增加 12.8 亿亩次，增长 21％。目前，防病治虫多依赖化学农药，容易造成病虫抗药性增强、防治效果下降，出现农药越打越多、病虫越防越难的问题。需要保护和利用天敌，实施生物、物理防治等绿色防控措施，科学使用农药，遏制病虫加重发生的态势，实现可持续治理。

（2）农药减量是保障农产品质量安全的需要　目前，病虫防治最主要的手段还是化学防治，但因防治不科学、使用不合理，容易造成部分产品农药残留超标，影响农产品质量安全。保障农产品质量安全，需要强化"管"的制度保障，也需要强化"产"的过程控制。"产"的过程控制，关键是要控制农药残留，注重源头治理、标本兼治，实现农药减量使用、科学使用，保障农产品质量安全。

（3）农药减量是促进农业节本增收的需要　粮食和农业效益仍然偏低，重要的原因是生产成本增加较快。既有劳动力成本的增加，也有物化成本的增加。农药是重要的投入品，施用农药需大量人工，过量施药必然造成农业生产成本增加。据调查分析，2012 年，蔬菜、苹果农药使用成本均比 2002 年提高 90％左右。需要集成推广绿色防控技术，大力推进统防统治，提高防治效果，降低生产成本，实现提质增效。

（4）农药减量是保护生态环境安全的需要　2015 年以前，我国农药平均利用率仅为

35％，尽管经过三年的努力，情况有所改变，但利用率仍不足40％。大部分农药通过径流、渗漏、飘移等流失，污染土壤、水环境，影响农田生态环境安全。实施农药减量控害，改进施药方式，有助于提高防治效果，减轻农业面源污染，保护农田生态环境，促进生产与生态协调发展。

2015年以来，各级农业部门和农业生产者牢固树立"科学植保、公共植保、绿色植保"理念，以农药减量控害行动为植保工作主线，按照"少用药、用好药、会用药"的总要求，围绕"控、替、精、统"四字方针，不断夯实农作物病虫监测预警基础，鼓励和支持专业化统防统治，大力推广绿色防控技术，积极开展植保新技术的试验示范，大面积推广普及生物农药和高效低毒低残留农药，化学农药使用量持续下降，取得了一定成效。

6.3.1 农药减量计划

由于农药使用量较大，加之施药方法不够科学，带来生产成本增加、农产品残留超标、作物药害、环境污染等问题。为推进农业发展方式转变，有效控制农药使用量，保障农业生产安全、农产品质量安全和生态环境安全，促进农业可持续发展，2015年2月，农业部印发《到2020年农药使用量零增长行动方案》（以下简称《方案》），在全国范围内推进农药减量计划。

《方案》明确了农药减量目标：到2020年，初步建立资源节约型、环境友好型病虫害可持续治理技术体系，科学用药水平明显提升，单位防治面积农药使用量控制在近三年平均水平以下，力争实现农药使用总量零增长。

（1）绿色防控 主要农作物病虫害生物、物理防治覆盖率达到30％以上，比2014年提高10％，大中城市蔬菜基地、南菜北运蔬菜基地、北方设施蔬菜基地、园艺作物标准园全覆盖。

（2）统防统治 主要农作物病虫害专业化统防统治覆盖率达到40％以上，比2014年提高10％，粮棉油糖等作物高产创建示范片、园艺作物标准园全覆盖。

（3）科学用药 主要农作物农药利用率达到40％以上，比2013年提高5％，高效低毒低残留农药比例明显提高。

6.3.2 农药减量主要路径

6.3.2.1 综合治理，标本兼治

根据病虫害发生危害的特点和预防控制的实际，坚持综合治理、标本兼治，农业农村部提出，农药减量重点要在"控、替、精、统"四个字上下功夫。

（1）"控" 控制病虫发生危害。应用农业防治、生物防治、物理防治等绿色防控技术，创建有利于作物生长、天敌保护而不利于病虫害发生的环境条件，预防控制病虫发生，从而达到少用药的目的。

（2）"替" 高效低毒低残留农药替代高毒高残留农药，大中型高效药械替代小型低效药械。大力推广应用生物农药、高效低毒低残留农药，替代高毒高残留农药。开发应用现代植保机械，替代跑冒滴漏的落后机械，减少农药流失和浪费。

（3）"精" 推行精准科学施药，重点是对症适时适量施药。在准确诊断病虫害并明确其抗药性水平的基础上，配方选药，对症用药，避免乱用药。根据病虫监测预报，坚持达标防

治，适期用药。按照农药使用说明要求的剂量和次数施药，避免盲目加大施用剂量、增加使用次数。

（4）"统" 推行病虫害统防统治。扶持病虫防治专业化服务组织、新型农业经营主体，大规模开展专业化统防统治，推行植保机械与农艺配套，提高防治效率、效果和效益，解决一家一户"打药难""乱打药"等问题。

6.3.2.2 科学防治，精准施药

科学预防病虫草害，精确适时使用农药是减少农药使用量的关键，为保障农业生产安全，最大限度减少农药使用，施药者应当从以下几方面准确把握。

（1）遵从"预防为主"，创造不利于病虫害发生的环境 尽可能利用农业措施，打破病虫害发生流行的条件。如加强植物检疫可以有效防控外来生物入侵；培育"无毒苗"及培育抗病品种可以减少农药使用；设施农业，可通过加防虫网，有效阻止蚜虫粉虱等害虫进入，也可通过"放风"降低棚内湿度，避免"低温高湿"环境，有效防治"灰霉病"，还可以通过"高温闷棚"，有效控制霜霉病的发生蔓延。

（2）要强化病虫害监测预测，保证病虫害"治早治小" 抓住防治关键期，在病虫害发生初期防治，可达到减少用药量和用药次数的目的。政府和有条件、规模经营的农业生产者，要加大投入，建设一批自动化、智能化的田间监测网点，健全病虫监测体系；配备自动虫情测报灯、自动计数性诱捕器、病害智能监测仪等现代监测工具，提升装备水平；完善测报技术标准、数学模型和会商机制，实现数字化监测、网络化传输、模型化预测、可视化预报，提高监测预警的时效性和准确性。通过科学监测预测，掌握病虫害防治适期，保证最佳时期施药防治。

（3）要注意科学选药，对"症"防治 病虫害防治要"对症下药"，药不对症是农药最大的浪费。每种农药都有一定的使用范围和防治对象，使用者一定要严格按照农药标签标注的适用作物和防治对象正确使用，杜绝超范围、超剂量使用，造成农药浪费，甚至导致药害。另外，选择高效低毒农药产品，很多新型农药超高效，如甲氨基阿维菌素每公顷仅用3～5g即可取得很好的防效，而选用有机磷农药每亩要用到300～600g不等。

（4）根据农药特性决定施药时期和施药方法，减少施药次数和使用量 如杀菌剂保护剂对病原菌的作用仅限于植物体表，对已经侵入寄主的病原菌无效，这类农药一定要在植物发病前使用；在植物感病或发病后，对植物体施用杀菌剂治疗剂可解除病菌与寄主的寄生关系或阻止病害发展；使植物恢复健康；诱导抗病剂类杀菌剂多数对靶标生物没有直接毒杀作用，因此必须在植物未染病前施用，以使作物在病原菌致病前获得抗病性。又如，仅有触杀作用、胃毒作用的杀虫剂适用于喷雾，不适用于灌根；而具有内吸作用的杀虫剂，往往灌根施用较喷雾能达到更高的防效和持效。再如某些农药产品对使用温度有较高要求，如2,4-D丁酯在15～28℃的晴天使用药效好；有机磷农药在20℃以上使用效果好，杀虫双在田间有水的情况下比无水的情况下药效高等。掌握农药特性、利用农药特性，可获得事半功倍的效果。

（5）使用高效植保机械，避免跑冒滴漏 淘汰严重落后的喷雾器械，积极购买和使用自走式喷杆喷雾机、高效常温烟雾机、固定翼飞机、直升机、植保无人机等现代植保机械，采用低容量喷雾、静电喷雾等先进施药技术，提高喷雾对靶性，降低飘移损失，提高农药利用率。

（6）积极采用生物防治、物理防治、农业防治作为化学防治的补充 利用轮作倒茬、及时清理和摘除病果病叶、拔出病苗等农业措施减少虫卵、病原菌的积累和传播；通过悬挂黄

板、蓝板及杀虫灯、性诱剂等物理措施，控制虫害发生危害。通过释放赤眼蜂等天敌生物、喷施生物源农药等生物防治措施有效控制病虫害，减少农药投入。提倡用适时中耕、人工除草代替化学除草，减少除草剂使用。

（7）合理添加助剂，促进农药减量增效，提高防治效果　适量加入适宜的农药助剂，可显著降低药液在叶片上的表面张力，使药液快速在叶片铺展、渗透，提高药液延展性能，从而提高农药利用率，降低农药使用量。

（8）注意轮换用药和合理混用，延缓靶标产生抗药性　长期使用一种农药，会引发病虫害产生抗药性，造成防效下降，使用量增加。因此，要注意不同作用机制的农药轮换使用或混配使用，避免和延缓抗药性的发生和发展，坚决遏制盲目增加农药使用剂量。

（9）科学把握防治指标　不可盲目追求高防效，准确把握保护作物与减少使用剂量的平衡点。掌握能够有效保护农业生产质量和效益即可，不追求"杀死""100％防效"，减少农药投入，保护生态环境。

6.3.3　鼓励使用低毒低残留农药

低毒低残留农药，是指对人畜毒性低，残留及代谢物对人畜及有益生物的风险小，在环境中残效期短，对生态环境友好的农药。

长期以来，由于我国农药产品结构不合理，高毒农药曾经在农药市场占据很大比例，并在农业生产中起到重要作用。近年来，随着国家对农药产业的持续调整，目前高毒农药产品比重已减少至 5％以下，为低毒低残留农药的广泛推广使用打下了坚实的基础。

2013 年，中央 1 号文件在"健全农业支持保护制度，不断加大强农惠农富农政策力度"部分，提出了加大农业补贴力度，"启动低毒低残留农药和高效缓释肥料使用补助试点"。这是低毒低残留农药补助首次被写入中央 1 号文件。

为贯彻落实 2013～2018 年中央 1 号文件精神，保障农业生产和农产品质量安全，农业农村部通过发布《种植业生产使用低毒低残留农药主要品种名录》，做好农药管理与农业生产使用的对接，引导使用者使用低毒低残留农药，促进农药产业结构调整与发展，维护社会和谐稳定和保护生态环境。

低毒低残留农药指导名录主要以已在我国取得正式登记的农药产品及使用范围为基础，突出农药的安全性，组织专家论证确定。《种植业生产使用低毒低残留农药主要品种名录（2018）》具体见表 6-1。

表 6-1　《种植业生产使用低毒低残留农药主要品种名录（2018）》

序号	农药品种名称	使用范围
杀虫剂（38 个）		
1	虫酰肼	十字花科蔬菜，苹果树
2	除虫脲	小麦，甘蓝，苹果树，茶树，柑橘树
3	氟啶脲	甘蓝，棉花，柑橘树，萝卜
4	氟铃脲	甘蓝，棉花
5	灭幼脲	十字花科蔬菜
6	松毛虫赤眼蜂	玉米

序号	农药品种名称	使用范围
7	氟虫脲	柑橘树，苹果树
8	甲氧虫酰肼	甘蓝，苹果树，水稻
9	氯虫苯甲酰胺	甘蓝，苹果树，棉花，甘蔗，花椰菜，玉米，大豆，菜用大豆
10	灭蝇胺	黄瓜，菜豆
11	杀铃脲	柑橘树，苹果树
12	烯啶虫胺	柑橘树，棉花，水稻，甘蓝
13	印楝素	甘蓝，茶树
14	苦参碱	甘蓝，黄瓜，梨树，柑橘树
15	矿物油	黄瓜，番茄，苹果树，梨树，柑橘树，茶树，杨梅树，枇杷树
16	螺虫乙酯	番茄，苹果树，柑橘树
17	苏云金杆菌	十字花科蔬菜，梨树，柑橘树，水稻，玉米，大豆，茶树，甘薯，高粱，烟草，枣树，棉花，辣椒，桃树，苹果树，番茄
18	菜青虫颗粒体病毒	十字花科蔬菜
19	茶尺蠖核型多角体病毒	茶树
20	除虫菊素	十字花科蔬菜
21	短稳杆菌	十字花科蔬菜，水稻，棉花，茶树，烟草
22	耳霉菌	小麦，水稻，黄瓜
23	甘蓝夜蛾核型多角体病毒	甘蓝，棉花，玉米，水稻，烟草
24	金龟子绿僵菌	苹果树，大白菜，椰树，甘蓝，花生，豇豆，水稻
25	棉铃虫核型多角体病毒	棉花
26	球孢白僵菌	水稻，花生，茶树，小白菜，棉花，番茄，韭菜，玉米，甘蓝
27	甜菜夜蛾核型多角体病毒	十字花科蔬菜
28	小菜蛾颗粒体病毒	十字花科蔬菜
29	斜纹夜蛾核型多角体病毒	十字花科蔬菜
30	乙基多杀菌素	甘蓝，茄子，水稻，黄瓜，豇豆
31	苜蓿银纹夜蛾核型多角体病毒	十字花科蔬菜
32	多杀霉素	甘蓝，柑橘树，大白菜，茄子，节瓜，水稻，棉花，花椰菜
33	联苯肼酯	苹果树，柑橘树，辣椒
34	四螨嗪	苹果树，梨树，柑橘树
35	溴螨酯	柑橘树，苹果树
36	乙螨唑	柑橘树
37	平腹小蜂	龙眼，荔枝
38	黏虫颗粒体病毒	十字花科蔬菜

杀菌剂（53个）

1	苯醚甲环唑	黄瓜，番茄，苹果树，梨树，柑橘树，西瓜，水稻，小麦，茶树，人参，大蒜，芹菜，白菜，荔枝树，芦笋，香蕉树，三七，大豆，石榴，棉花，花生，桃树
2	春雷霉素	水稻，番茄，柑橘树，黄瓜，西瓜

序号	农药品种名称	使用范围
3	丙环唑	水稻，香蕉树，花生，大豆，玉米，苹果树，小麦，人参，莲藕，茭白
4	稻瘟灵	水稻，西瓜
5	啶酰菌胺	黄瓜，草莓，葡萄，苹果树，甜瓜，马铃薯，油菜
6	恶霉灵	黄瓜（苗床），西瓜，甜菜，水稻，人参
7	氟酰胺	水稻，花生
8	己唑醇	水稻，小麦，番茄，苹果树，梨树，葡萄，黄瓜，西瓜
9	咪鲜胺	黄瓜，辣椒，苹果树，柑橘，葡萄，西瓜，香蕉，荔枝树，龙眼树，小麦，水稻，油菜，杧果，大蒜，茭白
10	咪鲜胺锰盐	黄瓜，辣椒，苹果树，柑橘，葡萄，西瓜，水稻，杧果，蘑菇，大蒜
11	醚菌酯	黄瓜，苹果树，草莓，小麦，葡萄，人参
12	嘧菌环胺	葡萄，苹果树
13	嘧菌酯	葡萄，黄瓜，番茄，柑橘树，香蕉，西瓜，玉米，大豆，马铃薯，冬瓜，枣树，荔枝树，杧果，人参，棉花，花椰菜，丝瓜，辣椒，小麦
14	噻呋酰胺	水稻，马铃薯，花生
15	噻菌灵	苹果树，柑橘，香蕉，葡萄，蘑菇
16	三唑醇	水稻，小麦，香蕉
17	三唑酮	水稻，小麦，玉米
18	戊菌唑	葡萄，草莓
19	烯酰吗啉	黄瓜，辣椒，葡萄，马铃薯，苦瓜，甜瓜
20	异菌脲	番茄，苹果，葡萄，香蕉，油菜
21	氨基寡糖素	黄瓜，番茄，梨树，西瓜，水稻，玉米，白菜，烟草，棉花，猕猴桃树，苹果树，小麦，辣椒，葡萄
22	多抗霉素	梨树，黄瓜，苹果树，葡萄
23	氟啶胺	辣椒，大白菜，马铃薯，苹果树
24	氟菌唑	黄瓜，梨树，西瓜
25	氟吗啉	黄瓜
26	几丁聚糖	黄瓜，番茄，水稻，小麦，玉米，大豆，棉花，柑橘（果实）
27	井冈霉素	水稻，小麦，苹果树
28	喹啉铜	苹果树，黄瓜，番茄，荔枝树
29	宁南霉素	水稻，苹果，番茄，香蕉，黄瓜
30	噻霉酮	黄瓜，水稻
31	烯肟菌胺	黄瓜，小麦
32	低聚糖素	番茄，水稻，小麦，玉米，胡椒，西瓜
33	地衣芽孢杆菌	黄瓜，西瓜，小麦
34	多粘类芽孢杆菌	黄瓜，番茄，辣椒，西瓜，茄子，烟草，姜，水稻
35	菇类蛋白多糖	番茄，水稻
36	寡雄腐霉菌	番茄，水稻，烟草，苹果树

序号	农药品种名称	使用范围
37	哈茨木霉菌	番茄，人参，葡萄
38	蜡质芽孢杆菌	番茄，小麦，水稻，茄子，姜
39	木霉菌	黄瓜，番茄，小麦，葡萄
40	葡聚烯糖	番茄
41	香菇多糖	西葫芦，烟草，番茄，辣椒，西瓜，水稻
42	乙嘧酚	黄瓜
43	荧光假单胞杆菌	番茄，烟草，黄瓜，水稻，小麦
44	淡紫拟青霉	番茄
45	厚孢轮枝菌	烟草
46	枯草芽孢杆菌	黄瓜，辣椒，草莓，水稻，棉花，马铃薯，三七，烟草，番茄，柑橘，大白菜，人参，苹果树，小麦，玉米，白菜
47	解淀粉芽孢杆菌	水稻，烟草，番茄（保护地）
48	氟硅唑	黄瓜，苹果树，梨树，葡萄，香蕉树
49	小盾壳霉	油菜
50	海洋芽孢杆菌	番茄，黄瓜
51	咯菌腈	棉花，水稻，玉米，大豆，花生，向日葵，葡萄
52	噻唑锌	水稻，黄瓜（保护地），柑橘树，桃树
53	极细链格孢激活蛋白	番茄，烟草

除草剂（16个）

序号	农药品种名称	使用范围
1	苯磺隆	小麦田
2	苯噻酰草胺	水稻（抛秧田、移栽田）
3	吡嘧磺隆	水稻（抛秧田、移栽田、秧田）
4	苄嘧磺隆	水稻（直播田、移栽田、秧田），小麦田
5	丙炔氟草胺	柑橘园，大豆田，花生田
6	精喹禾灵	油菜田，棉花田，大豆田，花生田
7	氯氟吡氧乙酸	小麦田，水稻（移栽田），玉米田
8	炔苯酰草胺	莴苣田，姜田
9	烯禾啶	花生田，油菜田，大豆田，亚麻田，甜菜田，棉花田
10	硝磺草酮	玉米田，甘蔗田
11	异丙甲草胺	玉米田，花生田，大豆田，水稻（移栽田），甘蔗田
12	仲丁灵	棉花田，西瓜田，水稻（旱直播田），大豆田
13	丙炔噁草酮	水稻（移栽田），马铃薯田
14	精异丙甲草胺	玉米田，花生田，油菜移栽田，夏大豆田，甜菜田，芝麻田
15	氰氟草酯	水稻（秧田、直播田、移栽田）
16	精吡氟禾草灵	大豆田，棉花田，花生田，甜菜田

植物生长调节剂（11个）

序号	农药品种名称	使用范围
1	萘乙酸	水稻（秧田），小麦，苹果树，棉花，番茄，葡萄，荔枝

序号	农药品种名称	使用范围
2	胺鲜酯	白菜，玉米
3	超敏蛋白	番茄，辣椒，烟草，水稻
4	赤霉酸 A_3	梨树，水稻，菠菜，芹菜，大白菜，烟草，葡萄
5	赤霉酸 A_4+A_7	苹果树，梨树，荔枝树，龙眼树，柑橘树
6	复硝酚钠	番茄，柑橘，马铃薯
7	乙烯利	番茄，玉米，香蕉，荔枝，棉花
8	芸苔素内酯	黄瓜，番茄，辣椒，苹果树，梨树，柑橘树，葡萄，草莓，香蕉，水稻，小麦，玉米，花生，油菜，大豆，叶菜类蔬菜，荔枝树，龙眼树，棉花，甘蔗，烟草，甜椒
9	S-诱抗素	番茄，水稻，烟草，棉花，葡萄，柑橘树，花生，小麦田
10	三十烷醇	柑橘树，小麦，花生，平菇，烟草，棉花
11	吲哚丁酸	黄瓜，水稻，玉米

注：使用范围为农药登记标签标注的使用范围（包括注意事项）。

按照农业农村部统一部署，全国各省、市、自治区积极开展低毒低残留农药宣传推广和使用补助制度，建立低毒低残留农药使用补助示范县，研究分析补贴模式，取得了显著成效。

6.4　农药药害事故报告与鉴定

6.4.1　农药药害事故报告

（1）发生农药药害事故后，向农业部门报告　发生农药使用事故，农药使用者、农药生产企业、农药经营者和其他有关人员应当及时报告当地农业主管部门。

（2）农业农村部采取措施，防止事故扩大，同时通知有关部门采取相应措施　农业主管部门接到报告后必须立即采取措施，同时通知有关部门采取相应措施。建立农药使用报告制度，能够及时掌握农药使用事故发生情况，迅速调动有关部门，采取有效措施及时处置，防止事态恶化。

（3）有关部门依据职责组织处理　造成农药中毒事故的，由农业主管部门和公安机关依照职责权限组织调查处理，卫生主管部门应当按照国家有关规定立即对受到伤害的人员组织医疗救治；造成环境污染事故的，由环境保护等有关部门依法组织调查处理；造成储粮药剂使用事故和农作物药害事故的，分别由粮食、农业等部门组织技术鉴定和调查处理。

6.4.2　农作物药害事故鉴定

6.4.2.1　农作物药害事故鉴定规定

（1）农业部门负责鉴定　农业部门接到投诉举报后，根据当事人的请求，组织专家进行技术鉴定调查药害事故责任的原因，听取相关方的意见，核实事故造成的损失，对农药生产者、经营者和农药使用者在药害事故中的责任加以确认，处理药害事故现场。这既是农业部门履行农药管理职能，也是农业部门发挥行业优势，综合运用植保、生物、农业科学而做出的专业性的技术鉴定和调查处理。

（2）鉴定的条件和程序

① 应当建立农作物农药药害鉴定专家库。专家库人员由县级以上农业主管部门确定，不受行政区域的限制。

专家库由具备下列条件的农学、植物保护和农药专业技术人员组成：

a. 有良好业务素质和职业道德；

b. 在农业科研、教学、管理、推广等机构从事该专业领域工作五年以上，并具有中级以上专业技术职称。

② 组织鉴定的机构应成立专家组进行鉴定。专家组成员从专家库中随机选派，必要时可由上级农业行政主管部门派出，或邀请种子、栽培、气象、土壤肥料等方面专家参加。

③ 专家组由一名组长和若干成员组成，人员为单数，不少于5人。

专家组的责任和义务：

a. 根据现场勘验、农药试验、农药检测结果等进行分析评估，出具鉴定意见；

b. 解答申请人提出的与农药药害鉴定有关的咨询；

c. 不得私自泄露与鉴定结论有关的信息。

④ 专家组成员与当事各方存在利害关系，可能影响到鉴定公正性的，应当回避，申请人可以口头或书面向鉴定机构申请其回避。

⑤ 鉴定申请应由申请人以书面形式向事发地县级以上地方农业主管部门提出，说明鉴定的内容和理由，并提供如下材料：

a. 涉及的当事人；

b. 农药产品、标签、农药使用说明；

c. 农作物品种、种植时间、生育期；

d. 施药地点、时间、用量、方法和用药期天气等情况。

口头提出鉴定申请的，应当制作笔录，申请人签字确认。

⑥ 事发地县级以上地方农业主管部门对申请人的申请进行核查，在收到申请之日起5个工作日内做出受理或不予受理的决定，并书面通知申请人。符合条件的，应当及时组织鉴定。有下列情形之一的，可以不予受理：

a. 申请人提出鉴定申请时，鉴定的农作物生长期已错过农药药害症状表现期，无法进行鉴定；

b. 受当前技术水平限制，无法进行鉴定；

c. 没有提供农药产品和标签；

d. 有确凿理由判定不是由农药药害所引起；

e. 因其他原因认为不可受理。

⑦ 申请人及有关当事人应当提供真实资料和证明，由于任何一方不配合或提供虚假资料和证明，对鉴定工作造成影响的，责任方应承担由此而引起的相应后果。

⑧ 专家组进行农药药害鉴定，必要时可通知申请人及有关当事人到场。

任何单位和个人不得干扰农药药害鉴定工作。

⑨ 有下列情形之一的，可以终止农药药害鉴定：

a. 申请人拒绝到场；

b. 需鉴定的现场已不具备鉴定条件；

c. 因其他因素使鉴定工作无法开展。

（3）鉴定结论

① 专家组做出鉴定意见，应以专家组成员过半数通过有效。

组织鉴定的农业主管部门根据专家组鉴定意见，出具《农作物农药药害鉴定书》。鉴定书至少一式两份，一份由本级农业主管部门存档，一份交申请人。

②《农作物农药药害鉴定书》包括下列主要内容：

a. 申请人名称、地址、受理鉴定日期；

b. 鉴定的依据；

c. 对鉴定过程的说明；

d. 鉴定意见（是否为药害、药害程度及对农作物造成的损失）；

e. 其他需要说明的问题。

③ 地方农业主管部门应在鉴定完成后 5 个工作日内制作《农作物农药药害鉴定书》，并通知申请人领取。

④ 申请人对鉴定书有异议的，可以向鉴定机构的上一级地方农业主管部门提出再次鉴定申请，并说明理由。

上一级地方农业主管部门应当按本办法规定决定是否受理和重新组织鉴定。

⑤ 有下列情形之一，鉴定意见无效，由地方农业主管部门重新组织鉴定：

a. 专家组成员收受当事人财物或者其他利益，弄虚作假的；

b. 违反鉴定程序，影响鉴定客观、公正的。

⑥ 参加农药药害鉴定的人员违反本办法规定，接受当事人的财物或者其他利益，影响鉴定客观、公正的，由其所在单位或者主管部门给予行政处分；构成犯罪的，依法追究刑事责任。

⑦ 干扰农药药害鉴定工作，扰乱鉴定工作正常进行的，由公安机关依法给予治安处罚；构成犯罪的，依法追究刑事责任。

⑧ 农药药害事故处理以事实为依据，以维护各方合法权益为原则。经鉴定是农作物农药药害的按《农药管理条例》等规定进行处理。

⑨ 当事人对药害赔偿问题不能协商解决的，可以在事发地县级以上农业主管部门主持下，按照自愿的原则进行调解。调解应在 5 个工作日内结束，不能达成调解的，应当告知当事人提请司法部门处理。

（4）鉴定与调查处理的关系　技术鉴定是行政管理部门依据国家的有关法律、法规，在行政执法或依法处理行政事务纠纷时，对所涉及的专门性问题委托所属的行政鉴定机构或法律、法规专门指定的检验、鉴定机构进行检验、分析和评判，从而为行政执法或纠纷事件的处理、解决提供科学依据而从事的一项行政活动。鉴定是调查的一个方面，而处理结果除了要符合法律法规相关规定，还应以鉴定结果为依据。

（5）如何调查处理　农药药害事故的调查处理要以事实为依据，以保护各方合法权益为原则，一般按照行政调解制度进行调解处理。

① 组织农户和厂商双方当事人按照自愿调解的原则进行调解。由于农业生产有季节性

比较强的特点，一般在形成鉴定意见之日起一个月内结束调解。调解不成的应当及时终止调解。

② 达成调解协议后，制作药害纠纷调解协议书，写明药害调查过程、鉴定结果、调解事项及达成协议的结果。调解协议书由双方当事人签字，并送达当事人双方。

③ 经调解不成而终止调解的或调解协议书生效后无法执行的，由当事人向人民法院提起诉讼。

④ 农药经销单位制售假冒伪劣或严重违规农药造成严重药害的，除应承担赔偿责任外，还应给予行政处罚，情节特别严重的，移交公安部门处理。

6.4.2.2 地方农作物药害事故鉴定实践

因为使用农药而造成作物受害、周边环境污染、影响后茬作物生长等问题时有发生，都会给社会造成巨大的经济损失，并且产生经济纠纷。为了弄清作物受害的原因，确定担责方和担责比例，需要对产生的受害事故原因和受害程度进行鉴定。鉴定的目的一是判定这些损失是否因使用农药造成，以及造成损失的规模大小、损害程度；二是把产生事故的责任划分清楚，便于经济纠纷的解决。鉴定的结果可以作为处理事故责任的参考。鉴定需要由专业的人士组成鉴定队伍，亦称专家组，遵守一定的程序来进行。通常的情况下，鉴定专家组一般由事故所在地的农业行政部门组织，其人选构成一般有农业植保专家、农业种植专家、农药管理专家、特殊行业的专家等，并按照一些规定的程序进行鉴定。我国目前没有统一规定的农药药害事故鉴定办法，但是有一些省份如广东省已经出台了相关的办法，从事故的鉴定主管单位、鉴定专家的组成、鉴定过程、鉴定结果等有关方面给予了规范。通常药害事故的鉴定，需要在以下几个方面开展工作。

（1）明确药害事故的鉴定单位　一般由县级及县级以上农业行政部门组织进行，对跨县、市的药害鉴定，可由上一级地方农业主管部门受理。

（2）建立药害事故专家库　应当建立农作物农药药害鉴定专家库。专家库人员由县级以上地方农业主管部门确定，不受行政区域的限制。

专家库由具备下列条件的农学、植物保护和农药专业技术人员组成：

① 有良好业务素质和职业道德；

② 在农业科研、教学、管理、推广等机构从事该专业领域工作五年以上，并具有中级以上专业技术职称。

（3）组织相应的鉴定专家组来进行鉴定　专家组成员从专家库中随机选派，必要时可由上级农业行政主管部门派出，或邀请种子、栽培、气象、土壤肥料等方面专家参加。专家组由一名组长和若干成员组成，人员为单数，不少于5人。专家组成员与当事各方存在利害关系，可能影响到鉴定公正性的，应当回避，申请人可以口头或书面向鉴定机构申请其回避。

专家组的责任和义务：

① 根据现场勘验、农药试验、农药检测结果等进行分析评估，出具鉴定意见；

② 解答申请人提出的与农药药害鉴定有关的咨询；

③ 不得私自泄露与鉴定结论有关的信息。

（4）明确鉴定申请程序　鉴定申请应由申请人以书面形式向事发地县级以上地方农业主管部门提出，说明鉴定的内容和理由，并提供如下材料：

① 涉及的当事人；

② 农药产品、标签、农药使用说明;

③ 农作物品种、种植时间、生育期;

④ 施药地点、时间、用量、方法和用药期天气等情况。

口头提出鉴定申请的,应当制作笔录,申请人签字确认。

(5) 明确鉴定受理条件 事发地县级以上地方农业主管部门对申请人的申请进行核查,在收到申请之日起5个工作日内做出受理或不予受理的决定,并书面通知申请人。符合条件的,应当及时组织鉴定。有下列情形之一的,可以不予受理:

① 申请人提出鉴定申请时,鉴定的农作物生长期已错过农药药害症状表现期,无法进行鉴定;

② 受当前技术水平限制,无法进行鉴定;

③ 没有提供农药产品和标签;

④ 有确凿理由判定不是由农药药害所引起;

⑤ 因其他原因认为不可受理。

(6) 制定鉴定实施细则 申请人及有关当事人应当提供真实资料和证明,由于任何一方不配合或提供虚假资料和证明,对鉴定工作造成影响的,责任方应承担由此而引起的相应后果。

专家组进行农药药害鉴定,必要时可通知申请人及有关当事人到场。任何单位和个人不得干扰农药药害鉴定工作。

鉴定专家组应该详细进行事故调查。专家组应对受害作物的受害过程开展调查,对受损作物的受害症状进行描述认定,并制作药害现场勘验记录。鉴定小组应该首先向农户了解认为是打了什么药剂产生药害,对药剂来源、施药时间、方法、剂量、气候等做详细调查并笔录,收集农药包装、药剂购买凭证,对受害作物受害症状进行特写拍照、取样,测算受害程度、受害面积,做出产量损失评估。对不能直接进行产量评估的,鉴定小组可进一步地调查测算,再做出损失评估。对药害事故的原因给予判断,明确责任划分。

鉴定小组还应该根据农户提供情况,到农药销售商处核实是否曾经卖过农药给农户,向农户推荐的用药量是多少,时间上是否吻合,并作详细记录,当事人签字按手印。鉴定小组综合整体情况,查阅最新《农药登记公告》,核实农药真假后,为下一步鉴定意见的形成提供依据。

如不能准确地判断事故原因,在必要时鉴定小组可根据药害事故情况,安排重复性田间农药试验或委托有资质单位进行质量鉴定。

(7) 鉴定终止条件 有下列情形之一的,终止农药药害鉴定:

① 申请人拒绝到场;

② 需鉴定的现场已不具备鉴定条件;

③ 因其他因素使鉴定工作无法开展。

(8) 鉴定结果 专家组做出鉴定意见,应以专家组成员过半数通过有效。

组织鉴定的地方农业主管部门根据专家组鉴定意见,出具《农作物农药药害鉴定书》。《农作物农药药害鉴定书》包括下列主要内容:

① 申请人名称、地址、受理鉴定日期;

② 鉴定的依据;

③ 对鉴定过程的说明；

④ 鉴定意见（是否为药害、药害程度及对农作物造成的损失）；

⑤ 其他需要说明的问题。

鉴定书至少一式两份，一份由本级农业主管部门存档，一份交申请人。

（9）出具鉴定书　承担鉴定的地方农业主管部门应在鉴定完成后 5 个工作日内制作《农作物农药药害鉴定书》，并通知申请人领取。《农作物农药药害鉴定书》格式文本由省植物保护机构统一印制。

（10）对鉴定结果争议的解决办法　申请人对鉴定书有异议的，可以向鉴定机构的上一级地方农业主管部门提出再次鉴定申请，并说明理由。

上一级地方农业主管部门应当按本办法规定决定是否受理和重新组织鉴定。

有下列情形之一，鉴定意见无效，由地方农业主管部门重新组织鉴定：

① 专家组成员收受当事人财物或者其他利益，弄虚作假的；

② 违反鉴定程序，影响鉴定客观、公正的。

（11）鉴定需遵守的其他守则

① 鉴定专家守则。参加农药药害鉴定的人员接受当事人的财物或者其他利益，影响鉴定客观、公正的，由其所在单位或者主管部门给予行政处分；构成犯罪的，依法追究刑事责任。

② 干扰农药药害鉴定工作，扰乱鉴定工作正常进行的，由公安机关依法给予治安处罚；构成犯罪的，依法追究刑事责任。

农药药害事故处理以事实为依据，以维护各方合法权益为原则。经鉴定是农作物农药药害的按《农药管理条例》进行处理。

（12）争议处理　当事人对药害赔偿问题不能协商解决的，可以在事发地县级以上农业行政主管部门主持下，按照自愿的原则进行调解。调解应在 5 个工作日内结束，不能达成调解的，应当告知当事人提请消费者协会、仲裁机构或司法部门处理。

《广东省农作物农药药害鉴定管理办法》一共二十四条，对药害事故的鉴定过程和鉴定人员都进行了规范，可以作为各省进行药害事故鉴定的参考。

除了在药害事故鉴定时需要遵守以上条款外，为了更好地处理农药药害事故，维护好自己的利益，农户在怀疑自己的作物和生产中出现药害事故时，应该及时将事故报告，尽快与农药销售商等取得联系，并保存好现场和相关证据（农药包装物、购买凭据等）；遇有重大药害事故，应告知药害事故发生地农业行政部门和领导，必要时要求政府给予协助，并视情况及时申请药害事故鉴定。

为了尽快做好事故鉴定，尽量减轻药害事故造成的损失，植保部门应该及时对事故区域勘察。一般在当日或次日农业行政部门须派专业技术人员或专家进行实地查看，初步了解情况，对造成药害的农药进行抽样、检验、保存，做调查笔录。调查人员根据实地观察情况，确定受害的原因，决定是否受理。

6.4.3　农药药害事故处置

根据《消费者权益保护法》的规定，发生药害事故争议，有 5 种解决途径。

6.4.3.1　与经营者协商和解

应根据所使用农药的购买凭证、药害损害程度、有关部门出具的检测报告或做出的技术鉴定，划定各方责任，按照责任依法要求赔偿。

根据《消费者权益保护法》和《农药管理条例》的有关规定，农药经营者需要对农药使用者予以先行赔偿，对属于生产者责任造成的损失，农药经营者可以向生产者进行追偿。

6.4.3.2　请求消费者协会调解

《消费者权益保护法》规定，消费者争议可以通过消费者协会调解解决。实际上，消费者纠纷的调解并非只能由消费者协会进行，任何第三方参与消费者纠纷的解决，促成争议双方达成协议的，都属调解的范围。并且只要不存在违法行为，则调解同样受法律承认。

6.4.3.3　向有关行政部门申诉

根据《农药管理条例》的规定，农药药害事故处理分工：

（1）农药中毒事故　农业部门和公安机关依照职责权限组织调查处理，卫生部门组织医疗救治；

（2）环境污染事故　环境保护等有关部门依法组织调查处理；

（3）储粮药剂使用事故　粮食部门组织技术鉴定和调查处理；

（4）农作物药害事故　农业部门等组织技术鉴定和调查处理。农业部门接到药害事故报告后，到现场调查，了解情况，必要时抽查样品，委托法定机构检测。根据相关方的申请和药害事故相关证据，判定是否符合鉴定的条件。符合条件的，组织相关专家进行技术鉴定。技术鉴定结果出来后，农业部门根据所收集的证据，与农药生产企业、经营者和使用者协商，最后作出处理意见。

6.4.3.4　根据与经营者达成的仲裁协议提请仲裁机构仲裁

仲裁是指当事人自愿将争议提交第三方予以判断、裁决的一种法律制度，是解决民事争议较为简便、快捷的一种方式。仲裁机构做出的裁决具有强制性，当事人必须履行，否则可以申请人民法院强制执行。消费者与经营者采用仲裁方式解决消费纠纷，应当注意：

（1）消费者必须与经营者达成仲裁协议，即双方都同意采取仲裁方式解决纠纷。通常情况下，仲裁协议应以书面形式表现，如签订仲裁协议或通过函电等其他方式，否则，仲裁机构不予受理。

（2）自主选择仲裁机构。目前我国有两种性质的仲裁机构：

① 社会团体仲裁　如一些地方消费者协会设立的仲裁机构；

② 国家行政机关仲裁　如工商行政管理机关设立的经济合同仲裁机构，技术监督部门设立的产品质量仲裁机构，科学技术部门设立的技术合同仲裁机构。消费者应该选择具有消费者权益仲裁职能的仲裁机构申请仲裁。

（3）根据国家有关法律规定，仲裁终局的案件，当事人不能再就该争议向人民法院提起诉讼。

6.4.3.5　向人民法院提起诉讼

当通过上述方式或途径无法解决争议时，可以向当地人民法院提起诉讼，要求赔偿经济损失。不过，同其他方式相比，诉讼的周期较长，程序也较为复杂。受害者向人民法院起诉，应该依照法律规定进行，写好起诉状，并提供相关的证据。当受害的使用者较多，且受害原因基本一致时，可以选取几个代表，联合起诉，避免重复取证或分别承担过多的诉讼费用。

6.4.4 紧急用药管理制度

（1）针对突发重大病虫害 农药管理的目的在于保障农业生产正常进行，保障农产品质量安全、人畜安全和生态环境安全，一旦发生突发性的重大病虫害，出现登记用药难以保障防治需求的紧急情况下，有必要采取一些临时性的应急措施，启用未登记农药或者禁用、限制使用的农药进行应急防治。

（2）相关部门提出用药需求 突发重大病虫害防治紧急需要用药的办理程序一般是：国务院有关部门或事发地省级行政主管部门向农业农村部报告突发重大病虫害基本情况，提出防治农药品种的基本资料及应急预案。农业农村部会及时组织专家对申请者提供的农药基本资料（如产品组成、质量控制、基本毒理学及相关查询资料等）进行审查，论证该病虫害是否为突发性重大病虫害，现有的农药品种是否能满足防治需求，如不能满足，所申请的农药品种是否可行，其使用风险是否基本可控，应急预案是否可行等。如果专家论证风险可控，农业农村部将批准应急用药措施。

由于这类应急农药对我国农产品质量、人畜以及生态环境等的安全性尚不可知或者有较高的风险，必须在所在地县级人民政府农业主管部门的监督和指导下使用。

（3）农业农村部对所使用的农药作出决定，必要时会同有关部门限制农药出口或者临时进口农药 在进口和出口环节采取临时性应急措施，即由农业农村部会同有关部门可以决定临时限制出口或者临时进口规定数量、品种的农药。例如，2004年国家质检总局进出境检疫检验时发现检疫性害虫地中海实蝇，因我国并没有防治地中海实蝇的登记农药，农业部与质检总局协商，批准临时从美国进口地中海实蝇引诱剂，用于引诱和集中捕杀地中海实蝇。

（4）突出重大病虫害所在地农业部门负责对所使用的农药监管 因防治突发重大病虫害等紧急需要，国务院农业主管部门可以决定临时生产、使用规定数量的未取得登记或者禁用、限制使用的农药，必要时应当会同国务院对外贸易主管部门决定临时限制出口或者临时进口规定数量、品种的农药。前款规定的农药，应当在使用地县级人民政府农业主管部门的监督和指导下使用。

6.5 农药使用者的法定义务与监管

新修订的《农药管理条例》明确规定了农药使用者的法律责任，概括起来有以下3个方面。

6.5.1 农药使用基本要求

使用农药应当遵守以下规定：

（1）应当按照农药标签的规定使用农药。所施用的农作物要与标签标注的农药使用范围相符，所使用的农药剂量、方法要与标签规定的使用方法和剂量相符。要按照标签标注的条件和技术要求使用。要严格遵守安全间隔期规定，在安全间隔期后不得使用农药。要注意安全防护。要注意保护环境，避免对周边农作物产生危害。

（2）不得有禁止性行为，主要包括5个方面：

① 不得使用禁用的农药。目前禁止使用的农药有：六六六、滴滴涕、毒杀芬、二溴氯丙烷、杀虫脒、二溴乙烷、除草醚、艾氏剂、狄氏剂、汞制剂、砷类、铅类、敌枯双、氟乙酰胺、甘氟、毒鼠强、氟乙酸钠、毒鼠硅、甲胺磷、甲基对硫磷、对硫磷、久效磷、磷胺、苯线磷、地虫硫磷、甲基硫环磷、磷化钙、磷化镁、磷化锌、硫线磷、蝇毒磷、治螟磷、特丁硫磷、氯磺隆、福美胂、福美甲胂、胺苯磺隆、甲磺隆、三氯杀虫醇。

② 禁止将剧毒、高毒农药用于防治卫生害虫，用于蔬菜、瓜果、茶叶、菌类、中草药材生产或者用于水生植物的病虫害防治。这是指甲拌磷、甲基异柳磷、内吸磷、克百威、涕灭威、灭线磷、硫环磷、氯唑磷、水胺硫磷、灭多威、氧乐果、硫丹 12 种高毒农药。另外，还有一些农药在一些农作物上禁止使用，主要包括：禁止溴甲烷在草莓、黄瓜上使用；禁止三氯杀螨醇、氰戊菊酯在茶树上使用；禁止丁酰肼在花生上使用；除卫生用、玉米等部分旱田种子包衣剂以外，禁止氟虫腈在其他方面的使用；禁止毒死蜱、三唑磷在蔬菜上使用。

③ 禁止在饮用水水源保护区内使用农药。

④ 禁止使用农药毒鱼、虾、鸟、兽等。

⑤ 禁止在饮用水水源保护区、河道内丢弃农药、农药包装物或者清洗施药器械。

6.5.2　农药使用记录制度

农药使用单位应当建立农药使用记录，鼓励个人建立使用记录。农药使用单位包括农产品生产企业、食品和食用农产品仓储企业、专业化病虫害防治服务组织和从事农产品生产的农民专业合作社等，他们应当建立农药使用记录，如实记录使用农药的时间、地点、对象以及农药名称、用量、生产企业等。使用记录应当保存 2 年以上。

6.5.3　违规使用农药的法律责任

使用农药与社会公众的利益也密切相关。违规使用农药要承担法律责任。根据《刑法》《农产品质量安全法》《农药管理条例》等规定，违规使用农药的法律责任包括三个方面。

（1）违规用药必罚　不按照农药标签规定使用农药，或者有以上使用农药禁止行为的，对农药使用单位，处 5 万元以上 10 万元以下罚款，对农药使用者为个人的，处 1 万元以下罚款。

（2）单位不建立农药使用记录受罚　农产品生产企业、食品和食用农产品仓储企业、专业化病虫害防治服务组织和从事农产品生产的农民专业合作社等，使用农药不做好记录的，农业主管部门责令改正；拒不改正或者情节严重的，处 2000～20000 元罚款。

（3）违规用药造成事故受罚　主要分为三类：

① 第一类　造成人畜中毒、大面积环境污染或对生产造成较大或重大损失的，判 3 年以下有期徒刑或者拘役（注：由人民法院判决，公安机关就近执行的，短期剥夺犯罪分子人身自由、强制劳动改造的刑罚）；后果特别严重的，判 3～7 年有期徒刑。

② 第二类　生产、销售农药残留超标的农产品，足以造成严重食物中毒事故的，判 3 年以下有期徒刑或者拘役，并处罚金；对人体健康造成严重危害或者有其他严重情节的，判 3～7 年有期徒刑，并处罚金；后果特别严重的，判 7 年以上有期徒刑或者无期徒刑，并处罚金或者没收财产。

③ 第三类 在生产、销售的食品中掺入有毒、有害的农药，或者销售明知掺有有毒、有害的农药的，判5年以下有期徒刑，并处罚金；对人体健康造成严重危害或者有其他严重情节的，判5～10年有期徒刑，并处罚金；致人死亡或者有其他特别严重情节的，判10年以上有期徒刑、无期徒刑或者死刑，并处罚金或者没收财产。

6.6 农药使用管理与指导展望

化学农药仍然会是我国农民防治农业有害生物的最主要选择。针对目前农业病虫草害抗性产生、农药残留问题日益突出的现状，农药生产研发企业需要不断开发高效低毒低残留且延缓抗性产生的化学农药新产品，但是随着现有产品不断投入应用，开发新产品的周期与投入不断增加，环境压力大的局面还会一直持续。依据《农药管理条例》，环境保护主管部门对农药使用过程的技术指导，教学科研单位、专业合作或服务组织提供技术指导，乡镇人民政府技术指导和服务的协助，限制农药经营者的强制指导，会成为农药使用管理工作新的重点。对农药使用者要按照标签内容要求使用农药以及杜绝农药使用禁止性行为也应不断加强监管及指导，包括从正面要求农药使用者要严格按照标签标注使用范围、使用方法、剂量、技术要求和注意事项使用农药；从反面明确农药使用者的禁止行为，扩大剧毒、高毒农药禁止范围，增加菌类生产和水生植物病虫害防治禁用范围，规定饮用水水源保护区和河道内禁止沾染农药。为落实《农药管理条例》和《农产品质量安全法》相关规定，建立农业投入品使用记录制度，明确各部门在事故报告制度中的职责，增加防灾减灾特别规定等，势在必行。

6.6.1 建立农药专业化使用人员资质认定制度

建议实行农药专业化使用人员资质认定制度。限制使用高毒农药产品的使用者的资质证和一般农药使用者的资质证，可分高、中、低不同的等级（主要针对剂型，例如熏蒸剂、烟雾剂、气雾剂应有相对严格的培训考核），对农药使用者的年龄要设定门槛（建议18岁）。要进行定期考察、发证、培训工作，凡是以营利为目的的农药专业化使用者，都必须具有合格的资质，资质需要每5年续展一次，需要依据新形势下的认证要求及采取相应的考试，农药使用安全培训可以成为培训重点，单独进行。地方农业主管部门负责考核发证，大专院校、协会等民间部门负责培训。

6.6.2 合理使用农药促进农产品品质提升

农药对农产品品质的影响因素主要有两个：一是降低农药残留，保障农产品质量安全。二是以农作物为对象，根据其不同阶段的需求，通过合理使用农药，提升其品质。目前所开展的工作集中在第一个方面。农药行业正在摸索研究如何通过合理使用农药，促进农产品品质的提升。

6.6.3 推动安全科学合理使用技术的落地

纵观世界各国，关于农药使用的法规越来越完善，农药安全使用工作得到重视，农药安全科学使用是农药使用的永恒主题。随着我国对生态文明建设重视程度提高，农业发展方向由增产导向转变为提质导向，使用农药虽然仍然不可避免，但是力求把它对生态、对农产品、对施药人员的健康等影响降低到最低，精准用药技术将得到更多的重视和应用。

预计在未来，随着我国种植业结构调整和土地流转等引发的农业生产形式变化，安全用药培训必然也随之发生变化，在培训对象、培训内容、培训形式上都有所创新和改变。在培训对象上，我国在将来相当长的一段时期内，小规模经济仍然占有主导地位，但是家庭农场和合作社、种田大户将占有一定的比例，专业化统防统治队伍的服务面积也会进一步增加，因此安全合理用药的培训对象，除了小农户外，家庭农场、种田大户和专业化统防统治人员的占比将会更大；在培训内容上，随着使用施药机械的变化，安全用药的培训内容和培训形式也将随之调整，我国目前对专业化施药人员仍未实行许可制度，这一制度有朝一日也会提上日程；在培训形式上，除了目前的现场培训、会议培训之外，应用现代电子技术的培训也会兴起，比如利用3D影像技术的培训，可以让受训者在室内亲身体验到田间的操作，将有利于改善培训者的体验感，提高培训的效率和效果。

出于对产品质量的要求变高，农药在食品中的残留问题将更加受到重视，新农药将不断出现，《农药合理使用准则》将继续修订，并且在日趋完善的基础上加强宣传与贯彻，其在指导生产过程中的意义将越来越大。

新农药、新技术将继续出现，除了以往单独使用农药以外，农药与肥料、农药与抗病虫草作物之间的协同等都会产生新的技术，推广过程中必然将产生大量试验示范要求。

单独就农药成分而言，新的农药、新的有效成分必然会继续出现，了解和掌握这些新农药必然需要开展大量的试验示范工作；而农药的新加工剂型及其由此带来的新使用技术，未来将朝着轻简化、方便化方向转变。种子处理剂、长效颗粒剂、水稻秧田施药防治病虫草害的技术等得到更好的发展和更多的应用。

一种农药对于一个地区的生态环境、作物生长本身都会带来一定的影响。目前对农药的评价，仅限于该产品的风险是否能够接受，但是其综合性能优劣并没有评价体系和评价标准。将来这些评价体系有可能被建立和利用，即针对每一种农药，在每一种情境下其使用的优劣性将可能有一系列的指标来评价，并且可以与其他药剂做比较。

农药使用的合理性将由以往注重单一环节、单一病虫的防治向单一环节、多种病虫综合考虑，由注重考虑某一生长阶段配套向考虑整个作物生长季节配套方向转变，对病虫防控的策略将由单环节控制向全程综合控制转变，由侧重消灭病虫向充分利用作物的抗性转变，由局部抗性利用到全程免疫调控转变。

6.6.4　解决农药包装废弃物回收与处置问题

新修订的《农药管理条例》中，将农药包装废弃物的回收列入了农药销售商和农药生产企业负责的事项。随着新条例的不断贯彻落实，农药包装废弃物回收工作有望得到更好的完善。目前已经有广东省等地制定了农药零售商回收农药废弃物的办法，取得了成功经验，其他省份会陆续跟进制定相应的办法。

6.6.5　提升抗药性监测和治理水平

抗药性的出现是生物群体面对外界条件的适应，是一种生物自我进化过程，因此只要使用农药，抗药性的出现几乎是不可避免的。随着我国农药使用历史延长，农药品种的增加，有害生物对其的抗药性也会逐步出现。特别是目前农药的研发越来越向精细化方向发展，在新技术的指导下，大多数农药的研发以作用于具体靶标为指导，新型农药的作用位点单一化明显，有害生物抗药性产生的概率增加，关键是如何防止抗药性过快产生。

抗药性监测能够及时发现抗药性的变化情况，便于及时调整用药策略，进而延缓抗药性发展，延长农药的使用寿命。我国目前已经建立了一个初步的抗药性监测网，未来随着抗药性问题越来越多，监测网可能会继续扩大和完善。我国的作物病害、杂草等对农药的抗药性越发严重，抗药性监测必然向这两个方向偏斜，从三个方面加强对植物病害和草害的抗药性监测和治理工作。

（1）增加监测网点；

（2）加大开展抗药性治理示范工作力度，广泛建立抗药性治理示范点；

（3）由全国农技中心牵头组建的农业有害生物抗药性对策专家组，势必会增加有关植物病害和草害方面的专家，监测技术将得到完善，快速监测技术得到更好的发展。

6.6.6 植保机械将向高质量、多品种、智能化方向发展

6.6.6.1 发展现状

农业机械化是现代农业的基础，我国农业生产力水平不高，受农产品价格"天花板"限制和农业生产成本"地板"抬升的挤压，同时随着劳动力成本上升较快，农业机械化显得更加迫切和重要。近十多年来，我国农机实现跨越式发展，特别是收割机械、播种机械飞跃发展，把广大农民从艰苦的农事作业中解放出来。目前农业机械化率已超过60%，从种到收，最缺乏、最落后的就是植保机械，植保机械成为最大的短板。植保机械更新换代和装备水平提升，是实现现代植保的必然选择，通过提高施药机械本身的技术含量和装备水平，不仅能提高施药水平和农药利用率，也能提高防控效果和防控能力，更能提高农业生产效率。植保机械装备水平的提升是实现现代植保的重要手段，新型高效的植保机械装备是实现"农药使用量零增长"的根本出路，植保机械滞后是制约病虫害专业化统防统治发展的最重要因素。植保机械的发展空间巨大，前景广阔。

近几十年来，国际上农药使用技术迅速发展，由传统的高容量低浓度喷雾法向低容量高浓度喷雾法发展，喷洒农药正向着精密、微量、高浓度、强对靶性方向发展。为了减少环境污染，大量应用低容量（LV）、超低容量（ULV）、控滴喷雾（CDA）、循环喷雾（RS）、防飘喷雾（AS）、气流辅助喷雾等一系列新技术、新机具，施药量大大降低，农药利用率和工效大幅度提高，总体利用率水平在60%左右。20个世纪六七十年代，发达国家的技术人员已开展了广泛、深入的施药技术研究，证实了减少田间施药液量是提高农药利用率最经济有效的措施。作物叶片表面能够附着的农药雾滴大小和承载的药液量是有限度的，当喷洒量超过一定限度时，叶片上的细小雾滴会凝聚成大雾滴而滚落、流失，反而使叶片上附着的农药量急剧降低。此后，随着循环喷雾、防飘喷雾、药辊涂抹技术、气流辅助喷雾等技术的成熟和广泛应用，在减少雾滴的飘失方面已取得重大成效。如循环式喷雾机的农药利用率可达90%以上；通过在大型喷杆喷雾机上加装气囊，使用气流辅助喷雾可减少农药飘失量70%以上；新型射流防飘喷头，可减少农药飘失量90%。其发展大致可以分为以下四个阶段：

（1）第一阶段　20世纪50年代左右　主要是老式、落后的施药机械，采用大容量、粗放的施药方法。

（2）第二阶段　20 世纪 60 年代开始　采用较好的药械，普及低容量施药技术。喷杆喷雾机采取 $150\sim300L/hm^2$，风送弥雾机采取每公顷每米树高 $100\sim150L$。技术进步主要体现在减少了作物上的药液流失量，显著地提高了农药利用率。

（3）第三阶段　20 世纪八九十年代开始　研制出高技术含量的喷头和先进的药械，采取减少药液飘失的施药技术。如防飘喷头、射流喷头、气流辅助喷雾技术、循环喷雾技术的应用。技术进步主要体现在，显著减少药液飘失量，更有利于环保，提高了农药利用率。

（4）第四阶段　现正研究并逐步应用的智能药械、精准施药技术，是通过遥感（RS）、地理信息系统（GIS）、全球卫星定位系统（GPS）的集成，利用扫描图像识别和电子计算机技术，能根据生物靶标而自动对靶喷雾的智能施药技术，目前主要成功应用在化学除草上。技术进步主要体现在，真正实现了以有害生物为靶标，从根本上减少农药施用量，实现精准施药。

6.6.6.2　发展思路

（1）加大对植保机械研发的投入力度　由于施药机械只是机械行业中的边缘小行业，研制、生产部门和植保技术部门脱节，有实力的企业往往不愿投资，小企业能力又不够，各方面的重视和投入力度都不足。建议国家加大对施药机械研发的投入，从国家战略的高度统筹规划，制定短期和中长期发展目标，以生产企业为核心，选择实力较强的企业，进行重点扶持。采取引进国外成熟机型和技术，在消化吸收的基础上，结合我国的作物和种植特点进行改进开发的路子，进行重点投资，组织优势力量，集中攻关。短期可以优先考虑引进射流喷头和防飘喷头，逐步实现优质防飘喷头的国产化。同时还要重点引进、开发适合果园和防蝗使用的大中型风送式喷雾机。中期目标是在消化吸收的基础上，开发出适合我国种植特点的大中型高效、对靶性强、农药利用率高的植保机械。长期目标是根据我国地貌地形、不同农业区域的特点，研究开发适用于平原地区、水网地区、旱原区及高山梯田区，能满足不同农作物和病虫草害防治的专用高效施药机具，使植保机具向专业化方向发展，形成我国自己的农用植保机械系列。研制适合水稻田高效施药的机械；研制果园、园林用的高射程喷雾机、循环喷雾机及多功能风送式自动对靶喷雾机；研究循环喷雾技术、气流辅助喷雾技术、智能喷雾技术和相应机型，开发出有自主知识产权的可实现精准施药的植保机械。

（2）用好对植保机械的补贴政策引导技术进步　植保机械是涉及农机、植保、农药、卫生等多部门的一类特殊农机具，与一般农机相比具有三个方面特点。一是安全性问题多。不仅涉及机器本身操作安全，还关系到施药人员安全、生态环境安全、农产品质量安全和农作物安全。二是对使用者要求高。除了要懂得机器本身的性能和操作方法外，更重要的是还要懂得农药的性能，病虫草害的发生特点、防治适期、施药技术。三是主要在作物生长期间作业。其他农机主要是在种植前或种植收获时使用，受种植方式影响不大，而植保机械的作业受种植方式和作物生长期影响巨大。应借鉴发达国家经验，将植保机械作为特种农机，单独制定补贴政策，将针对个人的农机补贴政策调整为针对防治组织，将补贴比例提高到 50%以上，尽快将各种航空施药机械纳入补贴范围。鼓励地方财政通过多种形式累加补贴，尽力提高补贴比例，引导和扶持专业防治组织使用先进实用、技术成熟、安全可靠、节能环保的高效施药植保机械。借鉴国际先进做法，根据不同机械的农药利用率水平，实行差别化的补贴比例，从政策上鼓励使用农药利用率高的施药机械。坚决淘汰劣质喷雾器，有关部门要尽快制定喷雾器强制报废办法，加快淘汰跑冒滴漏严重的老式喷雾器。建议设立专项资金，用

5年左右时间，采取国家补助、分步实施的办法，对技术落后、农药利用率水平低、质量低劣的旧式喷雾器进行强制淘汰。

（3）切实加强农机农艺融合，确保高效植保机械全程作业　由于原来没有高效施药机械，所有栽培模式都从不用考虑药械作业问题，但现在随着自走式喷杆喷雾机的蓬勃发展，这一问题日益突出和重要。农业主管部门应提高认识，组织栽培与植保方面的专家，共同研究适合高效施药机械作业的高产栽培模式，实现农机农艺有机融合。在不减少播种量和亩穗数的情况下，通过宽窄行种植，留出大中型药械的作业通道。搞好农田道路、灌溉和沟渠等设施的统筹规划和建设，创建能够实现可持续发展的"高产创建新模式"。

（4）引导植保无人机良性发展，指导科学使用　近几年植保无人机实现跨越式发展，但已出现过热苗头，资本大量涌入。由于进入门槛不高，很多不具备研发能力的企业，都可以从市场上采购配件组装成型，已出现为争夺服务市场恶性竞争的情况，必须尽快从政策、标准、培训等方面正确引导其良性发展。无人机施药通过人工遥控技术和自动导航技术，人机分离，保证了作业人员的安全性；自动化程度高，作业机组人员相对较少，劳动强度低；灵活方便，不碾压作物，可对高秆作物施药。但也存在喷雾对靶性不好，农药利用率不高；药液浓度高，易产生药害；雾滴直径小，沉降时间长，易蒸发飘失；受风力、风向影响大，喷雾均匀性较差；电池续航能力低，田间充电不便；可装载药液量偏小，实际工效不高等诸多不足。大量的航空施药试验和技术表明，喷洒杀虫剂和杀菌剂每亩的施药液量不能少于1L，每平方厘米的雾滴数不能少于20个，喷洒除草剂每亩的施药液量不能少于2L，每平方厘米的雾滴数不能少于30个，否则难以保证稳定的防效。植保无人机的作业效率和防治效果是一对尖锐的矛盾，机手由于利益驱动，片面追求作业效率，希望每天能喷更多的田块，每亩地的施药液量往往少于500mL，防效极不稳定，常常需要重喷、补喷。必须从政策上加以限制，提高门槛，从标准上从严要求，制定合理的无人机施药技术规范，科学确定植保无人机在不同风速条件下的相应飞行高度、速度、施药液量、喷幅等专业参数，确定不同农药剂型应添加的助剂类型和数量、农药稀释浓度等参数，提高无人机的施药技术水平。

（5）培育壮大专业化防治组织，大力开展专业化统防统治　植保机械的进步与专业化防治组织的发展相辅相成，发展高效施药机械能够事半功倍地推进统防统治，统防统治的发展壮大也能促进高效施药机械的推广应用。开展农作物病虫害专业化统防统治，其服务的产业是农业，服务的对象是农民，服务的内容是防灾减灾，不仅具有很强的公益性，而且符合现代农业的发展方向，是建设现代植保、发展现代农业的必然选择。要坚持"政府支持、市场运作、农民自愿、因地制宜"的原则，以加强引导、加大投入为保障，以规范管理、强化服务为突破口，以提升装备水平、增加经济效益为切入点，鼓励、引导服务组织多元化、服务模式多样化、扶持措施多渠道，不断拓宽服务领域和服务范围，全面推进专业化统防统治的健康、稳步、可持续发展。

6.6.6.3　发展趋势

植保机械中，小型手持式喷雾机械、担架式地面机械、大中小型自走式喷雾机械、航空施药机械等机械各自都有所发展，但是，主要的方向应该是高效化、精准化、智能化。

手动喷雾器向电动化方向发展，目前很多的手动喷雾器已经实现了电动化，但是使用的电池以铅酸电池为主，未来其势必向轻量化方向发展，过渡到使用锂电池为主。喷洒部件将进一步改进和完善，多喷头、低容量将是主要的发展方向。

地面喷雾机械的发展方向将以自走式为主，担架式喷雾机械仍占有一定的份额，分别适应各种地形和作业条件的专业化机型得到更多的发展，未来将在提高智能化方向上下功夫，实现施药精准化、作业智能化。

航空喷雾机械势必会得到更多的发展，各种机型都会有所发展，相关的配套政策措施、配套药剂和配套助剂会逐步完善和增加。未来的主要发展趋势是：

（1）轻型四轮高地隙喷杆喷雾机　由于目前的三轮结构自走式高地隙喷杆喷雾机的通过性、稳定性存在一定问题，而现有的四轮自走式高地隙喷杆喷雾机价格高，不能满足农民购买力现状，在生产中亟需一种介乎两者之间，在确保通过性、稳定性的基础上具有低价高效特点的轻型四轮高地隙喷杆喷雾机，主要适用于家庭农场规模的中型农场旱地大田作物病虫草害全程机械化防治，可降低专业化统防统治的机具投入成本，促进植保机械化发展。

（2）新型果园风送喷雾机　目前的果园风送喷雾机的风送模式单一，不能适应多种果树冠层特点，亟需具有不同风送方式的新型果园风送喷雾机，以适应篱壁式、棚架式、矮化密植等种植模式的冠层特点，实现仿形风送喷雾，提高农药利用率；同时需具有轻简化自动对靶、变量喷雾等精准施药技术，以节省农药，降低农药残留，提高果品品质，实现节支增收。

（3）轻型宽幅高地隙水田自走式喷杆喷雾机　目前，我国水田病虫害防治中亟需地隙高度满足水稻后期冠层高度，具有喷杆自平衡装置，通过性能强，作业稳定的宽幅喷杆喷雾机，以减少压苗，实现水稻全程植保机械化作业。

（4）大载荷植保无人机　目前，植保无人机载药量大多为20L以下，限制了无人机的作业效率。生产中亟需载药量大的植保无人机，提高单架次作业能力，减少起降次数，并且大载荷植保无人机可以同自主作业系统配合进一步提高作业效率，甚至在一定程度上可以取代有人机航空植保作业。

（5）目前，我国缺少航空专用制剂与助剂，造成航空施药作业中均依据作业经验，在地面机具用药基础上提高浓度，实现低量、超低量喷雾作业，缺少严格科学的药效试验、毒理试验、环境安全评价等，易产生药害、药效差、环境污染等问题。因此亟需出台航空专用制剂登记方面的相关政策，并开展在航空施药条件下的农药药效、农药残留、环境安全等方面的研究。

6.6.7　专业化统防统治组织发展壮大

发展专业化统防统治是我国小规模生产条件下应用现代化大规模农业生产技术的一种途径。大力发展专业化统防统治服务，不仅能够有效地解决小农户防治病虫草害困难的问题，而且有利于提高科学合理用药水平，有利于提高农药利用率，减少环境的污染。制约专业化统防统治发展的因素有望得到逐步解决。

6.6.7.1　专业化防治组织扶持力度加大

（1）对专业化统防统治增加物化技术补助　从2013年以来，农、财两部已年开始利用重大农作物病虫害防治补助资金（每年6亿元以上），对专业化统防统治服务组织和农民进行补贴试点。随着工作的进一步深入，补贴范围和总量将会逐步增加。

（2）争取税收优惠　积极协调国家税务总局，建议免除专业化统防统治组织的营业税，为处于发展初期的专业化统防统治营造良好政策氛围。

（3）推进出台暴发性病虫害的政策性保险，降低专业化服务组织的经营风险　以小麦条锈病、稻飞虱、稻瘟病等迁飞性、流行性病虫害为重点，研究提出暴发性病虫害引发作物减产的政策性保险建议，中央、省、专业化统防统治组织等按照5∶3∶2的比例投保，以提高专业化统防统治组织应对风险的能力。同时，积极引导保险机构推出专业化统防统治的商业性保险。

（4）加大植保机械购置补贴力度　对专业化防治服务组织凭"四证"（工商营业执照、税务登记证、组织机构代码证、法人身份证）购机，补贴额度提高到50%～60%。

（5）补贴配备绿色防控物资　选择有规模的专业化防治组织，补贴配备杀虫灯、性诱剂、黄板、生物农药等绿色防控物资，鼓励、引导其开展病虫害综合防治。

（6）规范专业化统防统治组织的发展　出台行业准入制度，对从事专业化防治服务的企业进行规范，制定各种工作标准，例如收费标准、防治技术标准、防治效果评定标准、损失赔偿标准等一系列标准。搞好对专业化防治组织的指导和服务，利用现代通信手段及时提供病虫发生情况和防治适期等方面的信息服务，指导制定全程科学防控方案，指导专业化防治队伍实行科学用药、轮换用药、合理用药；改变病虫防治就是用药防治的狭隘观念，培养综合防治理念，使综合防治真正落到实处。指导和督促专业化防治组织建立健全各种规章制度，合理收费，诚信服务，提高服务水平，保障防治服务的正常运行。

6.6.7.2　更多农户参与专业化统防统治

由于农村劳动力成本提高、农民收入水平提高，烦累而危险的农药喷洒工作将由农户自己操作，逐步交给专业化服务组织操作。各级政府对专业化服务组织进行扶持和防治费用补贴，专业化服务组织作业水平不断提高，对病虫的控制效果更好，也使得专业化服务组织的作业对农民具有更高的吸引力，农户将植保工作交由专业化服务组织来完成将成为更多的选择。

6.6.7.3　提高专业化防治组织管理水平

（1）通过加强内部管理，开展规范优质服务　专业化防治组织只有通过提高自身管理水平，开展规范化服务，才能不断壮大自身实力；在提高服务水平的同时，增加收益，才能不断增强发展后劲，保证专业化统防统治工作健康稳定发展。通过科学制定规章制度，更好地管理机手，与农民签订更完善合理的服务协议，更好地建立和发挥村级服务站的作用，制定科学防治方案并科学组织防治，开拓可靠的农药购进渠道降低成本，与农民签订服务跟踪卡，监控防治效果，提高服务水平。

（2）建好村级服务站，拓展服务区域　村级服务站是防治组织与农民联系的纽带，也是服务组织在各村的下设机构，是承担防治服务的主体，服务站的建设直接关系到专业化统防统治的成败。村级服务站的站长应选择当地有影响、工作能力强的人担任，主要工作职责是"定面积、定机器、定机手、定农户、定田块"。专业化防治组织只有通过建立村级服务站，才能拓展服务区域，实现规模效益。向规模要效益，包括扩大服务面积和开展全程承包统防统治服务两个方面。湖南一些做得较好的防治组织都是通过建立村级服务站和开展承包防治服务不断扩大规模的，一个组织的服务面积可以覆盖30万亩水稻，规模效益显著。

（3）积极依托植保技术部门，提升防控技术水平　在植保技术部门指导下，科学制定全程防控方案，在服务区内建立病虫害观测点，在植保站指导下培训观测员，在及时获得植保站病虫信息的前提下，结合服务区内病虫实际发生情况实时开展防治。搞好机手技术培训，使他们掌握科学施药方法，提高对靶性施药操作水平，提高农药利用率。积极争取农业有关项目，补贴配备物理防治、生物防治相关设备，优化农业防治、物理防治、生态控制和安全用药等措施，真正将综合防控技术落到实处，在减少用药防治次数的同时，提高防控效果，提高专业化防治组织的效益，更好地保护生态环境，实现病虫草害的可持续性防控。

（4）统一购进大包装农药，选用高效药械，两条腿走路，提升收益水平　专业化防治组织收取的防治费用，要支付给机手工资，还要购进农药，本身营利空间十分有限，必须通过提高管理水平，统一购进大包装农药，并优先选用高效施药机械，才能在不增加农民投入的情况下，提升收益水平。选择药剂以"同类药剂比效果，效果相当比价格，价格相同比服务"为原则，充分论证确定农药品种和品牌。专业化防治组织尽可能减少农药经营环节采购，最好是一站式从生产企业直接采购大包装农药（10～20kg装），配送到村级服务站，村级服务站按机手的服务面积分发到机手，这样农药价格从厂价到零售价的70％～300％的利润及大包装省的包装费用变为专业化防治组织的收益，这是专业化防治组织保障服务质量、提高服务水平、抗御灾害风险、维持正常运行、确保永续发展的根本。实行一站式采购大包装农药，不仅是从源头上把好了农药质量关，杜绝了假冒伪劣坑农害农行为，确保了防治效果，而且，大包装节省了包装材料和杜绝了包装废弃物对农田的污染，实现了资源节约和环境友好的成功结合。

（5）统一为机手购买意外伤害保险，防控风险　长时间、连续施药作业对机手影响很大，不仅工作强度大，还要冒中毒风险，在夏季要顶着高温酷暑施药，中暑的风险也极大，在稻田甚至还有遭毒蛇咬伤的危险。机手若在施药过程中遭遇意外伤亡事故，如果没有保险将可能直接导致整个合作社亏损解体，因此应在相关管理办法中明确规定，专业化防治组织要为机手购买人身意外伤害保险，主要由专业化防治组织集中购买。

（6）积极延伸服务链，提升综合实力　病虫害防治季节性强，每种病虫害的防治适期只有3～5天，水稻一般防治3～6次，小麦一般防治3次左右，玉米防治2次左右。对防治组织来说，防治时任务重、时间紧，而其他时间就很空闲，仅靠提供病虫害防治服务难以稳定防治组织和机手，难以满足组织发展的需要，应积极拓展延伸服务链，积极开展耕地、种植和收割等方面的服务。同时，也应鼓励为农民提供耕地、种植和收割服务的农机合作社，引进先进植保机械为农民提供病虫害专业化防治服务。

参 考 文 献

[1] NY/T 393—2013　绿色食品　农药使用准则.

[2] NY/T 1276—2007　农药安全使用规范　总则.

[3] GB 12475—2010　农药贮运、销售和使用的防毒规程.

[4] HJ 556—2010　农药使用环境安全技术导则.

[5] 刘启平. 科学安全使用农药的对策建议. 云南农业，2016，（10）：76-77.

[6] 崔晓蕊，王立平，孙丽娜. 当前农药使用存在问题及解决办法. 农业科技通讯，2016，（1）：149-150.

[7] 农业部关于印发《到2020年化肥使用量零增长行动方案》和《到2020年农药使用量零增长行动方案》的通知，农农发〔2015〕2号.

[8] 农业部农药检定所. 农药经营人员读本. 北京：中国农业大学出版社，2012.

[9] 农药安全使用规定. https://wenku.baidu.com/view/39c4cdbe2f60ddccdb38a036.html.

[10] 农药限制使用管理规定. https://wenku.baidu.com/view/d2aca4477dd184254b35eefdc8d376eeafaa1754.html.

[11] GB/T 8321.7—2002农药合理使用准则（七）. 北京：中国标准出版社.

［12］GB/T 8321.8—2007 农药合理使用准则（八）. 北京：中国标准出版社.

［13］GB/T 8321.10—2018 农药合理使用准则（十）. 北京：中国标准出版社.

［14］GB/T 8321.4—2006 农药合理使用准则（四）. 北京：中国标准出版社.

［15］GB/T 8321.1—2000 农药合理使用准则（一）. 北京：中国标准出版社.

［16］GB/T 8321.9—2009 农药合理使用准则（九）. 北京：中国标准出版社.

［17］GB/T 8321.5—2006 农药合理使用准则（五）. 北京：中国标准出版社.

［18］GB/T 8321.3—2000 农药合理使用准则（三）. 北京：中国标准出版社.

［19］GB/T 8321.2—2000 农药合理使用准则（二）. 北京：中国标准出版社.

［20］GB/T 8321.6—2000 农药合理使用准则（六）. 北京：中国标准出版社.

［21］广东省农业厅农作物农药药害鉴定管理办法　粤农〔2007〕125 号.

［22］邓方，李云国，等. 浅议农药药害事故及处理办法. 农药科学与管理，2006，27（4）：34-35.

［23］全国农业技术推广服务中心. 中国种植业技术推广改革发展与展望. 北京：中国农业出版社，2010.

第 7 章
国际农药管理与贸易

7.1 主要国家地区农药管理

7.1.1 北美洲主要国家农药管理

7.1.1.1 美国

（1）农药管理法规与机构 美国农药管理体系的突出特点是具有强大、完善的法律支撑。美国主要涉及农药管理的法案是《联邦杀虫剂、杀菌剂和灭鼠剂法》（FIFRA）和《联邦食品、药品和化妆品法》（FFDCA）。《食品质量保护法》（FQPA，1996 年）、《农药登记改进法》（PRIA，2003 年）和《濒危物种法》（ESA）是对上述两个法律的补充或修订。

《联邦杀虫剂、杀菌剂和灭鼠剂法》是美国农药管理、分销、销售和使用的基础，所有农药产品的生产、运输、供应与销售、进口等，必须取得登记。FIFRA 主要内容包括：

① 规范农药登记要求 该法案规定了农药产品登记的具体资料要求，以及登记产品在食品中的残留信息、检测方法、降解方法、残留标准要求等。美国环保局（署）组成的专家团队对登记资料进行评审，如果申请登记的产品满足要求，其使用符合法律规定，则批准登记。美国农药产品登记有效期通常为 15 年，但在登记后如果发现未预估到的负面风险等，环保署有权取消登记。

② 规定农药分类与使用许可要求 FIFRA 将农药分为普通用途农药和限制使用农药两类。普通用途农药是指对使用者或环境风险较低的一类农药，只要使用者仔细按照产品标签说明操作即可，包括卫生杀虫剂等产品。限制使用农药是指对人类或其他有益动物具有异常毒性，或已知对环境有显著影响的农药产品。限制类农药的使用者必须要通过资格考核认证获得许可。

③ 农药毒性分类 FIFRA 按照口服 LD_{50} 值将农药产品毒性分为高毒、中等毒、低毒与微毒四类。

④ 其他规定 FIFRA 规定，要进行新农药的登记试验，必须申请并取得实验用途许可

（EUP），才可以开展大田试验；一般农药登记 15 年后，需要进行再评价（review），如果新的数据表明产品有未曾发现的负面作用或其他证据支持，环保署可对有效期内的登记加以取消，或改变其分类类别。农药生产者有义务向环保署报告任何新发现的副作用信息，存在严重缺陷的产品，被取消或中止登记，不再使用；FIFRA 还规定了环保署所获取的农药产品相关信息处置权，对制售假劣农药和非法使用农药行为的处罚规定等；同时，FIFRA 保护农药产品首个登记者的数据使用权；此外，对拟取消登记的产品进行特别审查，允许社会公众参与讨论或提交相关意见与证据。

在食品安全管理方面，《联邦食品、药品和化妆品法》侧重于对食品中农药残留的监测，强制规定保护婴幼儿和儿童；要求农药在食用作物上登记使用前，必须设立 MRL 或 MRL 豁免；并授权美国环保局（EPA）对食物中的农药残留进行监测。

《食品质量保护法》对新、老农药设置了更为严格的安全标准，对加工和未加工食品制定了统一要求，规定了 MRL 重新评估的时间表，并要求环保局对已登记的农药每 15 年必须重新审查；要求对豁免登记紧急使用的农药建立允许限量。

《农药登记改进法》重在农药行政许可，是对 FIFRA 和 FFDCA 规定的补充，规定申请人根据登记类别缴纳登记费；要求环保局必须遵照审查时间表对产品进行审核并做出登记裁决，以及缩短低风险农药的登记评审时间等。

《濒危物种法》重在对濒危物种及其主要栖息地的保护，环保局依据该法案评估并确认农药产品的使用是否对列在《濒危或受威胁物种名录》内的物种及其重要栖息地产生不良影响。

美国农药管理机构分为联邦和地方两个层级。

联邦层面主要包括环保局（EPA）、食品药品管理局（FDA）、农业部（USDA）。其中，环保局负责农药登记管理，在批准农药登记前制定其在食品和饲料中的 MRL，并根据食品药品管理局和农业部的监测结果，开展农药登记再评价，必要时修订 MRL 值。食品药品管理局负责水果、蔬菜和海产品中农药残留的监测和管理，对农药残留超标的农产品进行处理，责成农产品经营者召回或处置。农业部负责肉、蛋、奶中农药残留的监测和管理。农业部与环保局合作，组织实施农产品中农药残留监测项目（PDP），项目通过统一的监测标准、内容、检测方法，为农药登记再评价、制定和修订 MRL 提供具有价值的试验和监测数据。

地方层面为各州农药管理部门，各州可以制定比联邦政府更严格的农药管理法规。州农药管理办公室负责本辖区的农药管理事务，主要包括农药使用的企业许可、施药人员许可、农药投诉和案件的调查与处理等。也有一些州负责核发农药经营和咨询许可，对农药经营和使用人员开展培训等。此外，根据 FIFRA 和地方农药管理法律，美国各州政府农业管理机构还有权根据地方实际需要增加已登记农药的使用范围或对尚未登记的新农药、新惰性成分向环保局提出紧急豁免请求。

（2）农药登记管理制度 美国根据新颁布的食品安全相关法律，及时修订《联邦杀虫剂、杀菌剂和杀鼠剂法》，实行农药登记、农药再登记和农药登记再评审制度。该法律提供了五种登记类型：联邦登记、田间药效许可、紧急豁免、州特别使用许可和再登记。此外，还对进口的农药原药及制造商实行备案制度。

美国的农药登记过程是一个科学、法制的程序，环保局通过登记流程评审农药的各种成分、使用的特定场所或作物、使用的剂量、频率和时间，以及贮存和处置方法。在评审过程中，环保局通过开展风险评估来确定农药使用对人类健康和环境的潜在风险，如评估对人类、野生生物、鱼类和植物（包括濒危物种和非靶标生物）的危害，通过淋溶、径流或喷雾飘移评估对地表水的污染，评估对人类短期到长期毒性（如癌症和生殖系统干扰影响）的风险等。标签作为法规中的一部分，环保局规范了农药标签使用用语，并对每个农药标签评审和批准，以确保使用说明和安全措施与可能的风险相匹配。农药产品按照标签使用，是法律的要求，也是安全的需要。

美国农药登记流程示意见图 7-1。

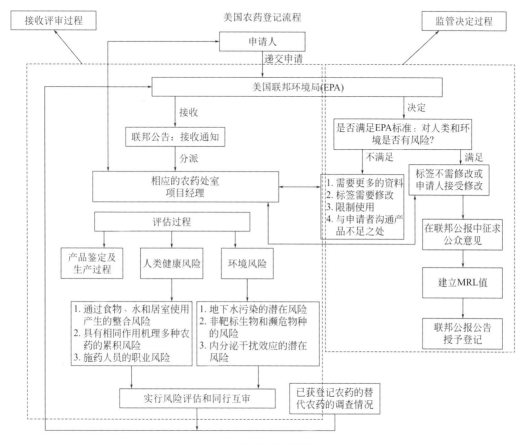

图 7-1　美国农药登记流程

① 农药再登记（reregistration）　根据 FFDCA 的规定，对在食品和饲料中使用的农药，应当制定 MRL，农药的使用应当确保其无害。据此，1988 年修订了 FIFRA，授权 EPA 对 1984 年 11 月 1 日以前登记的农药品种实行农药再登记。从 1990 年开始，将 1150 种农药有效成分分为 613 类，进行再登记。EPA 花了 18 年时间于 2008 年完成了对这些农药有效成分的评估，保留登记 384 类，取消登记 229 类。在再登记的过程中，EPA 收集并评审之前没有提交的科学研究、对人类健康的影响以及环境数据。评审的依据为最新的科研成果，利益相关方以及公众的意见。为了减少对环境的潜在影响，EPA 制定了一系列降低风险的措施，比如说限制或禁止一些农药的某种用途，要求使用者穿戴个人防护服。将风险减缓措施转变为标签的使用技术和注意事项等内容。

② 农药登记再评审（registration review）　1996 年颁布的《食品质量保护法》（FQPA）修改了 FIFRA 和 FFDCA 法，加强了安全标准。要求 EPA 在 10 年内对所有已建

立的 9721 个 MRL 值进行再评估，确保农药的使用达到新的"无害合理确定"标准。根据 FQPA 的要求，美国对 FIFRA 再次修订，要求对每个农药产品定期进行登记再评审，期限为 15 年。公开所有登记再评审过程，让公众广泛参与，确保已登记农药按照标签使用时不会对公众健康、职业人群及环境造成不可接受的风险。如果一种农药不符合 FIFRA 的登记标准，该农药可能被取消登记或变更登记。另外，当使用农药可能产生不合理的不利影响时，美国环保局通过特殊评审程序进行风险-效应分析，确定是否需要根据 FIFRA 的相关条款启动对农药产品拒绝登记、取消登记或重新确定登记分类等管理程序。

（3）农药登记资料要求　美国的农药登记包括四类：一般化学农药、消杀剂、生物农药和惰性成分。

《农药登记手册》为申请人提供全程登记指导，对登记与评审程序、费用、资料准备、登记变更、资料补偿等做了详细说明。

《农药登记资料要求》列入美国联邦法规第 40 条《环境保护》中第 158 部分。整个资料要求的编排以文字和表格结合的方式，条理清晰，内容全面，按字母顺序从 A 到 Z 分为 26 个部分。其中 A 部分为总则，详述资料要求的目的与适用范围，对数据提交格式、数据保密、资料减免、满足资料要求的条件、潜在风险评估的条件等一般原则作了明确规定。B 部分将农药使用划分为 6 大使用模式，并明确了各模式对应的适用条件及资料要求。B 部分以下为具体的要求，其中 C 部分为农药试验许可的要求；D~O 分别为产品化学、药效、毒理、生态、健康风险、环境风险、膳食风险的资料要求；P~T 为欲留的项目编号，U~W 分别为生物化学农药、微生物农药、消杀剂等的数据与资料要求。

美国环保局下属的化学品安全与污染防治处（OCSPP）制订了关于农药及有毒物质试验的系列技术准则及数据提交要求。该系列准则遵循统一、规范的原则，包括产品性质、环境行为、残留、漂移、生态影响、健康影响、人体暴露、生物化学、微生物、内分泌紊乱监测试验等，其中部分准则参照并适用于 OECD 的技术标准。准则目录及具体内容可参考 http://www.epa.gov/ocspp/pubs/frs/home/guidelin.htm。

（4）资料保护　在美国，首家产品开发与资料所有者，商业保密信息作为商业机密被永久保护，安全、有效数据通常给予 10 年保护。一旦专利失效或资料已过保护期限，第二家申请者可根据等同性原则提出登记申请。

《农药登记资料要求》在总则部分（158.33）对数据保密、信息公开等问题做了规定。要求所有提交环保局的资料，必须随附保密声明、附件，并有统一的数据提交格式要求。

美国对资料补偿有严格的管理规定。FIFRA 法案中的第 3（c）（1）（F）条款规定，对首家登记资料采取"排他性使用"保护原则，保护期一般为 10 年，如果申请人在此期间又有新的资料补充，可向环保局提出申请延长到 15 年。在资料保护期内，其他申请人可向首家提出资料补偿，以取得首家资料的合法使用权。资料补偿规定适用于新农药、新使用范围以及产品的登记评审和再登记。申请人履行资料补偿义务是农药登记与再登记中的重要环节，一旦环保局发现申请人没有对资料所有人进行补偿，将取消其登记申请。

7.1.1.2 加拿大

（1）农药管理法规与机构　加拿大政府 1939 年就通过了《有害生物控制产品法》（Pest Control Products Act，PCPA），并于 2006 年 6 月进行了修订。该法案规定所有农药产品必须在该法案下登记注册才能在加拿大销售和使用。省级法律法规主要针对已登记农药产品的销售和使用。省级制定的法规不能低于联邦法律，但可以更加严格。如安大略省制定的法律法规有：《农药法》《农民使用农药资质的规定》《农业帮工农药培训的规定》《对监察农业帮工人员的规定》《农业帮工职责范围的限制规定》，相关的还有《安省环境保护法》《安省水资源法》《杂草控制法》等。省级政府管辖区的城市、乡镇和市政府可以制定对某些特定区域（草坪、草地、公园等）进一步限制使用农药的条例。

加拿大实行联邦和省级平行立法体系，根据加拿大法律，农药管理由联邦和各省共同行使管理职责，即联邦政府和省政府按照法律划定的职责权限分别负责农药管理的部分工作。主要相关责任部门有三个，其中联邦一级两个：即加拿大有害生物管理局（PMRA）负责农药登记和再评价相关工作，加拿大食品检验署（CFIA）负责农药产品从生产至消费的全程质量监管以及食品中农药残留量检测；省级一个，即各省环境部，主要负责水源监测、农药经营人员培训、发放经营许可以及农药运输、贮存、销售等相关工作。三个部门分工明确、各司其职，相互合作、协同管理，共同构成了一个较为完善的农药管理体系。

（2）农药登记管理制度　加拿大农药登记主要围绕 4 个方面进行评审，即化学、健康、环境及药效等。化学资料主要包括化学名称、产品标准、化学结构、理化性质、合成路线、纯度、是否有与健康和环境相关的杂质和污染物等。健康资料主要包括农药对人体的毒性、食物残留、执业人群及周边人群的暴露情况，同时考虑潜在的暴露途径。环境资料主要包括农药释放到环境中的毒性及路径、消解途径，环境危害数据，环境暴露数据等。药效资料主要包括农药的使用效果、防治靶标、使用剂量，以及是否符合有害生物综合管理和可持续发展目标。

加拿大农药登记周期通常为 2 年。有害生物管理局（PMRA）对申请登记的农药按以下程序开展评审。

① 初审　由登记处接收资料，对资料进行核实并初步审查。此过程所做的主要工作是从网上下载企业提交的电子数据，确保提交的资料格式、内容及缴纳的费用符合要求。

② 再评审　针对每个申请登记产品，由登记处牵头成立工作组，对提交的数据进行初步评估，形成评审意见。每个工作组分别由健康评价处（含残留）、环境评价处、药效评价与再评价处各 1 人组成。工作组对申请登记企业提交的资料和数据进行再评审，评审内容主要为产品化学、健康影响、环境影响及药效情况。在科学评审和风险管理的基础上，提出危害、暴露量及减轻风险措施建议，起草评审意见。

③ 讨论研究评估决定意见　相关业务处室负责人组织对申请登记产品进行专业评估，评审意见反馈项目组。工作组将形成的评审意见向科学运用委员会汇报（SOC），听取意见和建议。科学运用委员会由各处室的副职组成。通过后，工作组再将科学运用委员会的意见向科学管理委员会（SMC）进行汇报，做出是否给予登记或在何种条件下登记的决定。科学管理委员会由各处室处长及局长组成。对于新的有效成分，工作组会根据情况聘请相关领域的外单位专家进行研讨，对已登记的有效成分，加拿大有害生物管理局按上述程序进行即可。

④ 公示和协商　工作组准备公示的所有材料，在网上进行公示，广泛征求公众意见。公示期一般为 45～60 天。

⑤ 形成最终登记决定　视情况，工作组会将收集到的各方面意见向科学管理委员会进行汇报，进一步研究。最后，登记处将登记决定在加拿大有害生物管理局网站上进行发布。

（3）农药再评价管理　2006 年修订的《有害生物控制产品法》明确规定，登记农药应进行周期性再评价和特殊再评价，周期性再评价期限为 15 年。农药再评价工作由有害生物管理局药效和再评价处牵头负责，每个专业处室由 2 名专人负责再评审工作。再评价主要工作内容是：对所开展再评价农药的登记数据进行清理，提出再评价工作计划，向登记企业发布再评价声明，与登记企业进行沟通，确定再评价工作程序；对企业提交登记数据进行重新评审，同时查阅国外相关登记情况；开展风险评估工作并提出风险管理措施；起草再评价意见，征求公众意见，最后形成最终决定予以公布。再评价评审程序与农药登记评审程序相同。截至 2012 年 9 月 30 日，加拿大已完成 390 个有效成分再评价工作。其中企业主动撤销 106 个有效成分登记；因人体健康和环境不可接受的风险原因，13 个有效成分将被撤销；253 个有效成分允许继续登记，但需进一步提出人体健康和环境方面的保护措施；18 个活性成分继续登记，不需要作任何调整。

7.1.2　欧盟农药管理

欧盟作为全球主要的农药研发、生产基地和重要的农药市场，是世界农药管理工作起步最早和管理最为严格的地区。一向以"严格、保守"著称，其管理理念的核心为安全。欧盟的农药管理由各成员国农业部门、欧洲食品安全管理局（EFSA）、欧盟委员会负责，体现的是和谐中的统一，在可持续发展战略引导下，严格管控风险，强调健康、安全与环境友好。

7.1.2.1　农药管理法规与机构

1993 年之前，欧盟 12 个成员国有各自的农药管理体系。欧盟农药管理法规开始建立于 1991 年 7 月 15 日颁布的关于农药市场准入的 91/414/EEC 法令，该法令于 1993 年在欧盟成员国范围内正式开始实施。91/414/EEC 法令经过上百次的修订后已变得极其繁杂。为进一步规范管理，完善农药管理法规制度，欧盟启动了"一揽子农药管理法规"修订计划，并于 2009 年年底相继完成。其中包括关于农药市场准入的 1107/2009 号法令、建立农药可持续使用框架的 2009/128/EC 指令、关于农药统计的 1185/2009 号法令，以及关于修订农药施药器械的 2006/42/EC 指令。1107/2009 号法令于 2011 年 6 月 14 日开始实施，并取代关于农药市场准入的 91/414 号法令。2009/128/EC 指令于 2011 年 12 月 14 日开始实施，1185/2009 号法令于 2009 年年底生效。这 4 部法规与其他已颁布的农药管理法规一起，构建了从市场准入、使用管理到残留监控于一体的欧盟农药管理法律体系。

（1）管理法规　欧洲议会和欧盟理事会第 1107/2009 号法令是欧盟农药管理的主要法规，也是欧盟地区农药评价与风险评估的指导性文件。该法案的制定消除了各成员国之间不同水平造成的可能的贸易壁垒，保障对有效成分和投放市场的植保产品审批的一致性，包括相互承认授权和平行贸易的规则。1107/2009 号法令制定了详细的统一的审批程序，在此框架下同时也规定了不同管理机构的职责。

欧盟理事会第 396/2005 号法令规定了食品与饲料中的农药残留及限量标准（MRL），并监控植物保护产品的使用对农畜产品中农药残留的影响。

（2）管理机构　欧盟层面对有效成分、安全剂、增效剂和助剂进行评价、再评价，建立批准的有效成分、低风险有效成分、基础物质、安全剂和增效剂、非助剂和可被替代产品名单。有效成分的评审程序一般由一个成员国作为报告起草国代表联合体对这些信息做出评价，由欧洲食品安全管理局按照食品安全有关程序对该评价进行独立的科学审查和风险评估，由欧盟委员会对有效成分做出最终决定。欧洲食品安全委员会隶属于欧盟，但独立于欧盟委员会、欧洲议会及欧盟各成员国之外，其职责为执行与食物链有关的农药及食品添加剂等物质的审核、风险评估及沟通。所有产品登记必须经过欧盟委员会对有效成分评审通过并列入法案附件名单后，各个国家才能进行植物保护产品的登记。

（3）成员国　对植保产品进行批准许可。评审原则、程序和条件由欧盟统一制定。各成员国间的登记可以互认，但一个成员国可根据本国情况批准、修改和拒绝已在另一个成员国登记的产品在本国的登记。

欧盟农药登记管理体系见表 7-1。

表 7-1　欧盟农药登记管理体系

项目	欧盟	
农药登记管理法规	1107/2009 及相关配套法规	
农药登记管理机构	有效成分：报告起草国（某个成员国）、欧洲食品安全管理局和欧盟委员会（常务委员会）协同参与	制剂：欧盟成员国的主管部门
农药登记类型	有效成分、安全剂和增效剂	制剂
登记有效期	有效成分： 首次登记：10 年 低风险有效成分：15 年 基础物质：无限制 可被替代有效成分：不超过 7 年 有效成分续展： 一般情况：15 年 特殊情况：不超过 5 年	有效成分到期后不超过 1 年，含可被替代物质的植保产品不超过 5 年（特殊情况下）
资料保护	在申请初期即可申请资料保护，资料保护期为 10 年	
风险评估	对人类健康、动物健康和环境的影响进行风险评估	
相同产品登记		在提交资料时可根据情况申请减免

7.1.2.2　农药登记管理制度

（1）登记管理流程　在欧盟，农药登记分为 2 个层次，即有效成分登记和产品登记，前者由欧盟委员会授予许可，后者由各成员国授予许可。有效成分在欧盟统一登记后，各成员国同时生效，只有在取得有效成分登记后，方可进行包含此有效成分的农药产品的登记。欧洲议会和理事会第 1107/2009 号法令中引入了比较评估和产品替代机制，即当存在更安全的替代品时，包含特定有效成分的农药产品的登记申请就可能被驳回。这一机制对优化农药产品结构，提高农药产品安全水平，保障人类健康和环境安全具有积极作用。除此之外，包括安全剂、增效剂和辅料等其他农药添加成分也有严格的审批和限制。从 2011 年 6 月 14 日开始，欧盟同步实施 5 个独立的法规：《有效成分登记数据要求规范》《农药产品登记数据要求规范》《农药产品风险评估中必须遵守的统一原则规范》《农药产品标签要求规范》。欧盟农药登记流程如图 7-2 所示。

（2）风险管理　欧盟农药管理采取逐级评审机制：首先对有效成分基于危害截点的评判标准进行筛查、评估；其次是对通过截点评判标准的有效成分进行风险评估；最后阶段是植物保护产品的比较评价和替换策略。欧盟更加注重农药风险管理，主要体现在三个方面：

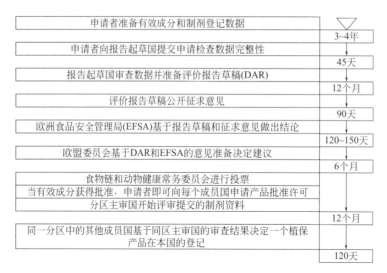

图 7-2　欧盟农药登记流程

① 确定了危害排除原则　若活性物质、安全剂、增效剂等在危害类别范围内，则无法进入审核登记程序，会直接被排除在上市许可之外。对于致癌、生殖毒性、（人类及环境）内分泌干扰物类若目前没有其他替代方法（包括非化学方法），则活性物质可以获得在一定期限内的批准，但不超过 5 年。

② 引入了替代机制　以其他更安全的产品和方法来取代危害性较高的农药。

③ 明确低风险物质　加快低风险物质评审。如果有效物质中含有以下任一种，则列入非低风险有效物质：致癌物、致突变物、有生殖毒性、致敏性化学品、有毒或毒性高的物质、爆炸性物质、腐蚀性物质、有持久性、生物富集系数大于 100、内分泌干扰物质、有神经毒性和对免疫系统有影响。低风险活性物质的批准期限为 15 年，比一般活性物质的 10 年期限更久，成员国在审核低风险活性物质农药产品时应于 120 天内完成。

（3）再登记制度　欧盟 1107/2009 号法令中明确实行再登记制度，逐步淘汰高毒、高风险农药品种。有效成分再登记时评审标准为最新的登记标准。欧盟在法令中规定有效成分的再登记周期，即有效成分的再登记周期一般不超过 15 年。首次登记的有效成分不超过 10 年，对于豁免登记的有效成分再登记周期不超过 5 年。某一有效成分的生产者至少在该有效成分到期前 3 年，向起草报告成员国（rapporteur member state，RMS）和协助起草报告成员国提交再登记申请，并同时将申请书副本提交至欧盟委员会、其他成员国、欧盟食品安全管理局（EFSA）。RMS 在收到再登记申请资料后，与协作成员国进行磋商，在全部资料提交后的 12 个月内起草再登记评估报告，并提交至欧盟委员会和 EFSA。EFSA 在接收 RMS 的再登记评估报告草案后的 30 天内，向申请人和其他成员国之间传阅该草案。EFSA 向公众公布再登记评估报告草案，提供 60 天的征求书面意见期。EFSA 整理收到的意见，并结合自身意见一并提交至欧盟委员会。欧盟委员会在收到 EFSA 评估结论后的 6 个月内，向欧盟委员会提交再登记报告和再登记法规草案。申请人可在 14 天内就再登记报告提交意见。欧盟委员会应根据再评估报告以及申请人提交的意见，决定是否通过该有效成分的再登记。

7.1.2.3　农药登记资料要求

欧盟农药登记的资料要求主要包括 7 个欧盟评审委员会条例（540/2011、544～547/

2011、283～284/2013) 和欧盟评审委员会执行条例 844/2012。

有效成分：欧盟评审委员会条例第 540/2011 号为批准的有效成分名录，条例第 283/2013 号规定了有效成分资料要求，条例第 844/2012 号是有关执行有效成分再评价程序必要的条款。

植保产品：条例第 284/2013 号规定了制剂资料要求，条例第 546/2011 号规定了植保产品统一评价和批准原则，农药种类按功能大体分为农业用药、园艺用药、家庭花园用药、卫生用药及生物农药等；条例第 547/2011 号规定了植保产品标签要求。除有效成分以外其他的助剂、杂质和代谢物都要提供相关资料，具体程度以满足风险评估为准。

欧盟的有效成分登记资料中有残留方面的要求（283/section 6)，而且所要求提供的项目非常多，而制剂产品资料中往往不包含该项内容（如果申请有效成分登记时已经提供）。

欧盟的有效成分登记资料中有药效方面的要求（283/section 3)，虽然篇幅不多，但侧重于作用机理方面的要求，提纲挈领；而制剂部分登记资料中对于药效资料的要求（284/section 6）则偏重于细节。

欧盟的登记资料要求中，不仅要求提供用于评审目的的相关资料，还要求提供获得登记批准后的质量控制与监督措施相关的资料。

欧盟网站上公布了关于农药有效物质评价与登记的所有文件，其中技术准则包括：理化性质的分析方法、药效、毒理、残留、环境行为、生态影响及作物分类等。目录及技术准则可参考：http://ec.europa.eu/food/plant/pesticides/approval_active_substances/guidance_documents/active_substances_en.htm。

7.1.2.4 资料保护

欧盟在 1107/2009 号法令中明确规定对数据进行保护，其中有效成分、安全剂、增效剂、助剂和植保产品的试验和研究报告可在首次申请时申请数据保护；数据保护期为获得首次登记开始 10 年，低风险植保产品的数据保护期为 13 年；对于小作物改变使用范围的批准可每扩作一次，数据保护期延长 3 个月，但不包括未进行试验而基于类推的扩作；低风险植保产品的扩作，数据保护期限不超过 15 年，必要时，续展和再评价的批准也给予 30 个月的数据保护。此外，为避免重复试验，鼓励企业之间共享涉及脊椎动物的试验和研究结果。

7.1.2.5 农药管理新动态

为减少农药使用对生态环境的影响，法国在 2008 年提出农药减量计划，目标为在 10 年内减少农药使用量 50%。但由于近年不利天气条件的影响，法国已经将农药减量目标完成时限推迟到 2025 年，并且增加设定了在 2020 年农药使用量减少 25% 的中间目标。意大利在欧盟的农药使用量仅次于法国，农药使用以杀菌剂为主。在 1986 年，意大利农业部出台了以有害生物综合治理（IPM）为主的国家行动计划，以减少农药使用。

欧盟宣布从 2013 年 7 月 1 日起对新烟碱类农药实施限用政策，以降低或避免对蜜蜂的种群危害。根据欧盟的这一法规，新烟碱类杀虫剂除冬播麦类外几乎不能在其他大田、露地作物上使用，首批涉及的有吡虫啉、噻虫嗪和噻虫胺 3 个品种。新烟碱类杀虫剂不仅是我国农药生产企业的主流产品，也是我国农药出口贸易的主要产品。据统计，我国吡虫啉原药产量过万吨，产值约 10 亿元，其中 60%～70% 出口，制剂年销售量超过 10 亿元。欧盟新烟碱类农药的限用措施一旦实施，势必对我国对欧洲的农药出口贸易，以及出口欧盟的代加工农药的生产产生较大的冲击。

EFSA 于 2016 年制定了一项对高危害农药进行"止损"豁免的评估草案。根据欧盟农药登记条例（1107/2009），若某些有效成分符合高危害的定性标准，但又是控制某种"严重威胁"植物健康危害的唯一手段，则应视其为"止损"特例从而允许批准使用。对申请享受"止损"豁免的每个具体作物/防治对象组合进行单独评估，首先需要确定该防治对象不能通过非杀虫剂替代控制方案或使用另一种具有相同作用方式的有效成分进行控制。2017 年 1 月 EFSA 针对日本住友化学公司提交的丙炔氟草胺数据开展了第一次豁免评估，确定其为"止损"特例而被批准使用。

7.1.3 大洋洲主要国家农药管理

7.1.3.1 澳大利亚

澳大利亚采用风险管理体系对农药进行管理，即农药管理的目的和重点是农药的使用风险，并形成了"国家相关政策制定→登记管理→登记后的监督管理→使用管理→行业风险管理"的一整套成熟健全的农药管理体系。依据相关规定，隶属于澳大利亚联邦农业、渔业和林业部的澳大利亚农药兽药管理局（Australian Pesticides and Veterinary Medicine Authority，APVMA）是澳大利亚具体负责农药登记的执行部门，包括对农药进口、生产、广告和供应的管理。除了澳大利亚农药兽药管理局以外，卫生老龄部、国家药品和毒品分类委员会、环境水资源部、各州或领地初级工业或农业部、环保局也对澳大利亚农药兽药管理局的农药评审工作予以协助。

农药的登记管理法规为《澳大利亚农业和兽药用化学品法》（Agricultural and Veterinary Chemicals Code Act，1994）。依据《澳大利亚农业和兽药用化学品法》的要求，农药产品在进入澳大利亚市场流通之前，必须在澳大利亚农药兽药管理局获得登记，经过风险评估程序的审查。申请登记的主要流程为：递交登记资料→初审→技术资料审核→标签审核→公众评议。

澳大利亚农药申请登记，可以网上在线提交，并及时了解审核动态、审批时间和资料审核规范，面对资料审核提出的政府反馈，可以进行辩护，但证据必须充分有理有据，审批较为灵活。提供的登记资料必须确保产品质量、人类和动物的健康和安全、药效、环境安全并不对国际贸易产生影响。只有在原药登记后才能进行相关制剂产品的登记。

进行等同性认定（equivalence）是澳大利亚农药产品登记的突出特点。制剂登记，政府必须得到数据拥有者的授权时，才能查看配方。没有授权，则不能查看配方对比相似性，通常要实际安排药效试验来证明相似性，登记门槛和费用大大提高。原药登记，要求提供 5 批次报告，且要与首家登记对比。如毒性杂质高于首家，或有其他新毒性杂质，要求提供毒性报告予以支持。

除了登记制度以外，澳大利亚还设有农药许可使用制度，对于特殊条件下未登记农药的使用及供应提供了法律依据。许可的种类主要有以下 3 类：

（1）小作物使用许可；

（2）紧急使用许可；

（3）研究许可。

根据不同的用途进一步分类，共设有 25 种不同的许可。

根据《澳大利亚农业和兽药用化学品法》的规定，除了下列情况以外，任何人不得向澳大利亚进口未在澳大利亚农药兽药管理局登记的产品，而且进口商必须是澳大利亚居民或者在澳注册运营的公司：

（1）进口产品属于澳大利亚登记豁免的产品。

（2）拥有下列相关的许可证明：试验或研究许可；小作物或紧急使用许可以及出口许可（产品没有在澳大利亚登记，也不在澳大利亚使用，仅用于再次出口）。

（3）进口产品的登记证很快就要得到批准（相关的费用已付）。

如果进口没有在澳大利亚登记的产品，进口商需要向澳大利亚农药兽药管理局提交进口同意申请。进口同意申请需要申请者提供有关产品、生产商、进口商以及联系人等信息，如果是凭许可证进口，还需要提供相关许可证的复印件。

除了从澳大利亚农药兽药管理局得到进口同意申请以外，进口商还需要确认进口的产品是否需要从以下相关部门得到进口许可：

（1）澳大利亚卫生老龄部下属的化学品安全办公室或基因技术管理办公室；

（2）澳大利亚农业、渔业和林业部下属的澳大利亚检验检疫服务机构；

（3）澳大利亚环境和水资源部；

（4）澳大利亚外事和贸易部。

7.1.3.2　新西兰

环保局（Environmental Protection Authority，EPA）是新西兰的农药登记管理部门，主要负责审核产品的毒性。工业原材料部（Ministry for Primary Industries，ACVM）主要负责资料的审核及登记证的颁发。

新西兰农药登记管理法规为农药与兽药法（Agricultural Compounds and Veterinary Medicines Act，1997）。新西兰只有制剂登记证。新西兰环保局对于在澳大利亚已经获得登记的原药给予认可。如果有效成分在澳大利亚农药与兽药管理局（APVMA）登记，一般只需提供原药产品分析证明（COA），即可提交制剂登记；如果有效成分在澳大利亚农药与兽药管理局尚未登记，则制剂登记有可能要求提供原药 5 批次报告。任何拟登记的产品，必须先向环保局提交申请，经过审核确定产品毒性后，才能递交工业原材料部登记申请。

7.1.4　南美洲主要国家农药管理

南美洲农药市场作为农化领域最重要的市场之一，其农药的使用状况直接影响着国际农药市场行情。南美洲主要经济大国巴西和阿根廷农药市场巨大，巴西作为南美地区最重要的农药市场，更是成为了世界上最大的农药消费国，巴西一年的农药用量超过整个东南亚国家的用量总和。

7.1.4.1　巴西

农业是巴西整个国民经济的支柱产业，随着农业的蓬勃发展，巴西的农药市场近年来处于快速增长期，在全球农药市场中占据约 20% 的份额，并且巴西农药主要依靠进口，进口农药约占巴西农业总用量的 80%，使得巴西成为全球农药企业争抢的主要市场。

（1）农药管理法规与机构

① 农药管理法规　巴西现行的农药管理体系建立在 2002 年颁布的第 4074 号法令的基础上，该法规明确地站在保护人类健康及生态环境可持续发展的基础上，规定了有关农药研究、试验、生产、包装和标签、运输、贮存、商品化、使用、进出口、废弃物和包装物处

理、登记、分类及组成成分和相关产品的管理与检验等各项要求。

巴西农药管理相关法规及指南主要包括：《农药法》《登记管理指南》《新活性组分登记指南》《相同产品登记指南》。

涉及的其他相关法律、法规，主要包括：《工业产权法》《广告宣传法》《标签和包装法》《数据与知识产权保护法》。

与环保、卫生相关的指令，包括《环保指令》《卫生指令》。

② 农药管理机构　巴西农药主管部门是巴西农业、畜牧和食品供应部（MAPA）、巴西环境保护协会（IBAMA）和巴西国家卫生监督局（ANVISA）。其中，MAPA 主要负责产品的性状审查（物化性质、含量、组成、杂质、药效等）及农药的进出口管理；ANVISA 主要负责产品毒理学评估；IBAMA 负责审核产品的环境风险，评估登记资料中的环境毒性报告。三个部门共同对农药的研究、试验、生产、包装和标签、运输、贮存、商品化、广告、使用、进出口、废弃物和包装的处理、登记、分类及检验等进行监督和管理，在各自相应的职能范畴内，负责以下内容：

a. 为申请农药、组分和相关产品的登记和重新评估所应提交的数据和信息制定方针和要求；

b. 为将农药、组分和相关产品的风险降到最低制定方针和要求；

c. 制定农药和相关产品的最大允许残留量和安全间隔期；

d. 制定农药和相关产品的标签和宣传册上的参数；

e. 为采样和测定蔬菜、动物、水和土壤中农药和相关产品残留制定官方方法；

f. 当有证据表明已登记产品由于风险而不适合使用，或巴西为成员国或签有协议的国际健康、食品或环境组织对巴西发出类似警告时，对农药、组分和相关产品的登记进行重新评估；

g. 对农药、组分和相关产品登记的指摘或取消申请进行评价；

h. 对农药及其相关产品的分装或重新包装进行授权；

i. 管理、监督并检查农药、组分和相关产品的生产、进出口和工厂；

j. 控制已登记农药、组分和相关产品的质量；

k. 指导、公布并阐明农药及其相关产品的正确、有效的使用；

l. 协助联邦机构管理并监督农药、组分和相关产品；

m. 指定农药技术咨询委员会的代表；

n. 支持农药信息系统（SIA）；

o. 在巴西联邦登记（DOR）上公布申请和授予的登记概要。

（2）农药登记管理制度　巴西的农药登记证具有三种类型：原药和相关产品的登记证、研究和试验用农药及相关产品的特殊临时登记证、出口农药和相关产品的登记证。

获得产品登记的途径有两种：一是全套资料提交。即提交理化性质、环境毒性、毒理学试验、致突变型试验的全套数据。全套资料提交的登记流程有 3 个阶段。第一阶段是进行产品化学特性分析；第二阶段是进行急性毒性和突变型分析；第三阶段是重复剂量下毒理学分析，以及环境毒理学分析。制剂产品在巴西申请登记时，其所含的原药一般都已经进行过登记，因此制剂产品的登记耗时较原药产品短。二是等同性登记。即通过与已登记产品的比较（参照产品），提交简化的数据包。大多数企业在巴西申请的制剂都属于等同性登记，在进行等同性登记时需要提交的数据主要有以下几项：理化性质试验，环境毒理学试验，各类急性、亚慢性、慢性、生殖毒性试验，^{14}C 化合物标记环境相关实验。

巴西登记所需资料必须是按照 EPA、OECD、FAO 或 IBAMA 的测试要求出具的 GLP 报告，包括产品的一般介绍、化学成分质量和数据、生产流程、理化性能、分析手段、化学作用、药效、毒性和残留等，包装材料和使用说明书也需得到批准。

巴西农药登记证持有人必须是巴西法人，或国外企业在巴西的办事处或子公司，或其在当地的代理。巴西农药管理实行同一生产厂商产品多次登记，允许同一个经销商登记不同生产厂商的同一产品，获得登记后也可以在登记证上再增加新的生产厂商，但每增加一个生产厂家的名字就相当于一次重新登记。在巴西登记进口制剂的同时必须进行原药登记。原药获证后一到两年内可获得制剂登记。原则上是 1～2 年内，但目前排队的产品很多，制剂获证时间已经基本推迟至原药获证后 3～4 年了。2017 年 12 月开始，巴西国家卫生监督局（ANVISA）颁布克隆登记新法规，对于已经获证的原药和制剂，提交克隆登记申请后，有望在 3～6 个月内即可获证。在该新法规之前，上述申请需要 4～5 年的时间才能获证。

由于巴西是联邦制国家，根据其有关法律，有些州对农药登记和使用制定了特殊的规定，在完成联邦登记后登记人还需凭 MAPA 签发的农药登记证到各个州政府另行登记后方可进口、销售或出口。不同州对于登记资料的要求及审批时间差异较大，大部分州可以在获得联邦登记后 1～3 个月内获得州登记实现销售，少数州的登记时间需要 6 个月到一年。

7.1.4.2　阿根廷

根据 1999 年颁布的第 350 号法令，阿根廷农药主管部门是阿根廷动植物卫生检疫局（SENASA），负责农药登记、监督。国家食品检验检疫局负责农药检验、化验。1990 年建立的阿根廷化肥及农业工业协会（CIAFA），主要负责农药化肥种子等产品的商业管理，是农药工业重要的职能部门。该协会每年会公布阿根廷国内产品的登记与销售情况，对了解阿根廷农药产品动态有重要的借鉴意义。

阿根廷农药登记实行一个产品一张登记许可制度，并实行双重登记，如果登记制剂，则首先必须先登记原药。原药每 5 年更新登记，制剂每 1 年更新登记。阿根廷市场上的农药登记证持有人必须是阿根廷公司，或国外企业在阿根廷的办事处或子公司，或其在阿根廷当地的代理。近年来，阿根廷通过实施刺激内需，加大投资、鼓励出口等一系列宏观调控措施，经济实现了快速恢复增长。但是，其国内产业结构老化，通货膨胀率居高不下，特别是长期奉行进口替代政策，贸易保护主义倾向严重，外债偿付能力有限等不利因素一直制约着阿根廷经济持续、健康发展。随着金融海啸席卷全球，抵御金融危机能力较弱的阿根廷自然难以幸免。

7.1.5　亚洲主要国家农药管理

7.1.5.1　日本

近年来，亚洲地区已上升并稳居为全球最大的作物保护农药市场。日本是全球农药开发和生产大国，其销售市场一直位居世界前四位。

（1）农药管理法规与机构　日本主管农药的法律为《农药取缔法》（即农药管理法），卫生害虫防治用药管理为《药事法》，其他相关的法律还有《植物防疫法》《（剧）毒物取缔法》《食品安全基本法》《食品卫生法》《环境基本法》《水质污染防止法》《水道法》《消防法》

等。为配合《农药取缔法》的具体实施还出台了《农药取缔法施行令》《农药取缔法施行规则》。《农药取缔法》中对农药登记制度以及农药经营和使用的规则作了规定。

日本农药管理涉及的主要机构包括农林水产省（MAFF）、厚生劳动省（MHLW）、内阁府消费者厅（CAA）、内阁府食品安全委员会（FSC）和环境省（MOE）。其中，农林水产省负责日本农药登记管理。农林水产消费安全技术中心（FMAIC）是由农林水产省管辖的独立行政法人，受农林水产省指示，负责受理农药登记的申请及登记资料的审核，并对农林水产省报告。厚生劳动省负责卫生杀虫剂登记。厚生劳动省同时负责农药毒理学与 MRL评估，包括与内阁府食品安全委员会协议设定 ADI，与内阁府消费者厅协议设定农药 MRL。环境省负责环境安全评价及土壤残留。

（2）农药登记管理制度　农药被分为杀虫剂、杀菌剂、杀虫-杀菌剂、除草剂、杀鼠剂、植物生长调节剂、引诱剂、趋避剂和延展剂 9 类。登记需要提交的试验报告包括药效、药害、急性毒性、中期和长期毒性、动物体内代谢、环境行为、环境毒理及残留等试验。登记证的有效期为 3 年。

企业在登记前需先申请药效试验，一般由企业自行完成，由有资质的试验单位认证或进行验证。日本对用于登记的样品管理非常严格，所有试验用样品必须为同一批次。不同批次的需要证明与之前所用样品必须一致。评审内容包括人、畜的安全，土壤、水环境影响，原药中杂质的安全性，有效成分、制剂的理化性，药效及药害，残留，水生生物等有益生物的影响等。在颁证前，需要公布农药的 MRL 值，时间为一个月，其中由食品安全委员会设立 ADI，环境省设定土壤中的 MRL 值。新有效成分申请时，需要提交制剂和原药的资料，同时审查，但只颁发制剂登记证号。

日本的卫生杀虫剂虽不属于农药管理范围，但也需要上市前的许可登记。登记前的药效试验无需申请，由企业自行完成；申请登记时，在提交药效报告的同时还需提交一份有资质机构的药效验证报告。此外产品评价时需与上市产品比较，并进行安全风险评估。

日本对首家登记的数据资料保护期为 15 年，其他涉及商业保密信息的数据资料永久保护。第二家企业申请时，除了 15 年保护期限内的资料外，其他均需提供，同时要证明和首家产品完全相同。但由于申请相同产品比较困难，日本企业主要是创新，搞自主研发。

针对农药登记后的安全管理，日本也制定了一系列制度。农药销售者在销售农药前必须向所在都道府县的农药管理机构申报备案，方可销售农药。日本农药销售店所雇用的销售人员则一般都通过了相应培训，经考核合格具有"农药管理指导士"资格。根据《（剧）毒物取缔法》相关规定，装高毒农药的容器或包装外要有明显的警告标示，高毒农药不得卖给未满 18 岁人员，购买高毒农药时要出示身份证件并登记，经销售人员确认后才可购买。为确保登记后农药的品质稳定和安全，防止无登记农药、伪劣农药的出现，农林水产省或都道府县的农药管理人员要对农药生产、销售、使用者实施必要的入户现场检查，除检查相关记录账簿外，还要抽取农药样品进行品质和标签检查。

截至 2013 年 12 月，日本登记农药商品数约 4300 种，农药累计登记数 22350 件，有效登记数 4358 件，有效成分数 531 种。按用途分：杀虫剂（约 35%），杀菌剂（约 22%），杀虫-杀菌剂（约 9%），除草剂（约 30%），植物生长调节剂（约 2%），其他（约 2%）；按剂型分：水和剂（约 35%），粒剂（约 28%），其他（粉剂、乳剂、液剂等）；按毒性分：低毒农药（约 82%），中毒农药（约 17%），高毒农药等（约 1%）。

（3）农药残留限量标准　日本农药残留限量标准的特点是覆盖全、数量多、标准严。日本从 2006 年开始实行食品中农业化学品（农药、兽药及食品添加剂）残留物"肯定列表制度"，限量标准达到 57000 多条，对已知农业化学品在食品中的残留均提出了限量要求，弥补了之前"否定列表制度"对未制定残留标准的农药在食品中含量缺乏监控的不足。肯定列表制度包含 5 种限量标准。第一种是拟 5 年进行一次重新审议和修订的限量标准，称为"暂定标准"，约占 90%。第二种是单独列出，未纳入暂定标准的已有原限量标准。第三种是"一律标准"，针对暂定标准和原限量标准之外，未涉及的其他所有农业化学品或农产品制定的统一限量标准，为 0.01mg/kg。第四种是豁免物质，指对健康无害，可不制定残留限量的物质，如维生素、氨基酸、矿物质等营养性饲料添加剂和一些天然杀虫剂。第五种是不得检出的农药化学品。肯定列表制度参照了最严格的国际标准，被称为史上最严格的农药残留标准。

7.1.5.2　韩国

（1）农药管理法规与机构　韩国《农药管理法》（PMA）自 1957 年颁布以来，已经经历了多次修订，最新版本于 2015 年 7 月 20 日发布。2015 年 10 月 29 日，韩国相继发布了《农药管理法实施令》和《农药管理法实施规则》。韩国修订了自 1996 年以来的完整的农药登记系统，农药产品通过国家农业科技研究院（NIAST）的审查，由农业发展部（RDA）颁发登记证书。未来，韩国计划修订《农药管理法》（PMA），简化生物农药的登记，修订登记资料要求并确定检测和评估参数以确保农药的药效和质量。其长期目的是通过积极采用国际有害生物综合治理和高效的农药研发项目来协调农药使用与农业生态及环境保护政策的关系。

与农药政策有关的法律法规除《农药管理法》外，还包括《亲环境农业培育法》《专利法》《食品安全基本法》《农产品品质管理法》等。

韩国的农药主管登记部门是农村进兴厅政策研究局农资材产业课，其专门技术负责部门是国立农业科学院农资材评价课的评价管理研究室、理化学评价室、生物活性评价室、残留评价室、危害性评价室等。卫生用杀虫剂在韩国属于食品医药品安全处管理。

（2）农药登记管理制度　农业发展部颁发登记证书。包括制剂生产者和进口商在内的申请者必须向农业发展部提交登记资料，而农业发展部则命令国家农业科技研究院审核资料。申请者必须提供化学稳定性、药效、药害、毒性和持续性的国内数据。所有的本地数据测试必须由官方认可机构执行。

韩国的农药登记分三个阶段：

① 研究阶段　申请者首先进行一年的研究工作，以确定使用剂量、药效表现等。需一年时间。

② 正式试验阶段　进行两年的正式试验（official trial）。正式试验应选择当地农药加工商或销售商进行（formulator or distributor）。杀虫剂和杀菌剂正式试验需做两年，每年每种作物只做一次试验。除草剂正式试验需做两年，除每年要针对同样的杂草做两个试验外，必须做 5 个验证试验以显示除草剂对作物的选择性。所有的本地数据测试必须由官方认可机构执行。

③ 审批阶段　全部资料呈报后 6 个月可获准登记。

韩国强调环境友好农业支持方案。韩国进口农药只能是原药，需要提交的安全系数较多，包括土壤、动物等。原药一般做等同性登记，因此资料要求比较简单。

申请制剂登记时，须提交在韩国本土完成的两年三地药效试验，及作物、土壤中的残留。原药部分由原药生产公司提供数据。其基准系以 EPA、EU 为准，审查时间为半年。新农药每年 3 月和 9 月申请两次，半年后，如无问题可准予登记。对于世界上最初登记的新开发的品种，假如在开发国家和 OECD 加盟国已登记的，在韩国只要转换即可。对于新农药登记原则为一年中一个公司实施一个剂型、两个作物（果树/蔬菜）、病虫害各一个。

登记证有效期为 10 年，到期后需续展，但程序相对简单。登记审查时间一般为 1～2 年（如需要制定 MRL 值需 2 年）。韩国已实施农药再评估。

据 2016 年统计，韩国已登记了 535 个有效成分，近 3000 个农药产品（95％原药为进口），其中杀菌剂占 35.8％，杀虫剂占 29.7％，除草剂占 26.5％，植物生长调节剂占 4.0％，杀虫-杀菌剂占 3.07％，其他占 0.93％。

韩国已禁用了 15 个高毒农药，包括磷化铝、丙硫克百威、甲基内吸磷、敌敌畏、苯硫磷、硫丹、甲胺磷、杀扑磷、灭多威、溴甲烷、久效磷、磷胺、氧乐果和三唑磷。此外，还禁用了其他危险的农药，包括百草枯、禾草敌、苯氟磺胺、甲苯氟磺胺、异丙草胺和四溴菊酯。

（3）农药残留限量标准 韩国食品医药品安全厅（KFDA）2017 年 3 月发布公告，将使用农药残留肯定列表制度（positive list system，PLS）。肯定列表制度规定，除标准中规定的允许使用的农药之外，其他所有物质在农产品中的使用限量都为 0.01mg/kg。其中，热带水果和坚果类食品已在 2016 年 12 月 31 日起率先开始运行 PLS 制度，2018 年 12 月将在所有农产品上推行。

7.1.6 非洲主要国家农药管理

本节主要介绍南非的农药管理。

南非在 1994 年之前实行种族隔离制度，农药等精细化工行业发展缓慢。在终止种族隔离政策后，南非实行开放的政策，欧美等地区的跨国公司大举进入南非市场，南非农药产业发展迅速，随着时代的变化，逐步形成了现在的农药管理体系。

由于农药的使用关系到农业生产安全和人们的食品健康，南非对农药的生产、登记、进口、销售均实行严格的管制。

（1）生产、销售（包括批发和零售） 采取许可证管理，而且销售许可证审批手续十分严格。南非的市场营销主要由 Crop Life，MPASA，ACDASAD 三个非政府组织监管。

（2）登记 所有进口农药产品必须在南非农业部办理产品登记注册手续后，才能在南非国内销售。注册登记的目的是加强对进口农药的管理，检验进口产品的品质，另外还有消除技术壁垒方面的因素。专利期产品可以登记，但不可以销售。国外的贸易商、生产商和南非本国的进口商都可以申请办理登记，登记品种如果是老品种（以前已经被其他厂家登记过的产品）可以直接办理登记，药效作物与标签上作物遵循"1/3 原则"，即标签上作物的 1/3 安排当地药效实验即可，审批时间约为 18 个月；如果是新品种，则需要 2 年药效和残留报告，全套 GLP 毒性报告，审批时间大约 2 年。如果是同一产品的不同供货商，则需另外注册货源。

（3）进口 对于进口的农药品种，如果南非可以生产该品种农药的原药，则对其征收

10％的进口关税加 14％的增值税；如南非不生产原药，则不征进口关税，只征收 14％的增值税。

　　南非的农药主管部门是农业、林业与渔业局（Department of Agriculture，Forestry and Fisheries，DAFF），现行农药管理法规是 1947 年通过的第 36 号法案《肥料、饲料、农药和兽药法》，该法案根据时代的发展至今已经修订了 7 次。

7.2　农药贸易有关的国际准则和标准

7.2.1　《国际农药管理行为守则》

　　FAO/WHO《国际农药管理行为守则》（以下简称《行为守则》）前身是 FAO 的《国际农药供销与使用行为守则》。《国际农药供销与使用行为守则》1985 年在 FAO 大会首次通过，并先后于 1989 年和 2002 年进行了修订。早先的《行为守则》并不涉及卫生用药。后来，通过 FAO 和 WHO 在农药管理方面的合作，《行为守则》得以再次修订，增加了对公共卫生方面所使用的农药的考虑，同时更加关注卫生农药和农药对健康环境的影响。2013 年 6 月在罗马召开的联合国粮农组织第 38 届大会上正式批准了《国际农药管理行为守则》。

　　《行为守则》是自愿性行为守则，是 FAO 成员、政府间组织、私营部门和民间社会所广泛接受的全球农药管理标准。《行为守则》的宗旨是为所有从事或涉及农药管理的公共和私营机构，尤其是为未出台国家农药监管法律或此种法律不健全的国家或地区，提供参考性的农药管理行为准则。《行为守则》要求对农药实现全生命周期管理，并鼓励政府、企业、协会、经营者、使用者和非政府组织等有关各方共同参与，构建社会共治制度，确保农业生产安全，减少农药对健康和环境的负面影响。《行为守则》增强了发展中成员国对农药管理、评价、有效控制的能力。

　　《行为守则》包括正文和附件，其中正文包括宗旨，术语和定义，农药管理，农药检测，减少健康和环境风险，监管与技术要求，供应与使用，供销与贸易，信息交流，标签，包装、贮存及处置，广告，以及监督与遵守 12 章 67 条款，附件包括与《行为守则》有关的化学品管理、环境和健康保护、可持续发展及国际贸易领域的国际政策文件。

　　（1）宗旨　《行为守则》宗旨是为所有从事或涉及农药管理的公共和私营机构，尤其是未出台国家农药监管法律或此种法律不健全的地方的公共和私营机构确定自愿性行为标准。《行为守则》对所涉及的公共和私营机构及行为标准进行了详细的说明，并强调了共同责任和合作。

　　（2）术语和定义　《行为守则》在第二章详细说明了良好农业规范、生命周期、标签、弱势群体等涉及农药管理的相关术语，以及部分术语涉及范围。

　　（3）农药管理　《行为守则》规定各国政府应对本国农药的供应、分销和使用负监管总责，确保为此项工作配置充足的人力、物力资源。农药业界和贸易商在农药管理方面应遵守《行为守则》的各项条款。《行为守则》要求各国政府应做出协同努力，建立并推广使用有害生物综合治理以及综合病媒管理模式，鼓励和促进农民、推广人员以及其他相关的人员和实体更多地参与；各国政府、农药和农机行业应研发并鼓励使用对人畜健康和环境风险较低，同时又能提高效率、改进成本的农药施用方法及设备；合作制定并推广有害生物抗性预防和管理战略，延长有价值农药的有效使用寿命；对发展中国家的农药全生命周期管理提供技术援助。

（4）农药检测 《行为守则》要求农药厂商应当按照良好实验室操作原则，以公认的程序、检测方法，有效地检测每一种农药和农药产品；按要求提供原始检测报告；提供信息要如实反映这些科学检测及评估的结果；必要时对参与有关分析工作的技术人员提供协助。各国应具备相关机构，有能力验证、评价、管理农药产品质量。农药出口国政府和国际组织应在资源许可的范围内，帮助发展中国家加强分析实验室建设能力。农药业界与各国政府应合作开展登记后监督工作。

（5）减少健康和环境风险 《行为守则》规定各国政府应落实农药政策以及农药登记和管理制度，减少健康和环境风险。包括定期检查国内农药销售和使用情况；开展施药工人健康监测计划；收集农药对健康影响以及农药中毒事故信息，设立国家或区域农药中毒信息和防治中心，及时提供救助；向有关部门提供有害生物综合治理/综合病媒管理的战略和方法，农药风险降低措施等信息；加强农药销售、贮藏环节的管理；实施监测计划，监测农药施用地区食品、饲料、饮用水、环境和居住地区的农药残留等。农药业界应对现售农药定期重新评估；提供农药毒性和中毒后处理信息；提供关于泄漏和事故发生时补救措施信息；并通过研发毒性小的制剂产品、改进产品包装、优化标签等方式减少农药风险；出现风险要立即停止出售并召回产品，同时向政府通报。《行为守则》还规定了发展中国家建立农药生产设施时，制造厂商与政府应承担的责任。

（6）监管与技术要求 《行为守则》规定各国政府应根据粮农组织和世卫组织的准则和相关政策条款，制定必要的政策和法律，监管农药营销以及整个生命周期的使用情况，并确保相关的政策和法律得到有效落实，包括：建立农药登记制度；进行风险评估；开展对农药的定期审查；合作打击假冒和非法农药交易；依据《食品法典》建立农残限量等。《行为守则》规定农药业界应当提供产品客观评价资料和必要的支持性数据以及任何最新的信息；确保销售产品与登记农药相符；向本国政府提供有关农药进口、出口、制造、剂型、质量和数量的基本数据等。

（7）供应与使用 供应和使用相关决策需要考虑的各种因素差异很大，应由各国政府自行斟处。《行为守则》规定主管部门应对拟定农药供应和使用法律给予特别关注。这些法律应适宜使用者现有专业知识水平。

（8）供销与贸易 《行为守则》规定各国政府应制定农药销售的相关法规和许可程序；鼓励由政府购买转向市场推动的供应模式；确保任何农药补贴合理使用。农药业界应当确保进入国际贸易的农药符合相关的国际公约以及国家规章制度规定、符合粮农组织或世卫组织的推荐规格、符合农药分类和标签的相关准则、符合《联合国关于危险货物运输的建议》等相关国际组织制定的规则和条例；确保专供出口农药与专供国内使用农药，采用相同的质量要求和标准；确保农药销售所涉人员得到充分培训；按要求不得售卖限制农药等。

（9）信息交流 《行为守则》规定各国政府应通过国家机构、国际组织、公益团体促进建立或加强农药有害生物综合治理/综合病媒管理信息交流网络；促进监管部门与实施部门之间的信息交流与合作。鼓励各国政府在保障知识产权的同时，对农药风险和监管过程信息公开；增加透明度、方便公众参与监管过程。《行为守则》还规定国际组织应在资源允许的范围内，提供相关标准文件等信息。《行为守则》规定所有涉及实体均应开展信息交流，鼓励公益团体、国际组织、政府及其他利益相关方之间的合作。

（10）标签、包装、贮存及处置　《行为守则》规定所有农药容器均应按照相关规定附有清晰的标签。农药业界使用的标签应当符合本国登记要求，本国标准缺失时，遵守粮农组织/世卫组织的农药标签准则；除书面说明、警告及注意事项外，尽可能包含适当的标记和图像；清楚标明该批产品生产日期和有效期等。《行为守则》规定只能在满足安全标准的许可场所进行农药包装或改装。《行为守则》规定各国政府应采取必要的监管措施，禁止将农药改装或倾注入食物、饮料、动物饲料或其他不当容器之中。《行为守则》规定政府应在农药业界的帮助下并通过开展多边合作，清理过期或不能使用的农药及废旧容器库存；确保有害农药的处理和处置方式对环境无害；制定合适的政策并采取实际行动，防止过期农药和废旧容器的累积。

（11）广告　《行为守则》规定各国政府应通过立法手段约束媒体上的农药广告行为，确保广告与农药登记时的信息一致。《行为守则》规定农药业界应当确保广告中的所有声明均有技术根据；不含任何可能导致买方误解的语句或图像；在法律上仅限于受过训练或已登记注册的操作人员使用农药；不得以一个商标名称同时销售几种不同的农药有效成分或几种成分的混合物；不得鼓励其他用途；不得做出关于安全性的断言；销售人员应接受适当的培训。

（12）监督与遵守　《行为守则》应由粮农组织、世卫组织和联合国环境规划署予以公布，并应由《行为守则》所涉的所有机构通过合作行动予以遵守。各国政府应与粮农组织、世卫组织、联合国环境规划署（UNEP）合作，密切监督《行为守则》的遵守情况。农药业界可以向粮农组织、世卫组织以及联合国环境规划署提交报告，汇报其遵守《行为守则》的有关产品管理活动。粮农组织、世卫组织和联合国环境规划署应定期审查《行为守则》的作用和效力。《行为守则》根据需要更新。

《行为准则》的附录中罗列了一系列相关的化学品管理、环境和健康保护、可持续发展及国际贸易领域的国际政策文件，包括对农药管理具有直接业务影响的国际政策文件和为农药管理提供一般性政策范围的国际政策文件。

7.2.2　粮农组织/世卫组织农药管理专家组

粮农组织/世卫组织（FAO/WHO）农药管理专家组（FAO/WHO Panel of Experts on Pesticide Management，JMPM）由粮农组织和世卫组织在 2007 年共同创建，目的是为粮农组织和世卫组织实施《国际农药管理行为守则》（International Code of Conduct on Pesticide Management）和有关农药法规、管理、使用以及面临问题、发展趋势等方面提供科学建议。专家组分为粮农组织农药管理专家组（FAO Panel of Experts on Pesticide Management）和世卫组织病媒生物学和控制专家组（WHO Panel of Experts on Vector Biology and Control），其成员都是国际认可、并以独立身份参加的业内权威专家。其中 FAO 专家组共6 人，分别来自中国、美国、瑞典、澳大利亚、赞比亚、安提瓜和巴布达。

FAO/WHO 农药管理专家组成立之前，FAO 农药管理专家组已经成立并召开了 2 次专家会议。FAO 农药管理专家组是粮农组织指定的农药法规和管理问题的官方咨询机构。该专家组特别为粮农组织提供关于实施《国际农药供销与使用行为守则》（International Code of Conduct on the Distribution and Use of Pesticides），以及进一步修订该行为守则的建议。2007 年初，粮农组织和世卫组织签订了管理合作实施农药管理联合方案的备忘录，同意举办联合技术会议，加强在农药法规和管理领域的交流与合作。第一次 FAO/WHO 农药管理专家组会议就是为响应该备忘录而举办的。该会议使得 WHO 公共卫生领域的专家能够为 FAO 专家组提供专业知识，确保两个组织的专家和技术资源获得最佳的利用，并为 FAO 和 WHO 成员国就农药法规和管理提供更加协调统一的咨询建议。

FAO/WHO 农药管理专家组会议基本上一年一次，在 FAO 罗马总部和 WHO 日内瓦总部轮流召开。FAO/WHO 农药管理专家组会议常规议程包括：

（1）听取 FAO、WHO、UNEP、OECD 以及 CropLife（国际植保）、PANAP 等非政府间国际组织一年来在农药管理方面的有关情况和进展；

（2）修订《国际农药管理行为守则》；

（3）制订并评审农药法规和管理方面的相关准则；

（4）确定新守则制定计划；

（5）听取《国际农药管理行为守则》的实施与应用情况；

（6）介绍和交流各国在高危害农药（HHPs）管理和淘汰方面开展的工作和经验；

（7）听取农药管理的新情况；

（8）确定 FAO、WHO 下一步工作重点。

会议期间也安排对研究机构和农药生产基地的参观。

受到邀请的农药和生物杀虫剂生产者协会及某些非政府组织作为观察员参加会议。截止到 2017 年，FAO/WHO 农药管理专家组已经召开了 10 届会议。鉴于中国在农药管理方面取得的成就，2015 年第 9 届 FAO/WHO 农药管理专家组会议首次在中国南京召开。

2017 年召开的第 10 届会议上，FAO、WHO、UNEP、OECD、非政府组织和农药生产企业方分别报告了自上一届 JMPM 以来在农药管理方面取得的进展。FAO 工作进展主要包括：高危害农药准则、7 个准则的翻译推广、新制定的相同产品认定准则（第二级）、草甘膦致癌性评价结论、风险减低措施、高危害农药的定义、农药登记工具包、废弃农药处置、全球农民田间学校平台、能力建设及组织间协作等。WHO 工作进展主要包括：病媒生物控制管理工具包、FAO/WHO 微生物农药产品规格、4 种新的卫生杀虫剂评价、风险评估模型修订、卫生害虫控制新技术、寨卡病毒流行的控制、GLP 实验室认定等。UNEP 主要工作进展包括：寨卡危机、马拉硫磷用于卫生害虫防制的风险评估、WHO 化学品风险评估工作网等。OECD 主要工作进展包括：OECD 快速预警系统、良好操作规范导则、传粉昆虫毒性测试准则、风险指示物、生物农药、可持续性害虫防控、小作物、消杀剂、RNA 干扰技术等。PANAP 主要工作进展包括：2017 年越南全面禁用百草枯、利用手机开展事故报告工作。CropLife 主要工作进展包括：E-Learning 工具、施药服务支持等。

讨论的相关准则有：微生物、植物源、信息素等生物农药登记准则、从业人员防护设备准则。拟新制定计划包括：农药经营者准则、家用卫生杀虫剂准则、废弃农药处置准则、小作物用农药登记准则、风险管理与风险交流准则、农药行为准则中现有准则的修订等。印度农业部介绍了农用、卫生用农药和管理工作经验，尤其是在农药登记、市场监管、残留监测、高危害农药限制使用和淘汰等方面。CropLife 评价了 6400 多个产品，16% 符合高危害农药标准，其中 11% 通过了风险评估，有两个有效成分在全球都在采取行动，或者采取风险管理措施，或者禁用。另外 CropLife 也在研究背负式喷雾器使用者的暴露风险。FAO 报告了行为准则遵守情况。欧洲宪法和人权中心（ECCHR）首次强调了农药经营使用对人权的影响。CropLife 报告了在国家层面如何促进遵守标签用药、标签和活页的质量、废弃物管理、使用人员防护以及防护设备的分发等。会议讨论了农药管理的新情况和今后 FAO、WHO 工作重点，如：农药废弃物、毒性分级标准的修订、小作物、纳米农药、中毒事故搜集、高危害农药管理等，预防农药死亡事故，尤其是自杀事故。用调查数据说明包括中国在内的几个国家的高毒农药禁用政策明显降低了农药死亡率。

7.2.3　农药产品国际标准

联合国粮农组织/世界卫生组织（FAO/WHO）制定的农药产品质量标准（pesticide specifications）已成为判断农药产品质量高低的国际标准，在国际贸易和农药安全使用方面起着越来越重要的作用。FAO/WHO 农药产品质量标准不仅是很多国家农药管理、控制产品质量的重要参考，甚至成为农药登记管理的依据，同时也在国际贸易中成为合同的重要内容。

FAO 定期发布农药原药和制剂产品质量标准，目的在于：

（1）为购买和销售农药提供质量标准；

（2）为各国政府批准农药产品提供帮助；

（3）保护合规企业，抵制假劣产品；

（4）链接生物防效和产品规格；

（5）成员国家及组织实施农药管理的参考资料。

7.2.3.1　FAO/WHO 农药产品标准制定机构

（1）FAO/WHO 农药标准联席会议（JMPS）　FAO/WHO 农药标准联席会议（FAO/WHO Joint Meeting on Pesticide Specifications，JMPS）始于 2002 年，在此之前，FAO 与 WHO 按照各自要求，分别为农业用农药和卫生用农药制定产品标准。1999 年，第五版《FAO 农药标准手册》对农药产品标准制定程序作出了新的规定。2001 年，为了推进标准制定工作的协作进程，FAO 和 WHO 签署谅解备忘录，同意两个专家委员会一起工作。2002 年，FAO/WHO 农药标准联席会议（JMPS）成立并召开了第一次会议。JMPS 成立之前的标准称之为"旧标准"，JMPS 成立之后，所有农药原药标准和大多数制剂标准都采用新程序，由 JMPS 审议制定。农药标准联席会议（JMPS）由具有标准制订专业知识的科学家组成，并邀请具有特殊技能或知识的学术界或政府专家作为特别顾问参加，其主要职责是对农药生产者提供的农药产品标准资料进行审查，并向 FAO/WHO 提出有关采用、扩展、修改或撤销标准的意见和建议。

（2）国际农药分析协作委员会（CIPAC）　国际农药分析协作委员会（Collaborative International Pesticides Analytical Council，CIPAC）成立于 1954 年，是一个非营利性质的非政府间国际组织，由来自不同国家的委员及部分企业专家代表组成，其主要职责是组织制定农药原药和制剂的分析方法及物理化学参数测定方法，促进农药分析方法在国际间的协调一致。国际农药分析协作委员会方法是国际上公认的最具权威的农药原药和制剂分析方法。FAO/WHO 标准中引用的试验方法大多数来自国际农药分析协作委员会公布的试验方法。2003 年，为方便工作的协调开展，FAO/WHO 与 CIPAC 决定联合举办 JMPS 和 CIPAC 年会，自此，国际农药分析协作委员会年会和每年的农药标准联席会议会议同时举行。

7.2.3.2　FAO/WHO 农药产品标准制定流程

FAO/WHO 农药产品标准制定流程可以理解为申请、立项、起草、审议、发布几个阶段。

（1）申请者向 FAO 和（或）WHO 提出标准制定、修订项目申请。

（2）JMPS/CIPAC 会议审议并通过标准制定计划（3 年），并于每年 1 月在 FAO 和 WHO 网站上公布。

（3）申请人按规定的时间要求，向 FAO 和 WHO 提供标准的草案和相应的全套数据支持资料。所需资料按照 FAO/WHO 农药标准制定要求分为两类：

① 申请制定参照标准，即该有效成分还没有 FAO/WHO 标准，申请者作为首家提出申请；

② 申请相同产品认定，即该有效成分或产品已有 FAO/WHO 标准，申请标准的产品与首家进行相同产品比对，如被认定为相同产品，现有的 FAO/WHO 标准可扩展适用于申请标准的产品。

（4）随后，FAO 或 WHO 将资料分发给指定的标准评审专家进行评审。为了保证资料评审的客观、公正，对同一份申请，除了指定一名评审专家以外，还会指定一名同行评审员，负责对评审报告及结果进行核实。

（5）JMPS/CIPAC 会议审核并通过标准。

（6）标准评审报告在 JMPS 审议会议的当年公布，标准可同时公布，或在相关测试方法被验证接受后公布。

7.2.3.3 FAO/WHO 农药产品"旧标准"修订计划

FAO 农药"旧标准"共有 360 个，包括很多仍在大量使用或国际贸易频繁的农药产品，由于"旧标准"不能作为参照标准供相同产品认定，发挥不了国际标准应有的作用。就此，JMPS 制定了 5 年工作计划及工作优先列表，计划逐步将"旧标准"更新为"新标准"。第三版《FAO/WHO 农药标准制定和使用手册》，对 FAO/WHO 农药产品标准申请的流程和要求均进行了修订，特别是对有关旧程序下产品标准变更为新程序下产品标准作出了要求。第一批列入 JMPS 优先列表的产品包括：2,4-D（酸、盐和酯）、乙酰甲胺磷、莠灭净、杀草强、磺草灵钠盐（母药）、莠去津、苯菌灵、联苯三唑醇、溴苯腈（游离酚和酯）、克菌丹、克百威、毒虫畏、绿麦隆、氯苯胺灵、氯氰菊酯、二嗪磷、2,4-滴丙酸和精 2,4-滴丙酸、敌敌畏、吡氟酰草胺、敌草隆、多果定、d-四氟苯菊酯（和 S-烯丙菊酯复配的 WHO 标准）、乙烯利、乙硫磷、氰戊菊酯、氟草隆、灭菌丹、代森锰锌、代森锰、2 甲 4 氯（游离酸、盐和酯）、2 甲 4 氯丁酸、威百亩（盐）、2 甲 4 氯丙酸和精 2 甲 4 氯丙酸、异丙甲草胺和精异丙甲草胺、嗪草酮、噁霜灵、甜菜宁、敌稗、炔螨特、扑灭津、丙环唑、丙森锌、除虫菊（pyrethrum）、甲嘧磺隆、硫黄、戊唑醇、特丁津、硫双威、甲基硫菌灵、福美双、敌百虫、杀铃脲、代森锌和福美锌，共 54 种农药。

截至 2017 年，FAO 联合 WHO 共制定农药产品标准 217 项（见附录 5）。

7.2.4 农药残留国际标准

7.2.4.1 农药残留标准制定机构

（1）国际食品法典委员会 国际食品法典委员会（Codex Alimentarius Commission，CAC）是由联合国粮农组织（FAO）和世界卫生组织（WHO）共同建立，以保障消费者的健康和确保食品贸易公平为宗旨的一个制定国际食品标准的政府间组织。

（2）国际食品法典农药残留委员会（Codex Committee on Pesticide Resicues，CCPR）

是 CAC 下属的 10 个综合主题委员会之一，也是 CAC 重点关注的委员会。CCPR 制定的农药残留限量法典标准几乎涉及所有种植、养殖农产品及其加工制品，经食品法典大会审议通过后，成为被世界贸易组织认可的涉及农药残留问题的国际农产品及食品贸易的仲裁依据，对全球农产品及食品贸易产生着重大的影响。CCPR 的主要职责是：

① 制定食品或食品组中农药残留最高限量；

② 制定国际贸易中涉及的部分动物饲料中农药残留最高限量；

③ 为粮农组织/世卫组织农药残留联席会议（JMPR）编制农药评价优先列表；

④ 审议检测食品和饲料中农药残留的采样和分析方法；

⑤ 审议与含农药残留食品和饲料安全性相关的事项；

⑥ 制定食品或食品组中与农药具有化学或其他方面相似性的环境污染物和工业污染物的最高限量（再残留限量）。

（3）农药残留联席会议　农药残留联席会议（Joint Meeting of Pesticide Residues，JMPR）是联合国粮农组织（FAO）/世界卫生组织（WHO）联合专家委员会。JMPR 由 FAO 专家组和 WHO 专家组组成，但独立于国际食品法典委员会（CAC）及其附属机构。JMPR 每年召开一次 FAO 专家组和 WHO 专家组年度会议，主要职责是开展农药残留评估工作，推荐最大农药残留限量（MRL）建议草案、每日允许摄入量（ADI）和急性参考剂量（ARfD）提供给 CCPR 审议。

FAO 专家组和 WHO 专家组各自开展评估工作。残留资料评价由 FAO 专家组负责，主要评估 GAP 残留数据、农药化学、环境行为、在作物和家畜体内代谢、农药残留分析方法以及工业/家庭加工系数等资料，并根据 GAP 数据估算食品中农药最大残留水平，及推荐某种食品中某种农药的最大残留限量建议值。

WHO 专家组负责评估农药毒理学资料，主要评估农药经口、经皮、吸入、遗传毒性、神经毒性或致癌性等急性、慢性毒理学资料，以估算农药的每日允许摄入量和急性参考剂量。

评估完残留和毒理学资料后，FAO 专家组和 WHO 专家组通过风险评估模型和方法，确定能否接受推荐的残留限量建议值。摄入量不超过每日允许摄入量和急性参考剂量时，将最大残留限量建议值提交 CCPR 和 CAC 进行审议，审议通过后确定为法典标准。否则返回补充资料后重新评估或停止制定。

MRL 或 ADI（ARfD）都不是永久固定的，当补充必要的新资料后，JMPR 重新审议 ADI（ARfD）或 MRL，并周期性地评估已制定限量的农药。JMPR 评估过的农药名单见附录 6。

7.2.4.2　农药残留标准制定程序

食品法典农药残留限量标准的制定遵循食品法典标准制定程序，标准制定通常分为八步，俗称"八步法"。

（1）制定农药评估工作时间表和优先列表　首先有一个法典成员或观察员提名一种农药进行评价，提名包括新农药、周期性评价农药、JMPR 已评估过的农药的新用途以及其他需要关注的评价（例如毒理学关注或者 GAP 发生变化）。提名通过后，CCPR 与 JMPR 秘书处协商确定评价优先次序，安排农药评价时间表。

对于新农药的提名需要满足以下要求：

① 已经或者有计划在成员国登记使用；

② 提议审议的食品或饲料存在国际贸易；

③ 提名该农药的成员/观察员承诺按照 JMPR 的评审要求提供数据资料；

④ 预计该农药的使用将会在国际贸易中流通的食品或饲料中存在残留；

⑤ 该农药之前没有进行过评审；

⑥ 提名表中信息完整。

提名通过后的评价优先顺序应遵循以下标准：

① 提名时间；

② 成员/观察员承诺的用于审议的数据资料的提交日期；

③ 制定法典食品和饲料中农药最大残留限量标准（Codex Maximum Residue Limit，Codex-MRL，又称 CXL）所需的食品或饲料信息，以及每种食品或饲料的试验数量。

（2）JMPR 评估并推荐农药残留限量标准建议草案 JMPR 的 FAO 专家组和 WHO 专家组各自开展评估工作。WHO 专家组负责评估农药毒理学资料，估算农药的每日允许摄入量（ADI）和急性参考剂量（ARfD）。FAO 专家组负责评估规范田间试验、农药化学、环境行为、在作物和家畜体内代谢、分析方法以及加工等残留数据，确定食品和饲料中农药残留物定义、规范残留试验中值（STMR）、残留高值（HR）和最大残留限量推荐值（MRL）。评估完残留和毒理学资料后，FAO 专家组和 WHO 专家组通过风险评估模型，比较膳食暴露值与每日允许摄入量（ADI）和急性参考剂量（ARfD），风险可接受时将最大残留限量（MRL）建议值提交 CCPR 和 CAC 进行审议。

（3）征求成员和所有相关方意见 食品法典秘书处准备征求意见函（circular letter，CL），征求法典成员国/观察员和所有相关方对 JMPR 推荐的残留限量建议草案的意见。征求意见函一般在 CCPR 年会召开前 4～5 个月发出，法典成员国/观察员可以通过电邮或者传真将意见直接提交到 CCPR 秘书处。

（4）CCPR 审议标准建议草案 CCPR 审议通过的标准建议草案，提交 CAC 审议。

（5）CAC 审议标准草案。

（6）再次征求成员和所有相关方意见 法典成员/观察员和所有相关方就 CAC 审议通过的标准草案提出意见。

（7）CCPR 再次审议标准草案 CCPR 召开年度会议，讨论并审议农药残留限量标准草案以及成员意见。

（8）CAC 通过标准草案，并予以公布 CCPR 审议通过的标准草案，提交 CAC 审议。CAC 审议通过，成为一项法典标准。

为加速农药残留限量标准的制定，可采取标准加速程序。当推荐的标准建议草案在第一轮征求意见得到绝大多数成员的支持时，CCPR 可建议食品法典委员会省略步骤（6）和步骤（7），即省略第二轮征求意见步骤，直接进入第（8）步，提交 CAC 大会通过并予以公布，该程序也被称为"步骤 5/8 程序"。使用步骤 5/8 程序的先决条件是 JMPR 的评估报告（电子版）至少在 2 月初可以在线获得，同时 JMPR 在评估中没有提出膳食摄入风险的关注。步骤 5/8 程序为：

（1）制定农药评估优先列表。

（2）JMPR 评估并推荐农药残留限量标准建议草案。

（3）征求成员国和所有相关方意见。

（4）CCPR 审议标准建议草案。

（5）CAC 通过标准草案，并予以公布。

Codex-MRL 或 ADI（ARfD）通常在制定 15 年后，需要重新进行评估，也称周期性评估（periodic review）。周期性评估的优先顺序还要考虑以下标准：a. 是否存在公众健康的关注；b. 有无国家登记信息和当前标签信息；c. 提交资料的日期；d. 有无可同期评价的密切相关农药等。周期性评估农药数据的提交也分为两种情况，一是由原有赞助方（通常是最初研发的农药公司）按照 JMPR 评审数据要求，提交完整的数据包；二是在原有赞助方不提供数据支持的情况下，由感兴趣的法典成员或观察员提供 JMRP 要求的数据。

同时，当有新的资料或补充资料提交后，JMPR 也需要再次审议 Codex-MRL 或 ADI（ARfD），也称再评估（re-evaluation）。

7.2.4.3 农药残留标准数据库

国际食品法典农药残留限量数据库（Codex pesticides residues database）是法典食品和饲料中农药最大残留限量标准的集合，它汇集了法典所有现行有效的 Codex-MRLs，评估农药的基本信息，包括农药类别、毒理学基础数据、残留定义、评估历史，以及每项标准草案的评估年份、标准正式颁布年份和评估历史，以及对某些标准的特别注释说明。根据农药残留标准的评估和制定情况，数据库每年更新一次，通常在每年 7 月份，也就是食品法典委员会大会审议通过 CCPR 标准草案后，进行更新。截止到 2017 年，食品法典共制定了 220 种农药在 387 类作物/作物组上 5230 项农药残留标准。最新的标准请查阅国际食品法典农药残留限量数据网页：http://www.fao.org/fao-who-codexalimentarius/codex-texts/maximum-residue-limits/en/。

数据库中的限量标准分为 3 类。

（1）根据各国农药登记和使用数据制定的食品和饲料中农药最大残留限量标准（Codex-MRL）第一类，这是法典标准最主要的类型；

（2）根据监测数据制定的食品和饲料中农药再限量标准（extraneous maximum residue limit，EMRL），主要针对一些不再在农业生成中使用，但是仍然残留在环境和食品中的农药；

（3）法典指导限量（guideline levels，GL），这部分限量由于缺乏充分的毒理学数据，将进行重新评估或者废除。

法典中的很多限量都标有一些特殊的注释，注释的含义见表 7-2。

表 7-2 法典注释解释

E	表示限量为法典再残留限量（EMRL）
GL	表示限量为法典指导限量
（＊）	表示限量为检测方法的定量限
F	在奶限量后面标注。表示残留物是脂溶性的，残留限量应用在奶的脂肪部分
（fat）	在肉类限量后面标注。表示残留物是脂溶性的，残留限量应用在肉的脂肪部分
Po	表示农药用于收获后处理
PoP	表示农药用于收获后处理的初级加工食品

7.3 全球农药市场概况和分析

7.3.1 全球农药市场的基本情况和发展趋势分析

7.3.1.1 全球作物保护用农药的市场概况

2016 年，全球作物保护用农药市场为 499.20 亿美元，较 2015 年的 512.10 亿美元减少了 2.5％。

（1）各种不同类别作物保护用农药市场及所占比例 在 2016 年 499.20 亿美元的作物保护用销售市场中，除草剂列第一位，占 41.8％；杀虫剂列第二位，占 27.9％；杀菌剂列第三位，占 27.2％；其他类农药（植物生长剂和熏蒸剂）占 3.1％。2016 年全球各大类作物保护用农药的销售市场及所占比例见表 7-3。

表 7-3　2016 年全球各大类作物保护用农药的销售市场及所占比例

类别	销售额/亿美元	所占比例/％
除草剂	208.74	41.8
杀虫剂	139.43	27.9
杀菌剂	135.91	27.2
其他	15.12	3.1
合计	499.20	100.0

除草剂仍为最大的市场，其后为杀虫剂和杀菌剂。各类作物保护用农药的销售额均较上年有所下降，除了其他类外。

（2）全球各地区的作物保护用农药市场及所占比例 2016 年，亚洲（不含中亚）作物保护用农药市场销售额居首位，拉美地区第二，欧洲第三，北美地区排第四。2016 年全球各地区的作物保护用农药市场及所占比例见表 7-4。

表 7-4　2016 年全球各地区的作物保护用农药市场及所占比例

地区	销售额/亿美元	所占比例/％
拉美	131.23	26.3
亚洲（不含中亚）	138.44	27.7
欧洲	113.81	22.8
北美	94.62	19.0
中亚和非洲	21.10	4.2
合计	499.20	100.0

2016 年全球各大地区各类作物保护用农药的销售市场见表 7-5。

（3）全球主要作物农药市场 2016 年全球主要作物按农药市场销售额大小排序，依次为：果树与蔬菜（果蔬）、谷物、大豆、玉米、水稻、棉花、油菜、甘蔗、甜菜、向日葵。

2016 年全球主要作物的农药市场及所占比例见表 7-6。

表 7-5　2016 年全球各地区各类作物保护用农药的销售市场　　　单位：亿美元

地区	除草剂	杀虫剂	杀菌剂	其他	总农药市场
北美	51.54	21.20	18.79	3.09	94.62
拉美	47.79	42.24	37.44	3.76	131.23
欧洲	48.86	16.01	44.64	4.30	113.81
亚洲（不含中亚）	52.36	51.22	31.24	3.62	138.44
中亚和非洲	8.19	8.76	3.80	0.35	21.10
合计	208.74	139.43	135.91	15.12	499.20

表 7-6　2016 年全球主要作物的农药市场及所占比例

作物	销售额/亿美元	所占比例/%
果蔬	126.30	25.3
谷物	78.37	15.7
大豆	77.88	15.6
玉米	56.41	11.3
水稻	48.42	9.7
棉花	24.46	4.9
油菜	16.97	3.4
甘蔗	14.48	2.9
甜菜	5.99	1.2
向日葵	4.99	1.0
其他作物	44.93	9.0
合计	499.20	100.0

（4）全球主要国家的作物保护用农药市场　2016 年，全球最大的作物保护用农药市场为巴西，销售额为 94.07 亿美元，较上年下降 9.0%。2011～2016 年全球作物保护用农药市场排前十位国家的农药市场及增长情况见表 7-7。

表 7-7　2011～2016 年全球作物保护用农药市场排前十位国家的农药市场及增长情况

单位：亿美元

国家	2011 年	2015 年	2016 年	2016 年同比增长率/%	2011～2016 年复合增长率/%
巴西	70.02（1）	103.38（1）	94.07（1）	−9.0	6.1
美国	67.00（2）	72.40（2）	71.67（2）	−1.0	1.4
中国	37.00（4）	53.65（3）	48.20（3）	−10.2	5.4
日本	39.96（3）	27.41（4）	30.31（4）	10.6	−5.4
法国	26.64（5）	24.55（5）	24.25（5）	−1.2	−1.9
德国	19.27（6）	19.35（6）	18.92（6）	−2.2	−0.4
印度	17.71（7）	17.93（7）	17.98（7）	0.3	0.3
加拿大	13.40（8）	15.05（9）	16.98（8）	12.8	4.8
阿根廷	12.62（9）	15.55（8）	16.21（9）	4.2	5.1
意大利	11.93（10）	12.23（10）	12.40（10）	1.4	0.8

注：括号内数字为全球排位。

（5）对未来全球作物保护用农药市场的估测　估计到 2021 年，全球作物保护用农药市场达 567 亿美元，其中除草剂市场可占总额的 41.4%，杀虫剂占 27.3%，杀菌剂占 28.0%，其他类农药占 3.2%；而 2016 年则分别为 41.8%、27.9%、27.2% 和 3.1%，其中变化的是杀菌剂销售额将略超杀虫剂。全球作物保护用农药市场的估测见表 7-8。

表 7-8　2021 年全球作物保护用农药市场的估测　　　　单位：亿美元

项目	除草剂	杀虫剂	杀菌剂	其他	合计
2016 年销售额	208.74	139.43	135.91	15.12	499.20
2021 年销售额	234.93	155.11	158.71	18.40	567.15
2016～2021 年均复合增长率/%	2.4	2.2	3.1	4.0	2.6

全球农药市场排前十位国家的作物保护用农药市场变化预测情况见表 7-9。

表 7-9　2021 年全球作物保护用农药市场排前十位的国家情况　　　　单位：亿美元

国家	2016 年销售额	预计 2021 年销售额	2016～2021 年均复合增长率/%
巴西	93.35（1）	101.08（1）	+1.6
美国	71.67（2）	75.65（2）	+1.1
中国	48.55（3）	61.69（3）	+4.9
日本	30.52（4）	31.41（4）	+0.6
法国	24.44（5）	25.73（5）	+1.0
德国	19.07（6）	20.27（8）	+1.2
印度	18.01（7）	22.51（7）	+4.6
加拿大	17.01（8）	19.04（9）	+2.3
阿根廷	16.40（9）	18.49（10）	+2.4
意大利	12.49（10）	24.75（6）	+14.7

注：括号内数字为全球排位。

7.3.1.2　全球非作物保护用农药市场

全球非作物保护用农药市场规模不容小觑。2016 年全球非作物保护用农药市场的销售额为 65.32 亿美元，较 2015 年的 63.22 亿美元增加了 2.10 亿美元，增长了 3.3%。在非作物保护用农药市场领域，杀虫剂是销售额最大的部分，占比 38.1%。

2016 年全球各类非作物保护用农药销售市场及所占比例见表 7-10。

表 7-10　2016 年全球各类非作物保护用农药的销售市场及所占比例

类别	销售额/亿美元	所占比例/%
杀虫剂	24.89	38.1
除草剂	22.47	34.4
杀菌剂	16.92	25.9
其他	1.04	1.6
合计	65.32	100.0

亚洲和北美地区是全球非作物保护用农药最大的两个市场，分别占 37.2% 和 38.0%。2016 年全球各地区非作物保护用农药的销售市场及所占比例见表 7-11。

表 7-11　2016 年全球各地区非作物保护用农药的销售市场及所占比例

地区	销售额/亿美元	所占比例/%
亚洲（不含中亚）	24.30	37.2
北美	24.82	38.0
欧洲	8.62	13.2
拉美	4.05	6.2
中亚和非洲	3.53	5.4

7.3.1.3　全球生物农药市场

全球生物农药市场发展十分迅速。2016 年全球生物农药市场约为 22.38 亿美元，较 2015 年的 22.05 亿美元增加 0.33 亿美元，增加 1.5%。

目前应用最广泛的生物农药类别是抗生素类杀虫剂，如阿维菌素、多杀菌素、甲维盐等；而市场增长最快的生物农药类别是微生物杀菌剂。2016 年各类别生物农药市场及其变化预测情况见表 7-12。

表 7-12　2016 年生物农药市场及其变化预测情况

产品类别		2016 年销售额/亿美元	2016～2021 年均复合增长率/%
杀虫剂	抗生素	11.97	2.2
	微生物	5.65	5.3
	植物源	1.15	2.8
	天敌生物	1.75	2.4
杀菌剂	微生物	1.31	4.8
其他类	信息素	0.55	1.8
总计		22.38	3.2

7.3.2　全球各地区农药市场概况及主要国家进出口情况

2016 年全球各地区农药市场以亚洲（本节中"亚洲"不含中亚地区）居首，销售额为 138.44 亿美元，占 27.7%；拉美地区第二，销售额 131.23 亿美元，占 26.3%；欧洲第三，销售额 113.81 亿美元，占 22.8%；北美地区为第四位，销售额 94.62 亿美元，占 19.0%；中亚和非洲共占 4.2%，销售额 21.10 亿美元。下面就各洲分而述之。

7.3.2.1　亚洲地区农药市场基本情况及主要国家农药进出口情况

（1）亚洲地区农药市场基本情况　2016 年，亚洲在全球各地区作物保护用农药销售额中排第一位，地区的作物保护用农药市场为 138.44 亿美元，较 2015 年减少了 1.4%。

从类别看，除草剂是亚洲地区的第一农药市场，为 52.36 亿美元，占 37.8%；杀虫剂列第二位，为 51.22 亿美元，占 37.0%；杀菌剂为 31.24 亿美元，占 22.6%；其他类农药 3.62 亿美元，占 2.6%。

从作物看，果蔬是亚洲最大的农药市场，为 43.19 亿美元，占 31.2%；其次为水稻，

39.18亿美元，占28.3%；谷物为16.47亿美元，占11.9%；玉米为7.89亿美元，占5.7%；棉花为7.48亿美元，占5.4%；大豆3.46亿美元，占2.5%；油菜2.49亿美元，占1.8%；其他18.27亿美元，占13.2%。

以上是对亚洲作物保护用农药市场现状的分析。此外，2016年非作物保护用农药市场为24.30亿美元，较2013年增加了4.3%。对2021年亚洲作物保护用农药市场以及非作物保护用农药市场的估测见表7-13。

表7-13 亚洲地区农药市场现状和估测

项目	作物保护用农药市场	非作物保护用农药市场
2016年销售额/亿美元	138.44	24.30
2016年同比增长率/%	−1.4	+4.3
2021年预计销售额/亿美元	167.76	28.44
2016～2021年均复合增长率/%	+3.8	+3.2

（2）亚洲地区主要国家农药进出口情况　亚洲的主要国家中，既有以出口为主的，也有以进口为主的。总体来看，亚洲整体是一个以农药出口为主的地区，特别是中国、印度这两个农药出口大国。

2016年中国、日本、印度、印度尼西亚、韩国、泰国的农药进出口情况分别见表7-14～表7-19所示。

表7-14　2016年中国农药进出口情况　　　　　单位：亿美元

项目	进口	出口
农药总额	5.49	36.24
除草剂	1.43	21.47
杀虫剂	1.51	9.47
杀菌剂	2.55	5.30

表7-15　2016年日本农药进出口情况　　　　　单位：亿美元

项目	进口	出口
农药总额	3.84	4.46
除草剂	1.30	1.29
杀虫剂	1.43	2.14
杀菌剂	1.11	1.03

表7-16　2016年印度农药进出口情况　　　　　单位：亿美元

项目	进口	出口
农药总额	5.94	16.47
除草剂	1.69	5.82
杀虫剂	2.97	5.52
杀菌剂	1.28	5.13

表 7-17　2016 年印度尼西亚农药进出口情况　　　　　　单位：亿美元

项目	进口	出口
农药总额	3.79	2.59
除草剂	1.35	0.82
杀虫剂	1.48	1.52
杀菌剂	0.96	0.25

表 7-18　2016 年韩国农药进出口情况　　　　　　单位：亿美元

项目	进口	出口
农药总额	1.82	3.10
除草剂	0.25	0.27
杀虫剂	0.87	1.33
杀菌剂	0.70	1.50

表 7-19　2016 年泰国农药进出口情况　　　　　　单位：亿美元

项目	进口	出口
农药总额	4.49	1.09
除草剂	2.60	0.89
杀虫剂	1.22	0.33
杀菌剂	0.67	0.67

7.3.2.2　拉美地区农药市场基本情况及主要国家农药进出口情况

（1）拉美地区农药市场基本情况　2016 年，拉美地区在全球各地区作物保护用农药销售额中排第二位，地区的作物保护农药市场为 131.23 亿美元，较 2015 年减少了 6.6%。

从类别看，除草剂是拉美地区的第一农药市场，为 47.79 亿美元，占 36.4%；杀虫剂列第二位，为 42.24 亿美元，占 32.2%；杀菌剂为 37.44 亿美元，占 28.5%；其他类农药 3.76 亿美元，占 2.9%。

从作物看，大豆为拉美地区最大的农药市场，为 58.66 亿美元，占 44.7%；其次为果蔬类，为 19.42 美元，占 14.8%；玉米为 13.39 亿美元，占 10.2%；甘蔗为 10.24 亿美元，占 7.8%；棉花为 7.48 亿美元，占 5.7%；谷物为 5.91 亿美元，占 4.5%；水稻为 4.07 亿美元，占 3.1%；向日葵为 0.91 亿美元，占 0.7%；其他为 11.15 亿美元，占 8.5%。

以上是对拉美地区作物保护用农药市场现状的分析。此外，2016 年非作物保护用农药市场为 4.01 亿美元。

对 2021 年拉美地区作物保护用农药市场以及非作物保护用农药市场的估测见表 7-20。

表 7-20　拉美地区农药市场现状和估测

项目	作物保护用农药市场	非作物保护用农药市场
2016 年销售额/亿美元	131.23	4.05
2016 年同比增长率/%	−6.6	−5.4
2021 年预计销售额/亿美元	144.63	4.95
2016~2021 年均复合增长率/%	+2.0	+4.1

（2）拉美地区主要国家农药进出口情况　拉美地区主要国家巴西和阿根廷都是以农药进口为主，出口额相对较小。特别是巴西，进口额远大于出口额。2016 年巴西和阿根廷的农药进出口情况分别见表 7-21 和表 7-22。

表 7-21　2016 年巴西农药进出口情况　　　　　　　单位：亿美元

项目	进口	出口
农药总额	23.29	2.52
除草剂	5.40	0.37
杀虫剂	9.60	0.84
杀菌剂	8.29	1.31

表 7-22　2016 年阿根廷农药进出口情况　　　　　　单位：亿美元

项目	进口	出口
农药总额	6.15	3.71
除草剂	3.06	1.30
杀虫剂	1.63	1.28
杀菌剂	1.46	1.13

7.3.2.3　欧洲地区农药市场基本情况及主要国家农药进出口情况

（1）欧洲地区农药市场基本情况　2016 年，欧洲在全球各地区作物保护用农药销售额中排于第三位，地区的作物保护用农药市场为 113.81 亿美元。

从类别看，除草剂是欧洲地区的第一农药市场，为 48.86 亿美元，占 42.9%；杀菌剂列第二位，为 44.64 亿美元，占 39.2%；杀虫剂为 16.01 亿美元，占 14.1%；其他类农药 4.30 亿美元，占 3.78%。

从作物看，果蔬同样是最大的市场，为 39.41 亿美元，占 34.6%（其中葡萄为 10.01 亿美元，占 8.8%；马铃薯为 5.58 亿美元，占 4.9%；仁果为 5.23 亿美元，占 4.6%；其他为 18.59 亿美元，占 16.3%）；谷物几乎与果蔬市场一样大，为 39.04 亿美元，占 34.3%；玉米为 10.47 亿美元，占 9.2%；油菜为 9.90 亿美元，占 8.7%；甜菜为 4.55 亿美元，占 4.0%；向日葵为 3.07 亿美元，占 2.7%。

以上是对欧洲作物保护用农药市场现状的分析。此外，2016 年非作物保护用农药市场为 8.60 亿美元，较 2015 年减少了 1.0%。对 2021 年欧洲作物保护用农药市场以及非作物保护用农药市场的估测见表 7-23。

表 7-23　欧洲地区农药市场现状和估测

项目	作物保护用农药市场	非作物保护用农药市场
2016 年销售额/亿美元	113.81	8.60
2016 年同比增长率/%	−1.9	−1.0
2021 年预计销售额/亿美元	121.38	8.96
2016～2021 年均复合增长率/%	+2.4	+0.8

（2）欧洲地区主要国家农药进出口情况　欧洲地区各国既有以进口为主的，也有以出口为主的。2016 年法国、德国、意大利、西班牙、英国、俄罗斯和波兰的农药进出口情况分别见表 7-24～表 7-30。

表 7-24　2016 年法国农药进出口情况　　　　单位：亿美元

项目	进口	出口
农药总额	18.19	31.83
除草剂	8.24	12.71
杀虫剂	3.74	5.53
杀菌剂	6.21	13.59

表 7-25　2016 年德国农药进出口情况　　　　单位：亿美元

项目	进口	出口
农药总额	13.92	33.45
除草剂	5.65	15.77
杀虫剂	1.68	6.11
杀菌剂	6.59	11.57

表 7-26　2016 年意大利农药进出口情况　　　　单位：亿美元

项目	进口	出口
农药总额	7.51	6.76
除草剂	2.82	2.42
杀虫剂	2.14	1.90
杀菌剂	2.55	2.44

表 7-27　2016 年西班牙农药进出口情况　　　　单位：亿美元

项目	进口	出口
农药总额	7.81	10.15
除草剂	2.74	0.52
杀虫剂	2.48	2.38
杀菌剂	2.59	7.25

表 7-28　2016 年英国农药进出口情况　　　　单位：亿美元

项目	进口	出口
农药总额	7.95	9.67
除草剂	3.32	1.78
杀虫剂	2.16	2.18
杀菌剂	2.47	5.71

表 7-29　2016 年俄罗斯农药进出口情况　　　　单位：亿美元

项目	进口	出口
农药总额	6.83	0.92
除草剂	3.43	0.59
杀虫剂	1.38	0.13
杀菌剂	2.02	0.20

表 7-30　2016 年波兰农药进出口情况　　　　单位：亿美元

项目	进口	出口
农药总额	7.25	2.14
除草剂	3.29	0.88
杀虫剂	0.86	0.45
杀菌剂	3.10	0.81

7.3.2.4　北美地区农药市场基本情况及主要国家农药进出口情况

（1）北美地区农药市场基本情况　2016 年，北美在全球各地区作物保护用农药销售额中排于第四位，地区的作物保护用农药市场为 94.62 亿美元，较 2015 年增加了 1.1%。

从类别看，除草剂是北美地区的第一农药市场，为 51.54 亿美元；杀虫剂列第二位，为 21.20 亿美元；杀菌剂为 18.79 亿美元；其他类农药 3.09 亿美元。

从作物看，玉米为北美地区最大的农药市场，为 22.61 亿美元，占 23.9%；其次果蔬类为 20.34 亿美元，占 21.5%；第三为大豆，为 14.10 亿美元，占 14.9%；谷物为 14.00 亿美元，占 14.8%；油菜为 4.92 亿美元，占 5.2%；棉花为 4.92 亿美元，占 5.2%；水稻为 1.80 亿美元，占 1.9%；甘蔗为 0.85 亿美元，占 0.9%；甜菜为 0.57 亿美元，占 0.6%；向日葵为 0.38 亿美元，占 0.4%。

以上是对北美地区作物保护用农药市场现状的分析。此外，2016 年非作物保护用农药市场为 24.84 亿美元，较 2015 年增长 6.0%。对 2021 年北美地区作物保护用农药市场以及非作物保护用农药市场的估测见表 7-31。

表 7-31　北美地区农药市场现状和估测

项目	作物保护用农药市场	非作物保护用农药市场
2016 年销售额/亿美元	94.62	24.84
2016 年同比增长率/%	+1.1	+6.0
2021 年预计销售额/亿美元	101.91	30.98
2016～2021 年均复合增长率/%	+1.5	+4.5

（2）北美地区主要国家农药进出口情况　北美地区同样有的国家以出口为主，有的国家以进口为主，其中美国是农药出口大国。2016 年美国、加拿大、墨西哥的农药进出口情况分别见表 7-32～表 7-34。

表 7-32　2016 年美国农药进出口情况　　　　单位：亿美元

项目	进口	出口
农药总额	10.07	29.85
除草剂	5.06	13.70
杀虫剂	2.75	10.80
杀菌剂	2.26	5.35

表 7-33　2016 年加拿大农药进出口情况　　　　　单位：亿美元

项目	进口	出口
农药总额	12.30	0.80
除草剂	8.05	0.50
杀虫剂	1.41	0.25
杀菌剂	4.84	0.05

表 7-34　2016 年墨西哥农药进出口情况　　　　　单位：亿美元

项目	进口	出口
农药总额	5.91	2.05
除草剂	1.56	0.78
杀虫剂	2.48	0.73
杀菌剂	1.87	0.54

7.3.2.5　中亚和非洲地区农药市场基本情况

2016 年，中亚和非洲在全球各地区作物保护用农药销售额中排于第五位，地区的作物保护用农药市场为 21.10 亿美元，较 2015 年降低了 2.2%。

从类别看，杀虫剂是中亚和非洲地区的第一农药市场，为 8.76 亿美元；除草剂列第二位，为 8.19 亿美元；杀菌剂为 3.80 亿美元；其他类农药 0.35 亿美元。

从作物看，果蔬为中亚和非洲地区最大的农药市场，为 5.72 亿美元，占 27.1%；其次为棉花 4.33 亿美元，占 20.5%；谷物为 2.94 亿美元，占 13.9%；玉米为 1.88 亿美元，占 8.9%；水稻为 1.65 亿美元，占 7.8%；甘蔗为 0.40 亿美元，占 1.9%；大豆为 0.36 亿美元，占 1.7%。

以上是对中亚和非洲作物保护用农药市场现状的分析。此外，2016 年非作物保护用农药市场为 3.53 亿美元，与 2015 年持平。对 2021 年中亚和非洲地区作物保护用农药市场以及非作物保护用农药市场的估测见表 7-35。

表 7-35　中亚和非洲地区农药市场现状和估测

项目	作物保护用农药市场	非作物保护用农药市场
2016 年销售额/亿美元	21.10	3.53
2016 年同比增长率/%	-2.2	0.0
2021 年预计销售额/亿美元	25.49	4.05
2016～2021 年均复合增长率/%	+3.9	+2.8

7.3.3　全球主要农药公司概况和分析

目前，全球农药市场由 6 家超级大型公司所主宰（陶氏和杜邦合并、拜耳收购孟山都完成后将变成 4 家），它们的销售额占全球的 70% 以上。除了孟山都公司在转基因作物和草甘膦上占绝对优势外，其他五家公司均经历了长期的并购、积累过程而成为超级大公司。当今农药市场的组成与分布见如图 7-3 所示。

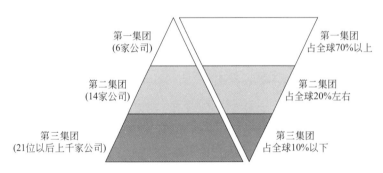

图 7-3 当今农药市场的组成与分布

7.3.3.1 四家超级大型公司的四个"有"

位居世界农药市场前四位的拜耳（拜耳＋孟山都）、先正达、科迪华（陶氏化学＋杜邦）、巴斯夫公司都具四个"有"，即："有自己的市场范围"；"有自己的专注领域"；"有自己的拳头产品"；"有自己的新农药开发理念"。

各大公司都有自身的经营和发展特点，但有共性。上述四个"有"即为它们共有的特点。

（1）有自己的市场范围 四家超级大公司都有自己的市场势力范围、重点地区（数据统计时相关公司还没有合并报表，所以仍按照五家公司进行统计）。

① 先正达公司 2016 年，先正达公司的销售市场为 128.91 亿美元，较上年减少 4.4％。其中农药市场为 100.41 亿美元，占公司总额的 77.9％。

由于先正达公司的品种多样，销售能力较强，故近几年一直稳居各公司之首。先正达公司在拉美、北美、欧洲的市场比较平均，唯亚洲较弱，亚洲也是先正达公司近几年将重点攻占的区域。2016 年先正达公司在全球各地区的农药市场情况见表 7-36。

表 7-36 2016 年先正达公司在全球各地区的农药市场

地区	销售额/亿美元	所占比例/％	同比增长率/％
北美	26.54	26.4	−0.7
拉美	28.08	28.0	−12.2
亚洲（不含中亚）	16.18	16.1	0.1
欧洲	27.01	26.9	0.0
中亚和非洲	2.60	2.6	−4.1
合计	100.41	100.0	−4.0

② 拜耳公司 2016 年，拜耳公司的销售市场为 517.93 亿美元，较上年增长 1.3％。其中农药市场为 94.78 亿美元，占公司总额的 18.3％。

拜耳公司农药的主场在欧洲，在拉美也有相当的市场，再次为北美、亚洲。表 7-37 为 2016 年拜耳公司在全球各地区的农药市场情况。

③ 巴斯夫公司 2016 年，巴斯夫公司的销售市场为 637.32 亿美元，较上年增长 −18.5％。其中农药市场为 61.67 亿美元，占公司总额的 9.7％。

与拜耳公司一样，总部位于欧洲的巴斯夫公司，欧洲亦为其最大的市场，其次为北美、拉美、亚洲、中亚和非洲。表 7-38 为 2016 年巴斯夫公司在全球各地区的农药市场情况。

表 7-37　2016 年拜耳公司在全球各地区的农药市场

表 7-37　2016 年拜耳公司在全球各地区的农药市场

地区	销售额/亿美元	所占比例/%	同比增长率/%
北美	20.86	22.0	−6.0
拉美	25.33	26.7	−9.2
亚洲（不含中亚）	14.84	15.7	0.1
欧洲	31.19	32.9	−3.2
中亚和非洲	2.56	2.7	−31.9
合计	94.78	100.0	−6.1

表 7-38　2016 年巴斯夫公司在全球各地区的农药市场

地区	销售额/亿美元	所占比例/%	同比增长率/%
北美	20.20	32.8	−3.6
拉美	12.77	20.7	−4.9
亚洲（不含中亚）	6.08	9.9	4.3
欧洲	21.67	35.1	−7.4
中亚和非洲	0.95	1.5	−3.1
合计	61.67	100.0	−4.5

④ 陶氏化学　2016 年，陶氏化学的销售市场为 481.58 亿美元，较上年增长−1.3%。其中农药市场为 46.41 亿美元，占公司总额的 9.6%。

在全球各大地区中，总部位于美国的陶氏化学最大的农药市场为北美，其次为拉美、欧洲、亚洲（不含中亚）、中亚和非洲。表 7-39 为 2016 年陶氏化学在全球各地区的农药市场情况。

表 7-39　2016 年陶氏化学在全球各地区的农药市场

地区	销售额/亿美元	所占比例/%	同比增长率/%
北美	17.35	37.4	−12.6
拉美	11.17	24.1	−6.3
亚洲（不含中亚）	7.40	15.9	−0.3
欧洲	9.89	21.3	4.3
中亚和非洲	0.60	1.3	0.0
合计	46.41	100.0	−5.8

⑤ 杜邦公司　2016 年，杜邦公司的销售市场为 245.94 亿美元，较上年减少 2.1%。其中农药市场为 28.74 亿美元，占公司总额的 11.7%。

尽管该公司总部位于美国，但在全球各地区中，其农药最大销售额却为拉美地区，其次依次为欧洲、北美、亚洲（不含中亚）、中亚和非洲。表 7-40 为 2016 年杜邦公司在全球各地区的农药市场情况。

（2）有自己的专注领域　以上农药公司在农药类别和作物方面，各有自己的特长和专注的领域（数据统计时相关公司还没有合并报表，所以仍按照五家公司进行统计）。

表 7-40 2016 年杜邦公司在全球各地区的农药市场

地区	销售额/亿美元	所占比例/%	同比增长率/%
北美	6.87	23.9	1.0
拉美	7.79	27.1	−13.3
亚洲（不含中亚）	5.85	20.4	−1.3
欧洲	7.55	26.3	−1.9
中亚和非洲	0.68	2.3	−2.9
合计	28.74	100.0	−4.5

① 先正达公司 就除草剂、杀菌剂和杀虫剂三大类农药的市场而言，先正达公司杀虫剂相对弱一些。表 7-41 为 2016 年先正达公司各大类农药的销售额及所占比例。

表 7-41 2016 年先正达公司各大类农药的销售额及所占比例

类别	销售额/亿美元	所占比例/%
除草剂	36.76	36.6
杀虫剂	24.73	24.6
杀菌剂	37.32	37.2
其他	1.60	1.6
合计	100.41	100.0

② 拜耳公司 对于三大类的农药市场，拜耳公司杀菌剂相对强势。表 7-42 为 2016 年拜耳公司各大类农药的销售额及所占比例。

表 7-42 2016 年拜耳公司各大类农药的销售额及所占比例

类别	销售额/亿美元	所占比例/%
除草剂	30.12	31.8
杀虫剂	24.45	25.8
杀菌剂	38.66	40.8
其他	1.55	1.6
合计	94.78	100.0

③ 巴斯夫公司 在三大类农药中杀菌剂是巴斯夫公司的特色，销售市场也最高。

以作物而论，谷物也是该公司最主要的作物市场。为了弥补缺陷，巴斯夫公司引进了杀虫剂品种，如氟虫腈。表 7-43 为 2016 年巴斯夫公司各大类农药的销售额及所占比例。

表 7-43 2016 年巴斯夫公司各大类农药的销售额及所占比例

类别	销售额/亿美元	所占比例/%
除草剂	23.93	38.8
杀虫剂	9.13	14.8
杀菌剂	27.60	44.8
其他	1.01	1.6
合计	61.67	100.0

④ 陶氏化学　除草剂市场在陶氏化学三大类农药中独占鳌头。从结构上看，陶氏化学有其独特品种，如吡啶类、三唑并嘧啶类等均很有特色。

对于应用作物，陶氏化学系围绕品种而展开，如吡啶类除草剂很多在非农领域上应用。至于杀虫剂和杀菌剂，该公司主要倚重于其传统品种，如杀菌剂代森锰锌和杀虫剂毒死蜱。特别是毒死蜱，在杀虫剂中独树一帜。

近年，该公司开发的生物杀虫剂多杀菌素及其改造物乙基多杀菌素，使该公司在杀虫剂领域中又有新的起色。表 7-44 为 2016 年陶氏化学各大类农药的销售额及所占比例。

表 7-44　2016 年陶氏化学各大类农药的销售额及所占比例

类别	销售额/亿美元	所占比例/%
除草剂	29.11	62.7
杀虫剂	11.65	25.1
杀菌剂	3.95	8.5
其他	1.70	3.7
合计	46.41	100.0

⑤ 杜邦公司　杜邦公司为了在农药领域中重振旗鼓，近几年十分专注于杀虫剂的开发，并甚有成效。自茚虫威后，又开发了双酰胺类杀虫剂氯虫苯甲酰胺、溴氰虫酰胺。且磺酰脲类除草剂是杜邦公司的特色。相对而言，杀菌剂则为杜邦公司的弱项。表 7-45 为 2016 年杜邦公司各大类农药的销售额及所占比例。

表 7-45　2016 年杜邦公司各大类农药的销售额及所占比例

类别	销售额/亿美元	所占比例/%
除草剂	10.82	37.6
杀虫剂	10.39	36.2
杀菌剂	7.26	25.3
其他	0.27	0.9
合计	28.74	100.0

（3）有自己的拳头产品　五家超级大公司均有自身的看家"拳头产品"，这些产品成为公司农药市场的支柱。

① 先正达公司　非选择性除草剂及玉米田、麦田用除草剂是该公司的特色；自行开发的农药品种更是先正达公司的"拳头"，在先正达公司销售额列前十位的农药品种中，先正达公司自行开发的品种就占一半。表 7-46 即为 2016 年先正达公司销售额列前十位的农药品种。

表 7-46　2016 年先正达公司销售额列前十位的农药品种

品种	类别	销售额/亿美元
嘧菌酯	杀菌剂	11.70
噻虫嗪	杀虫剂	9.70
硝磺草酮	除草剂	6.35

品种	类别	销售额/亿美元
异丙甲草胺	除草剂	5.55
唑啉草酯	除草剂	3.90
草甘膦	除草剂	3.35
高效氯氟氰菊酯	杀虫剂	3.30
甲霜灵	杀菌剂	3.15
百草枯	除草剂	3.05
苯并烯氟菌唑	杀菌剂	3.00

以上十个农药品种，市场为 53.05 亿美元，占先正达公司农药市场的 52.8%。

② 拜耳公司　杀虫剂开发依然是拜耳公司的主课题，其也有不少杀虫剂拳头产品，支撑着该公司的杀虫剂市场。表 7-47 为 2016 年拜耳公司销售额列前十位的农药品种。

表 7-47　2016 年拜耳公司销售额列前十位的农药品种

品种	类别	销售额/亿美元
丙硫菌唑	杀菌剂	7.90
肟菌酯	杀菌剂	6.40
吡虫啉	杀菌剂	5.80
草铵膦	除草剂	5.40
戊唑醇	杀菌剂	4.40
氟虫双酰胺	杀虫剂	3.40
噻虫胺	杀虫剂	3.15
溴氰菊酯	杀虫剂	2.70
甲基二磺隆	除草剂	2.15
环磺酮	除草剂	2.10

以上十个农药品种的销售额为 43.4 亿美元，占拜耳公司农药市场的 45.8%。

③ 巴斯夫公司　杀菌剂是巴斯夫公司重点开发和发展的领域，该公司开发了一批杀菌剂品种。

巴斯夫通过收购了氰胺公司，增强了除草剂方面的市场，特别是咪唑啉酮类除草剂。杀虫剂是巴斯夫公司弱项，通过收购拜耳公司的氟虫腈，巴斯夫公司的杀虫剂市场如虎添翼，使公司在三大类农药领域中趋于平衡。表 7-48 为 2016 年巴斯夫公司销售额列前十位的农药品种。

表 7-48　2016 年巴斯夫公司销售额列前十位的农药品种

品种	类别	销售额/亿美元
吡唑醚菌酯	杀菌剂	7.65
氟环唑	杀菌剂	4.50
氟唑菌酰胺	杀菌剂	4.10
氟虫腈	杀虫剂	3.80

品种	类别	销售额/亿美元
啶酰菌胺	杀菌剂	3.30
二甲戊乐灵	除草剂	3.30
甲氧咪草烟	除草剂	2.10
苯嘧磺草胺	除草剂	1.60
氯甲喹啉酸	除草剂	1.60
二甲吩草胺	除草剂	1.60

以上十个农药品种市场共 33.55 亿美元，占巴斯夫公司农药销售额的 54.4%。

④ 陶氏化学　除草剂是陶氏化学的强项，吡啶类和嘧啶并三唑类是陶氏化学除草剂的特色和基础，也是公司的骄傲。另外，多杀菌素及其衍生物的研发使陶氏化学跨入了新领域，也弥补了公司在杀虫剂领域上的不足。表 7-49 为 2016 年陶氏化学销售额列前十位的农药品种。

表 7-49　2016 年陶氏化学销售额位列前十位的农药品种

品种	类别	销售额/亿美元
毒死蜱	杀虫剂	3.35
多杀菌素	杀虫剂	3.10
草甘膦	除草剂	2.75
代森锰锌	杀菌剂	2.50
氯氟吡氧乙酸	除草剂	2.20
五氟磺草胺	除草剂	2.10
啶磺草胺	除草剂	2.10
毒莠定	除草剂	2.10
乙基多杀菌素	杀虫剂	2.10
双氟磺草胺	除草剂	1.90

以上十个品种的销售额为 24.2 亿美元，占陶氏化学总销售额的 52.1%。

⑤ 杜邦公司　磺酰脲类除草剂及双酰胺类杀虫剂是杜邦公司的特色，两个双酰胺杀虫剂的问世挽救了杜邦公司的农药事业。表 7-50 为 2016 年杜邦公司销售额列前十位的农药品种。

表 7-50　2016 年杜邦公司销售额列前十位的农药品种

品种	类别	销售额/亿美元
氯虫苯甲酰胺	杀虫剂	9.00
啶氧菌酯	杀菌剂	3.20
甲磺隆	除草剂	1.25
苯磺隆	除草剂	1.20
玉嘧磺隆	除草剂	1.10
霜脲氰	杀菌剂	0.95

品种	类别	销售额/亿美元
茚虫威	杀虫剂	0.85
氯嘧磺隆	除草剂	0.80
氯磺隆	除草剂	0.70
噻吩磺隆	除草剂	0.70

以上十个农药品种的销售额共为 19.75 亿美元，占杜邦公司农药总市场的 68.7%。

（4）有自己的新农药开发理念

① 具有本公司新农药开发的注重点　如先正达公司由理论指导新农药的开发，从而提升了研发水平。抗病激活剂、甲氧基丙烯酸酯类杀菌剂就是理论研究—研究实践—理论提升，开发而成的具有新理念、新结构的杀菌剂。又如各公司在新品研究开发中均有所侧重，它们根据市场需要进行研发，如先正达公司专注于杀菌剂，并在三酮类除草剂的研究上形成了特色；巴斯夫公司同样对杀菌剂的开发尤为关注；拜耳公司则在杀虫剂的品种及理论研究中有很大突破，成功开创了新烟碱类和季酮酸酯类杀虫剂；陶氏化学在化学结构上有所创新，如对吡啶类及嘧啶并三唑类除草剂的开发。

② 有结合本公司需求，从方法和品种上互补有无，以推进本公司的农药研究和市场。

a. 互通有无　如拜耳公司在甲氧基丙烯酸酯类杀菌剂上是"空白"，而先正达则在新烟碱杀虫剂开发上与拜耳公司达成协议，使先正达公司的噻虫嗪与拜耳公司的肟菌酯成为了大宗的拳头产品。

b. 合作开发　如拜耳公司长期与日本农药公司合作，成功开发了一系列农药品种，最典型的为吡虫啉，同时对氟虫双酰胺的经销也获得成功。

c. 收购产品　拓宽自身的品种和应用领域。如富美实公司（FMC）最近收购了日本石原产业公司的双酰胺类杀虫剂溴环虫酰胺；巴斯夫公司收购了日本吴羽化学公司开发的叶菌唑，扩展了巴斯夫公司在谷物上的杀菌剂市场，使叶菌唑的销售额达 1.75 亿美元，很快成为用于麦类的大型品种；又如拜耳公司最近收购了吴羽化学公司的同类杀菌剂种菌唑，开发了用于水稻种子处理的杀菌剂。

7.3.3.2　作为营销策略，实现四个"品"字

四个"品"字，为上述大型公司及众多农药公司营销及开发策略，即品味、品种、品牌、品德。

四个"品"中间，品种是基本，也是企业的"重磅炸弹"。品味为企业实现持续发展的关键，为了保持品味，保持企业特色，就必须进行新农药开发，这些新品种不仅保持公司特色，而且更优于以前的品种。品牌可谓是企业的看家本钱，也是其能否成功的关键点。一个企业要有发展，创建自身品牌是必不可少的。而品德则体现出企业的营销信任度，使企业健康发展，不断成长。

上述几个超级大型公司的特点，也是我国农药企业应该思考或实施的方向。

7.3.4　全球农药市场发展的特点和趋势

几十年来，全球农药市场发展波澜起伏，从 1994 年的 278 亿美元，至 2014 年两个十年

内达到 566 亿美元,整整翻了一番。总而言之,全球农药的发展主要呈现了十大特点。

7.3.4.1 农药的安全问题成为重点

农药品种和应用向更有效、更健康的方向发展,农药向更高效、更环保的方向发展。长年来,人们以高效、低毒的农药品种为首选;现今,则以药剂对环境的安全为首要条件,包括药剂自身及对生产者、使用者及环境的要求。几十年来,不少药剂因毒性、残留、对环境安全性等问题,一批一批相继被禁限使用:引起水俣病的有机汞类;高毒的无机砷化合物;有机磷类杀虫剂对硫磷、甲基对硫磷、甲胺磷、磷胺、久效磷;因严重残留引起环境污染的六六六、滴滴涕等有机氯类杀虫剂;具有三致危险的 2,4,5-涕、杀虫脒、灭蚁灵等以及对环境有严重不良影响的磷化铝、溴甲烷等。同时,它们被一批结构和作用机制新颖、与环境相容性好的超高效药剂而取代,如新烟碱类杀虫剂、双酰胺类杀虫剂,甲氧基丙烯酸酯类杀菌剂、琥珀酸脱氢酶抑制剂类杀菌剂,原卟啉原氧化酶(PPO)抑制剂类除草剂、对羟苯基丙酮酸双氧化酶(HPPD)抑制剂类除草剂等。这些农药品种现已成为当今世界农药的主角。

7.3.4.2 除草剂在全球农药市场独占鳌头

长年来,除草剂一直鳌居各类农药首位,草甘膦等几个大型除草剂品种对全球农药起着举足轻重的作用。20 世纪 60 年代前,三大类农药中杀菌剂市场位列第一位,杀虫剂位列二;至 20 世纪 70 年代,杀虫剂市场上升为第一位,除草剂上升至第二位;但从 20 世纪 80 年代起,除草剂一直雄踞三大类农药之首,并一直保持在 45% 左右,长年不衰。在 1960 年,除草剂占世界农药市场的 20%;1970 年占 35%;1980 年占 41%;1990 年占 44%;从 20 世纪 90 年代起,占全球市场的 46%~50%。不仅是销售额,若以上亿美元的品种论,除草剂所占比例亦在 45% 左右。

7.3.4.3 转基因作物的问世推进了全球农药的发展

自 1996 年抗草甘膦转基因作物问世后,全球农药市场发生了极大的变化,特别是除草剂,尤其是草甘膦。抗草甘膦转基因作物的成功研制,使草甘膦成为全球销售市场最大的除草剂品种,也是农药品种。抗草甘膦转基因大豆的诞生,使氰胺公司主要用于大豆的咪唑啉酮类除草剂遭受"灭顶之灾",导致氰胺公司不得不退出农药市场,公司被迫转让给巴斯夫公司。

同时,一大批抗除草剂的转基因作物也应运而生,出现了抗除草剂的甜菜、苜蓿、小麦、花生、烟草、马铃薯、向日葵、番茄、洋葱、胡萝卜、南瓜、番木瓜、葡萄、水稻、甘蓝、油菜、大麦等众多作物,涉及的面越来越广。

7.3.4.4 非选择性除草剂发展十分迅速

免耕法、少耕法等耕种制度的改变,以及抗除草剂转基因作物的发展,促进了非选择性除草剂的发展。仅草甘膦、草铵膦、百草枯、敌草快及环嗪酮五个非选择性除草剂,2014年的市场达 74.80 亿美元,占该年整个除草剂市场的 31%。

7.3.4.5 全球农药市场重心由北美向拉美和亚洲转移

几十年来,北美地区一直高居世界农药市场的首位,但是通过最近十年的发展,拉美地区已超过其他地区,跃为全球首位,亚洲位列第二位,欧洲居第三位。

7.3.4.6 几家超级大型公司成为世界农药市场的主宰者

通过各大公司不断地收购、兼并,使一些公司的规模越来越大。如先正达公司由汽巴嘉基、捷利康公司合并,成为了全球第一大农药公司;拜耳公司通过并入安万特公司而位列世界第二大农药公司；巴斯夫经收购氰胺公司排世界第三位；而最近，陶氏化学与杜邦公司联合，从而跻身前三，排于拜耳公司之后；另外，原列为第二集团的富美实公司通过收购科麦农公司而跻身前六。

在 2014 年，原排位前六位的先正达、拜耳、巴斯夫、陶氏化学、孟山都和杜邦全球农药超级公司的农药市场占全球的 70% 以上。这些公司一有政策变化，就会"牵一线而动全局"，他们主宰了世界农药市场。

7.3.4.7 兼并、收购、合作成为世界农药发展的主课题

（1）国际农化公司发展趋势 自 20 世纪 80 年代以来，国际农化领域发生了很大的变化，兼并、收购、合作不仅造就了几大超级农药公司，而且推动了世界农药发展，通过表 7-51 1980～2016 年国际农药 20 强排位演变，可以清楚地看到 30 多年来国际农药公司的变化态势。

从 1980 年至 1990 年，进入前 20 位的有山道士、住友化学、三共化学、日本农药及马克西姆阿甘等公司。在此期间，帝国化学公司（ICI）将农药部门剥离后成立捷利康公司。而在 1980 年位居前 20 位的依利-礼来、斯托夫、联碳、FBC、雪夫龙公司则分别被其他公司收购而从农化领域退出。同时，在 1990 年，日本农药行业的兴起，使其进入前 20 位的公司由 1 家增加到 4 家。

从 1990 年至 2000 年，汽巴嘉基、捷利康、罗纳普朗克、赫斯特、先令、山道士、壳牌、氰胺、罗姆哈斯等公司先后消失，有的合并成规模更大的公司，如先正达、安万特公司；有的则被其他公司收购，如巴斯夫收购氰胺；同时，也使一批新的公司进入前 20 位，如纽发姆、格里芬、北兴化学、石原产业、武田药品、日产化学等，其中又新增加 3 家日本公司，使前 20 位的农药公司有约 1/3 的日本公司。

从 2000 年至 2010 年，是产生国际农化巨头的 10 年，随着 2005 年巴斯夫与安万特的并购，国际农化市场进入了"六巨头时代"。2012 年，华邦颖泰和浙江新安化工同时进入前 20 位，从此世界农化 20 强有了中国公司的身影。

表 7-51　国际农药 20 强企业变化情况统计

排名	1980	1990	2000	2010	2012	2015	2016
1	拜耳	汽巴嘉基	先正达	先正达	先正达	先正达	先正达
2	汽巴嘉基	捷利康	孟山都	拜耳	拜耳	拜耳	拜耳
3	壳牌	拜耳	安万特	巴斯夫	巴斯夫	巴斯夫	巴斯夫
4	孟山都	罗纳普朗克	巴斯夫	陶氏	陶氏	陶氏	陶氏
5	罗纳普朗克	杜邦	陶氏	孟山都	孟山都	孟山都	孟山都
6	帝国化学	陶氏	拜耳	杜邦	杜邦	杜邦	安道麦
7	巴斯夫	孟山都	杜邦	马克西姆阿甘	马克西姆阿甘	安道麦	杜邦
8	赫斯特	赫斯特	住友化学	纽发姆	纽发姆	富美实	富美实
9	依利-礼来	巴斯夫	马克西姆阿甘	住友	住友	联合磷化	纽发姆
10	杜邦	先令	富美实	富美实	富美实	纽发姆	联合磷化
11	斯托夫	山道士	罗姆哈斯	爱利思达	联合磷化	住友	住友
12	陶氏	壳牌	纽发姆	联合磷化	爱利思达	爱利思达	爱利思达

续表

排名	1980	1990	2000	2010	2012	2015	2016
13	联碳	氰胺	格里芬	科麦农	科麦农	华邦颖泰	阿宝（Albaugh）
14	氰胺	住友化学	组合化学	日本石原	组合化学	新安化工	红太阳
15	富美实	晶美实	三共化学	组合化学	日本石原	红太阳	组合化学
16	罗姆哈斯	罗姆哈斯	北兴化学	日本三井	华邦颖泰	组合化学	Gowan
17	组合化学	组合化学	石原产业	日本曹达	日本曹达	江苏扬农	世科姆
18	FBC	三共化学	武田药品	通用化学	日本三井	世科姆	日产
19	先令	日本农药	日产化学	日本农药	新安化工	三井化学	日本石原
20	雪夫龙	马克西姆阿甘	日本农药	世科姆	日产化学	日本石原	新安化工

（2）世纪大并购　2014年美国孟山都公司打响兼并第一枪，第一次提出以340亿美元收购瑞士先正达，虽然连续三次未果，但是由于孟山都发起的这场收购案，在国际农化市场掀起了一轮全球性、跨领域、深层次的格局重构，催生出一连串的种业农化"世纪大并购"。2016年陶氏化学与杜邦实现两强合并，2017年中国化工收购先正达，2018年拜耳收购孟山都。与此同时，巴斯夫利用大型公司为实现并购，不得不对一些涉嫌垄断的领域或产品进行剥离的机会实现了互补性的收购。这一轮的"世纪并购"，合并的不仅仅是种业，还包括农化业务和植物保护，可以说是种子业务与农化业务的全面组合。由此可见，这是一场力图在农业投入品端构建整体竞争优势的革命。不仅仅是要素组合发生变革，品牌和运营模式都将发生重大变化。在全球范围内，已经凸显种业"强者更强"的格局，已经完成由分散向集中的飞跃。即便如此，一家巨头也很难真正做到百分百"赢家通吃"。存在突出优势，就一定会存在潜藏劣势，可能是在区域布局、业务模式、产品组合、技术储备或者管理运营，抑或其他方面。面对庞大的、差异化巨大的全球市场，巨头之间脱离不开竞合关系。

①陶氏化学与杜邦合并　陶氏化学与杜邦公司于2017年8月成功完成对等合并。合并后的实体为一家控股公司，名称为"陶氏杜邦"，为种子业务创造了一个新品牌，公司拥有三大业务部门：农业、材料科学、特种产品。按照两家公司的市值，合并后的"陶氏杜邦"市值超1500亿美元，超过原化工行业市值最大的德国巴斯夫公司（BASF），成为化工企业中新的全球老大。

②中国化工收购先正达　2017年6月，中国化工集团完成了对先正达的收购，交易总价已接近440亿美元，成为中国史上最大的海外收购项目之一。中国化工与先正达具有很强的互补性，中国化工保留了先正达的品牌，体现对其价值的认可；先正达是全球最具实力的专利药生产商，通过收购先正达，中国化工拥有了一个完整的农药产业链；此外，先正达的种子业务可以弥补中国化工的空白，也符合世界农化与种子结合的潮流。

③拜耳收购孟山都　拜耳是一家超大的全球化公司，拥有人体生命健康类产品业务、农化业务及小部分种子业务，此外还拥有动物保护业务，在欧洲的实力非常强。孟山都则有非常大的种子业务以及小部分农化业务，在美国更加强大。这两家公司过去在交叉重叠领域存在一定竞争，但是差异化优势明显，通过合并，双方可集中各自优势，弥补短处，实现更大更广的产品组合，为用户提供整合的解决方案，成为一个更加全球化的公司。合并后拜耳的种子业务可能会形成德国和美国（圣路易斯）两个总部，孟山都作为公司品牌不再使用，

但是具体产品的品牌仍将供应。

④ 巴斯夫收购拜耳部分业务 2017 年 10 月，巴斯夫签署协议收购拜耳种子和非选择性除草剂业务的重要部分，这部分业务是拜耳计划收购孟山都的框架下拜耳有意剥离的资产。全部现金收购价格为 59 亿欧元。本次收购和巴斯夫现有作物保护业务形成互补，增强了公司的除草剂产品组合，并使巴斯夫通过关键农业市场的专利资产进入到种子业务。

"世纪并购"尘埃落定之时，优劣争议不断。但是，从科学技术推动产业变革的角度来看，这是一次使农化（种业）企业面向未来，推动技术迭代、集成与转化的变革。

7.3.4.8 农药创新越来越成为农药开发与发展的主线

当今世界农药的快速发展，得益于新农药的不断开发，使农药品种不断推陈出新，一些高毒、高残留、高抗性和对环境有不良影响的农药品种被禁止和限制使用，而对现有上市品种，一旦发现对环境有影响，就会立即进行调查并予以禁限。如新烟碱类杀虫剂，由于对蜜蜂的毒性问题，欧盟暂禁用三年，进行深入调查再决定此类杀虫剂能否使用。同时，不少公司进行新的替代药剂的开发，如拜耳公司开发的新烟碱类杀虫剂氟吡呋喃酮（flupyradifu-rone），据报道由于其对蜜蜂安全，拟作为吡虫啉的替代药剂。

目前，全球农药公司平均每年投入销售额的 7%～8%，作为开发新农药的研发费用，而新的作用机制和结构的新农药源源而生。一些具有新颖结构或作用机制的新农药品种和系列已成为当今农药市场的主体，如甲氧基丙烯酸酯类杀菌剂、琥珀酸脱氢酶抑制剂（SDHI）类杀菌剂、具双酰胺结构的鱼尼汀受体作用剂类杀虫剂、季螺酮酸类杀虫剂、原卟啉原氧化酶（PPO）抑制剂类除草剂、对羟苯基丙酮酸双氧化酶（HPPD）抑制剂类除草剂等。

7.3.4.9 非农用途农药越来越受到关注

农药不仅是农业生产中不可或缺的重要生产资料，同时，也是人类生活及工业生产、交通运输、保健防疫等多方面的重要物资。而今，农药不仅已在农作物、果园、观赏植物、橡胶园广泛应用，同时还在家庭卫生和环境上应用，包括庭院、草坪、公园、绿地、球场、宠物、畜牧业等；农药也被应用于工业、工业品及设备上；在交通、道路、水库、餐饮场所、医疗环境、交通工具上也离不开农药；在林、渔业上，包括苗圃、森林、护林也大量应用农药；在食品、医药品、饲料、中草药、化妆品、洗涤剂、皮革、电器电缆、工艺品、文物、档案、家具、木材、纸张中农药等也得以应用。由此，使农药的非作物保护用途得以稳定发展。表 7-52 为近十余年来全球作物保护用及非作物保护用农药市场。

表 7-52 近十余年来全球作物保护用及非作物保护用农药市场　　单位：亿美元

年份	作物保护用农药市场	非作物保护用农药市场（同比增长率）
2001	257.10	41.3
2002	251.50 ↓	42.70 ↑ （3.39%）
2003	267.10 ↑	44.45 ↑ （4.10%）
2004	307.25 ↑	46.75 ↑ （5.14%）
2005	311.90 ↑	49.05 ↑ （4.92%）
2006	304.25 ↓	51.50 ↑ （5.00%）
2007	333.90 ↑	53.65 ↑ （4.18%）
2008	404.75 ↑	56.55 ↑ （5.41%）

年份	作物保护用农药市场	非作物保护用农药市场（同比增长率）
2009	378.60↓	58.60↑（5.66%）
2010	382.00↑	60.55↑（3.33%）
2011	440.15↑	62.92↑（3.77%）
2012	473.60↑	63.72↑（1.28%）
2013	526.15↑	64.95↑（1.95%）
2014	566.55↑	65.57↑（0.96%）
2015	512.10↓	63.22↓（−3.58%）
2016	499.20↓	65.32↑（3.32%）

注：表中↑、↓为与上年比较，↑为上升，↓为下降。

由表 7-52 可见，全球作物保护用农药市场有升有降，而非作物保护用农药市场十余年来则都呈现稳定发展趋向。现今，农药的非作物保护用途越来越受到人们的关注。

7.3.4.10 农药剂型研究成为农药开发的关键点

"一个农药的成功，一半在于剂型"。尤其在现今药剂的活性越来越高，要使药剂充分发挥作用，剂型的加工越来越重要。

当今剂型研发的主要方向为：一是尽快替代对环境有不良影响的甲苯、二甲苯及高极性溶剂，同时，替代同样对环境有不良作用的辛基类表面活性剂；二是开发与环境相容性高的水基型的制剂和水分散粒剂等新型环保制剂；三是鉴于新开发的农药活性越来越高，故现今制剂中有效成分浓度往往为 25%～30%，这样可留有充分的余地，能加入各种助剂以充分发挥药剂的作用。

以上为当今世界农药市场及其发展的十大特点，除此之外，对于农药作用机制的研究，对于有害生物抗药性发生的防御，以及农药施用器械的开发，这些均成为人们对当今农药研发的关注点。

7.4 全球农药贸易主要品种

2016 年，全球作物用农药销售额为 499.20 亿美元，同比下降 2.5%；非作物用农药的销售额为 65.32 亿美元，同比增长 3.3%。全球包括作物和非作物用农药在内的总销售额为 564.52 亿美元，同比下降 1.9%。2016 年，在全球包括作物用和非作物用农药在内的市场中，除草剂、杀虫剂和杀菌剂所占的份额分别为 40.9%、29.2% 和 27.0%。在作物用农药市场中，除草剂占 41.8%，杀虫剂占 28.0%，杀菌剂占 27.2%，其他占 3.0%。除草剂的市场份额遥遥领先。

7.4.1 主要除草剂品种

2016 年，全球前十五大除草剂包括：草甘膦、草铵膦、硝磺草酮、百草枯、异丙甲草胺、2,4-滴、莠去津、乙草胺、唑啉草酯、二甲戊灵、丙炔氟草胺、异噁草松、麦草畏、烯草酮、氨氯吡啶酸。它们的总销售额为 106.68 亿美元，占全球除草剂市场的 46.2%。

7.4.1.1 草甘膦

草甘膦（glyphosate），又称镇草宁、农达，是由美国孟山都公司在20世纪70年代开发的一种氨基酸类非选择性除草剂，对多年生根杂草非常有效，主要抑制植物体内的烯醇丙酮基莽草素磷酸合成酶，使蛋白质合成受到干扰，导致植物死亡。

草甘膦是全球最大的除草剂品种，占据除草剂市场份额的30%左右，登记国家有中国、美国、加拿大、日本等100多个国家。草甘膦因具有广谱、高效、低残留等优异性能，广泛应用于非耕地除草，如果园、茶园、桑树园、橡胶园，以及玉米、高粱的行间除草等。近年来随着草甘膦转基因技术的发展，草甘膦大量用于耐草甘膦转基因作物的除草，如转基因大豆、玉米、棉花、油菜等。

2011年草甘膦的销售额达41.9亿美元，占全球除草剂市场的19.33%，占世界农药市场的8.33%；2012年草甘膦全球市场销售额达45.8亿美元，占全球除草剂市场的19.76%，占世界农药市场的8.51%。草甘膦在2011～2016年的复合年增长率为1.0%，呈缓慢上升趋势，2016年销售额达到44.08亿美元。

中国是草甘膦最大的生产和出口国，与美国孟山都公司一起贡献了全球90%以上的草甘膦产量。其中，2012年，中国草甘膦产量39.6万吨，出口39万吨，出口金额14.3亿美元；2013年，中国草甘膦产量50.9万吨，出口60.8万吨，出口金额24.0亿美元；2014年，中国草甘膦产量49.2万吨，出口61.6万吨，出口金额21.0亿美元；2015年，中国草甘膦产量41.5万吨，出口52.6万吨，出口金额12.7亿美元。中国草甘膦生产和出口的主要企业有浙江新安化工集团股份有限公司、江苏扬农化工股份有限公司、江苏省南通江山农药化工股份有限公司、安徽沙隆达生物科技有限公司等。

7.4.1.2 百草枯

百草枯（paraquat），又名对草快、克芜踪，是一种联吡啶类非选择性除草剂。1962年，ICI（现先正达）公司将百草枯投放市场。其作用方式为联吡啶阳离子迅速被植物叶子吸收后，在绿色组织中通过光合作用和呼吸作用被还原成联吡啶游离基，又经自氧化作用使叶组织中的水和氧形成过氧化氢和过氧游离基，破坏叶绿体层膜，使光合作用和叶绿素合成中止，促使植物叶子干枯。百草枯一经与土壤接触即被吸附钝化，对地下根茎组织和潜藏种子无杀伤作用，只能杀灭一年生杂草，对多年生杂草的地上部分有控制作用，但不能杀灭多年生杂草的地下根茎，所以无法根除。

百草枯是全球第二大除草剂品种，登记国家有中国、英国、美国、加拿大、澳大利亚、日本和新西兰等多个国家。百草枯是一种快速灭生性除草剂，具有很强的触杀作用，广泛应用于防除果园、桑园、胶园及林带的杂草，也可用于防除非耕地、田埂、路边的杂草，对于玉米、甘蔗、大豆以及苗圃等宽行作物，可采取定向喷雾防除杂草。

在2012～2014年，百草枯销售额分别为6.85亿美元、9.05亿美元、8.50亿美元，排名第二。2014年，先正达百草枯的全球销售额为6.05亿美元，同比增长8.0%，在先正达公司最畅销产品排行榜中位居第五。在2015年全球销售额前15位的除草剂中，百草枯排名第二，销售额为6.95亿美元。2016年销售额为6.10亿美元。百草枯在2011～2016年的复合年增长率为-1.0%，呈缓慢下降趋势。

我国是百草枯生产大国和出口大国。根据2012～2015年全国主要农药品种产量统计数据，百草枯的产量分别为4.0万吨、6.2万吨、5.5万吨、5.4万吨。2012年百草枯产量

4.0 万吨，出口 15.9 万吨，出口金额 3.3 亿美元；2013 年百草枯产量为 6.2 万吨，出口 16.2 万吨，出口金额 4.5 亿美元；2014 年百草枯产量为 5.5 万吨，出口 14.78 万吨，出口金额为 5.27 亿美元；2015 年百草枯产量为 5.4 万吨，出口 18.14 万吨，出口金额 4.43 亿美元。中国百草枯生产的主要企业有江苏南京红太阳股份有限公司、江苏南京高正农用化工有限公司、山东绿霸化工股份有限公司等。

7.4.1.3　2,4-滴

2,4-滴（2,4-D），别称 2,4-二氯苯氧基乙酸，是苯氧羧酸酯类除草剂，选择性强，有内吸传导作用。1942 年，2,4-滴的发现在除草剂发展中开创了新纪元。1945 年，纽发姆、陶氏益农将其投放到市场上。它不仅除草效果好，除草谱广，而且对单双子叶植物有显著的选择性。

2,4-滴登记国家有中国、美国、欧盟各国、巴西、阿根廷、加拿大等多个国家。2,4-滴是北美使用的第三大除草剂，也是全球使用最广泛的除草剂，被广泛用于商业草坪、谷类作物、牧场和果园的杂草防治，现在超过 1500 种除草剂产品含有 2,4-滴这种活性成分。

在 2012～2014 年除草剂全球销售情况中，2,4-滴销售额分别为 6.4 亿美元、7.2 亿美元、6.8 亿美元，排名第三。2015 年全球销售额前 15 位的除草剂中，2,4-滴排名第四，销售额为 6.05 亿美元。2016 年全球销售额达到 5.85 亿美元。2,4-滴在 2011～2016 年的复合年增长率为 0.2%，基本保持稳定。

我国是 2,4-滴的主要生产国和出口国。2012 年，我国 2,4-滴产量为 3.3 万吨，出口 4.7 万吨，出口金额为 1.5 亿美元；2013 年 2,4-滴产量为 4.1 万吨，出口 3.7 万吨，出口金额 1.5 亿美元；2014 年 2,4-滴产量为 2.5 万吨，出口 2.88 万吨，出口金额 0.78 亿美元；2015 年 2,4-滴产量为 2.8 万吨，出口 3.27 万吨，出口金额 0.81 亿美元。中国 2,4-滴生产企业有常州永泰丰化工有限公司、山东潍坊润丰有限公司、上海亚泰农资有限公司、江苏辉丰农化股份有限公司等。

7.4.1.4　异丙甲草胺

异丙甲草胺（metolachlor），又称都尔，是由先正达公司在 1975 年推向市场的一种乙酰胺类除草剂。主要通过幼芽吸收，向上传导，抑制幼芽与根的生长。作用机制为主要抑制发芽种子的蛋白质合成，其次抑制胆碱渗入磷脂，干扰卵磷脂形成。由于禾本科杂草幼芽吸收异丙甲草胺的能力比阔叶杂草强，因而该药防除禾本科杂草的效果远远好于阔叶杂草。

异丙甲草胺是目前除草剂的主要品种，登记国家有中国、欧盟各国、美国、加拿大、澳大利亚等多个国家。异丙甲草胺具有杀草谱广、适用作物多、高效等优点，是世界销售额前十位的农药品种之一。可供旱地作物、蔬菜作物和果园、苗圃使用，可防除牛筋草、马唐、狗尾草、棉草等一年生禾本科杂草，以及苋菜、马齿苋等阔叶杂草和碎米莎草、油莎草。

长期以来，异丙甲草胺的全球销售额呈增长之势。2003 年全球销售额为 2.95 亿美元，2005 年 3.70 亿美元，2007 年 4.25 亿美元，2009 年 4.75 亿美元，2010 年 4.90 亿美元，2011 年 5.50 亿美元。2005、2007、2009 和 2011 年的两年增长率分别达 25.42%、14.86%、11.76% 和 15.79%。在 2012～2014 年除草剂全球销售情况中，异丙甲草胺的销售额分别为 6.05 亿美元、6.35 亿美元、5.85 亿美元，排名第五。2015 年全球销售额前 15 位的除草剂中，销售额为 5.6 亿美元，排名第七。2016 年的全球销售额为 5.90 亿美元，仍排在除草剂的第 5 位。2003～2013 年的 10 年间，异丙甲草胺销售额增长较快，其复合年增长率达到 7.97%。在 2011～2016 年期间，异丙甲草胺增长放缓，其复合年增长率为 1.4%。

我国是异丙甲草胺的主要生产国和出口国。2012 年中国异丙甲草胺的产量为 1.7 万吨，2013 年产量为 2.4 万吨，2014 年产量为 1.7 万吨，2015 年产量为 2.4 万吨。中国生产异丙甲草胺的公司有杭州上虞颖泰精细化工有限公司、杭州颖泰生物科技有限公司、江苏长青农化股份有限公司、江苏优士化学有限公司等。

7.4.1.5　硝磺草酮

硝磺草酮（mesotrione），又名甲基磺草酮、米斯通，是先正达公司于 2001 年开发上市的一种三酮类除草剂，抑制杂草体内羟基苯基丙酮酸酯双氧化酶（HPPD）的活性，是一种广谱的芽前和苗后选择性除草剂，可有效防治主要的阔叶草和一些禾本科杂草。

硝磺草酮登记国家有美国、中国、欧盟各国、加拿大等多个国家。由于硝磺草酮具有杀草谱广、活性高、用量少、环境相容性好、对哺乳动物和水生生物毒性低、对玉米十分安全和对后茬轮作作物无药害等优点，其在全球销售额一直呈逐年增长之势。2001 年登记和上市后，2002 年即已达到上亿美元，2009 年为 4.42 亿美元，2010 年 4.65 亿美元，2011 年 5.35 亿美元，2012 年 6.2 亿美元，2013 年 6.60 亿美元，2014 年全球销售额达 6.7 亿美元，成为全球第四大除草剂、玉米田第一大除草剂。硝磺草酮 2015 年全球销售额为 6.1 亿美元，2016 年全球销售额达到 6.5 亿美元，连续两年排名除草剂第三，在 2011～2016 年的复合年增长率为 4.0%。

在我国硝磺草酮制剂产品的主要市场集中在玉米上。2012 年，硝磺草酮在中国的行政保护期满，国内登记和上市硝磺草酮产品的公司蜂拥而至，形成了庞大的竞争团队，使硝磺草酮的竞争氛围升级。硝磺草酮在国内的生产企业有江苏常隆农化有限公司、先正达（苏州）作物保护有限公司、山东兴禾作物科学技术有限公司等。

7.4.1.6　乙草胺

乙草胺（acetochlor）是一种广泛应用的除草剂，由美国孟山都公司于 1971 年开发成功，是目前世界上最重要的除草剂品种之一，也是目前我国使用量最大的除草剂之一。乙草胺属芽前除草剂，可防除一年生禾本科杂草和某些一年生阔叶杂草，适用于玉米、棉花、豆类、花生、马铃薯、油菜、大蒜、烟草、向日葵、蓖麻、大葱等作物。

在全球除草剂市场上，乙草胺属大宗品种。登记的国家有中国、美国、澳大利亚、西班牙等多个国家。随着转基因作物种植面积的增加，草甘膦使用量的不断增长，国外乙草胺的使用量在缓慢减少。孟山都公司推出乙草胺时，由于被怀疑有致癌的危害性，美国环保局担心乙草胺会通过地下水进入饮水系统，迟迟未被予以登记。但由于乙草胺比同样有致癌性存疑的甲草胺防效高，1994 年美国环保局有条件地允许乙草胺进入市场。乙草胺进入市场后，销售额增加非常迅速，1994 年处理面积仅占全美 7%，1995 年迅速增加到 18%，1996 年又蹿升到 22%。之后由于草甘膦的崛起，乙草胺的使用量逐年减少，2002 年美国乙草胺的使用量在 1.3 万吨左右，2002 年全球乙草胺的销售额为 3.04 亿美元。2016 年全球销售额为 4.20 亿美元。乙草胺在 2011～2016 年的全球复合年增长率为 -4.5%，呈不断下降趋势。

乙草胺是我国除草剂使用量最大的品种之一。其中，2014 年，我国乙草胺产量 5.9 万吨；2015 年，乙草胺产量 4.4 万吨。中国乙草胺生产和出口的主要企业有大连瑞泽农药股份有限公司、内蒙古宏裕农药股份有限公司，江苏常隆化工有限公司、江苏绿利来股份有限公司、杭州庆丰农化有限公司的产量，山东胜邦绿野化学有限公司、南通江山农药化工股份有限公司等。

7.4.1.7　草铵膦

草铵膦（glufosinate-ammonium）由赫斯特公司于 20 世纪 80 年代开发成功（后归属于拜耳公司），属广谱触杀型除草剂，内吸作用不强。与草甘膦杀根不同，草铵膦先杀叶，通过植物蒸腾作用可以在植物木质部进行传导，其速效性间于百草枯和草甘膦之间。可用于果园、葡萄园、非耕地、马铃薯田等防治一年生和多年生双了叶杂草，如鼠尾看麦娘、马唐、稗、野生大麦、多花黑麦草、狗尾草、金狗尾草、野小麦、野玉米，以及多年生禾本科杂草和莎草，如鸭芽、曲芒发草、羊茅等。

目前登记的国家有中国、美国、日本等多个国家。抗草铵膦转基因作物的发展，促进了草铵膦的市场发展，使之成为销售额上亿美元的大型除草剂品种。草铵膦 2011～2014 年的全球市场销售额分别为 3.95 亿美元、4.20 亿美元、5.10 亿美元和 5.60 亿美元。草铵膦在 2011～2016 年的复合年增长率为 10.8%，呈高速增长趋势，2016 年销售额达到 6.60 亿美元。

近年来，草铵膦在我国的市场增长较快。2013 年，草铵膦产量 0.1 万吨；2014 年，草甘膦产量 0.2 万吨，出口 0.26 万吨，出口金额 0.52 亿美元；2015 年，草甘膦产量 0.1 万吨，出口 0.41 万吨，出口金额 0.79 亿美元。中国草铵膦的主要生产企业有浙江永农化工有限公司、河北威远生物化工股份有限公司、浙江升华拜克生物股份有限公司、石家庄市龙汇精细化工有限责任公司等。

7.4.1.8　莠去津

莠去津（atrazine）又名阿特拉津，是内吸选择性苗前、苗后封闭除草剂。它的杀草谱较广，可防除多种一年生禾本科和阔叶杂草。适用于玉米、高粱、甘蔗、果树、苗圃、林地等旱田作物防除马唐、稗草、狗尾草、莎草、看麦娘、蓼、藜、十字花科、豆科杂草，尤其对玉米有较好的选择性（因玉米体内有解毒机制），对某些多年生杂草也有一定抑制作用。

莠去津登记的国家有美国、中国、英国、澳大利亚等多个国家。莠去津由于使用较为安全、活性较高，目前已在全球范围内大量使用，被用于多种农作物的杂草防治。2012 年，莠去津全球销售额为 4.6 亿美元，2014 年，全球市场销售额为 5.5 亿美元。莠去津在 2011～2016 年的复合年增长率为 8.6%，由于复配制剂和桶混使用增加，带动了较快增长，2016 年全球销售额达到 5.6 亿美元。

中国是莠去津主要生产国和出口国之一。2012 年，中国莠去津产量 8.9 万吨，出口 5.3 万吨，出口金额 1.9 亿美元；2013 年，莠去津产量 13.7 万吨，出口 5.1 万吨，出口金额 2.0 亿美元；2014 年，莠去津产量 12.5 万吨，出口 4.8 万吨，出口金额 1.73 亿美元；2015 年，莠去津产量 10.5 万吨，出口 4.08 万吨，出口金额 1.2 亿美元。国内生产企业有江苏绿利来股份有限公司、江苏省无锡瑞泽农药有限公司、江苏省南京第一农药厂等。

7.4.1.9　唑啉草酯

唑啉草酯（pinoxaden），又称爱秀、大能、Axial 等，是由先正达公司在 20 世纪末开发的一种苯基吡唑啉类选择性除草剂，对一年生禾本科杂草非常有效，主要抑制脂肪酸合成，使细胞生长分裂停止，细胞膜含脂结构被破坏，从而导致杂草死亡。

唑啉草酯在世界前十大除草剂中排行第九，它是全球第一梯队除草剂中唯一的"05 后"上市产品，在先正达十大畅销产品中，唑啉草酯排名第七，而且是这十大产品中唯一专利保护期内的产品；在包括小麦和大麦等在内的谷物田除草剂中，唑啉草酯高居榜首。

唑啉草酯登记的国家有英国、美国、加拿大、法国、韩国等。唑啉草酯因具有活性高、起效快、对作物安全、耐雨水冲刷、对环境影响小等优异性能，广泛适用于春季谷物，它对小麦和大麦田野燕麦、黑麦草、硬草、茵草、看麦娘、日本看麦娘和狗尾草等防效优异。

唑啉草酯自 2006 年上市以来，其销售额迅速增长。2007 年，其全球销售额就超过 1 亿美元，达到 1.10 亿美元，2009 年为 2.02 亿美元，2010 年为 2.30 亿美元，2011 年为 3.00 亿美元，2012 年为 3.60 亿美元，2013 年为 4.00 亿美元，2014 年为 4.25 亿美元。2009～2014 年间，唑啉草酯增长速度突出，其复合年增长率为 16.0％。唑啉草酯在 2011～2016 年增长速度有所放缓，其复合年增长率为 5.4％，2016 年全球销售额为 3.90 亿美元。

2009 年，瑞士先正达作物保护有限公司在我国临时登记了 95％唑啉草酯原药和 5％唑啉·炔草酯乳油，2010 年，这两个产品均在我国获准正式登记。2010 年，5％唑啉草酯乳油获得临时登记，2013 年，该产品在我国获准正式登记。

7.4.1.10　二甲戊灵

二甲戊灵（pendimethalin），又称二甲戊乐灵、施田补、除草通、除芽通、胺硝草、杀草通、菜草通等，是由美国氰胺公司（现归属巴斯夫公司）1976 年开发的一种苯胺类选择性土壤封闭除草剂，对一年生禾本科杂草和部分阔叶杂草效果显著，主要抑制植物分生组织细胞分裂。

二甲戊灵登记国家有美国、中国、日本等多个国家，在全球 50 多种作物上获得登记。二甲戊灵因广谱、适用范围广、作物安全性好、毒性低等优异性能，广泛应用于玉米、大豆、花生、棉花、直播旱稻、马铃薯、烟草、蔬菜等多种作物田除草。近年来，由于二甲戊灵的发展，可与多种除草剂混配，如乙草胺、甲氧咪草烟、氟吡酰草胺、异丙隆、绿麦隆、阿特拉津、莠去津、利谷隆、灭草喹、草不绿等，扩大杀草谱，提高杀草效果。

二甲戊灵由于应用十分广泛，是世界上销售量较大的旱田选择性除草剂品种，高峰时曾占据除草剂市场份额的 15.5％左右。二甲戊灵除草剂全球销售额 2003 年为 2.25 亿美元，2005 年 2.75 亿美元，2007 年 2.85 亿美元，2009 年 2.80 亿美元，2010 年 3.20 亿美元，2011 年 3.40 亿美元，2015 年销售额为 3.8 亿美元，2016 年销售额为 55 亿美元。二甲戊灵在 2011～2016 年复合年增长率为 0.9％，基本保持稳定。

中国是二甲戊灵重要生产和贸易国之一。2013 年，中国进口数量 0.16 万吨，金额 0.12 亿美元；2014 年，二甲戊灵进口数量 0.08 万吨，金额 0.05 亿美元。中国二甲戊灵生产和出口的主要企业有辽宁省沈阳化工研究院试验厂、山东胜邦绿野化学有限公司、浙江新农化工有限公司、江苏省苏州联合伟业科技有限公司、辽宁省大连瑞泽农药股份有限公司、浙江禾本农药化学有限公司等。

7.4.1.11　氨氯吡啶酸

氨氯吡啶酸（picloram），又称毒莠定、毒秀定、氨氯吡啶酸原药、毒莠啶等，是由陶氏益农在 20 世纪 50 年代开发的吡啶羧酸类新型除草剂，可用于防治大多数双子叶杂草、灌木。主要作用于核酸代谢，并且使叶绿体结构及其他细胞器发育畸形，干扰蛋白质合成，作用于分生组织活动等，最后导致植物死亡。

氨氯吡啶酸因具有低毒，无致畸、致突变、致癌，对内分泌和生殖无副作用，并对人类低毒等特点，广泛用于防除森林、荒地等非耕地阔叶杂草（一年生及多年生）、灌木，现正被研究开发应用于油菜和禾谷类作物田防除杂草，本品及其盐可迅速地通过叶和根吸收与传导。

氨氯吡啶酸登记国家有中国、加拿大、法国、韩国等多个国家。2014 年实现销售额 1.90 亿美元，在吡啶类除草剂中位列第四；2009～2014 年的复合年增长率为 13.7%，位于增幅榜的首位。氨氯吡啶酸在 2011～2016 年的复合年增长率为 4.4%，呈稳定增长趋势，2016 年全球销售额为 2.6 亿美元。

中国是氨氯吡啶酸重要的生产和贸易国。2013 年，中国出口 0.47 万吨，出口金额 0.72 亿美元；2014 年，氨氯吡啶酸出口 0.46 万吨，出口金额 0.76 亿美元；2015 年，氨氯吡啶酸出口 0.45 万吨，出口金额 0.59 亿美元。中国氨氯吡啶酸生产和出口的主要企业有浙江升华拜克生物股份有限公司、河北万全力华化工有限责任公司、浙江永农化工有限公司、湖南阮江赤峰农化有限公司、利尔化学股份有限公司和重庆双丰化工有限公司等。

7.4.1.12 烯草酮

烯草酮（clethodim），是由住友、爱利思达公司在 20 世纪 80 年代开发的具有优良选择性的除草剂，对多种一年生和多年生杂草具有很强的杀伤作用，对双子叶植物或莎草活性很小或无活性，是一种高效安全、高选择性的乙酰辅酶 A 羧化酶（ACCase）抑制剂。

烯草酮是新型旱田苗后除草剂，具有优良的选择性。适用于大豆、油菜、棉花、花生等阔叶田防除稗草、野燕麦、狗尾草、牛筋草、硬草等禾本科杂草。施药后，能被禾本科杂草茎叶迅速吸收并传导至茎尖及分生组织，抑制分生组织的活性，破坏细胞分裂，最终导致杂草死亡。登记国家有中国、日本、英国等。

烯草酮 2003 年销售额 1.20 亿美元，2005 年 1.80 亿美元，2007 年 1.80 亿美元，2009 年达 2.05 亿美元。2012～2015 年，除草剂全球销售前 20 产品中烯草酮排名 13，销售额分别为 2.35 亿美元、2.75 亿美元、3.30 亿美元。2015 年全球销售额前 15 位除草剂中烯草酮的销售额为 3 亿美元，排名 13。烯草酮 2016 年全球销售额为 2.6 亿美元，2011～2016 年的复合年增长率为 2.5%。

我国是烯草酮重要的生产国和贸易国。2012 年，我国出口数量为 0.4 万吨，出口金额 0.7 亿美元；2013 年，出口数量为 0.9 万吨，出口金额 0.9 亿美元；2014 年，出口数量为 1.10 万吨，出口金额 0.98 亿美元；2015 年，出口数量为 1.68 万吨，出口金额 1.44 亿美元。中国烯草酮生产和出口的主要企业有爱利思达生命科学株式会社、山东先达化工有限公司、江苏省农用激素工程技术研究中心有限公司、辽宁省大连瑞泽农药股份有限公司、辽宁省大连松辽化工有限公司等。

7.4.1.13 异噁草松

异噁草松（clomazone），又称广灭灵、异恶草酮，是由富美实公司于 1986 年投放市场的一种有机杂环类选择性苗前除草剂。适用于防除大豆、花生、玉米等作物田的一年生禾本科杂草和阔叶杂草。主要通过以下途径抑制杂草的光合作用：①抑制叶绿体的形成及发育结构的完整性；②抑制光能转变为化学能的光反应；③抑制光合作用产物的生物合成。

异噁草松自 1986 年上市以来，因广谱、高效，其全球销售市场一直显示出平稳增长的发展过程。异噁草松在全球的登记作物有大豆、烟草、甘蔗、水稻、油菜、棉花、辣椒、瓜类（西瓜、黄瓜、南瓜、西葫芦）等。登记国家有美国、加拿大、中国、巴西、阿根廷、泰国等多个国家。

自异噁草松上市以来，其全球销售额不断上升，2000～2005 年 5 年间的复合年增长率达 12.5％。2005 年全球销售额为 0.9 亿美元，2009 年销售额高达 2.55 亿美元，2010 年销售额升至 2.65 亿美元，2005～2010 年 5 年间的复合年增长率为 15.3％。2014 年销售额又增至 3.60 亿美元，在 2014 年全球主要除草剂销售额中异噁草松占据第 12 位，略低于第 10 位、第 11 位的二甲戊灵（3.80 亿美元）和丙炔氟草胺（3.70 亿美元）。2009～2014 年的复合年增长率为 7.1％。在 2015 年全球销售额前 15 位除草剂中排名 12，销售额 3.1 亿美元。异噁草松在 2011～2016 年的复合年增长率为 0.3％，2016 年全球销售额为 3.00 亿美元。

我国是异噁草松的主要生产国，早在 20 世纪 90 年代，国内许多企业已有异噁草松生产。2013 年，出口数量为 0.44 万吨，出口金额为 0.39 亿美元；2014 年，出口数量为 0.61 万吨，出口金额为 0.55 亿美元。我国生产异噁草松的企业有山东先达农化股份有限公司、江苏联化科技有限公司、江苏宝众宝达药业有限公司、沧州科润化工有限公司等。

7.4.2 主要杀虫剂品种

2016 年，全球领先的十五大杀虫剂包括：氯虫苯甲酰胺、噻虫嗪、吡虫啉、毒死蜱、高效氯氟氰菊酯、氟虫腈、乙酰甲胺磷、氟苯虫酰胺、阿维菌素、噻虫胺、溴氰菊酯、氯氰菊酯、多杀霉素、联苯菊酯、啶虫脒。它们的总销售额为 83.98 亿美元，占全球杀虫剂市场的 51.0％。

7.4.2.1 噻虫嗪

噻虫嗪（thiamethoxam），又称阿克泰，是 1991 年由诺华公司（现属先正达公司）开发的第二代烟碱类高效低毒杀虫剂，其作用机理与吡虫啉相似，可选择性抑制昆虫中枢神经系统烟酸乙酰胆碱酯酶受体，进而阻断昆虫中枢神经系统的正常传导，造成害虫出现麻痹而死亡。

噻虫嗪具有更好的安全性、更广的杀虫谱，作用速度快、持效期长，同时还有一个其他杀虫剂无法比拟的优势，它可以激活植物抗逆性蛋白，使作物茎秆和根系更加健壮，使植株健壮生长。噻虫嗪被广泛应用于菠菜、大豆、番茄、甘蓝、甘蔗、花生、黄瓜、节瓜、韭菜、辣椒、马铃薯、棉花、苹果、葡萄、茄子、芹菜、人参、水稻、西瓜、向日葵、小白菜、小麦、小青菜苗床、烟草、油菜、玉米、苹果树、柑橘树、茶树、观赏菊花、观赏玫瑰、花卉、草坪、室内、卫生的害虫防治。

噻虫嗪作为近年来在杀虫剂市场增长最快的品种之一，于 2011 年以 0.50 亿美元的优势实现了对吡虫啉的反超，成为当年全球第一大杀虫剂。2011～2016 年复合增长率为 −0.2％，基本保持稳定，2016 年全球销售额 10.60 亿美元，是三大销售额超过 10 亿美元的杀虫剂品种之一。

我国噻虫嗪以进口为主，是进口额前 30 位的农药品种之一。2012 年，噻虫嗪进口（商品量）0.02 万吨，进口金额 0.18 亿美元；2013 年，噻虫嗪进口（商品量）0.05 万吨，进口金额 0.21 亿美元；2014 年，噻虫嗪进口（商品量）0.05 万吨，进口金额 0.24 亿美元；2015 年，噻虫嗪进口（商品量）0.06 万吨，进口金额 0.26 亿美元。中国噻虫嗪主要生产企业有江苏辉丰农化股份有限公司、先正达（苏州）作物保护有限公司、山东潍坊润丰化工股份有限公司、河北中天邦正生物科技股份公司等。

7.4.2.2 吡虫啉

吡虫啉（imidacloprid），又称咪蚜胺、蚜虱净、扑虱蚜、比丹，是由德国拜耳公司和日本特殊农药公司在 20 世纪 80 年代共同开发成功的一种硝基亚甲基类内吸杀虫剂，该药在昆虫体内的作用点是昆虫烟酸乙酰胆碱酯酶受体，从而干扰害虫运动神经系统，导致昆虫死亡，这与传统杀虫剂作用机制完全不同，因此无交互抗性。

吡虫啉的登记国家有美国、法国、德国、中国、日本、印度和阿根廷等多个国家，吡虫啉因具有广谱、高效、内吸、持效期长等特点，广泛应用于水稻、棉花、小麦、玉米、豆类、蔬菜、果树、甘蔗、茶叶、烟草等作物，有效防治刺吸式口器害虫，如蚜虫、叶蝉、飞虱、蓟马、粉虱及其抗性品系，对鞘翅目、双翅目和鳞翅目也有效，但对线虫和红蜘蛛无活性。

吡虫啉自 20 世纪 80 年代上市后，近年来几乎一直保持全球杀虫剂销售额最高值，直到 2011 年被噻虫嗪超越，占当年杀虫剂市场份额的第 2 位。2011 年吡虫啉的全球销售额达 10.2 亿美元，同比增长 4.1%。2012 年受益于巴西主要产商停产、主要经济作物面积的增加、拌种剂的推广（吡虫啉在中国主要用作拌种剂）等多重因素影响，吡虫啉需求平稳增长。

近几年，吡虫啉一直是位列我国农药出口额前 30 位的品种之一。2012 年，中国吡虫啉产量（折百量）1.8 万吨，出口（商品量）2.4 万吨，出口金额 3.6 亿美元；2013 年，吡虫啉产量（折百量）2.0 万吨，出口（商品量）2.4 万吨，出口金额 3.8 亿美元；2014 年，吡虫啉产量（折百量）1.8 万吨，出口（商品量）2.4 万吨，出口金额 3.2 亿美元；2015 年，吡虫啉产量（折百量）2.0 万吨，出口（商品量）2.2 万吨，出口金额 2.2 亿美元。中国吡虫啉生产和出口的主要企业有浙江新安化工集团股份有限公司、山东潍坊润丰化工股份有限公司、江苏扬农化工股份有限公司和拜耳作物科学（中国）有限公司等。

7.4.2.3　氯虫苯甲酰胺

氯虫苯甲酰胺（chlorantraniliprole），又名康宽、氯虫酰胺，是由美国杜邦公司开发的邻氨基苯甲酰胺类杀虫剂。其作用机理新颖独特，主要是激活鳞翅目害虫的鱼尼丁受体，释放平滑肌和横纹肌细胞内贮存的钙离子，引起肌肉调节衰弱、麻痹，直至最后害虫死亡。而氯虫苯甲酰胺对温血动物的毒性非常低，对人畜、水生生物都很安全。

氯虫苯甲酰胺的登记国家有美国、法国、德国、中国、日本和印度等多个国家。氯虫苯甲酰胺杀虫剂在低剂量下就有可靠和稳定的防效，药效期长，防雨水冲洗，在作物生长的任何时期提供即刻和长久的保护，广泛应用于棉花、水稻、玉米、菜用大豆、大豆、番茄、甘蓝、甘蔗、花椰菜、姜、辣椒、马铃薯、苹果、西瓜、小白菜、小青菜苗床、豇豆等作物，可有效防治黏虫、棉铃虫、番茄小食心虫、小菜蛾、粉纹夜蛾、甜菜夜蛾、苹果蠹蛾、桃小食心虫、梨小食心虫、斑幕潜叶蛾、金纹细蛾、二化螟、三化螟、菜青虫、玉米螟、烟青虫、稻水象甲、稻瘿蚊、黑尾叶蝉、美洲斑潜蝇、烟粉虱、马铃薯象甲、稻纵卷叶螟等害虫。氯虫苯甲酰胺 2011～2016 年的全球销量复合年增长率为 15.1%，是近年来销售量增长最快的品种之一，2016 年全球销售额达 13.65 亿美元，是全球第一大杀虫剂品种。

中国氯虫苯甲酰胺以进口为主，2012 年进口（商品量）0.10 万吨，进口金额 0.51 亿美元；2013 年，氯虫苯甲酰胺出口（商品量）0.04 万吨，出口金额 0.5 亿美元，进口（商品量）0.06 万吨，进口金额 0.39 亿美元；2014 年，氯虫苯甲酰胺出口（商品量）0.08 万吨，出口金额 1.16 亿美元，进口（商品量）0.06 万吨，进口金额 0.4 亿美元；2015 年，氯虫苯甲酰胺出口（商品量）0.07 万吨，出口金额 0.89 亿美元，进口（商品量）0.07 万吨，进口金额 0.58 亿美元。中国氯虫苯甲酰胺生产和出口的主要企业有江门大光明农化新会有限公司、先正达南通作物保护有限公司、上海生农生化制品股份有限公司、广西田园生化股份有限公司等。

7.4.2.4　氟虫腈

氟虫腈（fipronil），又称锐劲特，是罗纳普朗克公司（现属拜耳公司）1993 年在法国登记上市的苯基吡唑类杀虫剂，对半翅目、鳞翅目、缨翅目和鞘翅目等害虫以及对菊酯类、氨基甲酸酯类杀虫剂产生抗性的害虫都具有极高的敏感性。主要通过与昆虫神经中枢细胞上 γ-氨基丁酸受体结合，阻塞神经细胞的氯离子通道，从而干扰中枢神经的正常功能，造成昆虫中枢神经系统过度兴奋而导致昆虫死亡。

氟虫腈登记的国家有美国、法国、中国、日本、印度和阿根廷等。氟虫腈杀虫谱广，具有触杀、胃毒和中度内吸作用，既能防治地下害虫，又能防治地上害虫，既可用于茎叶处理和土壤处理，又可用于种子处理。适宜的作物有水稻、玉米、棉花、蔬菜、高粱、香蕉、甜菜、马铃薯、花生、茶叶、甘蔗、果树等，对蚜虫、叶蝉、飞虱、鳞翅目幼虫、蝇类和鞘翅目等重要田间害虫有很高的杀虫活性，同时对卫生害虫的蟑螂防治也有非凡的效果，被众多农药专家推荐为代替高毒有机磷农药的首选品种之一。

氟虫腈 2003 年的全球销售额为 2.4 亿美元，2007 年达到 4.1 亿美元，2011 年的销售额超过了 6 亿美元，年平均增长率超过了 10%。氟虫腈 2011～2016 年的全球销量复合年增长率为-3.9%，呈下降趋势，2016 年全球销售额 4.95 亿美元。

近几年，氟虫腈一直是位列我国农药出口额前 30 位的品种之一。2012 年，氟虫腈出口（商品量）0.2 万吨，出口金额 0.8 亿美元；2013 年，氟虫腈出口（商品量）0.3 万吨，出口金额 1.2 亿美元；2014 年，氟虫腈出口（商品量）0.3 万吨，出口金额 1.0 亿美元；2015 年，氟虫腈出口（商品量）0.3 万吨，出口金额 0.7 亿美元。中国氟虫腈生产和出口的主要企业有拜耳作物科学（中国）有限公司、广西田园生化股份有限公司、江苏扬农化工股份有限公司、海利尔药业集团股份有限公司等。

7.4.2.5　毒死蜱

毒死蜱（chlorpyrifos），又称氯吡硫磷、乐斯本、白蚁清和氯吡磷，是由 1965 年美国陶氏益农化学公司开发的有机磷类杀虫剂。毒死蜱是乙酰胆碱酯酶抑制剂，主要抑制害虫体内神经中的乙酰胆碱酯酶（AChE）或胆碱酯酶（ChE）的活性，从而破坏正常的神经冲动传导，引起一系列中毒症状，使害虫异常兴奋、痉挛、麻痹而导致死亡。

毒死蜱的登记国家有中国、日本、印度、法国和美国等多个国家，毒死蜱属中等杀虫剂，杀虫谱广，对水生生物有极高毒性，可能对水体环境产生长期不良影响，易与土壤中的有机质结合，对地下害虫特效，持效期长达 30 天以上。可用于水稻、小麦、棉花、甘蔗、玉米、果树、蔬菜、茶树等多种作物上防治稻纵卷叶螟、小麦黏虫、叶蝉、棉铃虫、蚜虫和红蜘蛛等百余种害虫，也可用于防治蚊、蝇等卫生害虫和家畜的体外寄生虫，是替代高毒有机磷农药（如对硫磷、甲胺磷、氧乐果等）的重要药剂。毒死蜱在 2011～2016 年的全球销量复合年增长率为 4.0%，呈增长趋势，2016 年全球销售额达 6.7 亿美元。

中国和印度是毒死蜱的最大市场，也是毒死蜱原药的重要生产国，产量占全球供应量的70% 以上。其中，2012 年，中国毒死蜱产量（折百量）3.7 万吨，出口（商品量）3.0 万吨，出口金额 1.6 亿美元；2013 年，毒死蜱产量（折百量）5.1 万吨，出口（商品量）3.0

万吨，出口金额 1.6 亿美元；2014 年，毒死蜱产量（折百量）4.3 万吨，出口（商品量）3.6 万吨，出口金额 1.8 亿美元；2015 年，毒死蜱产量（折百量）3.9 万吨，出口（商品量）2.7 万吨，出口金额 1.3 亿美元。中国毒死蜱生产和出口的主要企业有浙江新安化工集团股份有限公司、山东潍坊润丰化工股份有限公司、江苏辉丰农化股份有限公司、利尔化学股份有限公司等。

7.4.2.6　高效氯氟氰菊酯

高效氯氟氰菊酯（*lambda*-cyhalothrin），又名三氟氯氟氰菊酯、功夫菊酯，是 1984 年由英国 ICI 公司（现属先正达公司）开发的拟除虫菊酯类杀虫剂。主要通过抑制昆虫神经轴突部位的传导，改变膜上钠通道的门控特性，使钠离子通道长期开放，最终导致害虫兴奋过度而死亡。

高效氯氟氰菊酯登记的国家主要包括美国、法国、德国、中国和印度等多个国家，高效氯氟氰菊酯因具有杀虫广谱、高效、速度快、持效期长的特点，被广泛用于对小麦、玉米、果树、棉花、十字花科蔬菜、烟草等作物的棉铃虫、棉红铃虫、棉蚜、玉米螟、叶螨、卷叶蛾类幼虫、食心虫、蚜虫、小菜蛾、烟青虫、菜螟、菜青虫等防治。

高效氯氟氰菊酯多年来一直占据着该类杀虫剂的市场领先位置，2010 年销售额为 4 亿美元，2011 年达到近 5 亿美元。高效氯氟氰菊酯在 2011～2016 年的全球销量复合年增长率为 5.5%，呈不断增长趋势，2016 年全球销售额 5.95 亿美元。

近几年，高效氯氟氰菊酯一直是位列我国农药出口额前 30 位的品种之一。2012 年，中国高效氯氟氰菊酯出口（商品量）1.3 万吨，出口金额 1.0 亿美元；2013 年，高效氯氟氰菊酯出口（商品量）1.5 万吨，出口金额 1.1 亿美元；2014 年，高效氯氟氰菊酯出口（商品量）1.4 万吨，出口金额 0.9 亿美元；2015 年，高效氯氟氰菊酯出口（商品量）1.2 万吨，出口金额 0.7 亿美元。中国高效氯氟氰菊酯生产和出口的主要企业有山东潍坊润丰化工股份有限公司、江苏辉丰农化股份有限公司、江苏扬农化工股份有限公司、湖南大方农化股份有限公司等。

7.4.2.7　噻虫胺

噻虫胺（clothianidin），又名可尼丁，是 1996 年由拜耳公司和日本武田公司共同开发的具有噻唑环的新型烟碱类杀虫剂，噻虫胺主要作用于烟碱乙酰胆碱受体（nAChR），是 nAChR 的激动剂，可以选择性抑制昆虫神经系统的 nAChR，使 ACh 无法与 AChR 结合，进而阻断昆虫中枢神经系统的正常传导，造成昆虫麻痹而死亡。

噻虫胺登记的国家主要有美国、法国、德国、中国、日本和印度等多个国家，噻虫胺因具有高效、广谱、用量少、毒性低、持效期长、对作物无药害、使用安全、与常规农药无交互抗性、有卓越的内吸和渗透作用等优点，被广泛用于水稻、小麦、玉米、蔬菜、果树及其他作物上防治蚜虫、叶蝉、蓟马、飞虱等半翅目、鞘翅目、双翅目和某些鳞翅目类害虫。噻虫胺在 2011～2016 年的全球销量复合年增长率为 −1.3%，呈下降趋势，2016 年全球销售额 3.8 亿美元。

中国噻虫胺生产的主要企业有江苏辉丰农化股份有限公司、广西田园生化股份有限公司、陕西美邦农药有限公司和湖南岳阳安达化工有限公司等。

7.4.2.8　阿维菌素

阿维菌素（abamectin）是 1985 年由日本北里大学和美国 Merck 公司最先开发的抗生素

类杀虫杀螨剂，1997年为先正达公司所有。其作用机制是干扰神经生理活性，影响细胞膜氯化物传导，阻断运动神经信息的传递过程，使害虫中央神经系统的信号不断被运动神经元接受，刺激释放γ-氨基丁酸，而γ-氨基丁酸对节肢动物的神经传导有抑制作用，致使神经膜处于抑制状态，从而阻断神经末梢与肌肉的联系，使昆虫麻痹、拒食、死亡。

阿维菌素的登记国家有美国、法国、德国、中国和日本等。阿维菌素对螨类和昆虫具有胃毒和触杀作用，喷施叶表面可迅速分解消散，渗入植物薄壁组织内的活性成分可较长时间存在于组织中并具有传导作用，对害螨和植物组织内取食危害的昆虫有长残效性，主要用于防治家禽、家畜体内外寄生虫和农作物害虫，如寄生红虫、双翅目、鞘翅目、鳞翅目和有害螨等。阿维菌素在2016年全球销售额4.3亿美元，2011~2016年的全球销量复合年增长率为5.1%，呈稳定增长趋势。

近几年，阿维菌素一直是位列我国农药出口额前30位的品种之一。2012年，中国阿维菌素产量（折百量）0.2万吨，出口（商品量）0.8万吨，出口金额0.5亿美元；2013年，阿维菌素产量（折百量）0.3万吨，出口（商品量）0.8万吨，出口金额0.6亿美元；2014年，阿维菌素产量（折百量）0.5万吨，出口（商品量）1.0万吨，出口金额0.7亿美元；2015年，阿维菌素产量（折百量）0.4万吨，出口（商品量）1.0万吨，出口金额1.0亿美元。中国阿维菌素生产和出口的主要企业有华北制药集团爱诺有限公司、河北威远生化农药有限公司、浙江海正药业股份有限公司和先正达（苏州）作物保护有限公司等。

7.4.2.9 溴氰菊酯

溴氰菊酯（deltamethrin），又称凯素灵、敌杀死，是1977年Roussel Uclaf（现属拜耳公司）开发的拟除虫菊酯类杀虫剂。该药的作用机理是：昆虫接触药剂后，使轴突及运动神经元的端极更易去极化，很快产生痉挛，然后进入麻痹状态，最后中毒死亡。溴氰菊酯在2016年全球销售额3.25亿美元，2011~2016年的全球销量复合年增长率为-0.3%，保持稳定趋势。

溴氰菊酯的登记国家有美国、法国、德国、中国和印度等。溴氰菊酯具有很强的触杀作用，是触杀活性最高的拟除虫菊酯杀虫剂，且杀虫谱广，对棉铃虫、红铃虫、菜青虫、小菜蛾、斜纹夜蛾、烟青虫、食叶甲虫类、蚜虫类、盲蝽类、椿象类、叶蝉类、食心虫类、潜叶蛾类、刺蛾类、毛虫类、尺蠖类、造桥虫类、黏虫类、螟虫类、蝗虫类等多种害虫均具有很好的杀灭效果，但对螨类、介壳虫、盲蝽象等防效很低或基本无效。溴氰菊酯适用作物非常广泛，可广泛应用于蔬菜、水稻、小麦、玉米、高粱、油菜、花生、大豆、甜菜、甘蔗、亚麻、向日葵、苜蓿、棉花、烟草、茶树及多种水果。

中国溴氰菊酯以进口为主，是2013~2015年持续位列进口额前30位的农药品种之一。2013年，溴氰菊酯进口（商品量）0.01万吨，进口金额0.09亿美元；2014年，溴氰菊酯进口（商品量）0.02万吨，进口金额0.09亿美元；2015年，溴氰菊酯进口（商品量）0.03万吨，进口金额0.09亿美元。中国溴氰菊酯生产的主要企业有江苏扬农化工股份有限公司、南京红太阳股份有限公司、浙江威尔达化工有限公司、湖南大方农化股份有限公司等。

7.4.2.10 乙酰甲胺磷

乙酰甲胺磷（acephate），又名高灭磷，是20世纪70年代初由美国ChevornChemical公司开发成功，以商品名称Orthene登记并开始工业化生产的一种有机磷类杀虫剂，该农药主要通过抑制昆虫体内胆碱酯酶，造成昆虫神经生理功能紊乱而死亡。乙酰甲胺磷在2016年全球销售额 4.65 亿美元，2011～2016 年的全球销量复合年增长率为 10.3%，保持快速增长的势头。

乙酰甲胺磷的登记国家主要有美国、中国、日本和印度等。2007 年 1 月 1 日，我国禁止使用和销售甲胺磷、对硫磷、甲基对硫磷、久效磷、磷胺五种高毒农药，乙酰甲胺磷因其广谱、高效、低毒、低残留等特点，被作为比较理想的替代品，拥有广阔的市场前景。乙酰甲胺磷主要适用于蔬菜、水稻、棉花、小麦、果树、油菜、烟草等作物防治稻纵卷叶螟、稻蓟马、稻叶蝉、稻飞虱、二化螟、三化螟、果树食心虫、蚜虫、棉花红铃虫、棉铃虫、棉红蜘蛛、棉蚜等百余种害虫。

近几年，乙酰甲胺磷一直是位列我国农药出口额前 30 位的品种之一。2012 年，中国乙酰甲胺磷产量（折百量）2.2 万吨，出口（商品量）2.4 万吨，出口金额 1.2 亿美元；2013 年，乙酰甲胺磷产量（折百量）2.8 万吨，出口（商品量）3.1 万吨，出口金额 1.6 亿美元；2014 年，乙酰甲胺磷产量（折百量）3.4 万吨，出口（商品量）3.4 万吨，出口金额 2.1 亿美元；2015 年，乙酰甲胺磷产量（折百量）2.3 万吨，出口（商品量）1.7 万吨，出口金额 1.0 亿美元。中国乙酰甲胺磷生产和出口的主要企业有山东华阳农药化工集团有限公司、山东潍坊润丰化工股份有限公司、南京红太阳股份有限公司和河北中天邦正生物科技股份公司等。

7.4.2.11　氯氰菊酯

氯氰菊酯（cypermethrin），又称灭百可、兴棉宝（Cymbush）、灭百灵（Ripcord）、安绿宝（Arrivo）、赛波凯（Cyperkill），是 1978 年由汽巴嘉基公司、ICI 公司（现属先正达公司）等开发的拟除虫菊酯类杀虫剂。氯氰菊酯能够改变昆虫神经膜的渗透性，干扰离子通道，因而抑制神经传导，使害虫运动失调、痉挛、麻痹以致死亡。

氯氰菊酯的登记国家有美国、法国、德国、中国、日本和印度等多个国家。该农药具有广谱、高效、快速的作用特点，对害虫以触杀和胃毒为主，适用于鳞翅目、鞘翅目、直翅目、双翅目、半翅目和同翅目等害虫，对螨类效果不好。在农业上，主要用于苜蓿、禾谷类作物、棉花、葡萄、玉米、油菜、果树、茶树、马铃薯、大豆、甜菜、烟草和蔬菜上，也可用于公共场所防治苍蝇、蟑螂、蚊子、跳蚤、虱和臭虫等许多卫生害虫。氯氰菊酯在 2016 年全球销售额 3.1 亿美元，2011～2016 年的全球销量复合年增长率为 1.0%，保持稳定状态。

中国氯氰菊酯以进口为主，是 2012～2015 年持续位列进口额前 30 位的农药品种之一。2012 年，氯氰菊酯进口（商品量）0.10 万吨，进口金额 0.13 亿美元；2013 年，氯氰菊酯进口（商品量）0.16 万吨，进口金额 0.16 亿美元；2014 年，氯氰菊酯进口（商品量）0.09 万吨，进口金额 0.08 亿美元；2015 年，氯氰菊酯进口（商品量）0.11 万吨，进口金额 0.08 亿美元。中国氯氰菊酯生产的主要企业有浙江新农化工股份有限公司、浙江新安化工集团股份有限公司、江苏辉丰农化股份有限公司、江苏扬农化工股份有限公司等。

7.4.2.12　多杀菌素

多杀菌素（spinosad），又名多杀霉素或刺糖菌素，是 20 世纪 90 年代初期由 Parapro Pharms 公司研发的在刺糖多胞菌（saccharopolyspora spinosa）发酵液中提取的一种大环内酯类无公害高效生物杀虫剂。多杀菌素的作用机理非常新颖和独特，是通过刺激昆虫的神经系统增加其自发活性，导致非功能性的肌收缩、衰竭，并伴随颤抖和麻痹，这是由于烟碱型乙酰胆碱受体（nChR）被持续激活引起乙酰胆碱（Ach）延长释放反应，多杀菌素同时也作用于 γ-氨基丁酸（GAGB）受体，改变 GABA 门控氯通道的功能，进一步促进其杀虫活性的提高。

多杀菌素的登记国家有美国、法国、德国、中国、日本和阿根廷等，多杀菌素是一种广谱的生物农药，第二代产品杀虫谱比第一代多杀菌素更广，特别是在果树上使用时。同时对有益昆虫的高度选择性，使其在害虫综合治理中成为一种引人注目的农药。多杀菌素可以有效控制的害虫包括鳞翅目、双翅目和缨翅目害虫，同时对鞘翅目、直翅目、膜翅目、等翅目、蚤目、革翅目和啮虫目的某些特定种类的害虫也有一定的毒杀作用，但对刺吸式口器昆虫和螨虫类防效不理想。多杀菌素可被广泛应用于甘蓝、柑橘树、花椰菜、节瓜、棉花、茄子、水稻等作物的害虫防治。多杀菌素在 2016 年全球销售额 3.1 亿美元，2011～2016 年的全球销量复合年增长率为 3.2%，持续保持稳定增长的趋势。

中国多杀菌素主要生产企业有上海农乐生物制品股份有限公司、深圳诺普信农化股份有限公司、北京燕化永乐生物科技股份有限公司、海利尔药业集团股份有限公司等。

7.4.2.13　联苯菊酯

联苯菊酯（bifenthrin），又称天王星、虫螨灵，是一种高效合成除虫菊酯杀虫、杀螨剂，该药通过抑制昆虫神经轴突部位的传导而引发昆虫死亡，对昆虫具有趋避、击倒及毒杀的作用。

联苯菊酯的登记国家主要有美国、法国、中国、日本和印度等多个国家。联苯菊酯具有击倒作用强、广谱、高效、快速、长残效的特点，以触杀作用和胃毒作用为主，无内吸作用，主要用于小麦、玉米、果树、十字花科蔬菜、棉花等作物防治棉铃虫、棉红蜘蛛、桃小食心虫、梨小食心虫、山楂叶螨、柑橘红蜘蛛、黄斑蝽、茶翅蝽、菜蚜、菜青虫、小菜蛾、红蜘蛛、茶细蛾、温室白粉虱、茶尺蠖、茶毛虫等害虫。联苯菊酯在 2016 年全球销售额 2.8 亿美元，2011～2016 年的全球销量复合年增长率为 4.0%，持续保持稳定增长趋势。

近几年，联苯菊酯一直是位列我国农药出口额前 30 位的品种之一。2012 年，中国联苯菊酯出口（商品量）0.4 万吨，出口金额 0.6 亿美元；2013 年，联苯菊酯出口（商品量）0.5 万吨，出口金额 0.9 亿美元；2014 年，联苯菊酯出口（商品量）0.6 万吨，出口金额 0.8 亿美元；2015 年，联苯菊酯出口（商品量）0.5 万吨，出口金额 0.8 亿美元。中国联苯菊酯生产和出口的主要企业有江苏辉丰农化股份有限公司、江苏扬农化工股份有限公司、海南江河农药化工厂有限公司、江西众和化工有限公司等。

7.4.2.14　灭多威

灭多威（methomyl），又名硫双威、拉维因，是由杜邦公司于 1996 年开发的肟类氨基甲酸酯杀虫剂、杀螨剂、杀线虫剂和杀软体动物剂，对鳞翅目、同翅目、鞘翅目及其他螨类害虫非常有效，同时对有机磷和菊酯类已经产生抗性的害虫也有较好防效。主要作用于害虫的胆碱酯酶，破坏害虫的神经系统，使其死亡。

灭多威的登记国家有美国、法国、中国、日本等，灭多威因具有杀伤力强、见效快、杀虫谱广、残留量低、适用作物多、使用安全等特点，被广泛应用于大豆、棉花、桑树、水稻、小麦、烟草、甘蓝、柑橘、花生等作物防治棉铃虫、棉红铃虫、棉蚜、甘蓝夜蛾、棉叶夜蛾、小菜蛾、烟草夜蛾、大豆夜蛾、柑橘卷蛾、黏虫、棉跳盲蝽等 120 余种鳞翅目、同翅目、鞘翅目、双翅目、半翅目害虫以及对有机磷、菊酯类杀虫剂产生抗性的害虫。

近几年，灭多威一直是位列我国农药出口额前 30 位的品种之一。其中，2012 年，灭多威（商品量）出口 1.2 万吨，出口金额 1.1 亿美元；2013 年，灭多威（商品量）出口 1.6 万吨，出口金额 1.6 亿美元；2014 年，灭多威（商品量）出口 1.5 万吨，出口金额 1.5 亿美元；2015 年，灭多威（商品量）出口 1.1 万吨，出口金额 1.0 亿美元。中国灭多威生产和出口的主要企业有上海杜邦农化有限公司、江苏龙灯化学有限公司、广西田园生化股份有限公司、海利尔药业集团股份有限公司等。

7.4.3　主要杀菌剂品种

2016 年，全球前十五大杀菌剂依次为：嘧菌酯、丙硫菌唑、吡唑醚菌酯、代森锰锌、肟菌酯、戊唑醇、铜类杀菌剂、氟环唑、环丙唑醇、氟唑菌酰胺、甲霜灵、啶酰菌胺、百菌清、啶氧菌酯、苯并烯氟菌唑。它们的总销售额为 82.35 亿美元，占全球杀菌剂市场的 53.9%。

7.4.3.1　嘧菌酯

嘧菌酯（azoxystrobin），又称阿米西达，是先正达公司于 20 世纪 90 年代开发的一种甲氧基丙烯酸酯类杀菌剂，高效、广谱，对几乎所有的真菌（子囊菌亚门、担子菌亚门、鞭毛菌亚门和半知菌亚门）病害如白粉病、锈病、颖枯病、网斑病、霜霉病、稻瘟病等均有良好的活性。其作用机制是抑制细胞色素 b 和 c_1 之间的电子转移从而抑制线粒体呼吸作用，达到杀菌的目的。

嘧菌酯是全球销量最大的甲氧基丙烯酸酯类杀菌剂，登记国家有美国、巴西、法国、阿根廷、中国等多个国家。可用于茎叶喷雾、种子处理，也可进行土壤处理，主要用于谷物、水稻、花生、葡萄、马铃薯、果树、蔬菜、咖啡等作物上多种病害的防治。

2011 年嘧菌酯的销售额达 12.45 亿美元，占全球杀菌剂市场的 9.35%，占世界农药市场的 2.47%。2012 年嘧菌酯全球市场销售额达 12.6 亿美元，占全球杀菌剂市场的 8.94%，占世界农药市场的 2.35%。2016 年嘧菌酯全球销售额 12.7 亿美元，2011～2016 年的全球销量复合年增长率为 0.4%，保持稳定市场份额。

中国是嘧菌酯重要的生产国和贸易国。2012 年，嘧菌酯进口 0.03 万吨（商品量），进口金额 0.09 亿美元；2013 年，嘧菌酯进口 0.06 万吨（商品量），进口金额 0.14 亿美元，出口 0.19 万吨（商品量），出口金额 0.45 亿美元；2014 年，嘧菌酯进口 0.08 万吨（商品量），进口金额 0.24 亿美元，出口 0.37 万吨（商品量），出口金额 0.72 亿美元；2015 年，嘧菌酯进口 0.08 万吨（商品量），进口金额 0.24 亿美元，出口 0.41 万吨（商品量），出口金额 0.78 亿美元。中国嘧菌酯生产和出口的主要企业有上虞颖泰精细化工有限公司、浙江世佳科技有限公司、宁波三江益农化学有限公司、山东潍坊润丰化工股份有限公司、江苏辉丰农化股份有限公司等。

7.4.3.2　吡唑醚菌酯

吡唑醚菌酯（pyraclostrobin），又称百克敏、唑菌胺酯，是先正达公司于 20 世纪 90 年代开发的一种甲氧基丙烯酸酯类杀菌剂，其作用机理为线粒体呼吸抑制剂，即通过在细胞色素合成中阻止电子转移达到杀菌目的，具有保护、治疗、叶片渗透传导作用。

吡唑醚菌酯是全球广泛登记的杀菌剂品种，登记国家有美国、巴西、法国、阿根廷、加拿大等多个国家。吡唑醚菌酯是新型、广谱杀菌剂品种，对蔬菜、水果、谷物等白粉病、霜霉病、黑星病、叶斑病、菌核病等具有良好的防治效果。

2011年吡唑醚菌酯的销售额达7.9亿美元，占全球杀菌剂市场的5.93%，占世界农药市场的1.57%。2012年吡唑醚菌酯全球市场销售额达8.0亿美元，占全球杀菌剂市场的5.67%，占世界农药市场的1.49%。2016年吡唑醚菌酯全球销售额7.65亿美元，2011～2016年的全球销量复合年增长率为−0.6%，保持稳定市场份额。

中国是吡唑醚菌酯重要贸易国。2012年，吡唑醚菌酯进口0.133万吨（商品量），进口金额0.32亿美元；2013年，吡唑醚菌酯进口0.15万吨（商品量），进口金额0.30亿美元；2014年，吡唑醚菌酯进口0.11万吨（商品量），进口金额0.29亿美元。2015年吡唑醚菌酯在中国的专利到期，中国吡唑醚菌酯生产的主要企业有浙江禾本科技有限公司、宁波三江益农化学有限公司、山东潍坊润丰化工股份有限公司、江苏辉丰农化股份有限公司等。

7.4.3.3 代森锰锌

代森锰锌（mancozeb），属于二硫代氨基甲酸酯类农药，是一种优良的保护性杀菌剂，属低毒农药。其作用机理是抑制菌体内丙酮酸的氧化。另外，锰、锌微量元素对作物有明显的促壮、增产作用。

代森锰锌是广泛登记的保护性杀菌剂品种，登记国家有中国、印度、美国、巴西等多个国家。其杀菌范围广、不易产生抗性，防治效果明显优于其他同类杀菌剂。对防治梨黑星病，苹果斑点落叶病，瓜菜类疫病、霜霉病，大田作物锈病等效果显著。

2011年代森锰锌的销售额达7.3亿美元，占全球杀菌剂市场的4.69%，占世界农药市场的1.26%。2012年代森锰锌全球市场销售额达6.3亿美元，占全球杀菌剂市场的4.75%，占世界农药市场的1.15%。2016年代森锰锌全球销售额6.65亿美元，2011～2016年的全球销量复合年增长率为1.4%，持续保持稳定增长的势头。

中国是代森锰锌重要的生产国和贸易国。2012年，中国代森锰锌产量1.5万吨（折百），出口1.7万吨（商品量），出口金额0.6亿美元，进口0.44万吨（商品量），进口金额0.21亿美元；2013年，代森锰锌产量2.8万吨（折百），出口1.65万吨（商品量），出口金额0.6亿美元，进口0.49万吨（商品量），进口金额0.24亿美元；2014年，代森锰锌产量2.9万吨（折百），出口1.78万吨（商品量），出口金额0.69亿美元，进口0.57万吨（商品量），进口金额0.26亿美元；2015年，代森锰锌产量3.5万吨（折百），出口1.99万吨（商品量），出口金额0.76亿美元，进口0.67万吨（商品量），进口金额0.32亿美元。中国代森锰锌生产和出口的主要企业有山东潍坊润丰化工股份有限公司、广东金农达生物科技有限公司、天津市汉邦植物保护剂有限责任公司、江苏省南通宝叶化工有限公司等。

7.4.3.4 丙硫菌唑

丙硫菌唑（prothioconazole）是拜耳公司研制的一种新型广谱三唑硫酮类杀菌剂，主要用于防治谷类、麦类、豆类作物等众多病害。其作用机理是抑制真菌中甾醇的前体——羊毛甾醇或2,4-亚甲基二氢羊毛甾醇14位上的脱甲基化作用。

丙硫菌唑的登记国家有巴西、加拿大、德国、法国、英国等。丙硫菌唑不仅具有很好的内吸作用，优异的保护、治疗和铲除活性，而且持效期长。主要用于防治小麦、大麦、油菜、花生、水稻、豆类作物、甜菜和大田蔬菜等作物上的众多病害。

丙硫菌唑从迈入市场起便很快进入角色，迅速成为颇受市场欢迎的杀菌剂产品。入市后的第2年，即2005年，丙硫菌唑以279.17%的增长率、9100万欧元的销售额成功跻身拜耳公司 12 强产品之列。在 2004～2008 年的 5 年中，丙硫菌唑堪称拜耳公司最具增长活力的品种之一，迅速确立了在拜耳产品队伍中的领先地位，从 2005 年的第 12 位直线上升至 2008 年的第 3 位。在 2009～2010 年，维持在第 4 位的水平上。

丙硫菌唑 2005 年销售额为 1.13 亿美元；2007 年销售额为 2.39 亿美元；2009 年销售额为 4.21 亿美元，列杀菌剂市场第 6 位，2004～2009 年复合年增长率高达 69.6%；2011 年销售额为 5.10 亿美元，较上年增长了 32.47%，在全球杀菌剂中排名第五，占全球杀菌剂市场的 3.82%，占世界农药市场的 0.99%；2012 年丙硫菌唑全球市场销售额达 6.25 亿美元，占全球杀菌剂市场的 4.41%，占世界农药市场的 1.14%；2016 年丙硫菌唑全球销售额 7.9 亿美元，2011～2016 年的全球销量复合年增长率为 9.1%，持续保持较高的增长速度。

7.4.3.5　肟菌酯

肟菌酯（trifloxystrobin），又称肟草酯、三氟敏，是由先正达公司研制、拜耳公司开发的甲氧基丙烯酸酯类杀菌剂，对几乎所有真菌（子囊菌纲、担子菌纲、卵菌纲和半知菌类）病害如白粉病、锈病等均有良好的活性。肟菌酯是线粒体呼吸抑制剂，无交抗、广谱、渗透、内吸、保护，主要用于茎叶处理，保护活性优异，且具有一定的治疗活性，且活性不受环境影响，应用最佳期为孢子萌发和发病初期阶段，但对黑星病各个时期均有活性。

肟菌酯的登记国家有巴西、美国、中国、阿根廷、巴拉圭等多个国家，由于其杀菌活性较高、内吸性较强、持效期较长，可用于多种作物防治主要真菌病害，对水稻、香蕉、黄瓜、番茄、辣椒、柑橘、苹果、梨树、杧果等主要病害防效明显。

2011 年，肟菌酯的销售额为 5.85 亿美元，占全球杀菌剂市场的 4.40%，占世界农药市场的 1.16%，2012 年，肟菌酯的销售额为 6.15 亿美元，占全球杀菌剂市场的 4.36%，占世界农药市场的 1.14%，2016 年肟菌酯全球销售额 6.4 亿美元，2011～2016 年的全球销量复合年增长率为 1.8%，保持稳定增长的势头。

中国是肟菌酯重要的生产国和贸易国。2013 年，肟菌酯进口 0.03 万吨（商品量），进口金额 0.21 亿美元；2014 年，中国肟菌酯进口 0.04 万吨（商品量），进口金额 0.22 亿美元。但是肟菌酯在我国杀菌剂出口市场中占比较小，还有较大的上升空间。中国肟菌酯生产的主要企业有山东潍坊润丰化工股份有限公司、山西汤普森生物科技有限公司、东莞市瑞德丰生物科技有限公司、沈阳科创化品有限公司、陕西美邦农药有限公司等。

7.4.3.6　铜制剂

铜制剂是由拜耳公司于 1885 年开发上市，用于葡萄防治白粉病等的无机金属杀菌剂。在农业上应用，最早为无机铜类化合物，是一类无公害、无残留、不产生抗药性的农药，对常见的真菌、细菌可同时杀灭，杀菌范围广。除了硫酸铜作为配置波尔多液的主要成分外，其他作为农业杀菌剂的无机铜类化合物还有氧化铜、王铜、碱式碳酸铜、灭菌铜（硫酸铜硫酸二肼复盐）、氢氧化铜、氧化亚铜、氧氯化铜等。铜制剂的作用机制为依靠植物表面水的酸化，逐步释放铜离子，与病菌的蛋白质结合，使其蛋白酶变性而死亡，抑制病菌萌发和菌丝发育。

目前在农业上大量应用的无机铜农用杀菌剂主要为硫酸铜和氢氧化铜。由于无机铜制剂易引起药害，故大多无机铜品种逐渐淘汰，有机铜杀菌剂应运而生，主要品种有环烷酸铜、羟基萘醌铜、三氯酿铜、苯柳酸铜、克菌铜、喹啉铜、8-羟基喹啉铜以及中国自行开发的噻森铜等。

铜制剂的登记国家有意大利、巴西、中国、美国和西班牙等，其之所以能保持良好的增长趋势，得益于该类杀菌剂的作用机制。铜类杀菌剂主要通过多位点与病原菌中带—SH的氨基酸螯合，从而发挥作用。这些氨基酸为病原菌所必需，且又是多位点，故不易发生抗性，也使铜制剂使用了百余年之久仍能发挥良好的效果。这也使此类杀菌剂保持了相当的市场，并稳定发展，成为杀菌剂领域中一个大型品种。

2009年铜制剂销售额为3.05亿美元；2010年铜制剂销售额为4.85亿美元；2011年铜制剂销售额为4.85亿美元，占全球杀菌剂市场的2.27%，占世界农药市场的0.97%；2012年铜制剂的销售额为5.35亿美元，占全球杀菌剂市场的3.79%，占世界农药市场的0.99%；2016年铜制剂全球销售额5.6亿美元，2011~2016年的全球销量复合年增长率为2.9%，持续保持增长势头。

中国铜制剂生产的主要企业有江苏艾津农化有限责任公司、江苏龙灯化学有限公司、天津市津绿宝农药有限公司、陕西美邦农药有限公司、兴农药业（中国）有限公司等。

7.4.3.7 戊唑醇

戊唑醇（tebuconazole）是1988年上市的高效、广谱、内吸性三唑类杀菌剂，对白粉菌属、柄锈菌属、嚎抱属、核腔菌属和壳针抱属等真菌引起的多种作物病害均有优异防效。戊唑醇的主要作用机制是抑制病原真菌麦角出醇的生物合成。

戊唑醇的登记国家有巴西、中国、德国、法国、加拿大、美国和波兰等，其活性高、防治效果好、性价比高，相比同类产品具有巨大优势。其在多种作物上表现出广谱、高效的杀菌活性，在苹果、梨、玉米、水稻、棉花、小麦、油菜、香蕉等多种作物上得到广泛应用。

2011年戊唑醇的销售额为4.40亿美元，占全球杀菌剂市场的3.31%，占世界农药市场的0.87%。2012年戊唑醇的销售额为5.00亿美元，占全球杀菌剂市场的3.54%，占世界农药市场的0.93%。2007~2012年戊唑醇销售额的年均增长率为0.6%。2016年戊唑醇全球销售额5.75亿美元，2011~2016年的全球销量复合年增长率为5.5%，持续保持较快增长。

中国是戊唑醇重要的生产国和贸易国。2012年，戊唑醇的产量0.9万吨（折百），出口1.0万吨（商品量），出口金额1.0亿美元；2013年，中国戊唑醇产量0.9万吨（折百），出口1.1万吨（商品量），出口金额1.1亿美元；2014年，中国戊唑醇产量0.9吨（折百），出口1.26万吨（商品量），出口金额1.17亿美元；2015年，中国戊唑醇产量1.0万吨（折百），出口1.13万吨（商品量），出口金额0.94亿美元。中国戊唑醇生产和出口的主要企业有浙江新安化工集团股份有限公司、宁波三江益农化学有限公司、山东潍坊润丰化工股份有限公司等。

7.4.3.8 氟环唑

氟环唑（epoxiconazole）是由巴斯夫公司于1993年上市的一种三唑类杀菌剂，对一系列禾谷类作物病害如立枯病、白粉病、眼纹病等十多种病害有很好的防治作用，并能防治糖用甜菜、花生、油菜、草坪、咖啡、水稻及果树等的多种病害。主要通过抑制病菌麦角甾醇的合成，阻碍病菌细胞壁的形成而杀灭病菌。

氟环唑是一种新型的三唑类含氟杀菌剂，登记的国家有巴西、德国、法国、英国和波兰等。氟环唑具有新型、广谱、持效期长的优异特性，不仅具有很好的保护、治疗和铲除活性，而且具有内吸和较佳的残留活性。适宜在小麦、大麦、水稻、甜菜、油菜、豆科作物、蔬菜、葡萄和苹果等作物上的多种病害的防治。

2011 年氟环唑的销售额为 4.85 亿美元，占全球杀菌剂市场的 3.65%，占世界农药市场的 0.96%。2012 年氟环唑的销售额为 4.95 亿美元，占全球杀菌剂市场的 3.51%，占世界农药市场的 0.92%。2016 年氟环唑全球销售额 4.9 亿美元，2011～2016 年的全球销量复合年增长率为 0.2%，保持稳定的市场份额。

中国是氟环唑重要的生产国和贸易国。2013 年，氟环唑出口 0.12 万吨（商品量），出口金额 0.54 亿美元；2014 年中国氟环唑出口 0.13 万吨（商品量），出口金额 0.57 亿美元，出口量同比增长了 8.3%，出口额同比增长了 5.6%。中国氟环唑生产和出口的主要企业有浙江禾本科技有限公司、宁波三江益农化学有限公司、山东潍坊润丰化工股份有限公司、利尔化学股份有限公司、江苏辉丰农化股份有限公司等。

7.4.3.9　环丙唑醇

环丙唑醇（cyproconazole），是由瑞士山道士（现先正达）公司在 20 世纪 80 年代开发的一种三唑类杀菌剂，环丙唑醇是类固醇脱甲基化（麦角甾醇生物合成）抑制剂，能迅速被植物有生长力的部分吸收并主要向顶部转移，可防治白粉菌属、柄锈菌属、喙孢属、核腔菌属和壳针孢菌属细菌引起的病害。

1988 年环丙唑醇首先在法国和瑞士上市，商品名为 Alto。后来成为先正达谷物杀菌剂的成员之一，并很快发展成为欧洲谷物市场的领导者。由于反垄断的原因，2000 年，环丙唑醇单剂在欧洲市场的利益剥离给了拜耳。如今，环丙唑醇可由多家公司生产和销售，其全球销售额稳定增长。

环丙唑醇是全球最大的三唑类杀菌剂品种，登记国家有美国、欧洲各国、巴西、澳大利亚等多个国家。环丙唑醇具有治疗和内吸作用，广泛应用于小麦、大麦、大豆、玉米、高粱、甜菜、苹果、梨、咖啡等的多种病害防治。2011 年环丙唑醇的销售额达 3.50 亿美元，占全球杀菌剂市场的 2.63%，占世界农药市场的 0.70%。2012 年环丙唑醇全球市场销售额达 3.65 亿美元，占全球杀菌剂市场的 2.58%，占世界农药市场的 0.67%。2016 年环丙唑醇全球销售额 4.5 亿美元，2011～2016 年的全球销量复合年增长率为 5.2%，继续保持较快的增长速度。

环丙唑醇虽为三唑类杀菌剂中的"龙头老大"，但进入中国市场较晚，目前在中国仅在小麦上登记使用，主要生产企业为江苏丰登作物保护股份有限公司。

7.4.3.10　啶酰菌胺

啶酰菌胺（boscalid）是由德国巴斯夫公司开发的新型烟酰胺类杀菌剂，2002 年首次登记。啶酰菌胺属于线粒体呼吸链中琥珀酸辅酶 Q 还原酶抑制剂，对孢子的萌发有很强的抑制能力，且与其他杀菌剂无交互抗性。

啶酰菌胺是全球重要的杀菌剂品种，登记国家有美国、法国、德国、英国、中国、韩国等 50 多个国家，100 多种作物。具有活性高、作用机理独特、杀菌谱较广、不易产生交互抗性、对作物安全等特点。而且啶酰菌胺具有出色的渗透传导作用，持效期长，可减少施药次数。可以防治果蔬和其他作物上由子囊菌和半知菌引起的病害，主要包括油菜、果树、蔬菜和大田作物等的白粉病、灰霉病、菌核病和各种腐烂病等。

2003 年上市的啶酰菌胺，仅用 2 周年的时间即步入了上亿美元产品之列，2005 年便取得了 1.05 亿美元的销售额；2007 年其销售额为 1.70 亿美元，较 2005 年增长 61.90%；2009 年啶酰菌胺的销售额为 2.80 亿美元，较 2007 年再次收获 64.71% 的增幅，位列当年杀菌剂市场的第 9 位，同时居于巴斯夫公司前 10 大产品排行榜的第 5 位，2004～2009 年复合年增长率高达 168.7%，为此期间增长最快的品种；2010 年啶酰菌胺的销售额为 2.95 亿美元；2011 年销售额为 3.40 亿美元，同比增长 15.25%，占全球杀菌剂市场的 2.57%，占世界农药市场的 0.70%；2012 年啶酰菌胺全球市场销售额达 3.55 亿美元，占全球杀菌剂市场的 2.51%，占世界农药市场的 0.66%；2016 年啶酰菌胺全球销售额 3.3 亿美元，2011～2016 年的全球销量复合年增长率为 -0.6%，市场份额基本保持稳定。

啶酰菌胺在中国的行政保护于 2012 年到期，目前中国主要的生产企业有浙江禾本科技有限公司、山东潍坊润丰化工股份有限公司、江苏扬农化工股份有限公司、巴斯夫植物保护（江苏）有限公司等。

7.4.3.11 甲霜灵

甲霜灵（metalaxyl），又称阿普隆、保种灵、瑞毒霉、氨丙灵等，是由瑞士先正达公司在 20 世纪 80 年代开发的一种酰胺类杀菌农药，可在植物体内上下双向传导，主要通过抑制病菌菌丝体内蛋白质的合成，使其营养缺乏，不能正常生长而死亡。精甲霜灵（metalaxyl-M）是普通甲霜灵的 R 异构体，又叫高效甲霜灵。

甲霜灵是先正达在杀菌剂开发方面的骄傲，其登记国家有荷兰、德国、葡萄牙、希腊等。对病害植株有保护和治疗作用，且药效持续期长，适用于防治果园、蔬菜、谷物等由霜霉病菌、疫霉病菌和腐病菌引起的多种病害。

2011 年甲霜灵的销售额达 3.50 亿美元，占全球杀菌剂市场的 2.59%，占世界农药市场的 0.69%。2012 年甲霜灵全球市场销售额达 3.45 亿美元，占全球杀菌剂市场的 2.48%，占世界农药市场的 0.62%。2016 年甲霜灵全球销售额 3.4 亿美元，2011～2016 年的全球销量复合年增长率为 -0.6%，市场份额基本稳定。

中国甲霜灵产能由 2008 年的 1800 吨上升到 2010 年的 3200 吨。2009 年，中国甲霜灵销售量是 2800 吨，其中约 65% 的产品出口到国外市场。2013 年，中国进口精甲霜灵 0.13 万吨（商品量），进口金额 0.21 亿美元；2014 年，中国进口精甲霜灵 0.14 万吨（商品量），进口金额 0.22 亿美元。中国甲霜灵生产和出口的主要企业有浙江禾本科技有限公司、山东潍坊润丰化工股份有限公司、江苏辉丰农化股份有限公司、上虞颖泰精细化工有限公司等。

7.4.3.12 百菌清

百菌清（chlorothalonil）是先正达公司开发的一种广谱、保护性杀菌剂，于 1963 年上市。百菌清能与真菌细胞的三磷酸甘油醛脱氢酶中含有半胱氨酸的蛋白质相结合，破坏该酶活性，从而使真菌细胞的新陈代谢受破坏而失去生命力。

百菌清是常用杀菌剂品种，登记国家有美国、法国、中国、巴西、日本等。主要用于果树、蔬菜、谷物上锈病、炭疽病、白粉病、霜霉病的防治。百菌清没有内吸传导作用，但喷到植物体上之后，能在体表上有良好的黏着性，不易被雨水冲刷掉，因此药效期较长。

2011 年百菌清的销售额达 2.2 亿美元，占全球杀菌剂市场的 1.64%，占世界农药市场的 0.44%。2012 年百菌清全球市场销售额达 3.2 亿美元，占全球杀菌剂市场的 2.26%，占世界农药市场的 0.59%。2016 年百菌清全球销售额 3.3 亿美元，2011～2016 年的全球销量复合年增长率为 1.3%，保持增长态势。

中国是百菌清较大的生产和出口国。其中，2012 年，中国百菌清产量 0.8 万吨（折百），出口 1.7 万吨（商品量），出口金额 0.7 亿美元；2013 年，百菌清产量 1.7 万吨（折百），出口 1.4 万吨（商品量），出口金额 0.6 亿美元；2014 年，百菌清产量 2.0 万吨（折百），出口 2.17 万吨（商品量），出口金额 0.84 亿美元；2015 年，百菌清产量 2.4 万吨（折百），出口 2.46 万吨（商品量），出口金额 1.00 亿美元。中国百菌清生产和出口的主要企业有浙江新安化工集团股份有限公司、浙江禾本科技有限公司、山东潍坊润丰化工股份有限公司、先正达（苏州）作物保护有限公司等。

7.4.3.13　苯醚甲环唑

苯醚甲环唑（difenoconazole），又称思科、世高，是先正达公司于 20 世纪 90 年代开发的一种广谱内吸性杀菌剂，通过抑制细胞膜麦角甾醇的合成而起作用。

苯醚甲环唑是在全球广泛登记的杀菌剂品种，登记国家有巴西、中国、加拿大、德国等。由于具有广谱、高效、持效期长等特点，同时具有很好的预防和治疗作用，安全性比较高，广泛应用于果树、蔬菜等作物，可有效防治黑星病、黑痘病、白腐病、斑点落叶病、白粉病、褐斑病、锈病、条锈病、赤霉病等。

2011 年苯醚甲环唑的销售额达 3.30 亿美元，占全球杀菌剂市场的 2.48%，占世界农药市场的 0.74%。2012 年苯醚甲环唑的销售额达 2.60 亿美元，占全球杀菌剂市场的 1.84%，占世界农药市场的 0.48%。2013 年苯醚甲环唑全球市场销售额达 2.60 亿美元，占全球柑橘用杀菌剂市场的 87.84%，占世界农药市场的 0.48%。

中国是苯醚甲环唑主要的生产和进口国。其中，2012 年，中国苯醚甲环唑进口量 0.06 万吨（商品量），进口金额 0.07 亿美元；2013 年，中国苯醚甲环唑进口量 0.07 万吨（商品量），进口金额 0.16 亿美元；2014 年，中国苯醚甲环唑进口量 0.10 万吨（商品量），进口金额 0.23 亿美元；2015 年，中国苯醚甲环唑进口量 0.11 万吨（商品量），进口金额 0.24 亿美元。中国苯醚甲环唑生产的主要企业有浙江世佳科技有限公司、宁波三江益农化学有限公司、山东潍坊润丰化工股份有限公司、利尔化学股份有限公司等。

7.4.4　主要植物生长调节剂及其他品种

7.4.4.1　乙烯利

乙烯利（ethephon）是由安布勒股份有限公司开发的，主要是增强细胞中核糖核酸合成的能力，促进蛋白质的合成。在植物离层区如叶柄、果柄、花瓣基部，由于蛋白质的合成增加，促使在离层去纤维素酶重新合成，因为加速了离层形成，导致器官脱落。

乙烯利是植物生长调节剂，在我国使用已有近 50 年的历史。其具有促进植物的乳汁分泌、加速成熟、脱落、衰老以及促进开花和控制生长等多种生理效应，在我国逐渐推广应用于橡胶流胶、果实催熟、烟草落黄、粮食作物及瓜类的杀青及增产，以及提高甘蔗的含糖量等方面。

我国乙烯利全年出口量预计在 7000～8000 吨，出口量占全年生产总量的 70%～80%，出口国以欧美、东南亚诸国和澳大利亚为主。

中国乙烯利原药生产和出口的主要企业有江苏安邦电化有限公司、河北京骅化工有限公司、上海华原化工有限公司、江西生化有限公司、浙江绍兴东湖化工有限公司、江苏江阴农药二厂、江苏常熟市农药厂。

7.4.4.2 抗倒酯

抗倒酯（trinexapac-ethyl）是由汽巴嘉基公司在 1983 年开发的一种环己二酮类植物生长调节剂，主要通过抑制赤霉素的生物合成来控制植物旺长，降低植株高度，防止倒伏。

中国抗倒酯生产和出口的主要企业有江苏山达化工有限公司、金坛区合恩泰化工有限公司（原金坛区鸿泰化工有限公司）、浙江泰达作物科技有限公司、天津百灵消毒剂有限责任公司、迈克斯（如东）化工有限公司、江苏辉丰农化股份有限公司、阜宁宁翔化工有限公司、安徽绩溪县徽煌化工有限公司、先正达作物保护有限公司等。

7.4.4.3 甲哌鎓

甲哌鎓（mepiquat），又称缩节胺、助壮素、调节啶、健壮素，是由德国在 1995 年代开发的一种植物生长调节剂。甲哌鎓是一种性情温和、在作物花期使用对花期没有副作用的调节剂，不易出现药害。可被根、嫩枝、叶片吸收，很快传导到其他部位，不残留，不致癌。甲哌鎓为新型植物生长调节剂，对植物有较好的内吸传导作用，能促进植物的生殖生长；抑制茎叶疯长、控制侧枝、塑造理想株型，提高根系数量和活力，使果实增重，品质提高。

甲哌鎓因具有广谱、高效、低残留等优异性能，广泛应用于棉花、小麦、水稻、花生、玉米、马铃薯、葡萄、蔬菜、豆类、花卉等农作物。

中国甲哌鎓生产和出口的主要企业有江苏省激素研究股份有限公司、江苏省常熟市农药厂有限公司、四川国光农化股份有限公司等。

7.4.4.4　1，3-二氯丙烯

二氯丙烯是由陶氏化学及 Agro-kanesho 公司在 1942 年开发的一种熏蒸剂。二氯丙烯实际有三种：反式 1,3-二氯丙烯、混合二氯丙烯和顺式二氯丙烯。其用途也不相同，反式 1,3-二氯丙烯主要用于农药除草剂中间体和医药中间体，而混合二氯丙烯和顺式二氯丙烯主要是作农药杀虫剂使用。

二氯丙烯登记国家有美国、日本、荷兰、意大利和土耳其等发达国家。2007 年二氯丙烯在全球的销售额达 1.2 亿美元；2008 年二氯丙烯全球销售额达 1.55 亿美元；2009 年销售额达 1.45 亿美元；2010 年二氯丙烯在全球的销售额达 1.65 亿美元。二氯丙烯在全球市场熏蒸剂品种中占据 31%。

7.4.4.5 氯化苦

氯化苦（trichloronitromethane）是一种无色或微黄色油状液体，分子式 CCl_3NO_2，又称硝基三氯甲烷，它不溶于水，溶于乙醇、苯等多数有机溶剂。氯化苦主要作为熏蒸剂，用于粮食和土壤熏蒸，是一种有警戒性的熏蒸剂，可以杀虫、杀菌、杀鼠，也可用于粮食害虫熏蒸，还可用于木材防腐、房层、船舶消毒、土壤、植物种子消毒等。

氯化苦作为土壤熏蒸剂在发达国家使用普遍，如日本、美国、欧盟各国、澳大利亚等国家，仅在日本就已经有 60 余年的历史，其每年使用量可达到 1 万吨。国际上对氯化苦的生产采取严格的管控，欧盟已经撤销了氯化苦的农药登记。氯化苦土壤熏蒸剂在国内是由大连绿峰化学股份有限公司独家生产，在 1984 年就取得正式登记，登记证号为 PD84129。

我国氯化苦作为土壤熏蒸剂还用于出口，年出口量近 3000 吨，主要出口日本、新西兰、澳大利亚、以色列等国。国内每年用于土壤熏蒸的氯化苦近 2000 吨。

7.4.4.6　威百亩

威百亩（metam-sodium）又称维巴姆、保丰收，是具有熏蒸作用的二硫代氨基甲酸酯类杀线虫剂，1954 年美国斯托弗（Stauffer）公司开发。其在土壤中降解成异氰酸甲酯发挥熏蒸作用，通过抑制生物细胞分裂和 DNA、RNA、蛋白质的合成以及造成生物呼吸受阻，能有效杀灭根结线虫、杂草等有害生物，从而使土壤洁净及健康。

目前，我国有辽宁省沈阳丰收农药有限公司、潍坊中农联合化工有限公司、利民化工股份有限公司三家企业生产威百亩。

7.5　中国农药国际贸易

我国农药行业经过几十年的发展，取得了长足进步，农药产量不断增长，质量不断提升，农药贸易实现了从完全依赖进口到出口大国的飞跃，国际竞争力和影响力日益增强。我国已成为全球农药生产和出口大国，不但为我国农林业发展、人畜健康和粮食安全提供了坚强保障，也为保障全球农业生产和世界粮食安全做出了积极贡献。

7.5.1　中国农药国际贸易发展历史

从 20 世纪 50 年代以来，经过数十年的发展，我国农药行业已从基础薄弱、门类单一的状态走出，取得了长足进步，我国已成为全球农药最大的生产国。伴随着我国农药产业的不断发展，我国农药国际贸易，特别是农药出口实现了从无到有、从小到大，我国成为世界农药重要出口大国。

20 世纪 60～70 年代，我国农药工业处于发展的初级阶段，生产能力低下，品种单一，无法满足国内农业生产需要，大量依靠进口。在计划经济体制下，农药被列为战略物资，多年来一直实行计划供应，农药工业发展缓慢，农药国际贸易处于只有进口、没有出口的阶段。

20 世纪 80 年代，因六六六、DDT 等有机氯农药对环境和人畜健康存在严重安全风险，我国相继停止了这类农药的生产和使用，形成了巨大的农药市场真空。大量国外先进农药产品纷纷涌入我国，对我国农药产业造成巨大冲击，国内部分企业生产量明显减少。国家对刚刚起步的农药出口采取了干预措施，农药出口受阻。1989 年，随着我国对外贸易政策指导思想的调整，国家鼓励企业出口创汇，农药出口开始恢复。同年，国家对农药出口实行出口退税补贴政策（增值税征 13%，出口退税退 11%），极大地刺激了我国农药的出口，农药出口进入了快速发展的阶段。

20 世纪 90 年代初，随着我国对外开放的进一步深入、稳定的产业政策和国家经济体制的变革，越来越多的外资和民营资本进入到农药产业中来。同时，在我国农药管理相关法律法规的健全、登记制度进一步完善和国家鼓励引进先进技术政策的带动下，大批新的农药新技术和新产品进入中国，并快速实现国产化。中国农药与先进国家在农药品种结构上的差距大大缩短，世界上常规生产使用的 600 多种农药在我国全部能生产，农药产业和农药国际贸易呈现高速发展，我国农药工业进入了一个繁荣发展的时代，农药出口贸易迅速增长，1994 年我国农药出口额首次超过进口额，实现了从依赖进口到大量出口的第一次飞跃。

20 世纪 90 年代末至今，我国农药的国际化步伐加快，我国成为世界第一大农药出口贸易国，农药进出口贸易进入贸易顺差阶段。从 1994 年到 2014 年农药出口贸易额从 1.52 亿美元（海关数据）增长到 87.60 亿美元，增长 57.6 倍。农药出口数量（货物量）从 2003 年的 30.6 万吨增长到 2014 年的 164.2 万吨，增长了 5.4 倍，我国出口农药数量占总产量的 60% 以上。2013 年，先正达、拜耳和巴斯夫等六大农药公司销售额占全球市场的七成（400 亿美元）左右，其近一半销售额所需的农药均从中国采购，中国成为全球最大的农药生产基地。2014 年，全球作物用农药市值 566 亿美元（英国 Phillips McDougall 统计数据），同比增长 4.5%。我国国内农药年销售额 500 多亿人民币（83 亿美元）左右，仅占全球农药销售额的 15% 左右。农药出口市场 85 亿美元左右，出口的 95% 以上为原药产品。

7.5.2　中国农药国际贸易管理措施

随着中国进出口农药产品的增加，我国进出口农药的质量和安全性越来越受到国内和世界各国的关注。为保证进出口农药产品的质量和履行国际公约的义务，促进我国农药国际贸易健康和持续发展，农药主管部门与海关紧密合作，建立健全了一系列农药进出口管理制度和措施，规范农药国际贸易行为，提升国际竞争力。1999 年，我国发布了《农业部、海关总署关于对进出口农药实施登记证明管理的通知》（农农发〔1999〕9 号），建立了以进出口农药登记证明为核心的农药进出口管理制度，确保进出口贸易的农药产品的合法性和质量安全。2010 年，农业部、海关总署联合发布了关于对农药进出口实施"农药进出口管理电子联网核销系统"的第 1452 号公告，建立了世界上第一个农药进出口贸易电子化监管系统，提高了监管效率。2014 年农业部和海关总署发布了《中华人民共和国进出口农药管理名录》的第 2203 号联合公告，将所有农药产品纳入名录管理，有效地堵住了监管漏洞，有力地打击了非法贸易。

7.5.2.1　对进出口农药实施登记证明管理制度

《农业部、海关总署关于对进出口农药实施登记证明管理的通知》（农农发〔1999〕9 号）规定：从 1999 年 7 月 1 日开始，凡在我国进出口农药（包括原药、制剂或成品），进出口单位须向农业部提出申请，符合条件的，由农业部签发"进出口农药登记证明"；海关凭农业部签发的"进出口农药登记证明"办理进出口手续。未取得"进出口农药登记证明"的农药，一律不得进出口，从制度上确保国际贸易产品的合法性和安全性。

7.5.2.2　农药进出口实现电子联网监管

农业部、海关总署联合公告 2010 年第 1452 号规定：自 2010 年 10 月 18 日起，农业部和海关总署联合开始启用"农药进出口管理电子联网核销系统"，同时农业部将启用农药进出口登记管理放行通知单（以下简称"农药进出口通知单"），停止签发"进出口农药登记证明"及"非农药登记管理证明"。农药进出口登记电子联网核销系统实现了企业网上申报、农业部门网上审查办理、海关通关核销的全过程网上运行，搭建了跨部门、跨区域的电子政务和执法监管平台，加快了企业办理和通关速度。杜绝了伪造农药"进出口农药登记证明"的情况，实现了规范企业合法产品的快速申请、及时通关的目的，打击了非法贸易，极大地规范了我国农药进出口贸易秩序。

7.5.2.3　农药进出口实行目录化管理

《农业部、海关总署关于对进出口农药实施登记证明管理的通知》（农农发〔1999〕9 号），第一次颁布《中华人民共和国进出口农药登记证明管理名录》（以下简称《名录》）。

根据农药进出口实际情况和各国农药产业发展状况，不定期对《名录》进行修订和更新，确保监管的针对性。为加强对进出口农药登记的监督管理，农业部和海关总署于 2014 年 12 月 31 日发布第 2203 号公告，更新了《名录》，增加了产品海关编码和农药 CAS 号，从 2015 年 1 月 1 日实行最新的《名录》。最新的《名录》，包括农药有效成分 1167 种，以及蚊香、杀虫剂、杀菌剂、除草剂、植物生长调节剂、杀鼠剂等 14 种农药制剂。《名录》使用后，有效避免了未经安全性评价或未登记的农药进入国内或从我国出口，对保护我国和其他国家人民的健康和生态环境发挥了重要作用。

此外，一些国际组织和国际公约对农药国际贸易有着明确的规定。如联合国粮食及农业组织（粮农组织）《国际农药供销与使用行为守则》自 1985 年通过以来，一直作为国际农药管理方面的指导规范。《关于在国际贸易中对某些危险化学品和农药采用事先知情同意程序的鹿特丹公约》（简称《鹿特丹公约》）、《关于持久性有机污染物的斯德哥尔摩公约》（简称《斯德哥尔摩公约》）、《控制危险废物越境转移及其处置巴塞尔公约》（简称《巴塞尔公约》）等国际公约，对相关农药的国际贸易做出了具体要求，对各签约国具有法律约束力。《国际化学品管理战略方针》建立了各国自愿管理机制。作为重要的签约国和负责任大国，我国严格按照国际公约和国际组织的要求，积极履行相应的国际义务，制定了有效的措施，进一步加强对相关危险化学品，特别是农药产品的国际贸易的管理，得到了有关国际组织和贸易伙伴国的肯定，并在公约缔约方大会等多个国际场合介绍中国的做法和经验。

7.5.3 中国农药国际贸易现状和特点

长期以来，我国农药出口以低附加值的原药产品为主，近年来高附加值农药制剂产品的出口量增加较多，已经超过原药出口量，并开始进入欧美等高端市场。2011～2016 年我国农药出口情况见图 7-4。2015 年中国农药出口品种超过 400 个，出口量 150.95 万吨，同比降低 8.06%，出口金额 72.87 亿美元，同比降低 16.86%，农药出口超过 180 个国家和地区。

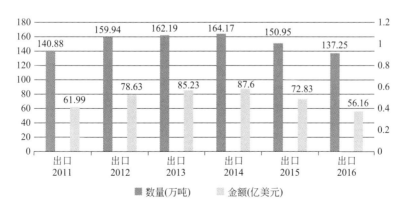

图 7-4　2001～2016 年我国农药出口情况

7.5.3.1 我国农药进口现状

近 5 年，我国农药进口总额为 32.06 亿美元，进口量 28.4 万吨。我国农药进口以制剂为主，制剂累计进口 25.27 万吨，进口额 26.78 亿美元；原药累计进口 3.16 万吨，进口额

5.29 亿美元。近年来，我国制剂进口逐年增加，由 2011 年 3.7 万吨增长到 2014 年达 6.2 万吨，2015 年回落到 5.1 万吨；原药年进口量维持在 5000～7000 吨，2011～2014 年逐年降低，2015 年呈现反弹。

我国农药进口涉及 127 家企业，外商独资和中外合资企业与国内企业（国有、集体、私营）进口量相当，外商独资和中外合资企业进口额明显高于国内企业，占 70％以上。

从进口农药类别看，除草剂进口量最大，达 11.3 万吨，占 39.8％；其次为杀菌剂，进口量 10.5 万吨，占 36.8％；杀虫剂为 6.4 万吨，占 22.7％；植物生长调节剂与杀鼠剂进口量很小，均仅 1000 吨左右，分别占 0.4％和 0.3％。从进口额看，杀菌剂位列第一，达 13.8 亿美元，占 48.6％；其次为杀虫剂，进口额 9.5 亿美元，占 33.4％；除草剂进口额 8.0 亿美元，占 28.3％；植物生长调节剂进口额 0.7 亿美元，占 2.1％；杀鼠剂进口额 365 万美元，占比仅 0.1％。

7.5.3.2 我国农药出口现状

近 5 年，我国出口各大洲农药占比相对稳定。2015 年我国农药出口各地情况见图 7-5。亚洲是我国最大的农药出口目标市场，出口价格相对略低于全球平均出口价格，我国农药出口亚洲的数量占比高达 35.5％，占出口总额的 32.7％。南美洲为我国第二大农药出口目标市场，出口价格略高于我国农药出口价格平均水平，我国农药出口南美洲的数量占总出口量的 24.2％，出口额占出口总额的 25.4％。我国出口到北美洲、欧洲的农药产品数量分别占出口总量的 8.9％、9.5％，出口额分别占出口总额的 13％以上，出口产品价格明显高于出口其他地区同类产品价格。我国农药出口到大洋洲、非洲的数量分别占出口总量的 5.8％、16.1％，出口额占出口总额的 5.5％和 9.9％。

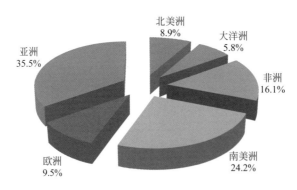

图 7-5　2015 年我国农药出口各地情况

亚洲已成为我国除草剂、杀虫剂、杀菌剂以及杀鼠剂出口量最大的市场，也是植物生长调节剂出口量第二位的市场。南美洲则是除草剂、杀菌剂的第二大出口市场，是我国杀虫剂出口第三大市场，出口量与出口额仅次于亚洲。非洲出口数量高于欧洲与北美洲。北美洲与欧洲出口额几乎相当，均高于非洲市场的出口额。北美洲是我国植物生长调节剂出口的最大市场，约占出口总量的 40％。大洋洲的出口量与出口额都是我国农药出口最小的市场。

从我国近 5 年出口各大洲的情况看，出口各洲农药种类、数量占比较稳定，未出现大幅度波动，市场相对稳定，2015 年出口亚洲除草剂、杀虫剂、杀菌剂数量均有回落。但近 3

年出口北美洲、欧洲的杀菌剂，以及出口大洋洲的除草剂有增长迹象，而欧洲杀虫剂进口有降低现象。

出口量前50位的目标市场国家与地区占我国农药年出口总量的90.5%～92%。美国、巴西等国家在2013年进口量增长到高位后，2014年呈现下降趋势。2015年巴西、泰国、阿根廷、越南、印度、印度尼西亚、尼日利亚等近30个国家与地区从中国进口农约数量较上一年下降，仅出口澳大利亚、美国、俄罗斯、哥伦比亚、墨西哥、比利时等十余个目标国家与地区数量较2014年同期有所增长（见表7-53）。

表7-53　2014～2016中国农药原药出口量最大的目的国（金额）

排名	2016		2015		2014	
	国家	占比	国家	占比	国家	占比
1	巴西	7.79%	泰国	7.12%	尼日利亚	7.13%
2	澳大利亚	7.21%	澳大利亚	5.58%	泰国	6.93%
3	泰国	6.26%	尼日利亚	5.33%	巴西	6.10%
4	印度尼西亚	4.53%	越南	5.22%	越南	5.34%
5	越南	4.51%	印度尼西亚	4.91%	印度尼西亚	4.53%
6	美国	4.37%	美国	4.80%	澳大利亚	4.52%
7	阿根廷	3.74%	巴西	4.70%	美国	3.62%
8	尼日利亚	3.65%	加纳	3.18%	加纳	3.57%
9	加纳	3.40%	乌拉圭	2.55%	阿根廷	3.21%
10	乌克兰	3.17%	哥伦比亚	2.52%	乌拉圭	2.53%
合计		48.63%		45.91%		41.79%

美国、巴西在近5年出口额居前两位，但近两年有逐年下降趋势。阿根廷是第三大出口国，但2015年出口额低于澳大利亚。泰国是我国第三大出口量目标国，但价格低于其他市场，因此出口额列4～6位甚至更靠后。澳大利亚近几年从出口额看是具较强竞争力的市场，出口额有超越阿根廷的趋势。越南也是我国农药出口一个主要市场，出口额呈现增长趋势。印度随着自身农药工业产业的发展，对我国农药产品的依赖度下降，我国对该市场的出口量与出口额均有下降萎缩迹象。尼日利亚对我国农药产品依赖度较高，出口量列于我国第7大目标市场以内，但出口额列第10位左右，利润可能低于其他市场同类产品。加纳、印度尼西亚、马来西亚也是我国较稳定的市场，出口量列前10名左右。日本对我国农药依赖度有降低趋势，其主要从我国进口一些原药产品，随着印度等生产市场的逐步成熟，有可能从中国以外的市场采购原药等产品。排名11～30名的市场有一定波动，但相对稳定。

7.5.3.3　中国农药贸易面临的机遇与挑战

（1）机遇方面

① 全球范围内农药需求量的持续增加　随着世界人口的不断增加，人类对新的生物能源的需求持续上升，转基因作物种植面积的不断扩大，决定了对农药的需求持续增加的态势不会改变。国际农药市场在未来仍会保持持续增长的态势。另外，世界对粮食的间接需求将大幅上升，随着消费结构的变化，人类对水果蔬菜等农产品的需求也将不断上升。因此，从

长期来看，农业生产对农药的需求必将稳步上升。

② 农药使用水平不断提高　随着全球经济的增长，各国农业发展水平的提高，各国的农药使用水平也会随之提高，也将导致对农药的需求量加大。亚洲是全球农药需求的第一大市场，其次为欧洲、拉丁美洲、北美洲等地区。由于农药使用水平相对较高，欧洲、美国、日本等发达国家和地区的农药市场需求是比较稳定的，因此农药需求增长将主要集中在中国、印度、巴西、阿根廷、非洲的部分国家等发展中国家。在未来，随着各国农业的发展和农药使用水平的提高，会有更多的农药新兴市场发展起来。

③ 我国部分企业已成为跨国农化巨头的供货商　随着我国农药合成与加工能力的进一步提高，生产的原药与制剂产品质量已达到发达国家水平，甚至更为优质。在近几年出口贸易中，一些国际农化巨头通过原料加工对口合同贸易或一般贸易形式，从我国合成能力强的企业大量采购优质原药，一些原药生产企业逐渐成为部分国际农化巨头的直接供应商。

④ 中国农药企业国际市场开拓能力不断提升　经过近30年的快速发展，我国农药企业的国际市场开拓能力、产品和工艺创新能力取得了长足的进步，一些农药企业在海外设立分公司、登记自己的制剂产品，为拓展国际业务奠定了扎实的基础。中国化工集团继2016年完成了对世界最大的仿制药生产商安道麦公司（ADAMA，原名马克西姆阿甘）100%股权的收购后，于2017年完成中国企业史上最大的海外收购，完成了对世界第一大农药公司、全球最具实力的专利农药生产商先正达的440亿美元收购，弥补了中国农药企业缺乏知名国际品牌、自主创新能力弱、海外商业渠道不畅的短板。此举不但将大大增强中国企业参与国际农药研发分工协作的能力，使其成为农药产品国际标准和安全国际标准制定的引导者，而且将大大促进高端农化产业向中国转移，为我农药产业的转型升级创造有利环境，必将成为中国企业进军国际市场、创建中国农药国际品牌的里程碑。

（2）挑战方面

① 中国企业竞争力较弱　在2000多家农药企业中，中、小型企业非常多，资金和技术过于分散，农药创新和研发整体综合能力较弱，依然处于产业链的底端，贴牌现象严重，仅为世界农药加工工厂，在国际上没有太多的议价权。特别是我国农药行业产品产能大范围过剩，产品同质化非常严重，国际市场屡屡出现集中"踩踏"现象。国内很多企业国际市场开拓能力不强，市场针对性产品开发能力较弱，综合竞争力不够，开拓国际市场依然以低价格方式为主，成为每个"走出去"的企业面临的重要挑战。

② 出口退税政策的不合理　原药出口退税高于制剂，造成"退税倒挂"，不利于制剂产品的发展。尤其是2015年12月31日，财政部发布《关于调整部分产品出口退税率的通知》，将481个农药原药出口退税率从9%提高至13%，制剂出口退税率则仍为5%。业内普遍反映，部分原药和制剂出口退税率调整后，"退税倒挂"严重制约了农药制剂企业出口。

③ 具自主知识产权的产品仍较少　近年来我国农药产业发展速度很快，原药合成与制剂加工能力已得到了飞速发展，但我国具自主知识产权的原创产品仍极少，不足总有效成分的5%，因此在国际市场上不具备定价权，对于我国农药产业的长远发展极为不利。随着印度与东南亚部分国家农药合成与加工能力的提升，我国农药在国际市场遇到的竞争将更为激烈。

7.5.4　中国农药国际贸易发展趋势

我国农药产业在满足国内农业生产需要的基础上，国际依存度高，已成为一个外向型产业，国际市场已成为拉动我国农药产业健康发展的主要动力。随着"农药零增长行动"深入开展，到 2020 年我国农药使用量总量将不再增长，国内市场随之将不再扩大，而国内农药产能还可能持续增长，农药产业产能过剩现象将更趋严重。

推动农药产业的战略转型，统筹用好"国内国际两个市场"，消化国内过剩产能，提升中国农药企业国际竞争力，特别是促进农药附加值高的制剂出口，是中国农药国际贸易发展的根本出路。

一方面，结合贯彻实施 2017 年 4 月新颁布的《农药管理条例》，以及国家"高消耗、高污染、资源型"的宏观产业调控目标，完善和修订农药行业的准入条件，充分利用生产管理和登记管理两道门槛，提高农药生产的准入门槛，减少生产企业数量，降低同质化产能，通过资本积聚和集中实现规模效应，建立我国农药产业的大集团，做大做强产业，增强我国农药产业应对政策风险和抗击国际风险的能力。

另一方面，解放生产要素，培育中国品牌。在现代产业经济的发展中，品牌的建立很大程度上依赖对生产要素的集中和掌控，只有通过对生产要素的控制，才能掌握产品价格的话语权，才能实现品牌的价值。鼓励骨干企业结合市场需求进行收购、兼收、合并，同时支持和鼓励跨国集团采用收购、并购等多种投资方式加强与国内骨干企业的合作，实现产业内的专业分工和产品结构的优化组合，形成合力，激发骨干企业在新产品开发、技术装备、产品质量、生产规模和市场战略上的优势，从而培育一批拥有自主知识产权和知名品牌的骨干企业。

另外，强化建设与各国农药贸易管理部门间信息交流的机制，规范双边农药贸易秩序，防止和打击国内外非法农药贸易企业。加强行业自律，营造公正、平等、有序的竞争环境，为发展我国农药国际贸易营造良好的法规政策和市场环境。

参 考 文 献

［1］ USA Federal Insecticide，Fungicide，and Rodenticide Act（FIFRA）. https：//www. epa. gov/enforcement/federal-insecticide-fungicide-and-rodenticide-act-fifra-and-federal-facilities.

［2］ USA Federal Food，Drug，and Cosmetic Act. https：//www. fda. gov/regulatoryinformation/lawsenforcedbyfda/federalfooddrugandcosmeticactfdcact/default. htm.

［3］ USA Food Quality Protection Act. https：//www. epa. gov/laws-regulations/summary-food-quality-protection-act.

［4］ USA Pesticide Registration Improvement Extension Act. https：//www. epa. gov/pria-fees.

［5］ USA Endangered Species Act . https：//www. fws. gov/endangered/esa-library/pdf/ESAall. pdf.

［6］ Canada Pest Control Products Act（PCPA）. http：//laws-lois. justice. gc. ca/eng/acts/P-9. 01/.

［7］ Canada Pesticide Residue Compensation Act（PRCA）. http：//laws-lois. justice. gc. ca/eng/acts/P-10/.

［8］ Canada Food and Drugs Act（FDA）. http：//laws-lois. justice. gc. ca/eng/acts/F-27/index. html.

［9］ Canada Agriculture and Agri-Food Administrative Monetary Penalties Act. http：//laws-lois. justice. gc. ca/eng/acts/A-8. 8/.

［10］ Plant Protection Products Regulation（EC）1107/2009.

［11］ Directive 2009/128/EC of the European Parliament and of the Council of 21 October 2009 establishing a framework for Community action to achieve the sustainable use of pesticides. https：//eur-lex. europa. eu/legal-content/EN/TXT/?

qid＝1530715097578&uri＝CELEX：32009L0128.

[12] Regulation（EC）No 1185/2009 of the European Parliament and of the Council of 25 November 2009 concerning statistics on pesticides. https://eur-lex. europa. eu/legal-content/EN/TXT/? qid ＝ 1530715135734&uri ＝ CELEX： 32009R1185.

[13] Directive 2006/42/EC of the European Parliament and of the Council of 17 May 2006 on machinery. https://eur-lex. europa. eu/legal-content/EN/TXT/? qid＝1530715261309&uri＝CELEX：32006L0042.

[14] Regulation（EC）No 396/2005 of the European Parliament and of the Council of 23 February 2005 on maximum residue levels of pesticides in or on food and feed of plant and animal origin. https://eur-lex. europa. eu/legal-content/EN/TXT/? qid＝1530715457580&uri＝CELEX：32005R0396.

[15] Australian Pesticides and Veterinary Medicine Authority，APVMA. https://apvma. gov. au/.

[16] Australian Agricultural and Veterinary Chemicals Code Act. https://www. legislation. gov. au/Details/C2016C00999.

[17] New Zealand Agricultural Compounds and Veterinary Medicines Act. http://www. legislation. govt. nz/act/public/1997/0087/latest/DLM414577. html.

[18] 马思羽，吴小毅 . 美国农药法规简介及借鉴意义 . 江苏农村经济，2013，（7）：70-71.

[19] 朴秀英，嵇莉莉，吕宁，等 . 美国农药登记再评价及其启示 . 农药科学与管理，2013，34（8）：11-15.

[20] 朴秀英，嵇莉莉，宗伏霖，等 . 美国农药特殊评审程序简介 . 世界农业，2014，（1）：124-127.

[21] 叶萱 . 美国在引入转基因作物后大豆、玉米和棉花的农药使用变化情况 . 世界农药 .2016，38（5）：15-20.

[22] 段丽芳，李贤宾，柯昌杰，等 . 欧盟新烟碱类农药限用政策对我国农药相关产业的风险分析 . 农药科学与管理，2013，34（9）：15-20.

[23] 朴秀英，嵇莉莉，宗伏霖，等 . 欧盟农药再登记程序及其与美国的比较分析 . 世界农业，2014，（10）：143-146.

[24] 张翼翾，张一宾 . 欧盟的农药登记制度 . 农药科学与管理，2010，31（10）：7-15.

[25] 朱春雨，杨峻，张楠 . 全球主要国家近年农药使用量变化趋势分析 . 农药科学与管理，2017，38（4）：13-19.

[26] 邵振润，梁帝允，曾爱军 . 以保障农产品质量安全和环境安全为目的的加拿大农药应用管理 . 世界农药，2010，32（2）：1-7.

[27] 张峰祖 .EFSA 制定对高危害农药进行"止损"豁免的评估草案 . 农药科学与管理，2017，（6）：17.

[28] 杨光 . 加拿大计划取消新烟碱类杀虫剂吡虫啉使用 . 农药市场信息，2017，（01）：49.

[29] 王希 . 美国 EPA 提高对农药使用者的要求 . 农药科学与管理，2017，38（04）：57.

[30] 段丽芳，付萌，刘毅华，等 . 欧盟再次收紧对吡虫啉、噻虫胺及噻虫嗪三种新烟碱类农药的使用限制 . 农药科学与管理，2017，38（11）：34-35.

[31] 刘亮，孙艳萍，周蔚 . 我国农药禁限用政策实施情况及建议 . 农药科学与管理，2013，34（07）：1-4.

[32] 巴西成为世界第一大农药市场 . 农业技术与装备，2012，（22）：83.

[33] 余露 . 中国取代美国成为 2012 年巴西农药最大进口国 . 农药市场信息，2013，（15）：453.

[34] 段丽芳 . 体系混乱影响巴西农药管理 . 农药科学与管理，2012，33（9）：47.

[35] 嵇莉莉 . 巴西修改农药标签 . 农药科学与管理，2013，（12）：14.

[36] 叶晓刚 . 澳农药登记新规有四变化 . 农资导报，2014-05-16.

[37] 阎世江，张继宁，刘洁 . 对拉美国家农药市场的分析，农药市场信息，2016，（17）.

[38] 殷琛 . 日本农药安全管理研究 . 农药研究与应用，2011，（1）：6-8.

[39] 张宏军，马凌，吴进龙，等 . 日本农药登记及应用状况分析 . 农药科学与管理，2017，38（7）：7-16.

[40] 吴厚斌，穆兰，吕宁，等 . 日本农药市场研究 . 农药科学与管理，2013，34（4）：72-74.

[41] 郭利京，王颖 . 中美法韩农药监管体系及施用现状分析 . 农药，2018，（5）.

[42] 中国食品土畜进出口商会 . 韩国《农药肯定列表制度》将于 2019 年全面实施 . 中国茶叶，2018，（4）.

[43] 南非农药登记管理 . 今日农药，2014，（8）：28-30.

[44] Codex Alimentarius Commission. http://www. fao. org/fao-who-codexalimentarius/en/.

[45] 《Understanding Codex》FAO/WHO. www. fao. org/3/a-i5667e. pdf.

[46] FAO/WHO The Procedural Manual of Codex Alimentarius Commission.

［47］Codex Maximum Residue Limits（MRLs）Database. http：//www. fao. org/fao-who-codexalimentarius/codex-texts/maximum-residue-limits/en/.

［48］FAO-JMPR. http：//www. fao. org/agriculture/crops/thematic-sitemap/theme/pests/jmpr/en/.

［49］WHO-JMPR. http：//www. who. int/foodsafety/areas_work/chemical-risks/jmpr/en/.

［50］FAO Submission and evaluation of pesticide residues data for the estimation of maximum residue levels in food and feed.

［51］FAO/WHO "Risk Analysis Principles Applied by the Codex Committee on Pesticide Residues".

附录

附录 1　健康风险评估报告模板

产品名称 施药者（居民）健康风险评估报告

（说明：产品名称体现信息可包括有效成分含量、有效成分名称、产品剂型。评估对象包括但不限于施药者或居民）

登记申请人：

联系方式：

通信地址：

报告编写者：

报告完成日期：

联系方式：

通信地址：

1. 前言

1.1 评估背景

1.1.1 被评估物质简介

简述被评估物质的主要信息，例如研发企业、主要特点，并以表格的形式列出物质有效成分基本信息（表格可体现在评估报告文中，也可以附录形式体现，下同）。

被评估物质有效成分的基本信息见附表 1-1，但不限于附表 1-1 所列信息。

附表 1-1　有效成分基本信息（示例）

项　目	信　息
通用名称（中文）	
通用名称（英文）	
化学名称（中文）	
化学名称（英文）	
CAS 登录号	
分子式	
分子量/（g/mol）	
结构式	

1.1.2 国内外登记使用情况

简述被评估物质原药/母药以及制剂在国内外的登记、使用情况。如有特殊的登记要求或产品标签使用要求需说明。

1.1.3 本次风险评估的目的

1.2 评估依据

1.2.1 准则与参考文献

1.2.1.1 本评估遵照

《农药施用人员健康风险评估指南》（可选）；

《卫生杀虫剂健康风险评估指南 第 1 部分：蚊香类产品》（可选）；

《卫生杀虫剂健康风险评估指南 第 2 部分：气雾剂》（可选）；

《卫生杀虫剂健康风险评估指南 第 3 部分：驱避剂》（可选）；

其他准则（视需要）。

1.2.1.2 参考的文献及出处（视需要）

1.2.1.3 自建方法（视需要）

1.2.2 模型与公式

1.2.2.1 本评估使用中国开发的

施药者健康风险评估模型（可选）；

蚊香类产品风险评估模型（可选）；

气雾剂风险评估模型（可选）；

驱避剂风险评估模型（可选）。

1.2.2.2 其他来源的模型或计算公式（视需要，并说明选用原因）

1.2.2.3 在已有模型或公式基础上进行调整（视需要，并说明调整原因）

1.2.2.4 自建模型或公式（视需要，并说明依据）

1.3 登记申请人

1.3.1 联系方式

1.3.2 通信地址

1.4 报告编写者

1.4.1 联系方式

1.4.2 通信地址

1.5 评估报告说明（视需要）

2. 问题阐述

2.1 危害识别

对被评估物质的危害进行识别，并列表说明被评估物质及其原药的毒理学信息。

制剂毒理学信息见附表 1-2。

原药毒理学信息见附表 1-3。

附表 1-2 制剂毒理学信息（示例）

试验项目	试验摘要/结果/结论	试验报告来源	报告完成日期

附表 1-3 原药毒理学信息（示例）

试验项目	试验摘要/结果/结论	试验报告来源	报告完成日期

2.2 暴露分析

对被评估物质的暴露对象、暴露途径及暴露场景进行分析，并列表说明被评估物质的施用/使用信息。

被评估物质的基本信息及施用信息见附表 1-4（可选）。

被评估物质的基本信息及使用信息见附表 1-5（可选）。

附表 1-4　被评估物质的基本信息及施用信息（示例）

产品名称	有效成分含量/产品剂型	登记作物/防治对象	施药方法	施药剂量	施药次数	施药间隔

附表 1-5　被评估物质的基本信息及使用信息（示例）

产品名称	产品类型	产品净重	含量	使用寿命	使用方式

2.3　评估项目

通过危害识别及暴露分析，确定评估项目：

农药施用人员健康风险评估（可选）；

蚊香类产品健康风险评估（可选）；

气雾剂健康风险评估（可选）；

驱避剂健康风险评估（可选）；

其他方面健康风险评估（可选）。

3. 危害评估

3.1　毒理学数据

综述毒理学试验摘要，具体数据见附表 1-3。

3.2　数据质量评估

3.2.1　全面性分析

分析是否存在数据缺口。

3.2.2　有效性及可靠性分析

通过分析数据来源，试验设计和试验报告质量等来判断数据是否有效及可靠。

3.3　允许暴露量计算

3.3.1　判断敏感终点，选择终点数据

对毒理学数据进行全面分析和评估，获得最敏感动物的敏感终点。根据敏感终点，选择最适合的试验，确定用于计算允许暴露量的终点数据。

3.3.2　选择不确定系数

说明不确定系数选择的理由及依据。

被评估物质的允许暴露量（AOEL）计算见附表 1-6（可选）。

被评估物质的允许暴露量（AREL）计算见附表 1-7（可选）。

附表 1-6　允许暴露量（AOEL）计算（示例）

暴露途径	选取的试验项目	终点数据	不确定系数（UF）	AOEL
经皮途径				
吸入途径				

附表 1-7　允许暴露量（AREL）计算（示例）

暴露途径	选取的试验项目	终点数据	不确定系数（UF）	AREL
经皮途径				
吸入途径				
经口途径				

4. 暴露评估

4.1　被评估物质施用/使用信息

简述被评估物质施用/使用信息，见附表 1-4、附表 1-5。

4.2　暴露量计算

4.2.1　方法简述

简述选用的模型或公式，并分析适用性。

4.2.2　暴露场景及暴露途径分析

分析产品在施用/使用过程中对人的暴露场景及暴露途径。

4.2.3　防护水平（视需要）

4.2.4　计算结果

通过模型或公式分别计算产品在各场景、各暴露途径对人的暴露量。

4.2.4.1　模型输入参数与模型输出结果（视需要）

可以列表形式给出，也可以截图形式给出（要确保图片清晰可见），也可以打印报表的形式给出，见附表 1-8～附表 1-15。

附表 1-8　施药者健康风险评估模型输入参数（示例）

产品信息	产品剂型	
	产品名称	
	企业名称	
	有效成分名	
	有效成分含量/（g/L 或％）	
GAP 信息	登记作物	
	防治对象	
	可能喷雾高度	
	施药方法	
	用药量	
	产品比重/（g/mL）	

毒理学信息	经皮毒性/(mg/kg)	
	不确定系数	
	试验周期	
	吸入毒性/(mg/kg 或 mg/m³)	
	不确定系数	
	试验周期	
	吸入试验暴露时间	
	经口毒性/(mg/kg)	
	不确定系数	
	试验周期	
	经皮吸收率	

附表 1-9　施药者健康风险评估模型输出结果（示例）

防护水平	经皮暴露量/(mg/kg bw)	经皮风险值	吸入暴露量/(mg/kg bw)	吸入风险值	合并风险值
较好防护					
较差防护					

附表 1-10　蚊香类产品风险评估模型输入参数（示例）

产品信息	盘香	净重/g	
		含量/%	
	电热蚊香片	净含量/mg	
	电热蚊香液	净重/g	
		含量/%	
		使用寿命/h	
毒理学信息	吸入毒性/(mg/kg)		
	吸入试验周期（亚急/亚慢）		
	吸入毒性/(mg/m³)	吸入试验时长	
	吸入试验周期（亚急/亚慢）		
	经皮毒性/(mg/kg)		
	经皮试验周期（亚急/亚慢）		
	经口毒性/(mg/kg)		
	经口试验周期（亚急/亚慢）		

附表 1-11　蚊香类产品风险评估模型输出结果（示例）

	成人暴露量	成人风险值	幼儿暴露量	幼儿风险值
吸入				
经皮				
经口				
总计				

附表 1-12　气雾剂风险评估模型输入参数（示例）

有效成分含量/%			
使用场景	空间喷雾□	缝隙喷雾□	
毒理学数据（亚急/亚慢性试验 NOAEL）			
吸入毒性/(mg/kg)			
吸入毒性/(mg/m³)	吸入试验周期		
经皮毒性/(mg/kg)	使用经口数据□	经皮吸收率/%	
		经口吸收率/%	
经口毒性/(mg/kg)			

附表 1-13　气雾剂风险评估模型输出结果（示例）

空间喷雾场景

	成人暴露量	成人风险值	幼儿暴露量	幼儿风险值
吸入				
经皮				
经口				
总计				

缝隙喷雾场景

	成人暴露量	成人风险值	幼儿暴露量	幼儿风险值
吸入				
经皮				
经口				
总计				

附表 1-14　驱避剂风险评估模型输入参数（示例）

有效成分含量/%		
使用场景	喷雾□	涂抹□
保护时间	2 小时□	4 小时以上□
毒理学数据（亚急/亚慢性试验 NOAEL）		
经口毒性/(mg/kg)		
经口试验周期（亚急/亚慢）		
经皮毒性/(mg/kg)		
经皮试验周期（亚急/亚慢）		
经皮毒性使用经口试验数据	经皮吸收率/%	
	经口吸收率/%	

附表 1-15 驱避剂风险评估模型输出结果（示例）

喷雾场景

	成人暴露量	成人风险值	幼儿暴露量	幼儿风险值
经皮				
经口				
总计				

涂抹场景

	成人暴露量	成人风险值	幼儿暴露量	幼儿风险值
经皮				
经口				
总计				

4.2.4.2 公式计算参数与计算结果（视需要）

5. 风险表征

此部分如果使用我国现有健康风险评估模型运算，在第 4 部分可直接通过模型计算出风险系数（RQ）。如果使用公式运算，则此部分需按各暴露场景、各暴露途径分别计算 RQ 值。

5.1 方法简述

5.2 风险表征结果

6. 结论

根据评估结果，总结被评估物质的毒性、暴露情况及风险是否接受。

7. 讨论

7.1 风险评估结果的不确定性

可参考以下方面（但不局限于以下方面）进行不确定性讨论，并分析不确定性对结果的影响。

7.1.1 危害评估

不确定性的来源主要是数据质量、不确定系数的选择等。

7.1.2 暴露评估

不确定性的来源主要为场景、途径、数据采集、模型、输入参数等。

7.1.3 风险表征

不确定性的来源主要为风险值算法、评价标准等。

7.2 风险降低措施的有效性（可选）

当初级风险评估结果显示风险不可接受时，可提出风险降低措施，并对其有效性、可行性进行分析。

附录 2　膳食风险评估报告模板

产品名称膳食风险评估报告

（说明：产品名称体现信息可包括有效成分含量、有效成分名称、产品剂型）

登记申请人：

联系方式：

通信地址：

报告编写者：

报告完成日期：

联系方式：

通信地址：

1. 前言

1.1　评估背景

1.1.1　被评估物质简介

简述被评估物质的主要信息（见附表 2-1），例如开发单位、主要特点，并以表格的形式列出物质有效成分基本信息。

附表 2-1　（××被评估物质）有效成分的基本信息

项　目	信　息
通用名称（中文）	
通用名称（英文）	
化学名称（中文）	
化学名称（英文）	
CAS 号	
分子式	
分子量/（g/mol）	
结构式	

1.1.2 国内外登记使用和限量标准制定情况

简述被评估物质制剂在国内外的登记（附表 2-2）、使用、标准制定等情况。如有特殊的登记要求或产品标签使用要求需说明。

附表 2-2 （××被评估物质）在我国登记作物

登记 作物	

1.1.3 本次风险评估的原因及目的

1.2 评估依据

1.2.1 技术规范

本评估遵照《农药残留风险评估指南》《农药每日允许摄入量制定指南》和《农药急性参考剂量制定指南》《农作物中农药代谢试验准则（NY/T 3096—2017）》《加工农产品中农药残留试验准则（NY/T 3095—2017）》《植物源性农产品中农药贮藏稳定性试验准则（NY/T 3094—2017）》《农药残留试验准则（NY/T 788）》的规定进行。

1.2.2 评估方法

依据卫生部 2002 年发布的《中国不同人群消费膳食分组食谱》或权威参考资料中的膳食结构数据，结合残留化学评估推荐的规范残留试验中值和已制定的最大残留限量（MRL），计算该农药的国家估算每日摄入量（NEDI），计算公式如下：

$$NEDI=\sum[STMR_i(STMR-P_i)\times F_i]$$

式中　$STMR_i$——农药在某一食品中的规范残留试验中值；

　　　$STMR-P_i$——用加工因子校正的规范残留试验中值；

　　　　　　F_i——一般人群某一食品的消费量。

"一般人群某种食品的消费量"参见我国城乡居民的每日食物摄入量（膳食结构）（来自《2002 年中国居民营养与健康现状》，2004 年 10 月 12 日公布），其中蔬菜 285.5g（占每日摄入食物总量的 27.8%）、粮谷类 410.7g（39.1%）、薯类 49.5g（4.8%）、干豆及豆制品16.0g（1.6%）、水果 49.6g（4.8%）、畜禽类 79.5g（7.7%）、奶及其制品 26.3g（2.6%）、蛋及其制品 23.6g（2.3%）、鱼虾类 30.1g（2.9%）、植物油 32.7g（3.2%）、动物油 8.7g（0.8%）、糖及淀粉 4.4g（0.4%）、食盐 12.0g（1.2%）、酱油 9.0g（0.9%），每人每日总摄入量为 1.03kg。

2002 年调查结果未公布茶叶、药食两用植物、调味料和食用菌的消费数据，依据中国农业科学院茶叶研究所推荐人均 12g 茶叶（与食盐数据相同），上海农业科学院食用菌研究所推荐人均 42g 食用菌进行评估（与水果数据接近），药食两用植物、调味料参考酱油（调味品）摄入量进行评估。

用于膳食风险评估的作物归类见附件。

1.3 项目相关人员

1.3.1 项目负责人

1.3.2 报告编写人

1.3.3 报告审核人

1.4 评估报告说明（视需要）

2. 农药毒理学评估

危害识别和危害特征描述，通过评价毒物代谢动力学试验和毒理学试验结果，推荐每日允许摄入量（ADI）为：×××，急性参考剂量（ARfD）：×××。

具体可参考《农药每日允许摄入量制定指南》和《农药急性参考剂量制定指南》。

3. 农药残留化学评估

3.1 动植物代谢试验和残留物确定

参考毒理学评估结果，进行动植物代谢试验，对农药代谢规律、最终产物进行评价，确定残留物。

通过评价动植物代谢试验、田间残留试验、饲喂试验和加工过程等试验结果，推荐规范残留试验中值（STMR）和最高残留值（HR）。

3.2 残留行为评价

3.2.1 残留分析方法

对残留分析方法的有效性进行评价，主要包括正确度和精密度等。

3.2.2 样品贮藏稳定性

对试验样品贮藏稳定性进行评价；必要时，包括提取、净化后待测试样的贮藏稳定性。

通过贮藏稳定性试验表明，××农药在××基质中贮藏××时间，降解率低于30％。

3.3 农作物中农药残留试验

通过对试验设计中的农药使用范围、使用方法、施药剂量、使用次数和安全间隔期、样品采集、运输和预处理及试验结果等进行评价。GAP条件为：××××农药在××作物上，按照××剂量，按照××施药方式，施药××次，施药间隔期为××天，安全间隔期为××天。

规范残留试验中值（STMR）为××，最高残留值（HR）为××。样品的采集方式为：按照××采样法在××作物上采集样品，采样量为××，采样点不少于××个，预处理方式为××，××方式运输至试验室，贮藏温度为××。残留试验检测数据统计见附表2-3，检测方法见附表2-4。

附表2-3　××（有效成分、剂型、含量）农药在××作物上××施药残留量

时间地点	施药剂量/[g(a.i.)/hm²]	施药次数	采收间隔期/d	残留量/(mg/kg)	残留中值（STMR）	残留最大值（HR）
年份地点				将每个残留试验结果按照由小到大的顺序填入		

附表2-4　农药残留检测方法

试验单位	作物	检测方法摘要	添加浓度/(mg/kg)	回收率/％	变异系数/％	定量限/(mg/kg)

3.4 加工过程评价

对食品加工前后农药残留量变化进行评价，计算加工因子。必要时，包括对加工过程中农药性质变化的评价。

农产品加工方式为××，加工后农产品为××，加工因子 pf＝［加工产品中的农药残留量（mg/kg）］／［初级农产品中的农药残留量（mg/kg）］，其加工系数大于/小于 1，具有/不具有浓缩效应。加工试验数据统计见附表 2-5。

附表 2-5　加工试验结果

时间地点	施药剂量 /［g(a.i.)/hm²］	初级农产品	初级农产品中农药残留量	加工农产品	加工产品中农药残留量	加工系数
年份 地点						

3.5 动物饲喂试验评价

对动物饲喂造成动物产品中农药残留结果进行评价。试验动物为××只，按照××方式分组，主要处理方式为：饲料/直接给药/外用，给药间隔期为××，动物产品中农药残留为××。

4. 暴露评估

4.1 方法简述

在毒理学和残留化学评估的基础上，根据我国居民膳食消费量，估算农药的膳食摄入量，包括长期/短期膳食摄入。

4.2 计算国家估算每日摄入量（NEDI）

根据规范残留试验中值（STMR/STMR－P）或最大残留限量（MRL）计算某种农药国家估算每日摄入量（NEDI 或 TMDI）。计算 NEDI 时，如果没有合适的 STMR 或 STMR－P，可以使用相应的 MRL，应注明是使用中值和限量值混合评估的结果。膳食风险评估计算见附表 2-6。

$$\text{NEDI} = \sum[\text{STMR}_i(\text{STMR}-\text{P}_i) \times \text{F}_i]$$

式中　STMR_i——农药在某一食品中的规范残留试验中值；

　　$\text{STMR}-\text{P}_i$——用加工因子校正的规范残留试验中值；

　　　　F_i——一般人群某一食品的消费量。

附表 2-6　膳食风险评估模型

食物种类	膳食量/kg	参考限量或残留中值	限量来源	NEDI/mg	每日允许摄入量/mg	风险概率/％
米及其制品	0.2399					
面及其制品	0.1385					
其他谷类	0.0233			ADI×63		
薯类	0.0495					
干豆类及其制品	0.016					
深色蔬菜	0.0915					

食物种类	膳食量/kg	参考限量或残留中值	限量来源	NEDI/mg	每日允许摄入量/mg	风险概率/%
浅色蔬菜	0.1837					
腌菜	0.0103					
水果	0.0457					
坚果	0.0039					
畜禽类	0.0795					
奶及其制品	0.0263					
蛋及其制品	0.0236			ADI×63		
鱼虾类	0.0301					
植物油	0.0327					
动物油	0.0087					
糖、淀粉	0.0044					
食盐	0.012					
酱油	0.009					
合计	1.0286					

5. 结果

结合我国农药登记情况和我国居民的人均膳食结构，普通人群××的国家估算每日摄入量是××mg，占日允许摄入量的××%，结果表明对一般人群健康不会产生不可接受的风险。风险评估结果见附表 2-7。

附表 2-7　风险评估结果

作物/食品名称	STMR/(mg/kg)	HR/(mg/kg)	MRL/(mg/kg)

附件

用于膳食风险评估的作物归类

作物名称	风险评估食物归类	备注
赤豆	干豆及其制品	作物分类在谷物杂粮类
绿豆	干豆及其制品	作物分类在谷物杂粮类
豌豆	干豆及其制品	作物分类在谷物杂粮类
小扁豆	干豆及其制品	作物分类在谷物杂粮类
大豆	干豆类及其制品	作物分类在油料中
豆类（干）	干豆类及其制品	改为大豆
大葱	酱油	作物分类在蔬菜中
大蒜	酱油	作物分类在蔬菜中
姜	酱油	作物分类在蔬菜中

作物名称	风险评估食物归类	备　注
糙米	米及其制品	
大米	米及其制品	
稻谷	米及其制品	
稻米	米及其制品	改为糙米
水稻	米及其制品	改为稻谷
其他麦类	面及其制品	
小麦	面及其制品	
高粱	其他谷类	
谷子	其他谷类	
禾谷类	其他谷类	
玉米	其他谷类	
菜豆	浅色蔬菜	
菜用大豆	浅色蔬菜	
大白菜	浅色蔬菜	
冬瓜	浅色蔬菜	
甘蓝	浅色蔬菜	
根甜菜	浅色蔬菜	
瓜菜类蔬菜	浅色蔬菜	
瓜类	浅色蔬菜	
花椰菜	浅色蔬菜	
黄瓜	浅色蔬菜	
豇豆	浅色蔬菜	
节瓜	浅色蔬菜	
苦瓜	浅色蔬菜	
莲藕	浅色蔬菜	
芦笋	浅色蔬菜	
萝卜	浅色蔬菜	
南瓜	浅色蔬菜	
其他豆类蔬菜（含荚）	浅色蔬菜	
茄子	浅色蔬菜	
茭白	浅色蔬菜	
青豆	浅色蔬菜	菜用大豆
秋葵	浅色蔬菜	
丝瓜	浅色蔬菜	
蒜薹	浅色蔬菜	
甜玉米	浅色蔬菜	
豌豆	浅色蔬菜	指鲜豌豆
莴苣	浅色蔬菜	
莴笋	浅色蔬菜	
西葫芦	浅色蔬菜	

作物名称	风险评估食物归类	备 注
洋葱	浅色蔬菜	
块根芹	浅色蔬菜	
果菜类蔬菜	浅色蔬菜/深色蔬菜	
叶菜	浅色蔬菜/深色蔬菜	
甘蓝类蔬菜	浅色蔬菜/深色蔬菜	
茎类蔬菜	浅色蔬菜/深色蔬菜	
其他茄果类蔬菜	浅色蔬菜/深色蔬菜	
蔬菜	浅色蔬菜/深色蔬菜	
菠菜	深色蔬菜	
番茄	深色蔬菜	
胡萝卜	深色蔬菜	
茴香	深色蔬菜	
韭菜	深色蔬菜	
辣椒	深色蔬菜	
普通白菜	深色蔬菜	
芹菜	深色蔬菜	
普通白菜（青菜）	深色蔬菜	
青花菜	深色蔬菜	
甜椒（青椒）	深色蔬菜	
茼蒿	深色蔬菜	
蕹菜	深色蔬菜	
普通白菜（小白菜、小油菜）	深色蔬菜	
油麦菜	深色蔬菜	
茶叶	食盐	作物分类在饮料中
甘薯	薯类	作物分类在蔬菜中
马铃薯	薯类	作物分类在蔬菜中
其他薯类	薯类	作物分类在蔬菜中
芋头	薯类	作物分类在蔬菜中
大枣	水果	
柑橘	水果	
柑橘类水果	水果	
梨	水果	
梨果类水果	水果	
荔枝	水果	
龙眼	水果	
苹果	水果	
葡萄	水果	
热带及亚热带水果（皮不可食）	水果	
桑葚	水果	

作物名称	风险评估食物归类	备　注
水果	水果	
桃	水果	
西瓜	水果	
香蕉	水果	
小粒水果	水果	
蘑菇	水果	
蜂蜜	糖、淀粉	
甘蔗	糖、淀粉	
甜菜	糖、淀粉	
菜籽油	植物油	
花生	植物油	
花生油	植物油	
棉籽	植物油	
棉籽油	植物油	
向日葵	植物油	
油菜	植物油	
油菜籽	植物油	
芝麻	植物油	
茶叶	食盐	

附录 3　环境风险评估报告模板

产品名称 环境风险评估报告

（说明：产品名称体现信息可包括有效成分含量、有效成分名称、产品剂型）

登记申请人：

联系方式：

通信地址：

报告编写者：

报告完成日期：

联系方式：

通信地址：

1. 前言

1.1 评估背景

1.1.1 被评估物质简介

简述被评估物质的主要信息，例如研发单位、主要特点，并以表格的形式列出物质有效成分基本信息（表格可体现在评估报告文中，也可以附录形式体现，下同）。

被评估物质有效成分的基本信息见附表 3-1，但不限于附表 3-1 所列信息。

附表 3-1 有效成分基本信息（示例）

项目	相关信息
中文通用名	
英文通用名	
CAS 登录号	
分子式	
分子量/(g/mol)	
结构式	
水中溶解度/(mg/L,℃)	
饱和蒸汽压/(Pa,℃)	
作用方式与机理	
在制剂 1 中的含量	
在制剂 2 中的含量	
……	

1.1.2 国内外登记使用情况

简述被评估物质原药/母药以及制剂在国内外的登记、使用情况。如有特殊的登记要求或产品标签使用要求需说明。

1.1.3 本次风险评估的目的

1.2 评估依据

1.2.1 准则与参考文献

1.2.1.1 本评估遵照

《农药登记 环境风险评估指南 第 2 部分：水生生态系统》（可选）；

《农药登记 环境风险评估指南 第 3 部分：鸟类》（可选）；

《农药登记 环境风险评估指南 第 4 部分：蜜蜂》（可选）；

《农药登记 环境风险评估指南 第 5 部分：家蚕》（可选）；

《农药登记 环境风险评估指南 第 6 部分：地下水》（可选）；

《农药登记 环境风险评估指南 第 7 部分：非靶标节肢动物》（可选）；

其他准则（视需要）。

1.2.1.2 参考的文献及出处（视需要）

1.2.1.3 自建方法（视需要）

1.2.2 模型与公式

1.2.2.1 本评估使用中国开发的

China-PEARL 模型（可选）；

Top-Rice 模型（可选）。

1.2.2.2 其他来源的模型或计算公式（视需要，并说明选用原因）

1.2.2.3 在已有模型或公式基础上进行调整（视需要，并说明调整原因）

1.2.2.4 自建模型或公式（视需要，并说明依据）

1.3 登记申请人

1.3.1 联系方式

1.3.2 通信地址

1.4 报告编写者

1.4.1 联系方式

1.4.2 通信地址

1.5 评估报告说明（视需要）

2. 问题阐述

2.1 风险估计

分析农药产品信息（类型、剂型）、使用信息（登记作物、使用时期、施用方法、剂量、次数）、环境归趋与生态毒性资料，评估该物质的潜在危害性、对环境的暴露可能性及影响，确定是否需要进行风险评估，以及需要对哪些保护目标开展风险评估。针对不种作物或防治对象，依据施药方法、施药量或频率、施药时间等，选择合适的分组评估方式。

若经分析无需进行风险评估，报告至此结束，并附录此判断所依据的数据资料或文件。

2.2 数据资料

2.2.1 评估物质基本信息

被评估物质有效成分的基本信息按照附表 3-1 列表描述，应包括但不限于以下信息：

（1）物质名称；

（2）CAS 号；

（3）分子式；

（4）分子量；

（5）结构式；

（6）水中溶解度（注明温度条件）；

（7）饱和蒸汽压（注明温度条件）；

（8）作用方式与机理；

（9）其他。

制剂产品相关信息，剂型、有效成分含量、良好农业规范（GAP 信息）等。GAP 信息应包括但不限于以下信息（附表 3-2）：

（1）登记作物；

（2）防治对象；

（3）施药/使用方法；

（4）施药/使用量；

（5）施药/使用时间（作物生长期）；

（6）施药/使用次数；

（7）施药/使用间隔；

（8）其他。

附表 3-2　GAP 信息（示例）

产品名称	登记作物	防治对象	施药方法	施药量	施药时间（作物生长期）	施药次数	施药间隔

2.2.2　环境归趋与生态毒性数据（详细数据以表格形式列出）

（1）代谢途径与主要代谢物。

（2）母体和主要代谢物的环境归趋特性。

（3）原药、制剂和主要代谢物的生态毒性。

（4）如需评估地下水，还需 ADI 值。

（5）文献查询资料还需注明数据库名称、国家、组织或机构名称。

3. 水生态系统

3.1　暴露分析

概述暴露场景，以列表形式详细给出模型输入参数（附表 3-3），以及预测环境浓度（PEC，附表 3-4）。

附表 3-3　Top-Rice 模型输入参数（示例）

项目	数值	备注（测定条件/参数选择依据等）
分子量		
溶解度		
蒸汽压		
土壤吸附系数（K_{om}）		
土壤降解半衰期（好氧）		
土壤降解半衰期（厌氧）		
池塘水层半衰期		
稻田水层半衰期		
施药时间		
施药剂量		
施药次数		
施药间隔		
施药漂移		
……		

附表 3-4　Top-Rice 模型输出结果（示例）

场景	首次施药时间	作物生长期（如适用）	地表水 PECsw-max /(μg/L)	地表水 PECsw-2d twa/(μg/L)	地表水 PECsw-21d twa/(μg/L)	地下水 PECgw /(μg/L)

3.2　效应分析

分析与评估母体及主要代谢物的水生生物生态毒性数据，选择适当的试验终点和不确定性因子，计算预测无作用浓度（PNEC）。使用的试验终点及不确定性因子以表格形式列出（附表 3-5）。

附表 3-5　效应分析结果（示例）

评估物质	非靶标生物	采用的生态毒性数据			UF	PNEC
		物种	毒性数据：试验周期/试验方法及端点值	用于评估的端点值		
	脊椎动物急性毒性		96h（半静态）$LC_{50}=\times\times mg/L$			
	脊椎动物慢性毒性					
	无脊椎动物急性毒性					
	无脊椎动物慢性性毒性					
	初级生产者					
	……					
……						

3.3　生物富集性评估

简要描述待评估物质的正辛醇-水分配系数、生物富集试验结果等，并评估其生物富集性风险。

3.4 风险表征

简要描述风险表征结果。以列表形式详细给出各场景、时间、GAP 下的 PEC、PNEC 和风险商值（RQ）。

4. 鸟类

4.1 暴露分析

根据农药施用方法确定暴露场景，选择指示物种，分别计算急性、短期和长期的预测暴露剂量（PED）。以列表形式详细给出计算参数、计算结果。

4.2 效应分析

通过分析急性、短期和长期毒性试验数据，获得毒性终点，并推算预测无效应剂量（PNED）。将涉及的计算参数及计算结果列表。

4.3 风险表征

简要描述风险表征结果。以列表形式详细给出计算参数与计算结果。

5. 蜜蜂

5.1 初级评估（喷雾场景）（可选）

根据农药用药量和对蜜蜂的急性毒性计算 RQ。

5.2 初级评估（土壤或种子处理场景）（可选）

5.2.1 暴露分析

根据农药用药量计算 PED。

5.2.2 效应分析

根据农药对蜜蜂的急性毒性和不确定性因子计算 PNED。

对于昆虫生长调节剂，需通过实验室蜜蜂幼虫饲喂试验结果进行评估。

以列表形式详细给出计算参数及计算结果。

5.2.3 风险表征

根据 PED 和 PNED 计算 RQ。

5.3 高级风险评估（如需）

当初级风险评估结果表明风险不可接受时，说明半田间试验或田间试验的试验设计和试验结果。

6. 家蚕

6.1 暴露分析

根据农药登记作物确定暴露场景，计算 PEC。以列表形式详细给出计算参数、计算结果。

6.2 效应分析

选择适宜的试验终点、不确定性因子计算 PNEC。

以列表形式详细给出计算参数及计算结果。

6.3 风险表征

根据 PEC 和 PNEC 计算 RQ。

7. 地下水

7.1 暴露分析

选择适宜的模型及场景，计算 PEC。以列表形式详细给出模型输入参数和输出结果。

7.2 效应分析

根据农药每日允许摄入量（ADI），计算预测无效应浓度（PNEC）。

7.3 风险表征

简要描述风险表征结果。以列表形式详细给出各场景、时间、GAP 下的 PEC、PNEC 和 RQ。

8. 非靶标节肢动物

8.1 暴露分析

选择合适的参数分别计算农田内、农田外的预测暴露用量（PER）。以列表形式详细给出计算参数、计算结果。

8.2 风险表征

分别计算寄生性天敌昆虫和捕食性天敌在不同场景（农田内、农田外）下的危害商值（HQ）。以列表形式详细给出计算参数（包括选择依据）、计算结果（附表 3-6）。

附表 3-6 ×× （制剂/代谢产物）对周边水体水生生物的风险商值（示例）

场景	首次施药时间	作物生长期（如适用）	RQ				
			脊椎动物		无脊椎动物		初级生产者
			急性	慢性	急性	慢性	

9. 讨论

9.1 风险评估结果的不确定性

可参考以下内容（但不局限于以下内容）进行不确定性讨论，并分析不确定性对结果的影响。

9.1.1 效应分析

不确定性的来源主要是数据质量、不确定性因子的选择。

9.1.2 暴露分析

不确定性的来源主要为暴露途径、模型、场景、输入参数。

9.1.3 风险表征

不确定性的来源主要为风险值算法、评价标准。

9.2 风险降低措施的有效性讨论（可选）

当风险评估结果显示风险不可接受时，可提出风险降低措施，并对其有效性、可行性进行分析。

10. 附件（视需要）

附录4 农药合理使用准则统计表

序号	制剂	施药作物
农药合理使用准则（一）（GB/T 8321.1—2000）		
1	40%稻瘟灵乳油	水稻
2	5%丁草胺颗粒剂 60%丁草胺乳油	水稻
3	48%毒死蜱乳油	棉花
4	48%甲草胺乳油	大豆、花生
5	5%抗蚜威可湿性粉剂	甘蓝
6	3%克百威颗粒剂	水稻、棉花
7	25%喹硫磷乳油	水稻、大白菜、柑橘、茶叶
8	10%氯氰菊酯乳油	叶菜（小白菜、大白菜、油冬儿）、番茄
9	20%氰戊菊酯乳油	叶菜（小白菜、大白菜、油冬儿）、苹果、棉花、茶叶
10	50%三环锡可湿性粉剂	柑橘
11	75%三环唑可湿性粉剂	水稻
12	25%三唑酮可湿性粉剂	冬小麦
13	50%杀螟丹可溶性粉剂	水稻
14	20%双甲脒乳剂	柑橘
15	50%四氯苯酞可湿性粉剂	水稻
16	15%涕灭威颗粒剂	棉花
17	20%烯禾啶乳油	大豆
18	50%溴螨酯乳油	苹果
19	2.5%溴氰菊酯乳油	叶菜（小白菜、大白菜、油冬儿）、苹果、柑橘、茶叶、烟草
农药合理使用准则（二）（GB/T 8321.2—2000）		
20	75%百菌清可湿性粉剂	番茄、花生
21	35%吡氟禾草灵乳油	大豆、花生、棉花
22	2%春雷霉素水剂	水稻
23	50%稻丰散乳油	水稻

序号	制剂	施药作物
24	40%敌瘟磷乳油	水稻
25	48%毒死蜱乳剂	青菜、大白菜
26	12%，25%噁草酮乳油	水稻
27	50%二嗪磷乳油	小麦、棉花
28	35%伏杀硫磷乳油	甘蓝
29	48%氟乐灵乳油	玉米、大豆
30	50%禾草丹乳油	水稻
31	90.9%禾草敌乳油	水稻
32	36%禾草灵乳油	小麦、甜菜
33	48%甲草胺乳油	玉米
34	58%甲霜灵可湿性粉剂	黄瓜
35	75%硫双威可湿性粉剂	棉花
36	10%氯氰菊酯乳油	柑橘、桃子、棉花
37	48%灭草松水剂	大豆
38	25%灭幼脲胶悬剂	小麦
39	48%氰草津胶悬剂 80%氰草津可湿性粉剂	玉米
40	20%氰戊菊酯乳剂	柑橘
41	73%炔螨特乳油	柑橘、棉花
42	21.4%三氟羧草醚水溶剂	大豆
43	50%杀虫环可湿性粉剂	水稻
44	50%杀螟硫磷乳油	水稻
45	20%双甲脒乳油	棉花
46	5%，10%顺式氯氰菊酯乳油	柑橘、棉花、茶叶
47	12.5%，12.6%烯禾啶机油乳油	大豆、花生
48	500g/L溴螨酯乳油	柑橘
49	40%野麦畏乳油	春小麦
50	2%异丙威粉剂	水稻
51	50%异菌脲可湿性粉剂	苹果
52	50%仲丁威乳油	水稻

农药合理使用准则（三）（GB/T 8321.3—2000）

序号	制剂	施药作物
53	20%百草枯水剂	柑橘
54	50%苯丁锡可湿性粉剂	番茄、柑橘
55	5%丙硫克百威颗粒剂	水稻、棉花
56	25%除虫脲可湿性粉剂	冬小麦、苹果
57	45%哒草特可湿性粉剂 45%哒草特乳油	小麦、花生
58	50%稻丰散乳油	橙子

序号	制剂	施药作物
59	5％地虫硫磷颗粒剂	花生
60	25％噁草酮乳油	花生
61	30％噁霉灵水剂 70％噁霉灵可湿性粉剂	水稻、甜菜
62	64％噁霜灵可湿性粉剂	烟草
63	64％噁霜灵·代森锰锌可湿性粉剂	黄瓜
64	50％二甲丙乙净·哌草磷乳油	水稻
65	35％伏杀硫磷乳油	棉花
66	10％氟胺氰戊菊酯乳油	甘蓝、棉花
67	30％氟草隆可湿性粉剂	棉花
68	25％氟磺胺草醚水剂	大豆
69	2.5％高效氯氟氰菊酯乳油	甘蓝、柑橘、茶叶
70	20％氟酰胺可湿性粉剂	水稻
71	40％福美双·萎锈灵胶悬剂 75％福美双·萎锈灵可湿性粉剂	春小麦
72	50％腐霉利可湿性粉剂	油菜
73	78.4％禾草敌·西草净乳油	水稻
74	30％琥胶肥酸铜胶悬剂	黄瓜
75	48％甲草胺乳油	棉花
76	70％甲基硫菌灵可湿性粉剂	水稻、小麦
77	20％甲氰菊酯乳油	甘蓝、苹果、棉花
78	15％精吡氟禾草灵乳油	花生、大豆、甜菜
79	10％精喹禾灵乳油	棉花、甜菜
80	15％精吡氟禾草灵乳油	棉花
81	50％抗蚜威可湿性粉剂	大豆、烟草
82	10％喹禾灵乳油	大豆
83	100g/L，10％联苯菊酯乳油	番茄、棉花
84	12.5％氯氟乙禾灵乳油	大豆、棉花
85	25％氯氰菊酯乳油	甘蓝、苹果、棉花
86	88.5％灭草敌乳油	大豆
87	48％灭草松水剂	水稻
88	2％灭瘟素水剂	水稻
89	20％灭线磷颗粒剂	花生
90	75％灭锈胺可湿性粉剂	水稻
91	50％哌草丹乳油	水稻
92	70％嗪草酮可湿性粉剂	大豆
93	73％炔螨特乳油	苹果
94	24％乳氟禾草灵乳油	大豆

序号	制剂	施药作物
95	45％噻菌灵悬乳剂	柑橘
96	25％噻嗪酮可湿性粉剂	水稻
97	25％噻嗪酮可湿性粉剂	水稻
98	25％三唑锡可湿性粉剂	苹果
99	50％杀螟丹可溶性粉剂	茶叶
100	90％双苯酰草胺可湿性粉剂	烟草
101	5％，10％顺式氯氰菊酯乳油	小白菜、大白菜、黄瓜、棉田
102	5％顺式氰戊菊酯乳油	甘蓝、苹果、柑橘、棉花、茶叶
103	15％涕灭威颗粒剂	花生
104	20％烯禾啶乳油	甜菜、亚麻
105	2.5％溴氰菊酯乳油	棉花
106	23.5％乙氧氟草醚乳剂	水稻
107	72％异丙甲草胺乳油	大豆
农药合理使用准则（四）（GB/T 8321.4—2006）		
108	10％苄嘧磺隆可湿性粉剂	水稻
109	30％丙草胺乳油	水稻
110	50％春雷霉素·氢氧化铜可湿性粉剂	柑橘
111	50％敌草胺可湿性粉剂	烟草
112	5％地虫硫磷颗粒剂	甘蔗
113	10％多抗霉素可湿性粉剂	苹果
114	30％多噻烷乳油	水稻
115	33％二甲戊灵乳油	玉米、叶菜
116	5％伏虫隆乳油	叶菜、柑橘
117	20％氟草烟乳油	小麦
118	5％氟啶脲乳油	甘蓝、棉花
119	25％氟节胺乳油	烟草
120	30％氟菌唑可湿性粉剂	黄瓜
121	50％腐霉利可湿性粉剂	黄瓜
122	1.8％复硝酚钠乳油	番茄
123	90％禾草丹乳油	水稻
124	57.5％禾草丹·西草净乳油	水稻
125	70％禾草敌乳油	水稻
126	30％琥胶肥酸铜悬浮剂	水稻
127	50％甲基硫菌灵悬浮剂	水稻、小麦
128	40％甲基异柳磷乳油	花生
129	20％甲氰菊酯乳油	柑橘、茶叶
130	15％精吡氟禾草灵乳油	油菜

序号	制剂	施药作物
131	36.7％久效磷水可溶剂	棉花
132	50％抗蚜威可湿性粉剂	小麦、油菜
133	3％克百威颗粒剂 35％克百威悬浮种衣剂	棉花、花生、甘蔗
134	10％联苯菊酯乳油	苹果
135	10％硫线磷颗粒剂	甘蔗
136	6％氯苯嘧啶醇可湿性粉剂	苹果、梨
137	2.5％氯氟氰菊酯乳油	棉花
138	48.2％麦草畏水剂	玉米
139	5％醚菊酯可湿性粉剂 10％醚菊酯悬浮剂	水稻、甘蓝
140	24％灭多威水剂	甘蓝、烟草
141	20％氰戊菊酯乳油	大豆
142	45％噻菌灵悬浮剂	香蕉
143	5％噻螨酮乳油 5％噻螨酮可湿性粉剂	苹果、柑橘
144	24％三氟羧草醚水剂	大豆
145	40％杀扑磷乳油	柑橘
146	70％双酰草胺可湿性粉剂	油菜
147	4％水胺硫磷乳油	柑橘
148	5％顺式氰戊菊酯乳油	大豆
149	15％涕灭威颗粒剂	柑橘、烟草
150	16％甜菜宁乳油	甜菜
151	24％烯草酮乳油	大豆
152	20％烯禾啶乳油	棉花、油菜、花生、亚麻
153	2％，12.5％烯唑醇可湿性粉剂	小麦、玉米、梨
154	22.5％溴苯腈乳油	小麦、玉米
155	2.5％溴氰菊酯乳油	小麦、大豆
156	72％异丙甲草胺乳油	花生
157	25％异菌脲悬浮剂	香蕉、油菜
	农药合理使用准则（五）（GB/T 8321.5—2006）	
158	1.8％阿维菌素乳油	叶菜、棉花
159	45％百菌清烟剂	黄瓜
160	75％苯磺隆可湿性粉剂 75％苯磺隆干悬浮剂	小麦
161	35％苯硫威乳油	柑橘
162	10％苯螨特乳油	柑橘
163	10％吡螨胺可湿性粉剂	柑橘

序号	制剂	施药作物
164	10％吡嘧磺隆可湿性粉剂	水稻
165	44％丙溴磷·氯氰菊酯乳油	棉花
166	20％丁硫克百威乳油	水稻、柑橘
167	33％二甲戊灵乳油	烟草
168	50％二氯喹啉酸可湿性粉剂	水稻
169	5％氟虫脲乳油	苹果、柑橘
170	5.7％氟氯氰菊酯乳油	棉花
171	2.5％氯氟氰菊酯乳油	苹果
172	3％甲拌磷颗粒剂	甘蔗
173	58％甲霜灵·代森锰锌可湿性粉剂	葡萄
174	5％精喹禾灵乳油	油菜、大豆、花生、棉花
175	25.9％络胺铜·锌水剂	西瓜
176	3％克百威颗粒剂	玉米、甜菜
177	25％喹硫磷乳油	棉花
178	10％硫线磷颗粒剂	柑橘
179	3％氯唑磷颗粒剂	水稻、甘蔗
180	5％咪唑乙烟酸可溶液剂	大豆
181	4％醚菊酯油剂	水稻
182	24％灭多威可溶液剂 90％灭多威可溶粉剂	甘蓝、柑橘
183	77％氢氧化铜可湿性粉剂	番茄、柑橘
184	60％噻菌灵可湿性粉剂	香菇
185	5％噻螨酮乳油 25％噻螨酮可湿性粉剂	柑橘、棉花、茶叶
186	20％三唑锡悬浮剂 25％三唑锡可湿性粉剂	柑橘
187	98％杀螟丹可溶性粉剂	柑橘、甘蔗
188	20％双甲脒乳油	苹果
189	5％顺式氰戊菊酯乳油	小麦、甜菜、烟草
190	50％四螨嗪可湿性粉剂	苹果
191	16％甜菜宁·甜菜安乳油	甜菜
192	2.5％烯禾啶乳油	棉花、油菜、甜菜
193	10％辛硫磷·甲拌磷粉粒剂	柑橘
194	40％野麦畏乳油	小麦
195	50％乙烯菌核利可湿性粉剂	黄瓜
196	72％异丙甲草胺乳油	甘蔗
197	48％异噁草松乳油	大豆
198	5％唑螨酯悬乳剂	苹果、柑橘

续表

序号	制剂	施药作物
	农药合理使用准则（六）（GB/T 8321.6—2000）	
199	1.8%阿维菌素乳油	柑橘、梨
200	10%苯线磷颗粒剂	花生
201	10.8%吡氟乙草灵乳油	油菜、大豆
202	50%丙炔氟草胺可湿性粉剂	大豆
203	50%丙炔氟草胺乳油	油菜
204	15%哒螨灵乳油	茶叶
205	80%代森锰锌可湿性粉剂	番茄、苹果
206	20%稻瘟酯可湿性粉剂	水稻
207	20%丁硫克百威乳油 35%丁硫克百威悬浮种衣剂	水稻、节瓜
208	48%毒死蜱乳油	柑橘
209	45%氟硅唑乳油	梨
210	48%氟乐灵乳油	大豆
211	2.5%氟氯氰菊酯乳油	棉花
212	10%氟烯草酸乳油	大豆
213	50%腐霉利可湿性粉剂	葡萄
214	1.2%复硝铵水剂	白菜
215	10%环庚草醚乳油	水稻
216	10%甲磺隆可湿性粉剂	水稻
217	35%克百威悬浮种衣剂	玉米
218	35%硫丹乳油	苹果、棉花、茶叶
219	37.5%硫双威悬乳剂	棉花
220	2.5%氯氟氰菊酯乳油	冬小麦、大豆、烟草
221	25%氯嘧磺隆可湿性粉剂	大豆
222	10%氯氰菊酯乳油	苹果
223	3%氯唑磷颗粒剂	白菜
224	20%醚菊酯乳油	水稻
225	48%灭草松液剂	小麦
226	24%灭多威可溶液剂 90%灭多威可溶粉剂	甘蓝、柑橘、棉花、茶叶、烟草
227	5%灭线磷颗粒剂	水稻
228	75%噻吩磺隆可湿性粉剂 75%噻吩磺隆干悬浮剂	小麦、玉米
229	70%杀螺胺乙醇胺盐可湿性粉剂	水稻
230	40%杀扑磷乳油	柑橘
231	72.2%霜霉威可溶液剂可溶液剂	黄瓜
232	5%顺式氰戊菊酯乳油	玉米

序号	制剂	施药作物
233	6%四聚乙醛颗粒剂	水稻
234	50%四螨嗪悬乳剂	苹果
235	4.3%特丁硫磷颗粒剂	花生
236	5%涕灭威颗粒剂	花生、烟草
237	15%酰胺唑可湿性粉剂	梨
238	10%溴氟菊酯乳油	甘蓝、柑橘、茶叶
239	98%溴甲烷压缩气体	黄瓜
240	90%乙草胺乳油	大豆
241	72%异丙甲草胺乳油	水稻
242	36%仲丁灵乳油	烟草
农药合理使用准则（七）（GB/T 8321.7—2002）		
243	20%百草枯乳油	棉花
244	20%吡虫啉可溶剂	水稻、棉花
245	25%丙环唑乳油	香蕉
246	20%丙硫克百威乳油	苹果、棉花
247	80%丙炔噁草酮水分散粒剂	水稻
248	20%虫酰肼悬浮剂	甘蓝
249	42%代森锰锌悬浮剂 75%代森锰锌干悬浮剂 80%代森锰锌可湿性粉剂	西瓜、葡萄、香蕉
250	20%丁硫克百威乳油	甘蓝、苹果、棉花
251	3%啶虫脒乳油	黄瓜、苹果、柑橘
252	48%毒死蜱乳油	水稻、苹果
253	0.3%氟虫腈颗粒剂 5%，25%氟虫腈悬浮剂	水稻、甘蓝
254	47%福美双·戊菌隆湿拌剂	棉花
255	2.5%，5.7%高效氟氯氰菊酯乳油	甘蓝
256	10%禾草丹颗粒剂 35.75%禾草丹可湿性粉剂	水稻
257	10%环丙嘧磺隆可湿性粉剂	水稻
258	24%腈苯唑悬浮剂	香蕉
259	35%硫丹乳油	烟草
260	50%咪鲜胺·氯化锰可湿性粉剂	蘑菇
261	45%咪鲜胺乳油	杧果
262	20%醚磺隆水分散粒剂	水稻
263	30%莎稗磷乳油	水稻
264	30%莎稗磷·乙氧磺隆可湿性粉剂	水稻
265	40%双胍三辛烷基苯磺酸盐可湿性粉剂	柑橘、苹果

序号	制剂	施药作物
266	72%霜脲氰·代森锰锌可湿性粉剂	黄瓜
267	6%四聚乙醛颗粒剂	小白菜
268	5%涕灭威颗粒剂	甘薯、苹果
269	40%野燕枯水剂	小麦
270	90%乙草胺乳油	花生
271	15%乙氧磺隆水分散粒剂	水稻
272	72%异丙甲草胺乳油	玉米
273	25%，50%抑霉唑乳油	柑橘
274	80%唑嘧磺草胺水分散剂	玉米、大豆
农药合理使用准则（八）（GB/T 8321.8—2007）		
275	1.8%阿维菌素乳油	黄瓜、豇豆、梨
276	69%烯酰吗啉·代森锰锌水分散粒剂	荔枝
277	40%百菌清胶悬剂	花生
278	20%吡虫啉浓可溶剂	甘蓝、番茄、烟草
279	5%苄螨醚乳油	柑橘
280	50%丙草胺乳油	水稻
281	20%丙硫克百威乳油	烟草
282	10%虫螨腈悬浮剂	甘蓝
283	25%除虫脲可湿性粉剂	甘蓝、柑橘
284	43%代森锰锌悬浮剂 75%代森锰锌干悬浮剂 80%代森锰锌可湿性粉剂	香蕉、西瓜
285	52.25%毒死蜱·氯氰菊酯乳油	荔枝
286	2.5%，48%多杀菌素悬乳剂	甘蓝、棉花
287	25%砜嘧磺隆干悬浮剂	玉米
288	40%氟硅唑乳油	黄瓜
289	25%氟节胺乳油	烟草
290	2%氟酯菊酯乳油	茶叶
291	40%福美双·萘锈灵胶悬剂	棉花
292	10%高效氯氰菊酯乳油	甘蓝、棉花
293	4%甲氧咪草烟水剂	大豆
294	24%腈苯唑悬浮剂	桃
295	6.9%精噁唑禾草灵水乳剂 8.05%精噁唑禾草灵乳油	油菜
296	56%磷化镁片剂	烟草
297	2.5%氯苯胺灵粉剂 49.65%氯苯胺灵气雾剂	马铃薯
298	2.5%氯氟氰菊酯乳油	荔枝

序号	制剂	施药作物
299	25％咪鲜胺乳油 45％咪鲜胺水乳剂	水稻、香蕉
300	90％灭多威可溶性粉剂	小麦
301	10％氰氟草酯乳油	水稻
302	24％乳氟禾草灵乳油	花生
303	40％双胍三辛烷基苯磺酸盐可湿性粉剂	芦笋
304	10％双嘧草醚悬浮剂	水稻
305	72％霜脲氰·代森锰锌可湿性粉剂	荔枝
306	40％水胺硫磷乳油	苹果、梨
307	40％萎锈灵胶悬剂	水稻、棉花
308	25％戊唑醇水乳剂	香蕉
309	5％烯虫酯水剂	烟叶
310	50％酰嘧磺隆水分散粒剂	小麦
311	98％溴甲烷熏蒸剂	烟草
312	90％乙草胺乳油	玉米、油菜
313	72％异丙草胺乳油	玉米、大豆
314	36％异噁草松微囊悬浮剂 48％异噁草松乳油	水稻、甘蓝

农药合理使用准则（九）（GB/T 8321.9—2009）

序号	制剂	施药作物
315	40％百菌清悬浮剂	番茄
316	10％苯哒嗪丙酯乳油	小麦
317	10％苯醚甲环唑水分散粒剂	梨
318	2％吡草醚悬浮剂	小麦
319	5％，10％吡虫啉乳油 10％吡虫啉可湿性粉剂 20％吡虫啉浓可溶剂 60％吡虫啉拌种悬浮剂 70％吡虫啉湿拌剂	水稻、甘蓝、番茄、节瓜、萝卜、苹果、棉花
320	70％丙森锌可湿性粉剂	番茄、黄瓜
321	41％草甘膦水剂 74.7％草甘膦水溶性粒剂	柑橘、茶叶
322	2％春雷霉素水剂	番茄
323	15％，20％哒螨灵乳油	苹果、柑橘
324	80％代森锰锌可湿性粉剂	马铃薯、荔枝、花生、烟草
325	10％单嘧磺隆可湿性粉剂	小麦
326	5％丁硫克百威颗粒剂	甘蔗
327	25％定菌噁酮乳油	番茄
328	3％啶虫脒乳油 20％啶虫脒可湿性粉剂	黄瓜、烟草
329	48％毒死蜱乳油	小麦

序号	制剂	施药作物
330	68.75%噁唑菌酮·代森锰锌水分散粒剂	苹果
331	52.5%噁唑菌酮·霜脲氰水分散粒剂	黄瓜
332	33%二甲戊灵乳油	甘蓝
333	25%二氯喹啉酸悬浮剂	水稻
334	25%氟虫腈悬浮种衣剂	水稻
335	48%氟乐灵乳油	棉花
336	15%氟螨乳油	柑橘
337	2.5%咯菌腈悬浮剂	棉花
338	45.876%磺酰胺·2,4-DEHE悬浮剂	小麦
339	5%己唑醇悬浮剂	水稻
340	0.5%甲氨基阿维菌素乳油	甘蓝
341	5%甲拌磷颗粒剂 17%甲拌磷悬浮种衣剂	玉米、花生
342	40%甲基毒死蜱乳油	甘蓝、棉花
343	50%甲基嘧啶磷乳油	水稻
344	24%甲咪唑烟酸水剂	花生
345	40%腈菌唑可湿性粉剂	梨
346	6.9%，8.05%精噁唑禾草灵水乳剂	花椰菜、花生、棉花
347	4%，5%精喹禾灵乳油	大豆、油菜、芝麻
348	80%克菌丹可湿性粉剂	苹果
349	5%，10%氯氰菊酯乳油	豇豆、荔枝
350	25%，40%，50%咪鲜胺乳油	水稻、柑橘、杧果
351	25%，50%咪鲜胺锰盐可湿性粉剂	黄瓜、柑橘、杧果
352	40%嘧霉胺悬浮剂	黄瓜
353	50%噻苯隆可湿性粉剂	棉花
354	40%噻菌灵可湿性粉剂	贮藏香蕉、蘑菇
355	20%三唑磷乳油	水稻、柑橘、棉花
356	20%三唑酮乳油	水稻、苹果
357	80%杀虫单可溶性粉剂	水稻
358	20%双丙氨膦可溶性粉剂	柑橘
359	50%四唑嘧磺隆水分散粒剂	水稻
360	13%速霸螨水乳剂	柑橘
361	12%烯草酮乳油	油菜
362	25%烯肟菌酯乳油	黄瓜
363	98%溴甲烷熏蒸剂	草莓
364	2.5%，2.6%，2.7%溴氰菊酯乳油 25%溴氰菊酯水分散粒剂	甘蓝、花生、油菜
365	5%亚胺唑可湿性粉剂	柑橘

序号	制剂	施药作物
366	50%异菌脲悬浮剂	番茄、苹果
367	18%抑芽丹水剂	烟草
368	80%莠灭净可湿性粉剂	菠萝
369	17.5%唑嘧磺草胺·双氟磺草胺悬浮剂	小麦

农药合理使用准则（十）（GB/T 8321.10—2018）

序号	制剂	施药作物
370	26% 2,4-D·氨氯吡啶酸水剂	春小麦
371	10.8% 2,4-D·草甘膦水剂	柑橘
372	48% 2,4-D丁酯·丁草胺·莠去津悬乳剂	玉米
373	30% 2,4-D丁酯·辛酰溴苯腈·烟嘧磺隆可分散油悬浮剂	玉米
374	45% 2,4-D丁酯·莠去津悬乳剂	玉米
375	85% 2,4-D钠盐可溶粉剂	春小麦、番茄
376	45.9% 2,4-D异辛酯·双氟磺草胺悬浮剂	小麦
377	55% 2,4-D二甲胺盐水剂	小麦
378	10%甲硫嘧磺隆可湿性粉剂	小麦
379	0.2%，1.8%阿维菌素可湿性粉剂 0.9%，1%，1.8%，2%阿维菌素乳油	柑橘、梨、甘蓝、萝卜、普通白菜、水稻、小白菜
380	1.7%阿维菌素·吡虫啉微乳剂	烟草
381	10%阿维菌素·哒螨灵乳油	苹果
382	15.6%阿维菌素·丁醚脲乳油	苹果
383	4%阿维菌素·啶虫脒乳油	黄瓜
384	1.8%，3%，5%阿维菌素·高效氯氰菊酯乳油	甘蓝、黄瓜
385	5.1%阿维菌素·甲氰菊酯可湿性粉剂	甘蓝
386	3.3%阿维菌素·联苯菊酯乳油	甘蓝
387	56%阿维菌素·炔螨特微浮剂	柑橘
388	20%阿维菌素·三唑磷乳油	水稻
389	20%阿维菌素·杀虫单微乳剂	菜豆
390	15%阿维菌素·辛硫磷乳油	甘蓝
391	20%阿维菌素·抑食肼可湿性粉剂	甘蓝
392	80%矮壮素可溶性粉剂	小麦、棉花
393	1.6%胺鲜酯水剂 8%胺鲜酯可溶粉剂	小白菜、白菜
394	30%胺鲜酯·乙烯利水剂	玉米
395	20%百草枯水剂	香蕉、苹果
396	75%百菌清可湿性粉剂	西瓜
397	44%百菌清·双炔酰菌胺悬浮剂	黄瓜
398	46%苯达松+2甲4氯可溶性液剂	水稻
399	10%苯丁锡乳油	柑橘

序号	制剂	施药作物
400	10%苯磺隆可湿性粉剂	小麦
401	10%苯磺隆·噻吩磺隆可湿性粉剂	冬小麦
402	50%苯菌灵可湿性粉剂	柑橘、梨、香蕉
403	10%苯醚甲环唑可分散粒剂	西瓜
404	10%苯醚甲环唑水分散粒剂 20%苯醚甲环唑微乳剂 25%苯醚甲环唑乳油	西瓜、茶叶、荔枝、香蕉
405	30%苯醚甲环唑·丙环唑乳油	水稻
406	50%苯噻酰草胺可湿性粉剂	水稻
407	2%吡草醚悬浮剂	小麦
408	20%吡虫啉可溶性液剂	苹果
409	5%，10%吡虫啉乳油 10%，25%吡虫啉可湿性粉剂 20%吡虫啉可溶性液剂 25%，35%，60%吡虫啉悬浮剂 30%吡虫啉微乳剂 70%吡虫啉水分散粒剂	萝卜、苹果、水稻、小麦、甘蓝、烟草、茶叶、甘蓝、棉花
410	70%吡虫啉·杀虫单可湿性粉剂	水稻
411	35%吡虫啉·异丙威可湿性粉剂	水稻
412	25%吡蚜酮可湿性粉剂 50%吡蚜酮水分散性粒剂	水稻、小麦
413	25%吡唑醚菌酯乳油	黄瓜、大白菜、西瓜
414	32%苄嘧磺隆可湿性粉剂 32%苄嘧磺隆水分散粒剂	小麦、水稻
415	53%苄嘧磺隆·苯噻酰草胺水分散粒剂	水稻
416	40%苄嘧磺隆·丙草胺可湿性粉剂	水稻
417	35%苄嘧磺隆·丁草胺可湿性粉剂	水稻
418	45%苄嘧磺隆·禾草敌细粒剂	水稻
419	10%苄嘧磺隆·甲磺隆可湿性粉剂	水稻
420	38%苄嘧磺隆·唑草酮可湿性粉剂	水稻
421	20%，40%丙环唑微乳剂 25%丙环唑乳油	香蕉、水稻
422	50%丙炔氟草胺可湿性粉剂	柑橘
423	70%丙森锌可湿性粉剂	大白菜、柑橘、苹果、葡萄
424	0.003%丙酰芸苔素内酯水剂	黄瓜、葡萄
425	40%，50%丙溴磷乳油	水稻、棉花
426	20%草铵膦可溶液剂	番木瓜、茶叶
427	15%草除灵乳油	甘蓝型油菜
428	12%草除灵·烯草酮乳油	油菜
429	50%草甘膦可溶性粉剂	苹果

序号	制剂	施药作物
430	77.7%草甘膦铵盐可溶性粒剂	柑橘
431	24%，30%虫螨腈悬浮剂	黄瓜、苹果、茄子、甘蓝
432	20%虫酰肼可湿性粉剂	甘蓝
433	5%除虫菊素乳油	白菜
434	5%除虫脲乳油 20%除虫脲悬浮剂	甘蓝、茶叶
435	15%哒螨灵乳油 20%哒螨灵可湿性粉剂	柑橘、苹果
436	45%代森铵水剂	苹果
437	70%代森联干悬浮剂	苹果
438	60%代森联·吡唑醚菌酯水分散粒剂	辣椒、马铃薯、苹果、甜瓜、西瓜、大白菜、柑橘
439	75%代森锰锌干悬浮剂 80%代森锰锌可湿性粉剂	苹果、大枣、柑橘
440	58%代森锰锌·甲霜灵可湿性粉剂	荔枝
441	68%代森锰锌·精甲霜灵水分散粒剂	番茄、烟草、荔枝、马铃薯、西瓜、葡萄
442	65%代森锌可湿性粉剂	芦笋、马铃薯
443	10%单嘧磺隆可湿性粉剂	小麦
444	50%单氰胺水剂	葡萄
445	18%稻瘟灵微乳剂	水稻
446	30%敌百虫乳油	甘蓝、萝卜
447	20%敌草快水剂	水稻
448	20%敌草快·百草枯水剂	甘蔗
449	54%敌草隆·噻苯隆悬浮剂	棉花
450	22%敌敌畏烟剂 28%敌敌畏缓释剂 80%敌敌畏乳油	黄瓜（大棚）、玉米、普通白菜、甘蓝
451	35%敌敌畏·毒死蜱乳油	水稻
452	20%敌敌畏·氰戊菊酯乳油	桃树
453	20%敌敌畏·仲丁威乳油	水稻
454	50%敌磺钠可湿性粉剂	水稻
455	5%丁硫克百威颗粒剂 35%丁硫克百威种子处理干粉剂	水稻、甘薯
456	5%丁硫克百威·毒死蜱颗粒剂	花生
457	20%丁硫克百威·戊唑醇·福美双悬浮种衣剂	玉米
458	25%丁醚脲乳油 50%丁醚脲可湿性粉剂 50%丁醚脲悬浮剂	甘蓝、茶叶
459	20%丁香菌酯悬浮剂	苹果
460	0.3%丁子香酚可溶性液剂	番茄

序号	制剂	施药作物
461	3%，50%啶虫脒乳油 3%，5%啶虫脒微乳剂 20%啶虫脒可溶粉剂	柑橘、棉花、苹果、小麦、甘蓝
462	30%啶虫脒·毒死蜱水乳剂	柑橘
463	50%啶酰菌胺水分散粒剂	草莓（室内/室外）
464	30%啶酰菌胺·醚菌酯悬浮剂	黄瓜、苹果
465	5%，10%，15%毒死蜱颗粒剂 25%，30%毒死蜱微乳剂 30%毒死蜱水乳剂 40%，48%毒死蜱乳油	甘蔗、花生、柑橘、水稻、棉花、大豆、荔枝、萝卜、玉米、甘蓝
466	30%毒死蜱·丙溴磷乳油	甘蓝
467	10%毒死蜱·氟啶脲水乳剂	甘蓝
468	25%毒死蜱·灭蝇胺可湿性粉剂	黄瓜
469	5%毒死蜱·辛硫磷颗粒剂	甘蔗
470	50%多菌灵可湿性粉剂	小麦、油菜
471	25%多菌灵·丙环唑悬浮剂	香蕉
472	25%，38%多菌灵·毒死蜱·福美双悬浮种衣剂	花生、大豆
473	21%多菌灵·氟硅唑悬浮剂	梨
474	40%多菌灵·甲基立枯磷可湿性粉剂	水稻
475	28%多菌灵·井冈霉素 A 悬浮剂	小麦
476	25%多菌灵·咪鲜胺可湿性粉剂	杧果、西瓜
477	28%多菌灵·烯肟菌酯可湿性粉剂	小麦
478	50%多菌灵·乙霉威可湿性粉剂	番茄
479	3%多抗霉素水剂	苹果、烟草
480	10%，15%多效唑可湿性粉剂	油菜、水稻、荔枝
481	70%噁霉灵可溶粉剂	西瓜
482	20%噁霉灵·稻瘟灵乳油	烟草
483	68%噁霉灵·福美双可湿性粉剂	黄瓜
484	56%噁霉灵·甲基硫菌灵可湿性粉剂	西瓜
485	3%噁霉灵·甲霜灵水剂	黄瓜
486	1%噁嗪草酮悬浮剂	水稻
487	68.75%噁唑菌酮·代森锰锌水分散粒剂	柑橘、葡萄、西瓜
488	20.67%噁唑菌酮·氟硅唑乳油	苹果、香蕉
489	33%二甲戊灵乳油	甘蓝、大蒜
490	30%二氯吡啶酸水剂	油菜、春小麦
491	25%二氯喹啉酸悬浮剂 45%二氯喹啉酸可溶性粉剂 50%二氯喹啉酸可湿性粉剂	水稻
492	4%二嗪磷颗粒剂	普通白菜

序号	制剂	施药作物
493	22.7％二氰蒽醌悬浮剂	辣椒
494	65％二氰蒽醌·代森锰锌可湿性粉剂	梨
495	12.5％粉唑醇悬浮剂	小麦
496	8％氟硅唑微乳剂 40％氟硅唑乳油	葡萄、黄瓜
497	7.5％氟环唑乳油 12.5％氟环唑悬浮剂	香蕉、小麦
498	20％氟磺胺草醚乳油	大豆
499	5％氟铃脲乳油	甘蓝、棉花
500	15％氟铃脲·辛硫磷乳油	棉花
501	70％氟唑磺隆水分散粒剂	春小麦
502	40％福美双·啶菌噁唑悬乳剂	番茄
503	20％福美双·五氯硝基苯粉剂	西瓜
504	40％福美双·五氯硝基苯粉剂	棉花
505	72％福美锌可湿性粉剂	苹果
506	50％腐霉利可湿性粉剂	番茄
507	2％复硝酚钾水剂	大白菜
508	1.4％复硝酚钠可溶粉剂	番茄
509	10.8％高效氟吡甲禾灵乳油	马铃薯、大豆、甘蓝、棉花、西瓜
510	5％高效氯氟氰菊酯微乳剂 10％高效氯氟氰菊酯可湿性粉剂 10％高效氯氟氰菊酯种子处理微囊悬浮剂	甘蓝、玉米、普通白菜
511	4.5％高效氯氰菊酯乳油 4.5％高效氯氰菊酯水乳剂 4.5％高效氯氰菊酯微乳剂 4.5％高效氯氰菊酯悬浮剂	苹果、甘蓝
512	20％高效氯氰菊酯·毒死蜱乳油	甘蓝、棉花
513	2％，3％，4％高氯·甲维盐微乳剂 4.2％高氯·甲维盐乳油	甘蓝
514	20％高效氯氰菊酯·噻嗪酮乳油	番茄（大棚）
515	22％高效氯氰菊酯·辛硫磷乳油	荔枝
516	5％己唑醇悬浮剂	葡萄、番茄
517	0.5％甲氨基阿维菌素乳油	甘蓝
518	30％甲氨基阿维菌素乳油	水稻
519	0.2％，0.5％，1％，2％甲维盐乳油 2.5％，5％甲维盐水分散粒剂	甘蓝
520	40％甲维盐·毒死蜱水乳剂	水稻
521	3％甲拌磷颗粒剂 30％甲拌磷粉粒剂 55％甲拌磷乳油	棉花、小麦、棉花
522	10％甲拌磷·辛硫磷粉粒剂	大豆

序号	制剂	施药作物
523	31%甲草胺·苯噻酰草胺·吡嘧磺隆泡腾粒剂	水稻
524	10%甲磺隆可湿性粉剂	小麦
525	3.6%甲基碘磺隆钠盐·甲基二磺隆水分散粒剂	冬小麦
526	3%甲基二磺隆油悬浮剂	小麦
527	70%甲基硫菌灵可湿性粉剂	西瓜
528	45%甲基硫菌灵·福美双·硫黄悬浮剂	苹果
529	50%甲基嘧啶磷乳油	仓储稻谷
530	2.5%甲基异柳磷颗粒剂	甘蔗、小麦
531	15%甲基异柳磷·福美双悬浮种衣剂	玉米
532	10%甲硫嘧磺隆可湿性粉剂	小麦
533	24%甲咪唑烟酸水剂	花生
534	85%甲萘威可湿性粉剂	棉花
535	6%甲萘威·四聚乙醛颗粒剂	普通白菜
536	20%甲氰菊酯乳油	普通白菜、萝卜
537	40%甲氰菊酯·马拉硫磷乳油	苹果
538	20%甲氰菊酯·氧乐果乳油	小麦、大豆
539	3.3%甲霜灵·福美双粉剂 58%甲霜灵·福美双可湿性粉剂	水稻、荔枝
540	24%甲氧虫酰肼悬浮剂	甘蓝、苹果、水稻
541	24%腈苯唑悬浮剂	水稻
542	12.5%，25%腈菌唑乳油 40%腈菌唑可湿性粉剂	梨、香蕉、小麦、黄瓜、葡萄
543	6.9%精噁唑禾草灵水乳剂 8.05%精噁唑禾草灵乳油	花生、花椰菜、棉花
544	55%精噁唑禾草灵·噻吩磺隆·苯磺隆可湿性粉剂	小麦
545	5%，8.8%精喹禾灵乳油	芝麻、大豆
546	96%精异丙甲草胺乳油	甜菜、油菜、大豆、芝麻、棉花、玉米、烟草
547	32%井冈霉素·杀虫单可湿性粉剂	水稻
548	10%克百威悬浮种衣剂	玉米
549	30%克百威·福美双种子处理剂	大豆
550	15%克百威·福美双悬浮种衣剂	花生
551	25%克百威·甲拌磷悬浮种衣剂	花生
552	3%克百威·马拉硫磷颗粒剂	水稻
553	25%克百威·萎锈灵·福美双悬浮种衣剂	玉米
554	50%克菌丹可湿性粉剂 80%克菌丹水分散粒剂	黄瓜、苹果、葡萄、柑橘
555	0.36%苦参碱乳油	梨
556	0.3%苦参碱乳油	黄瓜

序号	制剂	施药作物
557	0.5％苦参碱·烟碱水剂 1.2％苦参碱·烟碱乳油	柑橘、甘蓝
558	4％喹禾糠酯乳油	大豆
559	33.5％喹啉铜悬浮剂 50％喹啉铜可湿性粉剂	黄瓜、苹果
560	40％乐果乳油	甘蓝、萝卜、普通白菜
561	25％乐果·氰戊菊酯乳油	小麦
562	0.5％藜芦碱可溶性液剂	甘蓝、棉花
563	15％联苯菊酯·吡虫啉悬浮剂	茶叶
564	85％磷化铝粒剂	谷物
565	40％硫黄·三环唑悬浮剂	水稻
566	99％硫酰氟气体制剂	小麦
567	24％螺虫乙酯悬浮剂	柑橘
568	0.1％氯吡脲可溶性液剂 0.5％氯吡脲可溶性水剂	甜瓜、西瓜
569	20％氯虫苯甲酰胺悬浮剂	水稻
570	30％氯氟吡氧乙酸·2甲4氯钠盐可湿性粉剂	水稻
571	20％氯氟吡氧乙酸·苯磺隆可湿性粉剂	小麦
572	99％氯化苦原药 99.5％氯化苦液剂	茄子、草莓、生姜、甜瓜
573	5％氯氰菊酯微乳剂	萝卜
574	44％氯氰菊酯·丙溴磷乳油	柑橘
575	16％氯氰菊酯·马拉硫磷乳油	荔枝
576	10％氯噻啉可湿性粉剂 40％氯噻啉水分散粒剂	茶叶、番茄（大棚）、甘蓝、柑橘、小麦、水稻
577	50％氯溴异氰尿酸可溶性粉剂	烟草
578	1.8％马拉硫磷粉剂 45％马拉硫磷乳油	仓储原粮、柑橘
579	60％马拉硫磷·敌百虫乳油	棉花
580	25％马拉硫磷·辛硫磷乳油	大蒜
581	25％咪鲜胺乳油 45％咪鲜胺微乳剂 45％咪鲜胺水乳剂	大蒜、荔枝、苹果、小麦、柑橘、香蕉、柑橘
582	49％咪鲜胺·丙环唑乳油	水稻
583	40％咪鲜胺·戊唑醇水乳剂	小麦
584	50％咪鲜胺锰盐可湿性粉剂	大蒜、蘑菇、葡萄、辣椒、烟草
585	28％咪鲜胺锰盐·三环唑可湿性粉剂	菜薹
586	5％咪唑喹啉酸水剂	大豆

序号	制剂	施药作物
587	5％咪唑乙烟酸微乳剂	大豆
588	30％醚菌酯可湿性粉剂 50％醚菌酯水分散粒剂	草莓、黄瓜、苹果
589	25％嘧菌酯悬浮剂	黄瓜、荔枝、杧果、葡萄、西瓜、香蕉、柑橘
590	40％嘧霉胺悬浮剂 70％嘧霉胺水分散粒剂	葡萄、番茄
591	30％嘧霉胺·福美双悬浮剂	番茄
592	46％灭草松·2甲4氯可溶性液剂	水稻
593	21％灭草松·精喹禾灵·氟磺胺草醚微乳剂	大豆
594	50％灭蝇胺可湿性粉剂	菜豆
595	0.6％，1％萘乙酸水剂 20％萘乙酸粉剂	棉花、小麦、苹果
596	2.85％萘乙酸钠·复硝酚钠水剂	大豆
597	2％，8％宁南霉素水剂	水稻、烟草
598	70％嗪草酮可湿性粉剂	大豆
599	10％氰氟草酯·精噁唑禾草灵乳油	水稻
600	6％氰氟草酯·五氟磺草胺油悬剂	水稻
601	10％氰霜唑悬浮剂	黄瓜、荔枝、马铃薯、葡萄
602	21％氰戊菊酯·马拉硫磷乳油	花生
603	20％氰戊菊酯·杀螟硫磷乳油	甘蓝
604	30％氰戊菊酯·氧乐果乳油	大豆
605	20％炔螨特水乳剂 40％炔螨特乳油	苹果、柑橘
606	0.1％噻苯隆可溶液剂 0.1％噻苯隆可湿性粉剂	葡萄、甜瓜
607	48％噻虫啉悬浮剂	黄瓜
608	25％噻虫嗪水分散粒剂	水稻、西瓜
609	75％噻吩磺隆干悬浮剂	大豆
610	40％噻菌灵可湿性粉剂 50％噻菌灵悬浮剂	蘑菇、蘑菇
611	20％噻菌铜悬浮剂	烟草
612	1.5％噻霉酮水乳剂	黄瓜
613	20％噻嗪酮·杀扑磷可湿性粉剂	柑橘
614	40％三苯基氢氧化锡悬浮剂	马铃薯
615	10％三氟甲吡醚乳油	甘蓝
616	5％三氟羧草醚·精喹禾灵乳油	夏大豆、春大豆
617	7.5％三氟羧草醚·精喹禾灵乳油	花生
618	7.5％三氟羧草醚·喹禾灵乳油	花生
619	10％三氯杀螨砜乳油	苹果

序号	制剂	施药作物
620	36％三氯异氰尿酸可湿性粉剂	棉花、水稻
621	80％三乙膦酸铝可分散粒剂	烟草
622	15％三唑醇可湿性粉剂	水稻、小麦
623	10％三唑磷乳油	水稻
624	36％三唑磷·敌百虫乳油	水稻
625	10％三唑锡乳油	柑橘
626	4％杀螟丹颗粒剂	水稻
627	46％杀螟硫磷·辛硫磷乳油	棉花
628	30％莎稗磷乳油	水稻
629	1％申嗪霉素悬浮剂	辣椒、水稻
630	20％双草醚可湿性粉剂	水稻
631	17.5％双氟磺草胺·唑嘧磺草胺悬浮剂	小麦
632	40％双胍三辛烷基苯磺酸盐可湿性粉剂	黄瓜、葡萄、西瓜
633	72％霜脲氰·代森锰锌可湿性粉剂	马铃薯
634	40％水胺硫磷乳油	棉花、水稻
635	20％顺式氯氰菊酯悬浮种衣剂	玉米
636	4％四氟醚唑水乳剂	草莓
637	6％四聚乙醛颗粒剂	烟草
638	10％四螨嗪可湿性粉剂	柑橘
639	10％四螨嗪·哒螨灵悬浮剂	苹果
640	50％四唑草胺可湿性粉剂	水稻
641	50％四唑嘧磺隆水分散粒剂	水稻
642	5％涕灭威颗粒剂	甘薯
643	47％王铜·春雷霉素可湿性粉剂	荔枝
644	35％威百亩水剂	黄瓜
645	25％戊唑醇乳油 25％戊唑醇水乳剂 43％戊唑醇悬浮剂 80％戊唑醇可湿性粉剂	苹果、花生、小麦、水稻
646	20％戊唑醇·烯肟菌胺悬浮剂	小麦
647	13％西草净乳油	水稻
648	10％烯啶虫胺可溶液剂	柑橘
649	5％烯肟菌胺乳油	小麦
650	18％烯肟菌酯·氟环唑悬浮剂	苹果
651	10％烯酰吗啉水乳剂 50％烯酰吗啉可湿性粉剂	黄瓜、葡萄、烟草
652	18.7％烯酰吗啉·吡唑醚菌酯水分散粒剂	马铃薯、甘蓝、黄瓜、甜瓜
653	69％烯酰吗啉·代森锰锌可湿性粉剂	葡萄

序号	制剂	施药作物
654	10%烯唑醇乳油 12.5%烯唑醇可湿性粉剂	梨、柑橘、芦笋、苹果、葡萄、香蕉、小麦
655	50%酰嘧磺隆水分散粒剂	小麦
656	6.25%酰嘧磺隆·甲基碘磺隆钠盐水分散粒剂	小麦
657	30%硝虫硫磷乳油	柑橘
658	10%硝磺草酮悬浮剂	玉米
659	1.8%辛菌胺醋酸盐水剂	苹果
660	3%辛硫磷颗粒剂 40%辛硫磷乳油	花生、玉米、甘蓝、萝卜、普通白菜
661	29%辛硫磷·哒螨灵乳油	柑橘
662	25%辛酰溴苯腈乳油	玉米
663	25%溴菌腈可湿性粉剂	苹果
664	2.5%溴氰菊酯乳油	甘蓝、萝卜、普通白菜
665	20%溴硝醇可湿性粉剂	水稻
666	5%亚胺唑可湿性粉剂	苹果、葡萄、青梅
667	20%盐酸吗啉胍可湿性粉剂	番茄
668	18%，40%氧乐果乳油	棉花、小麦
669	40%乙草胺可湿性粉剂 90%乙草胺乳油	水稻、玉米
670	37.5%乙草胺·噁草酮乳油	大蒜
671	42%乙草胺·甲草胺·莠去津悬乳剂	玉米
672	25%乙草胺·醚磺隆可湿性粉剂	水稻
673	6%乙基多杀菌素悬浮剂	茄子、甘蓝
674	11%乙螨唑悬浮剂	柑橘
675	65%乙霉威·甲基硫菌灵可湿性粉剂	番茄
676	25%乙嘧酚悬浮剂	黄瓜
677	20%，30%，41%乙蒜素乳油	水稻、棉花、黄瓜
678	10%乙羧氟草醚乳油	大豆
679	24%乙氧氟草醚乳油	大蒜
680	50%异丙草胺乳油	甘薯
681	72%异丙甲草胺乳油	烟草
682	50%异丙隆可湿性粉剂	小麦
683	60%异丙隆·苯磺隆可湿性粉剂	小麦
684	20%异丙威烟剂	黄瓜（大棚）
685	30%异稻瘟净·三环唑可湿性粉剂	水稻
686	48%异噁草松乳油	大豆
687	10%异菌脲乳油 25%异菌脲悬浮剂 50%异菌脲可湿性粉剂	苹果、番茄、葡萄

序号	制剂	施药作物
688	0.1%抑霉唑涂抹剂	柑橘
689	0.3%印楝素乳油	甘蓝
690	15%茚虫威悬浮剂	甘蓝、棉花
691	80%莠灭净可湿性粉剂	菠萝
692	90%莠去津水分散粒剂	玉米
693	45%莠去津·2甲4氯悬浮剂	玉米
694	40%莠去津·异丙草胺悬乳剂	玉米
695	2.5%鱼藤酮乳油	甘蓝
696	40%仲丁威·稻丰散乳油	节瓜
697	15%唑虫酰胺乳油	白菜、甘蓝、茄子
698	5%唑螨酯悬浮剂	棉花
699	13%唑螨酯·炔螨特水乳剂	柑橘
700	36%唑酮草酯·苯磺隆可湿性粉剂	小麦

附录5 FAO/WHO农药标准联席会议(JMPS)制定产品标准农药名单

序号	农药中文名称	农药英文名称	评估时间
1	1-甲基环丙烯	1-methylcyclopropene	2010
2	2,3,6-三氯苯酸	2,3,6-TBA	1984
3	2,4-滴	2,4-D	1994
4	2,4-滴丙酸	2,4-D+dichlorprop	1984
5	2,4-滴丙酸	dichlorprop	1994
6	2,4-滴丙酸+丙酸	dichlorprop+mecoprop	1984
7	2,4-滴丙酸+2甲4氯	dichlorprop+MCPA	1984
8	2,4-滴丁酸	2,4-DB	1984
9	2,4-滴丁酸+2甲4氯	2,4-DB+MCPA	1984
10	2,4-滴氯丙酸	2,4-D+mecoprop	1984
11	矮壮素	chlormequat	2005
12	百草枯	paraquat dichloride	2008
13	百菌清	chlorothalonil	2015
14	保棉磷	azinphos-methyl	1989
15	倍硫磷	fenthion	2006
16	苯胺灵	propham	1977
17	苯丁锡	fenbutatin oxide	1995
18	苯磺隆	tribenuron-methyl	2011

序号	农药中文名称	农药英文名称	评估时间
19	苯菌灵	benomyl	1995
20	苯噻草酮	metamitron	1994
21	吡丙醚	pyriproxifen	2017
22	吡草胺	metazachlor	1999
23	吡虫啉	imidaclprid	2013
24	吡氟酰草胺	diflufenican	1997
25	吡唑解草酯	mefenpyr-diethyl	2011
26	苄嘧磺隆	bensulfuron-methyl	2002
27	丙草酰胺	carbetamide	1988
28	丙环唑	propiconazole	1995
29	丙炔氟草胺	flumioxazin	2017
30	丙酸	mecoprop	1984
31	丙溴磷	profenofos	1998
32	残杀威	propoxur	2017
33	草甘膦	glyphosate	2016
34	虫螨腈	chlorfenapyr	2014
35	除草定	bromacil	1994
36	除虫菊	pyrethrum	1971
37	除虫菊酯	bioresmethrin	1984
38	除虫脲	diflubenzuron	2017
39	代森锰	maneb	1979
40	代森锰锌	mancozeb	1980
41	代森锌	zineb	1979
42	稻丰散	phenthoate	1980
43	敌稗	propanil (tentative)	1980
44	敌草净	desmetryn	1979
45	敌草快	diquat	2008
46	敌草隆	diuron	1992
47	敌敌畏	dichlorvos	1989
48	敌菌丹（PIC）	captafol（PIC）	1984
49	碘苯腈	ioxynil	1996
50	碘苯腈辛酸酯	ioxynil octanoate	1996
51	丁草胺	butachlor	1992
52	丁硫克百威	carbosulfan	1995
53	啶嘧磺隆	flazasulfuron	2013
54	毒虫畏	chlorfenvinphos	1975
55	毒菌锡	fentin hydroxide	1988

序号	农药中文名称	农药英文名称	评估时间
56	毒死蜱	chlorpyrifos	2015
57	毒莠定	picloram	2012
58	对硫磷（PIC）	parathion（PIC）	1989
59	多果定	dodine	1988
60	多菌灵	carbendazim	1992
61	多杀菌素	Spinosad	2008
62	恶霜灵	oxadixyl	1998
63	2甲4氯	MCPA	1994
64	2甲4氯＋2甲4氯丁酸	MCPA＋MCPB	1984
65	2甲4氯丁酸	MCPB	1984
66	二嗪磷	diazinon	1988
67	二硝甲酚	DNOC	1979
68	二溴磷	naled	1984
69	反式烯丙菊酯	*d*-transallethrin	1979
70	呋虫胺	dinotefuran	2013
71	伏草隆	fluometuron	1990
72	伏杀硫磷	phosalone	1988
73	氟吡呋喃酮	flupyradifurone	2017
74	氟丙氧脲	lufenuron	2008
75	氟虫腈	fipronil	2010
76	氟啶胺	fluazinam	2017
77	氟硅唑	flusilazole	2008
78	氟乐灵	trifluralin	1988
79	氟螨嗪	diflovidazin	2003
80	氟消草	fluchloralin	1984
81	福美双	thiram	1992
82	福美铁	ferbam	1979
83	福美锌	ziram	1992
84	腐霉利	procymidone	2001
85	盖草净	methoprotryne	1975
86	高效氯氟氰菊酯	*beta*-cyfluthrin	2017
87	高效氯氟氰菊酯	*lambda*-cyhalothrin	2015
88	环嗪酮	hexazinone	2017
89	黄草灵	asulam	1998
90	甲胺磷（PIC）	methamidophos（PIC）	1995
91	甲苯氟磺胺	tolylfluanid	1995
92	甲草胺	alachlor	1993

序号	农药中文名称	农药英文名称	评估时间
93	甲磺隆	metsulfuron methyl	2018
94	甲基代森锌	propineb（tentative）	1980
95	甲基对硫磷	parathion-methyl	2001
96	甲基对硫磷（PIC）	parathion-methyl（PIC）	2001
97	甲基硫菌灵	thiophanate-methyl	1995
98	甲基嘧啶磷	pirimphos-methyl	2016
99	甲基乙拌磷	thiometon	1977
100	甲硫威	methiocarb	1995
101	甲嘧磺隆	sulfometuron methyl	1998
102	甲萘威	carbaryl	2007
103	甲霜灵	metalaxyl	1995
104	甲氧滴滴涕	methoxychlor	1980
105	碱式碳酸铜	copper carbonate basic	1991
106	精氟吡甲禾灵	haloxyfop-P-methyl	2012
107	精吡氟禾草灵	fluazifop-P-butyl	2000
108	精噁唑禾草灵	fenoxaprop-P-ethyl	2010
109	克菌丹	captan	1990
110	克瘟散	edifenphos	1995
111	快杀稗	quinclorac	2002
112	乐果	dimethoate	2012
113	利谷隆	linuron	1992
114	联苯菊酯	bifenthrin	2015
115	联苯三唑醇	bitertanol	1998
116	硫丹	endosulfan	2010
117	硫黄	sulphur	1974
118	硫双威	thiodicarb	1997
119	硫酸铜	copper sulphate	1991
120	铝氧化铜	copper oxychloride	1991
121	绿麦隆	chlorotoluron	1990
122	氯苯胺灵	chlorpropham	1977
123	氯氟氰菊酯	cyfluthrin	2004
124	氯磺隆	chlorsulfuron	2003
125	氯菊酯	permethrin	2015
126	氯硫酰草胺	chlorthiamid	1977
127	氯氰菊酯	cypermethrin	1995
128	氯酸钠	sodium chlorate	1977
129	氯硝柳胺	niclosamide	2004

序号	农药中文名称	农药英文名称	评估时间
130	马拉硫磷	malathion	2013
131	麦草畏	dicamba	2016
132	茅草枯钠盐	dalapon sodium salt	1977
133	咪鲜胺	prochloraz	2016
134	醚菊酯	etofenprox	2007
135	嘧菌环胺	cyprodinil	2009
136	嘧菌酯	azoxystrobin	2017
137	棉隆	dazomet	2001
138	灭草松	bentazone	1999
139	灭多威	methomyl	2002
140	灭菌丹	folpet	1988
141	灭蝇胺	cyromazine	2010
142	扑草胺	propachlor	1992
143	扑草净	prometryn	1975
144	扑灭津	propazine	1975
145	氢氧化铜	copper hydroxide	1998
146	氰霜唑	cyazofamid	2015
147	氰戊菊酯	fenvalerate	1992
148	去草净	terbutryn	1975
149	炔草酯	clodinafop-propargyl	2008
150	炔螨特	propargite	1984
151	噻虫胺	clothianidin	2016
152	噻虫啉	thiacloprid	2010
153	噻虫嗪	thiamethoxam	2014
154	噻磺隆	thifensulfuron-methyl	2011
155	噻唑膦	fosthiazate	2015
156	赛克净	metribuzin	1994
157	三乙膦酸铝	fosetyl-aluminium	2013
158	三唑醇	triadimenol	2011
159	三唑酮	triadimefon	2011
160	杀草敏	chloridazon	1997
161	杀草强	amitrole	1998
162	杀铃脲	trichlorfon	1988
163	杀铃脲	triflumuron	2000
164	杀螟硫磷	fenitrothion	2010
165	杀线威	oxamyl	2008
166	石硫合剂	lime sulphur	1973

序号	农药中文名称	农药英文名称	评估时间
167	石油产品	petroleum oil products	1977
168	薯瘟锡	fentin acetate	1988
169	双苯氟脲	novaluron	2004
170	霜霉威	propamocarb	2013
171	霜脲氰	cymoxanil	2006
172	顺式氯氰菊酯	*alpha*-cypermethrin	2013
173	四螨嗪	clofentezine	2007
174	四唑嘧磺隆	azimsulfuron	2005
175	速灭磷	mevinphos（tentative）	1980
176	特丁津	terbuthylazine	1993
177	涕丙酸＋丙酸	fenoprop＋mecoprop	1984
178	涕灭威	aldicarb	1988
179	甜菜宁	phenmedipham	1980
180	铜铵合剂	copper ammonium carbonate	1991
181	威百亩	metam-sodium	1979
182	戊唑醇	tebuconazole	2000
183	西玛津	simazine	1975
184	烯草酮	clethodim	2017
185	硝丁酯	dinoterb	1990
186	溴苯腈庚酸酯	bromoxynil heptanoate	1996
187	溴苯腈辛酸酯	bromoxynil octanoate	1996
188	溴草腈	bromoxynil	1996
189	溴硫磷	bromophos	1977
190	溴氰菊酯	deltamethrin	2017
191	溴鼠灵	brodifacoum	2015
192	亚砜磷	oxydemeton-methyl	1980
193	烟嘧磺隆	nicosulfuron	2014
194	氧化亚铜	cuprous oxide	1991
195	乙拌磷	disulfoton	1988
196	乙基谷硫磷	azinphos-ethyl	1989
197	乙硫磷	ethion	1984
198	乙酸苯汞	phenylmercury acetate seed treatments（tentative）PIC	1971
199	乙烯菌核利	vinclozolin	1995
200	乙烯利	ethephon	2000
201	乙酰甲胺磷	acephate	1996
202	乙氧呋草黄	ethofumesate	2007

序号	农药中文名称	农药英文名称	评估时间
203	异丙甲草胺	metolachlor	1992
204	异丙隆	isoproturon	1990
205	异菌脲	iprodione	2006
206	异柳磷	isofenphos	1995
207	抑菌灵	dichlofluanid	1989
208	抑霉唑	imazalil	2001
209	抑芽丹	maleic hydrazide	2008
210	印楝素	azadirachtin	2006
211	茚虫威	indoxacarb	2009
212	莠灭净	ametryn	1975
213	莠去津	atrazine	1975
214	玉嘧磺隆	Rimsulfuron	2006
215	增效醚	piperonyl butoxide	2011
216	唑菌酯	pyraoxystrobin	2017
217	唑螨酯	fenpyroximate（evaluation only）	2015

附录 6　FAO/WHO 农药残留联席会议(JMPR)评估农药名单

序号	农药中文名称	农药英文名称	法典序号
1	1,2-二氯乙烷	1,2-dichloroethane	24
2	1,2-二溴乙烷	1,2-dibromoethane	23
3	2,4,5-涕	2,4,5-T	121
4	2,4-滴	2,4-D	20
5	2 甲 4 氯	MCPA	257
6	阿维菌素	abamectin	177
7	矮壮素	chlormequat	15
8	艾氏剂和狄氏剂	aldrin and dieldrin	1
9	安硫磷	formothion	42
10	氨甲基膦酸	aminomethylphosphonic acid（AMPA）	198
11	胺苯吡菌酮	fenpyrazamine	298
12	百草枯	paraquat	57
13	百菌清	chlorothalonil	81
14	保棉磷	azinphos-methyl	2
15	倍硫磷	fenthion	39
16	苯胺灵	propham	183

续表

序号	农药中文名称	农药英文名称	法典序号
17	苯并烯氟菌唑	benzovindiflupyr	261
18	苯丁锡	fenbutatin oxide	109
19	苯氟磺胺	dichlofluanid	82
20	苯腈膦	cyanofenphos	91
21	苯菌灵	benomyl	69
22	苯菌酮	metrafenone	278
23	苯醚甲环唑	difenoconazole	224
24	苯醚菊酯	phenothrin	127
25	苯嘧磺草胺	saflufenacil	251
26	苯霜灵	benalaxyl	155
27	苯酰菌胺	zoxamide	227
28	苯线磷	fenamiphos	85
29	吡丙醚	pyriproxyfen	200
30	吡虫啉	imidacloprid	206
31	吡噻菌胺	penthiopyrad	253
32	吡蚜酮	pymetrozine	279
33	吡唑醚菌酯	pyraclostrobin	210
34	吡唑萘菌胺	isopyrazam	249
35	丙环唑	propiconazole	160
36	丙硫菌唑	prothioconazole	232
37	丙炔氟草胺	flumioxazin	284
38	丙烯硫脲	propylene thiourea （PTU）	150
39	丙溴磷	profenofos	171
40	残杀威	propoxur	75
41	草铵膦	glufosinate-ammonium	175
42	草甘膦	glyphosate	158
43	虫螨腈	chlorfenapyr	254
44	虫螨畏	methacrifos	125
45	虫酰肼	tebufenozide	196
46	除草醚	nitrofen	140
47	除虫菊素	pyrethrins	63
48	除虫脲	diflubenzuron	130
49	代森联	metiram	186
50	代森锰锌	mancozeb	50
51	稻丰散	phenthoate	128
52	稻瘟灵	isoprothiolane	299
53	滴滴涕	DDT	21

序号	农药中文名称	农药英文名称	法典序号
54	敌百虫	trichlorfon	66
55	敌草腈	dichlobenil	274
56	敌草快	diquat	31
57	敌敌畏	dichlorvos	25
58	敌噁磷	dioxathion	28
59	敌菌丹	captafol	6
60	敌菌灵	anilazine	163
61	敌螨普	dinocap	87
62	敌瘟磷	edifenphos	99
63	丁苯吗啉	fenpropimorph	188
64	丁氟螨酯	cyflumetofen	273
65	丁硫克百威	carbosulfan	145
66	丁酮威	butocarboxim	139
67	丁酰肼	daminozide	104
68	定菌磷	pyrazophos	153
69	啶虫脒	acetamiprid	246
70	啶酰菌胺	boscalid	221
71	啶氧菌酯	picoxystrobin	258
72	毒虫畏	chlorfenvinphos	14
73	毒杀芬	camphechlor	71
74	毒死蜱	chlorpyrifos	17
75	对硫磷	parathion	58
76	多果定	dodine	84
77	多菌灵	carbendazim	72
78	多杀霉素	spinosad	203
79	多效唑	paclobutrazol	161
80	噁虫威	bendiocarb	137
81	噁唑菌酮	famoxadone	208
82	二苯胺	diphenylamine	30
83	二甲戊灵	pendimethalin	292
84	二硫代氨基甲酸盐类	dithiocarbamates	105
85	二硫化碳	carbon disulphide	9
86	二氯喹啉酸	quinclorac	287
87	二嗪磷	diazinon	22
88	二氰蒽醌	dithianon	180
89	粉唑醇	flutriafol	248
90	丰索磷	fensulfothion	38

序号	农药中文名称	农药英文名称	法典序号
91	呋虫胺	dinotefuran	255
92	伏杀硫磷	phosalone	60
93	氟苯虫酰胺	flubendiamide	242
94	氟苯脲	teflubenzuron	190
95	氟吡草酮	bicyclopyrone	295
96	氟吡甲禾灵	haloxyfop	194
97	氟吡菌胺	fluopicolide	235
98	氟吡菌酰胺	fluopyram	243
99	氟虫腈	fipronil	202
100	氟虫脲	flufenoxuron	275
101	氟啶虫胺腈	sulfoxaflor	252
102	氟啶虫酰胺	flonicamid	282
103	氟硅唑	flusilazole	165
104	氟菌唑	triflumizole	270
105	氟氯苯菊酯	flumethrin	195
106	氟氯氰菊酯/高效氟氯氰菊酯	cyfluthrin/*beta*-cyfluthrin	157
107	氟氰戊菊酯	flucythrinate	152
108	氟噻虫砜	fluensulfone	265
109	氟噻唑吡乙酮	oxathiapiprolin	291
110	氟酰胺	flutolanil	205
111	氟酰脲	novaluron	217
112	氟唑环菌胺	sedaxane	259
113	氟唑菌酰胺	fluxapyroxad	256
114	腐霉利	procymidone	136
115	高效氟氯氰菊酯	beta cyfluthrin	228
116	咯菌腈	fludioxonil	211
117	环丙唑醇	cyproconazole	239
118	环酰菌胺	fenhexamid	215
119	环溴虫酰胺	cyclaniliprole	296
120	环氧丙烷	propylene oxide	250
121	活化酯	acibenzolar-*S*-methyl	288
122	己唑醇	hexaconazole	170
123	甲氨基阿维菌素苯甲酸盐	emamectin benzoate	247
124	甲胺磷	methamidophos	100
125	甲拌磷	phorate	112
126	甲苯氟磺胺	tolylfluanid	162
127	甲基毒死蜱	chlorpyrifos-methyl	90

序号	农药中文名称	农药英文名称	法典序号
128	甲基对硫磷	parathion-methyl	59
129	甲基立枯磷	tolclofos-methyl	191
130	甲基硫菌灵	thiophanate-methyl	77
131	甲基嘧啶磷	pirimiphos-methyl	86
132	甲基内吸磷	demeton-S-methyl	73
133	甲基乙拌磷	thiometon	76
134	甲硫威	methiocarb	132
135	甲咪唑烟酸	imazapic	266
136	甲萘威	carbaryl	8
137	甲氰菊酯	fenpropathrin	185
138	甲霜灵	metalaxyl	138
139	甲氧虫酰肼	methoxyfenozide	209
140	甲氧咪草烟	imazamox	276
141	腈苯唑	fenbuconazole	197
142	腈菌唑	myclobutanil	181
143	精吡氟禾草灵	fluazifop-P-butyl	283
144	精二甲吩草胺	dimethenamid-P	214
145	精甲霜灵	metalaxyl-M	212
146	久效磷	monocrotophos	54
147	抗倒酯	trinexapac-ethyl	271
148	抗蚜威	pirimicarb	101
149	克百威	carbofuran	96
150	克菌丹	captan	7
151	喹螨醚	fenazaquin	297
152	喹氧灵	quinoxyfen	222
153	乐果	dimethoate	27
154	乐杀螨	binapacryl	3
155	联苯	diphenyl	29
156	联苯吡菌胺	bixafen	262
157	联苯肼酯	bifenazate	219
158	联苯菊酯	bifenthrin	178
159	联苯三唑醇	bitertanol	144
160	邻苯基苯酚	2-phenylphenol	56
161	林丹	lindane	48
162	磷胺	phosphamidon	61
163	磷化氢	hydrogen phosphide	46
164	硫丹	endosulfan	32

序号	农药中文名称	农药英文名称	法典序号
165	硫双威	thiodicarb	154
166	硫酰氟	sulfuryl fluoride	218
167	硫线磷	cadusafos	174
168	六氯苯	hexachlorobenzene	44
169	螺虫乙酯	spirotetramat	234
170	螺螨甲酯	spiromesifen	294
171	螺螨酯	spirodiclofen	237
172	氯氨吡啶酸	aminopyralid	220
173	氯苯胺灵	chlorpropham	201
174	氯苯嘧啶醇	fenarimol	192
175	氯丙嘧啶酸	aminocyclopyrachlor	272
176	氯虫苯甲酰胺	chlorantraniliprole	230
177	氯丹	chlordane	12
178	氯芬新	lufenuron	286
179	氯氟氰菊酯	cyhalothrin（includes *lambda*-cyhalothrin）	146
180	氯菊酯	permethrin	120
181	氯氰菊酯	cypermethrins（including *alpha*-and *zeta*-cypermethrin）	118
182	氯硝胺	dichloran	83
183	氯亚胺硫磷	dialifos	98
184	马拉硫磷	malathion	49
185	麦草畏	dicamba	240
186	茅草枯	demeton-*S*-methylsulphon	164
187	咪鲜胺	prochloraz	142
188	咪唑菌酮	fenamidone	264
189	咪唑烟酸	imazapyr	267
190	咪唑乙烟酸	imazethapyr	289
191	醚菊酯	etofenprox	184
192	醚菌酯	kresoxim-methyl	199
193	嘧菌环胺	cyprodinil	207
194	嘧菌酯	azoxystrobin	229
195	嘧霉胺	pyrimethanil	226
196	灭草松	bentazone	172
197	灭多威	methomyl	94
198	灭害威	aminocarb	134
199	灭菌丹	folpet	41
200	灭螨猛	chinomethionat	80
201	灭线磷	ethoprophos	149

序号	农药中文名称	农药英文名称	法典序号
202	灭蚜硫磷	mecarbam	124
203	灭蝇胺	cyromazine	169
204	那他霉素	natamycin	300
205	内吸磷	demeton	92
206	皮蝇磷	fenchlorphos	36
207	七氯	heptachlor	43
208	嗪氨灵	triforine	116
209	氢氰酸	hydrogen cyanide	45
210	氰氟虫腙	metaflumizone	236
211	氰霜唑	cyazofamid	281
212	氰戊菊酯	fenvalerate	119
213	氰戊菊酯-S	esfenvalerate	204
214	炔螨特	propargite	113
215	噻草酮	cycloxydim	179
216	噻虫胺	clothianidin	238
217	噻虫啉	thiacloprid	223
218	噻虫嗪	thiamethoxam	245
219	噻节因	dimethipin	151
220	噻菌灵	thiabendazole	65
221	噻螨酮	hexythiazox	176
222	噻嗪酮	buprofezin	173
223	三苯锡	fentin	40
224	三氟苯嘧啶	triflumezopyrim	303
225	三环锡	cyhexatin	67
226	三硫磷	carbophenothion	11
227	三氯杀螨醇	dicofol	26
228	三乙膦酸铝	fosetyl Al	302
229	三唑醇	triadimenol	168
230	三唑磷	triazophos	143
231	三唑酮	triadimefon	133
232	三唑锡	azocyclotin	129
233	杀草强	amitrole	79
234	杀虫脒	chlordimeform	13
235	杀螟丹	cartap	97
236	杀螟硫磷	fenitrothion	37
237	杀扑磷	methidathion	51
238	杀线威	oxamyl	126

序号	农药中文名称	农药英文名称	法典序号
239	生物苄呋菊酯	bioresmethrin	93
240	双胍辛	guazatine	114
241	双甲脒	amitraz	122
242	双炔酰菌胺	mandipropamid	231
243	霜霉威	propamocarb	148
244	四氯化碳	carbon tetrachloride	10
245	四氯硝基苯	tecnazene	115
246	四螨嗪	clofentezine	156
247	速灭磷	mevinphos	53
248	特丁硫磷	terbufos	167
249	涕灭威	aldicarb	117
250	肟菌酯	trifloxystrobin	213
251	无中文名	flupyradifurone	285
252	五氯硝基苯	quintozene	64
253	戊菌唑	penconazole	182
254	戊唑醇	tebuconazole	189
255	烯草酮	clethodim	187
256	烯虫酯	methoprene	147
257	烯酰吗啉	dimethomorph	225
258	硝苯菌酯	meptyldinocap	244
259	硝磺草酮	mesotrione	277
260	辛硫磷	phoxim	141
261	溴苯磷	leptophos	88
262	溴甲烷	methyl bromide	52
263	溴离子	bromide ion	47
264	溴硫磷	bromophos	4
265	溴螨酯	bromopropylate	70
266	溴氰虫酰胺	cyantraniliprole	263
267	溴氰菊酯	deltamethrin	135
268	蚜灭磷	vamidothion	78
269	亚胺硫磷	phosmet	103
270	亚砜磷	oxydemeton-methyl	166
271	亚磷酸	phosphonic acid	301
272	氧乐果	omethoate	55
273	乙拌磷	disulfoton	74
274	乙草胺	acetochlor	280
275	乙撑硫脲	ethylene thiourea（ETU）	108

序号	农药中文名称	农药英文名称	法典序号
276	乙基多杀菌素	spinetoram	233
277	乙基谷硫磷	azinphos-ethyl	68
278	乙基溴硫磷	bromophos-ethyl	5
279	乙硫苯威	ethiofencarb	107
280	乙硫磷	ethion	34
281	乙螨唑	etoxazole	241
282	乙嘧硫磷	etrimfos	123
283	乙烯菌核利	vinclozolin	159
284	乙烯利	ethephon	106
285	乙酰甲胺磷	acephate	95
286	乙氧喹啉	ethoxyquin	35
287	乙酯杀螨醇	chlorobenzilate	16
288	异丙噻菌胺	isofetamid	290
289	异狄氏剂	endrin	33
290	异噁唑草酮	isoxaflutole	268
291	异菌脲	iprodione	111
292	异柳磷	isofenphos	131
293	抑霉唑	imazalil	110
294	抑芽丹	maleic hydrazide	102
295	茚虫威	indoxacarb	216
296	蝇毒磷	coumaphos	18
297	育畜磷	crufomate	19
298	增效醚	piperonyl butoxide	62
299	仲丁胺	sec-butylamine	89
300	唑虫酰胺	tolfenpyrad	269
301	唑啉草酯	pinoxaden	293
302	唑螨酯	fenpyroximate	193
303	唑嘧菌胺	ametoctradin	260

注：法典序号为国际食品法典委员会编号。

附录 7 农药管理大事记

序号	事件
1	1963 年 5 月 15 日，农业部党组讨论研究成立农药检验机构
2	1963 年 10 月 13 日，国家编委（63）国编（中）字第 86 号文，批复同意成立农药检定所，为农业部直属事业单位，并批准 1964 年编制 15 人
3	1969 年 3 月，农业部宣布农药检定所解散

序号	事　件
4	1978 年 8 月 15 日，农林部联合化工部、卫生部向国务院报送《关于加强农药管理工作的报告》［农林（保）字第 26 号］，建议农林部恢复建立农药检定所
5	1978 年 8 月 26 日，农林部［(78) 农林（保）字第 27 号文］呈报国务院《关于恢复农药检定所和成立农作物病虫测报总站的请示报告》，提出拟在北京原址恢复农药检定所，编制暂定为三十人
6	1978 年 11 月 1 日，国务院批转农林部、化工部、卫生部《关于加强农药管理工作的报告》（国发［78］230 号文），要求由农林部负责审批农药新品种的投产和使用，复审农药老品种，审批进出口农药品种，督促检查农药质量和安全合理用药。同意恢复建立农药检定所，负责具体工作
7	1978 年 11 月 25 日，农林部联合化工部、全国供销合作总社印发《关于颁发〈农药质量管理条例〉（试行草案）》
8	1980 年 1 月《农药检定通讯》创刊发行；1981 年改名为《农药检定》；1989 年改名为《农药科学与管理》；1991 年 4 月 1 日，国家科委批准《农药科学与管理》由内部发行改为公开发行
9	1981 年 4 月 18 日，农业部联合国家农委、国家科委、外交部发布《中华人民共和国农业部对外国公司在我国进行农药田间试验管理办法（试行）的通知》［(81) 农业（保）字第 2 号文］
10	1981 年 10 月 13 日，启用《中华人民共和国农业部农药审批专用章》［(81) 农业（保）字第 29 号函］
11	1982 年 4 月 10 日，农业部联合林业部、化工部、卫生部、商业部、国务院环境保护领导小组，公布《农药登记规定》［(82) 农业（保）字第 10 号文］，自 1982 年 10 月 1 日起执行
12	1982 年 8 月，农业部组建第一届全国农药登记评审委员会［(82) 农（农）第 39 号文］；1982 年 8 月 12～14 日，在北京召开第一届全国农药登记评审委员会第一次会议
13	1982 年 9 月，农业部颁布《农药登记规定实施细则》《农药登记审批办法》《农药登记评审委员会组成办法》《农药登记评审委员会名单》《农药品种登记需要提供的资料目录表》《农药补充登记申请表》《农药临时登记申请表》《申请农药登记样品检定单》《农药登记证（式样）》《农药登记的残留试验资料要求》《农药登记田间药效试验资料要求》《农药毒性试验方法暂行规定（试行）》《农药品种登记申请表（附说明）》［(82) 农（农）第 72 号文］
14	1984 年 4 月 30 日，农业部批复农药检定所编制恢复控编数 80 人［(84) 农（人组）字第 3 号］
15	1985 年 7 月 27 日，农业部召开成立《农药管理法》（草案）起草领导小组会议。领导小组由农牧渔业部、化工部、商业部、卫生部、国家环保局、国家工商总局、林业部、海关总署、公安部等部门组成，办公室设在农业部 1985 年 8 月 7 日召开第一次起草小组会议，会议决定 12 月底完成草案起草工作
16	1985 年 7 月，农业部农药检定所会同河南省农牧厅，查处封丘县个体商贩倒卖剧毒杀鼠剂氟乙酰胺
17	1986 年 5 月 28 日，农业部会同国家工商总局、中央爱委会、商业部等有关部门，以及新华社记者组成联合调查组，查处山西万荣县生产销售假劣鼠药案
18	1987 年 10 月 19 日，国家经委授权农药检定所承担"国家农药质量监督检验测试中心（北京）"工作
19	1986 年 12 月 20 日，农牧渔业部《关于农药检定所机构编制的批复》［(86) 农（人）字第 80 号］，将农药检定所机构调整为：办公室、药政管理处、生物测定室、农药分析室、农药残留室、情报资料室，确定事业编制为 80 人
20	1987 年 11 月 30 日，国家标准局批准发布《农药合理使用准则（一）》《农药合理使用准则（二）》两项国家标准［国发编字（87）132 号文］ 1990 年 12 月，国家科委授予国家标准《农药合理使用准则（一）（二）》国家科技进步二等奖
21	1988 年 8 月 18 日，农业部决定将计划制定的《农药管理法》改为制定《农药登记监督条例》
22	1988 年 11 月 25 日，农业部农药检定所向国务院汇报有关伪劣农药情况，国务院副秘书长主持会议，会议决定由监察部牵头，派出两个调查组，对山西万荣、湖南汨罗假劣农药进行查处
23	1990 年 5 月 14～18 日，农业部农药检定所召开联合国粮农组织亚太地区农药登记要求协调会，有 21 个国家、7 个国际组织及工业界代表共 64 人参加。农业部部长和联合国粮农组织驻华代表出席开幕式并讲话

序号	事　件
24	1991 年 3 月 20 日，农业部核定农药检定所为副局级事业单位［(91) 农（人）字第 37 号文］，事业编制 79 人，下设办公室、药政管理处、化学分析室、生物测定室、残留分析室、图书情报资料室 6 个处室
25	1994 年 12 月，农业部核定农业部农药检定所规格为正局级事业单位［农人发（94）89 号］，人员编制为 79 名，经费实行全额预算管理
26	1995 年 3 月 28 日，国家工商局第 28 号令，公布《农药广告审查标准》。2015 年 12 月 24 日，国家工商总局第 81 号令予以废止
27	1995 年 4 月日，国家工商局联合农业部发布第 30 号令，公布《农药广告审查办法》。1998 年国家工商局联合农业部发布第 88 号令修正
28	1997 年 5 月 8 日，国务院第 216 号令，公布《农药管理条例》
29	1999 年 7 月 23 日，农业部第 20 号令，公布《农药管理条例实施办法》。2002 年 7 月 27 日农业部第 18 号令、2004 年 7 月 1 日农业部第 38 号令、2007 年 12 月 8 日农业部第 9 号令进行修订。2017 年农业部第 8 号令予以废止
30	1999 年 10 月 8~9 日，第六届全国农药登记评审委员会审议通过了关于禁止氰戊菊酯在茶叶上使用和逐步淘汰 5 种高毒农药的建议
31	2000 年 4 月 30 日，农业部成立第一届农药临时登记评审委员会［农（种植生资）(2000) 22 号］
32	2000 年 7 月 12 日，农业部下发《关于加强农药残留监控工作的通知》（农农发［2000］12 号），自 7 月 20 日起，停止批准新增甲胺磷等 5 种高毒有机磷农药（包括混剂）的登记
33	2001 年 4 月 12 日，农业部发布实施《关于发布〈农药登记资料要求〉的通知》（农农发［2001］8 号）。2009 年 1 月 1 日废止（2007 年 12 月 8 日农业部第 10 号令）
34	2001 年 12 月 10 日，农业部印发《农药登记药效试验单位认证管理办法》（农农发［2001］25 号）。2017 年 11 月 30 日，农业部第 8 号令予以废止
35	2002 年 2 月 7 日，农业部办公厅下发《关于同意农药检定所设立生物技术研究测试中心的批复》（农办人［2002］10 号），同意设立生物技术研究测试中心，为内设处级机构
36	2002 年 4 月 22 日，农业部发布第 194 号公告，决定停止受理甲拌磷等 11 种高毒、剧毒农药新增登记，停止批准高毒、剧毒农药分装登记，并撤销部分高毒农药在部分作物上的登记
37	2002 年 5 月 24 日，农业部发布第 199 号公告，公布国家命令禁止使用的农药和不得在蔬菜、果树、茶叶、中草药材上使用的高毒农药品种清单
38	2002 年 6 月 19 日，农业部印发《农药登记残留试验单位认证管理办法》（农农发［2002］10 号）。2017 年 11 月 30 日，农业部第 8 号令予以废止
39	2002 年 6 月 28 日，农业部第 17 号令，公布《农药限制使用管理规定》。2017 年农业部第 8 号令予以废止
40	2002 年 12 月 13 日，经国务院同意，农业部联合国家经贸委、公安部、国家工商总局、国家质检总局召开了加强剧毒杀鼠剂和高毒农药监管工作全国电视电话会议
41	2003 年 4 月 30 日，农业部发布第 274 号公告，撤销甲胺磷等 5 种高毒有机磷农药混配制剂登记，撤销丁酰肼在花生上的登记，强化杀鼠剂管理
42	2003 年 7 月 10 日，国务院办公厅下发《关于深入开展毒鼠强专项整治工作的通知》（国办发［2003］63 号）
43	2003 年 7 月 23 日，农业部等 11 个部委联合印发《关于贯彻落实〔国务院办公厅关于深入开展毒鼠强专项整治工作的通知〕的通知》（农农发［2003］13 号）
44	2003 年 12 月 30 日，农业部发布第 322 号公告，决定分三个阶段削减甲胺磷、对硫磷、甲基对硫磷、久效磷和磷铵等 5 种高毒有机磷农药的使用
45	2004 年 5 月 14 日，农业部发布第 374 号公告，公布《农药登记环境试验单位管理办法》。2017 年 11 月 30 日，农业部第 8 号令予以废止

序号	事　件
46	2004 年 6 月 1 日，农业部发布第 379 号公告，对农药临时登记进行清理
47	2004 年 12 月 23 日，根据 2003 年全国农药市场抽查结果，农业部依法吊销了 30 家农药企业的 36 个质量、标签存在严重问题的农药产品登记证
48	2005 年 3 月 16 日，农业部与德国经济技术合作公司代表在京签署"中德合作废弃物农药管理项目"实施协议
49	2005 年 7 月 4 日，农业部办公厅下发《关于农业部农药检定所内设机构调整的批复》（农办人〔2005〕44 号），批复同意农药检定所增设农药环境毒理室
50	2005 年 7 月 27 日，农业部发布第 525 号公告，公布《农药登记原药全组分分析试验单位管理办法》。2017 年 11 月 30 日，农业部第 8 号令予以废止
51	2006 年 4 月 4 日，农业部联合国家工商总局、国家发展改革委、国家质检总局发布第 632 号公告，全面禁止甲胺磷、对硫磷、甲基对硫磷、久效磷和磷胺等 5 种高毒有机磷农药在农业上使用
52	2006 年 5 月 29 日，农业部发布第 657 号公告，调整农药续展登记审批工作程序和要求，由省级农药检定（管理）机构负责受理本辖区农药续展登记的申请和审查工作，自 7 月 1 日起正式实施。2017 年农业部第 8 号令予以废止
53	2006 年 6 月 13 日，农业部发布第 671 号公告，对甲磺隆、氯磺隆和胺苯磺隆实行限制登记和使用管理
54	2006 年 6 月 22 日，经会签外交部、财政部、商务部、卫生部和中央编办同意，农业部向国务院上报了《关于拟申请担任国际食品法典委员会农药残留法典委员会主席国的请示》，6 月 28 日国务院领导的批示同意 2006 年 7 月 5 日，在瑞士日内瓦召开的第 29 届国际食品法典委员会（CAC）大会上，中国成功当选为国际食品法典农药残留委员会（简称 CCPR）主席国
55	2006 年 11 月 18 日，经中央机构编制委员会办公室批准，农业部决定在农药检定所加挂"国际食品法典农药残留委员会秘书处"牌子，承担秘书处的日常服务工作
56	2006 年 11 月 8 日，农业部发布第 739 号公告，公布《农药良好实验室考核管理办法》。2017 年 11 月 30 日，农业部第 8 号令予以废止
57	2006 年 11 月 20 日，农业部发布第 747 号公告，作出撤销和禁止使用含有八氯二丙醚农药产品的管理规定
58	2007 年 5 月 7～12 日，第 39 届国际食品法典农药残留委员会（CCPR）会议在京召开。农业部副部长、世界卫生组织驻华代表出席会议开幕式并致辞。来自 50 多个国家和地区的 200 多名代表参加了会议。部分世界组织和机构、驻华使馆代表以及卫生部、国家工商总局、国家质检总局等相关部委的领导出席会议
59	2007 年 9 月 15 日，民政部批复同意中国农药发展与应用协会成立登记，业务主管单位为农业部（民函〔2007〕155 号）。2017 年 12 月脱钩
60	2007 年 12 月 8 日，农业部第 8 号令，公布《农药标签和说明书管理办法》，自 2008 年 1 月 8 日实施。2017 年 6 月 21 日，农业部 2017 年第 7 号令予以废止
61	2007 年 12 月 8 日，农业部第 10 号令，公布《农药登记资料规定》，自 2008 年 1 月 8 日起实行。2017 年 11 月 30 日农业部第 8 号令予以废止
62	2007 年 12 月 8 日，农业部发布第 944 号公告，规范农药名称登记核准，自 2008 年 7 月 1 日起，农药产品不得使用商品名称。2017 年农业部第 8 号令予以废止
63	2007 年 12 月 12 日，农业部联合国家发展改革委发布第 945 号公告，规范农药名称。2017 年农业部第 8 号令予以废止
64	2007 年 12 月 12 日，农业部联合国家发展改革委发布第 946 号公告，对农药产品有效成分含量管理作出规定。2017 年农业部第 8 号令予以废止
65	2008 年 1 月 9 日，国家发展改革委联合农业部、国家工商总局、国家质检总局、国家环保总局、国家安全监督总局发布第 1 号公告，决定停止甲胺磷等 5 种高毒有机磷农药生产流通和使用

序号	事　件
66	2008 年 1 月 23 日，国家环保总局联合农业部、海关总署发布第 7 号公告，将甲胺磷等 5 种高毒农药列入限制进出口有毒化学品目录
67	2008 年 2 月 26 日，农业部决定将 2008 年定为"农药登记管理年"（农农发［2008］27 号）文
68	2008 年 12 月 25 日，农业部发布第 1132 号公告，规范卫生用农药产品使用香型管理。2017 年农业部第 8 号令予以废止
69	2008 年 12 月 25 日，农业部发布第 1133 号公告，规范矿物油农药登记管理
70	2009 年 2 月 25 日，农业部联合工信部、环保部发布第 1157 号公告，加强氟虫腈管理
71	2009 年 2 月 25 日，农业部联合工信部发布 1158 号公告，进一步规范农药产品有效成分含量的管理。2017 年农业部第 8 号令予以废止
72	2009 年 3 月 27 日，交通部联合农业部、公安部、国家安全监督总局发布《关于农药运输的通知》（交水发［2009］162 号），对按照危险化学品管理的农药作出规定
73	2009 年 9 月 29 日，卫生部联合农业部印发《食品中农药、兽药残留标准管理问题的协商意见》，农业部负责食品中农药残留国家标准制定工作，卫生部会同农业部发布实施
74	2010 年 3 月 12 日，农业部成立第一届国家农药残留标准审评委员会
75	2011 年 6 月 15 日，农业部联合工信部、环保部、国家工商总局、国家质检总局发布第 1586 号公告，对苯线磷、地虫硫磷等 22 种高毒农药采取进一步管理措施
76	2012 年 3 月 26 日，农业部发布 1744 号公告，规范草甘膦混配水剂草甘膦含量管理
77	2012 年 4 月 24 日，农业部联合工信部和国家质检总局发布 1745 号公告，对百草枯采取限制性管理措施
78	2013 年 12 月 9 日，农业部发布第 2032 号公告，对氯磺隆、甲磺隆、福美胂、福美甲胂、毒死蜱和三唑磷等 7 种农药采取进一步禁限用管理措施
79	2015 年 8 月 22 日，农业部发布第 2289 号公告，对杀扑磷、溴甲烷和氯化苦采取禁限用管理措施
80	2015 年 12 月 24 日，国家工商行政管理总局第 81 号令，公布《农药广告审查发布标准》
81	2016 年 9 月 7 日，农业部发布第 2445 号公告，对 2,4-滴丁酯、百草枯、三氯杀螨醇等 8 种农药采取进一步禁限用管理措施
82	2017 年 3 月 16 日，国务院发布第 677 号令，公布新修订《农药管理条例》，自 2017 年 6 月 1 日施行
83	2017 年 6 月 21 日，农业部 2017 年第 3 号令，公布《农药登记管理办法》，自 8 月 1 日起施行
84	2017 年 6 月 21 日，农业部 2017 年第 4 号令，公布《农药生产许可管理办法》，自 8 月 1 日起施行
85	2017 年 6 月 21 日，农业部 2017 年第 5 号令，发布《农药经营许可管理办法》，自 8 月 1 日起施行
86	2017 年 6 月 21 日，农业部 2017 年第 6 号令，公布《农药登记试验管理办法》，自 8 月 1 日起实行
87	2017 年 6 月 21 日，农业部 2017 年第 7 号令，公布《农药标签和说明书管理办法》，自 8 月 1 日起施行
88	2017 年 7 月 14 日，农业部发布第 2552 号公告，对硫丹、溴甲烷、乙酰甲胺磷、丁硫克百威、乐果等 5 种农药采取进一步管理措施
89	2017 年 8 月 31 日，农业部第 2567 号公告，发布制定《限制使用农药名录（2017 版）》，自 10 月 1 日起施行
90	2017 年 9 月 3 日，农业部第 2568 号公告，发布《农药生产许可审查细则》，自 10 月 10 日施行
91	2017 年 9 月 3 日，农业部第 2570 号公告，发布《农药登记试验单位评审规则》和《农药登记试验质量管理规范》，自 10 月 10 日施行
92	2017 年 9 月 5 日，农业部发布第 2579 号公告，对农药标签二维码格式及生产要求作出明确规定

索 引

（按汉语拼音排序）